발효응용공학

보무각

발효응용공학

초판3쇄발행 2016년 3월 2일
초판발행 2011년 5월 20일

지은이 고종호 · 김경미 · 김석만 · 김소미 · 김창호 · 박지권
정성오 · 한종권 · 김기옥 · 김봉석 · 진경회 공저

펴낸이 이호동
발행처 보문각
블로그 http://blog.naver.com/bomungak
e-mail bomungak@naver.com
주소 서울시 서초구 바우뫼로7길 8 세신우면상가 707호
등록번호 302-2003-00085
전화 02) 468-0457
팩스 02) 468-0458

값 25,000원

ISBN 978-89-6220-105-5 93570

머·리·말

Preface

선사시대부터 인류는 자연적으로 식생활에 천연발효에 의한 식품이나 주류의 제조에 무의식적으로 미생물을 이용해 왔다. 근대에 이르러 미생물학이 확립되고 세균, 효모, 곰팡이 등의 생리적인 특성이 밝혀짐에 따라서 미생물이 다양한 분야에까지 응용이 확대되고 있다.

최소한 기원전 4000년 이전부터 인류에게 알려진 발효(醱酵, fermentation)는 원래에는 포도즙와 맥주의 제조과정에서 생기는 기포(氣泡)를 가리키는 말이었으며, 이러한 기포 발생은 이산화탄소 때문이라는 것이 밝혀진 것은 17세기였다. 19세기에 루이 파스퇴르는 공기가 없는 혐기성(嫌氣性) 상태에서 서식하는 세균과 효모에 의한 화학변화를 설명하기 위해 좁은 의미로서 발효라는 용어를 사용했다.

오늘날 발효라는 용어는 포도당같이 에너지성 분자들이 혐기성 상태에서 미생물 또는 미생물 생성 효소에 의해 분해가 촉진되어 에너지가 생성되는 과정을 의미한다.

현재 국내에는 수종의 발효관련 서적이 있으나 발효실무분야의 인력양성을 고려한 교재가 미흡한 편이다. 제주하이테크산업진흥원에서는 제주 건강 · 뷰티 생물산업 육성 인력양성사업의 일환으로 발효교육 프로그램을 운영하는 과정에서 보다 심층있는 발효교육에 내실을 기하고자 생물자원 발효 테크놀러지 책을 준비하였다.

국내 발효관련 기술은 세계 최고 수준에 뒤쳐지지 않고 있으나 제주에는 관련 기술이 시급한 편이며 관련 인프라도 매우 부족한 게 현실이다.

최근 제주에는 발효를 응용할 수 있는 다양한 농산물, 해산물 및 임산물 등 생물자원을 이용한 고부가가치 향장품원료, 식품원료, 가축사료, 의약품원료에 대한 개발가치가 대두되고 있는 만큼 건강 · 뷰티 생물산업 인력양성 사업에 필요한 실무위주로 교재를 편집하게 되었다.

Part 1에서는 발효사업 현황과 향후 발전 방안, Part 2에서는 발효실무 기본, Part 3에서는 발효실무 응용, Part 4에서는 발효소재의 효능 및 성분분석에 대하여 소개하였다.

목 차

Part 01

서론

1장 | 발효산업의 현황 및 발전 방안

1 장 Fermentation

발효산업의 현황 및 발전 방안

1절 발효란?

1. 발효의 기원

인류는 미생물이 발효의 본체라는 것을 인식하기 이전부터 미생물을 자연 발효로 이용해 왔다. 예를 들어 밀가루 반죽을 자연 발효시킨 후 굽는 빵 제조법은 기원전 4000년부터 이집트인의 일상생활에 이용되어왔고 이집트 제5왕조의 묘에 빵의 제조에 관한 조각이 새겨져 있다. 또한 맥주와 유사한 알코올 음료를 만드는 데 효모를 자연으로부터 이용하는 방법도 기원전 600년경의 수메르인(Sumerians)과 바빌론인(Babylonians)은 알고 있었다. 발효산물인 와인은 성경의 '창세기'에도 나타나 있고, 노아가 와인을 과음한 것으로 기록되고 있다.

[그림 1-1-1] 고대 이집트 벽화-술만드는 법

동양에서는 원숭이가 나뭇가지 사이에 잘 익은 나무열매를 따서 모아두었다가 자연발효 된 알코올성 음료를 즐겨 마셨다는 이야기가 있을 정도로 발효 식품에 대한 관심은 그 기원을 선사시대 이전으로 거슬러 생각할 수 있다. 특히 우리나라나 중국에서는 기원전부터 누룩을 이용하여 술을 빚었고, 메주로써 된장, 간장을 만드는 등 자연발효를 통한 종균의 조제방법이 발달하였다.

일찍이 백제의 인번(仁番)이 일본의 응신천왕시대에 왕실에 술 빚는 방법을 가르쳤으며, 그 제조방법이 현대화되면서 일본 청주(sake)로 발전한 것이 일본의 대표적 발효산물이며 오늘날 일본의 발효공업 전반을 선진화시킨 원동력이 되었다고 생각해 볼 수 있다.

발효 방법이 역사적으로 인간생활에 도입되는 과정에서 동서양의 차이점을 보면 서양에서는 곡류와 같은 전분질의 맥아를 이용하여 당화시키고 그 당화액이나 포도에서 발효과정을 거쳐 알코올음료를 제조할 때 자연발효를 통해 효모의 발효력을 이용한 것에 비해 중국이나 우리나라에서는 쌀과 같은 곡물로부터 당화와 발효를 누룩에서 번식한 사상균(*Rhizopus*)과 효모를 함께 이용하였다. *Rhizopus* 속 곰팡이는 전분의 당화력과 알코올 발효력을 함께 지니고 있으니 우리 조상들의 누룩 제법은 오늘날에도 전래되는 우수한 종균제조방법이라고 할 수 있을 것이다.

이와 같이 발효는 자연발효를 통해서 곡물이나 포도에 함유된 당분에서 주정 성분으로, 또 주정성분으로부터 식초로, 그리고 우유의 발효를 통한 요구르트나 치즈로의 가공과 같은 자연에 존재하는 발효미생물을 이용하여 이루어져 왔으며, 발효(fermentation)란 용어는 '끓어오르다'라는 의미의 라틴어 'fervere'에서 유래된 것으로서 효모가 당분을 혐기상태에서 대사시킬 때 발생하는 이산화탄소의 거품이 끓어오르는 현상에서 나온 말이다.

2. 발효의 정의

최근에 사회적으로 건강에 대한 관심이 높아지면서 발효식품이 건강식품으로 인식되어 식초, 요구르트, 막걸리, 포도주 등의 발효식품의 소비가 늘고 있으며, 이 외에도 발효 홍삼, 발효 화장품 등 미생물 발효를 이용하는 사례가 점점 확대되어가고 있는 추세이다. 미국 전문 건강 잡지인 '헬스'지는 세계 5대 건강식품으로 김치, 올리브유, 요구르트, 렌틸(콩), 낫또를 선정했는데, 이 중에서 김치, 요구르트, 낫또가 발효식품 이라는 사실은 눈여겨 볼만하다. 또한 CJ(주) 경영연구소가 '국내 식품산업 현황 및 2010년 전망' 보고서에서 제시한 2010년도 식품 업계의 주요 화두는 식품안전(safety), 무첨가 식품(simple), 발효식품(slow food)으로 예상하고 있는데

서도 볼 수 있듯이 발효 식품은 '건강에 좋은 슬로푸드'로서 지속적으로 소비자들의 관심을 끌 것으로 예상된다.

전세계적으로 거의 모든 나라에서 자연발효에 의해 만들어진 전통 식품은 어렵지 않게 찾을 수 있다. 대표적인 서양 발효식품인 빵의 발효는 지금으로부터 약 4000년 전 이집트에서 밀가루 반죽에 효모를 첨가하여 반죽을 부풀리는 데에서 그 시발점을 찾을 수 있다. 전 세계적으로 가장 시장 규모가 클 것으로 추정되는 발효 식품은 알코올 음료, 즉 주류이며, 남부 유럽의 포도주, 북부 유럽의 맥주, 중국의 소흥주(紹興酒), 일본의 청주(sake), 우리나라의 막걸리 등이 있다. 농경문화가 주요 생활기반이었던 동양에서는 다양한 종류의 콩 발효 식품이 발달했는데 일본의 미소, 낫또(Natto), 인도네시아의 뗌뻬(Tempeh), 중국의 두시, 취두부, 미얀마의 빼뽀, 태국의 토아나오, 네팔의 키네마, 라오스의 고아시, 인도의 스자체(sujache), 아프리카의 다와다, 우리나라의 된장, 청국장 등이 그 사례이다. 또한 어류를 발효시킨 식품으로는 우리나라의 삭힌 홍어, 젓갈, 일본의 소금을 뿌린 생선에 쌀밥을 버무려 나무통에 넣고 30년 이상을 발효시킨 나래즈시(narezughi), 중국의 내장을 빼고 찹쌀을 채워 항아리에서 100년을 발효시킨 잉어 등이 있으며, 동남아시아에서는 필리핀의 부론이스다, 보르네오의 카사무, 태국의 프라하, 대만의 토우메 등이 유사한 어류 발효 식품의 사례이다. 이 밖에 중국의 오룡종의 차나무에서 만든 청차로 녹차와 홍차의 중간정도의 발효로 만들어진 대표적인 발효차인 오룡차(O-ryong tea), 몽골의 말젖으로 만든 알콜도수가 낮은 발효유인 마유주, 필리핀의 찹쌀을 발효시켜 만든 찐빵인 푸토(puto), 인도의 걸쭉한 인도식 요구르트인 랏시(lassi), 태국의 새우나 보리새우를 으깨어 발효시킨 새우젓인 가피(kapi) 등 발효식품의 사례는 지역별, 원료별로 매우 다양하게 존재한다.

이들 발효 식품들은 음식을 오래 저장하거나 보존할 수 있는 수단으로써 이용되어 왔는데, 음식물을 발효시키면 영양소를 분해시켜 소화되기 쉬운 상태로 만들어 주고, 음식의 저장성이나 맛이 향상 될 뿐만 아니라 우리 몸에 유익한 미생물(probiotics)을 만들어 낸다. 또한 미생물의 대사작용에 의해 영양 성분의 생성되거나, 기능성이 향상되기도 한다.

일본의 콩 발효 식품 낫또

인도네시아의 콩 발효 식품 템페

치즈

피클

빵

[그림 1-1-2] 세계의 전통발효식품

발효(fermentation)란 최소한 기원전 4000년 이전부터 인류에게 알려진 과정으로, 원래는 포도주와 맥주의 제조과정에서 생기는 기포(氣泡)를 가리키는 말이었고, 이러한 기포 발생이 이산화탄소 때문이라는 것이 밝혀진 것은 17세기였다. 19세기에 루이 파스퇴르는 공기가 없는 혐기성(嫌氣性) 상태에서 사는 미생물들과 효모에 의한 화학변화를 설명하기 위해 좁은 의미에서 발효라는 용어를 사용했다. 그는 또한 에틸알코올과 이산화탄소 외에도 다른 발효 생성물이 있음을 밝혀냈다. 1920년대에 공기가 없는 상태에서 근육의 추출물이 포도당(글루코오스)으로부터 젖산염(락트산염)의 형성을 촉진한다는 사실과, 곡물의 발효과정에서 생성되는 중간물질인 젖산염이 근육에서도 생성된다는 사실이 알려졌다. 발효반응은 효모 특유의 작용에 의해서 뿐만 아니라 포도당을 이용하는 다른 많은 경우에도 일어난다는 중요한 사실이 확립되었다.

해당과정(glycolysis)은 보통 당이 분해되는 것을 의미하는데, 1930년 무렵에는 당으로부터 젖산염이 분리되는 과정이라고 정의되었다. 또한 일반적으로 육탄당인 포도당이 2분자의 피루브산으로 바뀌는 과정을 발효로 정의하기도 한다. 3개의 탄소원자로 이루어진 유기산(有機酸)인 이 피루브산은 이온화하여 피루브산염을 형성하기도 하며, 아데노신삼인산(ATP)의 합성에 관여해 화학 에너지 전달과정에 작용하기도 한다. 포도당으로부터 형성된 피루브산은 그 다음 과정에서 피루브산염을 형성해, TCA 회로를 거치는 동안 산소가 있으면 완전히 산화되고, 산소가 없는 또 다른 과정을 통해서는 젖산 · 알코올 또는 다른 생성물들로 환원된다. 포도당으로부터 피루브산염까지의 일련의 과정을 흔히 2명의 독일 생화학자의 이름을 따서 Embden-Meyerhoff 경로라 한다. 이 두 사람은 1920년대 후반과 1930년대에 이러한 일련의 반응에는 중요한 단계들이 존재한다고 가정하고 이를 실험적으로 분석했다.

오늘날 발효라는 용어는 포도당같이 에너지를 내는 분자들이 혐기성 상태에서 효소에 의해 분해가 촉진되어 에너지가 생성되는 과정을 의미한다. 대부분의 세포에 이와 관련된 효소들이 있고, 특히 세포질의 가용성 부분에 존재한다. 그리하여 피루브산염을 형성하는 반응들은 근육, 효모, 세균 및 식물계에서 일어나는 당변환의 일반적인 형태이며, 이 과정에서 생성되는 화합물 중의 하나는 에너지가 풍부하게 저장되어 있는 ATP이다. 또 다른 생성물인 피루브산은 세포 형태와 산소의 이용도에 따라 젖산, 초산 등의 유기산 및 에탄올 등으로 변환될 수 있다.

공업적 의미에서의 발효는 발효조(fermentor) 혹은 생물반응기(bioreactor)에서 적당한 미생물을 특정 조건, 즉 영양분의 농도를 적당하게 조절한 조건에서 배양하여 목적 산물을 생산하는 것을 말한다. 여러 형태의 생성물은 다음과 같다. 여러 가지 당이 효모에 의해 발효되어서 얻어진 알코올 · 글리세롤 · 이산화탄소와, 여러 종류의 세균으로부터 얻는 부틸알코올 · 아세톤 · 젖산 · 글루탐산나트륨 · 아세트산, 또 곰팡이균에 의해 발효가 되는 구연산 · 글루콘산 및 항생물질, 비타민 B_{12} 및 리보플라빈(비타민 B_2) 등의 대사산물과 식용 · 의약용 · 공업용 효소 제품, 식품 · 사료 목적으로 생산되는 미생물 균체, 바이오 디젤 등 에너지 목적으로 사용되는 물질 등이 있다(브리태니커 정의).

또한 이러한 미생물의 대사 활동으로 인해 인간에게 유용한 물질이 만들어지면 발효라 하고, 악취가 나거나 유해한 물질이 생성되면 부패(putrefaction)라고 하기도 하지만 이는 어디까지나 상대적인 개념일 뿐이다. 에탄올 생산의 경우, 주류 생산의 경우에는 발효이지만, 과일 주스의 생산의 경우에는 부패이다. 또한 초산 생산의 경우 식초 생산에서는 발효, 주류 생산에서는 부패라고 할 수 있다.

3. 산업미생물학의 발전과정

미생물을 처음 발견한 사람은 네덜란드의 Antony Van Leeuwenhoeek로서 그의 첫 보고는 170배율의 현미경으로 빗물을 관찰하였을 때 구형 또는 간상형의 작은 동물(animalcules)이 다수 있었으며, 그 중 어떤 것은 활발하게 운동하고 있는 것을 발견하였다. 그 관찰한 결과를 런던 왕립학회(Royal Society of London)에 보고하였다. 그는 1676년에 수중의 여러 가지 세균을, 1680년에는 후추의 침출액 중에서 혐기성 세균과 맥주 중의 효모균을 발견하였으며, 1681년에는 입속의 세균과 스피로헤타(Spirochetes)를 발견하였다. 하지만 그는 이들 '작은 동물'들이 발효, 부패 및 전염병 등의 현상과 연결지어 생각하지 못했다.

미생물의 작용에 의해서 발효가 일어난다는 사실을 알게 되고 미생물학이 과학의 한 분야로서 확립되게 된 것은 그로부터 약 2세기가 지난 19세기에 보고된 일련의 학문적 결과로부터 기인한다. 1837년에 프랑스의 Charles Cagniard de la Taur, 독일의 Theodor Schwann과 Friedrich Taugott Kutzing 등은 각각 독립적으로 〈알코올 발효중에 당을 에탄올과 탄산가스로 전환시키는 현미경적 작은 생명체(효모)의 존재와 알코올 발효가 이 작은 생명체에 의해 일어나는 생리현상〉이란 내용을 보고하였다. 이러한 과학적 보고를 기반으로하여 프랑스의 Louis Pasteur(1822~1895)는 자연발생설을 부정하고 "미생물의 생명은 그 이전에 존재한 생명으로부터 발생한 것"이란 내용을 증명함으로써 미생물학에 대한 개념을 증명하는데 성공하였다. 당시의 저명한 화학자인 Justus von Liebig, Jons Jakob Berelius, Friedrich Wohler 들은 발효는 오로지 화학적 반응이라고 믿고 발효액 중의 효모는 생명이 없는 오염물질에 불과한 것으로 주장했던 것이다. Pasteur가 이들 화학설에 대해 반증을 하는 데에는 1857년부터 약 20년이란 긴 세월이 소요되었다. 그는 당시 프랑스의 Lille 지방의 포도주 양조과정에서 포도주가 산패를 일으키는 원인에 대하여 조사를 의뢰받고 있었다. 그는 현미경을 통해 발효액을 조사하는 중에 효모 이외에도 더 작은 생물, 즉 산을 생성하는 세균이 있어 포도주의 산패는 이 세균에 기인한다는 것을 밝혔고, 모든 발효 과정은 미생물의 생리활동의 결과로 나타나는 것이라는 사실을 확인하였다.

이 연구의 결과 그는 특정 유형의 발효는 각각 특정 미생물에 의해 매개되는 반응이란 사실을 확립하였다. 즉 알코올 발효는 효모에 의해서, 젖산은 젖산균에 의해서 생성된다는 것을 확인하였던 것이다. 그리고 맛없는 프랑스 와인을 조사하는 과정에서 혐기성(anaerobic) 세균의 존재를 발견하고 이 세균이 butyric acid를 생성한다는 사실을 확인하였다. 이 밖에 Pasteur은 혐기적인 조건에서 효모는 증식은 느리지만, 균체당 당의 소비량은 증가하고, 호기적 조건에서는 증식은 빠르지만 당의 소비량은 감소한다는 Pasteur 효과(Pasteur Effect)라는 현상을 발견하였다. 그는 또 가축의 탄저병 연구를 통해 미생물이 병의 근원이라는 사실을 주장하였으며, 포도주를 저온(60℃)으로 처리하여 산패를 방지 할 수 있다는 사실로부터 저온살균법(Pasteurization)을 개발하였다.

파스퇴르의 실험

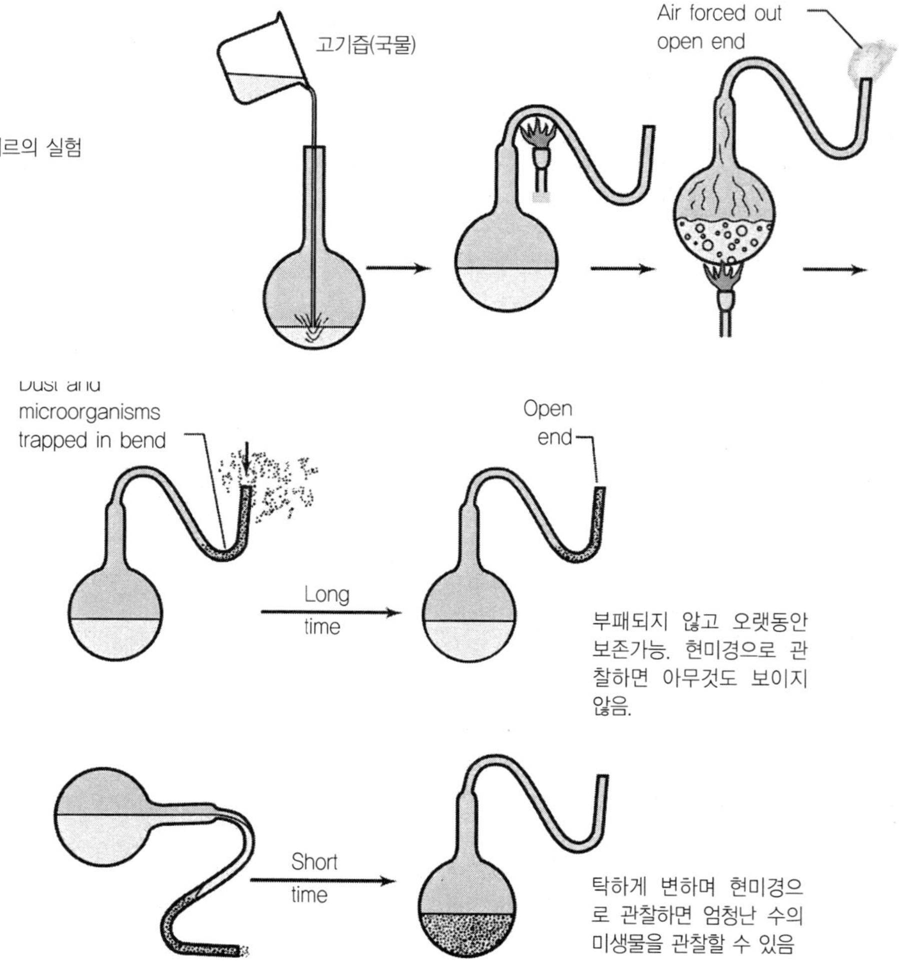

[그림 1-1-3] 파스퇴르의 미생물 자연발생설 부정 실험〉

*** 코흐가 처음으로 사용

인산칼륨	7g
황산암모늄	1g
황산마그네슘	0.1g
염화칼슘	0.02g
포도당	5g
미량원소	10㎍
한천분말	15g
증류수	1L

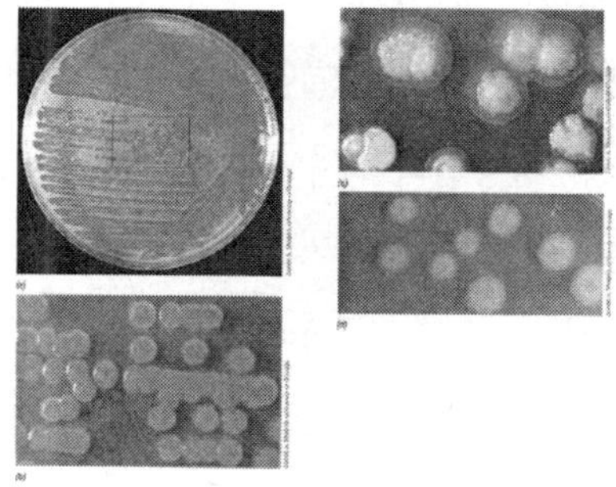

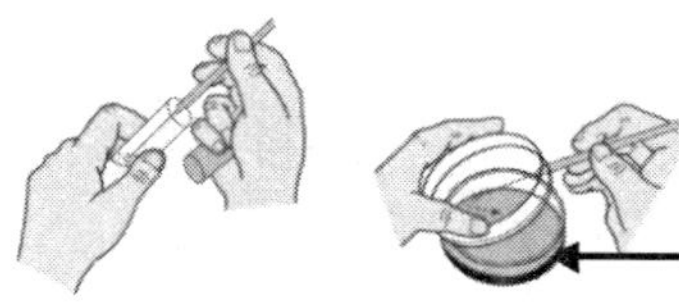

[그림 1-1-5] 코흐의 미생물 병원성에 대한 가설

병원균에 대한 코흐의 가설

문제가 되는 병원균이 모든 이병된 동물에서 발견되어야 하며 건강한 동물에서는 발견되어서는 안된다.

의심되는 병원균은 순수배양이 가능해야 한다.

순수배양된 병원균을 건강한 동물에 주사하면 같은 병이 발생하여야 한다.

이 동물에서 분리한 병원균은 처음의 소의 병원균과 동일하여야 한다.

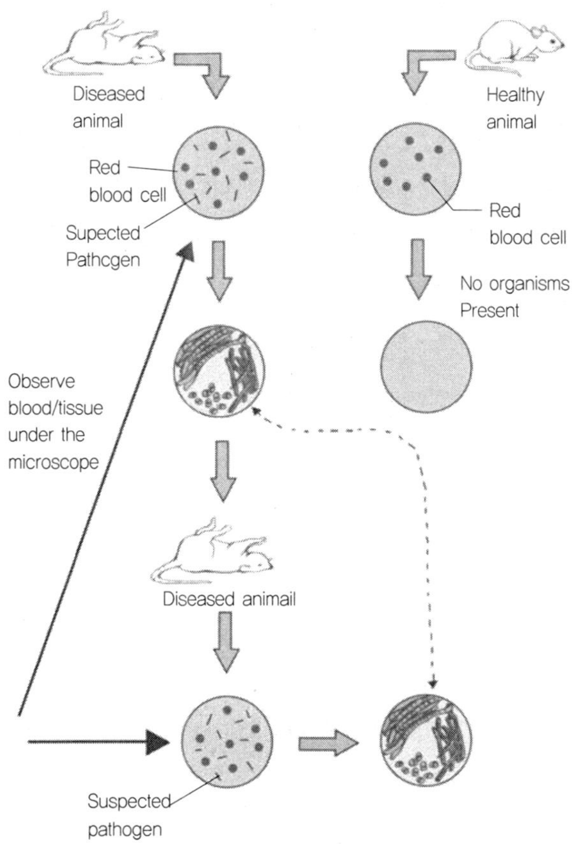

[그림 1-1-4] 코흐의 고체배지

Pasteur에 이어 독일에서도 근대 세균학의 선조라고 할 수 있는 Robert Koch (1843~1910)가 의학 세균학 분야에서 많은 연구 성과를 거두어 세균학의 연구 기법을 확립했다. Koch는 젤라틴 고형 배지에 이어 한천 고형 배지를 만들어 세균의 분리 배양법과 순수 배양법을 고안하였고, 이는 오늘날에도 미생물 순수 배양에 널리 이용되고 있다.

같은 시대(1878)에 발효분야에서도 덴마크의 Hansen은 맥주 효모의 순수 배양에 성공하였다. 한센 희석법이 바로 그것이며, 이어 Lindner는 방울 배양법을 고안하였다. 한센은 이때 이미 맥주 제조에 우량 효모를 순수분리하여 이 종균을 코펜하겐의 Carlsberg 양조장에서 시험제조하는데 성공하였다. 이렇게 하여 발효분야에서도 종전의 자연발효법으로부터 순수배양법에 의한 발효의 시대로 길이 열리게 된 것이다.

Pasteur와 Koch 이들 두 선구자에 의해 개척된 미생물학은 곧이어 비약적인 발전을 초래하게 되었다. Pasteur의 중요한 이념은 〈발효는 산소가 없는 곳에서 일어나는 호흡, 즉 생물의 혐기성 에너지 획득 방식〉이라는 생각이었다. 이 생각은 1897년 독일의 Eduard Buchner의 무세포 추출액이 알코올 발효 능력을 가진다는 우발적 발견을 초래하게 되었다. Buchner는 효모를 분쇄하여 살아있는 세포를 제거시킨 효모추출액이 당을 알코올로 변환시킨다는 사실을 확인한 후 생물학적 전환은 효소(enzyme)의 촉매작용으로 일어나는 화학적 반응이란 사실을 알게 되었고, 이러한 이념은 효소화학적 연구와 생화학 연구의 급격한 발전을 가져오게 된 기초가 되었다. 그 대표적인 성과로서 해당과정, 알코올 발효, 젖산 발효의 과정을 규명한 Embden-Meyerhoff-Parmas scheme이 확립됨으로써 발효화학(혹은 미생물학)이 생화학의 기초가 되었다고 할 수 있겠다.

세계 제1차 대전은 발효 산업이 본격적으로 발전한 시기이다. 화약 원료의 부족을 해결하기 위하여 독일에서는 니트로글리세린의 원료인 글리세롤(glycerol) 발효기술이 개발되었고, 영국에서는 폭약 제조시 용매로 사용되는 아세톤 발효기술이 개발되었다.

독일의 Connstein과 Lüecke 등은 포도주의 발효 동안에 효모에 의해 소량의 글리세롤이 축적된다는 Pasteur의 발견으로부터 효모의 배양 조건을 염기성으로 변화시킨다던지, sodium sulfite를 첨가하여 글리세롤을 최대로 생산하는 조건을 찾았으며, 이를 상용화하며 600m^{3}의 대형 발효조를 이용하여 월간 1,100톤의 글리세롤 대량 생산 체제를 갖추었다. 하지만 이들의 발효 공법은 전체 국민이 소비하는 총당소비량의 16~17%에 해당하는 당을 원료로 소비하였기 때문에 좀 더 경제적으로 생산할 수 있는 방법이 필요했다. Carl Neuberg 등은 sulfite를 첨가하여 Embden-Meyerhoff pathway의 중간산물인 acetaldehyde를 포집함으로써 NADH의 전자 수용체로 acetaldehyde 대신에 dihydroxyacetone phospahte를 사용하여 glycerol phosphate를 대량생산 하였고 이어서 탈인산화 반응에 의해 글리세롤를 경제적으로 대량생산 할 수 있었다. 최근에는 석유 제품의 가격이 상승하면서 이들 글리세롤 발효 기술이 다시 주목을 받고 있으며, 2001년도에 Wang 등은 고삼투압 내성변이 효모 균주를 선별하였고, *Candida glycerinogenes*라는 효모 균주는 유전자 재조합 기술에 의해 110~120g/l의 글리세롤를 전환 수율 58% 라는 높은 수준으로 생산 할 수 있었다.

한편, 프랑스 Pasteur 연구소에서 Fernbach, Perkin 등과 부탄올 발효 공동 연구를 수행하였던 Chaim Weizmann은 영국 정부의 지원을 받아 1916년에 주당 1,000kg의 아세톤을 생산하였으며, 1917년에는 월간 228톤의 아세톤을 생산할 수 있었다. Weizmann이 사용했던 미생물은 곡류의 전분을 발효시킬 수 있는 *Clostridium acetobutylicum* 이었다. 하지만 그도 독일의 글리세롤 발효와 동일하게 곡류 부족이라는 문제에 봉착하게 되었다. 대체원료로 상수리를 사용하기도 했으나 원료로부터 발생하는 거품 문제로 인해 발효 공정 관리가 매우 어려웠다. 따라서 작물이 풍부한 캐나다에 아세톤 공장을 건립하였으며, 미국이 참전하게 되면서 미국의 에탄올 주생산지인 Terre Hate, Indiana에도 아세톤 공장을 지었고, 북미에서만 1917년도 11개월 동안 2563톤의 아세톤을 생산하였다. 아세톤 생산량이 늘면서 Wiezmann은 영국 정부로부터 특허료 명목으로 상당한 자본을 축적하였으며, 이후 이스라엘을 건국하는 밑거름이 되었다. 혐기성 균주인 *Clostridium acetobutylicum* 균주에 의한 아세톤 발효를 위해 오늘날과 같은 형태의 밀폐된 발효조가 탄생하였으며, 대량의 종균 접종(inocula) 시스템 확립, 순수한 아세톤을 정제하기 위한 공정도 어려움 끝에 확립함으로써 아세톤 발효는 현대 발효산업의 시발점이라 할 수 있다.

1928년 영국의 세균학자인 Alexander Fleming은 푸른곰팡이(*Penicillin notatum*)가 오염된 주변에 포도상구균(*Staphylococcus aureus*)이 자라지 못하는 것을 발견하고 푸른곰팡이로부터 항생물질이 만들어진다고 결론을 내고 이를

penicillin이라 명명하였다. 초기에는 penicillin의 화학적 불안전성 때문에 순수한 단일 물질로 분리제조를 할 수 없었고 이로 인해 의학적으로 이용이 불가능했다.

약 10여년이 지난 2차 대전 말기 영국의 과학자인 Flory와 Chain이 산업화 할 수 있도록 대량 추출에 성공함으로써, *Streptococcus*에 감염시킨 쥐를 penicillin을 이용하여 치료할 수 있다는 것을 보여주었고, 맥주 발효 기술을 기본으로 하여 대량생산 기술을 확립하였다. 이후에 penicillin의 생산성이 좋은 *Penicillium chrysogenum* 균주를 분리하였고, X-ray나 UV 조사에 의해 인공변이를 유발하여 penicillin 고생산성 균주를 만들었으며, 곰팡이 배양을 위해 deep tank fermenter가 사용되었다. 이러한 배경에서 1943년에 Merck, Squibb, Pfizer 등 많은 회사에 의해 페니실린이 제조되기 시작하였으며, 1945년에 Fleming, Flory, Chain 등은 노벨 의학상을 수상하였다.

이후 현대 미생물학에 있어서도 생명현상의 본질을 규명하고자 하는 수많은 연구가 이루어졌다. Krebs(1954) 등은 세포의 산소호흡 과정을 미생물 세포를 이용하여 대사과정을 밝힘으로써 TCA cycle(혹은 Krebs cycle)을 확립하였다.

1944년 Griffith는 폐렴균에 의한 형질전환 실험에서 유전물질의 존재를 확인하였으며, 그 후 유전물질의 본체는 DNA라는 사실이 Oswald T. Avery(1944) 등에 의해 증명되었다. 1950년대에 전자현미경의 개발에 의해 생명체막과 DNA에 대한 지식은 급진전하게 되었다. 1953년 James Watson과 Francis Crick의 DNA 이중나선 구조는 오늘날 분자생물학 발전의 근본이 되었으며, 1964년 Francois Jacob와 Jacques Monod의 단백질 생합성에 대한 유전적 조절기구로서 operon 가설을 확립하여 오늘날 분자생물학의 기본을 수립하였다.

유전물질의 발견 및 관련되는 유전자 조작 tool들의 발달로 지난 20여년 간에 걸쳐 유전공학(genetic engineering, 유전자 재조합) 기술이 광범위하게 발전하였다. 유전자 조작에 의한 산업 미생물의 개량 사례로는 동물 사료용 단백질(single cell protein)을 생산하는데 사용되는 *Methylophilus methylotrophus*를 들 수 있다. 메탄올 자화균인 *M. methylotrophus*는 glutamate dehydrogenase 유전자가 없어 암모니아를 자화하기 위해 ATP를 필요로 하는 glutamine synthase와 glutamate synthase system을 이용한다. 대장균에서 분리된 glutamate dehydrogenase 유전자를 *M. methylotrophus*에 도입하면 *M. methylotrophus*의 암모니아 자화능이 높아져 균체 생육속도가 현저하게 증가된다. 1980년 Windass 등은 *M.*

*methylotrophus*의 메탄올 사용 유전자를 결손시키고, 대장균의 glutamate dehydrogenase 유전자를 도입함으로써 메탄올을 이용하는 세포의 에너지 대사를 감소시키고 그에 따라 목적 단백질의 생산성을 현저히 증가시킬 수 있었다.

4. 대사공학 기술

최근에는 이러한 학문적, 기술적 발전에 힘입어 생명체의 구성성분들을 종합적으로 분석하고 이를 연구하는 학문인 오믹스(omics) 기술을 통하여 미생물 내부에서 일어나는 현상을 종합적으로 분석해 내고, 일련의 유전적 조작을 통해 생체내 조절기구 및 세포내 대사물질의 흐름(flux)을 적절히 조절함으로써 목적 대사산물의 생산성을 극대화하는 대사공학(metabolic engineering) 기술이 도입, 발전되고 있다. 오믹스 기술에는 생명체에 담긴 유전체 정보 전체를 의미하는 유전체(genome), 생명체 내부에 존재하는 단백체(proteome), 유전자로부터 만들어지는 전사체(transcriptome), 생명체 내부의 전체 대사물질 집합인 대사체(metabolome), 이들 대사물질들이 서로 어떻게 연관되며 흘러가는지에 대한 대사흐름체(fluxome) 등이 있다. 이러한 기술들을 바탕으로 하여 대사공학 기술은 미생물 대사산물의 생산성 향상 이외에도 균체성장과 대사물질 합성에 필요한 기질의 이용범위 확대, 세포에 유해한 대사물질에 대한 저항성 향상, 원균주에서 생산되지 않는 신규물질의 생산능력 부여 등 다양하게 적용될 수 있다.

(1) 대사공학 기술 응용-대사산물의 생산성 향상

새로운 유전물질의 도입이나 생물체 내에 존재하는 유전자를 변형시켜 특정 대사산물의 과생산(overproduction)을 유도한다. 목표 대사물질로는 항생제, 비타민, 아미노산, 생체고분자 등이 있다. *Corynebacterium glutamicum*에서 라이신의 생합성 경로의 주요 조절 부위의 효소는 생합성 경로의 곁가지 대사산물인 threonine에 의해 저해를 같이 받는다. 따라서 threonine 생합성 경로를 결손시키면 부산물 생성에 의한 수율 저하도 방지될 수 있고, 곁가지 대사산물에 의한 되먹임 조절(feedback regulation)을 해결함으로써 라이신의 생산성과 수율을 향상시킬 수 있다.

(2) 대사공학 기술 응용-기질의 이용범위 확대

생물체의 생육이나 대사물질의 생산에 이용할 수 있는 기질(substrate) 의 범위를 대사공학적 방법으로 확대한다. 대표적인 예는 치즈산업 부산물인 유당과 펄프산업 부산물인 자일로스의 이용률을 높이기 위한 연구이다. 효모인 *Saccharomyces cerevisiae*는 자일로스를 이용할 수 없지만 자일로스를 자일리톨로 환원시키는 xylose reductase 유전자를 세포내로 도입함으로써 자일로스를 이용하여 자일리톨을 생산할 수 있다.

(3) 대사공학 기술 응용-유해한 물질에 대한 저항성 향상

미생물을 이용한 유해물질의 분해는 화학적인 처리나 연소등 기존의 방법들을 대체할 수 있는 새로운 대안으로 부각되고 있다. 분자 생물학, 미생물학, 유전학 등의 발전은 미생물이나 효소를 이용한 유해물질의 처리에 대한 연구를 가속화시키고 있다. 예를 들어 대장균의 세포벽에 중금속 흡착 단백질인 metallothionins을 발현시켜 카드뮴 이온의 제거율을 15~20 배 정도 높일 수 있다는 보고가 있다.

(4) 대사공학 기술 응용-신규물질의 생산능력 부여

이 분야는 대사공학의 연구 분야 중 가장 광범위하게 연구되고 있다 원균주에서 생합성 할 수 없는 물질을 생산하기 위해 외래 유전자를 세포내로 도입하여 원균주의 생합성 기구들을 이용하여 신규물질을 고농도로 생산한다. 목표 대사물질로는 항생제, 자일리톨과 같은 당알코올, 생체고분자를 비롯한 여러 가지 유기물질의 생산에 응용되고 있다. 대장균은 styrene을 styrene oxide로 전환시키지 못하지만 *Pseudomonas* sp. 유래의 styrene mono oxygenase 유전자를 세포내로 도입함으로써 styrene oxide를 효과적으로 생산할 수 있으며, 이와 같은 방법은 복잡하고 위험성이 높으며 여러 단계로 구성되어있는 화학적인 합성방법을 안전하고 위험도도 낮고, 짧은 단계로 구성되는 생물학적 공법이 도입된 신규 대체 공정으로 활발히 연구 및 발전되고 있다.

(5) 대사공학 기술 응용-기타 세포 특성의 변화

균체 생육속도, 목표 대사물질의 생합성 속도, 내삼투압성, 내열성 등을 향상시키기 위해 세포의 생리적 특성 변화가 시도되고 있다. 재조합 유전자 기술을 이용하여 세포의 생리적 특성을 우리가 원하는 방향으로 변경시키는 과정이다.

대사공학의 응용은 위의 범주 중 하나에 속하는 것보다 여러 가지 범주가 복합되는 경우가 대부분이다. 예를 들어 섬유소 자원의 주성분인 자일로스로부터 에탄올이 생산되는 과정에는 *S. cerevisiae*나 *Zymomonas mobilis*가 사용된다. 자일로스를 이용할 수 있는 야생효모(예, *Pichia stipitis*)는 에탄올의 수율과 내성이 낮고 반대로 자일로스를 이용 못하는 *S. cerevisiae*는 에탄올의 수율과 내성이 높다. 그러므로 자일로스 이용 효모에서 자일로스 대사 관련 유전자를 *S. cerevisiae*에 발현시키면 자일로스에서 에탄올을 고농도로 생산할 수 있다. 그리고 *Z. mobilis*에 *Klebsiella* 또는 *Xanthomonas*의 자일로스 이용 효소인 xylose isomerase와 xylulokinase 유전자를 발현시켜 자일로스와 포도당으로부터 에탄올의 전환을 각각 이론 수율의 86%와 94%로 생산했다는 보고가 있다.

2절 발효산업의 분류

통계청의 산업 분류를 보면 발효산업은 별도로 분류하지 않고있으며, 생물체가 관여하는 전체 산업 분야를 통칭하여 바이오산업(Biotechnology-Based Industry 또는 Bioindustry)으로 분류하고 있고, 바이오산업을 '바이오기술(Biotechnolgy)을 바탕으로 생물체의 기능과 정보를 활용하여 인류가 필요로 하는 유용한 물질과 서비스를 생산하는 산업'으로 정의하고 있다.

※ 바이오산업 분야 : 생물의약, 생물화학, 바이오식품, 생물환경, 바이오에너지 및 자원, 생물전자, 생물공정 및 기기, 생물검정.정보개발서비스 및 연구개발 등 8개 분야를 포함하고 있음(통계청).

[표 1-1-1] 우리나라 바이오산업 분류 코드 국가표준(KS M 1000)

분 야	범 위
바이오의약산업	1010 항생제 1020 항암제 1030 백신 1040 호르몬제 1050 면역제제 1060 혈액제제 1070 성장인자 1080 신개념치료제 1090 진단키트 1100 동물약품 1000 기타 바이오의약제품
바이오화학산업	2010 바이오고분자 2020 산업용 효소 및 시약류 2030 연구 실험용 효소 및 시약류 2040 바이오화장품 및 생활화학제품들 2050 바이오농약 및 비료 2000 기타 바이오화학제품
바이오식품산업	3010 건강기능식품 3020 아미노산 3030 식품첨가물 3040 발효식품 3050 사료첨가제 3000 기타 바이오식품

바이오전자산업	5010 DNA칩 5020 단백질칩 5030 세포칩 5040 바이오센서 5050 바이오멤스 5000 기타 바이오전자제품
바이오공정 및 기기산업	6010 바이오반응기 6020 생체의료기기 및 진단기 6030 바이오공정 및 분석기기 6040 공장 및 공정설계 6000 기타 바이오공정 및 기기
바이오에너지 및 자원산업	7010 바이오연료 7020 인공종자 및 묘목 7030 실험동물 7040 유전자변형 동식물 7000 기타 바이오에너지 및 자원
바이오검정, 정보서비스 및 연구개발산업	8010 바이오정보 서비스 8020 유전자관련 분석서비스 8030 단백질관련 분석서비스 8040 연구개발 서비스 8050 바이오안전성 및 효능평가 서비스 8060 진단 및 보관서비스 8000 기타 바이오검정, 정보개발 서비스

발효산업(Fermentation Industry)은 이들 바이오산업 분야 중에서 미생물을 이용하는 산업 혹은 생물반응기(Bioreactor)를 이용하는 산업으로 정의할 수 있으며, 전체 바이오산업 시장에서 발효가 차지하는 비중은 나라마다 다르겠지만 발효 기술이 앞서있는 것으로 평가되는 일본의 경우 높은 비중을 차지하고 있다. 학문적인 의미에서의 발효는 혐기적인 조건하에서 미생물을 이용하여 기질을 우리가 원하는 대사물질로 전환시키는 작용 혹은 미생물이 전자전달체를 환원할 때 발생하는 에너지(ATP)를 이용하여 생육하면서 수행하는 대사작용을 의미한다. 산업적인 의미에서의 발효는 미생물을 이용하는 모든 경제적인 활동을 의미한다고 할 수 있다.

발효로 만들어지는 대표적인 제품은 아래의 표에서와 같이 양조식품, 양조주 등의 발효식품과 대사물질, 건강소재, 유도체 등의 발효산물, 효소, 식량 및 에너지 분야로 나눌 수 있으며, 미생물의 생리적 활성을 이용한다는 측면에서 환경관련 분야도 발효산업으로 포함시킬 수 있을 것이다.

[표 1-1-2] 발효산업의 분류

종류	중분류	대표적제품	참고사항
발효 식품	양조 식품	농산(대두, 채소, 곡류) 수산(젓갈, 식혜), 축산(유제품)	양조식품
	양조주	곡주, 과실주(포도주), 맥주	
발효 산물	1차대사 물질	아미노산계, 핵산계, 유기산계	생존물질
	2차대사 물질	항생물질, 색소, 독소, 알칼로이드	비생존물질
	건강 소재	프로바이오틱스, 비타민, 과당류, 다당류	
	유도체	아미노산계, 핵산계, 유기산계	
효소		식용, 의약용, 공업용, 제한효소	
식량 및 에너지	식사료	단세포단백(SCP), Microalgae	Safety
	바이오에너지	알코올(메탄올, 에탄올, 부탄올) 대체에너지(바이오 수소, 디젤)	
생물환경		생물학적 폐수처리 등	

* 출처 : 임번삼, 식품기술, 발효산업의 현황과 발전방안(2004)

3절 발효산업의 현황과 전망

1. 바이오 산업 동향

바이오산업은 의약, 식품, 화학 전자 등 그 분야가 다양하고 새로운 현태의 업체가 수시로 등장하는 등의 특징이 있어 본 교재에서 다루고자하는 발효 산업도 그 한계를 명확히 설정하기 어려운 점이 있다. 따라서 본 교재에서는 바이오산업 전반에 걸쳐 현황과 전당을 리뷰하고, 개별적인 발효산업에 대해 살펴보기로 하겠다.

생명체의 기능을 활용하는 바이오산업은 다음과 같은 특징을 갖는다.

① 고부가가치를 창출하는 지식기반 사업이다.
: 고부가가치를 창출하는 지식기반산업으로 바이오의약품의 경우 부가가치 비중이 50%를 넘는 제품도 있다.

② 고성장이 전망되는 첨단기술산업이다.
: 첨단기술산업 중에서 고성장이 전망되는 미래 유망산업으로 미국의 DRI사는 2000년대 바이오산업의 연평균 증가율을 20%대로 전망하고 있다.

③ 인간과 환경에 적합한 산업이다.
: 인간 및 환경에 적합한 산업이며, 의료 · 식량 · 환경 등 난제해결로 인한 삶의 질을 높이고 복지수요 충족이 가능한 산업이다.

④ 우리나라 여건에 적합한 산업이다.
: 부존 자원이 부족하고 고급 인력 및 지식을 활용하므로 우리나라의 여건에 적합하며, 국제경쟁력 강화로 catch-up이 가능한 산업으로 평가된다.

⑤ 바이오테크놀러지 적용 여부에 기초하는 새로운 산업이다.
: 제품베이스로 분류하는 기존산업에 비해 생물공학기술 적용여부에 기초하는 Technology-based Industry로 타 산업과는 특성이 다른 새로운 형태의 산업이다.

⑥ 표준산업분류가 되어 있지 않다.
: 화학 · 의약 · 식품 · 환경 · 전자 등 응용분야가 매우 다양하고, 정의 및 범위 적용이 각국마다 조금씩 상이해 현재까지 표준산업분류가 되어 있지 않은 산업 분야이다.

세계 각국은 바이오산업의 성장과 발전 추세에 대비하기 위하여 바이오산업을 국가 전략산업으로 선정하여 집중적으로 육성 중에 있다. 미국이 세계 최선두국가로서 활성도의 절반 정도이고, 발효의 선진국인 일본도 국가차원에서 육성하고 있으며, 유럽은 공동 협력 및 국가 간의 경쟁을 병행하면서 미국 및 일본에 뒤떨어지지 않기 위해 노력 중에 있다. 개발도상국 및 저개발 국가도 국가 전략산업으로 집중 육성하고 있는 실정이다. 2000년 이후에 Post-Genome 시대에 진입하면서 바이오산업의 응용범위는 기존의 의약품, 식품분야 중심에서 화학, 농업, 에너지, 전자, 환경 분야 등으로 다양하게 확대되고 있는 실정이다.

1990년대 바이오 산업 분야의 세계 시장 규모는 1993년에 100억 달러를 기록하여 새로운 산업으로서의 성장 가능성을 제시하였으며, 2000년 540억 달러 규모로 성장하였다. 2000년~2005년 기간 동안 바이오 산업 분야의 세계 시장 규모는 연평균 11%의 성장률로 증가하고 있는 것으로 추정되며, 이러한 성장속도로 성장한다면 2010년 이후에는 반도체 산업의 시장 규모를 추월할 것으로 예상된다.

[표 1-1-3] 바이오산업 세계 시장 규모 현황 및 전망

(단위 : 억 달러, %)

세계 바이오산업 시장규모			연평균 증가율		
2000	2005	2010	2000~2005	2005~2010	2000~2010
540	910	1,540	11.00	11.10	11.05

*자료 : 산업연구원 추정자료

각 나라별로 살펴보면, 미국은 바이오산업 발전 국가로서 기초 및 산업 기반이 튼튼하며, 대학 연구소 기업간 정보 흐름이 자유로운 바이오 산업 분야의 세계 최강국이다. 2007년도 미국의 바이오산업분야 수입 규모(Revenues)는 684억 달러, 제품 매출액 규모는 556억 달러로 성장한 것으로 추산된다.

[표 1-1-4] 미국의 2007년도 바이오산업 현황

(단위 : 억 달러, 개사, 명, %)

구 분	내 용	상장기업(PublicCompanies)			산업체 합계(IndustryTotal)		
		2007년	2006년	증감율	2007년	2006년	증감율
재정부문 (Financial)	제품 매출액	533	479	11.2%	556	503	10.6%
	수입	652	586	11.3%	684	619	10.6%
	연구개발비	258	244	6.0%	300	286	4.9%
	순손실	3	56	-95.1%	36	91	-59.8%
산업부문 (Industry)	시장가치	3,707	3,898		-	-	-
	총파이낸싱	158	170		213	203	4.8%
	상장기업수	22	20		22	20	10.0%
	기업 수	386	366		1,502	1,510	-0.5%
	종업원수	145,300	141,200		195,500	192,700	1.5%

자료 : Ernst & Young, Beyond Borders : Global Biotechnology Report 2008, 2008년

일본의 경우는 발달된 발효 기술을 기반으로 바이오산업 발전을 추진 중이며 미국과 유럽에 뒤처지지 않으려고 노력 중이다. 일본은 정부 주도로 바이오 산업을 육성 중이며 2007년도 일본 바이오산업 총시장 규모는 2조2,992억엔 규모로 성장하였다.

[표 1-1-5] 일븐의 2007년도 바이오 산업 현황

(단위 : 억 엔)

구 분	내 용	시 장 규 모	
		2006년	2007년
바 이 오 제 품	유전자조작제품	13,785	15,881
	세포융합제품	1,001	991
	세포배양 제품	345	355
	소 계	15,141	17,227
바 이 오 관련상품 및 서비스	의약 · 정밀화학제품	1,671	1,808
	기기 · 시약	1,317.5	1,325.5
	생물정보 · 서비스 ·	1,287.5	1,293
	센서 · 환경 · 기타	1,331	1,338.5
	소 계	5,607	5,765
합 계		20,748	22,992

자료 : 일본 BP사, 일경바이오연감 2008, 2007년 12월

유럽의 경우는 유럽연합을 중심으로 회원국 간의 협력 및 경쟁을 병행하고 있으며, 2007년도 유럽 바이오산업 수입은 134억 유로 규모로 2006년에 비해 7% 감소한 수준이며, 1470 여개 이상의 회사가 바이오산업분야에 참여 중이다.

[표 1-1-6] 유럽의 2007년도 바이오산업 현황

(단위 : 백만 유로, 개사, 명, %)

구 분	내 용	상장기업(PublicCompanies)			산업체 합계(IndustryTotal)		
		2007년	2006년	증감율	2007년	2006년	증감율
재정부문 (Financial)	수입	9,446	10,079	-6%	13,352	14,360	-7%
	연구개발비	3,332	3,124	7%	6,309	6,112	3%
	순손실	1,233	592	108%	2,654	2,406	10%
산업 (Industry)	시장가치	58,309	63,215	-8%	-	-	-
	기업 수	181	159	14%	1,744	1,748	-0.2%
	종업원 수	47,720	44,881	6%	81,947	79,384	3%

자료 : Ernst & Young, Beyond Borders : Global Biotechnology Report 2008, 2008년

한편 2008년도 국내 바이오산업 생산 규모는 4조 5,120억 원으로 전년도에 비해 21.4% 증가하였다. 하지만 이는 전세계 바이오산업 시장의 5%를 밑도는 수치로서 세계시장에서의 우리나라 전체 산업 비중으로 볼 때 아직은 적은 규모라고 판단할 수 있으며 또한 앞으로 발전가능성이 높다는 것을 의미하기도 한다.

[표 1-1-7] 국내 바이오산업 총 수급규모 동향

(단위 : 십억 원, %)

연도	공 급				계	수 요			
	생 산		수 입			내 수		수 출	
	금 액	비 중	금 액	비 중		금 액	비 중	금 액	비 중
2006	3,159	77.2	935	22.8	4,095	2,744	67	1,350	33
2007	3,713	78.4	1,020	21.6	4,743	3,263	69	1,471	31.1
2008	4,512	79.7	1,146	20.3	5,658	3,755	66	1,903	33.6

자료 : 지식경제부 기술표준원/산업연구원/한국바이오산업협회, 2006년도 국내 바이오산업 통계조사

분야별로 생산 비중을 살펴보면 바이오의약(44.9%)과 바이오식품(30%)이 대부분을 차지하고 있으며 바이오 화학(6.1%), 바이오 공정 및 기기(5.9%), 바이오 검정, 정보서비스 및 연구개발(5.6%), 바이오환경(4.7%)의 순이다.

[표 1-1-8] 바이오산업분야별 국내 판매액, 수출액 및 수입액

(단위 : 십억 원, %)

구 분	생산				내수				합계
	국내판매	수출	계	점유율	국내판매	수입	계	점유율	
바이오의약	1,464	560	2,024	45%	1,464	846	2,310	62%	2870
바이오화학	227	50	277	6%	226	91	317	8%	368
바이오식품	413	942	1,355	30%	413	21	434	12%	1377
바이오환경	203	11	214	5%	203	3	206	5%	217
바이오전자	26	36	62	1%	26	1	27	1%	63
바이오공정및기기	81	183	264	6%	81	169	250	7%	432
바이오에너지및자원	63	0	63	1%	63	16	79	2%	79
바이오검정,정보개발 서비스및연구개발	129	121	250	6%	129	0.2	129	3%	251
합계	2,606	1,903	4,509	100	2,605	1,147	3,752	100	5,659

자료 : 지식경제부 기술표준원/산업연구원/한국바이오산업협회, 2006년도 국내 바이오산업 통계조사, 2008년

국내의 바이오산업은 DNA, 단백질, 세포 등 생명체 관련기술을 직접 활용하여 제품과 서비스를 생산하는 신산업으로 바이오 의약품, 유전자변형생물체, 바이오에너지 등의 다양한 제품이 이에 해당하며, 이 분야에 대한 연구개발은 의약부문에서 가장 활발하며 점차 농업을 거쳐 산업으로 나아가는 추세로 진행 중이다.

2005년을 기준으로 국내 바이오산업 시장 규모 생산 2.6조 원으로 GDP 약 0.32% 차지하고 있으며, 그 중 내수가 2.1조 원 정도이다. 수출은 1.2조 원으로 세계시장의 약 2.2% 점유하고 있으며, 주요 수출시장으로는 중국(35%), 미국(25%), EU(15%), 일본(10%) 등이다.

바이오산업은 기술발전의 증가에 따른 성장률이 타 산업보다 매우 높은 산업으로서 세계 바이오산업의 시장규모는 연평균 11% 이상의 높은 성장률을 보이고 있으며

우리나라도 최근 5년간 바이오산업 연평균 성장율이 21.5%수준으로 고성장세를 지속하고 있다. 최근 3년간 국내 바이오산업의 수급규모 성장률을 감안하면 향후에도 연평균 20% 이상의 고성장 예상되며, 2010년 국내시장 60억 달러 규모로 확대되어 전세계 바이오산업 시장 1,540억 달러의 3.9% 점유할 수 있을 것으로 전망된다.

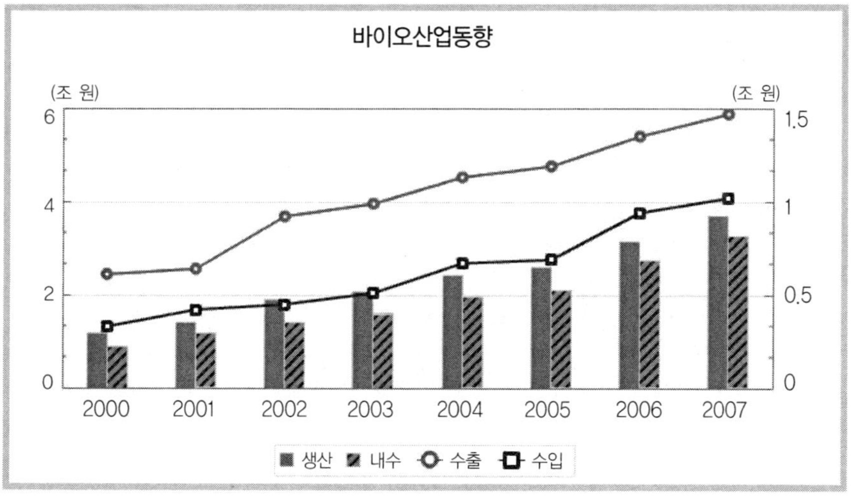

[그림 1-1-5] 국내 바이오 산업 동향
출처 : 한국바이오산업협회 「국내바이오산업 실태조사」

[표 1-1-9] 바이오산업 동향

(단위 : 조 원)

	1997	1998	1999	2000	2001	2002	2003	2004	2005	2006	2007
생산	0.59	0.82	0.91	1.18	1.40	1.89	2.08	2.42	2.61	3.16	3.71
내수	0.43	0.51	0.67	0.90	1.18	1.42	1.60	1.96	2.11	2.74	3.26
수출	0.30	0.48	0.45	0.61	0.64	0.92	0.99	1.13	1.19	1.35	1.47
수입	0.14	0.17	0.21	0.33	0.42	0.45	0.51	0.67	0.69	0.94	1.02

*출처 : 한국바이오산업협회 '국내 바이오산업 실태조사'

국내 바이오산업의 기술은 아직 선진국에 비해 많이 부족한 수준이지만, 잘 정비된 정보화 인프라와 국내 고급 인력의 지적활용 능력을 배가시킨다면 핵심 성장산업으로 발전할 가능성이 높은 것으로 판단된다. 특히 미생물을 이용하는 발효산업 분야는 선진국에 비해 그 격차가 많이 벌어지지 않았으며, 기술개발이 뒤따라 준다면 국제 시장에서 주도적인 위치를 차지할 수 있을 것으로 예상된다.

2. 국내 발효산업 동향

우리나라의 발효산업 중 발효의약품산업과 발효식품산업의 현황과 전망에 대해 알아보고자 한다. 발효의약품산업은 미생물 기술을 많이 이용하는 의약용 단백질 시장 현황에 대해 알아볼 것이며, 또한 발효식품산업은 크게 장류, 김치류, 유발효제품, 젓갈류, 발효 주류로 나누어 다룰 것이며, 유발효제품은 발효유와 요구르트, 치즈에 대해, 발효 주류는 맥주, 포도주, 약주, 탁주에 대해 다룰 것이다.

(1) 의약용 단백질 시장 현황 및 전망

각종 의료용 효소나 항생제 등 고부가가치 제품생산에 커다란 진전이 예측된다. 예를 들어, 의약용 단백질의 경우 바이오산업의 40% 정도(2004년 460억 달러 시장)를 차지하는 고부가 가치의 산업이다. 미생물을 의약용 단백질의 생산 시스템으로 사용하는 경우, 대량생산이 가능하며, 혈액이나 인체 조직을 이용하는 경우에 비해 HIV나 간염 바이러스 혹은 잠재적임 암 유발 인자 등의 유해 인자의 잔류 가능성이 없이 안전하게 생산할 수 있다는 장점이 있다. 하지만 일반적으로 이들 의약용 단백질은 미생물에서 발현 효율이 낮고, 인체 내에서 정상적으로 기능을 하기 위해 필요한 '번역 후 수식(post-translational modification)'이 제대로 이루어지지 않는다는 문제점이 있다. 이러한 문제점들을 해결하기 위하여 신규 고발현 시스템 개발, 유전체 정보 기반의 고기능 숙주세포 재설계, 고성능 생산 균주의 대량 배양에 관한 분자 생물공정 기술 개발 등이 이루어지고 있다.

미생물에 의한 의약용 단백질 생산에서의 '번역 후 수식' 문제를 해결하는 사례로서 빈혈치료제로 사용되는 erythropoietin(EPO)을 들 수 있다. EPO는 단백질에 당구조물이 결합된 당단백질로서 시알산이라는 당이 많이 결합될수록 인체 내에서 안정성이 높아져 높은 효능을 발휘한다. 이를 위해 미생물로부터 분리된 시알산 전이 효소(sialyltransferase)에 의해 시알산을 결합시키는 연구가 진행되고 있다. 의약용 단백질에 당 구조물을 결합시키는 당전이 기술(glycosylation)은 의약용 단백질 생산에 있어서 매우 중요한 기술로 평가되고 있고, 현재 많은 연구가 진행되는 분야이다. 최근 Merck 사는 효모를 이용한 인체형(glycosylation-based) 당단백질 생산 기술을 보유한 GlycoFi사와 항체 공학 기술을 보유한 Abmaxis사를 동시에 인수하여 항체 제품 개발 능력을 더욱 확충한 것이 이들 기술의 중요성에 대한 사례라 할 수 있다.

아래의 표는 세계 시장에서 블록버스터 제품군을 형성하는 주요 의약용 단백질 제품 사례이다.

[표 1-1-10] 주요 바이오의약품 계열의 판매 순위 및 현황

– 1조 원 이상의 블록버스터 제품은 밑줄과 *로 표시

순위	주요 계열	2005 매출 (억달러)	주요 제품(브랜드)
1	EPO (erythropoietins)	108.5	Aranesp*, procrit*, Epogen*, Neo-Rcormon* 등
2	항-TNF-alpha 항체	76.4	Enbrel*, Remicade*, Humira* 등
3	인슐린	72.1	Humalog*, Humulin*, Lantus, Levmir, Noverapid 등
4	항암 항체	67.7	Rituxan*, Herceptin*, Avastin*, Erbitux 등
5	G-CSF	37.8	Neulasta*, Neupogen*, Neutrogin
6	인터페론 베타	37.7	Avonex*, Rebif*, Betaferon/Betaseron*
7	인간성장호르몬	23.1	Genotropin, Norditropin, Humatrope, Nutropin 등
8	항응고제	21.9	Novoseven, Kogenate, Refacto, Benefix 등
9	인터페론 알파	21.1	Pegasys*, Pegintron*, Intron A 등
10	효소 치료제	12.5	Cerezyme*, Fabrazyme, Aldurazyme 등
11	항 바이러스 항체	11.0	Synagis*
12	FSH 호르몬	9.7	Hormones Gonalf, Puregon 등
	총 합계	499.5	

– La Merie S.L 시장보고서 2006

국내 의약용 단백질 제품의 대표적인 성공 사례는 녹십자와 LG의 재조합 B형 간염 백신이 있으며, 당뇨병 치료제인 인슐린의 수입판매를 시작으로 인터페론, 성장호르몬, EPO, 콜로니자극인자 등이 국내 자체 기술로 개발되어 시판되고 있다.

[표 1-1-11] 국내에서 판매되고 있는 의약용 단백질 제품

재조합단백질	개발사 및 상품명	기능	비고
B형 간염백신	녹십자, LG, 생명과학, CJ	B형 간염예방	독자기술
인슐린	녹십자, 대웅제약, 종근당, 보령제약	당뇨병치료제	수입판매·개발중
인간성장호르몬	LG 생명과학, 동아제약, 녹십자	왜소증치료제	독자기술
GM-CSF	LG 생명과학	항암보조제	독자기술
G-CSF	동아제약, 녹십자	항암보조제	독자기술
인터페론 알파	LG 생명과학, 동아제약, 녹십자, CJ	항암보조제	독자기술
인터페론 감마	CJ, LG 생명과학, 동아제약	항암보조제	독자기술
EPO	대웅제약	빈혈치료제	독자기술
상피세포성장인자	녹십자, 동국제약	당뇨성궤양	독자기술
PTH	동아제약	골다공증치료	독자기술·개발중
FSH/LH	이수엡지스	불임치료제	개발중
혈소판응집억제단일항체	녹십자	심혈관질환	임상중
Factor VII & IX		혈우병치료제	개발중

자료 : 한국보건산업진흥원, 재조합 단백질 의약품 시장동향, 2005. 2, p. 13.

이러한 기술의 발전에 따라 고부가가치의 의약용 단백질의 시장은 더욱 확대될 것으로 예측되며, 미생물이 관여하는 비중도 확대될 것으로 예측된다.

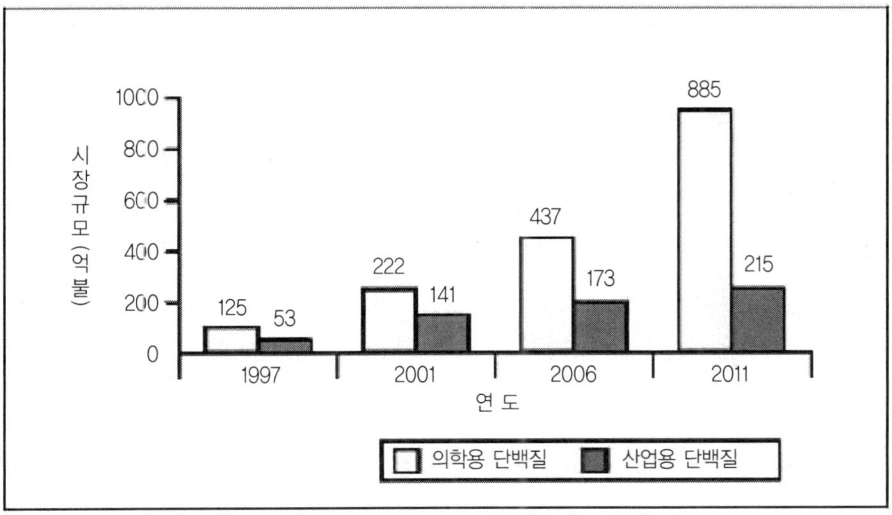

[그림 1-1-6] 연도별 단백질 제품 세계 시장 규모(산자부 산업기술개발 사업보고서 인용)

(2) 국내 발효식품의 현황과 전망

2008년도에 발표된 '식품산업 발전 종합대책'에서는 김치, 고추장, 된장, 간장, 젓갈류, 천일염 등의 6대 전통 발효식품을 체계적으로 육성하기 위하여 과학화, 세계화 할 것을 제안하고 있다. 그만큼 우리의 전통 발효식품은 국내외적으로 시장의 가치가 크며 발전 가능성을 갖고 있다고 평가된다.

1) 우리나라 장류의 소비 현황과 전망

장류는 동양에 고유한 대두 발효식품으로서 3세기경부터 이용되어 왔으며, 현재 국내에서는 간장, 된장, 고추장을 막론하고 재래식과 개량식의 제품이 가정생산 또는 공장생산의 형태로 공급되고 있다. 지금은 재래식에 비해 개량식의 비율이 현저히 늘어났으며, 사실상 재래식은 일부에서만 이용하고 있다고 할 수 있다.

각종 장류의 개인별 소비량은 수십 년 전에는 1인당 1일 평균 간장 20ml, 된장 20g, 고추장 10g으로 추정하였으나, 연도에 따라 많은 변동이 있으며, 염분 섭취의 감소 추세에 따라 점점 감소하는 경향을 보이고 있다. 장류의 소비는 도시와 농촌지역으로 구분하여 비교하면 농촌이 도시에 비해 더 많은 양의 장류를 소비하고 있다. 이러한 결과는 농촌보다는 도시에서 고추장이나 된장의 소비량이 줄고 있는 반면 이들이 서양의 마요네즈, 케첩, 맛소금과 같은 새로운 조미식품으로 대체되거나 장류를 필요로 하지 않는 가공식품의 소비가 증가하고 있기 때문으로 추정된다.

소득증대 및 식생활 향상으로 인해 인스턴트식품, 서구화된 식품의 비중이 점차적으로 커지고 있다. 따라서 서구식 조미식품인 마요네즈, 케첩 등의 소비가 증가하고 있다. 이들과 재래식 조미료인 장류와의 선호도를 조사해보니 서구식 조미식품을 더 선호하는 응답자가 1/3로 나왔다. 그 이유는 양식을 많이 먹기 때문, 장류처럼 짜거나 맵지 않기 때문, 식구들의 기호성 때문으로 드러났다. 이 결과로 볼 때 도시인들의 기호가 서구적인 조미식품으로 많이 바뀌고 있음을 알 수 있다.

그러므로 우리는 장류의 소비를 유지하거나 늘리기 위해서 장류의 짜거나 매운 맛을 줄여 기성세대 뿐 아니라 어린이와 청소년의 입맛에도 맞게끔 변화를 해가야 할 것이다.

간장은 분류기준에 따라 여러 가지로 구분할 수 있다. 제품 형태별로는 양조간장(TN〉0.7-0.8%, 순ex〉7-8%), 화학간장(TN〉0.7-0.8%, 순ex〉12-13%), 혼합간장(TN〉0.8-1.2%, 순ex〉10-12%)으로 분류하고, 숙성 햇수에 따라서는 진간장(5년),

중간장(3-4년), 묵은장(1-2년)으로 분류하며, 사용원료에 따라서는 한식(콩+*Bacillus* sp.), 일본식(대두+전분+*Aspergillus* sp.) 어간장(어육의 자기분해) 등으로, 제조법에 따라서는 재래식, 개량식, 화학분해식 등으로 구분한다.

최근에는 발효기술의 발전에 따라 개량형 간장이 속속 등장하고 있다. 신식간장 1호는 양조 간장박을 발효시킨 것이며, 신식 2호는 산분해간장에 국균(Koji)을 첨가 발효하여 향미를 부드럽게 개선시킨 것이다. 어느 것이든 숙성시간을 줄이고, 관능성을 높이려는 것이 핵심이다.

수산발효로 만드는 어간장은 동남아에서 잘 발달되어 있다. 베트남과 캄보디아의 Nuoc-mum, 태국의 Nampla, 필리핀의 Patis가 대표적인 제품이다. 우리나라에서는 액젓(까나리, 멸치, 새우 등)이, 유럽에서는 멸치소스(anchovy sauce)가 대표적이다.

웰빙 붐에 힙입어 등장한 무염간장은 소디움(Na)의 섭취를 줄일 목적으로 만든 것이다. 산분해간장은 반드시 소금이 발생하지만, 염산 대신 황산으로 분해 후 탄산칼슘으로 중화하여 석고를 제거하면 나머지는 물과 이산화탄소로 바뀌어 비산된다. 이 밖에도 염분(>17%)을 8% 이하로 감소시키려는 실험들이 활발히 진행되고 있다.

$$2HCl + Na_2CO_3 \rightarrow 2NaCl + H_2O + CO_2 \text{(산분해시)}$$

$$H_2SO_4 + CaCO_3 \rightarrow CaSO_4 + H_2O + CO_2 \text{(무염간장)}$$

된장은 한국식과 일본식으로 나뉘며, 최근에 개량식이 각광을 받고 있다. 한국식은 콩을 삶아 만든 메주를 천정에 매달아 놓으면 많은 공기 중의 천연미생물들이 날아와 콩단백질을 펩티드나 아미노산으로 분해한다. 이것은 염수 속에 침지하여 일정기간 양조발효를 시키면 콩단백이 분해하면서 염수 중에 침출된다. 이것이 간장이 된다. 메주 찌꺼기는 모아서 장독에 소금과 함께 채우고 발효시키면 맛있는 맛된장이 된다. 이 밖에도 속성용 막장을 비롯하여, 토장, 즙장, 담뿍장, 쌈장 등이 있다. 숙성시간을 1~3개월로 단축하기 위한 개량형 된장은 쌀, 국균, 삶은 콩, 소금을 혼합하여 동시에 숙성시킨 것이다. 개량국을 이용하기 위해 된장 볼(tama koji) 및 살국(bara koji)을 사용하기도 한다.

고추장은 전통식, 개량식, 응용식이 있다. 전통식은 모든 원료를 혼합한 후 고초균으로 발효시키는 방식이다. 깊은 맛이 우러나지만, 붉은 색이 발효 과정에서 퇴색하여 검붉게 변한다. 반면, 개량식은 고추분을 제외한 원료를 혼합 · 발효한 후, 고추분은 제품화하기 전에 첨가한다. 따라서 색깔은 붉고 곱지만, 맛의 조화가 떨어진다. 응용식은 밀가루와 찹쌀에 코지균(*Aspergillus oryzae*)를 접종 · 발효한 것으로 양조시간이 단축되므로 공업화에 유리하다.

청국장은 40~42℃에서 2~3일간 속성 발효시킨 것으로, 한국식은 고초균(*Bacillus subtilis*)을, 일본식은 낫토균(*Bacillus natto*)을 접종하여 만든다. 우리나라에서는 청국장으로 끓여 먹지만, 일본에서는 그대로 밥에 비벼 먹는다. 청국장에는 그램당 유용균이 10억 개 이상 존재하며, fibrinokinase가 노화 방지, 당뇨 예방, 혈전 용해 및 빈혈 예방을 하며, 뿐만 아니라 항암효과가 있고, 비만방지를 하며, 끈끈한 성분인 poly D-glutamate와 frutan은 간장해독 기능이 있는 것으로 알려져 있다. 개량품으로 분말제품(녹색식품), 유산균을 첨가한 캡슐형 제품, 생강과 무를 혼합한 담뿍장 등이 개발되어 있다.

2) 우리나라 김치류의 소비 현황과 전망

김치는 한국의 고유한 침채류로서 배추나 무에 여러 가지 재료를 첨가하여 젖산발효를 시킨 산발효 채소이다. 김치는 오랫동안 한국인의 식탁에서 중요한 부식으로 사용되어 왔고, 채소가 나오지 않던 겨울철에도 섭취할 수 있는 저장성 식품인 동시에 우리의 식욕을 돋우게 하는 기호식품으로 널리 애용되고 있다.

김치는 우리나라의 가장 대표적인 발효식품으로 식이섬유, 유산균, 비타민, 무기염류, 생리활성인자 등을 고루 갖춘 건강의 보고이다. 2001년 국제식품규격인 CODEX에 등재됨으로써, 마침내 세계식품으로 공식 인정을 받게 되어 앞으로 수요 증가가 예상된다. 현재 50여 종 이상이 있으며, 국내 총 수요는 5,000억 원(2003)에 달한다. 한편, 값싼 중국산이 2만 톤 이상(약 1,000억 원) 국내로 역수입된 것으로 추정되는데, 이는 우리가 일본에 수출하는 김치보다 중국산의 수입 비중이 더 커지고 있는 것이다.

한국인의 김치 소비량은 지역, 계절, 연령에 따라 다른데 일반적으로 한국 성인의 1일 김치 소비량은 여름철 50~100g, 겨울철 150~200g으로 추산하고 있다. 핵가족화 및 맞벌이 가정의 증가로 가정에서 김치 담그는 일이 줄어들고, 대기업들의 김치 사업 참여로 표준화되고 위생적인 제품들이 출시되면서 김치 시장은 급속히 확대되었고 고품질의 프리미엄급 제품들도 출시되고 있는 추세이다.

김치의 모방 제품인 일본의 키모치시장은 이미 일본내 절임류 시장의 15%(1조 3천억 원)를 점유한 것으로 추정되는데(2003). 이는 한국 김치시장의 3배에 해당하는 큰 규모이다. 여기에 우리 기업과 정부가 관심을 기울이고 김치에 대한 국제적인 대응책을 세워야 할 이유가 있다.

국내 기업의 대일 수출은 65개 사(자사 브랜드는 4개사)가 참여하고 있다. 2002년에 총 27,350톤(약 1,000억 원)을 수출하여, 일본 키모치 시장의 10%를 점유하고 있다. 수출가는 평균 2.77$/kg으로, 중국산의 7배에 해당한다. 대표적인 기업으로는 진미식품이 아키모토(秋本食品)에 20억 엔, 한국농산이 사이카(茉華)에 15억 엔을 수출한 것을 비롯하여, 정안농산이 산키(三輝), 아진식품이 무라타(村田食品), 삼진식품이 마루코시(丸越), 종가식품이 Marukyu, 건식식품이 미야마(三山食品), 삼진식품이 도쿄신고야(東京新高屋), 대상이 JUSCO 등에 수출하고 있다. 이 밖에도 일본기업 단독으로 수입하는 사례로는, 저가를 무기로 연간 49억 엔을 판매하는 히고(備後漬物)와 25억 엔을 판매 중인 나카가와(中川漬物)를 비롯하여, 유통망(세븐일레븐)을 가진 피클스사, 저가전략을 내세워 10억 엔의 매출을 올린 토카이(東海漬物) 등이 두각을 나타내고 있다.

한편, 중국에는 우리와 토질과 기후가 비슷한 산동성, 복건성에 한국과 일본 기업들이 진출하여 저가품을 생산하여 한 · 일 양국시장을 공략하고 있어 우리의 대응이 요구된다. 일본의 미야마(美山), 코쇼(光商), 사이카(茉華) 등과 조선족을 앞세운 한국기업들이 한국식 또는 일본식 김치를 생산 · 수출하고 있는 것이다. 일본에 대한 수출은 2002년의 2천 톤에서 2003년에는 7천 톤이 넘어선 것으로 추정된다. 수출가는 0.38$/kg으로 한국 수출제품의 1/7 수준이다. 이는 저렴한 채소(한국의 1/3)와 인건비(한국의 40%)에 기인하는 것이다.

하지만 김치의 종주국인 우리나라는 오랜 김치 제조역사에도 불구하고 공장에서 대량으로 생산되는 김치의 역사는 시작단계이다. 이에는 생산기술공정의 개선, 원료의 확보, 유통관리 및 저장성의 연장 등이 해결해야 할 과제이다. 또한 수출을 증진하기 위한 저장성의 연장과 포장개발이 필요하다. 우리나라의 김치수출실적은 일본시장에 편중되고 있어서 미국, 유럽인들의 입맛에 맞는 다양한 종류의 김치개발을 통한 수출 증대로 김치의 국제화를 이루어야 할 것이다. 따라서 김치의 대량생산 즉 김치의 산업화를 위해서는 계절에 따른 원재료의 규격화 및 중국 등에서 수입되는 원재료들의 품질관리가 필요하다. 또한 생산 공정의 기계화 개선을 통하여 표준화된 맛과 품질을 갖는 김치제품생산이 요구된다.

③ 우리나라 젓갈류의 소비 현황과 전망

젓갈은 부패되기 쉬운 생선, 조개류 등에 저장성을 부여하기 위하여 고농도의 소금 절임을 하고 저온에서 발효시킨 일종의 염장 발효 식품이라 할 수 있으며, 저장성이 우수하고 고유한 향미와 영양가를 가지며 소규모로 만들 수 있어 비교적 가격이 저렴하다는 장점을 가져, 우리나라에서 오래전부터 반찬 뿐만 아니라 김치 제조의 부재료로 널리 이용되어 왔다. 이러한 수산발효 식품은 해안선이 발달한 동남아시아를 중심으로 발전해 왔으며, 우리나라는 장류와 더불어 젓갈이 기원전 3세기부터 매우 다양하게 발달해왔다. 삼국사기(683)에 따르면, 젓갈은 어패류로 만든 식해류(食醢類), 육류로 만든 해류(醢類) 및 어패류와 갑각류의 알이나 내장으로 만든 청해(淸醢) 등으로 나눈다. 현재 국내에서 생산되는 젓갈류는 50여 종으로 이 중 멸치젓이 50% 이상을 차지한다. 그 뒤를 새우젓, 명란젓, 성게알젓, 조개젓 등이 따른다.

우리나라에서 젓갈류의 생산 현황 및 종류는 연도에 따라 많은 기복을 보이는데, 이는 원료의 어획량과 수출 여부에 따라 일어나는 현상이라 볼 수 있다.

그러나 기존의 재래식 방법으로 제조되는 젓갈은 다량의 식염첨가로 짠맛이 강할 뿐만 아니라 숙성 발효기간이 길어 상품으로서의 경제성이 떨어지고, 과다한 식염의 섭취가 고혈압 및 신장병 등을 유발시키는 원인 물질로 알려져 있어 보건 및 기호성 문제로 대두되고 있다. 이러한 문제점을 해결하기 위한 노력의 일환으로 국내에서는 단백질 분해효소 및 분해세균을 이용한 속성 발효 젓갈과 저염도 젓갈의 제조 및 상품화를 지속적으로 시도하고 있다. 또한 젓갈은 경험에 의존하는 생산방식 때문에 제품이 비과학적, 비위생적으로 생산 · 유통되고 있는 실정이므로 전통식품을 현대 식생활에 맞게 계승 발전시키기 위해서는 과학기술을 응용한 제반공정의 표준화 및 합리적 개선노력이 필요하다.

전통적인 제조법은 어패류에 20% 이상의 식염을 가하고 2~3개월 밀폐발효하면 젓갈을 얻을 수 있으며, 6~12개월 숙성하면 액젓이 된다. 이를 살균처리한 후, 적절한 처방으로 조미하여 상품력을 향상시킨다. 최근에는 식염의 과다 섭취를 줄이는 방안으로, 저염 조건에서 젖산발효에 의해 저염젓갈(염도〈18%)을 얻고 있다. 즉, 정어리육에 식염 10%와 젖산(0.5%, 솔비톨(6%), 에탄올(6%)을 첨가하여 2개월간 숙성시킨 것이 그 사례이다. 멸치(조기)젓의 경우, 멸치(조기)에 식염 4%, 젖산 0.5%, 솔비틀 4%, KCl 4%, 고추추출액 4%를 혼합하여 숙성하면 멸치젓(2개월)과 조기젓(3개월)이 만들어진다. 일본에서는 무염처리한 가다랑어(*Bonito katsuobushi*)를 알칼리 상태에서 발효하기도 한다.

젓갈 산업은 저염 또는 무염젓갈을 어떻게 공업적으로 저렴하게 생산하느냐 하는 것과 숙성시간을 어느 정도 단축시키느냐의 여부에 경쟁의 승패가 달려있다고 할 수 있다. 따라서 최근 다양한 속성 발효법(rapid fermentation process)이 시도되고 있다. 개량 어간장의 개발도 중요한 과제이다. 지금의 연구내용을 보면, 마쇄어육에 고지균(10%)과 향신료(고추분, 마늘분, 양파분 각 1%)를 넣고, 가열살균(55℃, 6h)을 한 후, 다시 대두단백(5%)을 가하고 살균(100℃, 20min), 농축한다. 여기에 최종적으로 식염(10%)을 가한다.

[표 1-1-12] 장류, 김치류, 젓갈류의 현황.

분류	품목명	생산현황(2007년)		출하현황(2007년)			
		생산량(T)	생산액(천원)	출하량(T)	출하액(천원)	수출량(T)	수출액($)
김치, 젓갈류 (김치·절임 식품)	배추김치	292,390	493,381,833	261,279	471,724,053	19,816	61,170,727
	기타김치	72,116	127,294,800	65,011	124,326,931	535	1,934,176
	젓갈류	112,171	209,153,398	96,733	199,431,796	2,557	15,237,065
	절임류	212,850	256,723,679	189,128	247,760,478	2,981	4,674,589
	계	689,527	1,086,553,710	612,151	1,043,243,258	25,889	83,016,557
장류	한식간장	23,668	21,705,702	18,423	35,804,216	404	704,527
	한식된장	4,232	8,232,344	2,354	5,864,416	54	170,759
	된장	137,356	100,032,681	94,021	112,015,449	3,305	3,476,923
	고추장	157,948	211,028,839	143,068	307,603,496	6,912	14,143,652
	춘장	14,514	15,425,956	14,419	15,731,043	276	326,368
	청국장	8,262	26,726,756	7,951	27,952,372	46	363,265
	과실양조식초	27,311	42,090,206	19,468	37,045,237	140	145,101
	곡물양조식초	26,436	21,647,260	25,386	21,205,426	89	157,603
	계	399,727	446,889,744	325,090	563,221,655	11,226	19,488,198
총계		1,089,254	1,533,443,454	937,241	1,606,464,913	37,115	102,504,755

*2008년 통계청 자료

4) 우리나라 유발효 식품의 소비 현황과 전망

유발효 식품은 서양에서 전해져온 발효식품으로 서구적 식생활 패턴이 정착되면서 점점 소비가 증가하고 있다. 치즈의 경우는 서구식 식생활을 하면서 우리에게 점점 친숙해지고 있으며, 와인의 보급 확대 추세에 따라 치즈마니아들도 증가하고 있다. 요구르트의 경우 유산균이 위장에서 위궤양을 일으키는 *Helicobacter* 균을 억제한다는 것이 발표되면서 수요가 폭발적으로 증가하여 해당 제품이 연간 3000억원 이상의 매출을 올리는 big brand로 성장하였다.

이러한 유발효 식품은 우유와 더불어 유제품으로 우리에게 이미 친숙해져있다. 유발효 식품은 계속 새로운 맛과 향, 다양한 기능성을 추가함으로서 우리에게 더 다양한 선택의 기회를 제공하고 있으며, 그로 인해 소비도 증가하고 있다.

유발효식품은 점점 더 서구화되고 있는 우리나라의 식생활로 인해 앞으로 더욱 소비가 증가할 것으로 보인다. 또한 우리나라의 기호성에 맞는 유발효식품을 개발하면 더욱더 소비가 증가할 것이다.

[표 1-1-13] 국내 유발효 식품의 현황

분류	품목명	생산현황(2007년)		출하현황(2007년)			
		생산량(T)	생산액(천원)	출하량(T)	출하액(천원)	수출량(T)	수출액($)
치즈(농수산 식품부 허가식품)	유가공품	2,657,242	4,441,982,446	2,412,741	4,715,044,469	11,287	25,480,097
발효유류 (음료류)	발효 음료류	52,476	23,408,340	51,280	32,229,766	8	135,972
	총계	2,709,718	4,465,390,786	2,464,021	4,747,274,235	11,295	25,616,069

*2008년 통계청 자료

5) 우리나라 발효 주류의 소비 현황과 전망

주류는 알코올음료로서 그 나라의 풍토와 민속을 담고 있고 문화적 배경을 지니고 있다. 우리나라는 아시아 문화권 안에서 발전되어 오는 동안 우리나라 고유의 술로 탁주, 약주, 소주, 혼성주를 만들어 왔다. 그러나 국제화의 물결을 타고 외국의 여러 가지 술이 국내에 들어와 주류의 소비패턴이 크게 변하였다. 또한 앞으로도 더 변하게 될 것이다.

국내에서의 주류 생산량을 보면 1980년대부터 국민소득의 향상으로 주류 생산량이 크게 증가하였고, 또한 과실주, 위스키를 비롯하여 브랜디, 럼, 보드카 등의 다양한 외래주가 소량이지만 국내에서 생산되기 시작하였다. 수입산 와인의 가격대가 다양해지면서 20~30대로 소비층이 확대되고 있는 추세에 따라 국내에서도 복분자 등을 원료로하는 와인이 출시되었다.

우리나라 고유의 재래주인 막걸리는 가격이 저렴하고 기호성이 좋아 서민생활과 잘 조화될 수 있지만 저장성이 떨어지고 서구식 식탁 분위기에 어울리지 않는다는 단점이 있었다. 하지만 최근 소비자들의 웰빙에 대한 NEEDS가 늘어나면서 국내 막걸리 음용자가 크게 늘어나고 있으며, 이에 따라 2009년의 막걸리의 매출량도 전년에 비해 24% 증가하였다. 또한 2009년 1월 10.4만 불이던 막걸리의 월별 수출액이 2010년 1월 64.7만 불 규모로 대폭 증가하였다. 쌀 소비를 촉진시킨다는 차원에서 막걸리 시장을 키우겠다는 것이 농림수산식품부의 정책목표 중의 하나이며, 농림수산식품부는 국내 막걸리 시장이 지난해 3,000억 원에서 올해 4,200억 원, 2012년에는 1조 원으로 커질 것으로 예측하고 있다. 막걸리의 경우 기술 발달에 의해 풍미가 개선되고, 저장성이 좋아지면서 전년에 비해 수출량도 16%, 수출액은 13% 증가하였다. 특히 일본에서 한류 열풍과 함께 막걸리가 큰 인기를 얻고 있으며 막걸리 전체 수출량의 89%가 일본으로 수출되고 있다. 이러한 막걸리 시장의 인기에 따라 프리미엄화된 다양한 제품 들이 출시되고 있으며, 휴대가 간편한 캔형 막걸리도 소비자로부터 큰 인기를 얻고 있다.

6) 환경생물산업분야의 현황과 전망

이 분야는 미생물 및 기타 생물학적인 현상을 이용하여 자연에 유해한 오염 물질을 제거하거나 오염된 부분을 회복시키거나, 자연으로부터 유용한 물질 및 에너지를 회수하는 산업을 말한다. 전세계적으로 아직 기술 개발 초기 단계이므로 집중적인 투자가 이루어질 경우 관련 산업을 선도할 수 있을 것으로 예상된다. 특히, 미생물 유전 정보 및 이용 기술의 적용이 확대될 추세이기 때문에 로 환경생물산업의 발전 전망은 높은 편이며, 환경생물공학기술이 미래 환경 산업의 핵심기술로서 급속하게 시장을 형성해나갈 것이다. 제주도의 경우 수자원이 한정되어 있어 친환경적인 폐수처리 기술이 반드시 필요한 분야라고 힐 수 있다. 환경생물산업을 유형별로 분류해 보면 오염방지 및 제거(Protection Process) 분야, 오염지역 복원(Bioremediation) 분야, 오염탐지 및 측정(Detection and Monitoring) 분야, 사전오염방지(Bioprevention) 분야 등으로 나눌 수 있다. 제주도의 경우 친환경, 청정 이미지를 장점으로 보유하고 있으므로 환경 분야에 대한 기술 개발 노력이 필요할 것으로 판단된다.

가. 오염 방지 및 제거(Protection Process) 분야

오염 방지 및 제거 분야는 발생된 오염물질의 사후처리로 기존의 응집, 침전, 흡착, 집진, 여과 등 물리화학적 처리방법과 조합하여 미생물 및 효소 등을 이용하는 생물학적 처리 방법을 적용한 분야를 말한다. 예를 들면 수질 및 대기 오염 물질 중의 난분해성 물질만을 선택적으로 처리할 수 있는 유전자 조작 미생물의 제작 등이 이에 해당된다. 또한 고정화된 미생물을 이용하여 기존처리 설비의 설치비를 획기적으로 절감하는 경우도 있다. 환경산업에 유전자 조작 미생물을 이용하는 것은 현재 연구단계이나 곧 실용화가 예상되고 있으며, 이러한 유전자 조작 균주를 이용하면 탁월한 효과를 볼 수 있을 것이라 보고 있다. 미국은 수질 오염 방지 기술로 유전공학적 기법을 이용한 폐 · 하수처리기술, 폐수를 배출하지 않는 폐쇄계 등의 개발에 대한 실용화 연구가 진행 중에 있다. 일본의 경우 환경오염물질 정화 분야인 유기물과 질소, 인의 제거에 유전자 조작 미생물이용 기술이 실용화되고 있다.

나. 오염지역 복원(Bioremediation) 분야

이는 토양 내에 존재하는 미생물 또는 외부에서 주입된 미생물에 의하여 오염 물질을 인체에 무해한 물질로 변환시키는 방법이다. 이 방법은 오염지역 복원 방법 중 가장 무해하고 안정적인 처리방법이며 전체 오염지역 복원 분야의 시장에서 약 20%를 차지하고 있다. 토양오염, 지하수오염, 해수기름 오염, 유해농약 물질 오염 등 다양한 오염원을 처리할 수 있다.

오염지역 복원 분야는 지표면 처리 방식(On-site Bioremediation), 지중처리 방식(In-situ Bioremediation), 굴착후처리 방식(Ex-situ Bioremediation) 등으로 나누어 진다. 지표면 처리 방식으로는 오염토양 내에 존재하는 미생물을 이용하는 방식(Biostimulation)과 순치된 미생물을 새로이 첨가하는 방식(Bioaugmentation)으로 또다시 구분된다. 그리고 지중처리 방식은 휘발성 유기화합물 제거에 효과적인 방식(Bioventing)이다. 굴착 후 처리 방식은 심한 오염지역이나 미생물의 생장에 부적합한 지역에서 주로 쓰이며 굴착된 토양을 슬러리 상태로 만든 다음, 생물반응기(Bioreactor)에 주입하여 처리하는 방식을 말한다.

최근에 유류, 염소화합물(PCB 등), 중금속 등으로 오염된 토양과 오니(Sediment)를 주요 대상으로 정화기술이 활발히 연구되고 있다. 기술개발 분야로는 대상물질분해 및 무독화 미생물탐색, 기능 강화 및 개발, 생물반응기개발, 종합적 처리공정 개발 등으로 이루어지고 있다. 선진국은 기존의 확보된 기술과 사업수행경험을 토대로 유전자 조작 미생물 균주를 개발하여 기술우위를 점유하고 있다.

다. 오염탐지 및 측정(Detection and Monitoring) 분야

오염탐지 및 측정 분야는 미생물 및 효소가 특정 오염물질과 반응하는 특성을 이용하는 영역이다. 오염물질의 총량을 측정하는 바이오센서에서 현재는 특정 미생물 개체의 유전자 조각과의 결합을 측정하는 유전자 감지 DNA-Chip, 즉 바이오칩으로 발전하고 있다. 오염탐지 및 측정분야로는 바이오칩에서 핵심이 될 미생물의 탐색(Screening), DNA 해독 등이 선행되어야 하며 개발된 미생물을 이용한 환경친화적 미생물 제재개발, 이를 이용한 녹 · 적조 방제 분야, 그리고 바이오칩의 다양한 내용(Contents)을 개발하여 응용하는 영역 등이 있다. 환경생물산업 분야에 응용된 바이오칩은 현장에서 미생물의 분포조사, 진단 등이 가능하며 최근 Laboratory on a Chip의 개념으로 실험실에서 하는 분석처리가 현장에서 가능한 시제품이 출시되고 있다. 미생물 이용 바이오센서, 효소 및 항체이용 바이오센서, 유전자감지 바이오센서 등이 개발되고 있다. 미생물이용 바이오센서는 특정 미생물을 이용하여 BOD 등을 측정하는 분야이고 측정시간, 비용 등을 줄여주는 효과가 있다. 그리고 효소 및 항체이용 바이오센서는 효소 및 항체의 특이적 결합력을 이용한 것으로 특정 오염 물질, 생화학적 무기탐지 등에 적용할 수가 있다. 또한 유전자감지 바이오센서는 미생물내 유전자의 특이적 결합력을 이용한 것으로 음용수 내의 병원균 감지 등에 활용이 가능하다.

라. 사전 오염방지(Bioprevention) 분야

사전오염 방지 분야는 오염물질의 배출을 억제하거나 원칙적으로 발생이 되지 않도록 하는 영역이며 기존 촉매, 화학물질 등을 미생물이 분비하는 효소 즉, 바이오 촉매(biocatalyst) 등으로 대체하는 것이 이에 속한다. 기존 촉매 및 화학물질을 미생물 촉매로 대체하는 경우 제조공정 중에 발생할 수 있는 많은 유독물질 등이 근본적으로 발생하지 않는다. 그러므로 바이오촉매 기술을 생산공정에 적용하는 연구/기술 개발은 선진국에서 활발히 진행되고 있으며 실용하도 활발히 진행될 것으로 기대된다.

그리고 독성물질을 생태계에 잔류시키는 기존의 농약을 대체할 생물농약(Biopesticides) 등과 같은 분야도 이에 해당된다고 볼 수 있다. 생물농약은 일반적으로 동물, 식물, 미생물에서 유래한 농약을 일컫는다. 그러나 미국의 환경청(EPA)은 여기에다 광물을 포함한 천연물에서 유래한 농약을 포함하고 있다. 생물농약은 단순히 천적을 이용하는 방법에서부터 나아가서 유전자 정보를 이용하는 방법까지 개발되어지고 있다. 미국의 EPA(Environmental Protection Agency)는 현재 널리 사용되거나 앞으로 그 전망이 밝은 생물농약을 크게 세가지로 구분하고 있다. 즉 미생물농약(Microbial Pesticides), 식물농약(Plant Pesticides), 생화학농약(Biochemical Pesticides)으로 나누고 있다. 미생물 농약은 유효 성분으로 세균, 곰팡이, 바이러스 그리고 조류 등의 미생물을 함유한 농약이다. 식물농약은 유전자를 변형한 식물, 그 자체가 농약이란 의미를 가지고 있다. 즉 식물농약은 식물에 이식한 유전물질로부터 식물체가 생산하는, 농약기능이 있는 물질을 일컫는다. 그리고 생화학농약은 비독성 메커니즘으로 병해충과 잡초를 방제하는 천연물질을 말한다.

4절 발효산업의 발전 방안

발효산업이 고부가가치 산업으로 발전하기 위해서 다음과 같은 방향으로 연구 개발 및 제품화의 노력이 이루어져야 할 것으로 예측된다.

1. 기능성 제고

장류는 콩단백질을 주원료로 이용하는 제품으로서 발효에 의해 맛이 순화되고 영양적 가치가 향상된다. 뿐만 아니라 생리활성 기능, 면역 증강, 항암, 항바이러스, 노화 방지, 혈전 용해 등의 기능성을 갖고 있는 것으로 밝혀지고 있다. 실제로 콩단백질을 효소 분해한 펩타이드 제품이 기능성 제품으로 출시한 사례가 있다. 이외에도 다양한 형태의 기능성 성분들이 발효 제품으로부터, 분리되고, 연구되고 있다. 이러한 발효 제품의 생리활성 기능을 지속적으로 밝히고, 상품화 함으로써 전통발효식품의 시장은 확대될 것으로 예상된다.

2. 관련 제품 다각화

발효관련 식음료와 관련한 신제품을 적극 개발해야 한다. 예컨대 김치 유산균 및 두유를 원료로 하는 새로운 기능성 요구르트 등이 그 사례가 될 수 있을 것이다. 이밖에도 김치소스, 분말젓갈, 분말장류, 저염간장, 붉은 된장 등과 같이 소비자의 NEEDS에 부합하는 다양한 형태의 제품화 시도가 이루어져야 할 것이다. 동시에 수출을 위해서는 현지인의 구미에 맞도록 맛을 변화시키거나, 현지 식품과 융합한 퓨전식품(fusion foods)의 개발도 지속적으로 이루어져야 할 것이다.

3. 세계화

김치의 CODEX 기재를 계기로 다른 전통 발효 식음료에 대한 국제 규격화를 추진해야 세계화에 도움이 될 것이다. 현재 한국식품개발연구원을 주축으로 CODEX 규격화가 추진중인 고추장, 된장은 우리나라의 대표적 전통발효식품으로서 한류(韓流)의 확대와 건강식으로서 한식의 우수성이 국제적으로 널리 알려지기 시작하면서 주요 조미식품으로서의 영양적, 기능적 가치를 인정받고 있으며 소비량 및 교역량 역시 꾸준히 증가하고 있다. 따라서 이들 제품에 대한 Codex 규격화는 우리 전통발효식품의 우수성을 홍보하고 수출경쟁력을 제고시킴으로써 우리나라 전통발효식품 산업 발전에 크게 기여할 것이다.

특히, 고추장은 그 동안 고추에 소금과 식초 등을 첨가해 매운맛을 내는 핫소스와 유사한 정도로만 국제사회에 알려졌으나 이번 규격화 과정을 통해 고춧가루와 전분질을 주원료로 미생물 발효를 거쳐 만들어진 세계 유일의 조미발효식품임을 알릴 수 있는 계기가 될 것이며, 규격 명칭도 『Gochujang』 그대로 규격화가 추진되고 있어, 김치(Kimchi)에 이어 우리 고유의 명칭을 갖게 되는 두번째 국제식품규격 사례가 될 예정이다.

4. 원료작물의 개량

원료의 상태에 따라 품질이 크게 영향을 받는 발효 식음료의 특성산 원 · 부재료로 이용되는 콩, 무, 배추, 양념류 등에 대한 품질의 표준화가 필요하며, 경우에 따라서 품질을 개량할 필요가 있다. 일본의 전통주인 사케(sake)의 경우를 예로 들면, 주원료인 쌀의 품질에 따라 사케 제품의 차별화가 존재하며, 오랜 세월에 거쳐 최고급 품질의 사케를 만들기에 적합하도록 쌀의 품질을 개량하여왔다.

5. 공업화 확대

전통발효식품의 공업화 비율은 장류가 50%(고추장 70%), 김치가 30%를 상회하는 수준이다. 전통 방식의 가내공업 형태로는 표준화 및 대량 생산이 불가능하여 경쟁력이 없다고 할 수 밖에 없다. 제조공정 및 제품 규격의 표준화와 자동화된 위생 공정으로 신속히 변경해야 함으로써 소비자의 입장에서 품질이 일전한 제품을 저렴한 가격으로 사용할 수 있도록 해야 할 것이다.

6. 세련된 포장

포장은 상품의 얼굴이므로 산뜻한 현대감각으로 디자인하고, 포장재는 생분해성 소재로 과감하게 차별화함으로써 친환경 이미지를 강화해야 한다. 제품의 특성에 따라 활용성을 증가시킬 수 있는 다양한 형태의 포장재의 개발 및 상품의 보전성을 향상시키는 기능성 포장재의 도입도 고려해야 할 연구과제이다.

7. 세계화 추진

WTO 체제의 출범 이후, 세계 시장은 하나가 되었다. 해외상품의 수입은 급증하는데, 발효제품이 안방만 지킨다면 조만간 국내시장에서도 생존이 어려워 질 수 있다. 더 나아가 한국의 신문화가 외국의 것으로 탈바꿈되는 비극적 현상도 예견된다. 이미 간장이 shoyu로, 된장이 miso로, 청주가 sake로, 청국장이 natto로 바뀌었고, 지금은 김치가 kimuchi로 옷을 갈아 입으려는 단계에 있다. 전통식을 지속적이고 능동적으로 마케팅 전략을 세워 세계적 산업으로 발전시켜야 할 것이다.

발효응용공학

Part 02

발효 실무 기본

1장 Fermentation
발효와 미생물

1절 미생물 발효산업

미생물을 이용한 발효산업 분야는 주류 및 전통발효식품 분야 등 오래된 산업 분야에서부터 항생물질, 유기산, 아미노산, 효소, 비타민, 핵산, 균체, 당류(sugar), 환경정화, 바이오에너지 생산 등 세계 제1차 대전 이 후 급속히 발전된 산업 발효(industrial fermentation)분야 등 광범위하게 펼쳐져 있다.

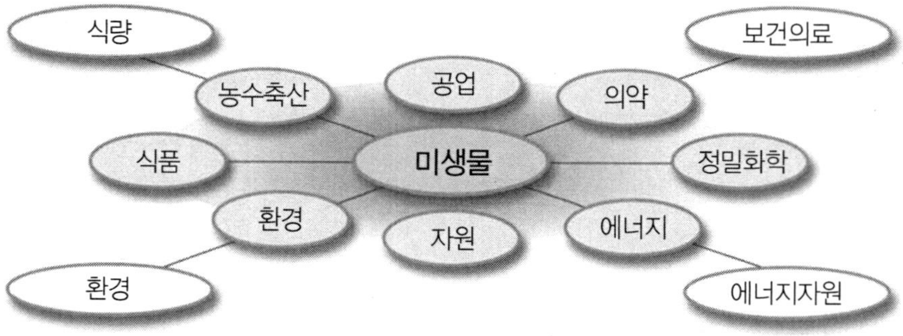

[그림 2-1-1] 미생물 발효산업 분야

1. 발효식품

반죽된 밀가루에 효모를 통하여 이산화탄소와 각종 풍미 물질을 생산하는 빵, 유산균 혹은 레닛 등에 의해 우유 단백질을 응고시킨 요구르트, 치즈 등 유가공 제품 등이 전세계적으로 사용되는 발효식품이며, 우리나라의 발효식품으로 콩을 전통적인 방법으로 발효시킨 된장, 간장, 고추장, 청국장 등의 장류, 소금에 절인 야채를 유산균 등으로 자연 발효시킨 김치류 등을 들 수 있다. 일본의 대표적 콩 발효식품인 낫또(natto), 인도네시아의 콩 발효식품인 템페(tempeh), 중국의 두시 등 각국의 전통 발효 식품이 있으며, 이 밖에도 다양한 형태의 발효 식품이 전 세계에 걸쳐 다양하게 존재한다. 이러한 식품에서 발효미생물의 역할은 다음과 같다.

- 부패성 미생물에 의한 식품의 부패를 억제한다.
- 병원균의 감염을 억제한다.
- 식품을 소비할 때까지 저장성을 부여 한다.
- 식품 원료의 향미나 영양가를 향상시킬 수 있다. (체내 흡수율 증가 등)
- 발효에 관여하는 미생물이 probiotic로 역할을 할 수 있다.
- 기능성 향상 및 새로운 식품의 창조가 가능하다. (대두발효식품 : 기능성 펩타이드, antitumor, antigenotoxic 등)

(1) 장류

1) 간장류

콩원료가 일정 염농도에서 미생물에 의해 발효됨으로서 맛이 형성되는 간장은 곡류와 채소류 위주의 식문화에 맛을 부여해주는 중요한 조미료이다. 일반적으로 간장은 탈지대두를 염산으로 가수분해한 후 가성소다 혹은 탄산나트륨으로 중화하여 얻은 액을 가공한 '산분해 간장', 대두, 탈지대두, 맥류 또는 쌀 등을 제국하여 식염수 등을 섞어 발효. 숙성시킨 '양조 간장', 양조간장원액과 산분해간장원액을 적정 비율로 혼합한 '혼합 간장', 한식메주를 주원료로 하여 식염수 등을 섞어 발효 숙성을 시킨 '한식 간장'의 4가지로 분류하고 있다.

전통적인 간장의 제조공정은 원료콩의 처리과정으로부터 시작한다. 간장용 원료콩을 잘 씻은 후 8~12시간 동안 침지한다. 불린 콩을 2시간 이상 푹 삶고, 삶은 콩은 식기 전에 마쇄한 뒤 적당한 크기로 성형한다. 성형된 메주는 볏짚을 깔고 약 2주 동안 겉말림을 한 후에 볏짚으로 메주덩어리를 묶어 따뜻한 방안에 겨울동안 매달아 둔다. 이때 볏짚이나 공기로부터 곰팡이, 효모, 세균 등의 미생물들이 자연적으로 접종되어 생육하게 된다.

메주의 표면에는 주로 *Mucor, Rhizopus* 등의 곰팡이가 주로 존재하며 내부에는 주로 고초균(*Bacillus subtilis*)이 증식하면서 독특한 메주냄새를 내고 단백질 분해효소와 전분질 분해효소 등 각종 효소를 분비한다. 최근에는 대두에 *Aspergillus oryzae*를 접종하여 상품화한 개량메주를 이용한다.

완성된 메주는 표면을 물로 씻고 2~3쪽으로 쪼개서 충분히 건조시킨 후에 염수와 함께 항아리에 담는다. 담금 중에는 액면위로 나온 메주덩어리에 소금을 한줌씩 얹어 놓아서 노출된 메주의 표면에 잡균이 붙지 못하도록 한다. 발효숙성 중에는 햇빛이 있으면 뚜껑을 열어주면서 표면에 생길 수 있는 산막효모의 발생을 억제하여 간장의 풍미저하를 예방한다.

간장덧(소금+메주)의 숙성 중에 관여하는 미생물로는 호기성 세균인 *Bacillus*속과 내염성 젖산균 및 내염성 효모류가 있으며, 이들은 간장의 독특한 풍미형성에 크게 관여한다. 젖산균으로는 *Pediococcus halophilus, Lactobacillus casei, Lactobacillus plantarum, Leuconostoc mesenteroides* 등이 있으며, 효모에는 *Saccharomyces rouxii, Saccharomyces acidofaciens, Torulopsis dattila* 등이 관여한다. 간장덧의 젖산균과 호기성 세균 및 효모는 숙성 중에 증가했다가 감소하는 경향을 보이며, 살균 후에는 젖산균과 효모가 거의 사멸된다.

숙성 후에 액체부(간장)와 고형물부(메주)를 분리하는 작업을 가르기(여과)라 한다. 메주덩어리를 건져내고 항아리바닥에 침전된 메주부스러기를 체로 받쳐서 분리한다. 달이지 않은 간장은 생간장으로 각종 효소나 미생물이 잔존하며 미숙한 맛과 풍미를 갖는다. 이 생간장의 저장성을 높이고 풍미와 색깔을 향상시키며 농축을 하기 위해서 달이게 된다.

간장의 성분은 장류의 종류와 지역, 제조자, 제조방식 등에 따라 크게 차이가 있지만, 아미노산 및 당류, 발효산물인 알코올과 유기산, 소금을 주성분으로 하여 구수한 맛, 단맛, 고유 향미, 짠맛이 조화된 천연의 조미료이다. 특히 간장은 우리나라 전통 발효식품이면서 장기간 저장할 수 있는 기본적인 조미료이다. 장류는 곡류위주의 식생활에서 부족한 아미노산을 보충해 주며 맛을 부여해 준다. 콩을 사용하여 메주를 만드는 과정은 자연의 미생물에 의해 콩단백질을 효과적으로 분해하여 이용하는 과학적인 방법이다.

산분해간장은 탈지대두 또는 글루텐을 염산 가수 분해시킨 후에 중화와 여과공정을 거쳐서 탈취시킨다. 산분해간장은 짧은 시간에 고농도의 아미노산을 포함하는 제품을 얻을 수 있는 장점을 가지면서 경제성이 높다. 하지만 산분해간장 제조 중에 생성되는 MCPD(2-chloro-1,3-propanediol)와 DCP(1,3-dichloro-2-propanol) 성분은 산분해간장의 식품안전성에 문제를 일으킬 수 있다. 이들은 원료의 유지성분이 염산과 반응하여 생성되며 생성량은 염산의 농도에 비례한다. 이들 유해물질의 생성을 최소화하기 위해서는 염산농도를 18% 이하로 해야 하며 단백질 원료의 지방함량이 1% 미만인 원료를 사용하는 것이 좋다.

2) 된장류

탄수화물을 주식으로 하는 우리의 식문화에 단백질과 지방의 공급원인 콩은 매우 중요한 식품재료였으며, 콩 발효식품인 된장은 우리 음식에 맛과 영양을 공급하는 소중한 식품이었다. 된장은 재래식 된장과 개량된장의 2종류가 있다. 간장의 부산물로 얻어지는 고형분(막된장)에 소금을 첨가하여 항아리에 재워두면 재래된장이 되고, 개량식 된장은 재래식과 일본식 방법을 혼용해서 공장에서 대량으로 제조하는 공장식 된장 또는 절충식 된장이다. 재래식 된장의 제조시 막된장을 항아리에 담을 때는 공기가 들어가지 않도록 눌러 담으며 표면에 소금을 두껍게 뿌린다. 소금은 잡균에 의한 부패방지효과가 있다.

된장은 식물성 단백질함량이 높고 소화율도 85% 이상으로 양질의 발효식품이다. 특히 쌀에서 부족하기 쉬운 필수아미노산인 lysine함량이 높으며 필수 지방산인 linoleic acid, linolenic acid가 함유되어 피부병 예방, 혈관질환 예방 및 성장 등에 중요한 역할을 한다. 비타민 E는 미용과 노화방지에도 효과가 있으며, 레시틴(lecithin)은 기억력, 집중력, 학습력을 증진시킨다. 콩의 식이섬유는 장의 기능을 조화 있게 해 주고 변비를 예방해 줄뿐만 아니라 콜레스테롤도 낮추어 준다. 이 밖에도 재래된장에는 콩이 가지는 isoflavones, trypsin inhibitor 등을 함유하고 있으며 암예방 효과도 가지고 있다. 따라서 재래된장은 콩의 영양성분과 생리활성 물질을 포함하면서 고유의 맛을 부여하는 조미료로서 뛰어난 발효식품이다.

3) 고추장

고추장은 고추가 유입된 16세기 이후에 개발된 장류로서 고추장 담금법에 대한 최초의 기록은 조선 중기에 기록되어 있다. 고추장은 두류 또는 곡류 등을 제국한 후 덧밥, 고춧가루, 식염 등을 혼합하여 발효 또는 당화하여 숙성시킨 것으로 정의하고 있다. 고추장은 메주가루와 함께 넣은 주재료의 종류에 따라 찹쌀고추장, 멥쌀고추장, 보리고추장과 밀가루, 수수, 팥 등을 사용한 고추장이 있다. 또한 고추장은 제조방법에 따라 전통고추장과 개량고추장으로 분류된다. 개량고추장은 공업적으로 생산되는 것으로 숙성식과 당화식으로 제조된다.

전통고추장 제조는 메주 제조와 담금(숙성)의 단계로 구별된다. 메주는 콩과 멥쌀을 원료로 하며, 침지 · 증숙시킨 후 메주를 띄운다. 콩은 8~10시간 침지해서 물을 빼고 멥쌀은 5~6시간 침지 후 물을 뺀다. 익힌 콩과 불린 쌀을 혼합해서 시루에서 찐다. 증숙이 끝나면 가급적 식기 전에 절구에서 거칠게 찧고 큰 주먹만하게 빚어 볏짚 위에서 하루 정도 말린다. 겉면이 꼬들꼬들하게 마르면 짚으로 싸서 처마에 매달아 두거나 더운 곳에 둔다. 7~8일 경과 후 고초균이나 곰팡이 등이 서서히 증식되면 볕에 말린다. 고추장메주는 간장메주보다 곰팡이가 덜 뜨게 해야 하며 바짝 마른 메주는 솔로 깨끗이 씻어 쪼갠 뒤 통풍이 잘되는 곳에 말렸다가 가루로 곱게 빻는다. 고추장 메주는 독특한 고초균 냄새 외에 신 냄새나 썩은 냄새가 나지 않아야 하고 표면에 푸른곰팡이의 발생이 없어야 하며 내부에는 고초균의 증식이 고르게 되어 있는 것이 좋다.

고추는 색깔이 빨간 태양초를 선택하여 고추씨를 다 빼고 매우 곱게 가루를 낸다. 고추장용 고추는 빨갛고, 달고, 맵고 가루가 많이 나는 것이 좋다. 고추장은 종류에 따라 전분질원료(쌀, 보리, 찹쌀)를 준비하고, 소금은 일반 소금을 사용하며, 주원료인 고춧가루는 6% 이상 첨가한다. 원료의 준비 및 전처리가 끝난 후에는 용기에 넣어 26~30℃에서 3~4개월 동안 담금 숙성을 한다.

이에 반해 개량고추장은 소맥분을 원료로 하여 종균 *Aspergillus oryzae*를 접종하여 코지를 만든다. 개량고추장 제조에는 밀가루가 주원료로 사용되는 경우가 많고 고품질을 위해서는 쌀이나 찹쌀을 섞는다.

코지제조를 위해서 전분질원료는 그 전량 또는 일부를 제국하며, 증자된 소맥분 또는 찐 찹쌀에 황국(*Aspergillus oryzae*)을 살포 후 2~3일, 25~35℃에서 보온시킨다. 흰색 균사가 발생하고 포자에 착색하기 시작하여 황색이 되면 건조한다. 여기에 고춧가루, 엿기름 등을 혼합하여 숙성하면 숙성식고추장이 되며, 당화식고추장은 숙성 전에 건조 코지를 제분한 후 온수를 첨가하여 60℃에서 3시간 동안 당화공정을 거친 후 소금, 고춧가루를 넣고 혼합 · 숙성과정을 거치게 된다.

코지와 소금, 물 등을 혼합하여 마쇄한 후 스테인리스용기에 다져 넣는다. 담금시에 숙성은 수분함량에 따라 좌우되며 보통 50% 내외가 적당하다. 숙성기일은 계절에 따라 다르며 여름에는 약 30일, 기타의 계절에는 3개월 정도가 걸린다. 숙성이 끝난 고추장은 당화물이라 하며 여기에 고춧가루와 혼합조미료를 첨가하여 혼합한다. 제조된 제품간의 차이와 성분규격을 맞추기 위해서 배합시키며 저장성 향상을 위해서 살균공정을 거친다. 일반적으로 고추장의 배합 및 살균을 위해서 스팀열교환기인 당화기를 사용하며 당화기 표면에 눌어붙지 않도록 한다. 고추장의 살균가열온도는 70℃의 범위에서 10~20분 정도가 적당하며, 그 이상의 온도에서는 고추장의 갈변에 의한 변색이 심하게 된다. 살균이 끝난 제품은 40℃ 이하로 냉각하여 마쇄한 후 포장한다. 고추장은 냉장 5℃에서 3개월 이상 저장이 가능하다.

고추장의 성분은 원료 종류, 배합 또는 제조방법에 따라서 차이가 있다. 고추의 매운맛과 적색소의 함량은 고추장 품질을 결정하는 중요한 요소이다. 영양면에서 고추장은 다른 장류와 비교할 때 곡류의 함량이 많아 당질식품이며, 콩 가공식품이므로 단백질 공급원식품이다. 숙성과정 중 탄수화물과 단백질 분해효소들의 작용으로 발효성당과 아미노산들이 생성된다. 또한 효모와 유산균에 의한 발효가 일어나면 고추장 맛의 조화와 향기, 풍미, 단맛 성분에 영향을 미친다.

고추장 성분 중의 ascorbic acid는 자동산화 억제를 도와주며 고춧가루의 capsaicin은 *Bacillus subtilis*균에 대한 항균작용이 있으며, β-carotene은 항돌연변이 및 항균작용에 효과가 있다.

4) 청국장

청국장은 콩발효식품 중에서 가장 짧은 기간(2~3일)에 발효가 완성되며 특이한 풍미와 우수한 영양성분을 포함하는 고유한 전통발효식품이다. 콩은 쌀을 주식으로 하는 동양과 동남아시아 및 아프리카 등에서 중요한 단백질의 공급원으로 발전해 왔다. 한국의 청국장, 일본의 낫토, 타이의 thuanao, 인도의 kenima, 나이지리아의 ugba 등은 식물성 단백질의 원료인 콩을 속성 발효시킨 일종의 청국장들이다. 한국의 청국장은 각 지방 또는 가정마다 제조방법이 일정하지 않다. 원료 콩은 볏짚에 부착된 야생 고초균에 의해서 단백질이 분해되면서 발효가 이루어진다.

청국장은 메주콩을 증자한 후 식기 전에 시루에 볏짚을 깔고, 그 위에 뜨거운 메주콩을 담은 후 온돌방에서 이불을 씌워 40~50℃, 2~3일간 보온하면 볏짚에 붙어 있는 야생 고초균인 *Bacillus subtilis*가 번식하여 청국장을 만든다. 대량으로 청국장을 생산하기위해 *Bacillus subtilis* 종균을 배양하여 접종하는 효율적인 청국장 제조도 가능하다.

청국장의 제조과정을 자세히 설명하자면, 원료대두는 선별하여 이물질을 제거한 후 물에 침지한다. 침지온도상승에 따라서 침지시간은 감소하게 되는데, 0~5℃에서는 24~30시간, 10~15℃에서는 16~20시간, 20~25℃에서는 8~12시간으로 한다. 대두의 증자는 평압식과 가압식으로 하며 대두의 적절한 변성을 위해서는 증자 온도와 압력 및 시간 등을 조절한다.

콩을 발효시키는 종균은 액체배양을 통하여 준비한다. 콩 삶은 물을 살균한 후 *Bacillus subtilis*를 접종하여 30℃에서 3일 정도 진탕 배양한다. 제성이란 발효된 콩에 소금을 첨가한 후 마쇄하는 공정을 말하는데 소금의 양은 발효물 중량의 7~8% 정도로 하여 고르게 섞은 후 마쇄한다. 마쇄된 청국장은 계량 포장하여 상품화된다.

청국장 제조과정에서 증자된 대두는 접종된 *Bacillus subtilis*가 생산하는 강력한 단백질 분해효소에 의해서 저분자의 펩타이드 등을 만들어낸다. 청국장의 독특한 풍미는 여러 가지 휘발성 물질의 혼합으로 형성되는 것으로 주로 acetic acid, propionic acid, capric acid, diacetyl, amnonia, isovaleric acid, 지방산류 등이 관여한다. 또한 tetrametyl pirazine은 청국장의 독특한 냄새성분으로 알려져 있다.

청국장은 단백질 공급원으로서의 영양학적인 우수성과 함께 질병에 대한 치유효과를 갖는 기능성식품으로 인식되고 있다. 또한 청국장은 소화성이 좋으며, 생으로 먹으면 살아있는 각종 효소들과 섬유질을 포함한 여러 유용성분들의 섭취로 인해서 변비해소와 정장작용의 효과를 얻을 수 있다. 또한 *Bacillus subtilis*가 생산하는 항생물질인 subtilisin 등은 병원성세균의 증식을 억제하는 효과가 있으며, 식중독 원인균인 황색 포도상구균의 생육억제 효과와 이질병, 장티프스의 예방 및 치료에 효과적이라는 연구보고가 있다. 최근에는 청국장에서 단백질분해산물인 기능성 펩타이드들이 혈압상승억제 효과 및 암세포의 증식을 억제하는 항암작용 등을 가진다고 보고되었다.

※ 해외 대두 발효 식품

일본은 우리나라와 거의 유사한 맛과 향을 가진 된장과 간장 및 청국장을 즐긴다. 간장은 킷코망제품이 대부분의 시장을 점유하고 있으며, 된장은 쌀과 콩을 Aspergillus sp.로 발효하며, 쇼우미, 케이사이(京西), 에도(江戶), 신슈(信州), 센다이(仙臺) 등이 있다. 고추장은 거의 사용하지 않았지만 최근에 매운 성분인 캡사이신이 비만치료와 사스(SARS)에 효능이 있는 것으로 알려지면서 사용량이 늘고 있다.

인도네시아를 비롯한 동남아시아에서는 땅콩박 단백질을 Neurospora sitophila로 발효시킨 후, 기름에 튀겨 분말화한 온쫌(Ontjom), 대두에 거미줄곰팡이(Rhizopus sp.)를 접종발효한 후, 기름에 튀긴 템페(Tempeh kedelee)를 즐겨 먹는다.

대만과 중국에서는 대두에 홍국균(Monascus purpureus)을 발효하여 다양한 색상을 나타내는 앙칵(Angkak 赤米)을 식용은 물론 화장품 제조에 사용해왔다. 최근 야마구치(1973)가 수용성 단백질 배지에 홍국균을 접종하여 속성 발효시키는 공정을 개발한 바 있다. 또는 대두를 두부로 만든 후, 술이나 간장 속에서 Mucor sp.를 표면 발효하여 숙성한 루프(Rufu 乳腐)는 중국치즈(Chinese cheese)라는 별명으로 오래 전부터 사용되고 있다. 이처럼 대두 발효식품이 동북아에 집중된 것은 콩의 원산지가 만주이기 때문으로 생각된다.

(2) 김치류

김치는 배추나 무, 기타 채소의 주재료에 소금, 고춧가루, 젓갈, 마늘, 생강 등의 부재료를 첨가해서 발효시킨 것으로 고유의 발효식품이며 저장식품이다. 김치는 한국인의 기호성을 대표할 만한 중요한 식품으로 소금의 짠맛과 발효과정 중 생성된 각종 유기산과의 조화된 맛에 부원료로부터의 향신미, 지미 등이 부합된 독특한 맛을 가진다.

김치는 조선 중기 임진왜란 전후로 고추가 도입되면서 많은 변화를 주었으며 지금은 김치류의 종류만 해도 200여 종이 되며 김치 제조 시에 사용하는 재료와 담그는 시기, 담그는 방법에 따라서 맛과 품질이 결정된다. 김치류는 배추, 무, 오이, 열무, 파 등과 같은 채소류 등을 식염에 절인 후 여러 가지 부원료를 첨가하여 발효·숙성시킨 것이나 이를 가공한 것으로 정의하며, 김치류, 깍두기류, 동치미류, 절임류, 짠지류, 식해류 등으로 구분되며 이들을 세분하여 192종으로 분류된다.

김치의 재료는 주재료, 부재료 및 향신료로 크게 구분된다. 김치의 맛은 주재료의 품질에 의해서 좌우될 수 있으며 크게 식물성과 동물성 재료로 구별된다. 식물성은 통배추, 무, 열무, 오이, 상추 등이 있으며 동물성으로는 북어, 가자미, 굴, 동태, 명태, 전복 같은 해물류가 있다. 부재료로는 채소류, 과실류, 곡류, 동물성 재료가 있으며 향신료와 새우젓, 멸치젓 같은 젓갈류는 김치의 독특한 맛을 한층 높이는데 필수적인 양념류이다. 식물성 재료는 칼로리가 낮고 수분이 많으며 섬유소를 많이 함유하고 있고 비타민도 상당량 함유한다. 특히 배추는 품종, 계절과 산지에 따라서 당도 및 조직감 등에 차이가 있다.

김치의 제조공정은 간단하지만 사용하는 원료들이 다양해 담금 방법에 차이점이 있다. 일반적으로 김치의 담금방법은 원료들의 절임공정과 발효숙성의 단계로 크게 구분할 수 있다. 일반적으로 김체제조에서 채소류의 절임은 젖산발효를 위한 시작

단계이며, 첨가된 소금의 양에 따라서 발효 숙성에 영향을 미치면서 김치의 품질에 영향을 준다. 주원료는 절임, 버무림, 발효저장 및 저장용기에 따라서도 맛이 달라진다.

원료를 특색에 맞게 잘 배합한 후 담그는 데 담글 때 절임과정은 매우 중요하다. 절임과정을 통해 세포기능이 정지되고 조직이 불활성화 형태로 전환되고 조직의 유연성 증진 및 수분 함량 조절효과가 있으며 삼투작용으로 야채의 조직으로부터 각종 영양물질의 유출이 일어난다. 소금 절임에 의한 담금과정은 소금법과 염수법이 있으며 대량으로 김치를 생산하는 업체에서 일정한 품질을 갖도록 하기 위해서는 소금절임의 단계를 효율적으로 실시해야 한다.

마른 소금법은 배춧잎 사이사이에 마른 소금을 뿌려서 차곡차곡 쌓아 놓는 것이다. 소금의 사용량은 재료의 약 10~15%로 한다. 염수법은 15% 내외의 소금용액에서 배추를 6시간 정도 담가놓는다.

절인 배추는 준비된 각종 부재료를 배합한 후 혼합한다. 부재료가 첨가된 배추는 용기에 차곡차곡 다져 넣고, 숙성은 원료로부터 유입된 젖산균들이 혐기적 조건에서 잘 생육하면서 젖산을 생성하도록 최대한 산소의 접촉을 방지한다. 김치의 숙성은 숙성온도, 식염농도, 부재료의 종류나 배합비율과 밀접한 관계가 있다. 숙성온도가 낮을수록 또는 식염농도가 높을수록 숙성기일이 많이 소요된다. 또한 부재료 중에서 마늘, 고추, 멸치젓 등은 숙성을 촉진하는 반면에 파, 생강 등은 숙성에 별 영향을 미치지 않는다.

김치가 최적의 맛을 내기 위해서는 숙성김치의 유기산 함량이 중요하며, 이는 숙성조건에 영향을 받는다. 천연 양념만으로 제조된 김치의 유기산 함량은 숙성온도가 높을수록 증가하면서 숙성기간이 짧아진다.

김치의 숙성은 절임부터 미생물의 작용에 의해서 시작된다. 김치의 숙성은 순수접종균에 의한 것이 아니라 원료에 존재하던 미생물들 중에서 일정 농도의 소금에 절여진 채소류에서 적응하여 생육하는 미생물들에 의해서 주로 이루어진다. 김치 숙성과정 중에 관여되는 미생물은 식염농도, 숙성온도, pH의 변화 및 산소의 존재유무 등에 따라 좌우되며, 김치의 숙성정도에 따라 관여하는 미생물상도 달라진다. 또한 미생물상이 달라지면 김치의 맛과 풍미도 변한다.

숙성초기부터 말기까지 관여하는 미생물들은 세균 중에서 젖산균과 효모이다. 김치의 발효는 여러 가지 미생물에 의해서 성분변화가 계속적으로 일어나기 때문에 숙성의 최적기를 지나면 산 생성량이 너무 높아 김치품질이 저하된다. 김치류는 어느 정도 숙성기간이 지나면 과숙되며 김치의 연부현상이 일어나 채소의 조직이 손상되어 물러진다. 따라서 숙성과 맛에 관여하는 미생물들의 선별적인 활용 및 숙성관리가 필요하다.

발효초기에는 초기 염농도 3% 정도에서 생육할 수 있는 내염성 세균들이 유기산을 생성하면서 pH가 낮아지고 혐기적 상태가 되면 내산성균과 혐기성 세균들이 생육하게 된다. 호기성균은 초기에는 증가를 보이지만 점차 감소되다가 숙성이 이루어지면 다시 증가되며 혐기성균은 초기부터 계속 증가하다가 호기성균이 증가하게 되면 점차 감소되는 경향을 보인다.

김치 숙성 중의 호기성 세균으로는 *Pseudomanas mira*, *Pseudomanas nigrifaciens*, *Bacillus macerans* 등이고 혐기성 세균으로는 *Leuconostoc mesenteroides*와 *Lactobacillus plantarum* 및 *Streptococcus faecalis*, *Pediococcus cerevisiae* 등이며 이외에도 200여 균주의 미생물들이 관여한다. 이상젖산발효균인 *Leuconostoc mesenteroides*는 초기에 잘 생육하여 젖산이외에 탄산가스 및 초산을 생성하므로 호기성 세균들의 오염을 방지시키는 역할을 하면서 김치의 숙성균으로 간주된다. *Streptococcus*속과 *Pediococcus*속은 중반기에 생육하며, *Lactobacillus plantarum*과 *Lactobacillus brevis*는 발효후기에 생육된다. 정상 젖산균인 *Lactobacillus plantarum*은 *Leuconostoc*속보다 3~4배 산생성능이 높으며 김치의 과숙시 최고의 생육을 나타냄으로서 김치의 산패와 관계가 있다. *Streptococcus faecalis*는 발효초기에 나타났다가 소멸하는 것으로 보아서 내산성이 약하며, *Pediococcus cerevisiae* 역시 *Lactobacillus plantarum*과 더불어 내산성이 강하며 김치의 산패에 관여하는 것으로 보인다. 효모 중에는 *Saccharomyces*를 비롯하여 *Torulopsis*, *Candida*, *Hansenula*, *Pichia* 등 총 17종의 효모가 확인되었다. 김치 중의 효모는 알코올, 비타민, 향기물질을 생성하지만 *Pichia*, *Hansenula* 등은 김치표면에 막을 형성하면서 품질에 손상을 준다.

김치의 숙성 중 산도와 pH의 변화는 김치의 품질을 좌우한다. 발효초기의 pH는 5.5~5.8에서 최적숙성 김치의 pH는 4.5~4.2로 떨어진다. 최적 김치의 산도는 0.4~0.75%이며 과숙성되면 1.0%에 도달하고 1.5~2.0% 범위는 변패상태이다. 김치 중 유기산이나 pH의 변화는 숙성온도에 밀접한 관계가 있다. 숙성온도가 상승할수록 산도가 증가하는데 적당한 맛을 주는 김치는 10℃에서 15일, 15℃에서는 7

일, 20℃에서는 약 5일이 소요된다. 소금 농도와 숙성온도에 따른 김치의 숙성을 보면 숙성온도가 높고 염분이 낮을수록 숙성기일이 단축된다.

김치에 함유된 비타민 A, B, C의 양은 최적 숙성기에 최고로 많으며, 비타민 B_1, B_2, B_{12} 등은 발효 최적기에 초기의 2배까지 함유량이 증가하지만 과숙성되면 감소한다. 김치의 영양성분은 사용된 원료의 종류와 배합비율에 따라 차이가 크다. 고추는 비타민 A와 C를 많이 함유하고 있으며, 마늘은 allyl sulfide라는 자극성 성분을 갖고 있어서 항균작용과 체내 비타민 B_1의 흡수를 촉진시킨다. 또한 김치의 원료에 함유된 다량의 섬유질은 변비를 막아주며, 젓갈은 단백질과 칼슘의 급원이 된다.

담근 김치에는 약간의 유해균이 있을 수 있지만 발효과정에서 대부분 사멸되면서 맛과 영양이 최적으로 숙성된다. 김치류는 익어감에 따라 항균작용이 있어 유해균의 작용이 억제되며, 생성된 젖산에 의해 독특한 맛이 부여된다. 다량의 젖산균은 장내 유해세균의 생육을 억제시킴으로써 이상발효를 막을 수 있으며, 정장작용 및 probiotics로서 역할을 한다.

최적으로 숙성된 김치를 그대로 보존하려면 발효미생물과 효소의 작용을 억제시키는 방법이 필요하다. 김치의 맛을 유지시키는 것은 매우 중요하며 기술적으로 어려운 과제이다. 김치의 기본적인 저장방법으로서 냉장온도인 5℃ 이하에서의 보관은 김치의 저장성을 증가시킨다. 이외에도 산이나 염도를 높이는 방법, 방부제의 첨가, 열처리, 방사선처리, 천연 식물추출물 및 미생물 생육 저해제 등을 사용할 수 있다.

김치의 맛을 유지시키기 위한 저장 · 보관은 적온은 0~5℃이며 100일까지도 산도가 0.7%를 유지한다. 김치가 얼게 되면 김치 내부의 수분이 결정화되어 김치조직이 파괴되고 김치의 특성이 손상된다. 고염도 처리는 저장성을 증진시킬 수 있으나 식품학적 및 영양학적 측면에서 문제점이 있다. 가열 및 방사선 살균 역시 김치에 살아있는 효소와 젖산균을 사멸시켜 보존성의 증진 효과는 있으나 맛과 물성을 변화시켜 김치의 품질을 손상시킨다.

최근에는 배추김치의 저장성을 증진시키는 천연 물질 및 식품 추출물들이 보고되고 있다. 또한 담금재료를 효과적으로 세척하여 초기의 오염세균수를 감소시킴으로서 발효 김치의 보존성 및 품질을 향상시킬 수 있다.

김치는 우수한 영양적 측면 이외에도 기능성에 관한 보고가 많다. 채소에 함유된 cellulose와 pectin 등의 섬유소는 콜레스테롤의 억제로 동맥경화증 예방, 장내 노폐물 제거, 배변을 좋게 해주어 대장암예방에 효과적인 건강식품이다. 마늘은 비타민 B군의 흡수를 도와 생리작용을 도우며, 노화방지에 효과적이다. 김치 재료의 여러 가지 성분들은 항산화 기능성 물질을 함유하는데, 이러한 성분들은 일차적으로 식품의 품질 유지 및 지방질의 과산화 방지에 직접 관여할 뿐만 아니라 여러 가지 생물학적 활성 특히 항노화성, 항돌연변이성 및 항암성에 직접 관련이 있다. 특히 김치의 유산균에 의해 생성된 젖산은 장내세균을 건전하게 보유하는 정장작용을 한다. 한국인의 식사에 필수인 김치는 영양 및 기능성이 밝혀지면서 세계적인 건강식품으로 주목받고 있다.

(3) 유발효식품

유발표식품은 포유류의 젖을 젖산균이나 효모 등의 미생물로 발효시켜 독특한 풍미와 젖산을 함유한 유제품을 의미하며, 발효유, 유산균음료, 발효버터, 치즈 등이 있다.

1) 발효유

우유로부터 주로 젖산균에 의해서 제조되는 발효유는 특유의 풍미와 맛을 지니며 조직감을 가진다. 특히 발효유에 함유된 젖산균의 probiotics로서 역할을 고려할 때 영양뿐만 아니라 기능성이 우수한 발효식품이다. 원래 발효유는 양, 물소, 또는 부분적으로 염소, 소의 우유로부터 제조되었다. 발효유는 전세계적으로 많은 사람들의 중요한 식품이며 우유만으로 발효된 제품, 야채류 또는 양념류가 혼합된 발효유로서 소비된다.

최근에는 Bifidus 유산균 이 외에 유용한 유산균주들을 분리하여 발효유에 사용함으로서 생리활성 및 정장작용을 증진시키는 발효유가 제조된다. 최근에는 기능성 물질들을 포함한 다양한 부원료들의 첨가에 의한 발효 유제품의 다양화가 이루어지고 있다.

발효유는 제품의 규격에 따라 발효유, 농후발효유, 크림발효유, 농후크림발효유 및 발효버터류로 구별되며 우유나 탈지유를 발효시키는 방법에 따라 젖산발효에 의해서 제조된 산발효유와 효모에 의한 알코올 발효에 의해서 제조되는 알코올 발효유가 있다. 산발효유는 조직형태에 따라 호상과 액상으로 나누어진다. 젖산균발효유 중 원유만을 살균하여 유산균을 배양시킨 것을 플레인 요구르트라 하며, 이외에 다양한 과즙을 첨가한 요구르트가 있다. 현재 우리나라에서 시판되고 있는 것은 대부분 액상요구르트 혹은 액상발효유와 유산균음료 등이다.

일반적으로 발효유의 제조에 이용되는 젖산균 중에서 간균(rods)은 산생성능이 높으며, 구균(cocci)은 풍미물질을 생산한다. 발효유의 제조시에 젖산균 스타터는 단일균주보다는 혼합균주를 사용함으로서 단시간에 산생성과 다양한 향미를 생성할 수 있다. 일반적으로 *Streptococcus thermophilus*와 *Lactobacillus bulgaricus*의 혼합스타터가 이용되며, 이것을 이용하는 경우에는 40~45℃에서 2~3시간 발효시킴으로서 단일 균주의 사용에 비해서 우유의 응고시간이 단축된다. 발효유에 사용되는 젖산균들의 산생성 능력과 단백질 분해산물 생성능은 균주마다 다양하다. 또한 이들이 이용하는 대사경로도 다양하며 보통 lactose는 정상발효인 glycolysis와 이상발효인 bifidus pathway, PK pathway를 이용한다.

발효유의 제조에 관여하는 젖산균 중에서 당이나 구연산으로부터 diacetyl을 생성하는 균주가 있는데, 이들은 당이나 구연산의 분해산물인 pyruvate로부터 버터의 주요 향기성분인 diacetyl을 생성한다. 이는 발효유의 풍미에 중요하며 diacetyl 함량은 10ppm 정도가 가장 적절한 향을 나타낸다. 발효유의 diacetyl 함량을 증가시키려면 구연산을 0.2% 정도 첨가한다.

2) 치즈

치즈는 서양에서 가장 오래 전부터 이용되어온 유제품으로 우유에 젖산균 또는 응유효소를 작용시켜 우유 단백질을 응고시킨 다음 유청을 제거하고 숙성 발효시킨 고단백, 고영양가의 발효식품이다. 치즈의 원료유는 소, 양, 염소, 물소로부터 얻어진다. 치즈의 제조과정은 치즈의 종류에 따라서 차이가 있으며 응고과정과 숙성과정에서 다양한 미생물들의 작용과 생화학적 변화에 의해서 독특한 풍미와 조직감이 만들어지는 복잡한 발효과정이다. 일반적으로 치즈제조는 원료유의 처리, 우유의 응고, 커드의 압착과 유청분리, 성형과 숙성의 단계를 포함한다.

치즈의 품질을 좌우하는 가장 중요한 요소는 우유의 품질로 품종, 비유기, 계절, 환경온도, 사료 및 질병 등에 따라서 현저하게 달라질 수 있다. 일반적인 신선한 우유는 수분함량이 88%이며 고형분은 12% 전후이며, pH 6.5, 산도 0.16% 이하이다. 우유 단백질 중에서 유청단백질의 주된 성분인 β-lactoglobulin은 열에 불안정하며 산에는 안정하다. 반면에 casein은 열에 안정하며 산에는 불안정하여 산성조건에서 침전되어 유청단백질과 분리된다. 또한 casein은 응유효소인 rennin의 처리에 의해서 응고되어 유청단백질과 분리된다. 과도한 살균은 우유 단백질을 열변성시키므로 응유효소 rennet에 의한 응고작용이 불충분하게 되어 치즈제조에 불리하다. 우유는 치즈 제조 전에 균질화, 여과, 청징화 등의 처리가 이루어진다.

치즈제조에서 우유의 응고는 가장 중요한 단계로 우유 단백질을 물리적 또는 화학적으로 응고시켜서 커드를 형성하는 과정이다. 또한 우유단백질의 응고는 최종 치즈수율에 영향을 주며, 특히 지방, 단백질, 불용성염의 농도 등에 의해 치즈수율이 좌우된다. 최근에는 한외여과방법에 의해서 우유단백질들의 손실을 최소화하여 치즈의 수율을 증가시킬 수 있다.

우유를 산성화시켜 우유단백질을 응고시키는 데는 젖산균이 이용된다. 치즈제조에 있어서 젖산균의 작용은 rennet에 의한 커드의 형성을 촉진하며 커드 수축 및 유청분리를 용이하게 하여 제품 품질의 조직을 양호하게 한다. 또한 제조 및 숙성 중에 유해미생물의 오염을 방지하며 균체외의 분해효소에 의해서 카제인, 지방 등을 분해하여 치즈를 숙성한다.

커드 형성 및 처리 공정은 치즈제조 용기에서 이루어진다. 이 과정은 응유효소의 첨가에 의해서 시작된다. 응고공정은 casein micelle을 구성하는 κ-casein이 응유효소에 의해 절단되어 para κ-casein이 침전되는 단계로 구성된다. casein micelle의 표면에 분포하는 κ-casein이 응유효소 rennet에 의한 선택적 절단으로 친수성을 나타내는 glycomacropeptide가 떨어져 나가면서 casein micelle이 불안정하게 되며 결국은 침전되어 커드를 형성한다.

우유 중의 단백질이 응고되면 커드와 유청으로 분리된다. 응고된 커드는 적당한 굳기가 되었을 때 커드절단기로서 절단한다. 이때 연질치즈의 경우는 커드를 크게 절단하여 유청의 제거를 줄인다. 커드의 가열은 커드수축을 촉진하면서 유청의 분리를 촉진시킨다. 유청의 제거가 불충분한 경우 최종 치즈의 맛에 영향을 줄 수 있다. 유청이 제거된 커드는 일정한 치즈 형태를 만들기 위해서 cheese hoop에 채워 넣고 압착하여 일정한 크기와 모양을 만든다. 이때 식염의 첨가는 치즈의 풍미를 개선하며 잡균의 오염을 방지하고 치즈의 조직을 양호하게 만든다. 최종적으로 제조된 치즈는 일종의 우유단백질의 응고형태로 풍미와 맛이 완전하지 못한 생치즈이다.

생치즈는 일정한 온도와 습도가 조절되는 숙성실에서 숙성시킨다. 이 숙성과정에서 미생물학적, 효소화학적, 생물학적 반응에 의해서 특유한 풍미와 조직감을 가지면서 식품의 가치가 부여된 치즈로 전환된다. 숙성조건은 치즈종류에 따라 다르지만 일반적으로 10~20℃, 습도는 80~95% 정도에서 수개월동안 저장하여 숙성한다. 치즈의 숙성정도는 치즈의 pH, 수분함량, 염농도 및 존재하는 미생물상 또는 숙성시에 첨가되는 스타터 등에 의해서 크게 좌우된다.

치즈의 숙성 중에서 중요한 관리는 치즈에 곰팡이 등의 오염방지 및 수분증발에 의한 치즈의 수율감소를 줄이기 위해서 paraffin, wax, plastic film 등을 이용하여 포장한다. 주된 숙성관리는 유용한 미생물과 효소들이 잘 작용해서 숙성이 순조롭게 진행되도록 한다.

(4) 젓갈류

젓갈류는 우리나라의 대표적인 염장식품으로서 어패류의 육 · 내장 및 생식소 등에 다량의 식염을 첨가하여 발효 숙성시킨 수산발효식품이다. 다양한 원료를 이용하여 제조된 젓갈류는 독특한 풍미와 맛을 지닌 수산발효식품으로서 곡류위주인 동양의 식문화에 중요한 식품소재로 이용되어 왔다. 젓갈은 어패류에 소금을 첨가하여 저장성을 증가시키는 과정에서 주로 어패류 자체에 존재하는 각종 단백질 분해효소에 의한 자가소화가 일어나면서 육질이 분해되어 독특한 풍미를 지니는 전통발효식품이다.

젓갈류는 젓갈과 식해(食醢)류로 크게 대별할 수 있으며 식해류는 주로 어류나 패류의 날것에 익힌 곡류와 맥아, 소금 또는 누룩 등을 혼합해서 익힌 것으로 자가소화와 젖산발효에 의한 발효식품이다.

젓갈은 어패류의 원료, 지역에 따라 여러 가지로 그 제법상의 차이를 볼 수 있으나, 원료의 전처리방법이나 발효숙성조건 등은 대부분 유사하다. 젓갈제조법의 특징은 어패류에 부원료로 소금을 10~20% 내외로 사용하며 제조지역과 젓갈의 종류에 따라 차이가 있다. 식염 10% 수준을 사용하는 저염젓갈은 일부 굴젓이나 명란젓에서 볼 수 있으며 장기저장이 어렵다. 대부분의 젓갈류는 20% 내외의 식염을 포함하며 저장기간은 3개월 이상에서 수년이 될 수도 있다. 대부분 젓갈의 제조에서 부원료로서 소금만을 이용하는 경우가 대부분이나 간장 또는 고춧가루, 마늘, 파 등의 향신료 및 곡류를 첨가하는 경우가 있다.

젓갈의 숙성기간 2~3개월의 상온발효에서 어체원형이 유지되는 발효젓갈을 제조할 수 있으며 동시에 발효기간을 6~12개월 연장함으로서 젓국(어간장)을 생산할 수 있다.

젓갈의 발효숙성에서 젓갈의 원료와 소금농도에 영향을 받는 단백질 분해효소 및 생육 미생물의 역할이 발효 숙성에 영향을 미친다. 일반적으로 영향을 미치는 젓갈류는 20% 내외의 소금농도 하에서 숙성시키게 되므로 숙성 중 내염성균 외에는 그 생육이 저해되며 또한 높은 염농도 때문에 어육 자체에 존재하는 효소의 활성저해로 자가소화 과정도 저해될 수 있다. 식해의 경우는 10% 내외의 저염도 하에서 숙성됨으로서 젖산이 생성되고 내염성 효모도 작용하여 알코올 발효와 더불어 독특한 향기물질이 생성되어 비린내 제거에 도움을 준다. 젓갈류의 숙성은 연중 온도의 변화가 적은 동굴 등을 이용하는 것이 보통이며 숙성온도는 13~15℃가 적당하다.

젓갈의 산업적 생산을 위해서는 먼저 원료의 확보가 요구된다. 젓갈품질의 균일화 또는 위생적인 제품생산이 필요하며, 이를 위해서 제조공정의 표준화 및 식품위해요소 중점관리기준(HACCP, Hazard Analysis Critical Control Point)의 적용이 요구된다. 또한 발효숙성에 관여하는 미생물을 분리 및 규명하며 이들을 효과적으로 접종함으로써 발효기간을 단축하고 품질을 균일화하는 방법이 가능하다.

(5) 발효 주류

1) 맥주

맥주는 보리의 전분을 맥아의 당화효소에 의해서 발효성 당으로 전환시킨 후 효모의 알코올 발효 작용과 일련의 생화학적 반응을 통해서 만들어지는 탄산가스와 고미성분을 함유한 알코올음료이다.

맥주제조에 사용되는 원료들은 전통적으로 양조용수, 맥아, 호프, 효모의 4종류이며 필요에 따라서 전분질 부원료 또는 공정에 도움을 주는 소재들이 있다. 그 밖의 기타원료로는 첨가물인 캐러멜이 색과 풍미를 부여하기 위하여 사용되며 호프 오일은 호프의 향을 더해주기 위해 첨가된다.

맥주용 보리로는 이조대맥과 육조대맥이 주로 사용된다. 맥주용 보리는 곡피가 얇고 알이 비대한 것이 좋고 가급적 단백질이 적고 상대적으로 전분질이 많은 것이 좋으며, 맥아 제조시 발아가 용이하고 균일할 수 있는 품종이 좋다. 우리나라와 유럽에서는 이조대맥을 이용하고 미국에서는 주로 육조대맥을 이용하고 있다. 보리의 단백질 함량이 높으면 맥주 혼탁의 원인이 된다.

맥아의 전분질을 보충하기 위해 전분질 부원료를 추가함으로써 맥아즙의 단백질과 탄닌의 함량을 낮추어 단백질 혼탁을 방지하며 맥주의 색도를 낮추고 향이 부드러워진다. 또한 거품의 안정성을 향상시키고 고농도 알코올 발효가 가능하게 한다. 호프는 맥주에 특유의 향기를 부여하며 맥주의 기포성과 색상을 좋게 한다. 또한 방부성이 있어서 제품의 보존에 효과가 있으며 적당한 고미를 준다.

효모는 맥주발효에 있어서 알코올생성 및 다양한 부산물을 생성하게 하는 매우 중요한 역할을 하는 미생물이다. 맥주양조에 사용되는 효모는 크게 2종류가 있는데, ale 효모(상면발효효모)는 *Saccharomyces cerevisiae*로 일반적으로 15℃ 이상에서 발효가 이루어지며 lager 효모(하면발효효모)로서 *Saccharomyces carlsbergensis*는 17℃보다 낮은 온도(10℃)에서 발효가 이루어진다. 맥주효모의 특성은 강한 알코올 발효력을 가지며 다양한 당을 발효시키는 균이어야 한다. 또한 맥주에 좋은 향미와 이화학적인 성질을 부여하며 발효 후에는 응집성이 있어서 발효액으로부터 효모의 분리가 용이한 것이 바람직하다.

맥주의 제조과정은 맥아의 제조, 맥아즙의 제조, 발효 및 제품화로 크게 4단계로 구별된다. 먼저 맥아제조과정을 거치는데 이는 보리를 맥아로 전환시키는 과정으로 침지, 발아시켜서 당화과정에 필요한 효소들을 생성 또는 활성화시킴과 동시에 보리 extract의 추출이 용이한 상태로 만드는 용해과정이다. 제조된 맥아를 분쇄시켜 더운물에서 추출과정을 거치게 하여 맥아즙으로 전환시키는 과정이 다음에 이어진다. 이 맥아즙 제조과정은 맥아의 분쇄, 당화, 여과, 자비, 호프의 첨가, 가열응집물의 제거, 냉각 및 산소 취입의 공정으로 이루어진다.

그 다음은 맥아즙성분을 효모에 의해 알코올 및 유용한 물질로 전환시키는 과정이며 맥주 특유의 향미물질을 생성시키는 발효단계이다. 맥주 발효에서 당은 해당작용을 거치면서 효모의 성장에 필요한 에너지와 균체의 증식에 필요한 물질을 제공하며 에탄올과 CO_2는 부산물로 세포 밖으로 배출된다. 발효과정에서 발생되는 발효열로 인한 온도 상승을 억제하기 위한 냉각장치가 필요하다.

발효된 맥주를 소비자 기호에 맞게 맛과 향미를 풍부하게 숙성시키는 저장과정과 포장과정이 다음으로 이루어진다. 숙성과정은 후발효라 하기도 하며, 발효조와 유사한 저장조에서 보통 0~1℃의 낮은 온도에서 12주 정도 행해진다. 숙성되는 과정에서 맥주는 향미가 증진되며 CO_2가 포화되면서 안정되고 완숙한 맛을 지닌 맥주가 된다. 숙성이 끝난 맥주는 여과되어 맑은 호박색의 맥주를 얻는다. 이후 맥주는 포장용기에 담겨 포장이 된다. 이때 여과가 끝난 맥주를 살균하지 않고 그대로 제품화한 것이 생맥주이며 신선하지만 잔존 효모와 미생물에 의해서 변화가 있을 수 있어 저장성이 약하다. 가장 보편적인 병맥주는 가열살균 또는 미세여과에 의해서 미생물을 제거시키는 공정을 거침으로서 저장성이 유지된다.

맥주의 품질은 맥주의 종류에 따라 기준의 차이가 있으나 일반적으로 향미, 색깔, 투명도, 발포성, CO_2의 함량, 알코올함량, 호프의 고미성에 의해서 결정된다. 또한 좋은 맥주는 미생물적 안정, 물리적 안정 및 거품의 안정이 요구되며 맥주의 맛은 호프 특유의 고미가 잘 조화된 부드럽고 상쾌한 맛과 향이 있어야 한다. 맥주의 거품은 색이 희고 풍부하며 쉽게 꺼지지 않는 것이 좋다. 맥주의 알코올은 2~4%이며, 물이 90% 이상을 차지한다.

2) 포도주

포도주는 포도 과즙을 효모에 의해서 발효하여 만들어진 양조주이다. 지역에 따른 원료 포도와 부재료 및 제법 등의 차이에 의해서 포도주의 종류가 분류될 수 있다. 포도주는 발효성 당만으로 생성된 알코올함량을 갖는 천연포도주와 포도주 주정을 가하여 알코올 농도를 높인 주정강화포도주로 분류될 수 있는데, 주정강화포도주는 dessert와 appetizer 포도주로 대별된다. 또한 천연포도주는 탄산가스의 유무에 따라 발포성 포도주와 비발포성 포도주로 분류된다. 포도주는 당함량에 따라 단맛이 없는 dry wine과 단맛이 약간 있는 semi-dry wine 및 단맛이 나는 sweet wine으로 구별된다. 또한 포도주는 색깔에 따라서 적포도주, 백포도주 및 분홍포도주로 분류된다. 또한 지역에 따라 France Vin, German Vein, Spain Vino, Italy Vino, America Wine 등이 있다.

포도주의 원료인 포도의 품종은 유럽계의 *Vitis vinifera*와 북미의 *Vitis labrusca*와 *Vitis rotundifolia*가 있다. 우리나라의 포도 재배지역은 경북 경산, 충남 천안, 경기 안성 등이며 포도품종은 조생종인 캠벌리, 쉴러 등이 전체 70% 정도를 차지한다. 포도주 제조를 위한 포도의 수확 적기는 당도와 산도를 측정하는 것이 일반적이다. Brix/Acid 비율은 당도가 18~26° Brix 범위에서 산도가 4~9g/L 정도일 때 Brix/Acid 값은 2.0~6.5를 나타내며 Brix/Acid값이 3.2 정도가 이상적이다.

수확한 포도는 가능한 신속하게 가공공장으로 운반하여 처리한다. 제경과 파쇄는 분쇄기에서 동시에 이루어져 과육과 주스를 포함하는 파쇄된 포도인 과장을 얻는다. 그 다음은 아황산을 첨가하는데, 아황산은 항미생물 작용을 나타내는 물질로 포도주제조에 필수적으로 사용되어온 보존제이다. 포도의 과피에는 수많은 야생효모와 곰팡이, 세균들이 존재하는데 포도주발효에 유용한 효모나 순수배양 효모에 의한 발효를 통해 양질의 포도주를 제조하기 위해서는 해로운 미생물들의 생육을 억제시키는 것이 매우 중요하다.

일반적으로 백포도주는 파쇄된 과장으로부터의 비압착주스 또는 페놀함량이 적은 압착된 포도주스를 사용한다. 적포도주는 발효과정에서 과즙과 박의 분리가 수행되며 이때 착즙기를 사용하여 압착한다. 포도 과즙 조성은 원하는 포도주 제조에 적합하도록 성분을 조정한 후 발효를 한다.

포도주 효모는 포도 속의 당을 혐기적 조건하에서 알코올와 CO_2 및 소량의 부산물로 전환시키는 역할을 한다. 포도주는 포도주 발효용 배양효모를 사용하는데 *Saccharomyces cerevisiae, Saccharomyces vini, Saccharomyces ellipsoideus* 등이 있다. 포도주에 관여하는 중요한 세균으로는 초산균과 젖산균을 들 수 있다. 초산균은 알코올을 산화시켜 초산으로 전환시키면서 산패를 일으키는 세균이다. 젖산균은 통성 혐기성이며 산과 알코올에 비교적 내성이 강하다. 젖산균에 의해 malic acid가 lactic acid와 CO_2로 전환되면서 강한 산미를 갖는 포도주의 산도가 낮아지는 malolactic fermentation은 일종의 유용한 2차 발효라 할 수 있다.

적포도주는 적색 또는 흑색의 포도를 파쇄한 후 껍질, 씨와 함께 알코올 발효를 행한다. 발효 중에 생성된 탄산가스에 의해 발효조 상단에 껍질 층이 형성되는데 이것을 물리적으로 발효액안으로 밀어 넣든가 밑에 있는 액을 펌프질해서 껍질 위로 덮어주어서 초산균의 번식을 억제하고 안토시안계 색소, 탄닌성분의 추출을 용이하게 해주어야한다. 적포도주의 생명인 독특한 붉은 색, 은근한 맛과 산미, 향이 생기게 하며 발효온도는 대개 20℃ 정도에서 행한다. 적포도주 발효는 품온관리를 철저히 하면서 4~5일 경과 후 과피를 제거하고 후발표를 시킨다. 효모에 의한 알코올 발효가 끝나면 유산균에 의한 malolactic fermentation이 일어난다. 특히 포도재배기간의 기후조건에 따라 추운 지방에서 재배된 포도의 과즙은 malic acid에 의해 산도가 높아져 malolactic fermentation을 통해서 산도를 낮추는 것이 바람직하다.

백포도주는 적포도의 과피를 제거하고 발효하거나 청포도로 발효된 술을 말한다.

백포도주의 중요성은 알코올 발효를 향기롭고 산뜻한 맛을 내도록 하는 것이며 보통 15~19℃에서 발효를 행하고 균주 선택 시 향기로운 성분을 생성하는 우량 균주를 선택하는 것이 중요하다.

발포성 포도주는 발효 중에 생성된 CO_2가 용해되어 있어서 마실 때 기포가 생성되는 포도주이다.

포도주의 발효에서 제조하고자 하는 포도주의 종류에 따라 온도관리 및 제조관리가 요구된다. 적포도주의 경우에는 과피로부터 요구하는 수준의 적색소와 탄닌이 용출되면 발효액을 채취하고 고형분을 압착하여 박을 분리시킨다. 발효의 완료는 포도주의 단맛 정도에 따라 잔존하는 당의 함량에 의해서 결정된다. 발효기간은 발효온도, 사용한 효모의 종류와 제조하려는 포도주의 종류에 따라서 수 일에서 수 주간 걸린다.

발효된 포도주는 일정기간 동안 저장시키면서 불순물들을 제거시킴과 동시에 숙성시키는 과정을 거친다. 포도주의 종류와 포장용기에 따라서 숙성기간에 차이가 있다. 저장 중에 포도주의 청징화를 위해서 침전분리 및 청징화 과정을 거치며 숙성은 oak통 속에서 실시한다.

완성된 적포도주의 에탄올 함량은 10~14% 정도이며 백포도주는 11~12% 정도가 보통이다. 휘발성 산 중 초산의 함량은 백포도주와 적포도주에서 각각 0.11%와 0.12%를 초과하지 않는 것이 좋다. dry wine은 산도가 0.4~0.6%이면 좋고 너무 높으면 맛이 거칠고 시며 또한 낮으면 밋밋하고 김빠진 맛을 보인다. 포도주는 심장질환을 예방해주며 항산화제로서도 작용하는 것으로 알려져 있다.

3) 막걸리, 약주

막걸리와 약주는 우리나라에서 예로부터 양조되어온 재래주로서 찹쌀 또는 멥쌀을 원료로 하여 발효제로서 누룩을 첨가하여 병행복발효주의 제조방법에 의해서 양조된다. 병행복발효주는 전분의 당화공정과 발효공정이 분리되지 않고 병행해서 이루어지는 것을 말한다.

막걸리와 약주의 원료로는 쌀, 밀가루, 옥수수, 보리쌀, 고구마 전분, 포도당 등의 탄수화물과 주조용수, 곡자 및 입국 등의 발효제들이 사용된다. 막걸리와 약주의 제조공정은 소맥분을 원료로 하여 입국을 제조한 후 주모를 함께 만들어 1단 담금에 사용한다. 다음에는 곡자를 첨가하여 2단 담금으로 알코올 발효를 촉진시킨다. 숙성된 술덧은 여과정도에 따라 막걸리와 약주로 분류한다. 막걸리는 약주에 비해 거칠며 압착기로 맑게 여과한 것이 약주이다.

막걸리는 보통 알코올이 6~8%이고 약주는 10~13%이다.

2. 항생물질류

병원체를 사멸시킴으로써 인간을 이들의 감염으로부터 지켜주는 물질인 항생물질에는 항생제(antibiotics), 항바이러스제(antivirals), 항진균제(antifungals), 항암제(Antineoplastics), 구충제(antiparasitics) 등이 있다. 항생물질은 미국생물학회의 제안(1965)에 따라 화학구조, 생산균, 제조법, 생물활성의 기작 등에 따라 구분한다. 화학구조에 따른 분류(Berdy 1974)는 carbohydrate-containing antibiotics, macrocyclic lactones, quinones, amino acid & its derivatives, heterocyclic antibiotics containing nitrogen, heterocyclic antibiotics containing oxygen, alicyclic derivatives, aromatic antibiotics, aliphatic antibiotics 등으로 구분한다. 본 장에서는 상업적으로 대표적인 항생제인 β-락탐계 항생제와 aminoglycoside항생제에 대해 살펴보기로 한다.

(1) β-락탐계 항생제의 발효 생산

β-락탐계 항생물질은 재래식과 비재래식으로 나눈다. 재래식 물질로는 페니실린계(penems)와 세팔로스포린계(cephems)가 있고, 비재래식은 cephamycin, oxacephem, oxapenem, carbaphenem 및 monocyclic β-lactams 등이 있다. 현재 많이 생산되는 페니실린계 항생제는 천연계(G, V)를 비롯하여 aminopenicillin(amoxicillin, ampicillin), 포도상구균에 내성을 가진 penillinase-resistant penicillin(oxacillin, cloxacillin), broad spectrum을 가진 항녹농균용의 penicillin(azlocillin, carbenicillin, piperacillin), β-lactamase inhibitor(clavlanic acid) 등이 있다.

페니실린은 대부분 재조합 *E. coli*(G형)나 *Fusarium oxysporum*(V형)을 이용하여 유가식 발효(fed-batch fermentation)로 생산한다. 약 60일 정도 발효(pH 6.4~6.8)하면 40~50g/l이 축적된다. 발효 종료액은 유기용제(butylacetate)로 추

출한 후, 균체는 진공여과기로 여과한다. 색소 등의 불순물은 활성탄 및 이온교환수지로 제거하고, 정제여액은 potassium acetate로 정석하여 포타슘염으로 회수한다. 페니실린의 회수율은 90% 이상이다.

세팔로스포린-C(CPC) 발효에 사용되는 균주는 많으나, *Cephalosporium acremonium*(*Acremonium chrysogenum*)을 주로 이용한다.

[표 2-1-1] β-락탐계 항생물질의 생산 균주

β-락탐계 항생물질	생산 균주	활성범위와 용도
6-Aminopeniciallanic acid	*E. coli, B. megaterium*	반합성제품 생산
6-Aminopeniciallanic acid	*Pleuroteus osteatus*	
Penicillin G & V	*Penicillium chrysogenum* *Fusarium oxysporum*	G(+)
Cephamycin C	*Acremonium chrysogenum* (*Cephalosporium acremonium*)	G(+), G(−)
Cephamycin C	*Streptomyces lactamdurans*	G(+), G(−)
Clavlanic acid	*Streptomyces clavuligerus*	

발효농도는 유가식으로 45일 발효 시 20~25g/l이 축적되며, 성장기에 균사(arthrospore)의 형성을 돕기 위해 DL-메치오닌과 용존산소를 충분하게 공급해야 한다. 균의 성장기에는 당류를 이용하지만, 생산기(production phase)에는 당자원으로 자화가 어려운 식용유를 유가하여 생산을 극대화한다.

E. Lilly는 생합성 회로상의 율속효소인 expandase나 hydroxylase의 활성을 높이기 위해 cefEF 유전자를 2배로 증폭하여 CPC 생산량을 15% 상승시켰다. 또한 브리스톨-마이어-스퀴브의 Basch & Chiang(1998) 역시 부산물의 생성을 줄이기 위해 cefEF 유전자를 증폭시킨 재조합 *A. chrysogenum*의 발효로 불순물인 DAOC의 농도를 획기적으로 감소시키는 데 성공하였다.

발효 종료액은 35℃로 급냉한 상태에서 제균한다. 여액을 이온교환수지로 처리 시 pH 2로 하강하면 불순물(페니실린N)이 제거된다.

(2) Aminoglycoside 항생물질

Aminoglycoside 항생제에 속하는 대표적인 항생제는 streptomycin, kanamycin, kasugamycin, neomycin B, valdamycin A 등이다. 이들 항생물질의 구조는 다른 아미노산과 glycoside 결합하고 있는 streptidine 또는 deoxystreptamine을 구성단위로 하고 있다. Aminoglycoside 항생물질은 단백질합성을 특이적으로 저해하고 세균세포막에 손상을 주어 저분자량의 세포 내용물질을 세포 밖으로 유출시켜 세균을 사멸시킨다.

Streptomycin은 1944년 미국의 Waksman에 의해서 *Streptomyces griseus*의 생산물로서 발견되었고 penicillin이 효과가 없는 그람음성균, 특히 결핵균에도 탁월한 효과가 있다. Streptomycin은 당을 전구체로 하는 항생물질의 대표적인 것으로 그 생합성은 D-glucose로 부터 중간체로서 myo-inositol을 거쳐 생합성된다.

Streptomycin 발견 이후 *Streptomyces humidus*에 의한 dihydrostreptomycin, *Streptomyces eticuli, Streptomyces riseocarneus*에 의한 hydroxystreptomycin, Streptomyces griseus에 의한 mannosidostreptomycin 등의 생산이 알려졌다. Hydroxystreptomycin은 streptomycin보다 독성이 약하며 직접발효에 의해서도 만들어지거나 주로 streptomycin을 백금촉매의 존재하에서 환원시켜 제조한다. 발효는 glucose 2.5%, 대두추출물 4%, NaCl 등을 주성분으로 한 배지를 사용하여 24~30℃에서 배양하고 이온교환수지로써 정제한다.

3. 아미노산

아미노산은 글리신, 메티오닌, 시스테인, 발린 등을 제외하고는 대부분 발효법으로 생산된다. 발효법은 회분식, 유가식, 연속식 발효가 있으나, 유가식 발효가 널리 이용되고 있다. 아미노산 생산 균주를 개발하는 전략으로는 영양요구성 균주나 유사물질에 대한 내성 균주를 제작함으로써 아미노산 대사의 전형적인 특징인 되먹임 조절(feedback regulation)을 해제하는 방법이 사용되고 있다. 균주 개량은 인공변이법, 유전자 재조합법, 세포융합법 등이 이용되었으며, 최근에는 오믹스(omics) 기술에 의한 대사공학 등의 체계적인 방법(systems biology)이 도입되고 있다.

발효에 의해 생산되는 아미노산 중에서 시장규모가 큰 것은 조미료로 사용되는 글루탐산나트륨(monosodium glutamate, MSG)으로서 세계 수요는 150만톤이며, 생산 국가는 중국, 유럽, 일본, 태국, 인도네시아, 한국, 미국 등 세계 도처에 산재해 있는 실정이다. 사료첨가제로 사용되는 아미노산은 라이신, 스레오닌, 트립토판 등의 필수아미노산 들이며, 개발도상국의 육류섭취 증가에 힘입어 지속적으로 그 수요가 증가할 것으로 전망된다. 세계 라이신 시장은 20억 달러로 2008년까지만 해도 일본 아지노모도사가 주도했지만 인도네시아, 브라질, 중국에 라이신 공장을 갖고 있는 CJ(주)가 2009년에 세계 라이신 시장 1위로 올라섰다. 이 밖에 독일의 BASF, 미국의 ADM(Archer Daniels Midland) 등이 주요 생산 업체 들이다. 스레오닌은 제2필수아미노산으로 라이신 사용이 증가하면서 소비량이 같이 증가하고 있는 품목으로서 아지노모도, CJ 등이 주요 생산 업체이다.

페닐알라닌, 아스파라긴산, 글리신 등은 다이어트용 고감미료의 원료로 수요가 증가하고 있다. 발린, 이소루이신, 루이신 등의 분지(branched) 아미노산 들은 간기능 개선에 유효하며 또한 신체 활력을 높여주는 성분으로서 건강식품용으로 사용된다. 스레오닌, 세린 등은 보습 등의 기능으로 화장품용으로 사용되고 있다. 프롤린, 글루타민, 알지닌 등도 숙취해소, 간기능 보호 등의 의약용, 건강기능성 식품용으로 사용되고 있으며, 의약용 아미노산은 아미노산 수액제, 환자용 영양제, 주사제, 장기보존액 및 시약용 등이 주요 소비 사례이다. 의약용으로 이용하려면 pyrogen-free가 되어야 하기 때문에 고순도 정제 공정 및 품질관리가 필요하다.

식품, 사료용 아미노산은 양적으로는 95% 이상을 차지하지만, 가격은 전체 아미노산의 50% 정도로 부가가치가 낮다. 반면 의약용 등은 금액으로 25% 이상을 점유한다. 따라서 업체들은 식품, 시료용은 가격경쟁력 확보를 위하여 대량생산과 균주개량을 통한 생산성 향상에 주력하고 있으며, 부가가치가 높은 의약용, 정밀화학 용도의 아미노산은 고도의 품질관리에 노력을 기울이고 있다.

4. 핵산관련물질

조미료의 원료로서 쇠고기 맛을 내는 IMP, 송이버섯 맛을 내는 GMP 등의 purine nuclectide 등이 생산되고 있으며, CMP, UMP, TMP 등의 정미성을 갖지 않는 pyrimidine nucleotide 등과 ATP, NAD, FAD, CoA, cAMP 등의 기능성 핵산물질들이 미생물을 이용하는 시스템에 의해 생산되고 있다. 이 중에서 양적으로

나 가격적으로 가장 많이 생산되는 것은 조미료 원료인 IMP, GMP 이다. 미생물을 이용하여 이들 정미성 핵산 물질들을 생산하는 방법은 전구물질인 XMP, guanosine, inosine 등을 생산한 뒤에 효소적 혹은 화학적 방법으로 GMP, IMP로 전환시키는 방법과 미생물에 의해 포도당으로부터 직접 IMP를 생산하는 직접 발효법 등이 있다. 한국의 대상과 CJ, 일본의 아지노모도, 중국의 Star Lake 등이 주요 생산 업체이다.

2009년 정미성 핵산 제품의 전세계 시장은 3억달러이며 연간 10% 정도의 성장세를 보이고 있다. 인도네시아와 중국에 공장을 갖고 있는 CJ는 1억4천만 달러의 매출을 기록하며 40%를 점유하고 있고, 2위는 일본의 아지노모도이다.

5. 유기산

미생물 발효에 의해 생산되는 유기산은 70여 종으로 해당 경로 및 TCA 경로를 통하여 합성된다. 초산, 젖산, 구연산(citric acid), 숙신산(succinic acid), 푸마르산(fumaric acid), 사과산(malic acid) 등이 있으며, 생산 균주도 효모, 세균, 곰팡이 등으로 다양하다.

[표 2-1-2] 대표적인 유기산 발효 균주

유기산	발효 균주	%생산성(탄소원)
Acetic acid	*Acetobacter aceti*	95(ethanol)
Propionic acid	*Propionbact. shermanii*	69(glucose)
Pyruvic acid	*Pseudomonas aeroginosa*	50(glucose)
Lactic acid	*Lactobacillus delbrueckii*	90(glucose)
Succinic acid	*Bacterium succinicum*	57(malic acid)
Tartaric acid	*Gluconobacter suboxydans*	27(glucose)
Fumaric acid	*Rhizopus deleemar*	58(glucose)
Malic acid	*Lactobacillus brevis*	100(glucose)
Itaconic acid	*Aspergillus terreus*	60(glucose)
α-keto gluaric acid	*Candida hydrocarbofumarica*	84(n-paraffin)
Citric acid	*Aspergillus niger*	85(glucose)

Citric acid	*Candida lipolytica*	140(n-paraffin)
L(+)-Isocitric acid	*Candida brumptii*	28(glucose)
L(-)-Alloisocitric acid	*Penicillium purpurgenum*	40(glucose)
Gluconic acid	*Aspergillus niger*	95(glucose)
2-Ketogluconic acid	*Psudomonas fluorescence*	90(glucose)
D-Araboascorbic acid	*Penicillium notatum*	45(glucose)
Kojic acid	*Aspergillus oryzae*	50(glucose)

*출처 : 임번삼, 발효산업의 현황과 전망(2004)

발효에 의해서 생산되는 여러 종류의 유기산 들은 식품 제조 및 다양한 용도로 사용된다. 사람들이 처음 사용한 것은 초산 미생물(*Acetobacter*)이 알코올 음료를 발효하여 만든 초산을 식초로 사용한 것이었다. 그 후에 *Aspergillus niger* 라는 곰팡이의 호기성 발효(표면 액체배양 혹은 심부 배양)를 통하여 만들어진 구연산(citric acid)은 음료수의 풍미강화제, 기타식품용, 세제, 의약용 등으로 다양하게 이용되는 산업적으로 중요한 산물이 되었다. 젖산균(lactic acid bacteria)에 의해 생산되는 젖산은 식품용 이외에도 생분해성 폴리머(biodegradable polymer, bioplastic)인 PLA의 원료, 세제 원료 등으로 사용되고 있다.

6. 효소

산업적으로 효소는 발효공정 개선, 합성공정 단순화, 식품제조 공정개선, 영양성분의 개선 및 기능성 부여, 신물질 합성, 부산물의 재활용 등의 목적으로 이용되고 있다. 시장 분포를 보면 크게 식품용 효소와 비식품용 효소로 나눌 수 있으며, 식품산업에서 45~50%를 차지하고 있고, 이를 세분하면 전분가공분야에 50%, 유가공업계에서 25%, 맥주, 쥬스, 와인제조에 10%정도 이용되고 있다. 전분 가공에는 전분의 당화, 액화, 이성화 등의 각 단계별로 다양한 효소들이 사용되고 있다.

[표 2-1-3] 전분 가공용 효소

공정명	효소	기원	발효 균주		생성물
			액성(pH)	온도℃	
액화	α-amylase	세균	6-7	90-105	dextrin
당화	glucoamylase	곰팡이	4-5	60	glucose
당화	β-amylase	맥아, 대두	5	55	maltose
분지 절단	pullulanase	세균	5	60	직쇄 덱스트린
이성화	glucose isomerase	세균,방선균	7-9	60-70	fuctose
환상화	CGTase*	세균	7-8	60-70	cyclodextrin
당 전이	β-fructofurnosidase	곰팡이	5-6	55	fructooligo당

*CGTase : cyclodextrin glucanotransferase

비식품효소의 경우 합성세제산업에서 40~45%, 섬유/종이산업에서 4~6%, 피혁산업에서 1~2%, 사료산업에서 1% 미만의 시장을 형성하고 있다. 이들을 이용되는 효소의 종류별로 구별하면, 합성세제에서는 땀과 때의 주성분이 단백질과 지방이므로 이들을 분해하는 단백질 분해효소(protease)와 지방 분해 효소(lipase)가 주종을 이루고 있으며, 섬유/종이산업에서는 amylase와 hemicellulase가 주로 이용되고 있다. 네덜란드의 윈델사는 염색공정의 잔류 표백제를 효소를 이용하여 제거하여 폐수를 획기적으로 감축할 수 있었다.

[표 2-1-4] 공업적으로 이용되고 있는 효소의 예

구 분	용 도	효 소	미 생 물
제빵, 제분	발효촉진, 품질개량 등	amylase	곰팡이/세균
맥 주	당화(mashing) 저온보존성(chill proofing)	amylase protease	곰팡이/세균 곰팡이/세균
의 약	소화제 각종 임상검사	protease 각종 효소	곰팡이 세균
포도주	당액의 청정화(clarification)	pectinase	곰팡이
과즙음료	즙액의 고미 제거	naringinase	곰팡이

의료용 효소는 소화효소, 소염효소, 혈전분해효소, 항종양 효소 등이 있으며, 국내 효소 시장의 40%를 점유한다. 소화효소에는 lipase, diastase, 등이 있으며, 혈전효소로는 urokinase, streptokinase, tissue plasminogen activator(tPA) 등이 대표적이다. 소염효소로는 lysozyme, chymotrypsin, streptodonase, superoxide dismutase 등이 있고, 항종양 효소로는 asparaginase, kallidinogenase, erastase 등이 있다. Penicillin amidase는 천연 페니실린에 작용하여 다양한 유도체를 합성하는데 사용한다. 이 밖에 임상진단용으로도 많은 효소들이 사용되는데 cholesterol esterase에 의한 콜레스테롤 측정, lipoprotein lipase에 의한 중성지방 측정, 진단용 효소를 이용한 포도당, 요산, 혈중알코올 등이 그 사례들이다.

동, 식물에 비해 미생물은 효소의 대량생산이 가능하고, 효소의 종류도 많기 때문에 효소 산업의 수단으로 적합하다. 또한 기술적으로 유전자 조작을 통해 변이체 효소의 제작 및 대량 스크리닝(high-throughput screening) 기술 등이 발전되고 있어 원하는 방향으로의 효소 개량도 어느 정도 가능하다.

7. 비타민, 생리활성물질

비타민 중에서 주로 미생물 발효에 의해 생산되는 것은 비타민 B_2(riboflavin) 및 구조가 복잡하여 합성이 불가능한 비타민 B_{12}(cobalamine) 등이다. 그리고 비타민 B_1(thiamine), B_5(pantothenic acid), B_6(pyridoxine), H(biotin), 등 많은 경우 생물학적으로 생산을 하기 위한 목적의 연구 논문이 발표되고 있는 실정이다. 이들 비타민들은 기존에 화학합성법에 의해 대부분 생산되었으나, 생물공학적인 방법으로 제조법이 바뀌면서 경제적 이익은 물론 제품의 친환경적인 이미지로 인해 추가적인 경쟁력을 확보해나가고 있는 중이다. 대표적인 사례가 일본의 Kaneka 사에서 효모에 의해 생산되는 Coenzyme Q10과 독일 BASF사에서 유전자 재조합 곰팡이 균주(*Ashbya* sp.) 의해 생산되는 비타민 B_2(riboflavin) 이다. 특히 BASF 사의 비타민 B_2 생산은 기존의 합성 공법이 8단계인데 비해 1단계로 간소화시킴으로써, 폐기물은 96%, CO_2 배출은 33%, 원재료비는 64% 절감효과를 얻을 수 있었다.

미생물 발효와 생물전환에 의해 생산되는 다른 주요 생리활성 물질로는 알칼로이드, 스테로이드, 백신 등을 들 수 있다. 근래에는 인슐린, 인터페론, 사람의 성장 호르몬과 같은 치료용 생리활성 물질들이 사람 유전자의 재조합을 통해 다양한 미생물들을 통해 생산되고 있다. 이 분야는 현재 급속히 발전되고 있으며, 더욱 많은 재조합 치료제가 상용화 될 것으로 전망된다.

8. 당류관련 물질

Dextran이 김치 유산균인 *Leoconostoc mesenteroides*에 의해 생산되고, Xanthan gum은 *Xanthomonas campestris* 균주, pullulan은 *Aureobasidium pullulans* 등에 의해 적절한 탄소원으로부터 생산되고, fructooligosaccharide, trehalose, fructose, maltose syrup 등의 당들은 미생물로부터 유래된 효소 반응에 의해 생산되고 있다. 특히 fructooligosaccharide와 같은 기능성 올리고당 제품들은 일본에서 매우 발달되어있으며, 그 종류도 대단히 많은 실정이다.

또한 당알코올의 일종인 erythritol은 포도당으로부터 효모의 발효에 의해 생산되고 있다. 그동안 수소첨가 반응에 의해 생산되던 자일리톨 등의 다른 당알코올류도 미생물 발효에 의한 생산 연구가 지속되고 있다.

9. 산업적 화학제품과 연료

자원이 고갈되어가는 석유화학제품을 지속 가능한(sustainable) 순환형 자원으로 대체하기 위한 목적으로 바이오 플라스틱, 바이오 에탄올, 바이오 디젤 등을 개발하고 상용화 되고 있다. 바이오 플라스틱은 다국적 기업들을 중심으로 PLA(polylactic acid), 3-HP(3-hydroxypropioc acid), 3-PDO(3ropandiol), 3-PHA(polyhydorxyalkanoate) 등을 원료로하여 식품포장재, 직물소재, 음료수병, 기저귀, 생리대, 자동차용 플라스틱 등 다양한 용도로 개발, 시판되고 있다. 이들은 석유화학 제품에 비해 에너지 소비와 온실가스 배출량을 획기적으로 절감할 수 있으며, 자연에서 빠르게 분해되기 때문에 순환형 자원으로 적합하다하겠다.

바이오에탄올은 곡물이나 바이오매스를 발효하여 얻어지는 에탄올을 정제하여 연료로 사용하는 것으로서 이때 사용하는 미생물은 효모인 *Saccharomyces cerevisiae*에 비해 에탄올 생산 효율이 높은 *Zymmomonas mobilis* 등의 세균이 사용된다. 바이오 디젤은 식물로부터 추출된 유지를 효소에 의한 에스터 전달반응(transesterification) 등의 반응을 통해 디젤과 유사한 성분으로 전환시켜 연료로

사용하는 것이다

이전에는 화학공정으로 제조되었던 다양한 산물들이 이제는 대부분 미생물 발효와 생물전환(biotransformation) 공정을 통해 경제적으로 생산되고 있다. 미생물들은 대량 배양이 용이하고, 빨리 자라며, 주로 폐기물인 저렴한 재료들을 영양분으로 사용할 수 있을 뿐만 아니라 그 생산물의 다양성 때문에 특히 더 유용하다. 게다가 미생물들은 유전적 조작이 비교적 용이하기 때문에 거의 무제한적으로 발효산업 분야에서 새로운 산물이나 용도를 개발할 수 있을 것으로 예상된다.

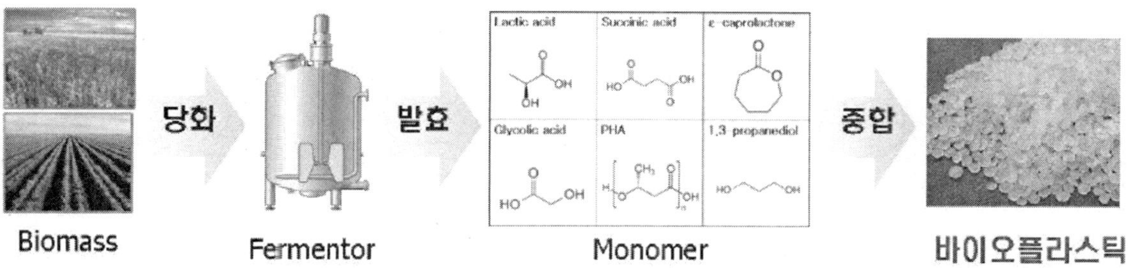

[그림 2-1-2] 바이오매스 유래의 단량체를 이용한 바이오플라스틱 생산

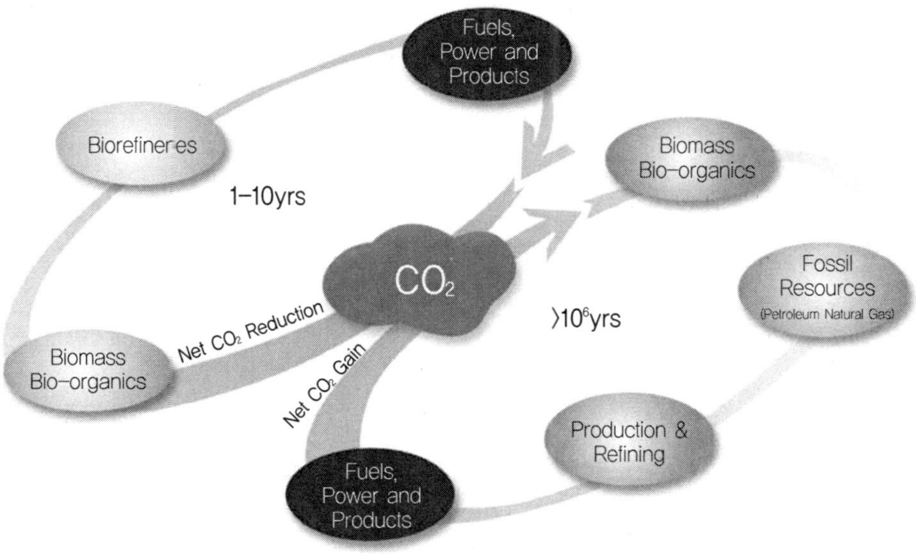

[그림 2-1-3] 화석연료와 생물자원의 순환 주기 비교

미국 에너지성(DOE)에서는 에탄올, 젖산, 부탄올 이외에 시장성과 합성방법의 기술적인 복잡성을 검토한 후에 생물학적이나 화학적인 변형을 통해 단당류 원료로부터 생산되어질 수 있는 12종의 top-value added chemical로 불리는 기본요소 화합물을 선정하여 발표하였다.

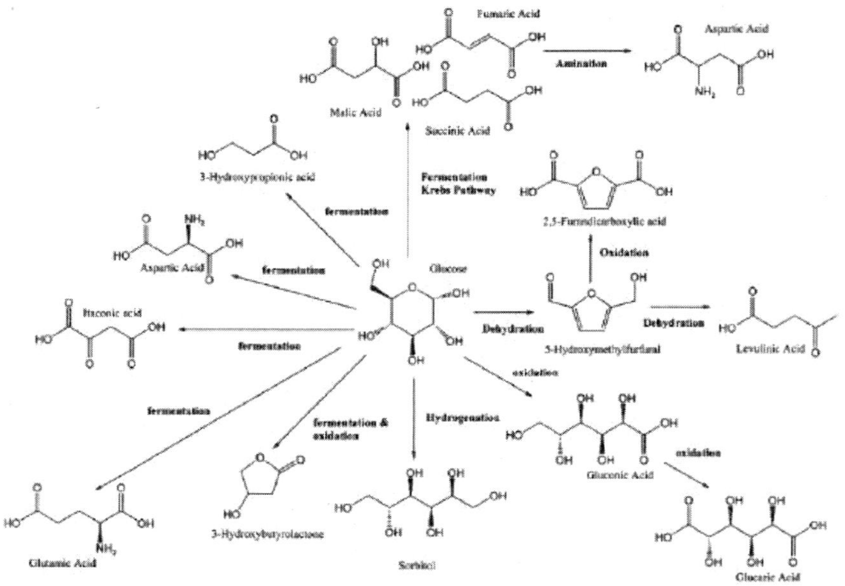

[그림 2-1-4] 미국 DOE에서 제시한 포도당으로부터 제조가능한 12개 대표적 플랫폼 화합물과 제조 공정

*출처 : 장종산, 플랫폼 화학제품, News and Information for Chemical Engineers 27(3), 295 (2009)

2절 미생물이 산업화 수단으로써 유용성 및 단점

1. 미생물의 유용성

발효 산업의 핵심인 미생물은 다음과 같은 특징으로 인해 산업화의 수단으로서 유용성을 갖는다.

(1) 높은 증식성

미생물은 동물이나 식물에 비해 매우 빠른 속도로 증식을 한다. 박테리아를 예로 들면 세포가 커서 분열할 때까지의 시간이 약 30분에서 수시간 정도로 짧기 때문에 가령 1시간에 1회 분열하여 2개의 세포가 된다면 이론적으로 1일 후에는 2^{24} ≒ 약 2,000만배로 증식하는 셈이 된다. 이와 같은 높은 증식성은 단위 시설에 대한 생산성이 중시되는 대량 생산 공정에서는 대단히 유리한 것이라 하겠다.

(2) 다양한 기질의 이용성

미생물은 다양한 기질을 이용할 수 있으며, 이는 제품 생산을 위한 원료의 선택 범위가 넓다는 것이 된다. 예를 들면 탄소원으로서 탄수화물, 지방, 탄화수소 등의 유기화합물을 이용하는 미생물 또는 빛이나 무기화합물을 에너지원으로하여 CO_2와 같은 간단한 무기태의 탄소화합물을 이용하는 미생물 등이 있으며, 질소원에 있어서도 NH_3나 NO_3 와 같은 무기질소원에서부터 단백질이나 아미노산 등과 같은 유기 질소원까지 이용하는 미생물이 있다. 이와 같이 기질의 이용성이 넓다는 것은 산업화 수단으로서 저가의 원료 물질을 사용함으로써 제조원가를 절감할 수 있으며, 환경정화의 수단으로 미생물을 이용하는 면에서도 효과적이다.

(3) 높은 화학적 활성 및 반응의 입체 특이성

미생물은 반응에 관여하는 효소로 인해 다양한 화학적 활성을 가진다. 특히, 물질의 입체 구조를 인식하는 효소의 반응 특성을 이용하여 광학이성질체를 선택적으로 생산함으로써 고부가 가치의 의약원료 물질을 저비용으로 생산할 수 있다. 또한 *Pseudomonas* 등의 일부 미생물들은 환경에 대한 적응 능력이 뛰어나기 때문에 이것을 잘 이용하여 특정 기질에 적응시킴으로써 새로운 대사 능력을 유발시킬 수도 있을것이다.

(4) 인공변이주의 제작의 용이성

미생물은 유전자 변이의 빈도가 높으며 또한 이의 인위적 조절이 가능하므로 공업적으로 유용한 미생물 변이주를 인공적으로 제작하는 것은 이미 잘 알려져 있으며, 뿐만 아니라 세포융합법이나 유전자 조작의 기법, 대사공학 기술 등을 응용한다면 더욱 유용한 변이주가 광범위하게 육성될 수 있다.

(5) 높은 균일성

미생물은 그 형상이나 생활사 등이 비교적 간단하여 생육 조건을 잘 맞춰준다면 재현성이 높은 결과를 얻을 수 있기 때문에 안정적인 제품 생산이 가능한 것으로 평가된다. 하지만 이러한 균일성을 얻기 위해서는 미생물의 특성을 충분히 파악하여 발효 과정에 반영하여야 할 것이다.

(6) 생화학적 반응

화학공업에서는 고온과 고압을 필요로 하는 반응이 많으나 미생물 공업은 미생물의 효소반응, 즉 생화학적 반응이므로 대부분의 반응이 상압과 상온에서 일어난다. 이것은 에너지의 절약뿐만 아니라 공장의 위험성도 훨씬 적은 것이라 하겠다.

(7) 부산물의 이용

미생물 발효 공업에서는 필연적으로 수반되어 생산되는 많은 양의 균체와 기타 부산물은 사료나 유기합성의 원료로 이용이 되어 경제적 가치를 높일 수 있다. 그러나 목적물 이외의 부산물을 많이 생산한다는 것은 반대로 경제적 효율이 낮은 반응이라고도 할 수 있다. 이밖에 미생물 발효에서는 반응을 위한 가열이 필요없고 오히려 방출되는 열을 이용할 수 있다.

2. 미생물 이용의 단점

미생물을 이용한 생산공정이 화학공정에 비해 두드러진 단점은 무엇보다도 미생물은 살아있는 생명체라는 것이다. 즉, 타 미생물에 의한 오염에 취약하며, 세대가

지나갈수록 그의 특성이 변화할 가능성이 높다.

(1) 미생물이나 phage에 의한 오염

발효조의 규모가 커질수록 배지의 살균 및 발효조를 무균상태로 유지하는 것은 힘들어진다. 외부 잡균의 침투를 방지하기 위하여 발효조에 일정 수준의 압력을 걸어놓은채로 발효조를 가동한다. Phage에 의해 오염되는 경우에는 발효조 내의 phage를 완전히 제거하지 않으면 지속적으로 오염이 발생하기 때문에 특별한 주의가 필요하다.

(2) 생산물의 분리, 정제가 어렵다.

균체와 배지 성분 그리고 여러 가지 부산물의 혼합계에서 목적 산물만을 정제하기위해서 적절한 방법을 강구해야 한다.

(3) 균주의 변이

종균을 장기간 연속적으로 사용하는 경우 자연적인 돌연변이에 의해 균주의 성능이 저하될 수 있다.

(4) 반응 최적화에 어려움

미생물 반응은 시시각각으로 변하여 최적화가 어렵고, 일단 균체가 비정상 상태가 되면 일반적으로 되돌릴 수 없는 경우가 종종 발생한다. 따라서 다양한 실험 결과로부터 배양초기부터 엄밀한 자동 제어를 수행할 필요가 있다.

3절 미생물의 구조

1. 미생물의 분류법

발효산업의 핵심은 미생물이다. 유용한 미생물 균주의 확보, 균주의 보존 관리 및 발효공정의 최적화 등을 위하여 미생물의 특성을 알아야한다. 미생물(Microorganism)은 지구상 어디에나 존재하는 생명체로서 '사람의 육안으로 인식되지 않을 정도로 작으나 생명을 유지하며 증식하는 생물' 이라고 할 수 있다. 일반적으로 형태적인 차이에 따라 조류(algae), 세균류(bacteria), 원생동물류(protozoa), 곰팡이류(mold), 효모류(yeast) 등으로 구분될 수 있다. 생물 분류의 기본 단위는 종(種, species)이며, 유사한 종이 모여 속(屬, genus)을 이룬다. 속보다 큰 단위로는 과(科, family), 목(目, order), 강(綱, class), 문(門, phylum 또는 division), 계(界, kingdom)의 여섯 단계를 기본으로하여 이루어 지며, 종(種) 이하에서는 변종(變種, variety, var.), 품종(品種), 형(型) 등으로 더 나눌 수 있다. 미생물의 분류도 이러한 분류법에 따른다.

미생물의 명명은 일반적으로 이명법(binominal nomenclature)에 따른다. 대문자로 시작되는 속명(屬名)과 소문자로 시작되는 종명(種名)으로 구성되며, 이탤릭체로 표기한다. 변종의 경우에는 삼명법(triniminal nomenclature)을 따른다.

예) *Escherichia coli* O157:H7,
Bacillus subtilis (Ehrenberg) Cohn,
Aspergillus oryzae var. *viridis* Murakami

많이 사용되는 미생물 균주에 대해서는 학명 외에 상용명 또는 속명(俗)이 이용되기도 한다. 예를 들면 *Aspergillus oryzae*를 '코지균', *Saccharomyces cerevisiae*를 '빵효모', *Penicillum* 속의 곰팡이를 '푸른 곰팡이', *Escherichia coli* 를 '대장균', *Bacillus subtilis* 를 '고초균' 등으로 부르기도 한다.

2. 미생물의 분류

미생물을 분류하는 방법은 여러 가지가 있지만, 다음의 그림에서와 같은 방법을 따르기로 한다. 미생물은 균체 내부에 존재하는 막(membrane)구조물에 의해 둘러싸인 핵의 존재에 따라 크게 진핵생물(eucaryotes)과 원핵생물(procaryotes)로 나뉠 수 있다.

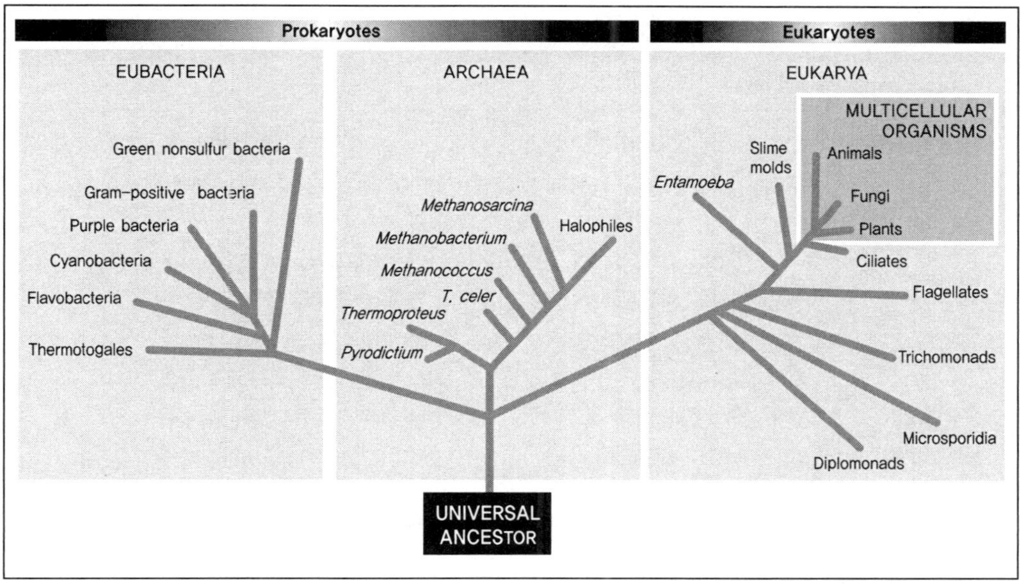

[그림 2-1-5] 생물의 분류 체계

원핵생물은 진정세균(eubacteria)와 고세균(archaea)으로 나눠는데, 고세균에는 호염균(halophiles), 메탄 생산균, 호열성 세균 등이 알려져 있으며 이들은 일반적인 세균과는 다른 구조를 갖는다.

원핵생물은 주로 세포 1개가 1개체인 '단세포 생물'이며, 세포의 크기는 보통 0.5~10㎛이다. 진핵생물은 크기는 보통 5~100㎛로, 원핵 세포보다 크고 유전 정보인 DNA도 대량으로 가지고 있다. 원핵 미생물은 핵 구조를 갖지 않는 세포로 구성된 미생물로서, 유전 정보인 DNA는 고리 모양(closed circle)으로 되어 있고 세포질 속에 노출된 상태로 존재한다. 이에 대하여 진핵 미생물의 세포에서는 DNA가 핵이라는 구조로 싸여 있으며, 미토콘드리아와 엽록체, 골지체 등의 여러 가지 세포 소기관이 있다.

이러한 세포의 기본적인 구조 차이 이외에도 원핵세포와 진핵세포는 그 기능면에서 많은 차이를 보인다. 원핵세포의 DNA와는 달리, 진핵세포의 DNA에는 필요없는 부분 인트론(intron)이 대단히 많이 존재하며, 따라서 필요한 부분 엑손(exon)을 이어서 mRNA를 만들게 된다. 원핵세포에서는 서로 기능적으로 관련있는 유전자들이 오페론(operon)구조를 이루고 있다.

발효산업에서 주로 다루는 미생물을 세균, 방선균, 효모 및 곰팡이이며, 이들에 대해서는 중요한 사항은 간단히 정리해 보기로 한다.

[표 2-1-5] 원핵생물과 진핵생물의 차이점

특 징	원핵 생물	진핵 생물
핵	핵막이 없어 완전한 형태의 핵이 없음	핵막이 있으므로 완전한 형태의 핵이 존재함
세포 소기관	막으로 싸여진 소기관 구조 없음 : 모든 대사가 세포질에서 진행	다양 : 미토콘드리아, 골지체, 소포체 등 – 대사와 조직의 분화 의미
DNA 구조	세포질에 한개의 염색체로 존재 DNA 결합단백질 무	핵안에 다수의 염색체로 존재 히스톤 단백질과 결합하여 존재
엽록소	있는 경우 세포막에 존재	있는 경우 엽록체막에 존재
리보좀	크기가 작으며 세포질에 산재	크기가 크고 막에 붙어있거나 홀로 존재
세포벽	대부분이 존재 – 펩티도글리칸 함유	있거나 없음 – 펩티도글리칸 구조 없는 경우가 많음
편 모	있는 경우 회전운동	있는 경우 상하운동(파행운동)
섬 모	없음	있는 것도 있음
복제 및 생식	이분법에 의해 분열 유성생식 거의 무	유사분열 유성생식이 일반적
미생물	세균, 시아노박테리아 등	진균류, 원생동물, 식물, 동물 등

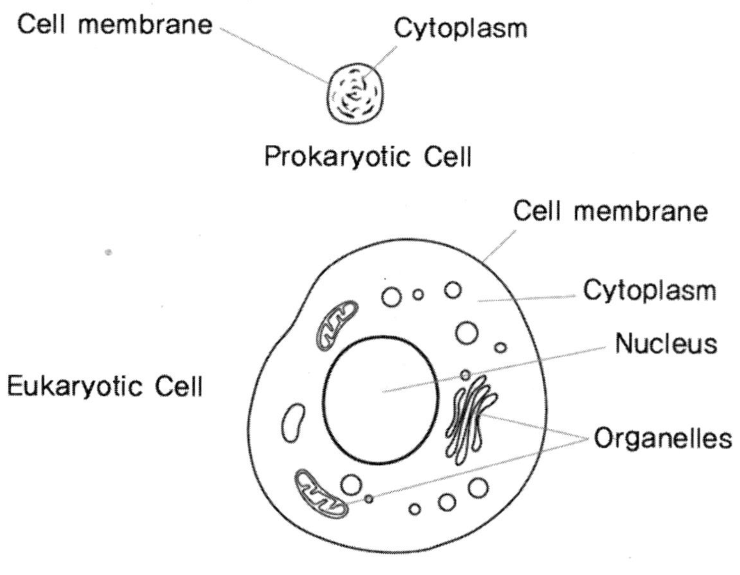

[그림 2-1-6] 원핵세포와 진핵세포의 비교

출처 : http://www.tutorvista.com/content/biology/biology-i/cell-structure/prokaryotic-eukaryotic-cells.php

(1) 세균

세균은 일반적으로 크기가 2.0~1.5㎛ X 1.0~0.5㎛이며, 세포 한 개는 10^{-12}g 정도의 무게를 갖는다. 세균은 단세포로 구성되어 있으며, 보통 분열법에 의해 증식한다. 외형은 다양하게 존재하며, 구형인 구균(coccus), 원통형의 간균(bacillus), 나선균(spirillum), 꺾인 막대모양(coryneform) 등으로 나눈다.

세균은 증식속도가 매우 빨라, 생육환경이 좋으면 30분에 2배로 증식한다. 세균은 생육 특성에 따라 생육에 산소를 필요로하는 호기성균과 산소가 있을 경우 생육저해를 받는 혐기성균으로 나누며, *Bacillus* 속과 *Clostridium* 속의 세균들은 생육환경이 나빠질 경우 균체 내에 포자(endospore)를 형성한다. 포자는 휴면상태이기 때문에 열에 대한 저항성이 강하여 식품 등의 멸균 조건이 이들 포자의 사멸 조건에 맞추어져있다. 포자에 비교해서 생육단계에 있는 영양세포(vegetative cell)라고 한다.

세균은 세포벽 구조의 차이에 따라 구분하는 방법으로써 그람염색법에 의해 염색되는 그람양성균과 염색되지 않는 그람음성균으로 구분된다. 그람양성균의 세포는 인지질 2중층(membrane)으로 이루어진 세포질막(cytoplasmic membrane)의 외부에 여러층의 펩티도글라이칸(peptidoglycan)과 이들을 상호 연결해 주는 teichoic acid 층이 두껍고 단단한 세포벽을 형성하고 있다. 대표적인 그람양성균은 고초균(*Bacillus*)이다.

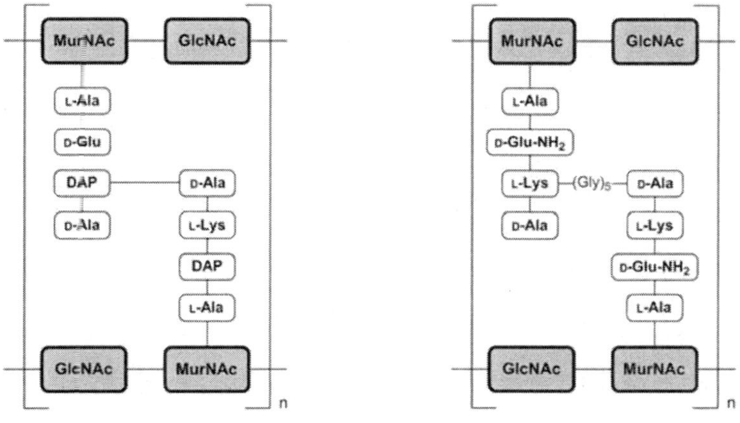

출처 : http://commons.wikimedia.org/wiki/File:Peptidoglycan_E_coli.png
http://commons.wikimedia.org/wiki/File:Peptidoglycan_S_aureus.png

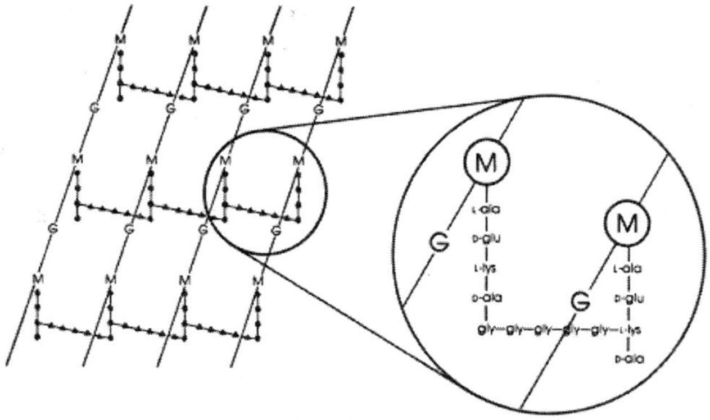

[그림 2-1-7] 펩티도글리칸의 구조

출처 : http://www.textbookofbacteriology.net/structure_5.html〉

펩티도글리칸 층은 여러개의 펩티도글리칸 사슬로 구성되어 있으며, 펩티도글리칸 사슬은 N-acetyl-glucosamine과 N-acetyl muramic acid가 교대로 결합하고 있다. 펩티도글리칸 사슬의 N-acetyl muramic acid에 결합된 tetrapeptide 사이에 pentapeptide를 매개로 결합되고 있어 전체적으로 망상구조를 하고 있다.

그람양성 세포는 내막인 세포질막만을 가지고 있어서 단백질 분비가 용이하다. 그러나 대장균(*Escherichia coli*) 등의 그람음성 세포는 내막과 얇은 펩티도글리칸 층 외부에 외막(outer membrane)을 가지고 있다. 이 세포 외막은 기본적으로 이중막이며 세포를 보호하고 견고성을 높인다. 당지질(lipopolysaccharides)과 뮤코펩타이드(mucopeptide)를 포함하며, 세포막보다는 투과성이 높지만 소수성 분자나 단백질 등의 통과는 제한된다.

운동성이 있는 균주의 편모(flagellum)는 수용액 내에서 세포를 움직일 수 있게 한다. 세균의 편모는 그 수와 위치에 따라서 단극모, 양극모, 극속모, 주편모로 구분한다.

방선균은 분류학상 세균류 중 방선균목(Actinomycetes)에 속하며, Actinomyceteceae과와 Streptomycetaceae과로 나눈다. 형태적으로 세균과 곰팡이의 중간적인 모양으로 세포가 긴 실모양으로 분기(分岐)하는 점과 분생포자(分生胞子)를 만드는 점에서 곰팡이와 비슷하다. 그러나 크기가 곰팡이에 비해 매우 작고 균사의 폭이 1㎛ 이하이다.

(2) 효모(酵母, yeast)

효모는 경제적으로 중요한 단세포 균류이다. 대부분 자낭균강(子囊菌綱 Ascomycetes)에 속하며, 소수만이 담자균강(擔子菌綱 Basidiomycetes)에 속한다. 자낭균강에 속하는 효모는 일반적으로 빵, 맥주, 포도주를 생산하는 빵효모(*Saccharomyces cereviseae*)의 일종이다. 효모는 작은 혹이 모(母)세포로부터 돌출하여 커지고 성숙하여 분리되는 출아법(budding)에 의해 무성생식한다. 일부의 효모는 모세포가 2개의 동일한 딸세포로 나누어지는 분열(binary fission)에 의해 증식한다. 어떤 효모는 사람이나 다른 동물들에 나타나는 여러 가지 질병의 병원체가 되는데, 이러한 것에는 *Candida albicans, Histoplasma, Blastomyces* 등이 있다. 야생효모의 한 속인 *Torula*속은 불완전균으로 유성포자를 형성하지 않는다.

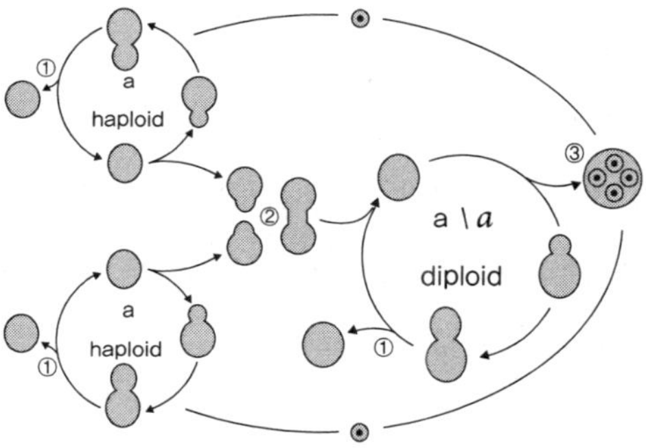

[그림 2-1-8] 효모의 세대, 출아법

식품 제조시 효모는 발효와 부풀리기에 이용된다. 효모는 당(糖)을 먹고 알코올과 이산화탄소를 내는데, 맥주 · 포도주 제조에는 알코올이, 제빵산업에는 이산화탄소가 각각 원하는 산물이다. 발포성 포도주와 맥주는 완성된 음료에 이산화탄소도 어느 정도 함유한다. 빵을 만들 때 나오는 알코올은 반죽을 익힐 때 빠져나간다. 포도주의 발효는 포도원에 자생하는 효모에 의해 시작되지만, 산업적으로 이용되는 효모가 알코올 발효 능력이 훨씬 우수하다. 효모는 단백질이 50% 이상이며, 비타민 B_1과 B_2, 니코틴산, 엽산(폴산)의 풍부한 공급원이다. 양조효모는 흔히 비타민 보충제로서 복용되기도 한다. 상업적으로 효모를 생산할 때는 선택된 균주를 당밀과 암모니아를 첨가한 용액에서 키운다. 효모가 성장을 멈추었을 때 영양액에서 분리하여 씻어낸 후 포장한다. 제빵용 효모는 녹말을 섞은 압축된 덩어리나 옥수수가루가 섞인 건조된 과립형태로 판매한다.

효모는 육탄당과 같은 단당류를 먹이로 삼는다. 효모는 무기호흡을 통해 산소의 공급 없이도 육탄당을 분해하여 에너지를 얻을 수 있다. 효모는 무기호흡 과정에서 육탄당을 분해하여 알콜과 이산화탄소를 배출한다. 효모는 섭씨 10℃에서 37℃ 사이에서 생장할 수 있다. 10℃ 보다 낮은 기온에서는 생장을 멈추고 37℃ 보다 높은 온도에서는 성장이 억제되며 섭씨 50℃ 이상이 되면 세포가 파괴되기 시작한다.

효모는 술을 만드는 데 이용된다. 사람들은 이유를 알지 못한 채 과즙을 발효시키면 와인과 같은 과실주가 된다는 것을 알고 있었다. 동양에서는 술밑으로 누룩을 만들어 곡물을 발효시켜 막걸리나 청주와 같은 술을 만들어 왔다. Louis Pasteur는 현미경을 통해 와인의 발효에 효모가 관여하는 사실을 처음으로 확인했다.

4,000년 전 고대 이집트에서 이미 효모를 이용해 발효된 반죽으로 빵을 만들었다. 효모가 단당류를 분해하면서 만드는 이산화탄소에 의해 반죽이 부드럽게 부풀어 오르게 되고, 이렇게 발효된 반죽으로 빵을 만드는 것이다. 중국이나 한국에서는 술지게미를 이용하여 부풀린 떡과 같은 음식에 이용하기도 하였다.

효모는 사탕수수를 이용하여 대량으로 에탄올을 제조할 때 이용된다. 사탕수수를 이용한 에탄올의 주요 산지는 브라질이다. 이렇게 만들어진 에탄올은 의료나 공업 등에 사용되며 대체 연료로 사용되기도 한다.

(3) 사상균

사상균(絲狀菌, mold)은 일반적으로 폭 10~30㎛의 실모양의 가지로된 균사(hyphae)로 이루어진다. 광합성을 하지 않고 포자를 만들어 증식하는 미생물을 총칭하며, 미생물 중 가장 진화한 부류이다. 균사가 모인 균사체(mycelium)를 형성하며 곰팡이(fungi)라고도 한다. 영양세포인 균사체에 대하여 생식세포는 자실체가 있으며, 여기에서 포자가 형성된다.

많은 종류의 곰팡이는 유성(sexual) 또는 무성 포자(asexual spore)를 형성하는 생활 사이클을 가지고 있다. 증식의 형태는 심부배양(submerged culture), 표면배양(surface culture) 등 배양 조건에 따라 다르다. 액체배양에 있어서 증식 형태는 그림에서와 같이 균사가 분기(branched)되면서 증식이 이루어진다.

배양액의 교반 상태의 강약에 따라 섬유상(filamentous), 플록(floc)상, 펠렛(pellet)상 등의 다른 형태를 나타낸다. 표면배양에서는 균주에 따라 외형적인 특징을 구분할 수 있으나, 액체배양에서는 보통 pellet을 형성하며 배양액의 점성이 커진다. 생명공학에 많이 이용되는 곰팡이는 산업적으로 유용한 이차대사산물을 체외로 많이 분비하는 이점이 있어 장류, 주류 등의 발효식품 제조나, 식품공업용 효소 생산, 그리고 항생제나 효소제제 등의 의약품 생산에 중요한 위치를 차지하고 있다. 특히 곰팡이는 분해효소를 중심으로 많은 종류의 효소가 균체 외부로 분비되기 때문에 공업용 효소 생산에 많이 이용되고 있다.

(4) 조류

조류(藻類, algae)는 단세포에서 다세포까지 여러 가지가 있으며, 일부는 복잡한 생활 사이클을 갖는다. 엽록소를 가지고 있어 광합성 능력이 있으며, 증식을 위하여 빛을 필요로 한다. 조류에는 남조(藍藻, blue-green algae), 녹조(綠藻, green algae), 홍조(紅藻, red algae), 갈조(褐藻, brown algae), 규조(硅藻, diatoms) 등이 있다. 조류 중에는 식량 자원으로 주목되고 있는 클로렐라와 스피룰리나는 각각 녹조와 남조에 속한다. 이 중에서 남조류는 세균으로 분리되기도 한다. 최근에는 홍조류인 우뭇가사리(*Gelidium* sp.)로부터 지속가능한(sustainable) 방식으로 바이오 에너지를 얻고자하는 연구가 활발히 진행되고 있다.

3. 미생물의 특성

(1) 균체 성분

미생물 균체는 약 80%의 수분을 함유하고 있으며, 단백질, 탄수화물, 지질, 핵산, 비타민 및 무기물로 구성되어있다. 균체의 화학성분은 미생물 종류에 따라 다르며 같은 균주라도 배지조성, 배양시간, 증식속도 등에 따라 달라진다. 미생물 종류에 따른 균체성분의 범위는 아래의 표와 같다.

[표 2-1-6] 미생물 균체별 성분 범위

미생물	화학적 조성(건조물, %)			균체수 (No/㎖)	건조균체량 (g/100㎖)
	단백질	핵산	지질		
바이러스	50~90	5~50	〈1	10^8~10^9	0.0005
세균	40~70	13~34	10~15	2×10^8~2×10^{11}	0.02~2.9
사상균	10~25	1~3	2~7	1~4×10^8	3~5

효모	40~50	4~10	1~6	〃	1~5
조류	10~60	1~5	4~80	4~8×10^7	0.4~0.9

(2) 수분

미생물을 액체배지에 배양한 다음에 여과하거나 원심분리시켜 얻어진 습윤균체(wet cell weight)를 건조기에서 항량이 되도록 건조하면 건조균체량(dry cell weight)을 얻을 수 있다. 습윤균체에 있어서 수분은 세포와 세포의 공극 사이에도 존재한다. 따라서 미생물의 수분 함량은 습윤균체를 얻을 때 배양액을 원심분리하거나 여과를 하여 얻게되므로 이러한 조작과정에서도 다소 차이가 있다. 일반적으로 대부분의 세균은 80%, 효모는 75%, 곰팡이는 85% 정도의 수분을 갖는다.

(3) 단백질

일반적으로 세균, 효모, 단세포로 조류의 단백질 함량은 건조균체의 50% 정도로 유사하며, 단백질은 대부분 효소 성분으로 알려져 있다.

대장균의 경우 약 2,000개의 효소를 가지고 있어서 환경조건에 적응할 수 있는 유전적인 잠재력을 가지고 있는 것으로 알려져있다. 세균이나 효모는 증식속도가 빠르고 단백질 함량이 높아 미생물 단백질(single cell protein)생산을 위한 균주로서 많은 연구가 이루어졌다. 그러나 핵산의 함량이 높은 것은 실용화의 걸림돌로 작용하고 있으며, 생리적인 특성이 잘 알려진 *Saccharomyces cerevisiae*와 같은 효모와 *Chlorella*와 같은 조류가 일부 이용되고 있다.

(4) 탄수화물

다당류는 건조균체량의 약 5%를 차지하고 있으며, 저분자 다당류는 약 2%를 함유한다. 다당류는 단백질 및 지질과 결합한 복합체로 세포벽의 주성분으로 존재한다. 구조적으로 복잡한 사상균이나 해조류는 대사과정에 관여하는 생리활성을 갖는 단백질이나 핵산 함량이 적은데 비하여 세포벽을 구성하는 다당류 성분이 건조균체물량의 대부분을 차지하고 있다. 세포벽을 구성하는 다당류 성분은 미생물의 종류에 따라 다르다. 효모는 chitin, mannan 등으로 구성되어 있으며, 곰팡이는 β-glucan, chitin 등의 다당류로 구성되어있다. 세균은 murein(poly-N0acetyl-glucosamine-N-acetyl muramic acid), teichoic acid 또는 lipopolysaccharide로 되어있다.

(5) 지질

세균 중에는 예외적으로 지질을 많이 함유하고 있는 것들이 있다. 예를 들어 *Mycobacterium* 균은 30%의 mycolic acid를 함유하며, *Rhodospirillum rubrum*은 초산을 기질로 하였을때 건조물량의 20% 정도가 β-hydroxybutyric acid의 중합물을 합성한다. 어떤 종류의 *Aspergillus, Penicillium, Rhodotorula, Candida* 균은 특정한 조건에서 건조물량의 약 50%의 지질을 합성함으로써 미생물 유지(single cell oil ; SCO) 생산에 이용하기도 한다. 대부분의 미생물은 지질성분으로써 C16과 C18 지방산인 palmitic acid, oleic acid stearic acid 을 많이 함유하고있다. 따라서 세계적으로 식용유지로서 이용하는데는 식물로부터의 유지생산이 많아 실용화되지는 않았다. 그러나 자연계에 널리 분포하지 않는 특수 지방산 생산을 위한 SCO 생산에 대한 잠재력을 가지고 있다.

(6) 구성원소와 무기물

균체성분은 미생물의 종류, 배지 조성, 생육 조건 등에 따라 차이가 있다. 미생물 실험에서 많이 이용되는 대표적인 미생물인 대장균의 원소분석에 의한 건조균체 성분은 아래의 표와 같다.

[표 2-1-7] 미생물 세포의 원소분석-Escherichia coli 사례

원소	건조물량의 %	원소	건조물량의 %
탄소	50	Na	1
산소	20	Ca	0.5
질소	14	Mg	0.5
수소	8	Cl	0.5
P	3	Fe	0.5
S	1	기타	〉0.3
K	1		

탄소가 건조물량의 50%를 차지하며, 질소가 14%, 무기물이 16%이다. 표에서 보는바와같이 미생물 종류에 따른 무기물 종류에는 P, K가 가장 많고 Ca, Mg, S, Na, Cl, Fe, Zn, Si 순으로 구성되어있다. 이 외에 미량원소로는 Al, Cu, Mn, Co

등이 있다. 철세균(鐵細菌)은 Fe, Mn을 다량 함유하고 있으며, 유황세균은 S를 해양미생물은 Na, Cl, I를 다량 함유한다. 이와 같은 균주의 성분 조성은 생육환경조건에따라 달라지며, 사용 균주를 배양한 다음 원소분석 및 무기물 분석을 통하여 구할 수 있다.

[표 2-1-8] 미생물 종류에 따른 무기물 함량(g/100g 건조균체)

원소	세균	곰팡이	효모
P	2.0~3.0	0.4~4.5	0.8~2.6
S	0.2~1.0	0.1~0.5	0.01~0.24
K	1.0~4.5	0.2~2.5	1.0~4.0
Mg	0.1~0.5	0.1~0.3	0.1~0.5
Na	0.5~1.0	0.02~0.5	0.01~0.1
Ca	0.01~1.1	0.1~1.4	0.01~0.5
Fe	0.02~0.2	0.1~0.2	0.01~0.5
Cu	0.01~0.02		0.002~0.01
Mn	0.001~0.01		0.0005~0.007
Mo			0.0001~0.0002
회분	7~12	2~8	5~10

배양하고자하는 미생물의 균체성분을 분석하여 그 결과에 따라서 최소배지 및 최적 배지 조성을 구하는 자료로 활용되며, 배양 중에 일어나는 물질 수지를 계산하는데 이용할 수 있다.

4. 미생물의 물리적 성질

미생물의 크기에 대해서는 앞에서 설명하였지만 이는 평균값이며, 각각의 세포도 성장 단계에 따라 크기가 달라진다. 또한 세균의 체적 분포에 대한 실측치는 동일한 배양 상태에서도 개체별로 차이가 있을 수 있다. 많은 종류의 미생물은 단세포의 형태로 존재하지만 경우에 따라서는 단일세포보다 매우 큰 형태인 플록(floc)형태의 집단을 형성한다. 그러나 사상균의 액체배양에서는 구형 펠렛(pellet)을 형성하여 크기가 수 cm에 이르기도 한다.

미생물 세포의형태는 세포 자체가 가지고 있는 유전적 성질, 배지 조성에 따른 영양상태, 배양 상태 또는 균체 연령(cell age) 등의 생물학적 요인 뿐만아니라 배양 온도, 배양액의 유체역학적인 성질과 물리적인 요인에 의존한다. 미생물이 나타내는 각각의 활성도는 어떤 균주에 대한 미생물 반응기에서의 연속조작은 플록 또는 펠렛 크기에 의해 제약을 받게되므로 균체의 크기를 제어하는 일이 중요한 것으로 알려져 있다.

배양 조건에 따라 다소의 차이는 있으나 습윤 균체의 밀도는 효모, 세균, 방성균의 순으로 밀도가 크다. 미생물 균체의 밀도가 용액의 밀도와 매우 비슷하므로 배양중에 현탁 상태를 기계적인 교반, 생화학적 생성물인 가스의 발생, 발효조에 주입하는 공기에 의해 쉽게 유지할 수 있다.

[표 2-1-9] 미생물 습윤 균체의 밀도(g/㎤)

효모(*Saccharomyces cerevisiae*)	1.09 ± 0.008
세균(*Serratia marcescens*)	1.03 ± 0.008
방선균(*Streptomyces griseus*)	1.003 ± 0.0003

4절 미생물의 영양과 배지

1. 미생물의 영양

모든 생명체는 생명 유지와 성장을 위해 에너지와 세포 구성성분이 필요하다. 미생물을 배양하기 위해서는 에너지 생산과 세포 구성성분을 위해 필요한 영양 성분들을 공급해 주어야 한다. 미생물의 생육에 필요한 영양원을 크게 나누면 에너지원, 탄소원, 질소원, 무기염류, 미량원소 또는 비타민류 등의 생육인자(growth factor)로 구분된다.

미생물이 필요로 하는 영양분의 공급은 배지(media)를 통해 이루어진다. 세포의 구성을 위해 필요한 원소로는 탄소(C), 질소(N), 산소(O), 수소(H), 인(P), 황(S), 나트륨(Na), 칼륨(K), 칼슘(Ca), 마그네슘(Mg), 철(Fe) 등의 전체 세포 고형성분의 95%를 차지하는 대량원소들이 있으며, 이 중 C, H, O, N, S, P는 탄수화물, 지질, 핵산, 단백질의 성분이다. 망간(Mn), 아연(Zn), 코발트(Co), 몰리브덴(Mo), 니켈(Ni), 구리(Cu) 등은 소량이 필요한 미량원소이며, 효소 기능의 필수인자, 단백질 구조 유지 등에 중요한 기능을 한다. 그리고 필수 영양소가 결핍되면 타영양소가 아무리 많아도 정상적인 성장이 이루어지지 않기 때문에 발효시에는 특히 주의가 필요하다.

모든 생물은 에너지원과 탄소원에 따라 다음과 같이 분류할 수 있으며, 미생물도 이와 같은 특성의 분류에 따른다.

- 독립영양성(autotrophs) : 탄소원으로 CO_2 이용하는 생물
- 종속영양성(heterotrophs) : 유기물에서 탄소를 얻을 수 있는 생물
- 광합성생물(phototrophs) : 에너지원으로 태양광선을 이용하는 생물
- 화학합성생물(chemotrophs) : 화학반응의 결과 에너지를 얻는 생물
- 유기영양생물(organotrophs) : 유기물의 산화를 통해 에너지를 얻는 생물
- 무기영양생물(lithotrophs) : 무기물의 산화를 통해 에너지를 얻는 생물

이와 같은 분류는 엄밀한 것은 아니며, 영양적인 다양성의 유무에 따라 편성(編成, obligate) 또는 통성(通性, facultative)의 용어를 사용한다. 즉, 에너지원으로 광을 이용하며 주요 탄소원으로서 CO_2에 의존하는 미생물은 편성광합성 독립영양생물(obligate photoautotroph)이라 한다.

주요 탄소원, 질소원, 무기염류 등 기본적인 영양분만으로 생육이 충분한 경우 독립영양균(prototroph)이라하며, 기본적인 영양분 외에 한 가지 이상의 유기영양분을 생육에 필요토하는 생물을 영양요구균(auxotroph)이라 한다. 영양요구균은 특정 성분을 합성할 수 있는 능력이 결여되어 있기 때문에 이들 성분을 외부에서 공급해 주어야만 정상적인 성장이 가능하다.

2. 미생물 배지

미생물 배양에 사용하는 배지에는 에너지 획득, 균체물질 합성과 대사산물의 합성에 필요한 모든 성분이 들어있어야 한다. 실험실에서 이루어지는 연구용 배지는 대부분 순수하고 미리 내용을 알 수 있는 화합물로 구성된 배지(chemically defined media)를 이용하나, 산업적인 발효 공정에서는 경제적인 이유로 구성 성분이 복잡하고 내용 성분을 정확히 알 수 없는 천연물(complex medium)을 배지로 사용하는 경우가 많다.

모든 미생물은 생육하는데 있어서 물, 탄소원, 질소원, 무기물을 필요로하며 균주의 특성에 따라 특정 아미노산, 핵산 또는 비타민이 요구된다. 호기성 미생물인 경우에는 산소를 필요로 하지만, 에탄올 발효의 경우에는 산소가 존재하면 생성된 에탄올이 초산으로 산화되기도 한다. 각종 기본 원소의 생리적 기능은 아래의 표와 같다.

[표 2-1-10] 각종 원소의 생리적 기능

원 소	생리적 기능
수소	세포수분, 세포 구성원소
산소	세포수분, 세포 구성원소, 호기성균의 전자 수용체
탄소	세포 구성원소
질소	단백질, 핵산, 조효소의 구성원소
유황	단백질 구성원소(황함유 아미노산), 비오틴, lipoic acid 구성원소
인	핵산, 인지질, 조효소의 구성원소
K	세포 및 일부 효소의 cofactor
Mg	세포의 주요 양이온, ATP를 포함한 효소반응의 무기 cofactor, 클로로필의 구성원소

Ca	일부 효소의 무기 cofactor, Mg를 대체할 수 있음
Fe	Cytochrome, heme 그 외 단백질의 구성원소, 효소의 cofactor
Co	비타민 B_{12}, 조효소 등의 구성원소
Cu, Zn, Ni, Mo	특별한 효소의 무기원소

따라서 균주에 따라 성장에 필요한 요소들은 다소 차이가 날 수 있으며, 이들 원소의 결핍이 없도록 배지 조성에 유의할 필요가 있다.

배지 조성을 결정할 때는 같은 균주를 사용하여 기존의 연구 결과가 있다면 그 배지조성을 이용할 수도 있다. 최적의 배지조성을 구하기 위해서는 일반적으로 순차적인 scale-up 단계에서 각각의 최적조건에서 미생물을 배양한 다음 발효원료(배지조성)와 발효 생성물의 원소 분석을 하고, 이들 사이의 물질 수지를 분석함으로써 결정할 수 있다. 즉, 발효에 의해 이루어지는 물질 수지는 다음과 같이 나타낼 수 있다.

탄소원 + 질소원 + 기타 성분 → 균체 + 유용 생성물 + CO_2 + H_2O + 발효열

따라서 부산물 생산을 최소화하여 경제적인 공정설계를 하려면 유용물질 생성에 필요한 최소의 영양원의 양을 계산하여 최적 배지조성을 결정하는 것이 바람직하다. 그러나 실제 발효중에 일어나는 모든 요인을 정확히 분석해내기가 어려워 이를 정량적인 관계로 나타내기 곤란한 경우가 많다. 앞의 균체의 원소 조성 표에서 보는 것처럼 건조균체에 대한 원소분석으로 주요 성분인 C, H, O, N, S, P, Mg, K 등의 함량을 구하면 배지 조성중에 최소로 필요로하는 N, S, P, Mg, K 등의 양을 알 수 있다. 따라서 여기에 필요한 Fe, Co, Cu, Zn, Ni, Mo, Mn, B 등과 같은 미량원소를 추가하면 된다.

일반적으로 진탕배양의 경우에는 미생물이 필요로하는 최소량보다 P와 K를 많이 첨가해주는 경우가 많다. 이는 P가 많은 배지조성에서 완충능력(buffer capacity)을 높여주기 때문이다. 그러나 발효조에 의한 미생물 배양일 경우는 pH 조절이 항상 이루어지기 때문에 문제되지 않는다. 또한 어떤 미생물은 아미노산, 비타민 등의 합성능력이 없으므로 적당한 양의 생육인자를 첨가해 줄 필요가 있다. 위와 같은 방법으로 배양 전후의 물질 수지식을 구하고 수율을 계산해보면 대부분의 경우 이론적인 값이 실제 측정치에 비해 높은 값을 나타낸다. 이는 발효 중에 일어

나는 CO_2 발생량이나 대사산물의 양을 정확히 측정할 수 없기 때문이며, 이를 고려하여 배지조성을 구할 때 유의할 필요가 있다.

(1) 배지의 종류와 성분

미생물 배지는 배지에 들어있는 성분, 배지의 성상, 사용 목적에 따라 아래와 같이 분류할 수 있다.

※ 배지의 종류

① **복합배지(Complex medium)** : 감자나 토마토액 또는 우유처럼 자연산물을 이용하여 미생물의 배양(milk, potato, tomato juice)
② **합성배지(Synthetic medium)** : 영양분의 성상, 농도를 완전히 파악할 수 있는 배지 → 화학성분 규명배지(chemically defined medium), 최소배지(minimal medium)
③ **선택배지(Selective medium)** : 특정한 미생물의 성장에 유리한 조성이 배지
→ 원하는 미생물만 선택적으로 배양
예 : Salmorella-Shigella배지, MacConkey agar, Telluite 첨가배지
④ **감별배지(Differential medium)** : 배지에 특수한 생화학적 지시약을 넣어줌으로써 특정 미생물을 선별할 수 있는 배지
예 : Eosine-methyleneblue(EMB) 영양배지
⑤ **증식배지(Enrichment medium)** : 여러 미생물이 있을 경우 원하는 미생물의 증식에 도모하는 영양분을 넣어주는 배지
예 : blood nutrient medium-병원성 세균
⑥ **액체배지(liquid medium)** : 미생물의 일반적인 생육 및 물질 생산에 사용
⑦ **고체배지(slant medium)** : 액체배지에 한천 혹은 젤라틴을 첨가하여 굳힌 배지, 미생물의 순수 분리, 보존, 활성화 목적으로 사용

미생물 배지는 균주증식 및 발효생성물의 생산에 효과적이어야 하며, 발효공정에 가장 적합한 배지를 확립하기 위하여 다음과 같은 사항을 고려하여야 한다.

(1) 경제성을 고려할 것
(2) 단위 기질소비량에 대하여 최대의 생산물 또는 균체 수율을 얻을 수 있을 것
(3) 생산물의 생성속도가 최대일 것
(4) 부산물의 생성이 적을 것
(5) 품질에 일관성이 있고 년중 구입이 가능할 것

(6) 통기, 교반, 추출, 정제, 폐기물 처리 등의 문제가 적을 것

배양실험에 사용되는 미생물은 보존배지(stock culture), 활성화배지(activation medium), 종균배지(seed medium), 발효배지(fermentation medium) 또는 생산배지(production medium)의 순으로 이식하고 배양하여 미생물 발효공정이 진행된다.

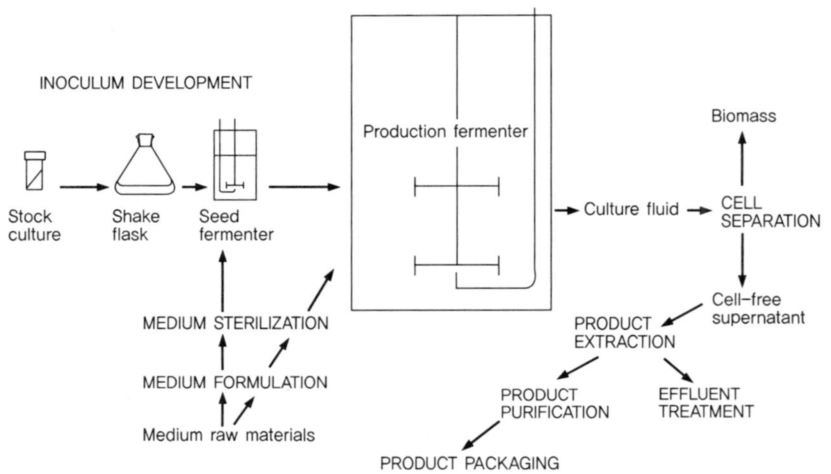

[그림 2-1-9] 전형적인 발효 과정

활성배지는 특정의 조건에서 생육을 억제시켜 보관하였던 보존균주를 최적의 생육조건에서 배양하여 활성화시키며, 종균배지는 증식력이 뛰어난 균체를 다량 확보하는 데 목적이 있다. 발효배지는 종균을 접종하여 목적하는 생산물을 얻기위한 배지이다. 이 밖에 특정 목적에 사용되는 검색배지(screening medium), 선택배지(selective medium), 정량용배지(bioassay medium) 등이 있다.

(2) 탄소원

발효산업에서 이용되는 대부분의 미생물은 화학합성 종속영양미생물(chemoheterotroph)로서 탄소원 또는 에너지원으로 탄수화물을 이용한다. 일반적으로 탄소원은 미생물 배지에서 가장 중요한 요소로서 연구목적으로 정확한 발효공정을 조절해야 할 경우에는 포도당을 비롯한 단당류를 주로 이용한다. 그러나 산업적인 용도에는 경제적인 이유로 포도당 또는 설탕을 사용하지 않고 값싼 녹말 또는

당밀(molasses)을 이용하는 경우가 많다.

화학합성 종속영양세균의 탄소원 대사경로는 기질 중에 존재하는 탄소원이 세포물질로 전환되는 양을 결정하는데 중요하다. 예를 들어 통성 혐기성 미생물이 혐기적 상태에서는 기질 중에 존재하는 탄소의 약 10%가 세포물질로 전환되는 데 비해 충분한 호기적 상태에서는 50~55%가 이용되는 것으로 알려져있다. 따라서 앞의 표에서 보는 바와 같이 세포 건조중량의 50%가 탄소이므로 균체증식을 위해 배지에 첨가해야할 탄소량을 계산하는 일이 가능하다. 예를 들어 40g의 균체를 호기적으로 배양하여 얻고자할 때 첨가해야할 포도당의 양은 탄소를 기준으로 계산하면 40 X 180/(12 X 6) = 100g/l가 필요함을 알 수 있다.

탄소원으로 많이 이용되는 것으로는 주정공업에서는 옥수수 전분, 타피오카 전분, 고구마, 감자, 보리쌀, 밀가루 잡곡류 등의 전분을 원료로 이용한다. 그리고 발효공업에서는 값싼 원료로서 제당공업의 부산물인 당밀을 이용하며, lactose(milk whey powder), 건조한 malt extract, 덱스트린, 펄프폐액, 농산폐기물인 섬유질, 식물성 유지, 메탄올, 에탄올, 탄화수소(C_{12}~C_{15}) 등을 사용한다.

(3) 질소원

질소원은 단백질 합성의 원료로서 각종 아미노산 합성에 필요하다. 무기질소원으로서는 암모늄염, 질산염, 아질산염 등이 이용된다. 유기질소원으로는 요소(urea), 아미노산류, 펩톤, 담백질 등이 이용되며 그 이용성은 미생물의 종류에 따라 다르다. 일부 미생물은 아미노산 요구성이 있어서 한가지 이상의 특정 아미노산이 없이는 생육하지 않거나 생육속도가 매우 늦어지는 것이 있다. 이 경우에는 필요로하는 특정의 아미노산을 첨가해 주어야 한다. 그러나 실제로는 대부분 값싼 대두박, 옥수수침지액(corn steep liquor, CSL), 어분(fish meal), 유청(whey), 카제인(casein) 등 천연물을 사용함으로써 문제가 되지는 않는다. 또한 경우에 따라서는 이와 같은 미생물의 생리적인 성질을 이용하여 배지조성을 조절함으로써 균의 분리 또는 육종에 이용하기도 한다.

(4) 무기질

미생물의 생육에는 탄소원, 질소원 외에 무기질과 비타민 등이 필요하다. 비교적 다량으로 필요한 무기질로서는 Mg, P, S, Ca, Cl 등이 필수원소로 알려져 있으며이들은 배양액의 pH 및 삼투압 조절, 외부 물질의 흡수 등에 중요한 기능을 한다. 이외에 미량금속원소로서 Co, Cu, Fe, Mn, Mo, Zn 등이 있다. 대부분 배지 조제에 사용하는 지하수 또는 수돗물 그리고 다른 원료에 미량 성분으로 함유되어있는 것으로 여겨지고 있다. 이러한 미량원소는 일반적으로 생리활성 구성분인 cofactor로서 중요한 역할을 한다.

예를 들어 합성 배지에는 KH_2PO_4, K_2HPO_4, $MgSO_4 \cdot 7H_2O$, $CaCl_2 \cdot 2H_2O$, $FeSO_4$ 등의 무기염을 첨가한다. 특히 미량원소 중에 Fe와 Zn는 매우 중요한 것으로 알려져있다. 실제 공정에 있어서는 사용 균주의 특성에 따라 무기물의 함량을 결정하며, 대사조절에 의한 2차대사산물의 유도를 위하여 유가식 첨가방식을 많이 사용한다.

(5) 기타

1) 용수

미생물 배지에 사용하는 물은 깨끗해야하며 특히 양조공업에 있어서 물속에 들어있는 무기질은 술의 품질에 많은 영향을 주는 것으로 알려져있다. 예를 들어 $CaSO_4$가 다량 함유되어있는 경수(硬水)는 영국에서 생산되는 BurtoBitter Beer 및 Pilson type lager beer 등에 영향을 주어 독특한 맥주를 생산하게 되었다. 일반적인 경우 경수는 미생물 배양에 나쁜 영향을 주므로 사용에 유의해야 한다. 보통 산업적으로 탈이온수(deionized water) 를 사용함에 따라 미생물 발효시에 발생하는 발효 성적의 편차를 현저히 줄일 수 있다.

2) 대사조절물질

탄소원 질소원 및 무기질 외에 일부의 미생물은 생육을 위해 비타민 등을 필요로 하는데 이와같은 물질 들을 생육인자(growth factor)라고 한다. 다음의 표는 비타민의 기능 및 이를 필요로 하는 미생물의 목록이다.

[표 2-1-11] 비타민의 기능 및 필요 미생물

비타민	기능	필요로하는 미생물
비오틴	카르복실화(CO_2 고정) one-carbon 대사	*Leuconostoc mesenteroides* *Saccharomyces cerevisiae* *Ochymonas malhamensis*
시아노코발아민(B12)	분자재배열 one-carbon 대사-메틸기 전달	*Lactobacillus* spp. 규조류 및 조류 다수
엽산	one-carbon 대사	*Enterococcus faecals* *Tetrahymena pyrformis*
리포산	아실기 전달	*Lactobacillus casei* *Tetrahymena pyrformis*
피리독신(B5)	아미노산 대사(아미노기 전이)	*Lactobacillus* spp. *Tetrahymena pyrformis*
니아신(니코틴산)	NAD와 NADP의 전구체-전자 또는 수소원자의 전달	*Brucella abortus* *Haemophilus influenza*
리보플라빈(B2)	FAD와 FMN의 전구체-전자 또는 수소원자 전달	*Caulobacter vibriodes* *Dichyostelium* spp.
티아민(B1)	알데히드기 전달	*Bacillus anthracis* *Phycomyces blakesleeanus*

미량생육인자는 미생물의 증식 촉진효과 뿐만 아니라 생리활성의 발현에도 큰 영향을 준다. 따라서 제어인자로 작용하는 경우도 있으므로 목적하는 생산물의 수율에 영향을 주는 경우가 많아 첨가하는 농도를 제어해야하는 경우도 있다. 탄소원 또는 질소원으로서 공업적으로 이용되는 천연물 중에는 대부분 미생물 생육에 필요한 비타민들이 들어있으나 경우에 따라서는 별도의 비타민 첨가가 요구될 때가 있다. 예를 들어 초산발효에 사용되는 *Acetobacter*는 pantothenic acid를 필요로 하며, 글루탐산 발효나 라이신 발효 등에 사용되는 *Corynebacterium*은 비오틴 생합성 경로가 결손되어 있어서 발효시에 비오틴을 필요로한다.

미생물 대사에 영향을 주는 요소로서 경우에 따라서는 전구물질(precursor)을 첨가하여 생산성으로 높이는 방법을 사용하기도 한다. 주요 발효별 전구체로 이용되는 물질을 다음의 표에 표시하였다.

[표 2-1-12] 발효공정에 이용되는 전구물질

전구물질(precursor)	생성물(product)	생산균주
Phenylacetic acid	Penicillin G Penicillin V	*Penicillium chrysogenum*
Phenoxyacetic acid chloride	Chlotetracycline Griseofulvin	*Streptomyces aureofaciens* *Penicillium griseofulvin*
Propionate	Riboflavin	*Lactobacillus bulgaricus*
Cyanides	Vitamin B12	*Propionibacterium,* *Streptomyces* spp.
β-iononones	Carotenoides	*Phycomyces blakesleeanus*
α-aminobutyric acid	L-isoleucine	*Bacillus subtilis*
D-threonine	L-isoleucine	*Serratia marcescens*
Anthranilic acid	L-tryptophane	*Hansenula anomala*
Glycine	L-serine	*Corynebacterium glycinophilum*

균주에 따라서는 대사과정의 일부를 저해함으로써 생성물의 수율을 높이는데 이용되는 대사저해물질(inhibitor)을 사용하기도 하며, 각종 효소 생산의 경우 그의 기질에 해당하는 유도물질(inducer)를 첨가함으로써 생산성을 높이는 경우가 있다.

[표 2-1-13] 발효에 이용되는 대사 저해 물질

생성물	저해물질	주요 효과	생산 균주
Glycerol	Sodium bisulfite	Acetaldehyde 생성 억제	*Saccharomyces cerevisiae*
Tetracycline	Bromide	Chlortetracycline 생성 억제	*Streptomyces aureofaciens*
Glutamic acid	penicillin	세포막 투과성	*Corynebacterium glutamicum*
Citric acid	알칼리금속	oxalic acid 생성억제	*Aspergillus niger*
Rifamycin B	Diethylbarbiturate	rifamycin 이성질체 형성억제	*Nocardia mediterranei*

[표 2-1-14] 효소생산에서의 유도물질

효소	유도물질	생산균주
α-amylase	전분 맥아당	*Aspergillus sp.* *Bacillus subtilis*

Pullulanase	맥아당	*Aerobacter aerogenes*
α-mannosidase	효모 mannan	*Streptomyces griseus*
Penicillic acylase	phelylacetic acid	*Escherichia coli*
Protease	여러 가지 단백질	*Bacillus* sp., *Streptococcus* sp., *Mucor* sp., *Streptomyces* sp., *Aspergillus* sp.
Cellulase	Cellulose	*Trichoderma viridae*
Pectinase	Pectin	*Aspergillus* sp.

5절 미생물 성장 영향 요인

앞에서 설명한 미생물의 생육 및 증식에 미치는 환경인자 외에도 발효산물의 생성 속도에 미치는 환경인자를 고려해야 한다. 발효 최적화(optimization)는 목적 생산물을 최대로 생산하는 조건을 설정하는 것이며, 이는 미생물 생육을 위한 최적조건과 같지 않다.

예를 들어 *Aspergillus niger*를 사용한 구연산 발효에 있어서 질소원, 인산, 미량 금속 원소를 필요량보다 적게(suboptimal) 첨가하여 미생물이 반기아(半飢餓) 상태를 유지하고, 당류는 과량으로 첨가함으로써 수율을 높이는 방법을 이용한다. 특히 배지 중에 존재하는 미량금속원소인 Cu, Zn, Fe 이온의 양을 조절하지 않는 경우에는 생산수율이 떨어진다. 또한 *Clostridium acetobutylicum*에 의한 아세톤-부탄올 발효에 있어서도 균체의 증식은 pH 7에서 가장 잘 일어나지만 아세톤과 부탄올의 생성수율은 매우 떨어진다. *Corynebacterium* 속의 균주에 의한 글루탐산의 발효에 있어서도 균체의 과도한 성장을 억제하기 위하여 영양요구성 인자인 비오틴의 첨가량을 적절히 조절하거나, 소량의 페니실린을 첨가하는 방법을 사용함으로써 최대 생산 수율을 얻을 수 있다.

보통 통성 혐기성 균은 혐기적 조건보다는 호기적 조건에서 균체 수율이 훨씬 높다. 통성 혐기성균을 사용하여 회분배양을 할 경우, 대부분 발효 초기에는 호기적 조건에서 균체를 대량 배양한 다음에 혐기적 조건을 조성함으로써 처음부터 혐기적 조건으로 배양하는 것보다 많은 생성물을 얻을 수 있어 유리하다. 따라서 생성물을 최대로 얻기 위해서는 미생물의 종류에 따라 배양 중에 환경 조건을 변화시키는 방법을 종종 이용한다.

1. 미생물과 환경

미생물의 생육, 증식 및 대사 등의 생리적인 성질은 여러 가지 환경요인에 의해 크게 촉진되거나 저해된다. 미생물 배양에서 중요한 문제는 미생물 반응이 최대가 되도록 환경 요인을 제어하는 일이라고 할 수 있다. 미생물 증식에 영향을 주는 각종 영양원, 배양온도, 배양 pH, 용존 산소 농도, 습도(수분함량), 염류 농도 또는 당류 농도(삼투압), 압력, 빛(광선) 등이다.

2. 온도의 영향

미생물의 증식은 온도에 민감하며, 증식이 이루어지는 최저온도(minimum temperature), 비증식 속도가 최고에 달하는 최적온도(optimal temperature), 증식이 가능한 최고온도(maximum temperature)로 표현할 수 있다. 미생물은 생장 가능한 온도의 범위에 따라 저온균, 중온균 및 고온균으로 분류된다. 저온균은 -10℃에서 증식이 가능하며 고온균은 85℃에서도 생장이 가능하다.

[표 2-1-15] 미생물의 증식온도

구 분	증 식 온 도 (℃)			균 주
	최 저	최 적	최 고	
저온균 (Psychrophile)	-10~0	10~20	20~30	*Pseudomonas, Acromobacter, Vibrio, Candida, Torulopsis, Cladosporium, Listeria* 등
중온균 (Mesophile)	5~15	25~40	40~55	대부분의 세균, 방선균, 곰팡이, 효모
고온균 (Thermophile)	25~40	50~60	75~85	*Thermus, Bacillus, Clostridium* 균 중 일부, 고온성 곰팡이 등

해양미생물은 대부분 저온균에 속하며, 식품을 저온에서 저장할 때 문제가 되는 부패 세균에는 저온균이 많다. 고온균은 대부분 내열성 포자를 형성하는 균으로서 예를 들어 *Bacillus stearothermophilus*는 통조림 식품을 살균할 경우 통조림의 살균 정도를 결정하는데 지표 미생물로 사용된다. 일반적으로 발효공업 등에서 산업적으로 사용되는 균주는 대부분 중온균이며, 생육적온에 해당되는 20~40℃ 범위에서 발효를 시킨다.

이러한 미생물 생육의 온도 범위는 화학 반응에서 사용하는 온도 범위에 비하여 좁으며 특히 고온 부분의 온도가 일반적인 화학반응에 비하여 훨씬 낮다. 미생물의 생장속도는 성장이 가능한 온도 범위 내에서는 온도에 따라 대수적으로(exponentially) 증가한다. 이것은 세포의 대사과정에 관여하는 효소의 반응속도가 온도에 따라 대수적으로 증가하기 때문이다. 그러나 그 범위를 초과하면 생장속도는 급격히 저하되는데 그 이유는 세포를 구성하는 단백질과 세포구성 물질이 열변성(thermal denaturation)되기 때문이다.

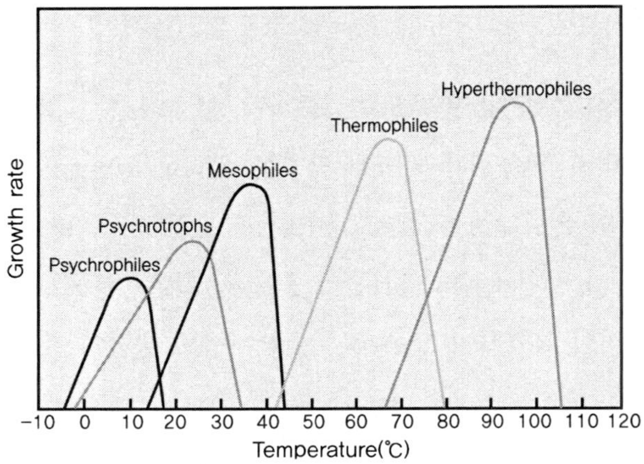

[그림 2-1-10] 성장온도별 미생물 종류

3. 미생물 성장과 pH

미생물의 증식 및 대사반응에 대한 pH의 영향은 매우 크며 생산물의 생성속도에도 많은 영향을 미친다. 미생물의 종류에 따라 각각의 최적 pH(optimum pH)가 있다. 미생물의 증식 속도는 최적 pH를 중심으로하여 종(bell) 모양의 좌우 대칭형을 이룬다. 최대 증식 속도를 나타내는 범위는 1~2 pH 단위로 좁은 구간이며, 좌우로 2~5 pH 단위에서 증식이 이루어 진다. 일반적으로 박테리아나 방선균은 pH 5~9, 효모나 곰팡이는 pH 1.5~9에서 생육한다. 그러나 *Thiobacillus thiooxidants*처럼 강한 산성인 pH 0.5~1에서 생육하거나 *Nitrobacter, Nitrosomonas* 등 처럼 강한 알카리성인 pH 13에서도 생육할 수 있는 미생물도 알려져 있다. 일반적인 박테리아라도 유산균(lactic acid bacteria)이나 초산균 등과 같이 산을 생산하는 균은 낮은 pH에 대해서 저항성이 있다. 미생물의 생장이 pH에 의존하는 것은 세포 내 효소의 활성이 pH에 따라 변하기 때문이다.

4. 미생물 성장과 산소

보통 미생물 증식에 필요한 산소의 요구성 정도에 따라 다음의 표와 같이 나눌 수 있다.

- **편성 혐기성균(절대 혐기성균, obligate anaerobe)**
  산소를 이용하지 못할 뿐만 아니라산소가 증식에 유독하게 작용한다.
  Clostridium 속, Methanobacterium 속 등
- **내성 혐기성균(aerotolerant anaerobe)**
  산소를 이용하지 못하지만 산소가 있어도 죽지 않는다.
  Butyribacterium 속, Streptococcus 속 등
- **통성 혐기성균(facultative anaerobe)**
  산소를 이용하기도 하며, 산소가 없이도 증식한다. 대장균, 효모 등
- **미호기성균(microaerobe)**
  대기 산소보다 낮은 농도의 산소를 필요로 하며, 이보다 높은 산소 농도에서는 증식하지 않는다. 수소산화균 등
- **편성 호기성균(obligate aerobe)**
  증식에 산소를 필요로하는 미생물
  곰팡이 등

미생물이 산소를 이용하는 형태는 대부분 물에 용해되어 있는 상태인 용존 산소(dissolved oxygen)을 이용한다. 호기성 미생물에서 산소는 전자전달계의 최종전자 수용체로서 기능을 한다. 산소를 이용하기 위해서는 대사과정 중에 발생하는 유해 산소 물질들을 제거해 주어야 하는데 이에 관여하는 효소가 superoxide dismutase (SOD), catalase 등이다. 시험관에서 액체 배양을 할 때 미생물의 증식 상태와 이들 균주들의 SOD와 catalase 존재 유무는 아래의 그림과 같다.

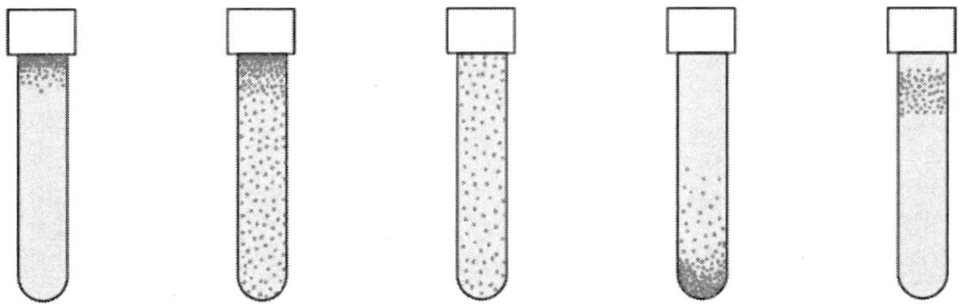

Obligate aerobe	Facultative anaerobe	Aerotolerant anaerobe	Strict anaerobe	Microaerophile
Enzyme content +SOD +Catalase	+SOD +Catalase	+SOD −Catalase	−SOD −Catalase	+SOD +/−Catalase (low levels)

[그림 2-1-11] 산소 농도에 따른 미생물의 생육 상태

5. 수분 및 빛

이 외에도 미생물의 생육에 영향을 줄 수 있는 요인으로는 수분, 삼투압, 광선 등이 있다. 미생물은 물이 있어야 생육이 가능하며, 배지 중에 들어 있는 수분 함량의 경우 대부분의 세균은 평형상대습도(equilibrium relative humidity, ERH)가 95% 이상, 곰팡이는 75~95% 이상에서 생육이 가능하다.

보통 식품의 수분 함량을 나타낼 때는 식품 중의 수증기압(P)을 같은 온도에서의 순수한 물의 증기압(Po)으로 나눈 값(P/Po)인 수분 활성도로 표시한다. 일반적인 세균의 생육에 필요한 최저수분활성도는 0.90 이상이며, 효모가 0.88, 곰팡이가 0.80 이상이 되어야 생육이 가능하다.

삼투압도 미생물의 생육에 영향을 준다. 균주에 따라서는 30% 이상의 식염 농도에서도 자르는 곰팡이와 70%의 설탕 농도에서도 자라는 효모가 존재한다. 그러나 고농도의 당 또는 염류가 존재하는 환경에서 잘 자라는 호삼투압성 균(osmophiles), 호염균(halophiles), 호당성균(saccharophiles)이 있으나, 일반적인 미생물들은 배지에 들어있는 염류 또는 당류가 수분활성도를 떨어뜨려 미생물의 증식을 억제한다. 광합성 세균 및 녹조류 등은 광합성을 위하여 광선을 필요로하지만, 일반적인 미생물은 빛의 존재와는 상관없이 생육이 일어나고 햇빛은 유해하다.

실험 2-1-1 Gram 염색

1. 의의

세균 분류의 주요 지표인 Gram 염색 방법을 실습하고자 한다.

2. 원리

이 염색법은 일종의 rosanilin 색소 즉, crystal violet, methyl violet 혹은 gentian violet으로서 염색시켜 요오드로 처리하고 아세톤이나 알코올로 탈색시키는 방법으로서 탈색되지 않고 청색 혹은 청자색으로 염색되어 있는 것이 그람 양성균이고, 탈색되어 neutral red, safranin 또는 carbolic fuchsin 등의 대비 염색이 되는 것이 그람 음성균이다.

(1) Gram 양성균

Neisseria 이외의 대부분의 구균,
포자형성을하는 대부분의 세균
방선균 등

(2) Gram 음성균

대부분의 장내세균,
Neisseria
Spirohcaeta 등

※ Gram 염색은 고정적인 것이 아니고 배양 시기와 배지의 pH, 기타 여러 조건에 따라 변한다. Gram 양성균은 젊은 세포에서 강하게 염색되고, 배양 시간이 길어지면 음성에 가까워진다. *Bacillus subtilis*는 수시간 배양으로도 Gram 음성을 나타낼 때가 있다. Gram 음성이 양성으로 변하는 것은 거의 없다.

3. 준비물

슬라이드 글라스, 커버 글라스, 백금이, 알코올램프, 배지, 증류수, phenol crystal violet 용액, Lugol's 용액, 에탄올, Safranin 용액, 현미경

4. 시험방법

1) Slide glass에 물을 한 방울 떨어뜨린다.
2) 루프를 이용하여 Petri-dish에서 한 개의 colony를 살짝 찍어 slide glass에 묻힌다. (*E. coli* 와 *B. subtilis*)
3) 실온에서 슬라이드 글라스 위의 수분을 증발시킨다.
4) Slide glass를 불꽃 위에서 2~3번 통과시켜 열 고정시킨다. (이때 슬라이드 글라스가 너무 뜨거워져서 세균이 손상되지 않도록 주의한다.)
5) Initial staining(1차 염색) : Phenol crystal violet 용액으로 1분간 염색한다. 이때 Gram (+)균, (-)균 모두 청색으로 염색된다.
6) Washing(수세) : 세균이 붙어 있는 면을 아래로 하고 그 뒷면에 수돗물이 2~3초 동안 흐르게 하여 염색 액을 닦아 낸 후, 물기를 제거한다.
7) Dye fixing(색소 고정) : Lugol's soln.을 도말 면 보다 좀 더 넓게 떨어뜨린 다음 1분간 방치한다.
8) Washing(수세) : 세균이 붙어 있는 면을 아래로 하고 그 뒷면에 수돗물이 2~3초 동안 흐르게 하여 염색 액을 닦아 낸 후, 물기를 제거한다.
9) Decolorization(탈색) : 95% 이상의 ethanol로 색소가 녹아 나오지 않을 때까지 10~20초간 탈색한다. End point는 도말 면의 자색이 육안으로 관찰되지 않을 때까지 탈색한다. 이때 Gram (-)균만 탈색되고, Gram (+)균은 그대로 청색을 유지한다.
   (* 너무 많이 탈색 될 경우, Gram (+)균이 위 음성균으로 판명될 수 있으므로 주의한다.)
10) Counter staining(후염색) : Safranin 용액으로 30초~1분간 염색한다. 이때 이전 과정에서 탈색된 Gram (-)균이 pink~적색으로 염색된다.
11) Washing(수세) : 가볍게 수돗물로 수세 후 filter paper나 Kleenex로 흡수한다.
12) Cover slip을 덮은 뒤, 현미경으로 관찰한다.

실험 2-1-2 미생물 생육 측정

1. 의의

시료 중에 존재하는 미생물의 생육을 측정하는 다양한 방법을 익힘으로써, 발효의 진행상태를 미생물 성장의 관점에서 분석하고자 한다.

2. 원리

건조균체량(dry cell weight), 압축균체부피(packed cell volume), 탁도(turbidity) 분석, 생균체 수 분석(viable cell count) 등 미생물 증식 측정 원리를 방법별로 살펴보고자 한다.

3. 목표

- 건조 균체량 분석법
- 탁도 분석법
- 생균수 측정법

4. 준비물

미생물 액체 배양액, 표준한천배지(Standard Method Agar), 시험관, 생리식염수, 피펫, 알미늄 호일 접시, 저울, spectrophotpmeter

※ 표준한천 배지

Tryptone	5.0g
Yeast Extract	2.5g
Dextrose	1.0g
Agar	20.0g

상기의 조성을 증류수 1L에 녹여 pH 7.0로 조정한 후 121℃, 15분간 멸균 한다.

※ 생리식염수

NaCl	9g
증류수	1,000㎖

5. 시험방법

① 평판배양법(plate counting method)

: 시료(미생물 배양액 또는 현탁액)를 적당한 배수로 정확하게 희석한다.
각 희석배수 sample에서 1*ml*를 페트리 접시에 분주한다.
고르게 spreading 한 후에 incubator에서 배양한다.
생성된 colony 수를 측정한다.

※ 1개의 colony가 1개의 세포로부터 형성된 것으로 간주하여 colony의 수로부터 균체 배양액 중의 생균수를 산출한다. 이는 생균수를 측정(viable count)하는 가장 일반적인 방법이다.
정확한 계수를 위해서 1개의 평판배양에서 colony수가 30~300개가 되도록 시료를 희석하여야 한다.

※ 평판배양법(colony 계수법)의 주의사항
사용하는 배지조성에 따라서 발육하지 않는 균도 있으므로 배지의 선택에 주의한다.
- pH, 배양온도, 배양시간 등의 배양조건도 측정하고자 하는 모든 균종에 대해서 충족되어야 한다.

② Packed cell volume

: 배양액을 잘 흔들어서 packed cell volume용 원심분리관에 일정량을 주입한다.
일정한 조건에서 원심분리를 한 후, 침전된 균체의 부피를 측정한다.

※ 균체의 부피 이 외에 균체와 균체 사이의 공간도 포함하고 있으므로 같은 양의 균체라 할지라도 균의 형태나 크기에 따라 측정치가 달라질 수 있다.

③ 탁도법(turbidometry)에 의한 측정법

: 균체현탁액을 적당한 농도로 정확하게 희석한 다음 분광분석계

(spectrophotometer)로 탁도(turbidity)를 측정한다.

※ 균액이 무색일 때에는 500~530nm, 착색되어 있을 때에는 660nm부근의 파장에서 탁도 측정한다.

④ 건조균체량(dry cell weight)

: 배양액 일정량 채취하여 여과 또는 원심분리에 의해 균체를 분리한다. 증류수나 약산성 용액으로 세척한 후에 100~105℃ oven에서 건조시켜 중량을 측정한다.

※ 중량 측정시에는 dessicator 내에서 일정량으로 중량변화가 없을 때까지 건조시킨다.
이 방법은 곰팡이나 방선균과 같이 탁도법 등에 의해 측량이 어려운 경우에 유용한 방법이다.

1. spreader를 알코올에 담근다.

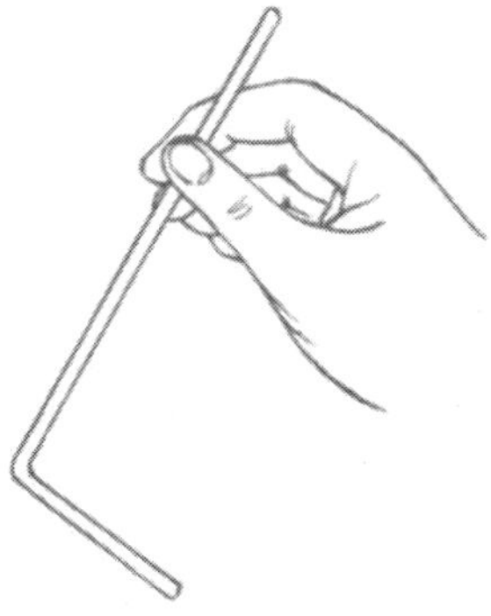

2. spreader를 화염 멸균한다.

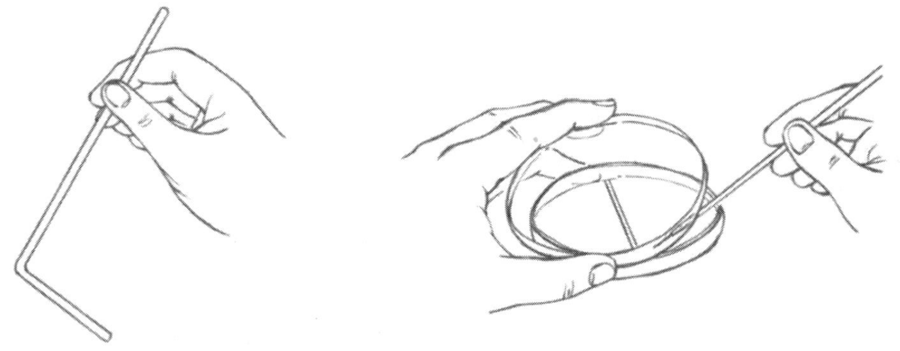

3. spreader를 공기 중에서 식힌다.　　4. 시료를 spreader로 배지 전체에 골고루 바른다.

[그림 2-1-12] 평판도말배양법

2장 Fermentation

발효대사 및 산업용 발효 사례

1절 탄수화물 대사와 유기산 발효

1. 물질 대사

생물은 생명활동을 위해 에너지의 공급을 필요로 하며 그 에너지는 환경으로부터 얻고 있다. 대부분의 식물 및 광합성 미생물은 광합성을 통해 태양의 광 에너지를 화학 에너지로 전환시켜 당(糖)과 그 밖의 생물체를 구성하고 있는 복잡한 화합물을 직접 만들어내지만, 동물 및 비광합성 미생물들은 근본적으로 생명유지에 필요한 물질을 합성할 수 없으므로 다른 생명체들이 가지고 있는 고분자 유기화합물을 섭취하고 분해시켜 이로 부터 생성되는 에너지로 생명활동을 유지한다. 빛으로부터 광합성을 통해 에너지를 얻는 생물체를 광영양생물이라하고, 유기물의 산화를 통해 에너지를 얻는 생물체를 화학유기영양생물, 무기물의 산화를 통해 에너지를 얻는 미생물을 화학무기영양생물이라 한다. 또한 화학영양생물의 에너지 생산 대사를 전자 수용체의 종류에 따라 발효(fermentation), 유기호흡(aerobic respiration), 무기호흡(anaerobic respiration)으로 나눌 수 있다. 발효는 유기분자가 전자공여체와 수용체로 작용하는 에너지 생산 과정으로써 한정된 량의 에너지만을 생산하고, 일반적으로 혐기적 조건에서 일어난다. 유기호흡은 산소를 전자 수용체로 이용하는 에너지 생산 과정으로 전자전달계가 관여하며, 유기물의 완전산화가 일어나므로 다량의 에너지가 생산된다. 무기호흡은 NO_3^-, SO_4^{2-} 등의 무기분자를 전자수용체로 이용하며 전자전달계가 관여한다.

외부로부터 섭취하는 영양소의 대부분은 탄수화물 · 지질 · 단백질의 3가지 주된 화합물과 무기물질 · 비타민 등이다. 섭취한 먹이는 소화 과정을 거쳐 생체에 이용될 수 있는 단순한 화합물로 분해되고, 이러한 저분자물질들은 다시 복잡한 화학반응을 거쳐 필요한 에너지를 생산해내고 세포의 구성요소들을 합성 · 조립하는데 사용된다. 세포 내에서 일어나는 주요 화학반응들은 대개 유사하기 때문에 물질대사의 관점에서 볼 때 동물 · 식물 · 균류 · 세균 등 생물체의 종류에 상관없이 세포에서 일어나는 모든 과정들은 근본적으로 같다고 볼 수 있다. 생물의 체내에서 일어나는 이러한 유기화합물의 모든 화학반응과 이에 수반되는 에너지의 변환을 물질대사(metabolism)라 하고, 특히 고분자물질이 저분자물질로 분해되면서 에너지를 방출하는 과정을 이화작용(catabolism), 에너지를 이용해 저분자물질에서 고분자물질을 합성하는 과정을 동화작용(anabolism)이라고 한다.

동화작용, 이화 작용의 속도는 세포 내의 에너지 상태인 ATP · ADP · AMP의 상대적인 비율이다. 즉, AMP나 ADP보다 상대적으로 ATP의 양이 많으면 이화 작용에 의한 ATP의 생성속도가 감소되며, 동화작용에서는 ADP나 AMP의 농도가 높아지면 이것은 에너지의 부족이라는 신호이므로 반응 속도가 감소한다. 동화작용, 이화작용의 특성 중 하나는 확실한 최종산물이 존재한다는 것이다. 되먹임 조절(feedback regulation)에 의해 세포 내의 최종산물이 항상 적정 수준으로만 합성된다.

이화작용은 크게 3단계로 일어난다. 첫째는 단백질, 탄수화물, 지질 등의 고분자 영양물질들은 먼저 저분자물질인 아미노산, 단당류, 지질 및 글리세롤로 분해된다. 이 때 발생되는 에너지의 양은 매우 적으며, 이 단계의 목적은 유용한 에너지를 생성하기 위한 재료를 준비하는 데 있다. 두 번째 단계에서는 앞단계에서 생성된 물질들이 대사중간물질로 분해되는 단계로서 단당류, 글리세롤, 지방산, 아미노산 등은 acetyl-CoA, 옥살아세트산(oxalacetate), α-케토글루타르산(α-ketoglutarate) 등의 TCA 경로 중간 물질들로 분해되는 단계이다. 이는 호기조건 및 혐기 조건에서 모두 일어날 수 있으며, NADH, FADH2, ATP의 일부가 생산된다. 마지막 단계에서는 이들 대사중간물질들이 완전히 분해되어 에너지원으로 이용되는 단계로서 TCA 경로 및 전자전달계가 관여하고, 호기성 대사이며 다량의 에너지가 발생한다.

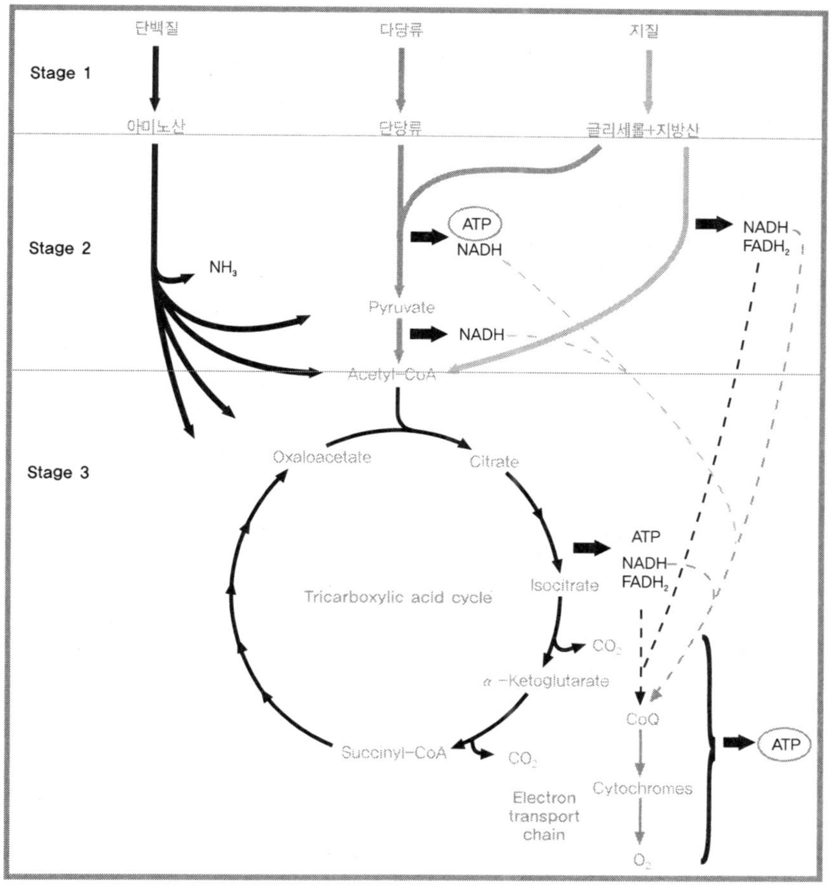

[그림 2-2-1] 단백질, 당류, 지질의 물질대사 개요

2. 해당 경로 및 오탄당 인산 경로

해당과정은 포도당을 2분자의 pyruvate로 산화시키면서 생명체의 기본 에너지 공급 물질인 ATP(adenosine triphosphate)와 NADH를 만드는 일련의 과정이다. 즉, 해당과정을 요약하면 포도당+2ADP+2P*i*+2NAD+→2피루브산+2ATP+2NADH+2H^++2H_2O이고, 전체적인 과정은 그림에 나타내었다. 프루브산은 산소가 충분할 경우에 아세틸 조효소 A(acetyl CoA), CO_2, NADH, H^+를 생성하며 이것은 TCA 회로에 연결되어서 완전산화된다. 산소가 없는 상태에서는 젖산(lactic acid) 발효가 진행되고, 에탄올 발효를 하는 효모(*Saccharomyces cerevisiae*)와 세균(*Zymmomonas mobilis*)에서는 피루브산으로부터 acetaldehyde로 탈카르복시화되고, 에탄올로 환원된다.

포도당 이외에 유당(lactose)은 갈락토오스 1분자와 포도당 1분자로 가수분해 되며, 설탕은 포도당 1분자와 과당 1분자로 가수분해 되어 이용된다. 갈락토오스는 먼저 갈락토키나아제에 의해 갈락토오스-1-인산이 되었다가 다시 포도당-1-인산으로 전환된다. 과당은 헥소키나아제 혹은 프룩토키나아제에 의해 과당-1-인산이 되고, 과당-1-인산은 알돌라아제(aldolase)에 의해 다시 디히드록시아세톤인산(DHAP)과 글리세르알데히드가 되어 해당과정에 합류한다.

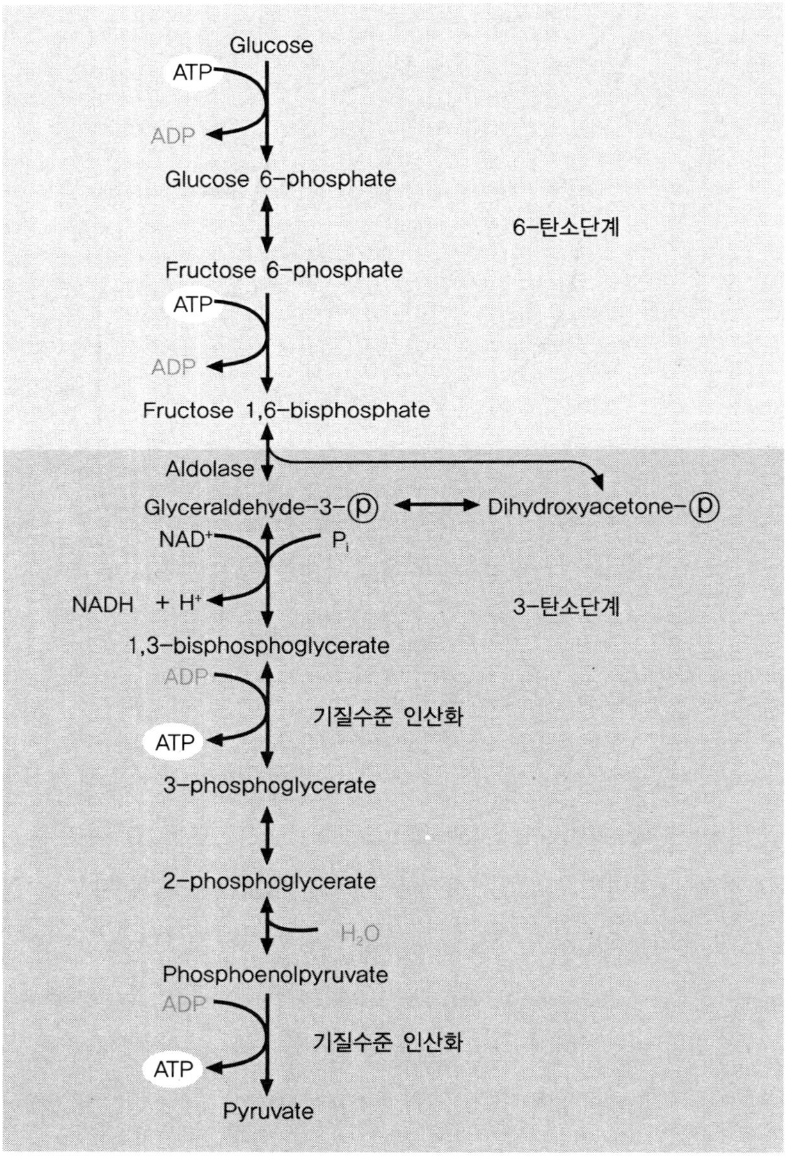

[그림 2-2-2] 해당과정(glycolysis)

또한 해당경로의 glucose 6-phosphate는 NADPH를 생성하며 6-phosphogluconate를 거쳐 오탄당인 ribose 5-phosphate로 전환되어 오탄당 인산 경로(pentose phosphate pathway)를 경유하여 대사된다. 이 오탄당 인산 경로는 NADPH를 생산하여 생합성 과정에 필요한 환원력을 제공하며, 핵산의 주요성분인 ribose 5-인산을 공급하는 역할을 한다.

3. TCA회로

TCA회로에서는 아미노산, 지방산, 포도당 등의 물질들이 분해되어 생성된 acetyl-CoA, 옥살아세트산(oxalacetate), α-케토글루타르산(α-ketoglutarate) 등의 물질 들이 산화되면서 대부분의 에너지를 발생시키는 단계이다. 탄소복합물을 완전히 산화시키지 못하는 미생물들은 TCA 회로 대신에 발효(醱酵 fermentation)에 의해 에너지를 방출한다. 발효 과정에서는 피루브산의 탈카르복실반응(decarboxylation)으로 생긴 아세트알데히드나 피루브산 등의 이화작용의 중간산물이 수소원자를 수용체로 작용하는데, TCA회로에 의한 완전산화의 경우보다 훨씬 적은 양의 에너지가 발생되지만, 발효 과정은 에탄올, 초산 등의 상업적 산물들의 생산에 중요한 의미를 갖는다.

TCA 회로는 acetyl-CoA가 옥살아세트산과 결합해 시트르산(citric acid)을 만드는 것으로부터 시작해 일련의 반응들을 거쳐 최종단계에서 다시 옥살아세트산이 생성되면서 반응이 계속 순환하는 회로를 말한다. 이 회로는 탈수소반응과 탈카르복실반응을 연쇄적으로 일으킴으로써 수소와 CO_2를 생성하는데, 여기서 떨어져나온 수소는 NAD나 FAD로 들어가 전자전달계를 통해 최종 전자수용체인 산소에 의해 산화된다. 이것이 다시 인산화반응을 거치면서 ATP 에너지로 축적되며, 또 회로 자체의 기질에서도 1분자의 ATP(GTP)가 합성된다. TCA 회로의 반응을 요약하면, $\text{acetyl-CoA}+3NAD^{+}+FAD+GDP+Pi+2H_2O \rightarrow 2CO_2+3NADH+H^{+}+FADH_2+GTP+\text{Co-A}$와 같이 쓸 수 있고 이것은 〔그림 2-2-3〕에 나타나 있다.

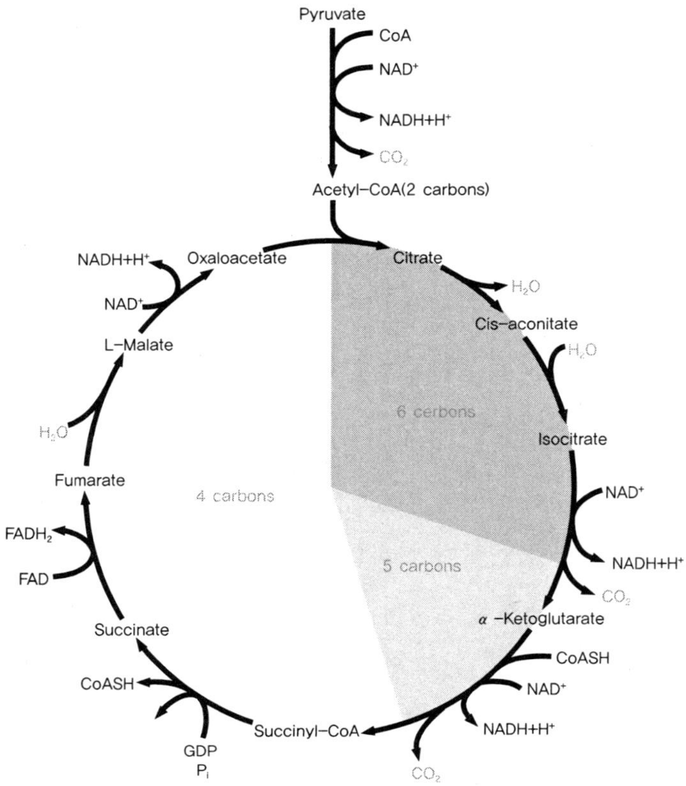

[그림 2-2-3] TCA 회로

4. 에탄올 발효

해당과정의 진행으로 생성된 NADH는 유기 혹은 무기 호흡에 의해 소비되어야만 계속해서 해당과정이 진행될 수 있다. 발효는 이러한 과정에서 피루브산이나 다른 유기물을 전자수용체로 이용하여 NADH를 재산화시켜 해당과정을 지속시키는 역할을 하며, 발효과정 중에 ATP는 기질수준인산화(substrate level phosphorylation)에 의해서만 생성된다.

에탄올 발효는 효모(*Saccharomyces cerevisiae*)와 박테리아가 무기호흡과정에서 당질원료, 특히 포도당을 해당과정(glycolysis)을 거쳐 피루브산을 만들고, 피루브산이 계속해서 이산화탄소를 떼어내며 아세트알데히드를 생성하고, 이는 해당과정에서 생성된 NADH로부터 전자와 양성자를 전달받아 에탄올로 변화되는 과정이다.

$$C_6H_{12}O_6 \rightarrow 2C_2H_5OH + 2CO_2 + 2ATP$$

포도당 → 2 피루브산 → 2 아세트알데히드 → 2 에탄올

↓ (포도당 → 2 피루브산): 2ATP, 2NADH

↓ (2 피루브산 → 2 아세트알데히드): $2CO_2$

↓ (2 아세트알데히드 → 2 에탄올): $2NAD^+$

에탄올 발효란 효모가 생존을 위하여 당분으로부터 에너지를 얻는 과정에서 당분해 부산물로서 에탄올을 생산하는 것을 의미한다. 따라서 에탄올 발효에서 당의 양은 중요한 요소이고, 당이 부족하면 효모는 당으로 에탄올을 만들기보다는 세포증식에만 사용한다. 성공적인 에탄올 발효의 요인으로는 발효가 진행 중인 발효액에 산소공급이 차단하여야 한다는 것이다. 효모는 밀폐된 공간에서 산소가 다 소비된 이후에만 비로소 에탄올 발효를 일으키기 시작하고, 에탄올 발효는 당이 다 소진될 때까지 지속된다.

이러한 조건에서 에탄올 발효가 진행되고 발효과정에서 에탄올 외 부산물로 미량 성분 300여 가지 이상이 생성되는데, 이들 미량성분들이 술의 품질을 좌우한다고 할 수 있다.

5. 젖산발효

젖산발효(lactic acid fermentation)는 알코올 발효와 더불어 무기 호흡 과정을 식품에 이용하는 대표적인 사례이다. 즉, 젖산발효는 해당과정(glycolysis)를 거쳐 생성된 피루브산이 NADH를 산화시켜 NAD^+로 만들고 자신은 젖산(lactate)이 되는 과정이다.

당류를 사용하여 젖산을 주요 산물로 배출하는 세균을 젖산균(유산균, lactic acid bacteria)이라 하는데, 이들은 주로 그람 양성의 간균 혹은 구균으로서 통성혐기성 미생물이며, 까다로운 영양 요구성을 갖는다. 주요 젖산 생산 미생물에는 *Lactobacillus, Leuconostoc, Lactococcus, Streptococcus, Pediococcus, Enterococcus, Bifidobacterium* 등의 세균과 *Rhizopus oryzae, Mucor rouxii* 등의 곰팡이 균주가 있다.

발효는 생산되는 산물에 따라 젖산을 주로 생산하는 동종 젖산발효(homo lactic fermentation)와 젖산 이외에 초산 혹은 에탄올을 일정한 비율로 생산하는 이종 젖산발효(hetero lactic fermentation)가 있다. 대부분의 젖산균들은 동종 젖산발효 균주이지만 김치 유산균인 *Leuconostoc* 속 미생물과 *Lactobacillus brevis, Lactobacillus kefir, Lactobacillus pentaaceticus* 등은 에탄올을 부산물로 생산하며, *Bifidobacterium* 속의 미생물들은 초산을 부산물로 생산하는 이종 젖산발효 균주이다.

산업적으로 젖산을 대량생산하기 위해 사용하는 미생물로는 *Lactobacillus delbruekii, Lactobacillus bulgaricus* 등의 호열성 미생물을 사용하며, 탄소원으로서 설탕, 포도당, 유청(whey), 당밀 등을 사용하고, 질소원으로는 malt, corn steep liquor 등을 사용한다. 생산된 젖산은 탄산칼슘($CaCO_3$)을 첨가하여 젖산을 침전시키는 방법을 사용한다.

6. 기타 다양한 형태의 발효

혼합산(mixed acid) 발효는 대장균과 통성 혐기성 미생물에 의해 이루어지며, 이 과정을 통해 젖산, 초산, 에탄올, 개미산(formic acid) 등이 생산된다.

2,3-부탄다이올(2,3-butanediol) 발효는 *Enterobacter, Erwinia, Klebsiella, Serratia*에 의해 수행된다. 프로피온산(propionic acid) 발효는 *Propionibacterium* 등의 장내 세균에 의해 생산되며, 이들 미생물 중의 일부는 비타민 B_{12} 등의 산업적 생산에 이용되기도 한다. 부틸산(butyric acid) 발효는 *Clostridium* 속의 균주에 의해 수행되는데 이들은 혐기성 미생물이고, 포자를 형성하며, 또한 아세톤, 부탄올, 프로판올 등의 알코올, 산 등을 만드는 데에 사용된다.

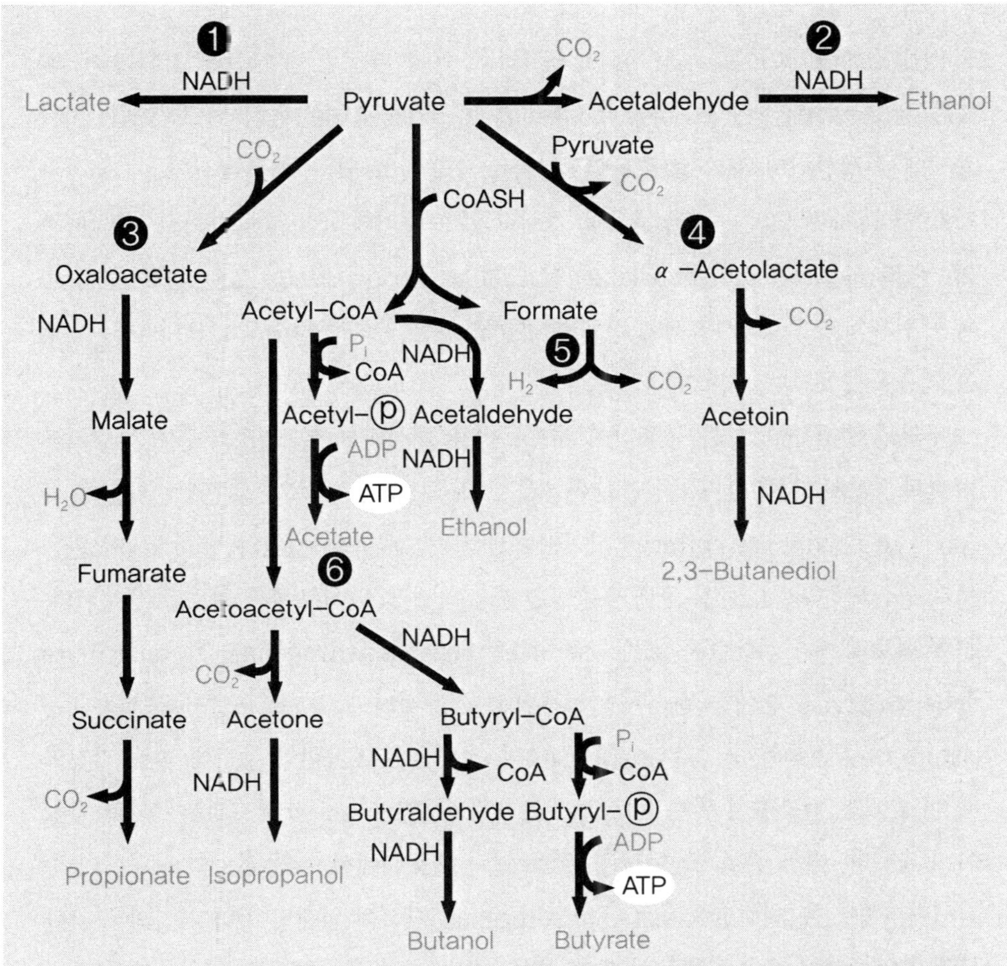

1. Lactic acid bacteria (*Streptococcus, Lactobacillus*), Bacillus
2. Yeast, *Zymomonas*
3. Propionic acid bacteria(*Propionibacterium*)
4. *Enterobacter, Serratia, Bacillus*
5. Enteric bacteria(*Escherichia, Enterobacter, Salmonella, Proteus*)
6. *Clostridium*

[그림 2-2-4] 여러 가지 형태의 발효

7. 구연산 발효

구연산(citric acid)은 Scheele에 의해 레몬즙에서 최초로 분리된 후 TCA회로의 중간산물로서 동물과 식물군에서도 무독성임이 확인되어 청량음료의 산미료, 잼, 젤리 제조시의 응고촉진제, 그리고 다른 식품 및 의약품산업에 발효 구연산이 널리 이용되고 있다.

SRI(Stanford Research Institute)의 조사에 따르면 구연산은 1994년에 약 550,000톤이 생산되었고 금액으로 따지면 $7.5억불에 해당한다. 주로 유럽, 미국 중국에서 생산되며 45%정도가 인접국가로 수출되고 있다. Bayer사와 ADM사가 각각 약 17% 정도의 시장 점유율을 가지고 있으며 최대 규모의 생산회사이다. 이외의 생산회사로서는 Jungbunzlauer, Cargill 및 Citrique Belge 등이 있다. 특히 중국은 전세계 생산량의 약 24% 정도의 대규모 생산 시설을 갖추고 있으나 순도가 낮은 제품을 주로 생산하고 있다.

구연산 발효는 당류를 분해하여 시트르산을 축적하는 발효이며, 주로 곰팡이를 발효미생물로 사용한다. 구연산은 당으로부터 해당과정과 오탄당 인산 경로(pentose phodphate pathway)를 통해 생성되는 acetyl-CoA와 anaplerotic반응으로 공급되는 oxalacetic acid의 축합반응에 의해 TCA회로에서 최초로 생성된다. TCA회로에서는 citrate synthase, isocitrate dehydrogenase 및 succinate dehydrogenase 등에 의해 구연산 생합성이 조절되고 있다. 구연산 축적속도는 citrate synthase의 활성과 acetyl-CoA와 oxaloacetic acid의 농도에 의해 결정되며 이 효소는 탄소수가 많은 fatty ester, ATP, 구연산, succinyl-CoA에 의해 활성이 저해된다. 이와 같이 구연산의 축적은 일단 세포내에서 어느 정도의 구연산이 축적되면 구연산에 의해 isocitrate dehydrogenase활성이 저해되어 더 이상의 구연산 분해가 억제되어 구연산 축적이 일어난다.

1893년 Wehrner에 의하여 *Penicillium*속의 곰팡이가 당으로부터 구연산을 생산한다는 것이 알려진 이후에 *Penicillium purpurogenum, Aspergillus niger, A. wentii, A. saitoi, A. awamori, A. fumaricus, Botrytis cinerea, Mucor piriformis, Trichoderma viride* 등의 구연산 생산 미생물 들이 선별되었으며, *Candida lipolytica, C. ropicalis, C. guillcermondii, C. parapsilosis, C. zelyanoides* 등의 효모와 세균인 *Arthrobacter paraffineus* 등은 탄화수소로부터 구연산을 생산한다는 것이 알려졌다. 1923년 Pfizer사에서 *Aspergillus niger*를 이용하여 15%의 당을 함유한 무기영양결핍 저산도배지에서 구연산을 생산하여 구연산의 공업적 생산이 가능하게 되었으며, 1927년에 Fernbach는 배지의 pH를 1.8로 낮춤으로써 살균이 불필요하며 100~200g/l의 당을 사용하여 65% 이상의 구연산을 생산하는 특허를 얻었다. 현재 구연산은 주로 *Aspergillus niger*를 사용하여 망

간 혹은 철분의 농도가 조절된 배지에서 표면 배양 혹은 액상배양을 통하여 생산된다. 구연산은 비교적 저가의 화학물질이므로 당밀과 같은 저렴한 기질을 주로 사용하고, 대규모의 생산시설을 이용하여 생산단가를 최소화하여야 경제성을 가지게 된다.

2절 아미노산 대사와 주요 산업용 아미노산 발효

1. 아미노산 생합성

아미노산은 생체내 단백질을 구성하는 기본 물질로서 다양한 용도로 사용된다. 글루탐산 나트륨(MSG)과 알라닌은 식품의 풍미제로 사용되며, 메치오닌, 라이신, 스레오닌, 트립토판 등은 곡류에 상대적으로 적은 양이 함유되어 있기 때문에 가축의 사료첨가물로 사용된다. 프롤린의 용도는 아미노산 수액제와 혈압 강하제로 이용되며, 오르니친, 시트루린, 알기닌은 요소(urea) 사이클에 관여하는 아미노산으로, 혈 중 암모니아를 요소로 배설시키는 역할을 하므로 간 기능 장애의 치료제의 역할을 한다. 아스파라긴산은 피로회복제, 암모니아 해독제, 아미노산 수액원료, 풍미 개량제, 화장품용, 생분해성 킬레이트제 등으로 이용된다. 히스티딘은 아미노산 수액제를 비롯하여 위궤양 치료제, 순환기계 치료제의 원료 및 식품첨가물로 이용된다.

미생물은 일반적으로 단백질 합성에 필요한 20개의 아미노산을 합성할 수 있다. 아미노산의 탄소 골격은 해당 작용, 인산-5탄당 경로(pentose phosphate pathway) 및 TCA 회로 등의 대사 경로를 통해 공급되며, 합성 경로별로 글루탐산 계열(글루탐산, 글루타민, 프롤린, 아르기닌), 아스파르트산 계열(아스파르트산, 아스파라긴, 라이신, 메티오닌, 스레오닌, 이소루이신), 피루브산 계열(알라닌, 루이신, 발린), 세린 계열(세린, 글리신, 시스테인), 방향족 아미노산 계열(페닐알라닌, 트립토판, 티로신) 및 히스티딘으로 나눌 수 있다.

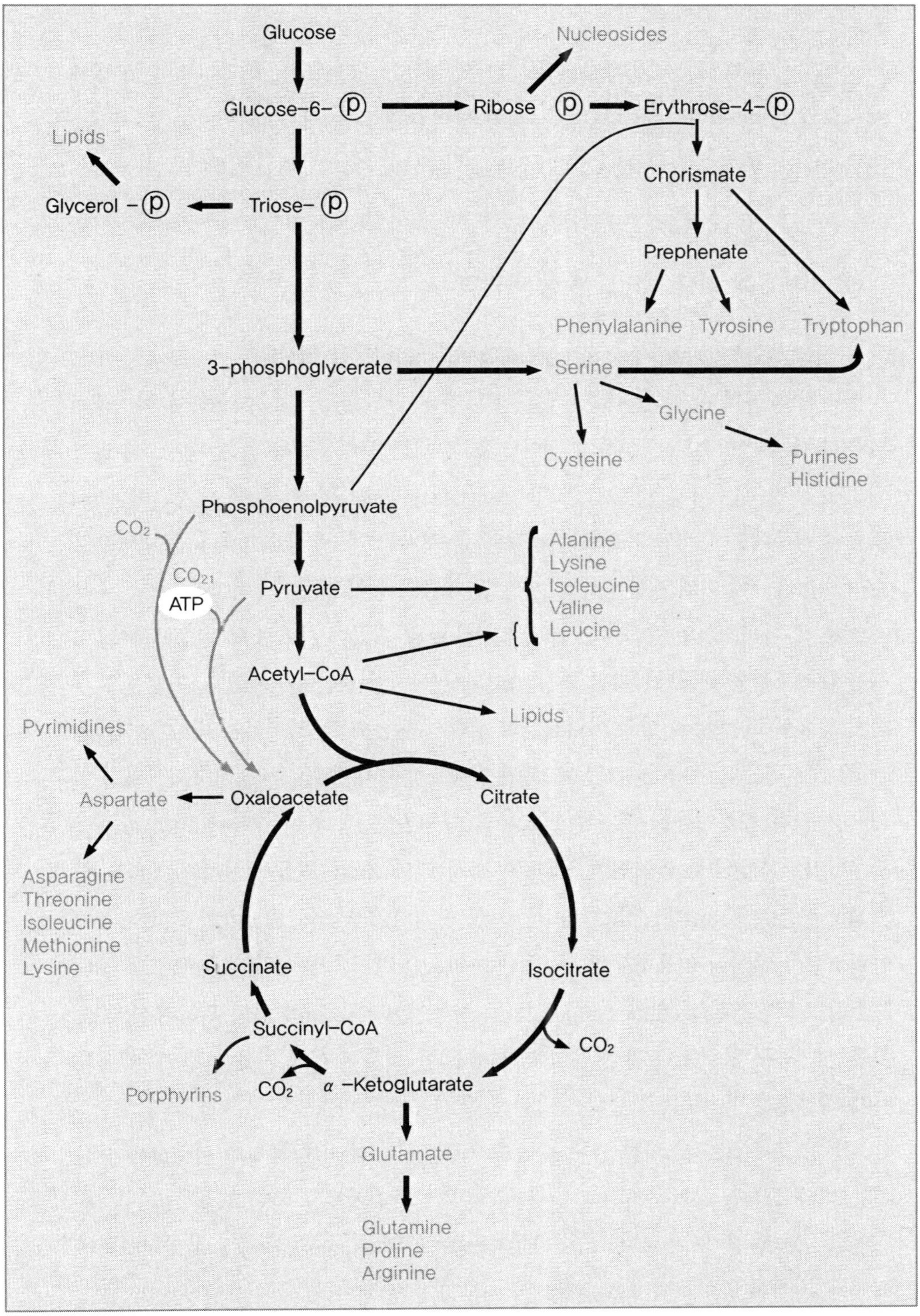

[그림 2-2-5] 아미노산의 대사적 생산 경로

2. 산업용 아미노산 발효

아미노산은 단백질의 가수분해, 화학적 합성 또는 미생물을 이용한 발효에 의해 생산되고 있다. 최근 유전 정보를 포함한 다양한 종류의 대사 분석 기술 및 미생물 조작 기술의 발전으로 발효에 의한 아미노산 생산이 주를 이루고 있다.

(1) 미생물에 의한 아미노산 생산 방법

1) 직접 발효법(Direct fermentation)에 의한 아미노산 생산

산업적인 아미노산 생산에 있어서 당밀 등의 값싼 탄소원을 이용하여 미생물에 의한 직접 발효법으로 생산하는 것이 가장 경제적인 생산공정이다. 아미노산 발효에 주로 이용되는 미생물은 코리네형 세균(*Corynebacterium* 속)과 대장균이다. 대장균의 경우에는 축적된 유전학적 정보와 잘 개발된 재조합 DNA 기술을 바탕으로 코리네형 세균에 비해 생산 균주의 개발 및 개량이 용이하다는 장점이 있다.

세포 내 아미노산의 생산에는 정교한 대사 조절 기작이 관여하고 있기 때문에, 이러한 대사조절을 해제하여야만 특정 아미노산을 대량 생산 할 수 있다. 미생물도 자신이 필요로 하는 양 이상의 아미노산의 생합성(生合成)을 억제하는 대사제어(代謝制御) 메커니즘이 존재하기 때문에 특정 아미노산을 대량으로 생성 · 축적시키기 위해 대사제어 메커니즘을 해제할 필요가 있다. 미생물에 변이유발제(mutagen) 를 사용하여 야생균주를 돌연변이 시킨 후, 특정 대사 유발물질을 생산하지 못하는 영양요구성 변이주(auxotrophic mutant))를 분리하여 lysine, alanine, valine 등의 아미노산의 생산에 이용하고 있다. 또한 아미노산 생산에 관여하는 중요 조절 부위 효소가 되먹임조절(feedback regulation) 작용을 받지 않도록 하기 위하여 대사 조절물질과 유사한 구조를 갖는 유사체(analog)에 대하여 성장 저해를 받지 않는 유사체 내성 돌연변이주를 선별하는 방법 등이 사용 되었다.

유전자 조작 기술에 의한 균주 개발과 관련해서는 초기에 특정 아미노산을 생산하는 대사 회로를 증폭하거나 경쟁관계에 있는 대사 경로를 차단하는 방법을 사용하였다. DNA 염기서열 분석 기술이 발달하면서 게놈(genome)상에서 되먹임저해 해제와 같은 필요한 부위만을 조작하여 기본 균주를 제작하고, 이를 바탕으로 DNA chip 실험에 의한 전사체(transcriptome) 실험 결과 및 단백질체(proteome), 대사체(metabolome) 분석 결과를 융합하여 세포내 대사 흐름(metabolic flux)을 최적화함으로써 아미노산을 고농도로 생산하는 연구가 시도되고 있다.

2) 전구물질 첨가 및 효소 반응을 이용한 아미노산 생산

특정 대사물질이 균체 성장을 저해하거나, 처음부터 합성하기 어려운 경우에 전구물질을 첨가하는 방법이 이용되어왔다. 예를 들어 세린을 생산하기 위하여 글리신을 첨가한다거나, 이소루이신을 생산하기 위해 α-아미노뷰티릭산(α-aminobutyric acid)하는 것이 그 사례이다.

효소반응을 이용한 아미노산 생산 사례로는 대장균의 aspartase를 사용하여 푸마르산(fumaric acid)으로부터 L-아스파르트산(aspartic acid)을 제조하거나, *Erwinia herbiccla*의 tyrosine phenol lyase 사용하여 피루브산으로부터 신경관련 의약품 전구물질인 pyrocatecol DOPA(3,4-dihydroxylphenylalanine)을 생산하는 것 등이 있다.

(2) 글루탐산 발효

글루탐산은 가공식품에 첨가하여 감칠맛(umami)을 내는 조미소재이다. 1969년 일본의 Kinoshita에 의해 *Corynebacterium glutamicum*으로부터 비오틴이 제한된 상태에서 성장할 때 배지중에 글루탐산이 축적된다는 사실이 발견된 후에 2008년 현재 전세계 시장 규모가 150만톤 정도로 추정되며, 중국에서 65만톤 정도가 생산되고 있다.

글루탐산 발효에 사용되는 균주는 *Corynebacterium glutamicum*을 비롯하여 *Corynebacterium lactofermentum, Corynebacterium flavum, Corynebacterium divaricatum* 등이 알려져 있다. 이들은 그람 양성의 호기성 균주이며, 단간균 혹은 타원형의 운동성이 없고, 포자를 형성하지 않는 균주이다. 이들 균주들은 모두 비오틴 요구성이 있으며, α-ketoglutaric acid의 산화능이 약하고 환원적 아미노화 능력이 강하여 글루탐산 생산에 적합한 특징을 갖고있다.

글루탐산의 발효를 위해서 포도당, 설탕, 맥아당 등을 사용할 수 있으나, 공업적인 생산을 위해서는 당밀과 전분당화액이 사용되고 있다. 당밀에는 비오틴 함량이 높기 때문에 페니실린이나 계면활성제를 첨가하여 균체농도를 적절히 제어해야 한다. 질소원으로는 통상 암모니아가 사용되지만 과량으로 첨가하면 글루타민이 생성

될 수 있어 주의를 요한다. 글루탐산 발효는 호기적 발효으므로 산소를 계속해서 공급해 주어야 한다. 산소가 부족하면 젖산 또는 숙신산이 축적되며, 산소가 과량 공급되면 α-ketoglutaric acid가 축적된다.

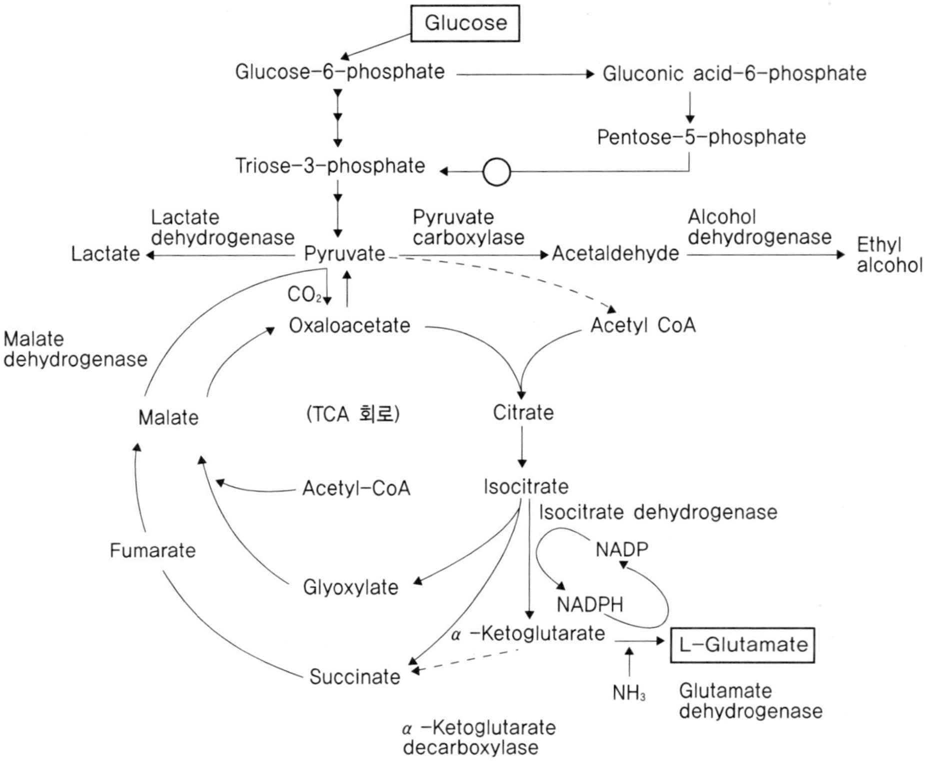

[그림 2-2-6] 포도당으로부터 글루탐산의 생합성 경로

(3) 라이신 발효

라이신은 분자내에 두 개의 아미노기를 갖는 염기성의 필수아미노산으로 주로 식품이나 사료의 영양강화제로 사용되고 있다. 자연계에는 대두박이나 어분에 많이 들어 있으며, 소맥, 옥수수 등에는 함량이 비교적 낮은 편이다. 라이신은 전세계적으로 연간 100만톤 정도 생산이 되며(2004년), 일본의 Ajinomoto, 미국의 ADM(Archer Daniels Midland), 우리나라의 CJ 등이 주요 생산 업체이다.

대사적으로 라이신은 스레오닌, 메치오닌, 이소루이신과 함께 아스파르트산 계열(aspartic acid family)의 아미노산으로서 〔그림 2-2-7〕과 같은 분지 대사 경로 및 조절 기작을 보인다. 즉, 원료 물질인 아스파르트산에 대해 라이신과 스레오닌, 메치오닌은 서로 경쟁관계에 있기 때문에 라이신 고생산을 위해서는 스레오닌(이소루이신 포함)과 메치오닌의 생산을 억제할 필요가 있다. 또한 aspartokinase에 의해 아스파르트산이 아스팔틱-인산(aspartyl phosphate)으로 전환되는 첫단계 반응이 라이신과 스레오닌에 의해 공동으로 저해되므로 이들에 의한 대사 조절이 해제되어야 한다. 이러한 사실을 바탕으로 하여 라이신 고생산 균주가 제작되어 왔으며, 이들 균주가 갖는 공통적인 특징은 라이신의 유사체(예: aminoethyl cysteine 등)에 대한 내성과 메치오닌 혹은 스레오닌 생산으로 갈라지는 단계인 homoserine dehydrogenase 가 결손된 메치오닌, 스레오닌에 대한 영양 요구성이다.

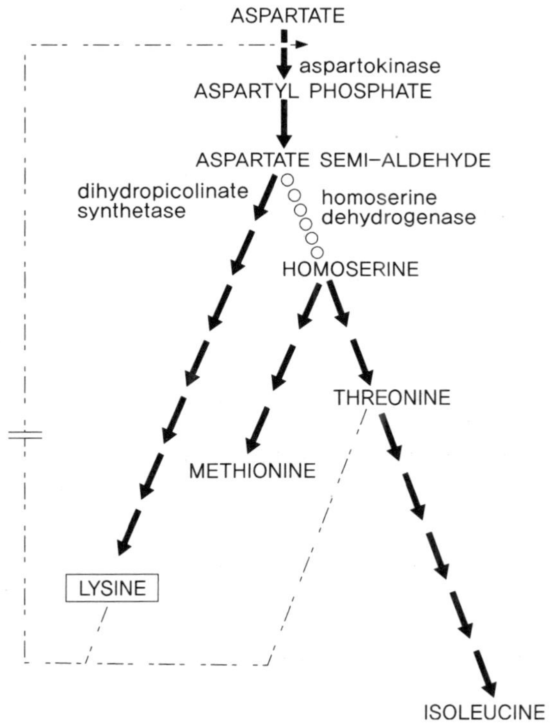

[그림 2-2-7] 라이신 대사 경로 및 조절 기작

라이신 생산 균주 개발을 위한 새로운 접근 방법으로써 특성이 다른 여러 종류의 산업용 라이신 균주의 유전자 염기서열을 분석하여 야생균주와 다른 변이를 찾아내고, 이들 변이들 중에서 라이신 생산에 유리한 변이만을 야생 균주에 선별적으로 축적함으로써 불필요한 변이를 갖지 않는 건전한 라이신 생산 균주를 제작하는 일들이 시도되고 있다. 이는 라이신 생산 미생물의 게놈 분석이 완료되고, 대량 염기서열 분석이 비교적 저렴한 가격으로 가능하며, 코리네형 미생물과 관련되는 유전자 조작 도구들이 발전함으로써 가능한 일이 되었다.

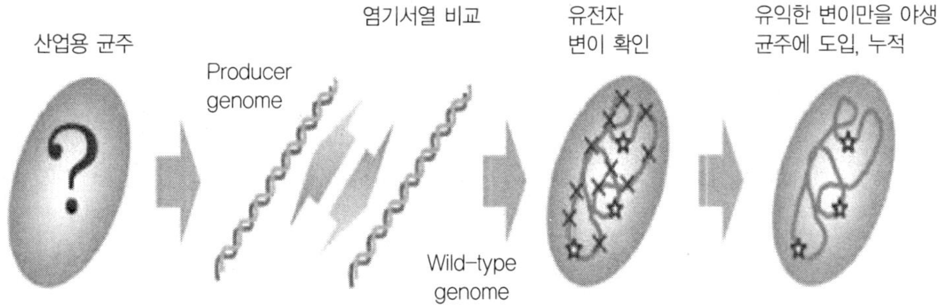

[그림 2-2-8] 새로운 라이신 생산균주 제작 방법

1. 핵산의 화학

핵산은 생물의 증식이나 생명의 유지에 필수적이며 각 세포 특유의 단백질을 합성하는데 필요한 유전정보를 보존, 전달, 번역하는 기능을 가지고 있다. 핵산은 뉴클레오티드의 중합체(polymer)이며 뉴클레오티드는 퓨린 염기(adenine, guanine), 피리미딘 염기(cytosine, thymine, 우라실), 인산, ribose 또는 2-deoxyribose로 구성되어 있다.

오탄당으로서 2-deoxyribose를 구성성분으로 하는 핵산을 DNA(deoxyribonucleic acid)라 하며 ribose를 가지는 핵산을 RNA(ribonucleic acid)라 한다.

DNA는 유전정보를 간직하고 보존한다. 원핵세포의 DNA는 환상(closed circle)으로 꼬여진 이중나선(double helix)으로 존재하며 단백질과 결합되어 있지 않다. 진핵세포의 DNA는 2가닥이 꼬여진 이중나선구조를 가지고 있고 히스톤(histone)이라는 단백질과 결합되어 있으며 세포의 핵막 내에 chromatin(염색질)으로 존재한다.

RNA는 구조와 기능에 따라 3가지로 구분된다. tRNA(transfer RNA)는 특정한 아미노산과 결합하여 단백질 생합성 장소로 아미노산을 운반하는 역할을 한다. rRNA(ribosomal RNA)는 단백질을 생합성하는 장소, 즉 ribosome을 구축하는 RNA이다. mRNA는 DNA와 상보적인 염기배열을 가지도록 합성된 단쇄의

polynucleotide이며 DNA가 가진 유전정보의 전사(transcription)와 번역(translation)에 관여한다.

(1) 핵산의 구성성분

1) 핵산염기

핵산을 가수분해하면 염기, 오탄당 및 인산이 생성되며 염기는 퓨린 염기와 피리미딘 염기가 있다. 이들 염기는 모두 질소를 함유하는 헤테로고리형 화합물이다. 퓨린 및 피리미딘 염기는 평면구조를 가지고 있고 수소결합에 적합한 =N-H, =N-, =C=O 등의 원자단을 가지고 있는 등의 특성을 가지고 있어 핵산의 입체배위(conformation)를 나타내는데 중요한 역할을 한다.

- 퓨린 염기

핵산 및 핵산관련 화합물에 함유된 퓨린 염기는 아데닌과 구아닌이며 둘 다 DNA와 RNA에 포함되어 있다. 아데닌은 퓨린 골격의 6 위치에 아미노기가 치환된 구조이며 구아닌은 퓨린 골격의 2 위치에 아미노기, 6 위치에 히드록시기가 치환하여 케토형으로 된 구조를 가지고 있다.

- 피리미딘 염기

주된 피리미딘 염기는 우라실, 티민, 시토신 3종류이다. 모두 피리미딘 골격을 가지고 있으며 우라실과 티민은 5 위치에서의 메틸(methyl)기의 유무에 따라 구분된다.

시토신은 DNA, RNA 양쪽 모두에 함유되어 있고 우라실은 RNA, 티민은 DNA에 함유되어 있다.

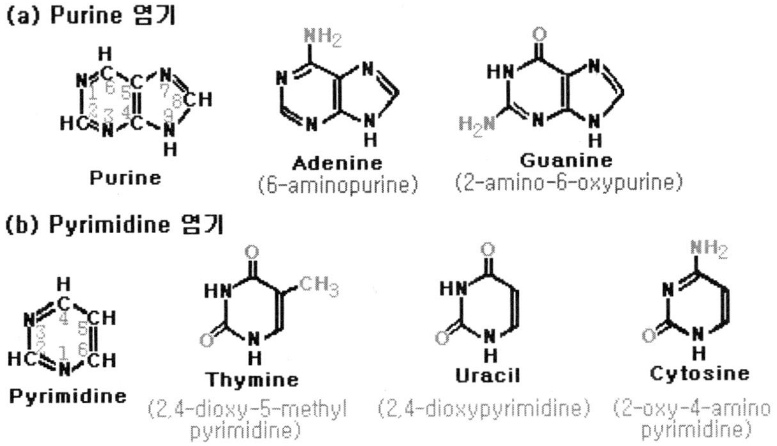

[그림 2-2-9] 퓨린 염기와 피리미딘 염기의 구조

2) 뉴클레오시드

핵산 염기와 D-ribose(또는 2-deoxy-D-ribose) 연결된 물질이 뉴클레오시드이다. D-ribose는 RNA, 2-deoxy-D-ribose는 DNA를 구성하는 오탄당이다.

3) 뉴클레오티드

핵산염기, D-ribose(또는 2-deoxy-D-ribose), 인산 3종류의 분자가 결합한 핵산을 구성하는 기본단위가 뉴클레오티드이다. 뉴클레오티드는 뉴클레오시드의 오탄당에 인산이 에스테르 결합으로 연결된 구조를 가지고 있다. 뉴클레오티드 유도체 중에서 생화학 반응에서 중요한 작용을 하는 것은 인산무수물형 뉴클레오티드이다. 이 중에서도 특히 중요한 것은 adenosine-5′-triphosphate(ATP)이다.

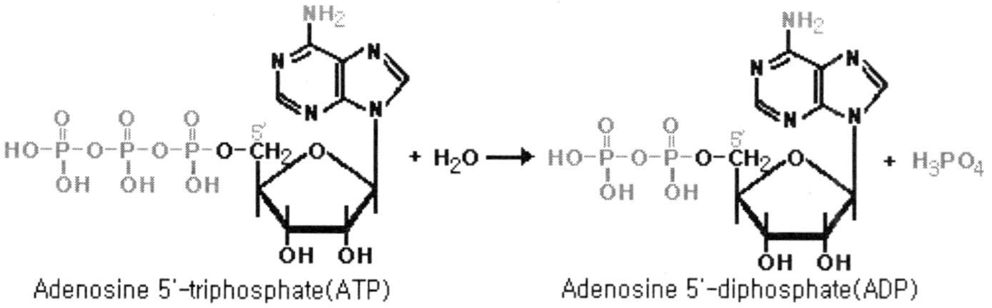

[그림 2-2-10] Adenosine 5′-triphosphate(ATP)의 구조와 가수분해

ATP가 ADP와 무기인산으로 가수분해될 때 다량의 이용 가능한 에너지(자유에너지)를 방출하므로 생물체내에서 에너지 흐름의 주된 담체가 되며 많은 에너지를 필요로 하는 생체반응에 관여한다.

이 외에 중요한 보효소인 NAD, NADP, FAD, Coenzyme A, 비타민 B_{12} 등도 뉴클레오티드 유도체이다.

4) RNA와 DNA

RNA와 DNA는 그림과 같이 뉴클레오티드가 phosphodiester 결합으로 연결된 고분자화합물이다. RNA를 구성하는 오탄당은 D-ribose이고 함유된 염기는 아데닌, 구아닌, 우라실, 시토신이며 주로 세포질 중에 존재한다. RNA에는 messenger RNA(mRNA), ribosomal RNA(rRNA), transfer RNA(tRNA)의 3종류가 보통의 세포 중에 함유된 RNA이다.

DNA를 구성하는 오탄당은 2'-deoxy-D-ribose이고 함유되어 있는 염기성분은 아데닌, 구아닌, 시토신, 티민이다.

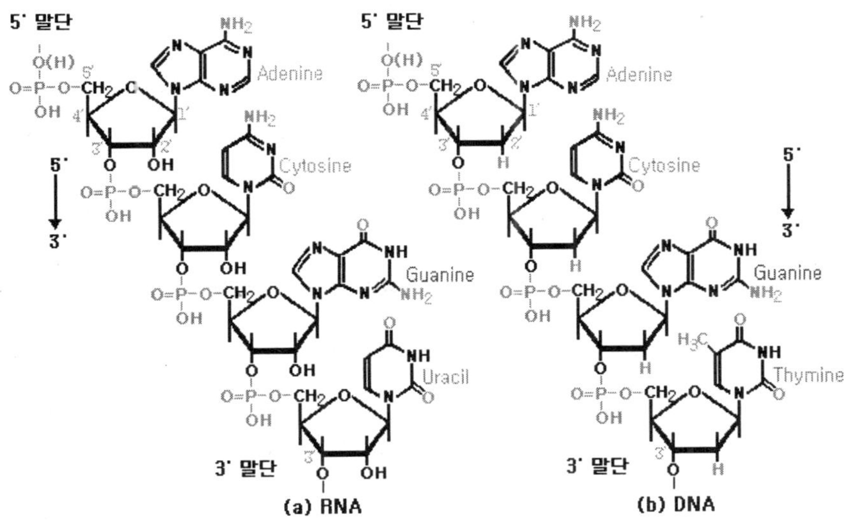

[그림 2-2-11] Phosphodiester 결합으로 된 핵산의 구조

2. 퓨린과 피리미딘의 대사

퓨린 및 피리미딘은 생합성 경로(de novo synthesis)에 의해 생체 내에서 만들어

지며, 분해되어 만들어지는 뉴클레오시드나 염기는 재생경로(salvage pathway)에 의해 재활용된다.

(1) 퓨린 생합성

퓨린 생합성 경로는 ribose-5-phosphate에서 합성되는 PRPP에서부터 시작하여 11단계의 반응을 거쳐 IMP(inosine monophosphate)를 생성한다. IMP로부터 AMP와 GMP 생성이 생성되며, AMP는 adenylate kinase에 의해 ATP로 전환된다. 그림에 퓨린 고리를 구성하는 9개 원자들의 기원을 나타내었다. 글리신, CO_2, tetra hydrofolate(FH_4) 유도체는 탄소원자를 공급하고 글루타민과 아스파틱산은 질소원자를 공급한다.

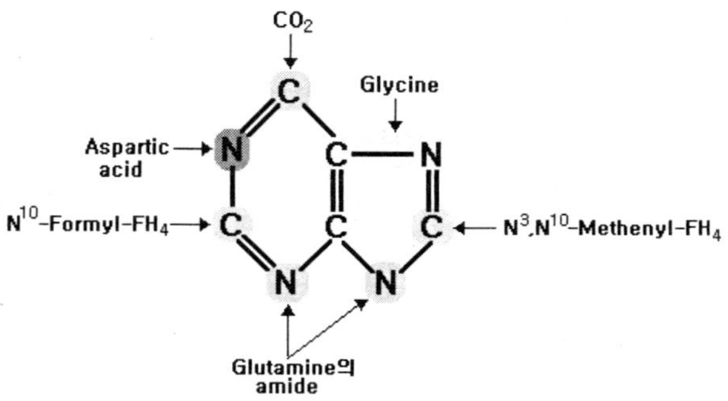

[그림 2-2-12] 퓨린 고리를 구성하는 원자의 기원

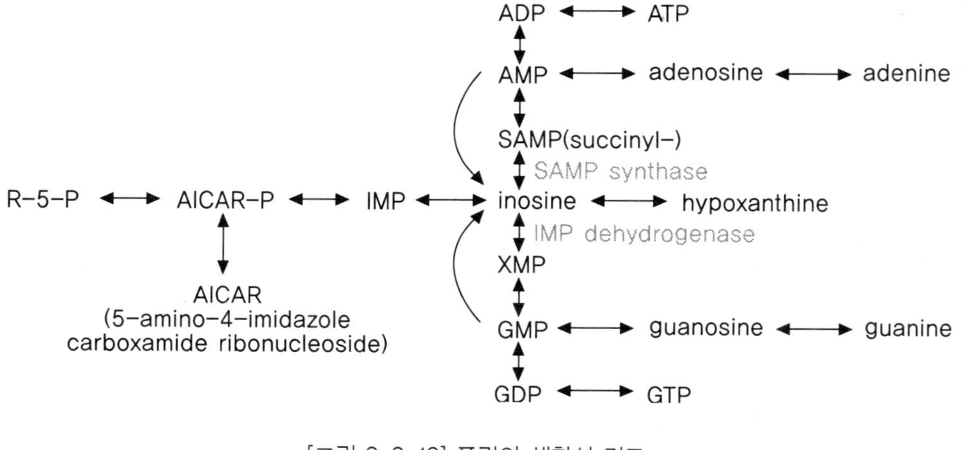

[그림 2-2-13] 퓨린의 생합성 경로

퓨린 생합성의 경로는 아래의 그림에서 보는 바와 같이 처음 두 단계를 담당하는 효소인 PRPP synthase와 PRPP amidotransferase가 최종 산물들인 AMP, ADP, GMP, GDP 등에 의해 저해를 받는다. 뿐만 아니라 IMP로부터 GTP와 ATP로 갈라지는 각각의 경로는 각각의 산물들인 GMP와 AMP에 의해 저해되지만 다른 경로의 산물인 GTP는 AMP 생합성을 촉진하고, ATP는 GMP 생합성을 촉진함으로써 이들 성분들의 균형있는 생합성이 이루어지도록 하는 기능을 갖고 있다.

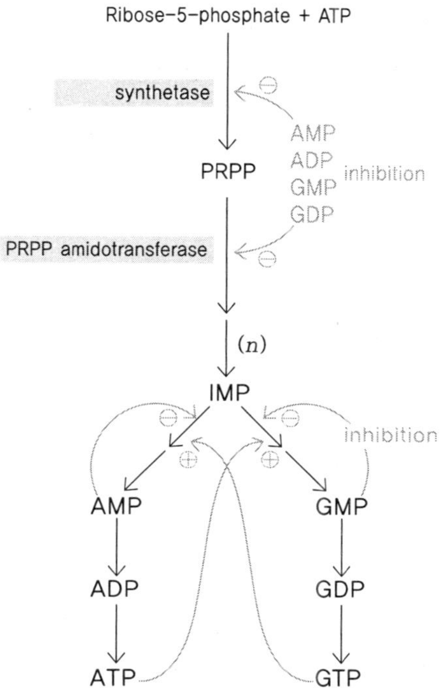

[그림 2-2-14] 퓨린 생합성 경로의 조절 기작

(2) 피리미딘 생합성

피리미딘 고리는 carbamoyl phosphate와 aspartate로 구성된다. 퓨린 고리와는 달리 고리 구조가 완성된 후에 ribose phosphate에 연결된다. Ribose phosphate의 donor는 역시 PRPP이다. 피리미딘 고리의 생합성에는 아스파틱산, NH_3, CO_2가 필요하며 이들이 피리미딘 고리에서 어느 부분을 구성하는가를 그림에 나타내었다.

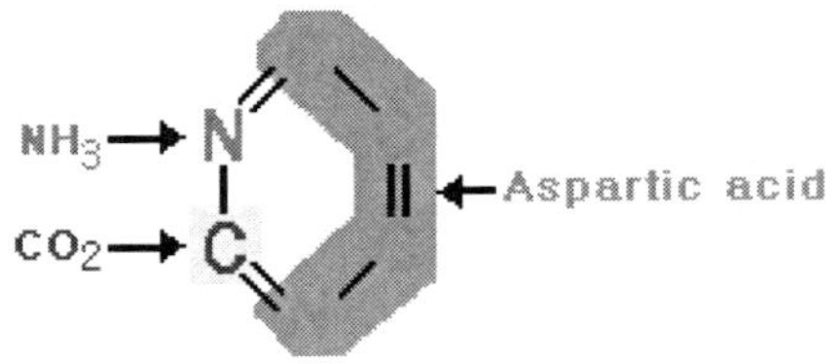

[그림 2-2-15] 피리미딘 고리를 구성하는 원자의 기원

피리미딘 생합성은 글루타민으로부터 유래한 NH_3와 CO_2가 carbamoyl phosphate synthetase의 작용으로 carbamoyl phosphate를 형성하는 반응으로부터 시작된다. 계속해서 carbamoyl phosphate의 인산기가 이탈하면서 carbamoyl 기가 아스파틱산에 전달되고, PRPP로부터 ribose-5-p를 전달받고, 이산화탄소가 이탈되면서 UMP가 만들어진다. UMP는 UDP, 다시 UTP로 전환된 후 최종적으로 CTP가 생성된다.

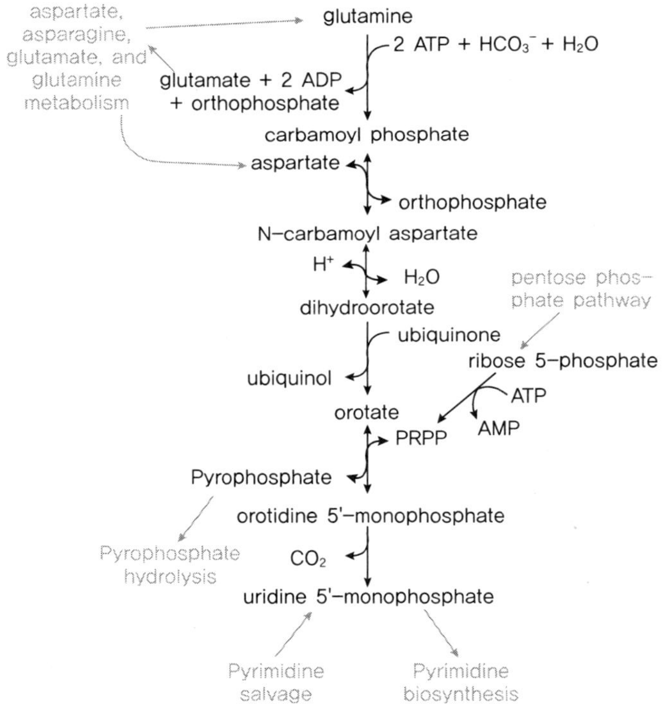

[그림 2-2-16] 피리미딘 뉴클레오티드의 생합성경로

피리미딘 생합성 경로의 조절은 생합성의 초기 단계 효소인 carbamoylphosphate synthetase와 aspartate carbamoylase가 그의 산물인 UMP와 CTP에 의해 저해됨으로써 이루어진다.

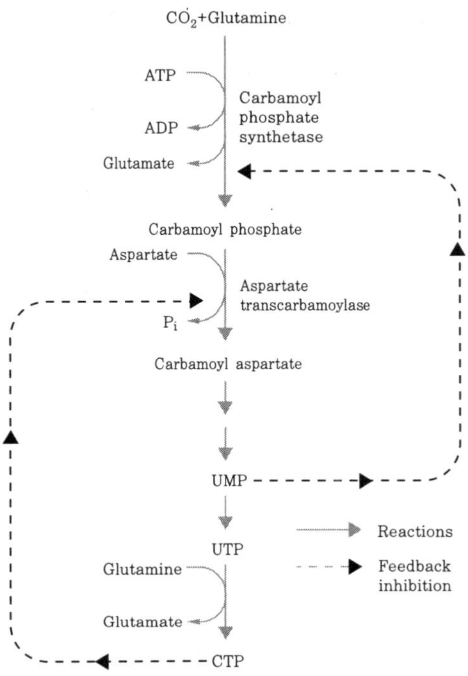

[그림 2-2-17] 피리미딘 생합성 경로의 조절

(3) 재생 경로(Salvage pathway)

핵산이 분해되거나 외부로부터 섭취된 아데닌, 구아닌 및 하이포잔틴이 adenine phosphoribosyltransferase나 hypoxanthine-guanine phosphoribosyl transferase의 작용으로 PRPP와 반응하면 AMP, GMP 및 IMP 등의 뉴클레오티드가 생성되며 이들은 핵산구성요소로 재이용된다. 이것을 재생경로(salvage pathway)라 한다.

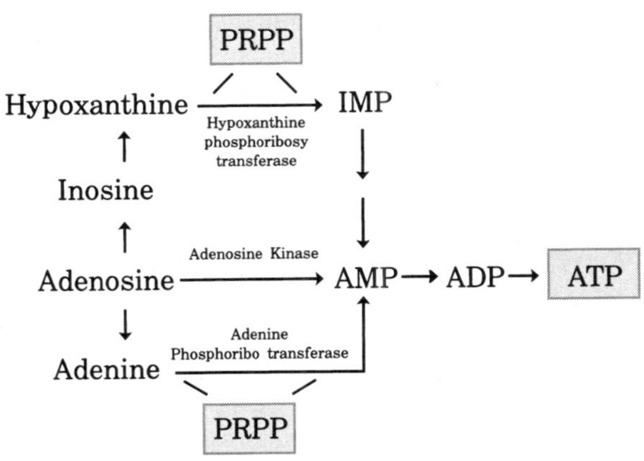

[그림 2-2-18] 퓨린계 핵산 물질의 재생 경로

피리미딘도 아래의 그림에서와 같이 각각의 효소에 의해 뉴클레오티드로 전환되어 DNA 혹은 RNA의 원료로 재사용된다.

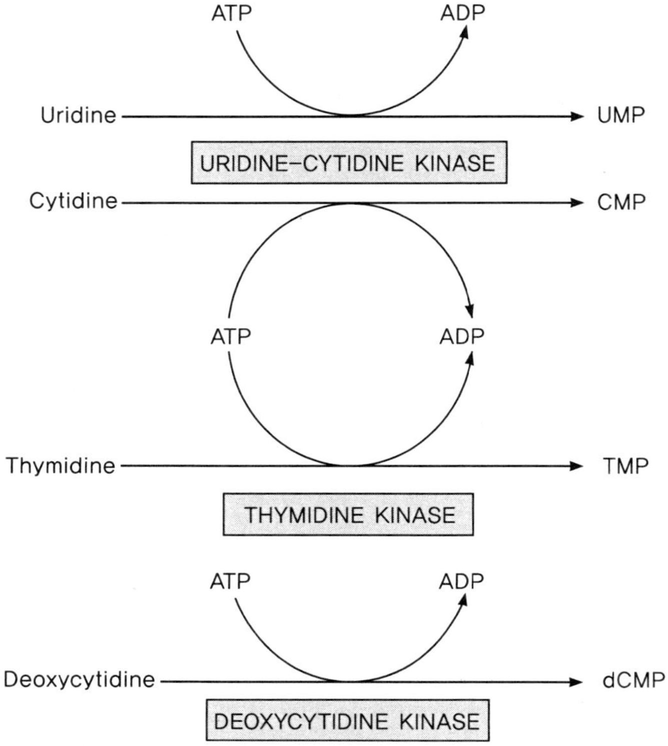

[그림 2-2-19] 피리미딘계 핵산 물질의 재생 경로

3. Deoxyribonucleotide의 생합성

Ribonucleotide들이 deoxyribonucleotide들로 환원되는 반응은 dinucleotide 수준에서 진행된다. 이 때 NADPH로부터 ribose unit로의 전자전달이 일어난다. 전자는 NADPH에 의해 제공되며, glutaredoxin reductase 또는 thioredoxin reductase에 의해 전달된다. 이 반응에 관여하는 효소인 ribonucleotide reductase는 산화-환원 반응 동안에 전자전달에 관여하는 redox-active thiol기를 갖는다. rNDP를 dNDP로 환원시키는 과정에서 효소는 산화되고, 다시 thioredoxin이나, glutaredoxin에 의해 환원된다. 즉, 최종적인 전자의 공급원은 NADPH이다.

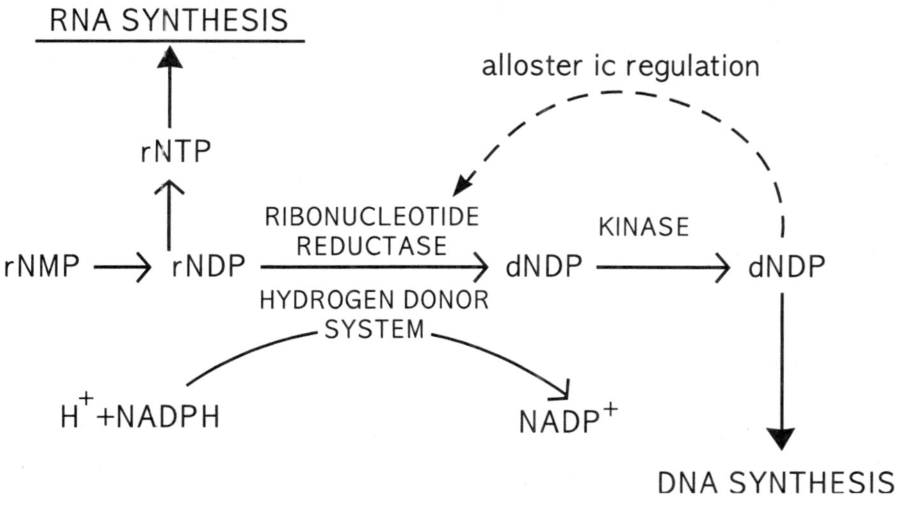

[그림 2-2-20] Deoxyribonucleotide 생합성

4. 미생물에 의한 정미성 뉴클레오티드(IMP, GMP) 생산

정미성 뉴클레오티드인 IMP와 GMP가 MSG와 더불어 맛의 상승효과[그림 2-2-21]가 뛰어나기 때문에 IMP와 GMP의 수요가 급격히 증가 하였다. 이들의 생산

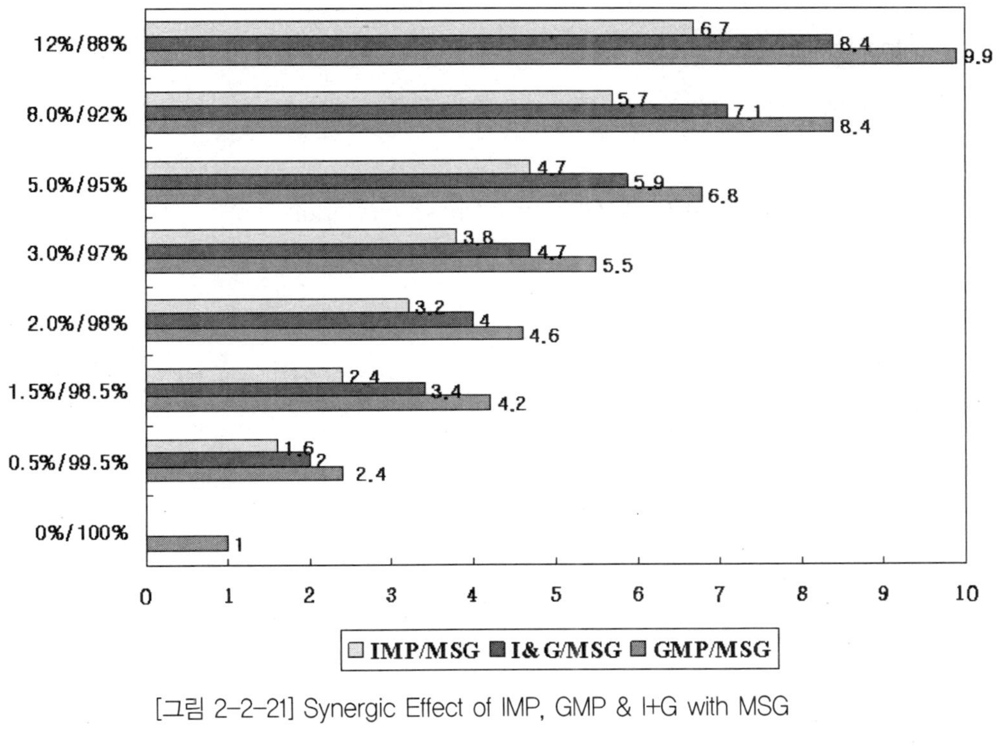

[그림 2-2-21] Synergic Effect of IMP, GMP & I+G with MSG

방법은 초기에는 효모 핵산을 효소법에 의해 분해하여 생산하다가, 1960년대 이후부터 미생물에 의한 직접 발효법에 의해 좀 더 저가의 방법으로 대량생산 체계를 구축한 후, 1980년대에서는 효소 전환법을 개발함으로 생산성이 획기적으로 증가하게 되었다.

(1) IMP 생산

생물공정에 의한 IMP 생산방법으로는 1) 미생물 변이주를 이용하여 포도당으로부터 IMP를 직접 발효법에 의해 생산하는 방법, 2) 전구물질인 inosine을 생산한 뒤에 효소(GI kinase 혹은 phosphotransferase)에 의해 인산기를 도입하는 효소전환법, 3) 전구물질인 inosine을 생산한 뒤에 화학적으로 인산기를 도입하는 화학적 인산화법 등이 있다. 인산화법은 직접발효법에 비해 단위 batch 당 생산성이 높다는 장점을 가지고 있다.

1) Direct Fermentation
   Glucose → IMP

2) Inosine Fermentation & Enzymatic Phosphorylation
   Inosine + ATP → IMP + ADP / GIKase
   Inosine + PPi → IMP + Pi / Phospotransferase

3) Inosine Fermentation & Chemical Phosphorylation

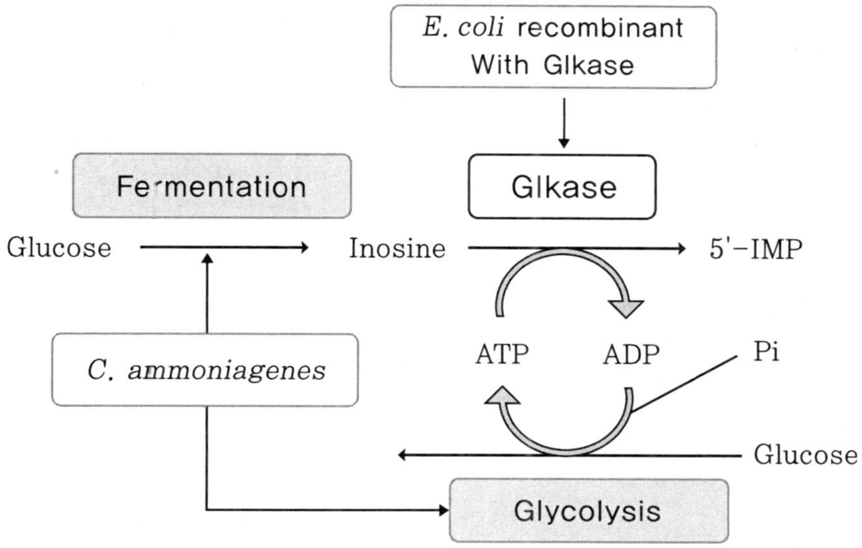

[그림 2-2-22] Diagram of Inosine Fermentation & Enzymatic Phosphorylation

(2) GMP 생산

GMP는 대사적인 특성 때문에 직접발효에 의해 생산 할 수 있는 미생물을 제작하기가 매우 어렵다. GMP 생산방법으로는 1) 전구물질인 XMP를 발효에 의해 생산한 뒤에 효소(XMP aminase)에 의해 전환시키는 방법, 2) 전구물질인 guanosine을 발효에 의해 생산하고 이어서 효소(GIKase, phosphotransferase)를 이용해 인산화 하는 방법, 3) 전구물질인 guanosine을 발효에 의해 생산하고 화학적으로 인산화하는 방법 등이 있다.

1) XMP Fermentation & Enzymatic Amination

XMP + NH3 + ATP → GMP + AMP + PPi

/ XMP aminase(GMP synthetase)

2) Guanosine Fermentation & Enzymatic Phosphorylation

Guanosine + ATP → GMP + ADP / GIKase

Guanosine + PPi → GMP + Pi / Phospotransferase

3) Guanosine Fermentation & Chemical Phosphorylation

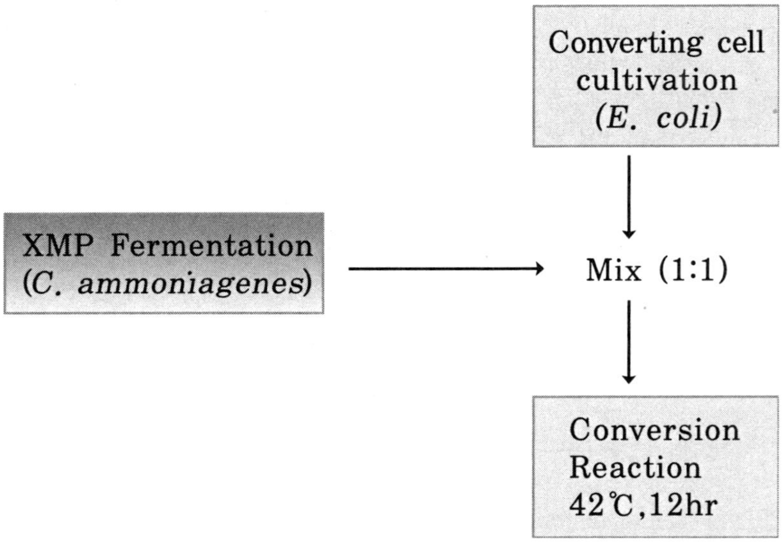

[그림 2-2-23] 효소전환법에 의한 GMP 생산

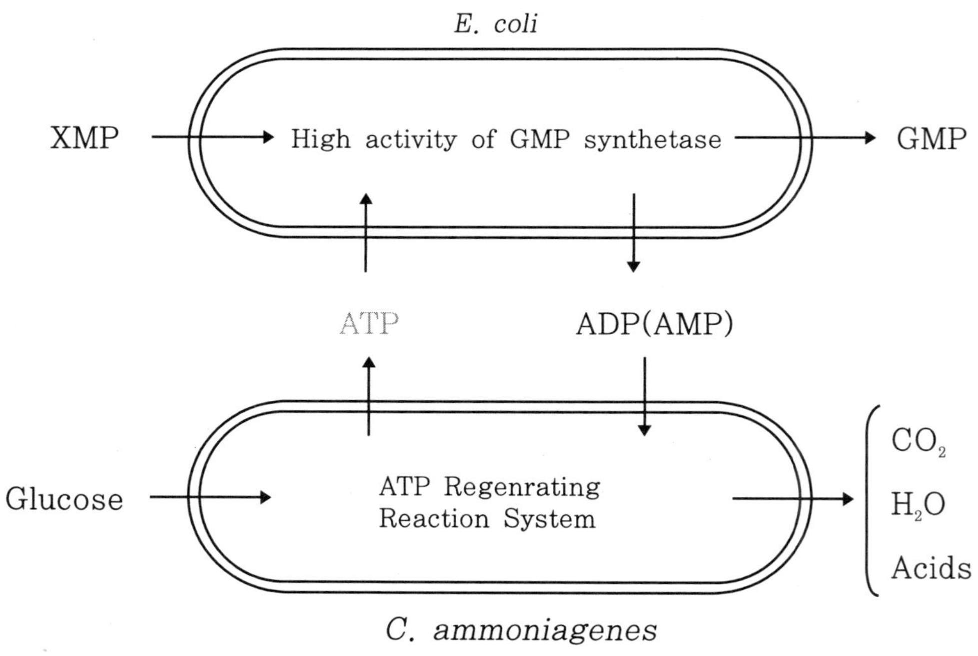

[그림 2-2-24] ATP재생 시스템과 효소법에 의한 GMP 생산 방법

실험 미생물의 생화학적 특성 검사

미생물의 대사적 특성을 확인하기 위한 여러 가지의 실험을 원리와 함께 실습을 통하여 학습함으로써 미생물의 특성을 확인하고, 발효에 적응 가능성을 타진하고자 한다.

실험을 원활히 진행하기 위한 사전 tip.

1) 생장이 활발한 대수기의 세균을 사용
2) 배지 성분이 조사의 결과에 영향을 미칠 가능성이 있을 때에는 접종시 세균을 원심분리법 등으로 세척한 후, 생리식염수나 증류수 등에 현탁하여, 이를 접종원으로 사용
3) 양성 및 음성 판정을 나타내는 것으로 알려진 세균을 대조구로 함께 시험

실험 2-2-1 전분 가수분해능 실험

전분 분자는 크게 두 종류의 구조물로 구성되어 있다. 하나는 amylose(200에서 300개 정도의 포도당이 α-1,4 결합으로 직선형으로 연결된 polymer)이고, 나머지 하나는 amylopectin(α-1,6 등의 결합의해서 곁가지가 형성된 polymer)이다. 세균이 전분을 가수분해 시키기 위해서는 amylase가 필요하며, 이 amylase는 종류에 따라 포도당, 말토오스, dextrin 등의 다양한 형태의 당분해물을 생성한다.

- α-amylase : 1,4-α-D-glucan glucanohydrolase ; glycogenase)
- β-amylase : 1,4-α-D-glucan maltohydrolase ; glycogenase ; saccharogen amylase)
- γ-amylase : glucan 1,4-α-glucosidase ; amyloglucosidase ; exo-1,4-α-glucosidase; glucoamylase ; lysosomal α-glucosidase ; 1,4-α-D-glucan glucohydrolase)

재료 : Gram' s iodine, Starch agar culture plate

세균 배양액 - *Bacillus subtilis* and *Escherichia coli.*

방법 : Starch agar plate에 실험대상 세균을 접종하고 24~48hr 동안 배양한 후, Gram' s iodine을 소량 투여 하였을 시에, 투명환이 형성되면 양성이다.

[표 2-2-1] 전분 가수분해 시험용 배지 조성

Peptone	5g
Yeast extract	3g
Soluble starch	2g
agar	15g
Adjust to pH	7.0
D.W	1000㎖

실험 2-2-2 단백질 가수분해능 실험

단백질은 아미노산들이 펩티드 결합에 의해 연결된 분자이다. 많은 종류의 세균들은 단백질을 펩타이드 혹은 아미노산으로 가수분해시켜 세포 구성성분이나 에너지원으로 이용한다. 이러한 단백질 가수분해를 proteolysis라고하며, 관련된 효소를 protease라고 한다. 이러한 단백질 가수분해 능력은 우유를 탁하게하는 백색의 단백질인 casein 가수분해 킬 수 있는가를 시험함으로써 판별할 수 있다.

재료 : 탈지 우유 한천배지,

20% HCl에 10%로 녹인 $HgCl_2$

미생물 균주(*Bacillus subtilis, Escherichia coli*)

방법 : 세균을 백금이로 도말하고 약 14일간 배양한 후 균체 주위에 투명환이 나타나는지 조사한다.

※ 탈지우유에 함유된 락토오스가 발효되면서 생성된 산에 의해서 카제인 분해가 저해될 수 있다. 이를 방지하기 위해서, 탈지우유를 투석(dialysis)하여 배지

에 첨가하면 확실한 결과를 알 수 있다. 만일 탈지우유를 그냥 사용하였을 때는 $HgCl_2$를 평판에 가하여 투명환이 사라지면 카제인이 분해된 것이 아니다.

[표 2-2-2] Composition of casein hydrolysis test medium

Nutrient agar Skim milk	23g 50g
D.W	1000㎖

- skim milk는 10% 농축액,
  nutrient agar는 2X 농축액으로 제조, 살균 후 혼합

실험 2-2-3 탄수화물 발효 능력 시험

탄수화물은 세균이나 다른 세포에 의해 분해되어 에너지원으로 사용되는 물질이다. 이들은 탄소, 수소, 산소가 [CH_2O]의 비율로 구성되어 있다. 통성혐기성 균주(facultative anaerobe) 혹은 혐기성 균주 들은 에너지 공급을 위해 탄수화물을 분해시키는 발효(fermentation)을 할 수 있다. 다양한 종류의 탄수화물이 다양한 미생물에 의해 발효되어 에너지와 특정한 종류의 탄수화물을 생산하는데 이는 특정 미생물을 진단하는 도구로써 이용 가능하다. 탄수화물이 미생물에 의해 발효되면 산성최종산물(acidic end products) 혹은 산성최종산물 + 가스(acidic and gas end products)가 생성될 것이다.

이들 발효 산물들을 시험하기 위해서 락토오스나 말토오스 등과 같은 단일 탄수화물 성분, pH 지시약(phenol red 등) 및 Durham관(gas 발생을 검출하기 위해 거꾸로 넣음) 등을 함유하는 배지를 시험관에 넣고, 균을 접종한 뒤, 배양한다. 세균에 의해 특정 탄수화물이 발효되어 산성최종산물이 생성되면 배지의 pH 가 낮아져서 배지색이 변한다(phenol red는 노란색으로 변색). 산과 함께 가스가 발생하면 Durham 관내에 기포가 포집될 것이다.

재료 : Phenol Red Lactose broth 혹은 Phenol Red Maltose broth
Bacillus subtilis, Escherichia coli, Staphylococcus aureus.

방법 : Phenol Red Lactose broth 시험관, Phenol Red Maltose broth 시험관에 균주를 접종한 뒤 온도 37℃에서 접종하여 다음날까지 배양한다.

실험 2-2-4 Catalase test

Catalase는 대부분의 세균에서 발견되는 효소로서 과산화수소수(H_2O_2)를 분해하여 물(H_2O)과 산소를 생성한다. 호기성 호흡(respiration)과정 중에 발생하는 수소이온(H^+)은 산소 원자 1개(1/2 분자)와 결합하여 물을 생성함으로써 세포에서 제거 되면서 에너지를 발생시킨다. 물은 무해하지만, 일부 시토크롬(cytochrome)에서는 유해한 과산화수소(H_2O_2)를 만들기 때문에 세포에서 제거되어야 한다. 이러한 일을 담당하는 것이 caralase이며, 대부분의 세균에 존재한다. 하지만 *Streptococcus, Lactobacillus, Clostridium* 등은 catalase가 없어서 호기성 호흡(aerobic respiration)을 하지 못한다.

재료 : 3% 과산화수소액,
Streptococcus lactis, Escherichia coli 배양액

방법 : 세균배양액 0.5*ml*과 과산화수소 5*ml*을 섞은 후 기포발생 여부를 조사한다.
고체 평판배지의 경우는 colony 위에 과산화수소액 몇 방울을 떨어뜨리고 기포발생 여부를 관찰한다.
양성의 경우 기포발생

※ 과산화수소를 가한 후 바로 기포가 발생할 시에는 강한 양성 반응,
5분 후에 발생하면 약한 양성반응,
10분 후에 발생하거나 발생하니 아니하면 음성으로 판정한다.

실험 2-2-5 Urea 분해능 시험

미생물이 분비하는 urease에 의해 urea 를 분해할 수 있는 분해능을 검정하는 방법으로, urea가 분해되어 생성되는 암모니아를 pH 지시약으로 검출한다.

재료 : Christensen urea 한천 또는 액체배지
양성균(*Proteus vulgaris*)
음성균(*Escherichia coli*)

방법 : 균을 접종하고, 37℃에서 3~12시간 배양한 후 배지색의 변화를 관찰한다. 즉 urea가 분해되어 암모니아가 생성되면 배지의 pH가 상승하여 노란색의 배지가 분홍색으로 변한다.

[표 2-2-3] Urea 가수분해 시험 배지(Christensen Urea agar medium)

Peptone	1g
Glucose	1g
Sodium chloride	5g
Monopotassium phosphate	2g
Phenol red	0.012g
agar	20g
Yeast extract	0.1g
Adjust to pH	6.8 ~ 6.9
D.W	1000㎖

※ urea는 20%의 농축 용액을 여과법(pore size 0.2㎛ syringe filter)으로 멸균하여 최종 농도가 2%가 되게 첨가한다.

실험 2-2-6 Indole test

아미노산 중 트립토판 이용 능력을 검정하는 방법으로, tryptophanase의 작용으로 생성된 indole을 Kovac's solution으로 검출한다.

트립토판 → indole + pyruvic acid + ammonia
(tryptophanase)

p-dimethylamino-benzaldehyde + indole → Quinoidal red-violet compound
(염산 + 알코올, 탈수환원반응)

재료 : 펩톤용액 배지(또는 1% 트립톤 액체배지), Kovac's solution

방법 : 펩톤용액 배지에 균을 접종하고 18시간 정도(때에 따라서는 2~5일) 배양한 후에, Kovac's solution을 5 drop 가하여 조심스럽게 흔든다. 양성의 경우 분홍 또는 붉은 색으로 나타나며, 음성 반응은 변화가 없다.

[표 2-2-4] Composition of Peptone solution

Peptone Sodium chloride	10g 5g
Adjust to pH D.W	7.2 1000mℓ

Kovac's solution : ρ-Dimethylaminobenzaldehyde 3g
Pentanol or butanol(amyl or butyl alcohol) 75*ml*
HCl 25*ml*
※ 조제된 용액은 갈색병에 담아 냉장고에 보관한다.

실험 2-2-7 Voges-Proskauer(VP) test

포도당이 발효되어 acetyl-methyl-carbinol(acetoin) 또는 2,3-butanidiole 생성되는가를 검증하는 방법.

재료 : MRVP 배지관, 5% α-naphtol, 40% KOH solution

방법 : 배지에 균을 접종한 후 30℃에서 5일간 배양한 다음 Barritt method 방

법에 의거해서 5% α-naphtol과 40% KOH solution을 3㎖ 씩 가한다. 양성의 경우 밝은 분홍색 또는 부식성의 붉은 색이 5min 이내에 나타남.

실험 2-2-8 Nitrate reductase test

세균에 의해서 일어나는 nitrate의 환원과정은 nitrate가 nitrite와 ammonia를 거쳐 아미노산 또는 질소질의 세포 구성물질로 합성되는 과정과, 혐기 조건하에서 nitrate를 oxygen 대신 terminal electron receptor로 이용하는 무기호흡의 두 가지로 나눌 수 있다.

본 실험에서는 potassium nitrate 배지에서 potassium nitrate를 환원하여 nitrite 또는 nitrogen gas로 생성하는 균의 능력을 검사한다.

재료 : Nitrate broth, Durham관,
detection solution(0.5% α-Naphthylamine과 0.8% sulfanilic acid를 동량 혼합)

방법 : Nitrate broth에 Durham 관을 넣고 실험대상 세균을 접종한 후, 1~2일 정도 배양한다. 배양된 세균 배양액에 detection solution을 10 drop 정도 떨어뜨린 후, 1~2 분 내에 분홍색 또는 진한 적색으로 나타나면 양성으로 간주한다.
Durham관에 기체 포집시 nitrogen gas 또는 hydrogen gas로 판단할 수 있다.

[표 2-2-5] Composition of Nitrate broth

Peptone Sodium nitrate	10g 1g
Adjust to pH D.W	7.2 1000㎖

3장 Fermentation
균주 보존 및 관리

1절 미생물 실험 기구

1. 샘플채취 기구(Sampling Instrument) 및 용기(Vessel)

미생물을 연구하고 활용하기 위하여 새로운 미생물을 확보하는 것이 매우 중요하며, 경쟁력을 확보하는 출발점이다. 미생물을 분리하기 위한 분리원의 장소에서 분말성 시료를 채취하기 위하여 멸균된 시약스푼(spoon)이나 스파테르(spatula) 등의 기구을 이용하여 무균적으로 채취하여야 한다. 낙엽 등과 같은 고형 시료는 손잡이가 길고 끝이 뾰족하지 않고 핀셋(pin set)으로 채취하는 것이 좋다. 액체와 같은 경우에는 스포이드(spoide)와 같은 기구를 사용하여 채취한다. 채취한 시료를 넣을 수 있는 용기에는 가열처리가 가능한 밀폐성 있는 내열성 유리용기(glass bottle)나 플라스틱 용기가 좋으며, 액체와 같은 경우에는 무균 채수병을 이용할수도 한다. 샘플채취와 보관용기에 사용하는 대표적인 기구들에 대하여 [그림 2-3-1]에 소개하였다.

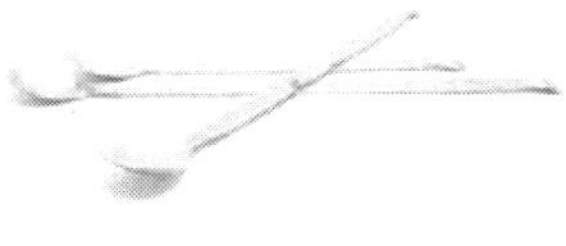
A) 시약스픈

B) 스파테르

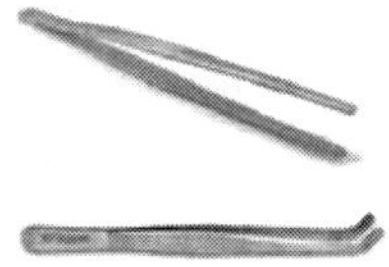
C) 핀셋

D) 스포이드

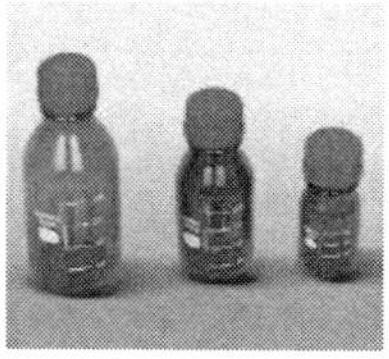
E) 내열성 유리병

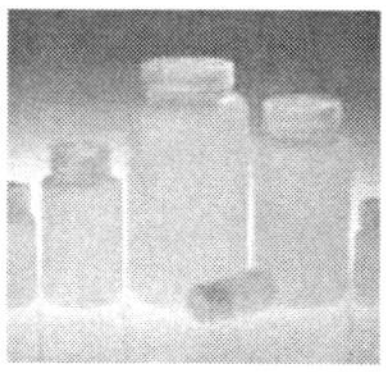
F) 내열성 PE용기

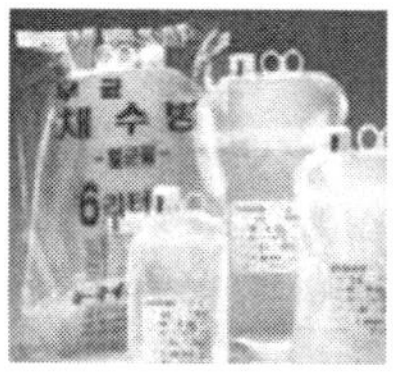

G) 무균채수병

[그림 2-3-1] 샘플채취 기구(Sampling Instrument) 및 용기(Vessel)

2. 균질 기구

고체시료를 비롯하여 대부분의 시료는 용액 내에 미생물이 용출되어 현탁될 수 있도록 조작이 필요하다. 이와 같은 균질화 조작에는 [그림 2-3-2]와 같은 진탕기(shaker), 균질기(homogenizer)나 스토마커(stomacher)와 같은 기기를 사용하면 편리하다. 고체나 분말의 경우에는 멸균 생리식염수을 사용하여 적절히 희석되도록 조작하여야 하며, 액체시료의 경우에는 필요에 따라 멸균 생리식염수로 적절하게 희석하는 것이 다음 단계의 작업에 편리하다.

A) 진탕기(Shaker)

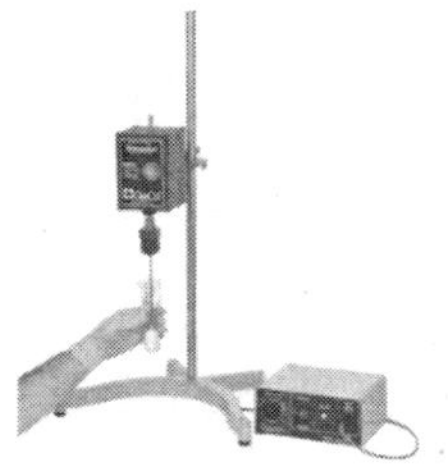

B) 균질기(Homogenizer)

C) 균질기(Homogenizer)

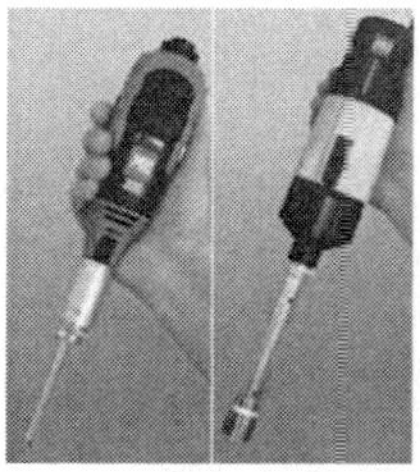

D) 핸드 균질기
(Handy Homogenizer)

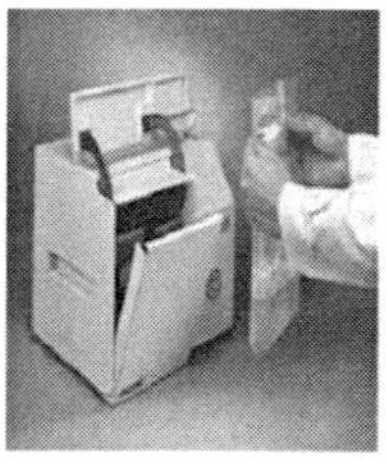

F) 스토마커(Stomacher)

E) 균질기(Homogenizer)

[그림 2-3-2] 균질기

3. 접종 기구(Transfer Instrument)

분리원으로부터 순수한 미생물을 얻기 위하여 순수분리 조작이 필요하다. 또한 순수분리하거나 기탁하여 얻은 미생물을 지속적으로 유지하기 위하여 미생물 이식 조작이 필요하다.

A) 백금이
(Inoculating loop)

B) 백금선
(Inoculating needle)

C) 백금구
(Inoculating bend)

[그림 2-3-3] 접종기구(Inoculating Instrument)

미생물을 순수분리하거나 이식에는 일반적으로 호기성 미생물의 경우에는 〔그림 2-3-3〕과 같은 백금이(inoculating loop)가 사용되며, 미호기성 미생물에는 백금선(inoculating needle)이 주로 사용되고, 곰팡이의 경우에는 백금구(inoculating bend)가 주로 사용된다. 백금이는 0.7~0.8mm 굵기의 백금선이나 니크롬선을 지름 2mm정도의 원형을 표준으로 하여 만든 것으로 액체, 사면 및 평판배지에 이식하거나 도말하는데 주로 사용하고, 백금선은 고층배지의 천자용에 주로 사용한다. 백금구은 주로 곰팡이를 배지상의 이식할 때 주로 사용한다. 〔그림 2-3-4〕의 A)는 다양한 백금선이나 니크롬선 재질의 백금이의 예에 대한 그림이고, B)는 일회용으로 사용되는 다양한 종류의 한 예이다.

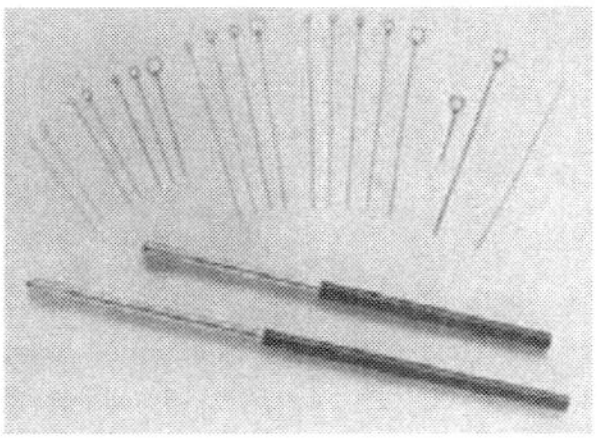

A) 다양한 백금이

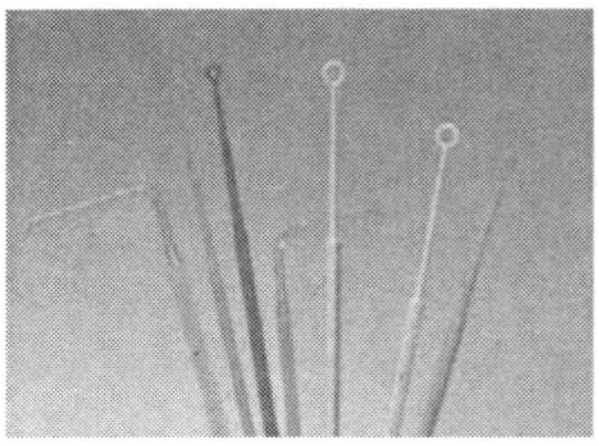

B) 일회용 백금이

[그림 2-3-4] 접종기구(Inoculating Instrument)

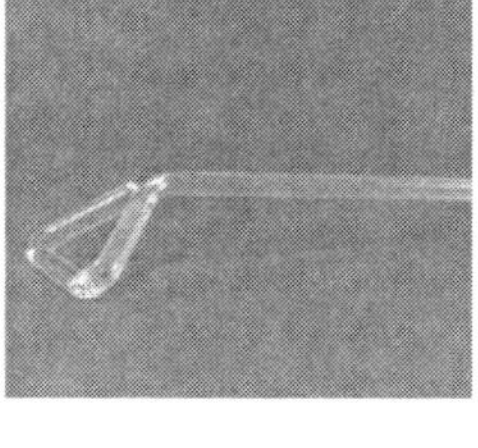

A) 유리스프레더
(Glass spreader)

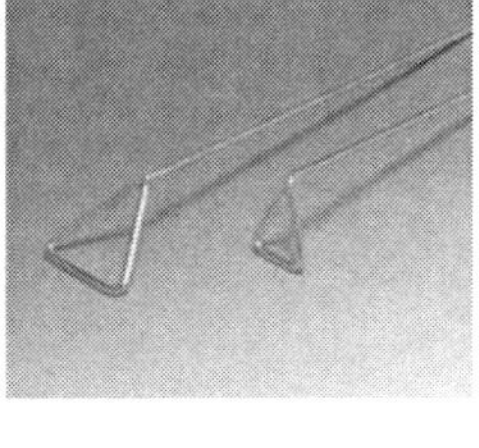

B) 스테인레스스프레더
(Stainless spreader)

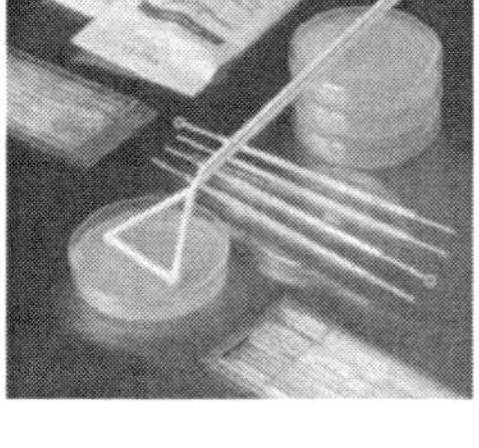

C) 프라스틱 스프레더
(Plastic spreader)

D) 1회용 스프레더 (Disposable spreader)

E) 1회용 스프레더 (Disposable spreader)

[그림 2-3-5] 도말기구(Spreader)

또한 액상시료를 정량적으로 채취하기위해서는 피펫(pipette)이 사용되며, 자동피펫(auto-pipette)은 실험실에서 폭 넓게 사용하고 있다. 미생물을 고체 배지상에서 순수분리하기 위하여 도말평판배양법(spreading plating method)이 사용되는데 이 때 독립된 집락(single colony)가 형성되도록 잘 분산되도록 하는데 [그림 2-3-5]와 같은 도말도구(spreader)가 사용한다. 도말도구는 일반적으로 유리가 사용되며 스테인레스도 사용되고 있으며. 멸균한 플라스틱은 1회용으로 주로 사용된다.

순수분리조작을 위하여 채취한 액상시료는 고체평판배지에 분주하는 경우에는 [그림 2-3-6]의 A) 또는 B)와 같이 피펫(pipette)의 끝 부분에 공기를 여과할 수 있도록 면전(cotton plug)이 된 것을 사용하여 외부에서의 미생물 오염을 방지하여야 한다. 간편하게 사용할 수 있는 끝이 봉인된 1회용 플라스틱 피펫에는 [그림 2-3-6]의 C)와 같은 것이 사용된다. 또한 액상시료를 정량적으로 채취하기위해서는 피펫(pipette)이 사용되며, 자동피펫(auto-pipette)은 실험실에서 폭 넓게 사용하고 있다. 미생물을 고체 배지상에서 순수분리하기 위하여 도말평판배양법(spreading plating method)이 사용되는데 이 때 독립된 집락(single colony)가 형성되도록 잘 분산되도록 하는데 [그림 2-3-5]와 같은 도말도구(spreader)가 사용된다. 도말도구는 일반적으로 유리가 사용되며 스테인레스도 사용되고 있으며, 멸균한 플라스틱은 1회용으로 주로 사용된다.

순수분리조작을 위하여 채취한 액상시료는 고체평판배지에 분주하는 경우에는 [그림 2-3-6]의 A) 또는 B)와 같이 피펫(pipette)의 끝 부분에 공기를 여과할 수 있도록 면전(cotton plug)이 된 것을 사용하여 외부에서의 미생물 오염을 방지하여야 한다. 간편하게 사용할 수 있는 끝이 봉인된 1회용 플라스틱 피펫에는 [그림 2-3-6]의 C)와 같은 것이 사용된다.

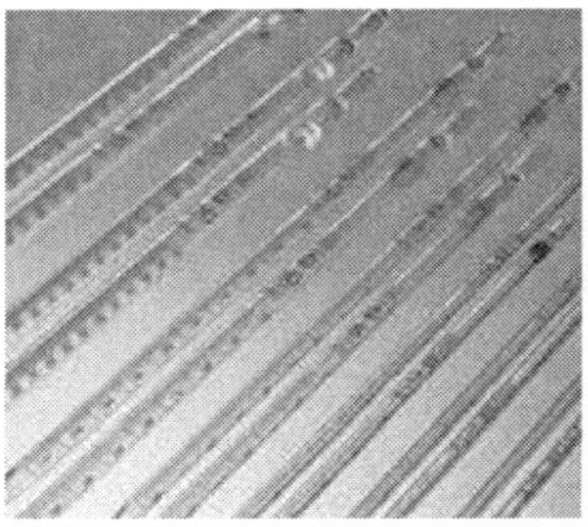
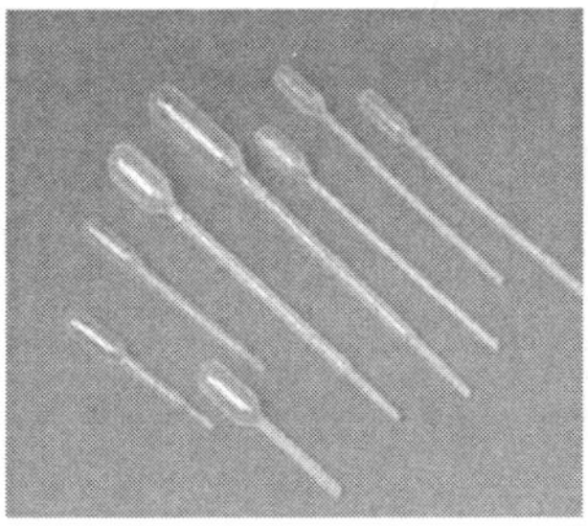
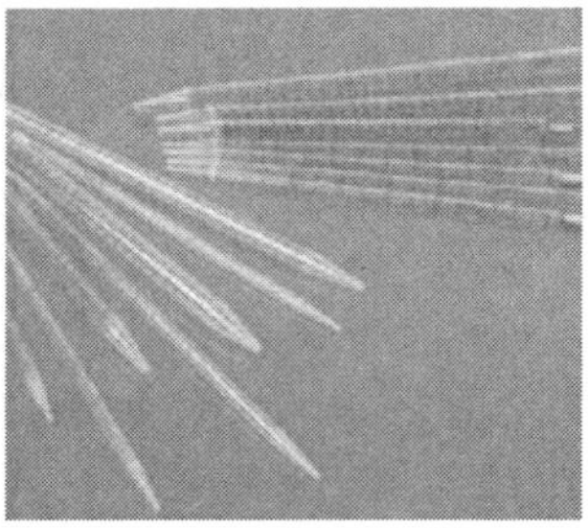

A) 유리 피펫 B) 1회용 플라스틱 피펫 C) 1회용 프라스틱 피펫

[그림 2-3-6] 피펫(Pipette)과 도말기구

4. 미생물 배양 및 보관 용기(Microbial Culture & Stock Vessel)

실험실에서 미생물을 분리 · 배양하는데 페트리접시(petri dish)는 매우 유용하게 사용된다. 페트리접시는 유리재질로 된 것과 1회용 플라스틱으로 된 것이 있다. 요즘에는 에틸렌가스(EO, ehtylene oxide)가스로 멸균된 지름 9~10cm, 높이 1.5cm의 1회용 플라스틱 페트리디쉬가 주로 많이 사용되고 있다.

순수분리한 균주 또는 필요한 균주는 짧은 기간에서부터 장기간에 걸쳐 보관할 목적으로 액체상 또는 고체상 조건으로 처리하여 보관하면서 필요시 다시 균주를 활성화하여 사용한다. 일반적으로 균주를 단기간 동안 보관하면서 사용하는 경우라면 〔그림 2-3-7〕과 같이 고체평판배지(plate agar), 사면배지(slant agar) 및 천자배지(stab agar)에 배양하여 보관한 후 사용할 수 있다. 사면 배지나 고층배지는 보다 오랜 동안 보관하기 위하여는 〔그림 2-3-8〕와 같이 밀폐할 수 있는 뚜껑이 있는 튜브나 바이알이 사용된다. 튜브나 바이알은 내열성의 유리 또는 플라스틱 재질의 것이 사용된다.

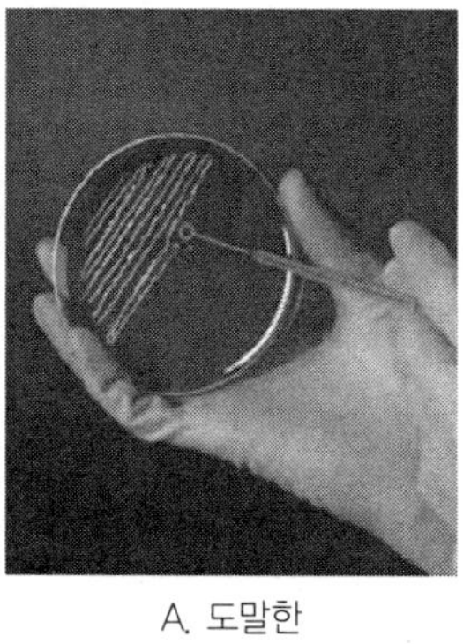
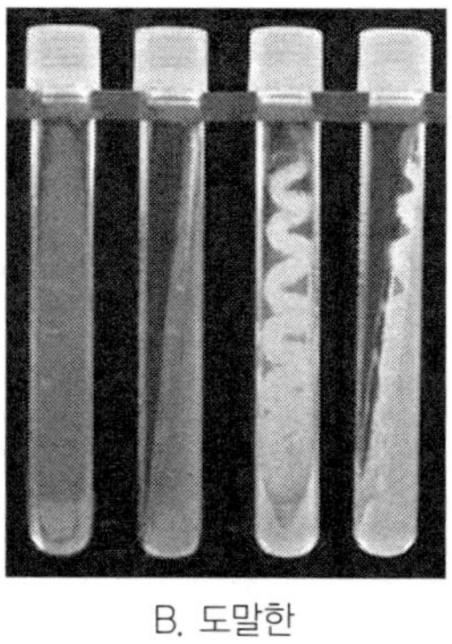
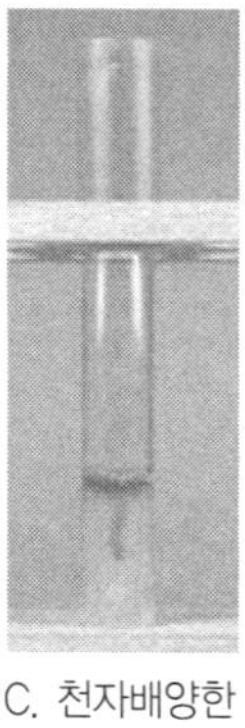

A. 도말한 Plate Agar medium B. 도말한 Slant Agar medium C. 천자배양한 Stab Agar medium

[그림 2-3-7] 미생물 배양 및 미생물 형성 특징

A) 유리 캡 시험관 B) 유리 캡 바이알 C) 플라스틱 캡 바이알

[그림 2-3-8] 캡 시험관(Cap tube)과 바이알(Vial)

5. 무균작업기구

미생물을 무균적으로 조작하는 데에는 무균상자(kasten)나 무균작업대(clean bench=laminar flow cabinet= air curtain fume hood)가 필요하다.

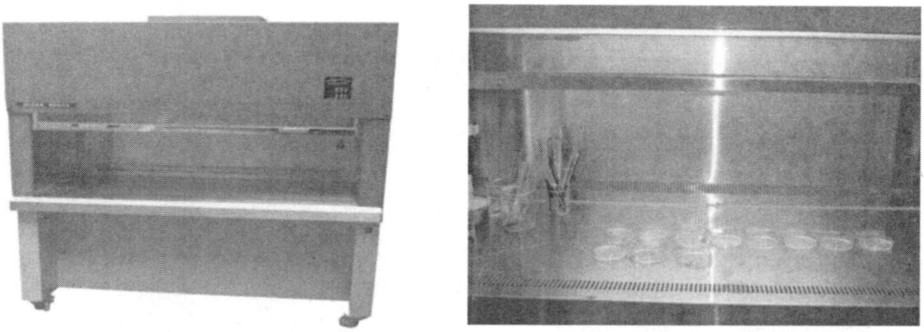

A) 실험실용 무균작업대 B) 무균작업대에서의 고체배지 제조 작업

[그림 2-3-9] 무균작업대(Clean bench)

〔그림 2-3-9〕은 실험실에서 사용되는 전형적인 무균작업대 중의 하나이다. 필요에 따라서는 무균조건이 갖추어진 별도의 무균실을 설치하여 운영할 수도 있다. 무균작업대나 무균실은 바이러스까지 제균할 수 있는 필터(filter)의 설치가 필요한 경우도 있다.

6. 배양기(Cultivation Chambers)

미생물을 배양하는 데에는 일반적으로 온도의 조절이 가능한 일반적인 항온기(conventional standing incubator)가 사용되며, 정밀한 온도조절이 필요한 경우에는 수욕조(chaking water bath)를 이용할 수 있으며, 혐기조건을 유지하기 위하여는 혐기성 용기(anaerobic jar)와 혐기성 상자(anaerobic glovebox)가 필요하다 〔그림 2-3-10〕.

A) Conventional Standing incubator

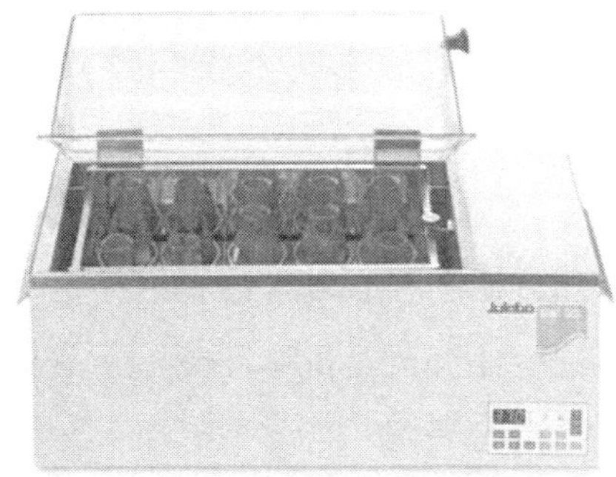

B) Shaking Water bath

C) Anaerobic Jar

D) Anaerobic glovebox

[그림 2-3-10] 배양기(Cultivation Incubator)

2절 미생물 배지와 특성

1. 배지의 특성

미생물을 분리하거나 보존하려면 미생물의 생육에 필요한 적절한 영양조건을 갖춘 물질과 적합한 환경조건이 필요하다. 미생물의 생장 등에 필요한 성분으로 구성된 조성물을 배지(culture medium)라고 하며, 배지로서의 특징과 관리는 다음과 같아야 한다.

① 배지의 조성(composition)은 미생물의 종류, 성질 및 생리특성에 따라 각각 다르다.

② 미생물 생육에 필요한 배지의 조성에는 각종 영양소(nutrient)를 함유한 물질로 이루어진 조성물로 구성된다.

③ 미생물에 필요한 영양소에는 탄소원(carbon source), 질소원(nitrogen source), 비타민류(vitamins), 무기염류(minerals) 등을 함유한 화학물질로 구성된다.

④ 미생물의 종류에 따라 생장에 반드시 필수적인 성분 즉, 필수비타민류 등의 생장인자(growth factor)가 필요하다.

⑤ 미생물은 생리적 특성과 이용 목적에 알맞는 조건에서 배양하여야 한다. 일반적으로 곰팡이와 효모용 배지는 pH 4.0~6.0, 세균용 배지는 pH 7.0~8.0으로 조건에서 조절한다. 배지의 pH가 최적 pH에서 지나치게 벗어나면 미생물의 생육은 중지된다.

⑥ 조제된 배지는 건조나 변질을 막기 위하여 항상 빛이 들지 않는 서늘한 곳에 보존한다.

2. 배지의 종류

(1) 배지 조성에 의한 분류

미생물은 순수하게 배양(pure culture)되어야 목적과 올바른 결과를 얻을 수 있다. 배지의 조성은 천연성분으로 구성하는지 합성성분으로 구성하는지 또는 이들을 혼합하여 구성하는지에 따라 다음과 같이 분류할 수 있다.

1) 천연배지(Natural medium)

배지를 구성하는 영양분이 모두 천연 동 · 식물체를 주로 추출해서 얻어진 것으로 만든 배지로서 그 화학조성은 명확하게 밝혀져 있지는 않다.

2) 합성배지(Synthetic medium)

배지를 구성하는 모든 영양분이 화학조성이 명확한 화학물질로 이루어진 것으로 미생물의 영양요구성 연구나 미생물 정량법(bioassay) 등에 주로 활용된다.

3) 반합성배지

천연배지의 구성 성분과 합성배지의 구성 성분으로 구성이 이루어진 배지이다.

(2) 배지 상태에의한 분류

1) 액체배지(liquid medium)

균체세포 생산, 미생물 생리실험, 대사산물 생산 등의 목적을 위하여 고형화제가 함유되어 있지 않는 영양배지의 성분으로 구성하여 액체 상태로 유지시킨 것이다.

2) 고체배지(solid medium)

액체배지에 한천(agar), 젤라틴(gelatine), 구아검(guar gum) 등 고형화제를 첨가하여 멸균 후 견고하게 응고시킨 것으로 미생물 배양온도 수준에서는 고체의 상태로 유지된다. 목적에 따라 평판배지(plate agar medium), 사면배지(slant agar medium), 고층배지(stab agar medium) 등으로 만들어 하기와 같은 목적으로 주로 사용된다.

- 평판배지 : 집락(colony)를 형성시켜 균을 순수 분리할 때 사용
- 사면배지 : 호기성 균의 배양 및 보존할 때 사용
- 고층배지 : 젖산균 등의 미호기성 균이나 통성 혐기성 균의 배양할 때 사용

평판배지의 사용예, 사면배지의 사용예, 고층배지의 사용예에 대하여 〔그림 2-3-7〕의 A), B), C)에 소개하였다.

3) 반 고체배지

미생물의 운동성 등의 생리적 특성을 실험할 경우에 주로 사용하며, 고형화제는 고체 배지을 제조하는 경우보다 적게 사용하여 약간 유동성 있는 반고체 상태로 응고시킨다.

3절 균주의 보존 방법

균주의 계대배양 및 보존시 단세포 집락(mono colony)를 발생, 분리, 계대하여 순계를 유지하는 것이 중요하다. 이후에는 저온 등에 보존하면서 고유의 형질을 보전하도록 한다. 균주의 생장에 필요한 DNA 복제시 오류(mismatch)가 일어날 확율은 약 10-6~10-8수준으로 낮지만 지속적인 계대 배양 과정에서 우성인 돌연변이주가 전체 집단을 이루게 되면 기존 균주와는 개체가 다른 것으로 보아야 한다.

1. 균주의 보존 원리와 보존 방법

균주의 보존 원리는 미생물의 세포 내의 수분을 조절하며 이 수분이 관여하는 생체대사를 조절하기 위하여 환경을 조절하는 것이다. 이에 대한 방법으로는 대사반응을 저하시키는 방법, 수분을 한정시켜 대사반응을 정지시키는 방법이로 나누어 볼 수 있다. 이 각 방법에 대한 구체적인 방법으로는 〔표 2-3-1〕에 소개하였다.

[표 2-3-1] 균주의 대사반응 조절에의한 보존방법과 종류

<table>
<tr><th colspan="2">대사반응을 저하 방법</th><th colspan="2">대사반응 정지 방법</th></tr>
<tr><td>저온유지 방법</td><td>• 계대배양 보존법</td><td>수분의 이동을 정지시키는 방법</td><td>• 동결 보존법
• 초저온 냉동 보존법</td></tr>
<tr><td>산소 제한 방법</td><td>• 유동파라핀 중층법</td><td rowspan="2">수분을 제거시키는 방법</td><td rowspan="2">• 건조 보존법
• 동결건조 보존법
• 담체 보존법</td></tr>
<tr><td>영양분 제한 방법</td><td>• 현탁 보존법</td></tr>
</table>

균주의 보존 방법의 선정에 유의하여야 할 사항으로는 생존율, 형질 유지, 경제성, 간편성, 안전성을 고려하여야 하며 이의 구체적인 내용으로는 하기와 같다.

- 생존율 : 장기간 생존 가능하고 보존 중 사멸이 없어야 하며,
- 형질 유지 : 보존 중 변이와 같은 형질변화가 없어야 하며,
- 경제성 : 비교적 적은 비용으로 보존이 가능하며,
- 간편성 : 보존 시료 조제의 조작이 쉽고, 보존용기가 간편하고 단순하여야 하며,
- 안전성 : 오염이 되지 않아야 하며, 접종원으로 반복사용이 가능하여야 한다.

균주의 보존기간에 따라서 짧은 시간동안 보존할 수 있는 단기보존법과 장기간 동안 보존할 수 있는 장기보존법으로 〔표 2-3-2〕과 같이 나누어 볼 수 있다.

[표 2-3-2] 균주의 보존기간에 따른 보존방법과 종류

단기 보존 방법	• 계대배양 보존법 • 광유(mineral oil) 침지 보존법 • 동결 보존법 • 건조 보존법
장기 보존 방법	• 동결건조 보존법(lyophilization) • 초저온 냉동 보존법(ultra-freezing)

2. 계대배양 보존법

주로 평판접시, 사면(slant), 천자(stab)를 사용하는 방법으로 정기적으로 계대배양한 후 주로 냉장고에서 보관하는 단기 보존방법이다. 이 방법의 결점은 생육하는 균의 노폐물에 의해 형질이 불안정해지거나 유전적 변이가 일어나기 쉽고, 작업이 많고 오염 가능성이 높다. 이 방법을 이용할 경우 적당한 보존용 배지를 고려하여야 한다.

보존용 배지(maintenance medium)는 균주의 대사율을 낮게 유지시킴으로서 이식 빈도를 줄이는 데는 최소배지(minimal media)를 사용하는 것이 좋으나 경우에 따라서는 복합배지(complex)를 사용하여 특정한 생리적 특성을 유지하기도 한다. 이때는 증식이 가속되고 대사산물 축적이 빨리 일어나므로 배지를 자주 갈아주어야 한다. 냉장고(5~8℃)에 보관하면 대사속도도 줄어들어 3~5개월 보존이 가능하다. 단, *Blakeslea sp.*, *Choanephora sp.* 등과 같이 저온에서 사멸되기 쉬운 것은 20℃정도에서 보존한다.

보존시 다습한 곳은 피한다. 즉, 습도가 낮게 제어되는 저온실(10℃, 상대습도 70%)에 보관하는 것이 안전하다. 습도가 높으면 곰팡이 등이 습기를 흡수한 시험관 내부의 솜 마개에서 발육하여 균주가 오염되는 경우가 있다. 스크류캅(screw cap)이나 실리스토퍼(silistopper) 마개를 사용하여 보관하면 오염도를 낮출 수 있으며 건조도 줄일 수 있다. 건조를 최소화하기 위해 파라필름을 사용하거나 시험관을 플라스틱 통에 넣어둔다.

3. 유동파라핀 중층법

계대배양 보존법을 개선한 방법으로 산소를 제한하여 대사를 억제하고 수분 증발을 방지하여 다소 장기간 보존이 가능하도록 한 보존법이다. 본 방법은 캡튜브(cap tube) 중의 사면배지나 천자배지에 배양된 균에 멸균한 파라핀을 중층하여 냉장 또는 실온 보관하여 보존기간을 연장시킨 방법이다.

고순도 백색 유동파라핀(중성, 비중 0.8~0.9)을 121℃에서 60~120분 고압증기 멸균한 후 110~170℃에서 1~2시간 건조하여 증기 멸균시 흡수된 수분(필요시 건열 멸균한 CaCl2를 소량 가함)을 제거한다. 중층 높이는 천자배양의 경우는 한천표면(사면배양의 경우는 한천사면의 끝)으로부터 1cm 정도로 한다. 이보다 높으면 혐기 상태가 되어 좋지 않으며 한천의 끝이 노출되면 배지가 보존 중에 건조된다. 저온 또는 실온에서 보존하며 수 년간 보존이 가능하다.

특히, 동결건조가 곤란한 선상균 그리고 배지상에서 포자를 형성하는 선상균(담자균의 배양 등)의 간이보존법으로 적당하며, 보존이 나쁜 선상균으로는 *Blakeslea sp., Chaetomium sp., Circinella sp., Cunninghamella sp., Choanephoraceae sp.*등이며, 세균으로는 *Azotobacter sp., Lactobacillus sp., Leuconostac sp., Mycobacterium sp., Rhodospirillum sp., Salmonella sp., Nocordia sp.*등이다.

4. 현탁 보존법

한천사면 배양균에 6~7*ml*의 멸균증류수 또는 1% 식염수 등 완충용액를 가해서 세포, 포자, 균사를 잘 현탁하여 다른 시험관에 현탁액을 옮겨 밀봉한 후 실온에서 보존한다.

- 증류수 사용 경우 : 곰팡이, 효모, 방선균은 1~6년 보존이 가능하며,
- 식염수 사용 경우 : 일부 세균균체는 1~3년 보존이 가능하다.

5. 광유(Mineral Oil) 침지보존법

정제한 멸균 광유를 배양한 사면배지에 2cm 이상 넣고 냉장고에 바로 세워 보관하는 간단한 방법으로 몇 달 내지 몇 년 동안 보관할 수 있다. 멸균을 위해서 광유는

170℃ 오븐에서 약 1~2시간 가온 살균한다.

6. 동결 보존법(Freezing)

세포를 동결하여 대사활동을 정지시켜 세포를 휴지상태로 하여 장기간 보존하는 방법으로 포자 형성이 어려운 곰팡이나 건조조건에서 생존율이 현저히 떨어지는 균과 미세조류, 원생동물 뿐만아니라 동식물세포, 적혈구, 암세포, 정자 등 보존에 사용하는 보존법으로 사면배양이나 액체배양을 한 후 균사체를 분주하여 얼려서 보존하는 것으로 약 6개월~2년간 보존이 가능하다. 다만 융해(eutectic) 온도에서는 세포가 손상을 입기 때문에 -20℃인 전해질 용액(NaCl용액 등)이 함유된 경우에는 부적합하다.

동결시 냉각속도(cooling rate)는 미생물의 생존에 중요한 요소로 작용하는데 일반적으로 느린 냉각속도(1~2℃/min)가 냉동보존법에 적당하며, 동결된 균주를 녹이기 위해서는 바이알을 37~40℃의 수조(water bath)에 넣고 가볍게 흔들어 녹인다. 이후 꺼내어 표면을 70% 에탄올로 소독한 후 개봉하여 사용한다.

초저온 냉동 보존법(ultra-freezing)과 액체질소에 의한 냉동 보존법에 대하여 소개하고자 한다.

(1) 초저온 냉동 보존법(Ultra-Freezing)

50~80℃범위에서 동결하여 초저온 냉동기(80℃), 액체질소(196℃), 액체질소증기(150℃)에서 얼린 상태로 보존하는 장기 보존법 중에 하나이다. 액체질소의 경우 유지비가 많이 드는 단점이 있다.

1) 동결 보호제(Cryoprotective Agent)

글리세롤(glycerol)과 디메틸 술폭시드(dimethyl sulfoxide, DMSO)는 동결 보호제로 사용되는데 세포막을 쉽게 통과하여 세포 내부와 외부가 빙점 이하로 떨어지는 것을 방지하는 역할을 하며, 이외에도 설탕, 유당, 포도당, 만니톨(mannitol), 소르비톨(sorbitol), 덱스트란(dextran), 폴리글리콜(polyglycol)가 사용되는데 이와 같은 동결 보호제는 세포막 밖에서 동결을 방지한다. 일반적으로 글리세롤은 10%, DMSO는 5%가 사용된다. 글리세롤은 고압멸균(autoclaving)으로, DMSO

는 막 여과기(membrane filter)로 멸균하며 5℃에서 보존한다.

2) 배양액 준비

- 사면배양의 경우 : 10% 글리세롤(glycerol) 또는 DMSO는 5%이 포함된 액체 배지 10㎖를 사면시험관에 넣고 균체, 포자와 균사체를 긁은 후, 세포현탁액 2㎖씩을 동결용 바이알에 분주하고 냉장고에서 30분간 방치한다.
- 액체배양 경우 : 동량의 20% 글리세롤 또는 10% DMSO와 잘 혼합한다. 세포 현탁액 2㎖씩을 동결용 바이알에 분주하고 냉장고에서 30분간 방치한다.

(2) 액체질소에 의한 냉동 보존법

동결건조나 그 밖의 건조처리를 수반하는 보존법의 적용이 곤란한 미생물의 보존방법의 하나로 세포를 분산매에 현탁하거나, 한천배양 그대로 액체동결하여 질소(-196℃)중이나, 그 외의 기체상에서 보존한다. *Mycoplasma, Leptospira,* 해양세균 등 일부세균이나 배지상에서 단단하고 작은 포자를 형성하는 선상균, 미세조류, 원생동물, 박테리오 파지의 장기 보존법으로, 또는 직접 바이오 어세이(bioassay)에 사용하기 위한 접종균의 보존법으로 이용된다.

강하속도를 매 분 1℃ 전후로 제어하며 시료온도가 -30℃가 될 때까지 동결한 다음 시료를 액체질소 내에 넣어 급격히 온도를 하강시켜 그대로 보존한다. 보존균주를 실험에 이용할 때는 급속 해동하여 사용한다.

1) 각 미생물의 동결보존

액체 질소에의한 냉동보존방법에 대한 대상 미생물 및 적합한 분산매를 선정한다.

2) 보존용기

벽 사이는 진공상태인 알루미늄 또는 스테인레스 스틸(stainless steel)로 된 이중구조의 용기 내에 액체질소를 넣어 보존용기로 한다.

7. 건조 보존법(Drying)

건조에 의한 보존법이란 세포 내 수분의 대부분인 자유수를 건조방법으로 제거하거나 감소시켜 대사기능을 억제하여 세포를 휴면상태로 하여 보존하는 것이다. 건조방법에 따라 승화에 의한 고상으로 부터의 건조, 증발에 의한 액상으로부터의 건조로 구분할 수 있다. 전자에는 동결 건조법이 있고, 후자에는 미리 세포를 동결, 수분을 진공 또는 상압에서 증발시켜 제거한 후 건조하여 보존하는 방법으로 L-건조, 젤라틴-디스크(gelatin-disk)법, 토양보존법, 사배양법, 실리카겔(silica gel) 보존법, 자기(porcelain, 磁器) 비드(bead) 보존법, 자제(瓷製) 비드(bead) 이용 건조법 등이 있다. 포자 형성 방선균은 토양이나 실리카겔에서 건조시켜 보존할 수 있으며, 비드같은 불활성 고형무질 표면 위에 포자를 건조시켜 보존할 수 있다. 토양이나 실리카겔은 씻어서 스크류 캡(screw cap)시험관에 분주하여 고압멸균한 후 25℃에서 건조시킨다.

L-건조 보존법(Annear에의한 L-drying, 1958)는 소량의 세포현탁액을 진공하에서 수분을 급속히 증발시키는 보존법이다. 수분의 증발을 촉진하기 위해 다공질의 담체에 가해서 증발표면적을 넓히기도 한다. 장치는 동결건조장치를 사용한다. 이 방법은 동결건조가 곤란한 미생물에도 사용할 수 있는 장기보존법으로 Annear 방법, NCIB 방법, IFO방법, Sordelli방법 등이 있다.

젤라틴-디스크법은 세균보존에 적합한 보존방법으로 [표 2-3-3]와 같은 A액와 B액을 같은 양을 혼합하여 pH 7.6을 확인한 후 2㎖씩 소형시험관에 분주하여 121℃, 15분 증기 멸균하여 사용 시까지 밀봉하여 보존한다. A, B 혼합액을 가열 용해하여 50℃로 한 후 C액을 0.2㎖ 가하여 40℃ 수조에 보존하고, 여기에 한천배지에서 배양된 세균을 현탁하여 세포농도가 109/㎖ 이상이 되도록 한다. 멸균된 원형여지를 녹인 멸균한 파라핀(융점이 높은 것) 속에 2분간 담근 후 꺼내어 굳히고 멸균된 페트리 접시에 넣어 둔다. 멸균 피펫으로 파라핀 여지 위에 세포현탁액을 적하한다. 이를 P2O5건조제가 들어 있는 데시케이터에 넣고 감압하여 저온실에 4~5일 방치하여 건조한다. 건조 후 파라핀 여지를 잘라 만든 디스크(disk)를 실리카 겔이 들어 있는 시험관에 넣고 밀봉하여 0~5℃에서 보존한다. 균을 복원할 때에는 1매씩 액체 배양하여 사용한다. Staphylococcus는 1년 이상, 장내세균은 5년 이상 생존이 가능하다.

[표 2-3-3] Gelatin Disk법에 사용되는 용액

A 액 :		B 액 :		C 액 :
Peptone	2g	Gelatin(bactogelatin)	20g	2.5% ascorbic acid 수용액
Beef extract	1g	증류수	100㎖	(사용시 조제, 여과 멸균)
NaCl	1g			
증류수	100㎖			
pH	7.6			

출처 : 농업진흥청 국립농업과학원

8. 동결 건조 보존법(Lyophilization, Freeze-Drying방법)

미생물을 장기간 보관하는 가장 경제적이고 효과적인 방법 중의 하나로서 감압하에서 동결하여 수분의 이동을 억제하여 미생물 배양액으로부터 승화에 의해 수분을 제거하는 매우 간단 시스템이지만 이론적인 배경은 복잡하다. 세포는 휴지상태에 도달할 때까지 저온, 탈수 등의 과정을 거치게 되어 일부가 사멸하거나 종류에 따라 장애를 받게 된다. 이러한 손실을 최소화하기 위해 적당한 보호물질을 첨가하여 실시한다.

건조된 미생물은 산소, 습기, 빛에 노출되지 않으면 미생물과 박테리오파지(bacteriophage)를 30년 이상 보존할 수 있다.

(1) 장치 구성

동결건조기(freeze-dryer)는 동결조(cold bath), 냉각기(compressor), 트랩(trap), 고진공펌프, 다기관〔그림 2-3-11〕 등으로 구성되어 있다.

(2) 앰플 용기

동결건조용 앰플〔그림 2-3-12〕에는 외경 6~8mm, 두께 0.6~1.2mm, 길이 7~15cm의 앰플 또는 튜브가 사용되고 있으며, 사용 전에 반드시 멸균하며, 함습을 표지할 수 있도록 푸른 실리카겔을 넣을 수 있는 앰플도 있다.

(3) 배양액의 조제

- 액체 배양의 경우 : 배양액을 원심분리하여 상등액은 버리고 회수한 균체에 분

산매를 대신 채워서 균일한 균액을 얻거나 균사체는 여과하여 회수하여 분산매로 현탁한다.

- 고체 배양의 경우 : 고체배지에 분산매(동결방지제, cryoprotective agent)를 1~2*ml*를 붓고 loop로 긁어서 현탁액을 얻는다.

(4) 동결보호제

동결보호제(분산매)는 현탁시 분산작용, 동결시와 동결후의 건조시 완충작용 및 보호작용에 매우 중요하다. 동결보호제는 멸균시에 카라멜반응(caramelization)이 일어나지 않도록 5*ml*씩 시험관에 분주한 후 116℃에서 20분간, 2회에 걸쳐 간헐멸균한다.

[그림 2-3-11] Feeze dryer

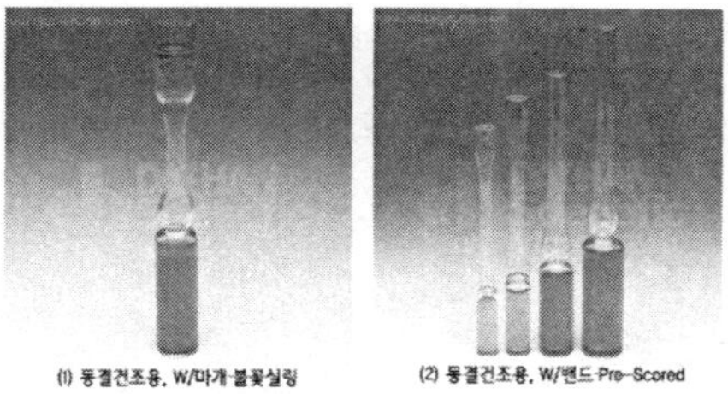

[그림 2-3-12] 동결건조용 앰플
출처 : 대한과학

[그림 2-3-13] Ample sealing touch
출처 : 일신랩

(5) 동결건조작업

1) **균액분주** : 동결건조용 앰플 [그림 2-3-12]에 조제된 균액을 0.1~0.2*ml*씩 입구에 묻지 않도록 주사기나 긴 모세관으로 연결된 스포이드를 이용하여 넣는다. 세포현탁액을 앰플에 분주할때는 길이 7cm, 외경 0.9mm의 주사침(20G. 70)을 투베르큘린용 주사관(멸균용)에 끼워 사용하면 좋다. 분주량은 0.05~0.2*ml*이면 충분하다.
2) **면전** : 앰플 입구를 면전한다.
3) **예비동결** : 동결건조기에 부착된 예비 동결조(deep freezing bath)나 별도의 예비 동결기(deep freezer)에서 예비 동결을 하거나, 없으면 드라이아이스를 첨가한 에탄올 조(bath)를 동결(-78℃)한다. 세균은 보통 상기의 방법에 의해 급속동결하지만 효모는 온도제어동결장치에서 -35℃까지 1℃/분의 완만동결을 한다.

4) **건조** : 동결이 완료되면 동결건조기를 진공 상태로 한 후 앰플의 면전을 제거하여 재빨리 동결건조기에 연결시켜 고진공으로 만든다.

앰플에 솜 마개를 하지 않고 동결건조를 하면 다기관에 끼어있는 앰플 끝이나 다기관 입구가 사용 균에 반드시 오염되어 있으므로 사용 전후에 반드시 멸균한다.

온도가 높은 하절기나 진공도가 낮을 경우에는 시료가 녹아서 끓어오르는 경우가 있는데 이는 실패한 것이다. 이러한 경우를 방지하기 위하여 동결건조 초기에는 열이 차단되도록 앰플을 감싸주거나 이중 용기 내의 진공이 된 곳에 넣거나 하고 1일이 지난 후 제거한다. 동결건조의 완료는 실온과 시료의 온도가 같은 시점이므로 만져서 차갑게 느껴지지 않으면 완료된 것이다.

5) **밀봉** : 진공건조가 완료되면 버너(burner)나 앰플실링토치(ample sealing touch) 〔그림 2-3-13〕를 이용하여 화염으로 밀봉하고 냉장고에 보존한다. 균일하게 화염을 가하여 유리가 부드럽게 되면 앰플을 가볍게 잡아당겨 밀봉한 후 밀봉 부위가 약한 불꽃에 닿게 한다. 일반적으로 진공도 10~100μHg의 범위에서 밀봉하지만 낮을수록 좋다.

6) **진공도 확인** : 밀봉 후 고주파테스터코일의 선단을 앰플에 가볍게 접촉하여 앰플 내부를 진공 방전시켜 그 색조로서 진공도를 판정한다. 청~청남색으로 되면 진공도는 충분하다.

앰플 밀봉 부에 테스터 코일을 장시간 접촉하면 충격에 의해 금이 생기므로 주의한다.

7) **앰플 보존** : 앰플은 반드시 암소에 보관하며 온도는 저온에서 하는 것이 적당하다. *Mycoplasma*는 -30℃에서 *Azotobacter*, *Chlorobium*, *Chromatium*, *Desulfovibrio*, *Myxococcus*, *Thiobacillus*, *Thiopedia*, *Haemophilus*, *Lactobacillus*, *Neisseria*, *Pasteurella* 등은 반드시 저온에서 보존한다.

8) **앰플 개봉과 동결 건조균의 복원** : 복원 시 앰플을 끊으면 급격히 공기가 앰플 속으로 들어가 건조균이 공중에 비산되거나, 공기 중의 균에 의해 오염되는 위험이 있다. 그러므로 앰플을 줄로 홈을 만들고 70% 알코올로 멸균된 가제로 앰플을 감싸서 끊는다. 솜 마개가 된 앰플은 마개 부위를 끊으면 공기가 솜 사이로 들어가므로 오염의 위험을 방지할 수 있다. 앰플 내의 소량의 배양액을 서서히 가해 건조 균체를 잘 용해시켜 액체배지에 접종한다. 동시에 한천평판

에 도말시켜 오염의 유무와 콜로니 형상을 확인하는 것이 좋다. 동결 건조균은 세포상해를 입을 수 있으므로 한천배지에서 생육이 되지 않는 경우가 있다.

9) **적용 미생물** : 사상균, 효모, 세균, 방선균과 phage에 적용된다. 사상균 중 단단하고 작은 포자를 형성하는 것에 이용되지만 *Entromophthorales*속은 부적당하다. 효모 중에서 *Erettanomyces, Saccharomyces, Endomycopsis, Schizosaccharomyces* 등은 동결건조하면 생존율이 낮아진다. 세균은 그람음성균에 감수성균이 많다.

9. 균부보존 기록방법

균주보존을 위한 기록은 다음을 참조하여 진행한다.

(1) 균주 관리 대장을 반드시 작성한다.

컴퓨터를 이용하여 데이터베이스화하는 것도 좋다. 균주의 명칭, 구입 날짜, 분리일자, 제조 일자, 형태학적 특성, 생리적 특성, 돌연변이 유도제, 분리시 특성, 계대수(generation), 보존상태, 작업자 등이 표시되어야 한다.

(2) 보존용 균주 제조 작업 지침서를 작성한다.

균주의 배양 방법, 배지 조성, 회수 방법, 균체 농도 등을 명시한다.

(3) 동결시 동결보호제의 종류, 농도, 멸균 방법을 정한다.

(4) 보존 조건 및 안전성을 확인한다.

수시로 보관 설비의 온도, 시건 장치, 재고 등을 확인하고 각각에 대한 경보 장치를 수시로 확인한다.

(5) 일정한 기간별로 생존율과 안정성을 확인하는 계획을 세우고 주기적으로 확인한다. 이상과 같은 방법으로 균주를 보존 관리를 하면 연구와 생산에 큰 기여를 할 수 있지만, 규모가 큰 연구실의 경우에는 별도의 관리 인력이 필요할 것이다.

실험 2-3-1 배지의 무균적 제조

1. 의의 및 원리

미생물의 생육에 필요한 배지의 조성과 배지의 제조방법을 습득하고, 배지를 무균상태로 제조하는데 필요한 살균방법과 무균조작을 익힌다. 미생물의 증식 또는 생장에 필요한 필수영양분을 기초로 하여 각 세균 또는 진균의 영양배지특성, 필요에 따라서는 특정 미생물만 선택하여 증식 생장 할 수 있는 선택배지를 제조한다.

2. 목표

세균(일반세균)과 진균의 배양을 위한 액상배지, 평판고체배지, 사면 및 고층고체배지의 무균적 제조

3. 준비물

(1) 배지류

- 세균용 배지 : 표준한천배지(standard method agar, plate count agar, PCA), 영양한천배지(Nutrient agar) 및 영양액상배지(Nutrient broth)
- 효모용 배지 : YM(yeast mold) medium, PD(potato dextrose) medium
- 곰팡이용 배지 : PD medium이나 Czapk' s medium

(2) 시약류

10% 수산화나륨(NaOH), 10% 염산(HCl), 크로람페니콜(Chroramphenicol), 페니실린(penicillin), 스트렙토마이신(steptomycine), 95% 에틸알코올(ethyl alcohol)

(3) 기구

pH meter, 항온수조(water bath), 멸균기(autoclave)

(4) 초자류

페트리 접시(petri dish), 메스실린더(mass sylinder), 삼각플라스크(250, 500*ml*), 시험관(test tube나 cap tube), 10*ml* 광구(입구가 넓은 것) 피펫(pipette), 멸균된 1회용 여과필터(0.45㎛), 멸균된 1회용 주사기(5*ml*)

4. 시험방법

(1) 평판고체배지는 세균용의 경우는 [표 2-3-4]와 같이 표준한천배지나 영양한천배지을 사용하고, 효모의 경우에는 [표 2-3-5]와 같이 YM Agar나 PDA을 사용하고, 곰팡이의 경우에는 [표 2-3-6]와 같이 Czapk's Agar 나 PDA을 사용한다. 사면 또는 고층 고체배지의 경우에는 가열 · 용해한 배지를 필요한 시험관에 10*ml* 피펫으로 분주하고 마개를 하여 준비한다.

[표 2-3-4] 세균용 배지조성 및 제조

Plate Count medium		Nutrient medium	
조성 및 함량		조성 및 함량	
Tryptone	5.0g	Beef extract	3.0g
Yeast extract	2.5g	Peptone	5.0g
Dextrose	1.0g		

(고체배지의 경우는 Agar 15.0g을 첨가한 후), 상기를 증류수 1,000㎖에 녹여 pH 7.0±0.2으로 조정한 후 121℃, 15분간 멸균한다.

[표 2-3-5] 효모용 배지조성 및 제조

YM medium		Potato Dextrose medium	
조성 및 함량		조성 및 함량	
Peptone	5.0g	Potato, infusion	20.0g
Yeast extract	3.0g	Dextrose	20.0g
Malt extract	3.0g		
Dextrose	10.0g		

(고체배지의 경우는 Agar 20.0g을 첨가한 후), 상기를 증류수 1,000㎖에 녹여 pH 3~4.0±0.2으로 조정한 후 가열하며, broth경우는 121℃, 15분간 멸균하지만 agar의 경우는 가열멸균조작하지 않는다. 선택성을 높이기 위하여 별도로 멸균된 10% 염산(HCl) 또는 주석산(tartaric acid) 또는 구연산(citric acid)을 무균적으로 가하여 pH를 조정하거나 페니실린(penicillin) 20unit/㎖ 또는 streptomycin 40㎍/㎖을 소량의 에탄올에 녹인후 약 5㎖의 증류수로 희석하여 여과 멸균한 것을 첨가하여 제조한다.

(2) 이들을 가압습윤살균기에 넣고 121℃에서 15분간 가압(1~1.5kg/㎠)하여 멸균한다.

(3) 평판고체배지는 삼각플라스크에 함유한 멸균된 배지가 45℃ 정도가 되면 크린벤치나 무균실에서 페트리접시에 15*ml* 정도씩 분주하고 페트리접시 뚜껑을 살짝 걸친 상태로 배지를 굳힌 후에 뚜껑을 닫아 〔그림 2-3-14〕의 A)와 같이 제조한다. 또한 사면고체배지와 고층고체배지는 〔그림 2-3-14〕의 B)와 같이는 각각 비스듬히 기울인 상태와 똑바로 세운 상태에서 굳혀 제조한다.

(4) 제조한 각각의 배지는 표면이 지나치게 건조하지 보관한 후 미생물 시험에 사용한다.

[표 2-3-6] 곰팡이 배지조성 및 제조

Czapk's medium		Potato Dextrose medium	
조성 및 함량		조성 및 함량	
Saccharose	30.0g	Potato, infusion	20.0g
Sodium nitrate	3.0g	Dextrose	20.0g
K_2HPO_4	1.0g		
$MgSO_4$	0.5g		
KCl	0.5g		
$FeSO_4$	0.01g		

(고체배지의 경우는 Agar 15.0g을 첨가한 후), 상기를 증류수 1,000㎖에 녹여 pH 5.6±0.2으로 조정하여 121℃, 15분간 멸균하고 식힌 후, 멸균된 10%주석산을 무균적으로 가하여 pH를 3.5±0.1으로 조정한다.

* 크로람페니콜을 첨가한 배지의 제조시에는 배지를 50℃으로 조정한 후 크로람페니콜을 100mg을 소량의 에탄올에 녹인 후 약 5㎖의 증류수로 희석하여 여과멸균한 것을 첨가하여 제조한다.

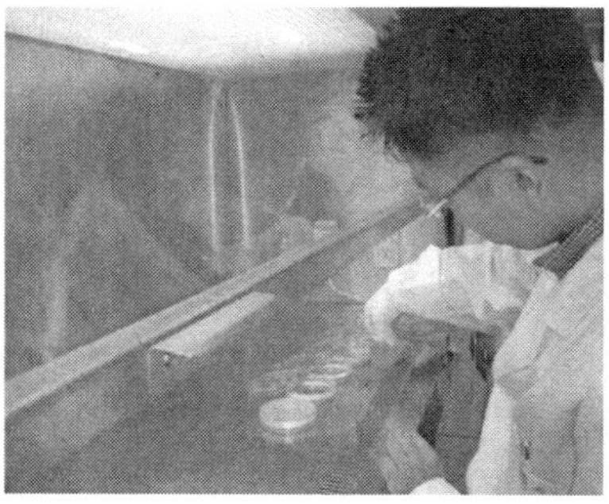

A) 평판배지 제조 모습

B) (좌)고층배지 (우)사면배지

[그림 2-3-14] 평판배지, 사면배지 및 고층배지

실험 2-3-2 미생물 순수분리 · 배양

1. 의의 및 원리

미생물의 증식 또는 생장에 필요한 필수영양분을 기초로 하여 각 미생물의 선택배지를을 이용하고, 미생물의 증식인자를 조절하고, 표준평판배양법을 이용하여 순순한 미생물을 분리한다.

2. 목 표

- 검체 중에 존재하는 세균, 효모 및 곰팡이의 분리
- 다양한 표준평판법으로 숙지하여 효율적으로 세균, 효모 및 곰팡이의 분리방법 활용

3. 준비물

대상시료, 세균용 배지(표준한천배지 또는 Nuntrient agar), 효모용 배지(YM agar 또는 PDA), 곰팡이 배지(Czapk's Agar 또는 PDA), 페트리 접시(지름 9~10cm 높이 1.5cm), 생리식염수, 시험관(test tube나 cap tube), 10㎖피펫, 마이크로피펫, 살균된 팁(200㎕, 1000㎕),백금이, 백금구, 백금선

4. 시험방법

(1) 평판획선 배양법(Streaking plate method)

백금이를 사용하여 페트리디쉬 상에 획선하는 방법으로 〔그림 2-3-15〕와 같이 한손으로 페트리디쉬를 잡고, 다른 한손으로는 화염 멸균한 백금이를 잡고 대상 미생물을 한 백금이를 채취하고, 고체배지(agar plate)상에 그림의 왼쪽과 같이 지그재그방향으로 획선(streaking)을 그어 미생물이 선을 따라서 희석되도록 하고, 그림의 오른쪽과 같이 방향을 90도 바꾸고 다시 화염 멸균한 백금이로 동일한 방법으로 전 단계에서 획선이 그어진 끝부분에서 다시 획선을 긋고, 다시 90도 방향을 바꾸어 재차 동일하게 실시한다.

중온성 세균은 35℃에서 24~48시간, 진균은 25~30℃에서 배양하여 페트리디쉬 상에서 독립된 집락을 형성시켜 분리할 수 있도록 한다.

(2) 평판도말 배양법(Spreading plate method)

검체의 시험용액 조제법에 따른 시험용액을 멸균생리식염수(또는 희석수)로 10배씩 희석하여 희석액 0.1~1ml를 멸균페트리접시에 무균적으로 분주하고 〔그림 2-3-16〕과 같이 스프레드(spreader)로 도말한 후 덮은 후 배양하여 독립된 집락을 선별한다. 중온성 세균은 35℃에서 24~48시간 진균은 25~30℃에서 정도 배양하여 독립된 집락을 형성시켜 분리할 수 있도록 한다.

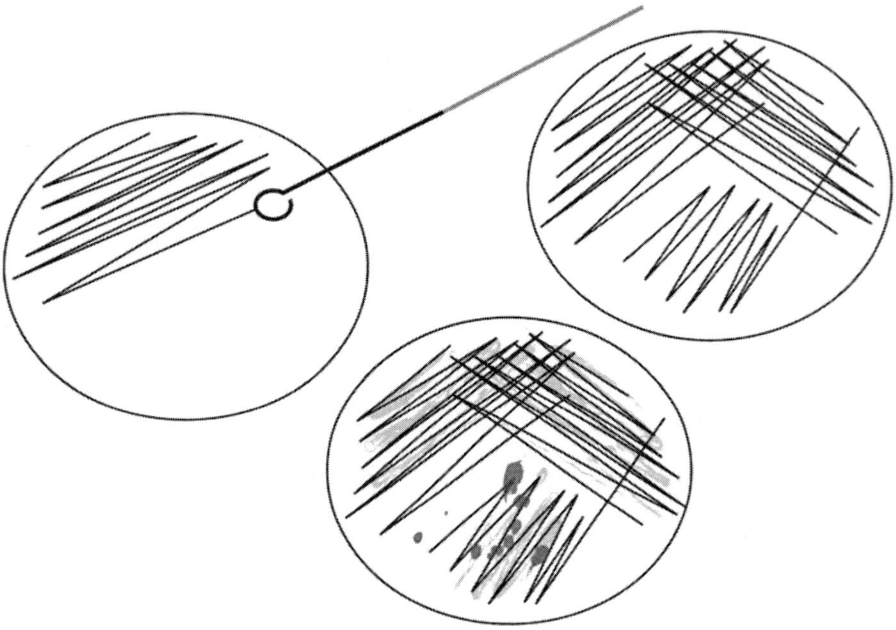

[그림 2-3-15] 평판획선배양법

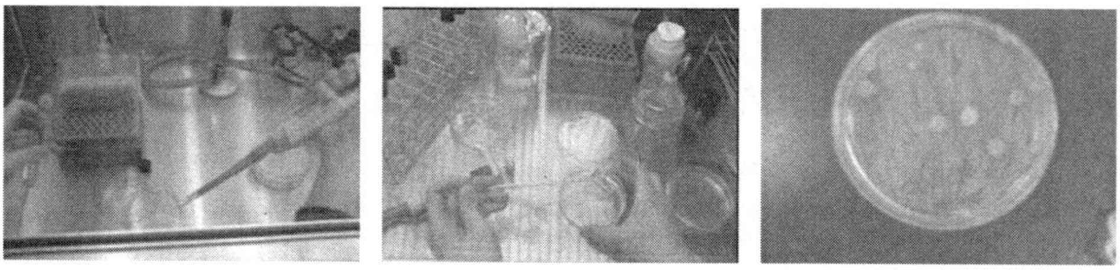

A) 접종하기 B) 도말하기 C) 콜로니 형성

[그림 2-3-16] 평판도말 배양법 및 순서

실험 2-3-3 유리모세관·멸균냉동바이알 저온저장에 의한 세균 보존

1. 의의 및 원리

-196℃~-150℃의 액체질소에 동결하여 보존하는 초저온 보존법으로 장기보존법으로 적절한 방법이다. 유리모세관 보존방법은 앰플, 플라스틱 스트로, 유리-비드 등의 방법들에 비해 완벽한 밀봉이 가능하며 혐기성 균주들을 산소로부터 보호할 수 있다. 액체질소에서의 급속 동결 및 저장에서의 미생물 생명체의 동결보존과 해동에 대한 생존에 관한 이론 및 원리를 이용한 미생물 장기 보존법이다.

출처 : 유럽생물자원센터 M/1998/3.00 Appendix 5.01

2. 목 표

균체을 액상으로 준비하여, 직접 액체질소에서 보관하는 초저온 보존법을 습득하여 활용한다.

3. 준비물

(1) **대상미생물 및 배지** : 사면배양한 세균, Nutrient broth

(2) **시약류 및 소모품** : 글리세롤(Glycerol, 또는 10% Glycerol), DMSO(또는 5%(v/v) DMSO), 액체질소

(3) **기구 및 초자류** : 유리모세관(L 90mm, i.d. 0.9mm, o.d. 1.5mm) 또는 멸균냉동바이알(1.2~10*ml* Cryogenic Sterile Vials), 시험관(12~16×h 100mm), 모세관 홀더(58×2mm, 폴리프로필렌(PP)튜브, 알루미늄 튜브), PVC스트로(Φ2mm, A. Albrecht GmbH&Co. 등), 알루미늄 케인(Aluminum Cane) 또는 샘플보관 Boxes와 Holder 장치(Freezer racks and box), 스텐인레스바늘(Φ2.0×20mm, Φ0.5~0.65mm×120mm), 주사기(5~50*ml*), 파스퇴르피펫, 파스퇴르피펫(끝이 구부러지고 열로 봉합), 마이크로피펫(micro-classic Brand GmbH&Co 제품번호 25900 및 이와 유사한 것), 유리피펫(10*ml*), 초저온용 필기구, 아이스박스(얼음 채운 것), 스크류

캡병(Φ100×L 100mm 이상, 37℃ 온수), 배양시험관(부틸고무마개), 플라스틱핀셋, 스테인레스핀셋, 유리절단칼, 액체질소(LN_2) 저장 탱크, 크린벤치, 오토크레이브, 원심분리기, 입체현미경

4. 실험방법

(1) 유리모세관 또는 냉동바이알 준비

유리모세관(Hilgenberg GmbH; 제품번호1400290, "Sodaklarglas", 길이 90mm, 외경 1.4mm, 두께 0.261mm 등)은 증류수에서 여러 번 세척하고 건조하여 시험관에(Φ12~16×h 100mm) 넣은 후에 고압증기 멸균하여 사용하거나 멸균냉동바이알 〔그림 2-3-17〕을 사용한다.

(2) 모세관 홀더와 PVC스트로의 준비

모세관의 저장을 위해 모세관 홀더(알루미늄 튜브나 폴리프로필렌(PP) 튜브)를 사용한다. 한 균주 이상을 같은 모세관 홀더에 보관하려면 한쪽 끝이 봉합된 색이 다른 PVC 스트로에 모세관을 넣어서 구분한다. 균주의 등록번호를 스트로와 모세관 홀더에 기록한다. (초저온용 필기구로 보존 균주번호를 기록한다.)

Canister-type Cryosystem, LN_2 Cell Storage Systems

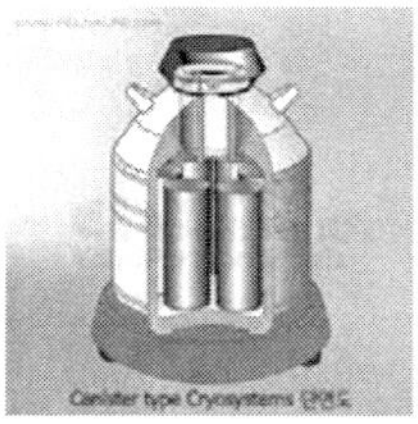

내부의 Canister

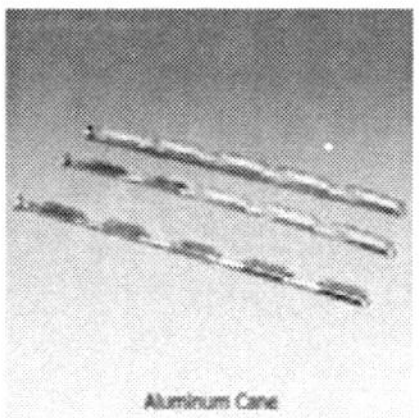

Aluminum Cane

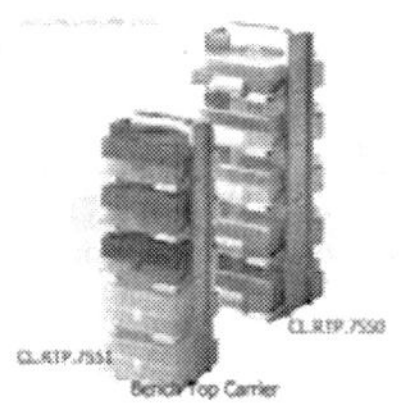

Freezer racks and box

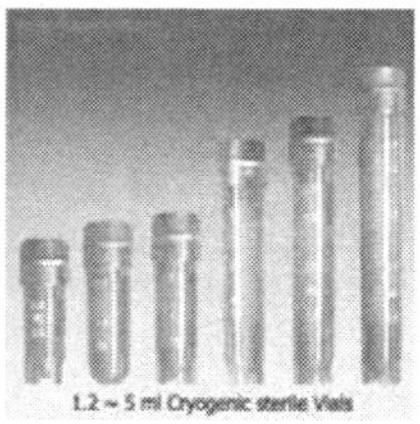

1.2~5㎖ Cryogenic Sterile Vials

[그림 2-3-17] 저온저장 기구 및 소모품

(3) 동결보호제 제조

〔표 2-3-7〕의 동결보호제 1 및 2의 예에서 멸균한 10% 글리세롤이나 5%(V/V) DMSO를 포함하는 신선한 배지(균주목록집이나 기탁양식에 기재된 배지 또는 동결 저항성 세포를 생산하는데 알맞는 배지)를 세균현탁을 위하여 사용하거나, 사용하기 직전에 별도로 멸균한 글리세롤 0.55㎖이나 DMSO 0.27㎖를 별도로 멸균한

액체배지 5ml에 각각 첨가하여 제조한다.

(4) 균주 준비

균주를 영양배지(또는 균주목록집이나 기탁양식에 기재된 배지 또는 동결 저항성 세포를 생산하는데 알맞는 배지)에서 호기적 또는 혐기적으로 배양한다. 균주는 대수기의 활발한 증식상태에서 회수한다. 대부분의 호기성 세균은 사면배지에서 배양한다. 약 0.5ml의 보호제 현탁액을 사면배지에 첨가해 세균을 현탁시킨다.

액체배양한 혐기성 세균이나 고세균은 스크류캡병, 혈청병, 혈청튜브(Balch type) 또는 훈게이트 튜브에서 혐기상에서 세포를 모으기 위해 원심튜브로 옮긴다. 배양액은 뚜껑을 닫은 채 바로 원심분리(예, 5000~10,000rpm)을 한다. 원심분리 후 직경 2mm의 긴바늘을 끼운 20~50ml의 주사기를 사용하여 무균상태에서 상층액을 제거한다. 세균 침전물에 0.5~1.5ml의 보호제 현탁액을 첨가하여 끝이 구부러지고 열로 봉합된 파스퇴르피펫으로 세포를 현탁시킨다. 준비하는 모세관 수에 따라 여러 배양기의 세포 현탁액을 멸균 파스퇴르피펫으로 하나의 병에 모은다.

혐기성 세균은 훈게이트 혐기튜브처럼 부틸 고무마개와 스크류캡으로 닫는 두껍고 바닥이 둥근 병(부피 70ml, 예 Ochs GmbH, D-37120)에서 배양할 수도 있다. 이 병은 일반적인 실험실 원심분리기에 사용가능하며 배양에도 쓸 수 있다. 가스는 혐기성 배지를 만들 때 쓰는 것과 동일한 것을 사용하는데, CO_2배양시에는 N_2+CO_2를 예외적으로 쓴다. (그렇지 않으면 뚜껑을 열었을 때 유리관이 터질 수도 있다.)

(5) 유리모세관 또는 멸균냉동바이알의 충진 및 밀봉

유리모세관 또는 멸균냉동바이알의 충진 및 밀봉의 절차는 〔그림 2-3-18〕과 같이 진행한다.

① 0.5~1.0ml의 농축 세포현탁액을 멸균된 작은 바이알에 옮긴다.(혐기성균을 보존한 바이얼은 적절한 혼합기체를 넣어 혐기상태로 유지한다.) 바이알은 얼음수조에 놓는다. 한 개 유리모세관을 꺼내어 마이크로피펫의 끝에 끼운다. 세포 현탁억을 충분히 빨아들여 모세관 길이의 1/3까지 채운다. 이때 채운 용량은 약 0.025ml정도가 된다. 모세관 내의 현탁액을 봉합부분 향으로 1cm정도까지 더 빨아올린 다음 뜨거운 가스불꽃으로 밀봉한다. 모세관을 플라스틱 핀셋

으로 잡고 반대쪽 끝에서 약 2.5㎝되는 곳을 밀봉(밀봉 지점은 모세관 멸균 전에 미리 표시), 또는 멸균냉동바이알에 충진하여 밀봉한다.

② 밀봉 후 유리모세관을 75% 에탄올이나 소독액 속에 놓아둔다.

③ 모든 모세관들은 입체현미경으로 완벽한 밀봉여부를 검사한다.

④ 젖은 모세관들은 동결시 달라붙기 때문에 흡착지에 놓고 손바닥으로 부드럽게 누르거나 굴려서 완전히 건조시킨다.

⑤ 현탁액의 준비에서 액체질소 속에 넣을 때까지의 소요시간은 되도록 짧게 한다.

(6) 유리모세관의 동결

모세관을 바깥면에 균주번호가 라벨된 모세관 홀더(PP 튜브, 알루미늄 튜브)에 넣고 동결을 위해 액체질소위의 기체상에 놓는다. 모세관을 액체질소에 직접 담그는 급속한 동결은 모세관이 깨질 우려가 있어 피해야 한다.

(7) 유리모세관 또는 냉동바이알의 저장

저장을 위해 모세관 홀더를 액체질소 속에 담그거나 액체질소위의 기체상에 보관한다. 공간을 절약하기 위해 세균을 유리모세관에 넣어 적당한 크기의 모세관 홀더(PP 튜브, 알루미늄 튜브)에 보존한다. 3~5개 모세관 홀더를 길이에 따라 하나의 알루미늄 케인 또는 샘플보관 박수(boxes)와 홀더(holder) 장치(freezer racks and box)에 고정한다. 몇 개의 케인들을 번호나 색으로 표시하여 하나의 캐니스터에 보관한다. 유리모세관을 각기 다른 색의 PVC 스트로 속에 넣어 보존 균주를 색깔로 구분하기도 한다. 한 개의 알루미늄 튜브 속에는 PVC 스트로를 사용할 경우는 22개 유리모세관, PVC 스트로를 사용하지 않을 경우는 40개의 유리모세관을 보관할 수 있다. 유리모세관은 액체질소 안에서 떠오르지 않으므로 액체상에서 보관할 수 있을 뿐만 아니라 기체상에서도 보관할 수 있다. 모세관을 액체상에서 보관하려면, 부적당한 밀봉은 질소가 스며들어 꺼냈을 때 터지게 되므로 단단한 밀봉이 매우 중요하다.

(8) 재생

액체질소용기에서 꺼낸 모세관은 37℃의 물을 넣은 스크류캡병 속에서 재빨리 녹인다. 대부분은 실내온도에 녹여도 좋다. 해동속도는 분당 1000℃ 이상으로 계산된다. 모세관을 〔그림 2-3-19〕에서처럼 한쪽 끝을 연다. 길이 4cm로 가늘게 늘인 멸균된 파스퇴르피펫으로 적은 양의 세포현탁액을 빨아들인다. 현탁액을 빨아들이면서 피펫 끝을 모세관 속으로 천천히 넣는다. 혐기성의 경우는 균주를 5㎖ 배지로 옮길 때 세포현탁액과 함께 공기방울이 따라오지 않도록 하기 위해서는 주의가 필요하다. 세포현탁액을 모세관에서 꺼낼 때 다른 방법은 0.5~0.65mm 바늘이 있는 주사기를 사용하는 것이다. 이때는 모세관을 양쪽으로 열고 주사기로 빨아올린 내용물을 5㎖ 배지로 옮긴다. 혐기성의 경우에는 무산소 기체를 이용하여 주사기를 미리 혐기상태로 만들어 놓는다. 모세관에서 세포현탁액을 빨아들인 후, 밀폐된 배양 시험관의 부틸고무마개 속으로 바늘을 삽입한다. 시험관을 뒤집고 약간의 배지와 함께 현탁액을 주사기로 빨아들인다. 시험관 속으로 기체방울이 들어가지 않도록 조심하면서 주사기의 내용물들을 시험관 속으로 넣는다.

(9) 생존율 검사

균주의 콜로니형성수(cfu)를 보존 전과 후 그리고 저장기간 중에는 균주에 따라 일정간격으로 검사하여 생존율을 검사한다.

안전주의사항

액체질소 취급시는 일반 주의사항을 따르도록 한다. 초저온 도구를 다룰 때는 보호장구(보안경, 장갑 등)를 착용하도록 한다.

[표 2-3-7] 동결보호제의 종류

동결보호제 1		동결보호제 2	
Nutrient Broth	0.8g	Nutrient Broth	0.8g
Glycerol	20.0g	DMSO	5.0mℓ
Distilled water	100.0mℓ	Distilled water	100.0mℓ
바이알에 5mℓ씩 분주하고 면전하여 121℃에서 20분간 멸균한다.			

동결보호제 3 (Any medium, with 5% DMSO)		동결보호제 4 (Any medium, with 10% DMSO	
specific Medium, sterile	5.0mℓ	specific Medium , sterile	5.0mℓ
DMSO, sterile	0.27mℓ	DMSO, sterile	0.55mℓ
희석하지 않은 DMSO를 호기 또는 혐기상태로 115℃에서 10분간 멸균 한다.			

동결보호제 5 (Any medium, with 10%, 15% or 20% glycerol)		
specific Medium, sterile	5.0mℓ	혐기성 세균에서는 보호제 3~5를 신선하게 제조해야 한다. 글리세롤은 사용직전에 첨가하고 글리세롤을 함유한 배지에 cysteine hydrochloride와 sodium sulphide를 넣어 환원시킨다. DMSO는 보호제를 환원시킨 후에 첨가한다.
Glycerol, sterile 0.55, 0.83 or	1.10mℓ	
희석하지 않은 Glycerol를 호기 또는 혐기상태로 115℃에서 10분간 멸균 한다.		

동결보호제 6 (10% glycerol)		동결보호제 7 (10% DMSO with 8% glucose)	
Glycerol(Merck, 87%, p.a.)	287.3mℓ	DMSO, sterile	10mℓ
Distilled water	2212.7mℓ	Glucose	7.92g
		Distilled water	89.0mℓ
120℃에서 15분간 멸균한다.		희석하지 않은 DMSO를 호기 또는 혐기상태로 115℃에서 10분간 멸균한다.	

동결보호제 8		동결보호제 9	
Nutrient Broth	0.8g	Skim Milk, spray dried[2]	20.0g
myo-Inositol[1]	5.0g	Distilled water	100mℓ
Distilled water	100mℓ		
[1]다른 보호 물질로 대체할 수 있다.		[2]밀크 플러그를 얻기 위해 앰플에 0.5mℓ 탈지유를 채우고 115℃에서 13분간 멸균한 후 동결건조시킨다.	

출처 : 유럽생물자원센터 M/1998/3.00 Appendix 3

[표 2-3-7] (계속) 동결보호제의 종류

동결보호제 10		동결보호제 11	
Skim Milk, spray dried[2)]	20.0g	Skim Milk, spray dried	20.0g
myo-Inositol1)	5.0g	Distilled water	100mℓ
Distilled water	100mℓ		
5mℓ의 탈지유를 시험관에 분주해 면전으로 막아 115℃에서 13분간 멸균한다. 탈지유는 세균 현탁액으로 사용한다.			

동결보호제 12 (12% Skim Milk)		동결보호제 13 (12% Skim Milk with 7% trehalose)	
Skim Milk	27.0g	Skim Milk	27.0g
Distilled water	324mℓ	Trehalose	22.7g
		Distilled water	324mℓ
저온멸균한다.			

동결보호제 14 (12% Skim Milk with 20% trehalose)		동결보호제 15 (12% Skim Milk with 7% trehalose and 5% Na-glutamatee)	
Skim Milk	27.0g	Skim Milk	27.0g
Trehalose	64.8g	Trehalose	22.7g
Distilled water	324mℓ	Na-glutamate	16.2g
		Distilled water	324mℓ
저온멸균한다.			

동결보호제 16 (12% Skim Milk with 20% trehalose)		동결보호제 17 ('Mist. desiccans')	
Choppedmeatmedium(w/o meat)	100mℓ	Horse serum	100mℓ
Sucrose	2g	Nutrient Broth	33mℓ
Distilled water	100mℓ	Glucose	10g
배지는 VPI 매뉴얼(1977)에 따라 준비한다. 질소하에서 훈게이트 튜브로 5mℓ씩 분주하여 121℃에서 20분간 멸균한다.혐기성 세균보존의 경우 5mℓ 혐기배지에 0.5mℓ FeS 현탁액을 첨가한다.		필터(membrane 혹은 Seitz filter)로 멸균한다. 멸균의 확인을 위하여 혼합액 5mℓ를 멸균된 스크류캡 튜브에 분주해 30℃에서 3일 동안 배양한다. 'mist. desiccans'는 사용할 때까지 20℃에서 보관한다.	

출처 : 유럽생물자원센터 M/1998/3.00 Appendix 3

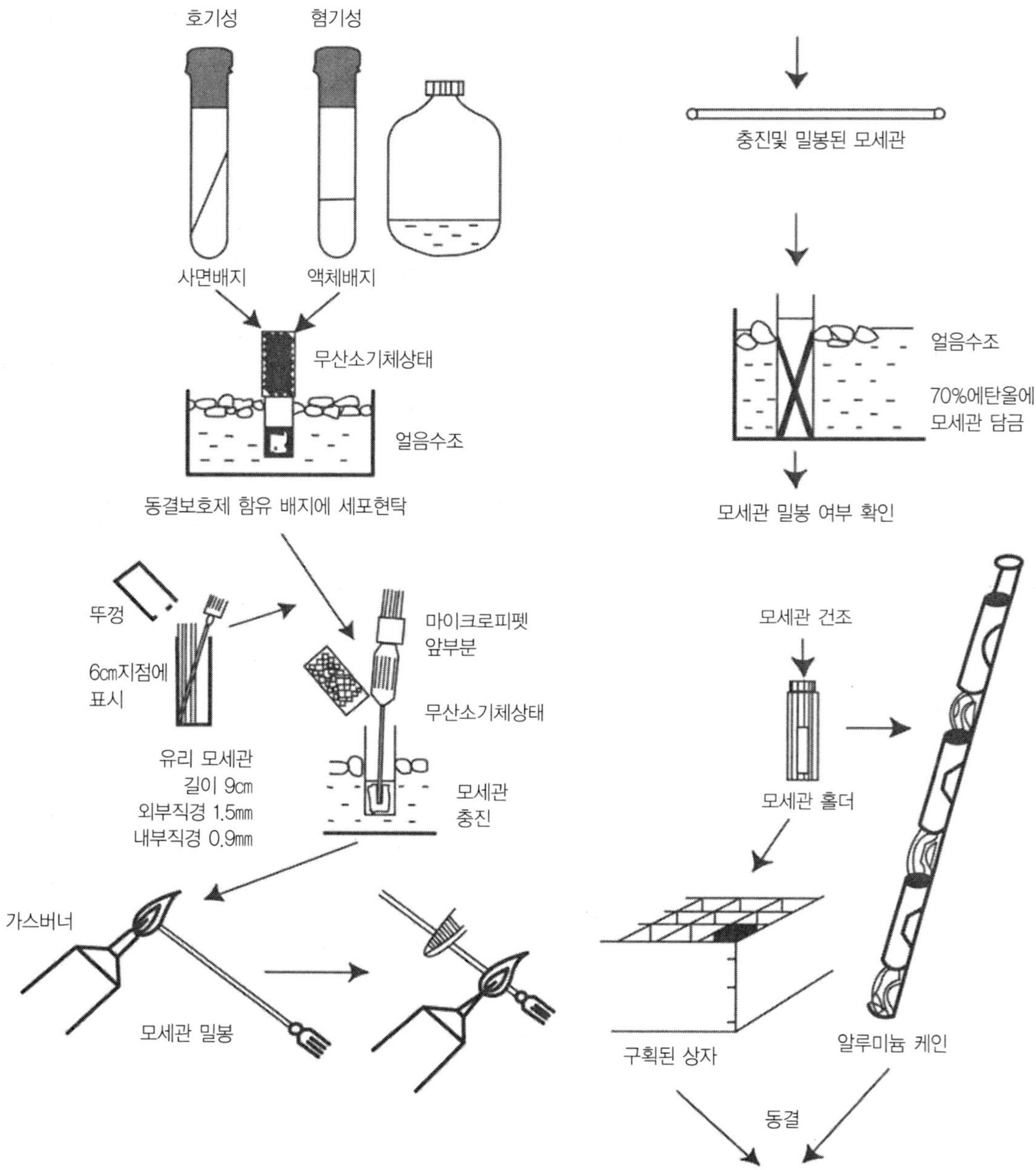

[그림 2-3-18] 미생물의 저온보존을 위한 유리모세관보존법-유리모세관의 충진 및 밀봉

출처 : 유럽생물자원센터 M/1998/3.00 Appendix 5.01

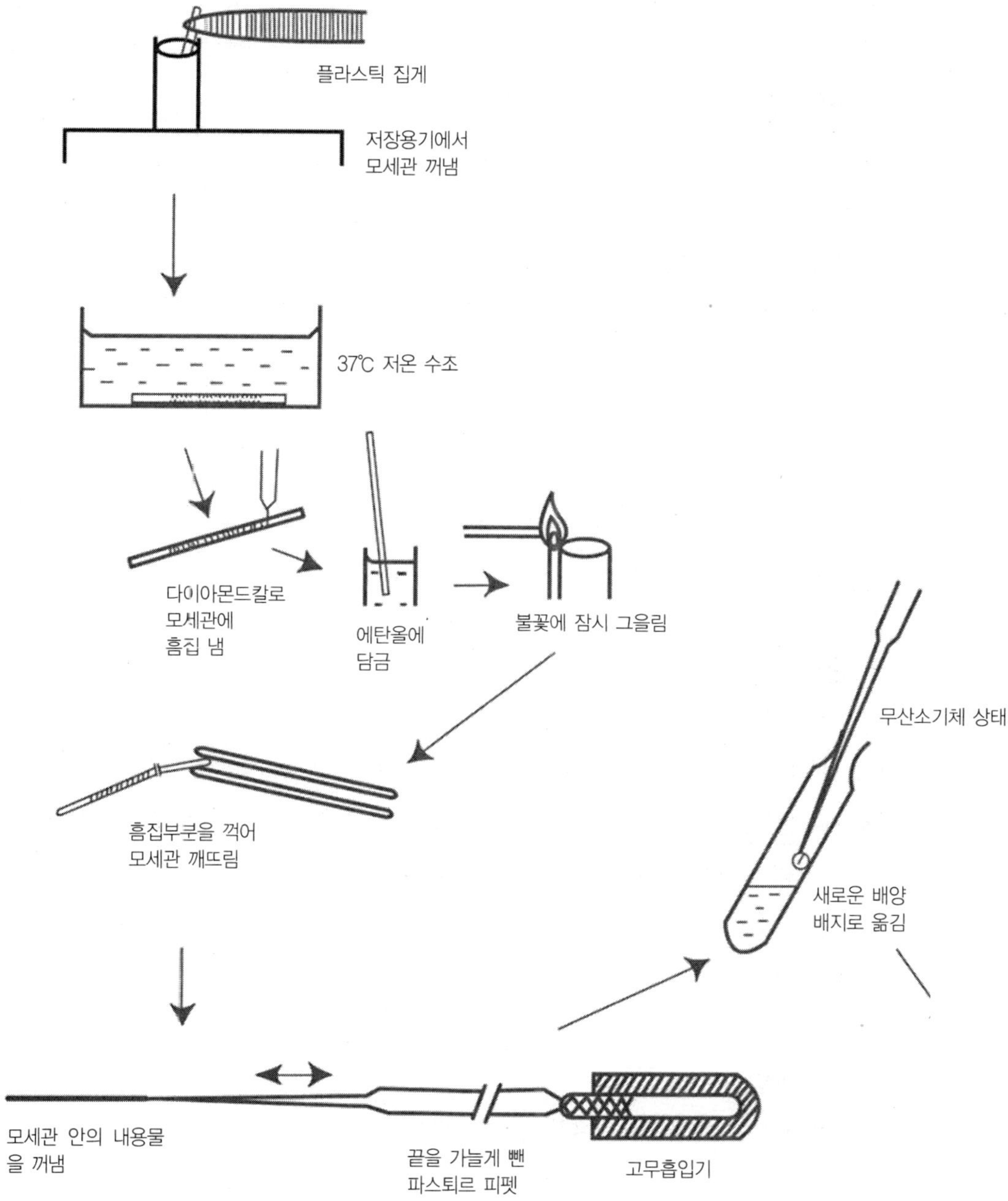

[그림 2-3-19] 미생물의 저온보존을 위한 유리모세관 보존법 : 저장용기에서 모세관 꺼내기, 개봉 및 세포 현탁액 재생

출처 : 유럽생물자원센터 M/1998/3.00 Appendix 5.01

실험 2-3-4 동결건조법에 의한 세균 보존

1. 의의 및 원리

동결건조 과정에서 수분이 동결된 샘플로부터 제거되고 미생물의 수분활성도를 낮추어 주는 미생물 장기 보존법이다. 세균의 동결건조 보존은 균체를 동결보호제에 현탁하여, 동결한 다음 동결 및 건조을 거치는 과정에서 수분이 동결된 샘플로부터 제거시켜 진공상태로 장기 보존되는 미생물의 보존법이다.

출처 : 유럽생물자원센터 M/1998/3.00 Appendix 5.08

2. 목 표

세균 균체를 회수하여 동결보호제에 현탁하고, 진공동결 건조기에서 진공하에 동결건조세균 보존방법에 대한 이론과 실무를 습득한다.

3. 준비물

(1) **대상미생물 및 배지** : 사면배양한 세균, Nutrient broth, 탈지유

(2) **시약류 및 소모품** : sodium glutamate, 유리솜, 면전

(3) **기구 및 초자류** : 냉동용 유리바이알(43/44×11mm 또는 43×10mm), 외부유리바이알(15×135mm). 파스퇴르피펫(또는 2.5ml Combitip 및 Eppendorf Multipette 4780), 원심분리관, 혐기성균 배양튜브, 오토클레이브, 크린벤치, 원심분리기,

4. 실험방법

세균의 동결건조 과정의 순서도는 〔그림 2-3-20〕과 같으며, 세부적인 사항은 아래와 같다

(1) 바이알 준비

바닥이 평평한 유리바이알(43/44×11mm 또는 43×10mm)을 세제로 씻고 수돗물로 세척한 뒤 증류수로 세척한 후 실온에서 건조한다. 건조된 바이알을 면전으로 막고 멸균확인표시지(예, ATI Steam-Clox, Biologische Arbeitsgemeinschaft

Gmbh, D-35423 Lich)를 붙여 121℃에서 20분간 멸균한다. 멸균한 바이알들은 상온에서 보관하며, 사용하기 전에 보존 날짜와 정확한 균주 번호(원균주 번호)를 쓴 라벨을 바이알에 붙인다.

(2) 동결 보호제

동결 보호제는 일반적으로 10% 탈지유 또는 5% sodium glutamate를 포함한 10% 탈지유를 사용한다.

(3) 균주 준비

균주는 정해진 배지(배지 및 배양조건은 균주 목록집 또는 기탁양식의 자료참조)에서 배양하고 대사 작용이 왕성할 때 균체를 수확한다. 포자를 형성하는 세균은 특정 형성시기에 수확한다. 균체는 스크류캡 튜브 상태로 원심분리에 의해 수확하거나 동결보호제로 평판에서 수확하기도 한다. 호기성 세균은 평판배지나 사면배지 또는 액체배지에서 배양한 후 원심 분리시킨 후 균체를 얻는다. 혐기성 세균은 스크류캡병, 혈청병, 혈청튜브(Balch type), 훈게이트 튜브, 부틸마개가 있는 Bellco 혐기배양튜브(롤 튜브의 경우는 18×124mm, 액체배양은 25×142mm)에서 배양한다. 산소제거장치(Merck Anaerocult IS)가 설치되었거나 혐기상태가 유지되는 배양상자내의 평판배지에서 배양하기도 한다.

(4) 바이알에 균체 넣기

얻어진 균체를 동결보호제와 섞는다. 파스퇴르피펫(또는 2.5㎖ Combitip을 끼운 Eppendorf Multipette 4780)으로 바이알에 세포 현탁액 0.2㎖을 채운다. 동량을 새로운 배양 시험관에 접종시켜 생존율검사를 위해 사용한다.

(5) 현탁액의 동결과 1차 건조

① 사용하기 전에 동결건조기의 공기유입구와 응축기 배수구를 닫고 냉각기를 켜둔다. 응축기가 -40℃~50℃로 냉각되면 펌프를 켜고 미리 30분간 작동시킨다.

② 바이알을 -20℃에서 30분간 동결시킨다.

③ 바이알을 동결건조기의 건조 챔버에 넣고 진공펌프에 연결시킨다. 하룻밤동안

1차 동결 건조시키면, 진공상태가 0.1mbar 이하로 떨어진다.

주의 : 얼음이 모두 제거되지 않았거나 챔버에서 바이알을 꺼냈을 때 여전히 차갑다면 1차 건조가 제대로 이루어지지 않은 것이다. 이럴 경우 건조 챔버에서 꺼내면 세포가 곧바로 수축되어서 폐기해야 한다.

④ 진공펌프와의 연결밸브를 잠그고 공기유입 밸브를 통하여 건조 챔버로 공기가 서서히 들어가게 한다. 혐기성 균주일 경우 질소가스를 사용한다.

⑤ 건조 챔버에서 건조된 바이알을 꺼낸다.

(6) 2차 건조

① 바이알에서 밖으로 튀어나온 솜을 제거한다. 실리카겔을 담은 외부 유리바이알에 내부 바이알을 넣는다.

② 가열하여 바이알을 가늘게 늘이는 동안 내부의 솜이 타는 것을 막기 위해서 약 1~2㎝두께의 압착 유리솜으로 바이알을 덮는다. 외부 바이알을 유리솜 바로 위에서 가늘게 늘인다.

③ 2차 건조를 위해 바이알을 동결건조기의 다기관에 장착하고 하룻밤동안 또는 적어도 2시간 이상 건조한다.

④ 0.1mbar 이하의 진공상태에서 바이알의 목부분을 불꽃으로 봉합한다.

⑤ 봉합한 앰플들은 8℃ 이하의 암실에서 저장한다.

배지를 제조하고 멸균한다.

↓

균주를 접종한다.

↓

균주를 배양한다.

↓

균주를 수확하고 동결보호제와 혼합한다.

↓

사용 30분전에 동결건조기를 켜둔다.

↓

바이알에 0.2㎖의 세포현탁액을 무균적으로 채우고 면전으로 덮는다.

↓

-20℃의 냉동고에서 바이알을 얼린다.

↓

얼린 바이알을 동결건조기 챔버로 옮긴다.

↓

진공이 0.1 mbar 이하로 될 때까지 적어도 1시간 이상 1차 동결건조를 하여 완전 건조시킨다.

↓

진공펌프에 연결된 밸브를 잠근다.

↓

공기유입밸브를 통해 공기가 진공챔버로 천천히 들어가게 한다.
(혐기성의 경우는 질소기체를 유입시킨다.)

↓

진공챔버에서 바이알을 꺼낸다.

↓

외부 바이알로 바이알을 이동한다.

↓

1~2㎝ 두께 유리솜으로 바이알을 덮는다.

↓

외부 바이알을 가열하여 가늘게 늘인다.

↓

외부 바이알을 동결건조기의 다기관에 장착한다.

↓

공기유입밸브를 잠그고 진공을 작동한다.

↓

2차 건조를 진행하여 건조를 완료한다.

↓

0.1mbar 이하의 진공상태에서 바이알을 밀봉한다.

↓

8℃ 이하의 암실에 저장한다.

↓

외부 바이알(15×135㎜) 안에 소량의 실리카겔을 넣고
솜으로 덮는다.

↓

내부 바이알(43/44×11㎜ 또는 43×10㎜)을 멸균한다.

↓

균주번호와 날짜를 바이알에 표시한다.

[그림 2-3-20] 세균의 동결건조 과정의 순서도

출처 : 유럽생물자원센터 M/1998/3.00 Appendix 5.08.1

4장 Fermentation
발효공정 및 관리

1절 미생물 배양

1. 배지조성 및 제조

(1) 배양배지 선택시 고려해야 할 사항

미생물을 인공적으로 배양하기 위한 적절한 영양소를 함유한 액체 또는 고형화 시킨 것을 배지라 한다. 성공적인 미생물의 배양을 위해서는 적절한 영양분과 환경 조건을 마련하여 주어야만 하는데, 이때 대상 미생물들이 잘 자랄 수 있도록 만든 영양물질의 혼합물을 배지(culture medium)라고 한다. 일반적으로 세포의 구성원소들을 살펴볼 때 C, H, O, N, P, S, K, Mg, Fe, Ca 등과 같은 대량 원소와 Co, Ni, Zn, Mo, Na 등과 같은 미량원소로 구성되어 있으므로, 배지는 이런 원소를 모두 포함하고 있으면 되는 것으로 간단히 생각할 수 있다. 그러나 미생물 균체의 구성 원소는 미생굴에 따라 그 구성 비율이 다르기 때문에 배지의 조성은 미생물의 특성에 따라 결정하여야 한다〔표 2-4-1〕.

[표 2-4-1] 미생물 종류에 따른 균체구성 원소 분포

원소	세균	효모	균류
C	48.0	48.0	48.0
N	12.5	7.5	6.0
P	2.5	1.7	2.5
S	0.6	0.13	0.3
K	2.8	2.5	1.4
Mg	0.3	0.3	0.2
Na	0.8	0.06	0.26
Ca	0.56	0.2	0.75
Fe	0.11	0.006	
Cu	0.02	0.04	
Mn		0.0002	

미생물 배지조성의 원리는 배양하고자 하는 미생물의 특성에 따라 필요한 필수 영양 물질을 적정한 수준으로 공급하여 미생물의 증식과 목적산물의 생성을 최적화하는 것이다. 배지로 사용하는 물질은 산업적으로 공급이 가능하며 경제적이며 안정적으로 공급이 되고 보존과 멸균에 유리한 원료를 선택하여야 한다. 맥아즙, 효모, 우유, 펩톤, 콩가루, 혈청 같은 식물이나 동물의 추출물은 미생물 증식에 필요한 영양원이 풍부하여 영양배지(rich medium) 제조에 이용된다〔표 2-4-2〕. 그러나 영양배지는 그 성분이 일정하지 않은 단점이 있어 배지 성분의 영향을 정확히 규명하는 연구에는 화학적 조성이 알려진 합성배지(synthetic medium: chemically defined media)를 사용하는 것이 좋다. 미생물의 배양에 있어 특히 고려해야 할 사항은 대상 미생물이 어떤 영양체인가 하는 것이다. 독립영양체(autotroph)인 경우는 영양원으로서 무기화합물을 요구하며 종속영양체(heterotroph)는 유기화합물을 영양원으로 요구한다. 더군다나 같은 독립영양체이거나 종속영양체일지라도 미생물의 종류에 따라서 필요로 하는 에너지원, 탄소원, 질소원, 무기염류 및 생장인자에 해당하는 화합물의 형태가 서로 다르다. 따라서 성공적인 미생물의 배양을 위해서는 대상 미생물의 생리학적인 성질에 부합되는 배지를 선택해야 한다. 동·식물 세포의 배양에 있어서는 미생물 배양에서 언급한 바와 같이 성장에 필요한 영양분들에 대한 고려 외에 몇 가지 더 고려해야 할 것들이 있다. 동물세포 배양의 경우 배양 중에 배지의 pH를 항상 일정히 유지시키는데 대한 고려가 필요하며, 식물세포 배양에 있어서는 배지에 생장 호르몬과 같은 생장 조절제를 첨가해야 한다.

[표 2-4-2] 실험실에서 주로 사용되는 유기 질소원

원료	분해방법	상품명	특성
Casein	효소분해	Trypticase (BBL) Casitone (Difco) Tryptone (Oxoid) NZ amine (Schefield)	Tryptophan High amino acid Low peptide
	산가수분해	Casamino acid (Difco) Casein Hydrolysis (Oxoid) Acidicase (BBL)	No cysteins Tryptophan
Meat	효소분해	Peptone (Difco) Proteose peptone (Difco) Myosate (BBL)	High peptide

Meat	Peɔsin 분해	Thiotone (BBL) Peptamine (Difco) Peptone (Oxoid)	Streptococci 배양에 유용함
Milk	효소분해	Peptonized milk (Difco)	Lactic bacteria 배양에 유용함
Soya	효소분해	Soytone (Difco) Phytone (BBL) Soy peptone (Oxoid)	High content of carbohydrate

2. 배지멸균 원리 및 방법

멸균(Sterilization)이란 원하지 않는 미생물의 균체를 파괴하여 증식능력을 박탈하거나 균체를 제거하여 원하는 미생물만을 증식하게 하는 과정을 말한다. 미생물의 균체를 파괴하는 방법에는 열처리, 여과, 화학약품처리, 방사선 조사, 초음파처리, 동력, 물리적 마찰 등이 있다. 미생물을 멸균할 때 배지 성분에 따라 성분간의 반응, 열에 의한 파괴가 일어나기 때문에 성분에 따라서 각각 다른 방법을 선택하여야 한다. tryptophan, glutamine, asparagine은 파괴되기 쉬운 아미노산이기 때문에 열로 멸균하지 못하고 여과로 멸균해야 한다. 수용성 비타민 중에서 thiamine, riboflavin, pyridoxin은 분해되기 쉬운 비타민이다. 37℃ 수용액상의 thiamine은 일주일만에 약 50%가 산소에 의하여 산화되어 불활성화되고 121℃에서 5분간 고온 습식 멸균할 때 완전히 파괴된다. 무기염류 중에서 암모늄염은 pH 7 이하에서 고온 습식 멸균되어야 한다. 그러지 않으면 암모니아가 되어 기화된다. 화학적 조성이 명백한 배지에서 PO_4^{3-} 은 Mg^{2+}와 결합하여 물에 거의 용해되지 않는 침전물을 형성한다. 따라서 인산염과 마그네슘염은 별도로 멸균하여한다. 착염화제가 없는 배지에서 $Fe^{2+}/^{3+}$은 침전되고 용액이 강한 산성 용액이 아니면 이용되지 못한다. 탄수화물과 질소원은 별도로 멸균하여야 한다. 함께 고온으로 멸균하면 탄소원과 질소원이 고온에서 서로 결합하여 갈색화합물이 생기는 캬라멜 반응이 일어나 공급된 탄소원과 질소원이 미생물이 이용할 수 없는 성분으로 전환된다.

(1) 건열멸균

유리 제품, 금속성, 도자기 제품 등 기구류를 멸균하는데 알맞은 멸균방법이다. 건열 멸균은 건열멸균기 안에서 140~180℃ 범위내에서 2~4시간 가열하여 멸균을 실시한다. 면전을 한 시험관은 철망에 넣고 샤레나 피펫은 종이로 포장하고 금속 용기에 넣어 멸균한다. 면전이나 포장지가 갈색으로 변색되면 완전히 멸균된 것이다. 멸균이 되었는가를 확인하기 위하여 시판되는 멸균 생물학적 지시제를 또는 화학적 지시제를 사용하여 멸균 여부를 확인한다. 현재는 멸균이 완료되면 색이 변하는 테이프를 주로 사용한다. 작은 물건과 열전도율이 좋은 것은 본 시험 방법의 조건으로 충분하지만 내부까지 열이 전달되지 않는 것은 가열 시간을 연장하거나 온도를 올려야 한다. 많은 재료에서 확실하게 멸균하기 위한 조건은 다음과 같다 〔표 2-4-3〕.

[표 2-4-3] 멸균 온도에 따른 멸균 시간

멸균온도	멸균시간
135~145℃	3~5시간
160~170℃	2~4시간
180~200℃	0.5~1시간

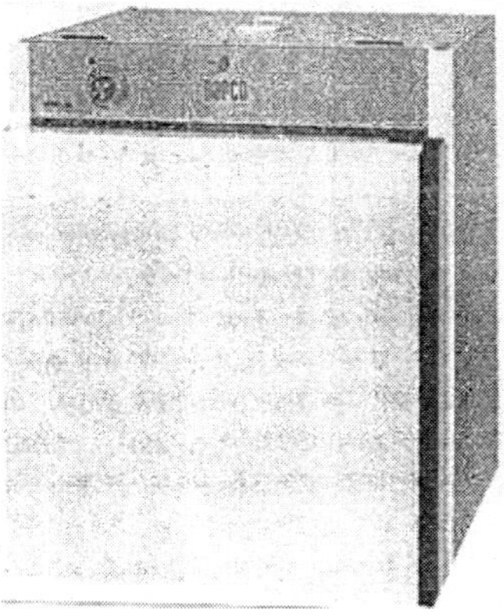

[그림 2-4-1] 건열 면균기

건조한 상태로 약 130℃ 이상에서 장시간 가열하여도 내열성 포자는 살아남는 것이 있으므로 완전한 멸균이 되지 않는다. 건열 멸균기에서 멸균하는 경우에는 멸균 대상물이 멸균기 내벽에 닿지 않도록 주의하고, 될 수 있는 대로 벽으로부터 떨어뜨려 넣는다. 이렇게 하지 않으면 외측 부분이 필요 이상으로 가열되어 손상을 입게 되며 중심부의 온도는 적정 온도까지 올라가지 못하므로 완전한 멸균이 되지 않는다.

(2) 고압증기멸균

고압증기멸균은 가장 널리 사용되는 멸균 방법으로 많은 기구와 배지의 멸균에 알맞다. 배지와 시액의 멸균은 대체로 이 방법으로 하며 멸균 온도, 시간, 배기판이 자동적으로 셋팅될 수 있는 오토클레이브(Autoclave)를 일반적으로 사용하고 있다. 멸균이 끝난 후에는 반드시 멸균기내 압력이 떨어졌는가를 확인하고 뚜껑을 열지 않으면 화상을 입는 경우가 많으므로 조심하여야 한다. 가열 멸균했을 때 생존균수는 〔그림 2-4-2〕와 같이 온도가 올라갈수록 사멸속도가 급속하게 증가한다.

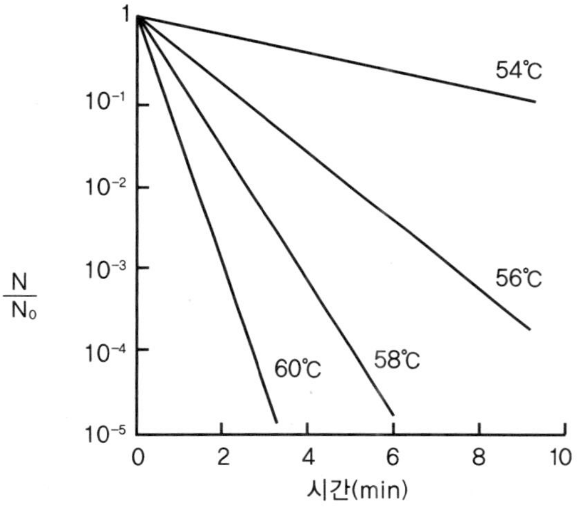

[그림 2-4-2] 전형적인 사멸곡선

일반적으로 생균은 65~85℃에서 5~10분이면 대부분의 균주가 사멸하지만 열에 강한 포자는 110~135℃에서 10분 이상 살균을 실시하여야 한다. 그리고 배지의 성분 또는 양에 따라서도 멸균시간을 15분에서 30분 이상 살균이 필요한 경우도 있다. 또한 포화 수증기가 되지 않으면 멸균 효과가 떨어진다. 따라서 종류에 따라서는 증기가 내부로 쉽게 침투할 수 있도록 하여 멸균할 필요가 있다. 예를 들어 빈 삼각 플라스크를 멸균할 경우에는 물을 넣어 내부에 증기가 발생되는 상태로 멸균한 후 건조기에서 물을 제거하고 사용한다. 또한 배지를 스크류 캡에 넣어 멸균할 때에는 마개를 약간 열어 멸균하고 식은 후 마개를 닫아 가열시 팽창에 의한 파손 및 마개를 열 때 외부 공기 유입에 의한 오염을 방지한다. 멸균 대상물을 고압 증기 멸균기 내에 넣고 뚜껑을 닫은 다음 가열한다. 멸균기 내의 공기는 배기 구멍을 통하여 완전히 배기시키고 배기구를 닫는다. 멸균이 끝난 후 증기는 서서히 뺀다. 가열로 변질될 우려가 있는 것은 멸균 온도와 압력을 낮추거나 시간을 단축한다.

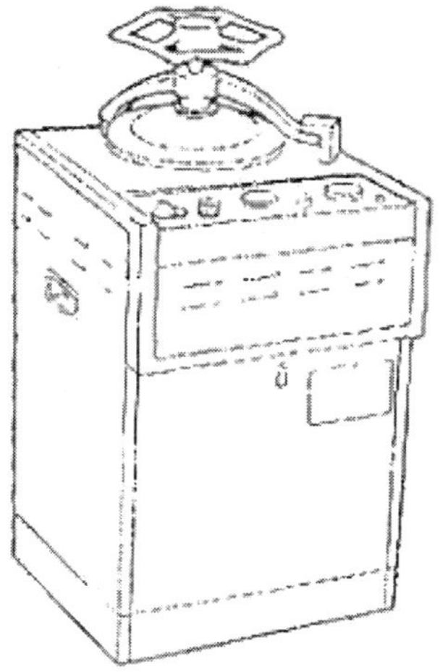

[그림 2-4-3] 고압 증기 멸균기

(3) 여과 멸균

열에 불안정한 용액의 멸균에 알맞다. 옛날에는 Seitz형, Berkefeld 형 등이 사용되었지만 최근에는 membrane filter가 정밀도도 높고 간편하기 때문에 많이 쓰고 있다. 여과 멸균 방법은 실제로는 멸균하는 것이 아니라 제균하는 것으로 실험 목적에 따라 필터의 pore size를 선택하여야 한다. pore size는 0.05~14㎛까지 여러종류가 있지만 제균용으로는 0.22㎛ 또는 0.45㎛가 많이 쓰이고 있다. membrane filter는 화학적 물리적으로 안정되어 있고 생물학적으로도 불활화된 cellulose 유도체(cellulose nitrate, cellulose acetate, triacetylcellulose, diacetylcellulose, cellulose mixed ester 등)과 polycarbonate 등의 플라스틱 또는 teflon제품이 있어 고압 증기 멸균에도 견디므로 사용 전에 알미늄 호일에 싸서 멸균한여 사용한다. 여과 장치가 셋트로 된 것, 소량의 액체 여과를 위하여 주사기에 직접 연결 사용할 수 있는 것, 대용량의 액체용, 공기를 여과할 수 있는 것 등 여러 가지 다양한 기종이 시판되고 있으므로 사용 목적에 따라 선택한다.

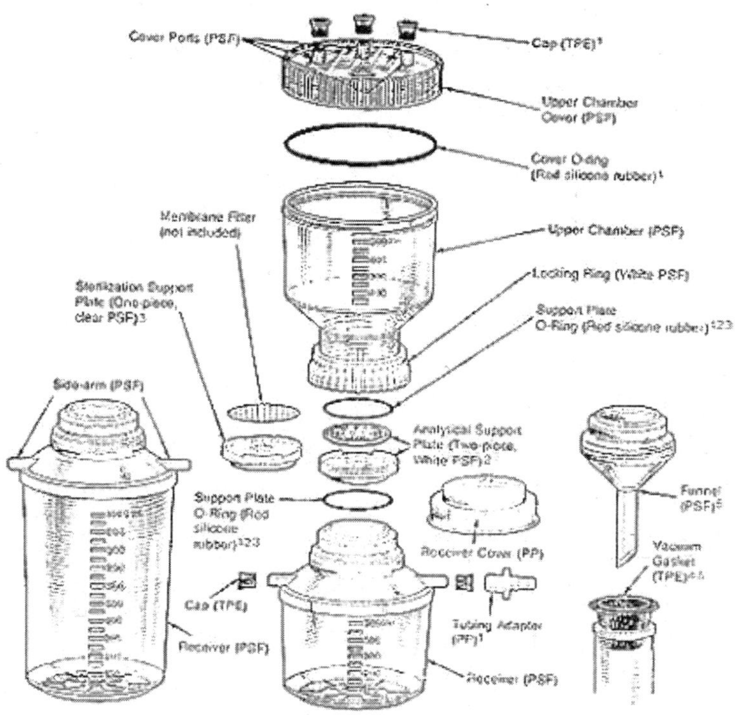

[그림 2-4-4] 여과멸균기의 구조

3. 배양장치(생물반응기 : Bio-reactor, 발효기 : Fermentor)

발효조의 가장 중요한 기능은 미생물에 그 생육에 필요한 환경을 주어서 바람직스러운 미생물을 증식시켜서 목적생산물을 얻는 것이다. 따라서 발효조의 설계와 제작은 대단히 중요하다. 산업용 발효조란 근본적으로 다수의 관과 밸브가 부착되어있는 상하가 막힌 원통형 용기로 되어있다. 원통형의 용기에 교반기, baffle, 공기주입장치가 있는 통기교반조가 일반적으로 많이 사용되며 표준형 발효조라 부리고 있다. 그리고 발효조내의 온도, pH, 발조내의 압력, 교반속도, 거품형성, 발효조내의 배지 양을 측정하기 위한 장치를 부착할 수 있도록 준비되어야 하며, 시료 채취구, 배지주입구, 산과 알카리 주입구 등이 갖추어져 있어야 한다.

상업적으로 사용하기 위하여 발효조는 발효배지의 살균, 온도조절 및 대사물의 제거가 필수적이므로 발효조 외부에는 증기와 냉각수를 통과시킬 수 있는 냉각 자킷(cooling jacket)을 부착한다. 대형 발효조에는 증기 혹은 냉각수를 통과시키는 내부코일(internal coil)을 설치한다. 많은 미생물들이 성장하기 위하여 산소를 필요하기에 발효조에서 가장 중요한 부분은 통기장치이다. 산소가 기체에서 액체내로 변화되는 속도가 대단위 발효장치에서는 매우 중요하므로 적절한 통기를 위해 세심한 주의를 요한다. 산소는 물에 대한 용해도가 낮으며, 미생물의 농도가 높은 발효조에서는 배양에 필요한 산소의 요구량은 대단히 크다. 적절한 통기를 위해 발효조에서는 두 종류의 장치를 동시에 사용한다. 이들은 공기를 주입하는 장치인 스파저(sparger)와 교반장치인 임펠러(impeller)이다. 스파저는 대개 여러 개의 구멍이 있는 금속고리형이나 노즐형태로 이를 통해 높은 압력의 공기를 발효조 안으로 공급하는 장치이다. 이때 공기는 작은 방울로 발효조 안으로 들어가게 되며 방울의 표면에서 산소가 액체로 확산된다. 성능이 좋은 통기장치는 공기방울의 크기를 아주 작게 만들기 때문에 기체-액체 경계면의 넓이가 크게 되어 산소의 확산이 잘 이루어진다. 소형발효조에서는 스파저만으로도 충분한 통기효과를 얻을 수 있으나 대형산업용 발효조에서는 임펠라를 이용한 교반이 필수적이다. 교반은 공가방울을 발효조 전체에 골고루 분산시킬 뿐 아니라 미생물을 배양액과 혼합하여 미생물이 영양소를 골고루 섭취할 수 있게 한다. 가장 일반적으로 이용되는 교반장치는 중앙축과 여기에 연결된 평평한 날 혹은 원판으로 이루어진 것으로 중앙축은 모터에 연결되어 빠른 속도로 회전할 수 있게 되어있다. 임펠러의 교반효과를 증진시키기 위해 보통 발효조 내부에 수직으로 배플(baffle)을 장치한다. 임펠러에 의해 교반되는 배양액이 베플에 충돌하여 충분한 혼합이 가능해진다. 배양조에서 액체동역학은 극히 복잡하지만 발효조의 효과적인 설계와 운전에 적절한 혼합이 필수적이기 때문에 발효조의 동역학을 이해할 필요가 있다. 임펠러가 연결된 중앙축은 발효조 밖에서 모터와 결합되어 있다. 발효조를 오염시키지 않기 위해서 중앙축과 원통형용기의 연결부위를 멸균된 밀폐제로 밀봉하여 오염균이 발효조 안으로 유입되는 것을 방지한다.

(1) 생물 배양장치의 종류 및 구조

배양장치는 일반적으로 임펠러를 이용하는 전통적인 발효조인 교반반응기(stirred-tank reactor), 기체분사(sparing)에 의하여 교반되는 반응기인 기포탐반응기(bubble column reactor) 교반반응기와 기포탑반응기의 중간 특성의 루프식반응기(loop reactor)가 있으나 상업적으로 대부분 〔그림 2-4-5〕와 같은 교반반응기가 사용되고 있다.

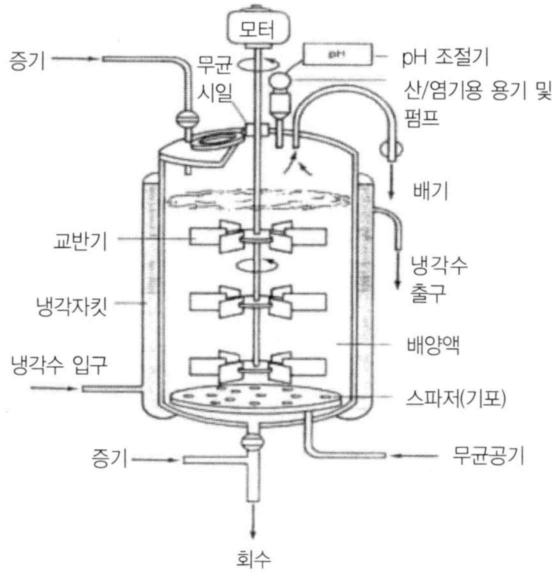

[그림 2-4-5] 교반반응기의 구조 및 형태

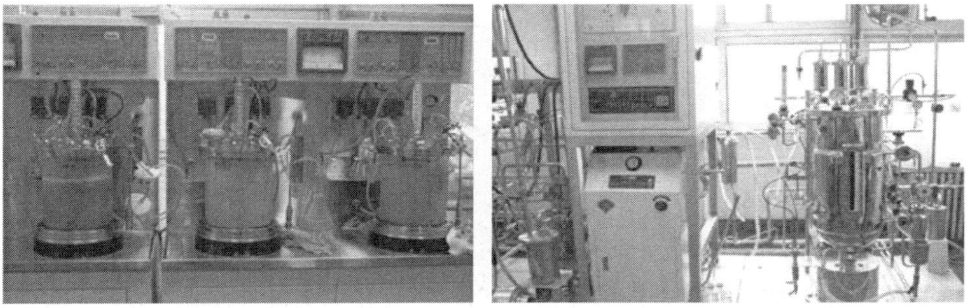

[그림 2-4-6] 5L 실험실용 발효조 및 50L Pilot 발효조

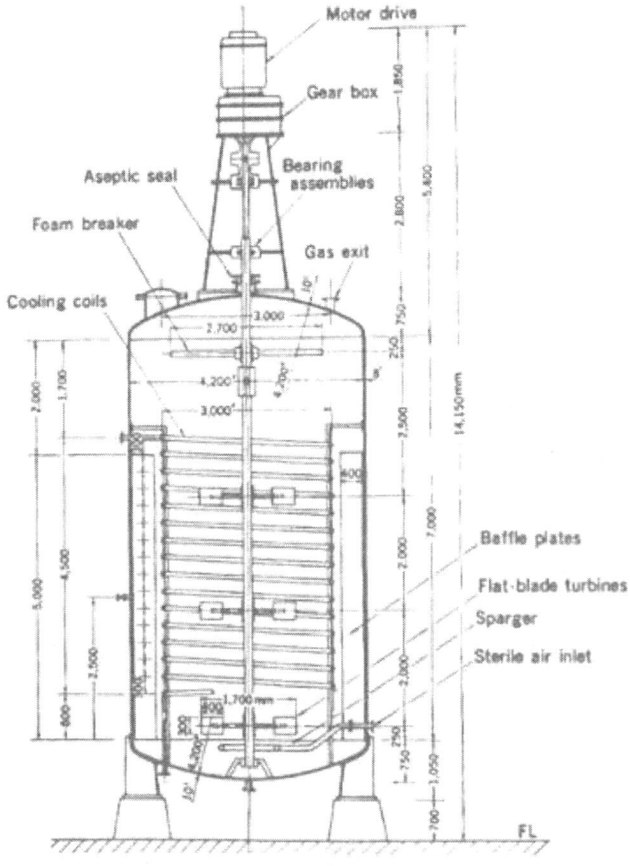

[그림 2-4-7] 50 KL 상업용 발효조

(2) 생물반응기의 제어

모든 미생물 배양공정은 정상적으로 조업되는 것을 확인하기위해 기록되고 제어되어야 한다. 특히 산업적 대단위 발효에서는 배양이 잘못될 경우 큰 경제적 손실이 관련되기 때문에 공정의 제어가 대단히 중요하다. 배양 중에 미생물 생장과 산물의 생산을 측정하는 것이 필요할 뿐 아니라 환경인자를 변경시켜 공정을 제어(control) 할 필요도 생긴다.

일반적으로 측정되는 환경인자는 용존산소농도, pH, 균체농도, 산물농도 등이다. 뿐만 아니라 많은 경우 발효조의 거품과 온도 또한 제어되어야 한다. 온도조절은 배양공정에 따라 가온과 냉각이 필요하다. 최근에 컴퓨터가 발효공정의 제어에 중요한 역할을 담당하게 되었다. 컴퓨터가 사용되는 목적은 발효공정에서 일어나는 변화를 나타내는 통계자료를 얻기 위해 그리고 발효공정에서 조절이나 변경이 필요한 각종 환경인자의 조절에 컴퓨터가 이용된다. 대단위 발효공정의 미생물 생장과 산물의 생산과정에서 발효를 적절히 진행시키기 위해 실제 일어나는 변화에 대한 통계자료를 수집해야 된다. 컴퓨터를 이용해서 발효조의 발효상황을 측정하는 것을 통계자료의 온라인습득(on line acquisition)이라 하며, 이 통계를 컴퓨터가 직접 처리하면 특히 유용하다. 여러 경우에 있어서 발효조의 탐침으로 얻어지는 자료를 미생물학적 혹은 생화학적으로 해석할 필요가 있으며, 컴퓨터를 이용하면 얻어진 통계자료를 발효조 운전자가 발효공정의 진행을 눈으로 볼 수 있게 그래프로 정리할 수도 있다. 발효공정에 컴퓨터를 이용하면 자료를 기계가 읽을 수 있는 형태로 저장할 수도 있어서 다른 컴퓨터로 이전이 가능하며, 차후에 이 자료를 더 상세하게 분석할 수도 있다. 이보다 더 발전된 컴퓨터의 활용은 발효공정의 온라인 제어기법이다. 예를 들면, 발효가 진행되는 과정에서 특정 환경인자를 변경시키거나 미생물의 성장과정에 따라 영양소를 첨가하는 것이 필요할 수도 있다. 컴퓨터를 이용하면 미생물의 생장을 측정한 자료를 분석하여 첨가할 영양소의 시기와 양을 결정할 수 있다. 마지막으로 발효공정을 묘사(modeling)하는데 컴퓨터를 이용할 수 있다. 이를 위해 미생물의 생장과 산물의 생산을 묘사할 수 있는 방정식을 포함하는 발효공정의 수학적 모형을 개발할 필요성이 생긴다. 대개의 경우 이러한 모형은 미분방정식으로 표현되기 때문에 컴퓨터를 이용하는 수치해석 방법을 통하지 않고서는 풀 수 없는 경우가 많다. 발효공정을 묘사할 때 컴퓨터의 진가는 생장과 산물의 수율에 관한 각종변수를 빠르고 상호보완적으로 검정할 수 있으며, 이들 변수를 변화시키면 공정에 어떤 영향을 주는가를 검정할 수 있다. 이러한 방법을 통하면 발효공정에서 여러 가지 변수의 영향을 시험공장이나 대규모공장에서 많은 돈을 들이는 대신 컴퓨터 단말기에서 적은 비용으로 쉽게 연구할 수 있다.

[표 2-4-4] 각종 발효공정에 이용되는 발효조의 크기

발효조의 크기(L)	생산물(product)
1~20,000	진단용 효소, 분자생물학적 물질 등
40~80,000	효소, 항생물질 등
100~150,000	페니실린, 아미노글리코사이드계 항생물질, protase, amylase, steroid 변형, amino acid 등
500,000~5,000,000	Amino acid(lysine, glutamic acid 등)

4. 미생물의 성장 및 측정

(1) 미생물의 성장 측정 방법

미생물을 탄소원과 질소원 등이 모두 잘 공급된 배지에 접종하고 물리 화학적 조건을 유지하면 균체는 질양 및 수가 증가하게 된다. 미생물은 처음 세포의 무게와 크기가 증가하고 다음 세포분열이 일어나면서 세포의 수가 증가하게 된다. 미생물의 증식은 배지내의 반응물질이 대사되어 미생물 균체로 전환된 것을 의미한다. 증식에 필요한 물질이 고갈되지 않고 또한 증식을 저해하는 물질이 축적되지 않으면 미생물의 증식은 계속된다.

균체량의 측정은 미생물의 상태를 이해하는 가장 중요한 자료가 된다. 균체량의 측정은 균체의 수를 직접 측정하는 직접계수법(direct microscopic count), 생균수 측정법(viable count)이 있으며, 현탁한 세포(cell suspension)에 의해 야기되는 빛의 분산도 측정를 측정하여 미생물의 상대적 증가를 관찰 할 수 있는 방법이 있다. 그리고 곰팡이나 방선균 같이 균사체를 형성하거나 배지의 성분에 고형분이 많이 있다면 빛의 분사도를 측정하기 어렵기 때문에 PMV(Packed Mycelium Volume)를 측정하기도 한다.

1) 생균수 측정법

미생물이 자랄 수 있는 고체배지에 적절히 희석된 시료를 일정량 도말하여 균체를 키워서 생성된 군락(Colony)의 수를 계수한다.

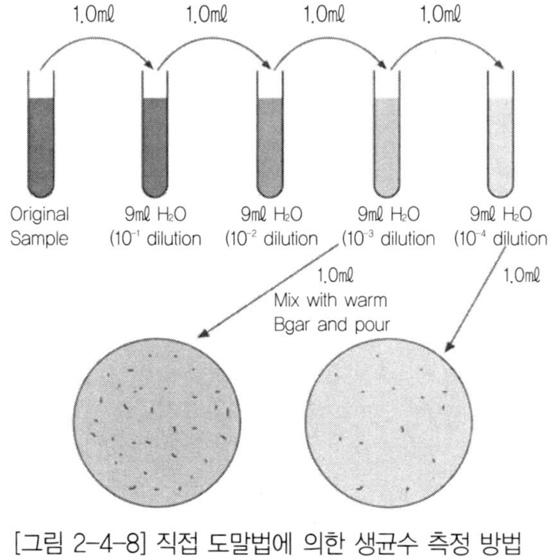

[그림 2-4-8] 직접 도말법에 의한 생균수 측정 방법

2) 균체 건조 질량(Dry weight)과 생균체 질량(Wet weight)의 측정

균체 건조 질량은 균체를 배양액으로부터 분리하여 균체를 건조시킨 후 무게를 측정하는 방법이다. 균체를 배양액으로부터 분리하기 위하여 원심분리를 하거나 균체가 통과하지 않는 막을 이용하여 균체를 얻은 후 105±2℃의 항온 건조기에서 항량이 될 때까지 건조하여 무게를 측정한다. 균체의 무게를 건조하지 않고 곧바로 균체의 질량을 측정하는 것을 생균체 질량이라고 한다. 원심분리기를 이용하여 균체를 침전시킨 후 상등액을 버리고 남은 균체의 무게를 측정한다. 대장균(Escherichia coli)의 건조 질량은 생균체 중량의 약 25%가 되므로 이 관계로부터 건조 중량을 간접적으로 얻을 수 있다. 생균체 질량을 측정하여 유전자 재조합균주(Recombinant strain) 배양 후 생성된 단백질의 양을 유추할 수 있다.

[표 2-4-5] 균체량과 목적 단백질 생성량의 계산

항 목	비 율 (%)	시 료 (g)
Wet weight	100	1,000
Dry weight	25	250
단백질 함량(Protein)	50	125
발현율	15	
목적 단백질 함량		18.75

3) 분광계를 이용한 균수의 측정

미생물의 양을 가장 빠르고 간단하게 측정하는 방법으로 배양액내에 빛의 분산을 방해하는 고형성분이 없는 배지에서 사용이 가능하다. 균체를 이용하여 세포의 현탁액을 만들어 분광기(spectrophotometer)를 이용하여 흡광도(absorbance)인 Optical Density(O.D)를 측정하여 균체의 수를 간접적으로 확인할 수 있다. 균체의 양이 증가하면 일정한 파장에서 균체로 인하여 광선의 분산이 일어나고 균체의 농도가 높을수록 O.D 값이 증가하게 된다. 통상 550~650nm의 파장에서 분광기를 이용하여 균체의 농도를 측정하면 O.D 값이 0.1~1.0 사이가 되도록 배양액을 희석하여 O.D 값을 측정한다.

4) 방선균 및 곰팡이류의 균체 성장 측정

방선균이나 곰팡이류는 균사체(Mycelium)을 형성하며 배지에 콩가루, 글루텐(Gluten)과 같은 불용성 원료가 많이 들어 있어서 분광계를 이용하여 O.D 값을 측정하는 것이 불가능하다. 이러할 경우 원심분리기를 이용하여 고형성분의 양과 균사체의 양을 측정하여 PMV(Packed Mycelium Volume)을 측정한다. 통상 10㎖의 배양액을 원심분리관에 넣고 2,000 RPM으로 10분 정도 원심분리 후 상등액을 측정하여 남아 있는 침전물의 양을 계산하여 PMV를 결정한다.

(2) 세포의 생장 곡선

일반적으로 실험실에서 세포를 배양할 때는 회분배양법(batch culture)이 주로 쓰인다. 회분배양이란 일정한 용기 내에 일정량의 배지를 넣고 세포를 접종하여 일정한 시간 동안 배양하는 방법이다. 이때 세포의 생장 상태를 관찰해보면 〔그림 2-4-9〕와 같은 단계로 이루어져 있다. 〔그림 2-4-9〕에서 X축은 배양시간을 의미하는데, 동 · 식물세포의 경우 세포분열에 걸리는 시간이 미생물의 경우보다 매우 느리므로 생장곡선의 단계에 대한 시간이 미생물배양의 경우보다 매우 길다.

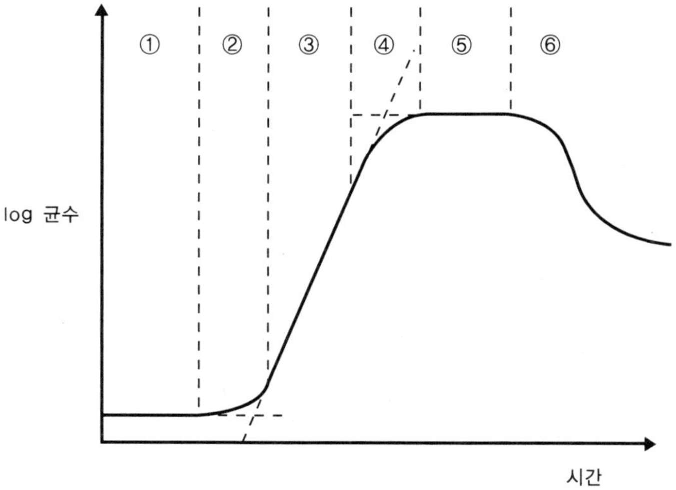

① 지연기, ② 가속 생장기, ③ 지수 생장기, ④ 감속 생장기, ⑤ 정지기, ⑥ 사멸기

[그림 2-4-9] 세포의 생장곡선

세포의 생장곡선의 각 단계별 특성을 보면 다음과 같다.

1) 지연기(lag phase)

새로운 환경에 적응하고 탄소원의 수와 종류 등에 영향을 받는 이용에 필요한 효소의 생산시기이다. 생합성을 하기 위한 전구물질의 생산을 하는데 지연기의 정도는 접종균의 상태에도 영향을 받는다.

3) 대수 또는 지수 생장기(exponential phase)

이미 새로운 환경에 적응을 하고 세포의 수와 질량이 지수적으로 증가한다. 또한 균형성장((balance growth) ; 세포의 모든 성분이 똑같은 속도로 증가)을 하는 시기이며, 지수생장속도는 1차반응속도와 같고 영양소와는 무관하다.

5) 정지기(stationary phase)

필수영양소의 고갈 및 독성 산물의 축척이 되고 알짜 생성속도(net growth)가 0(생장속도 = 사결속도)이며, 총 세포의 농도는 일정한 값이나 생균수는 감소한다. 또한 내인성대사가 일어나서 세포내의 저장물질을 분해하여 생체물질 합성이나 유지에너지(maintenance energy)에 사용된다. 세포의 용혈현상이 시작되고 은밀성장(cryptic growth)으로 다른 세포의 분해물질을 이용하여 성장이 시작된다. 이때부터 2차 대사산물이 생산되기 시작하며 유지에너지는 기본적인 대사에 필요한 에너지로서 작용한다.

6) 사멸기(death phase)

정지기에서 세포분열을 멈추고 있던 세포들은 결국 시간이 지남에 따라 죽게 되어 살아 있는 세포의 수적 감소를 보이는 감소기에 이르게 된다.

특히 지수성장기에서의 세포의 양적인 증가는 다음과 같은 수식으로 나타낼 수 있다.

$$\frac{dX}{dt} \equiv \mu X$$

적분을 위하여 변형하면 $\frac{dX}{X} = \mu\, dt,\ t = 0$일때 $X = X_0$

적분을 하면 $In \frac{X}{X_0} = \mu t$

$$\ln X - \ln X_0 = \mu t$$

X_0 : 배양초기의 세포의 양(initial cell mass) (g/L)

X : t 시간 후의 세포의 양(cell mass after time t) (g/L)

t : 배양 시간

μ : 단위시간당 단위 세포의 양의 증가를 나타내는 비례상수, 즉 비성장속도 (specific growth rate)

이 식을 μ에 대하여 정리하면 다음과 같다.

$$\mu t = \ln X - \ln X_0$$

$$\mu = 1/t \ln(X/X_0)$$

따라서 지수성장기에 있어서 시간경과에 따른 세포의 양의 증가를 반로그그래프지에 그리면 직선이 된다. 이렇게 직선이 되는 것은 이 기간 동안 비성장속도, 즉 μ의 값이 일정하기 때문이며, μ값은 직선의 기울기가 된다. 폐쇄적인 액체 회분배양으로는 세포로 하여금 지수성장을 지속적으로 유지하게 할 수가 없다. 그러나 생물공학적 측면에서 계속적으로 세포를 생산할 필요가 있거나 세포의 2차 생성물을 지속적으로 얻어 내어야 할 경우에는, 세포의 지수성장기를 계속적으로 유지시킬 필요가 있다. 이때 사용되는 방법이 연속배양법(continuous culture)이며 신선한 배지를 지속적으로 주입하고 생성되는 세포를 지속적으로 수확함으로써 배양액의 배지 조성과 세포의 양을 일정하게 유지시킴으로써 세포의 지수 성장기를 유지시킬 수 있다.

회분식 배양방법은 배양의 경과에 따라 배지성분이 감소되어 주요 기질이 완전히 소비될 때까지 배양을 계속하고 미생물의 증식과 목적생산물을 축적하는 폐쇄반응의 일종이며 발효공업에서 일반적으로 이용되고 있는 방법이다. 아미노산, 유기산 같은 유용한 1차 산물과 항생물질 등의 2차 대사산물은 감속기와 정체기의 초기에 생산되므로, 회분배양이 공업에서 흔히 사용되고, 배양여액이 판매 가능한 산물인 맥주나 포도주의 생산에도 회분배양이 이용된다.

① 생장 관련산물(1차 대사산물) : 미생물의 생장과 동시에 산물이 생산하는데, 산물의 생산이 비생장속도에 비례한다. 1차대사산물로는 아미노산, 핵산, 알콜발효, Gluconic acid 발효 등이 있다.

② 비생장 관련산물(2차 대사산물) : 생장속도가 0인 정지기동안 생산되는 산물로 항생물질(penicillin, streptomycin, vitamin발효), 면역억제제, 색소 등이 2차 대사산물이다.

③ 혼합생장 관련산물 : 완만한 생장 또는 정지기에 일어나며, 젖산 및 잔탄껌의 생산 등의 산물이 산출된다.

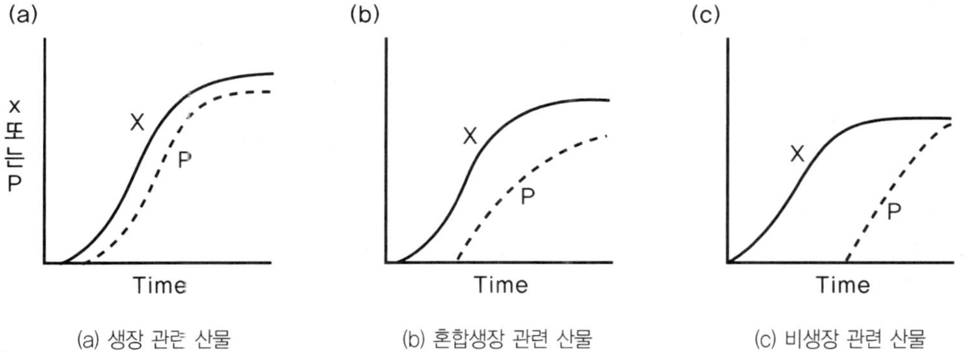

(a) 생장 관련 산물　(b) 혼합생장 관련 산물　(c) 비생장 관련 산물

[그림 2-4-10] 회분식 발효조에서 균체성장에 따른 생성물의 형성속도 유형

(2) 미생물 성장을 위한 배양 조건

1) 온 도

미생물은 생장 가능한 온도의 범위에 따라 저온균, 중온균 및 고온균으로 분류된다. 저온균은 -10℃에서도 증식하는가 하면 고온균은 85℃에서도 생장이 가능하다. 그러나 이 온도 범위는 무기 촉매에 의한 반응에서 사용하는 온도 범위에 비하여 좁으며 특히 고온 부분의 온도가 일반적인 화학반응에 비하여 훨씬 낮다. 미생물의 생장속도는 가능한 온도 범위 내에서는 온도에 따라 지수적으로(exponentially) 증가한다. 이것은 세포의 대사과정에 관여하는 효소의 반응속도가 온도에 따라 지수적으로 증가하기 때문이다. 그러나 그 범위를 초과하면 생장속도는 급격히 저하되는데 그 이유는 세포를 구성하는 단백질과 세포구성 물질이 열변성(thermal degradation)되기 때문이다.

[표 2-4-6] 미생물의 증식온도

구 분	증 식 온 도 (℃)			균 주
	최 저	최 적	최 고	
저온균(Psychrophile)	-10~0	10~20	20~30	*Pseudomonas, Vibrio, Candida, Torulopsis, Cladosporium* 균중 일부
중온균(Mesophile)	5~15	25~40	40~55	대부분의 세균, 방선균, 곰팡이, 효모
고온균(Thermophile)	25~40	50~60	75~85	*Thermus, Bacillus, Clostridium* 균중 일부, 고온성 곰팡이

2) pH

미생물의 증식 및 대사반응에 대한 pH의 영향은 매우 크며 생산물의 생성속도에도 많은 영향을 미친다. 박테리아나 방선균은 pH 5~9, 효모나 곰팡이는 pH 1.5~9에서 생육하지만 그 최적 pH는 각각 6.5~7.5와 4~6으로 알려져 있다. 그러나 Thiobacillus thiooxidants처럼 강한 산성인 pH 0.5~1에서 생육하거나 Nitrobacter, Nitrosomonas 등 처럼 강한 알카리성인 pH 13에서도 생육할 수 있는 미생물도 알려져 있다. 일반적인 박테리아라도 유산균(lactic acid bacteria)이나 초산균 등과 같이 산을 생산하는 균은 낮은 pH에 대해서 저항성이 있다. 미생물의 생장이 pH에 의존하는 것은 세포 내 효소의 활성이 pH에 따라 변하기 때문이다.

(3) 종배양(Seed culture)과 주배양(Main culture)

종배양은 주배양 결과에 가장 큰 영향을 주는 요소 중 하나이다. 특히 상업적 배양과 같이 발효규모가 10KL 이상이 되면 종배양의 영향은 더욱 크게 된다. 그리고 세균에 비하여 성장이 늦은 곰팡이의 경우 종배양 결과가 주배양의 결과에 미치는 영향도 더욱 크게 된다. 일반적으로 종배양은 세포의 성장과정에 대수증식기의 균체를 종배양으로 사용하게 된다. 하지만 이차대사물질의 발효 경우는 대수증식기를 막 지났거나 정지기 상태의 균체를 종배양으로 상용하는 경우도 있다. 하여 종배양을 진행하면서 초기대수증시기, 중기대수증시기, 후기대수증시기, 정지기 별로 종배양을 선택하여 주배양으로 접종하여 종배양 상태가 주배양에 미치는 영향을 철저히 조사하여야 한다. 종배양에서 주배양으로 접종하는 seed의 양 역시 중요하다. 일반적으로 증식이 빠른 세균은 주배양 부피의 1~5%를 종배양의 양으로 사용하지만 성장이 늦은 곰팡이 경우는 5~20%를 종배양의 부피로 사용하게 된다. 하지만 〔표 2-4-7〕과 같이 종배양의 양이 너무 많으면 종배양 단계가 늘어나서 많은 종배양 발효설비 및 오염의 확률이 높아지므로 seed 단계에서는 〔표 2-4-8〕과 같이 종배양의 부피를 과감히 줄이고 종배양의 영향이 큰 마지막 접종량을 정상적으로 사용하는 것이 유리한 경우가 많이 있다. 그리고 초기 단계 seed 배지와 중간 이후 seed 배지를 달리하는 경우가 많이 있다. 이것은 첫 단계 seed는 균체의 성장을 양호하게 하기 위하여 효도액기스, 펩톤과 같은 고가의 질소원을 사용하고 두 번째 seed 부터는 주배양과 유사한 질소원, 탄소원을 사용하여 균주로 하여금 새로운 배지에 적응할 수 있도록 유도한다(〔표 2-4-9〕 참조).

[표 2-4-7] 100KL 주배양시 종배양 방법 1

종배양 단계	Seed 양	Seed 비율
1단 seed	750㎖ : 삼각 flask	
2단 seed	7.5L/10L 발효조	10%
3단 seed	75L/100L 발효조	10%
4단 seed	750L/1,000L 발효조	10%

5단 seed	7.5KL/1KL 발효조	10%
100KL 주배양	75KL/100KL 발효조	10%

[표 2-4-8] 100KL 주배양시 종배양 방법 2

종배양 단계	Seed 양	Seed 비율
1단 seed	750mℓ : 삼각 flask	
2단 seed	75L/100L 발효조	1%
3단 seed	7.5KL/1KL 발효조	1%
100KL 주배양	75KL/100KL 발효조	10%

[표 2-4-9] 항생제 발효를 위한 배지 종류

	Medium For Plate	Medium For Slant	1st Seed Medium	2nd Seed Medium	Production Medium
Soluble Starch	10				
Soytone	10				
Agar	20	20			
Yeast Extract		3	3		
Malt Extract		3	3		
Bacto-peptone		5	11		
Glucose		10	17		5
Oxidized starch				50	
Starch					100
Gluten				5	15
Soybean Powder				5	15
$CaCO_3$				3	

5. 고체배양(표면 및 응집배양)

미생물은 고형배지 위에서는 집락(Colony)을 형성하며 증식한다. 액체배지에 한천(Agar)을 사용하여 Plate 또는 Slant 형태의 고체배지를 만들어 미생물을 순수 분리하거나 균주의 역가를 향상시키기 위한 돌연변이를 위하여 사용한다. 액침배양 기술(Submerged culture)이 개발되기 전에는 고체배양 방식을 이용하여 미생물을 배양하였으며, 각종 당화효소, 막걸리 생산을 위한 누룩을 비롯하여 항생제를 생산하기도 하였다. 현재 상업적으로는 발효사료제조용, 농업미생물을 이용한 퇴비제조, 버섯재배용으로 고체배양이 부분적으로 사용되고 있다.

[그림 2-4-11] 고체배양제조 장치

6. 회분식 배양(Batch culture)

회분식 배양(batch culture)란 배양이 완전히 끝난 후 다시 배지를 교체하는 방식이다. 즉, 초기에 한번 배지를 채운 후 배양이 끝날 때까지 더 이상 영양물질을 공급하거나 제거하지 않는 배양기를 말한다. 회분식 배양기에는 교반기가 설치되어 있어 내용물의 조성이 균일하다고 가정한다. 회분식 배양의 전형적인 공정도가 〔그림 2-4-12〕에 표시되어 있다. 이러한 형태의 배양기는 단순하기 때문에 실험실과 산업계에서 널리 사용된다. 회분식 배양은 가장 간편하고 또 많이 사용되는 미생물 배양 방법으로 공기를 제외한 모든 배지성분이 외부와 차단된 폐쇄형 배양법이다. 배지성분 및 미생물의 균수가 배양시간에 따라 변하게 된다. 배양환경이 비교적 일정할 때에는 일정한 속도로 증식하다가는 결국 환경의 변화에 따라 미생물의 고유 특성에 새로운 환경에 적응하게 된다.

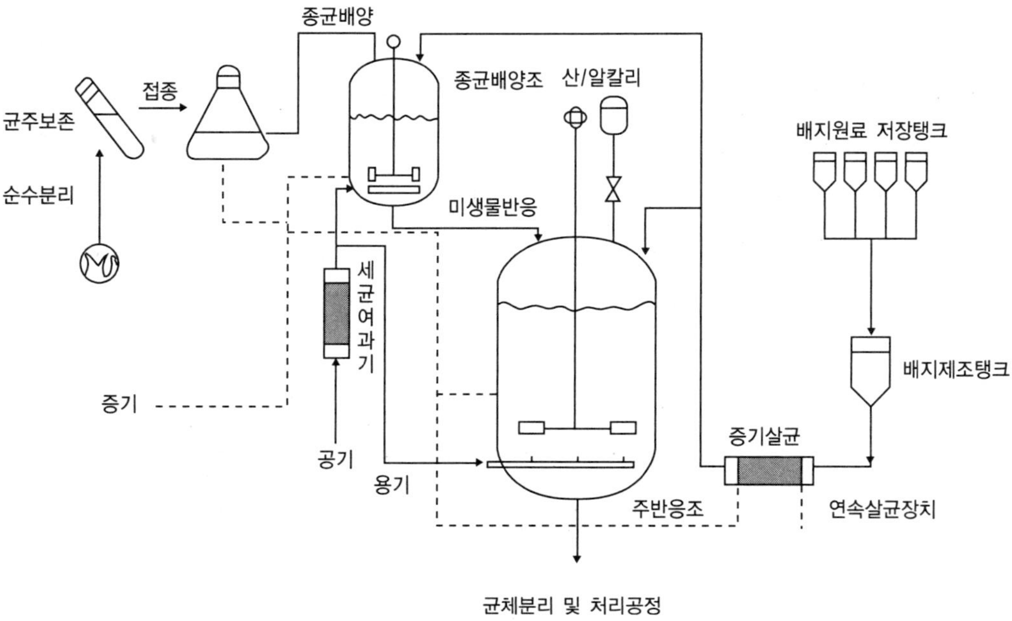

[그림 2-4-12] 전형적인 회분식 배양 공정도

7. 기질주입 회분식 배양(Fed-batch culture: 유가식 배양)

유가식 배양은 회분배양과정에서 증식에 대하여 제한인자로 되어 있는 기질을 소량씩 계속 공급하면서 일정하게 저농도를 유지하는 배양법을 말한다. 이 유가식 배양기술은 생물반응기에서 높은 농도의 세포밀도에 도달하기위한 생물학적인 산업 공정으로 전형적으로 사용된다. 유가식 배양에서는 미생물 배양에 가장 필요한 어떤 특정 제한기질(1성분 또는 2성분 이상도 좋다)을 생물반응기에 공급하지만 배양 broth는 배양 종료까지 빼지 않는 방법이다. 유가배양은 glycerol, butanol, acetone, 유기산, 아미노산, 효소, 항생물질 생산 등 대부분의 발효에 광범위하게 이용된다. 필요한 영양원을 한꺼번에 투입하는 회분식 배양에 비해 발효가 이루어지는 동안에 필요한 물질을 첨가해야 한다. 예를 들어 methanol이나 ethanol을 탄소원으로 하는 경우 초기에 고농도로 하면 미생물은 생육에 저해를 받으며, 반대로 기질농도를 묽게 하였을 경우는 균체 증식은 잘 이루어지나 생성물 농도가 낮아 경제적인 방법이 못된다. 또한, 질소원이나 다른 영양원도 마찬가지 결과를 초래한다. 따라서 발효기간 중에 소량씩 기질 또는 필요한 영양원을 공급함으로써 적당한 균체 증식과 더불어 2차 대사산물의 대량 생산을 유도하기 위해 유가배양의 방법이 이용된다. 높은 농도의 탄소원도 자주 유가식 배양에서 feeding 재료로 사용된다. 초기에 당의 농도가 너무 높으면 균체의 성장에 저해를 받거나 과도한 성장이 이루어져 산소부족 현상이 일어나 배양을 제어하기 어렵게 된다. 균체의 성장과 배양액내 탄소원의 농도를 관찰하면서 적절하고도 지속적으로 탄소원을 공급하면 높은 농도의 균체와 생산성을 얻을 수 있다.

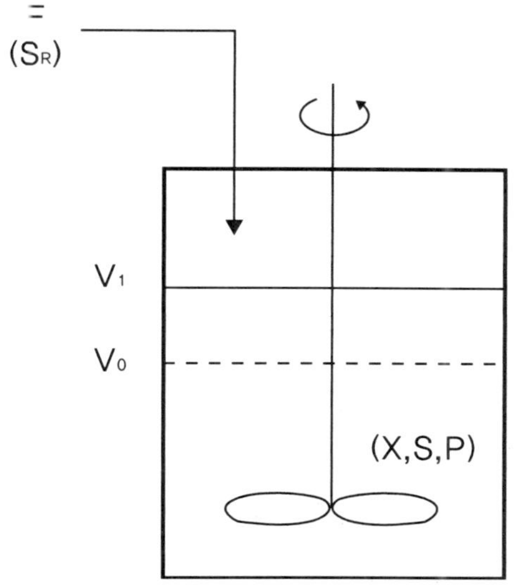

[그림 2-4-13] 유가식 배양 방법

F : 신선한 배지의 유입속도, P : 생산물 농도, S : 잔존 기질농도,
S_R : 유입배지 중의 기질농도, V : 배양액의 부피, X : 균체농도

8. 연속배양

연속배양은 배양조에 신선한 배지를 일정속도로 공급함과 동시에 배양액을 연속적으로 배출시킴에 의하여 발효조의 액량을 일정하게 유지시켜주는 배양방법이다. 회분식 배양에서는 배양액내 기질이 소비된 시점에서 배양이 완료되지만, 연속 배양에서는 이론적으로는 배양이 무한적으로 계속될 수 있다. 보통 회분배양에서는

미생물에 주어진 환경이 배양시간의 경과와 함께 항상 변화하는데 비하여 연속배양에서는 환경인자가 일정하게 유지된 상태, 즉 정상상태가 계속 유지된다. 연속배양의 모식도를 〔그림 2-4-14〕에 나타내었다.

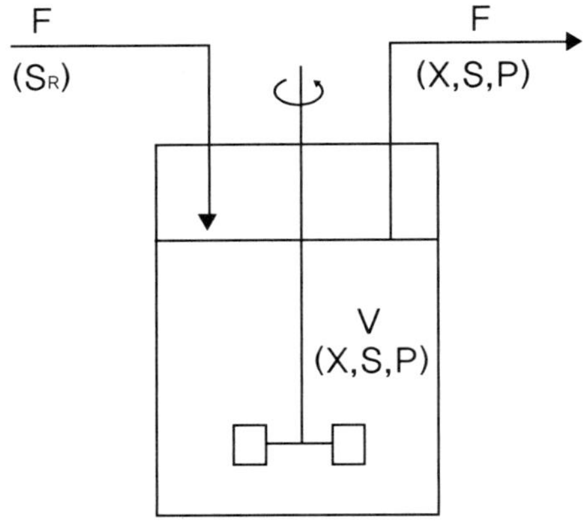

[그림 2-4-14] 연속배양 공정도

발효조에 유입되는 배지의 유속을 배양액의 단위 용적당으로 나내낸 것을 희석율(Dilution rate) D로 정의하면

D=F/V 여기서 F는 배지의 공급 속도, V는 배양 액량이 된다.

균의 농도의 변화 단위시간당 균 농도 변화량은 다음과 같다

dx/dt = 생육량 - 유출량

$dx/dt = \mu x - Dx$

이지만, 연속배양의 정상상태에는 균의 농도의 변화가 일어나지 않으므로 dx/dt=0 이다 그러므로

$\mu x - Dx = 0$

$\mu x = Dx$

따라서 μ = D의 관계가 성립한다.

그림 4-15는 연속배양에서 균체농도(X), 제한기질농도(S)와 균체생산성(DX)의 관계를 보여주는 그림이다. 희석률이 증가함에 따라 배양액의 기질농도는 처음보다 약간 증가하지만 D가 μ_{max}로 접근함에 따라 급격히 상승하게 된다 이와 같이 미생물의 최대 비증식속도와 같은 희석률을 한계희석률(D_{crit} : critical dilution rate)이라 한다. D_{max} 이상으로 희석률이 조절되면 미생물은 모두 배양조 외부로 유출되어 나오는데 이런 현상을 wash out이라 한다.

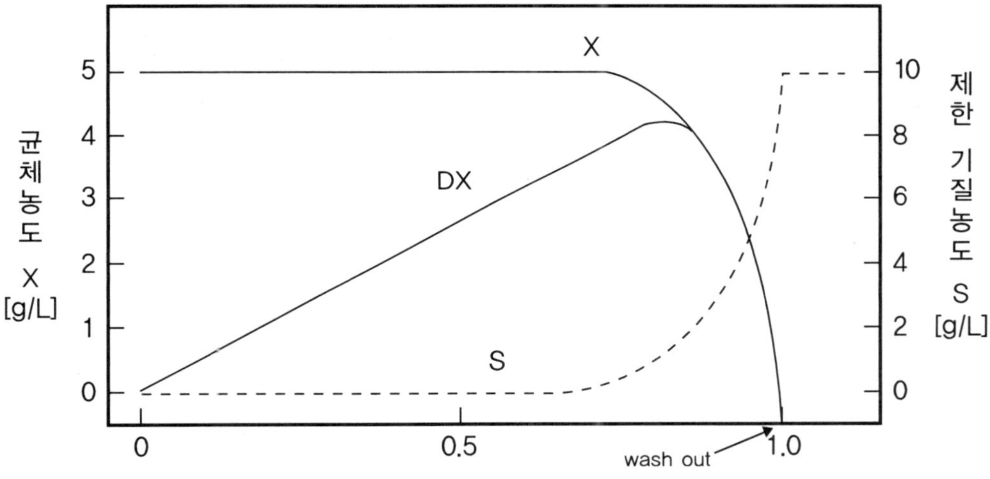

[그림 2-4-15] 연속배양에서 희석률과 균체농도(X), 기질농도(S)의 관계

연속배양은 회분식배양에 비하여 중단 없이 오랜 시간을 가동할 수 있다는 이론적으로 많은 장점이 있다고 알려져 있다. 하지만 [표 2-4-10]과 같이 배양액 중의 생산물 농도와 수득율이 낮고 목적물을 분리하는 정제공정이 기본적으로 비연속적이라 배양액을 분리정제하는 비용이 많이 발생하는 단점을 지니고 있다. 그리고 밀폐적 회분배양에 비하여 새로운 배지가 계속 투입되고 생성물이 빠져나오는 개방적 배양이라서 오염이 되기 쉬운 약점을 지니고 있어서 산업적으로 미생물배양에서는 거의 적용된 사례가 없으며 동물배양 세포에서 많이 적용되고 있다.

[표 2-4-10] 연속배양의 장단점

	장 점	단 점
장치	장치용량을 축소 할 수 있다. 다단식 연속배양에 의해서 합리화할 수 있다.	기존설비를 이용한 전환이 곤란하며 장치의 합리화가 요구된다.
조작	작업시간을 단축할 수 있다. 전공정의 관리가 용이하다.	다른 공정과 연속시켜 일관성이 필요하다.
생산성	중간 및 최종제품의 내용이 일정하고 계통화에 의한 종합효과를 얻을 수 있으며, 인력 및 동력 에너지가 절약되어 생산비를 절감할 수 있다.	배양액 중의 생산물농도와 수득율은 비연속시에 비하여 낮고 생산물 분리비용이 많이 든다.
생물	미생물의 생리, 생태 및 반응기국의 해석수단으로 우수하다.	밀폐성이 떨어지므로 잡균에 의해서 오염되기 쉽고 변이의 가능성이 있다. 생물반응에 영향을 미치는 인자 및 동력학적 해명이 불충분하다.

2절 동물세포 배양

동물세포 배양이란 체외(in vitro)에서 인공적으로 체내(in vivo)와 유사한 조건을 제공하여 세프를 대량 증식시키는 방법이다. 이때 동물세포는 현탁상태(suspension)나 단층부착(monolayer attachment) 상태로 생장한다. 동물세포 배양은 미생물이나 식물세포의 배양에 비하여 더 까다롭다. 동물세포를 배양할 때 다음 사항을 고려해야 한다.

1) 대부분의 동물세포는 표면에 부착하여 생장한다.
2) 동물세포는 미생물보다 크고 복잡한 세포로서 생장속도가 미생물에 비하여 매우 느리기 때문에 생산성이 낮고 배양 도중 미생물에 의해 오염되기 쉽다.
3) 배양에 필요한 배지의 조성이 완전하게 알려져 있지 않고, 혈청(serum)과 같은 값비싼 성분을 요구한다.
4) 동물세포는 섬세한 플라스마 막(plasma membrane)으로 쌓여 있어서 전단력(shear force)에 약하므로 산소 공급을 목적으로 한 심한 교반을 피해야 한다.

동물세포 배양 중에서 포유동물세포(mammalian cells) 배양이 주류를 이루고 있기 때문에 양자를 혼동해서 사용하는 경우가 있다. 그러나 동물세포 배양에는 포유동물세포 이외에 곤충세포나 물고기세포의 배양도 포함되어 있다. 곤충세포는 강력한 프로모터를 갖고 있는 배큘로 바이러스(baculovirus)에 의해 감염시켜 유용한 단백질을 생성한다. 포유동물세포 배양으로 단백질을 생산하는 경우 숙주세포로는 대개 유전자 조작된 중국 햄스터 난소세포(Chinese hamster ovary cells, CHO cells)가 이용된다.

동물세포(animal cells)를 배양하는 목적은 크게 두 가지로 효소, 호르몬, 백신, 면역 조절인자, 항암제 등 여러 종류의 의료용 치료 단백질을 생산하는 것과 장기(organ)나 조직(tissue)을 만들어 내는 일이다. 치료용 단백질은 유전자 재조합된 미생물을 이용하여 생산할 수도 있다. 그러나 생성물이 대개 당그룹이 연결되어 있는 복잡한 단백질이기 때문에 단백질 합성뿐만 아니라 번역 후 수정(post-translational modification)을 수행할 수 있는 동물세포를 이용하는 것이 제품의 품질 면에서 바람직하다.

1. 세포 배양을 위한 동물세포의 처리

동물세포를 배양하기 위해서는 동물의 특정 장기 또는 조직에서 떼어 낸 조직들을 처리하여야 한다. 우선 무균상태에서 T-플라스크나 롤러 병(roller bottle)에서 생장시키는 데 이것을 1차 배양 또는 초대 배양이라 한다. 이때 얻어지는 세포는 1차 배양세포(primary cell line)라 하며 부착의존성 세포(anchorage-dependent cell)이다. 1차 배양은 배지에 의해 크게 영향을 받는다. 처리의 두 번째 단계는 EDTA, 트립신, 콜라게나아제(collagenase) 등이 포함된 용액을 사용하여 1차 배양세포를 플라스크 표면에서 분리하여 배양하는 것이다. 이때 얻어지는 2차 배양세포(secondary cell line)는 현탁액상에서 자라도록 적응되어진 비부착의존성(anchorage independent) 세포가 될 수 있다. 하이브리도마 같은 몇몇 동물세포는 부착의존성이 아니며 현탁배양(suspension culture)에서 생장한다.

정상적인 동물세포 계통(cell line)들은 사멸성(mortal)이어서 세포분열 횟수가 한정되어 있다. 예를 들어, 인간 섬유아세포(human fibroblast)인 MRC5는 약 30세대 분열 후 노화되어 더 이상 분열되지 않는다. MRC9 및 IMR90 등도 세포분열 횟수가 한정되어 있다. 그러나 동물세포를 형질 변경시키면 무한정 분열될 수 있는 세포가 만들어진다. 무한정 분열이 가능한 세포의 예로는 CHO-K1(Chinese hamster ovary 기원의 섬유아세포), HeLa(인간세포 기원의 상피세포), Vero(원숭이 신장에서 유래된 섬유아세포) 등이 있다. 동물세포에는 아포토시스(세포의 자살 · 자멸) 라는 기능이 있어 일정한 기간이 지나거나 생체 내에서의 역할이 끝나면 저절로 죽게 된다. 이 아포토시스의 움직임을 유전자 수준에서 억제하면 단백질을 만드는 동물세포의 수명을 연장시킬 수 있다.

2. 동물세포 배양에 사용되는 배지

포유동물세포 배양을 위해 사용되는 배지는 미생물 배양용 배지보다 복잡하며 고가이다. 미생물 배지를 구성하는 탄소원과 에너지원, 질소원, 무기염류, 미량원소 외에도 비타민, 생장인자, 완충제(buffering agent) 등이 포함되어야 하며 특히 5~20%의 혈청(serum)이 추가되어야 한다. 광우병 사태이후 동물성 혈청 사용에 많은 제약이 있어서 현재는 대부분 의약품 생산을 위하여 혈청을 함유하지 않은 무혈청 배지를 이용하여 동물세포 배양을 실시하고 있다.

혈청은 호르몬, 생장인자, 비타민을 공급해 줌으로써 동물세포의 생장과 활성을 촉진시킨다. 혈청은 또한 호르몬, 미네랄, 지방 등을 운반하는 수송 단백질을 제공해 주는 등 필수적인 역할을 한다. 이외에도 단백질 분해효소(protease)의 활성을 억제하고, pH 조절용 완충제 역할을 하는 등의 장점이 있다. 그러나 그 가격이 고가이며, 혈청 내에 포함되어 있는 단백질 및 펩티드 때문에 세포배양 후 얻어지는 제품의 분리정제 공정이 매우 복잡해진다. 또한 혈청을 멸균하기 위하여 가열법을 사용하지 못하고 여과(filtration)해야 하기 때문에 마이코플라즈마(mycoplasma) 또는 바이러스 등에 의한 오염의 가능성을 증가시킨다. 또한 혈청을 함유한 배지는 거품이 잘 생긴다. 그러나 혈청 사용의 가장 큰 문제점은 배치(batch) 마다 혈청의 조성이 달라지기 때문에 혈청을 사용한 실험은 재현성을 얻기 어렵다는 점이다. 동일한 세포를 같은 성분의 배지에서 배양한다 하더라도 그 배양의 결과가 항상 다르게 나타난다.

[표 2-4-11] 혈청의 주요 성분 및 세포 성장에서 하는 역할

성 분	기 능
단백질	
알부민	Osmoticum 및 완충제
Fetuin	세포부착
Fibronectin	세포부착
α2-macroglobulin	트립신 억제제
Transferrin	철(Fe)을 결합함
Polypeptides	
내피세포(Endothelial) 성장인자(ECGF)	유사분열 촉진인자(Mitogen)
표피세포(Epidermal) 성장인자(EGF)	Mitogen
섬유아세포(Fibroblast) 성장인자(FGF)	Mitogen
인슐린형(Insulin-like) 성장인자(IGF)	Mitogen
혈소판유래(Platelet-derived) 성장인자 (PDGF)	Mitogen 및 주요 성장인자
호르몬	
Hydrocortisone	세포 부착과 증식 촉진
인슐린	포도당과 아미노산 흡수 촉진
성장 호르몬	태아의 혈청에 존재하는 Mitogen

대사산물 및 영양소	
아미노산	세포 증식
포도당	세포 증식
케토산(예:피루브산)	세포 증식
지질(예:콜레스테롤)	생체막 합성
Minerals	
철, 구리, 아연, 셀레늄	효소 및 기타 구성 성분
억제제	
γ–globulin	
사전 오염으로 인한 박테리아 독소	

이러한 문제점을 극복하기 위해 무혈청(serum-free) 배지가 개발되어 왔다. 무혈청 배지 내에는 포도당, 글루타민, 다른 아미노산, 염들 이외에도 혈청 대체 물질로서 인슐린, 트렌스페린(transferrin), 셀레늄(selenium)을 포함하기도 한다. 무혈청 배지는 그 구성 물질의 조성을 분명히 알 수 있어 배지 조성이 표준화되며 실험의 재현성을 높인다. 또한 멸균이 용이하고, 생성물의 정제가 쉽고, 가격이 비교적 저렴한 장점이 있다. 무혈청 배지의 문제점으로는 특정 호르몬이나 성장인자를 첨가해야 하는 경우 비용이 비싼 점, 상업화가 불가능하므로 용도에 따라 맞춤 생산이 되어야 하는 점, 세포의 생장속도가 혈청이 함유된 배지보다 느린 점, 세포 계통마다 서로 다른 무혈청 배지 조성을 요구하는 점과 무혈청 배지에 적응되지 않는 세포 계통이 있다는 점이다.

3. 포유동물세포의 배양 조건

포유동물세포는 그 크기가 10~30㎛로서 생장속도는 배가시간(doubling time)으로 표시하여 10~50시간이며 전형적인 값은 20시간이다. 세포농도는 현탁배양시 0.1~1g/L(0.5×10^6 cells/mL~5×10^6 cells/mL)에 도달한다. 포유동물세포 배양을 위한 최적 환경조건으로 온도와 pH는 각각 37℃와 7.3이다. pH를 7.3부근에 유지하기 위하여 5%의 CO_2가 보강된 공기를 사용한다. 탄산염 완충용액(carbonate buffer, HCO_3^{2-}/H_2CO^{3-})이 pH를 7.3부근에 유지하는 데 사용된다. 반면 곤충세포 생장을 위한 최적 온도는 약 28℃이며 pH는 6.2부근이다. 물고기 세포 배양의 적정

온도는 동물세포보다 낮은 25~35℃ 이지만 넓은 범위의 온도에서 잘 견디며, pH 7~7.5에서 잘 자란다.

동물세포 생장에 필요한 산소요구량(0.06~0.2×10^{-12}mol O^2/h · cell)은 식물세포의 20% 수준으로 적은 편이지만 동물세포는 섬세한 플라즈마 막을 갖고 있어서 전단응력(shear stress)에 민감하게 손상되기 때문에 배양기 내에 미생물 배양 때 사용하는 형태의 교반기를 그대로 사용하는 것은 곤란하다. 또한 같은 종류의 세포를 같은 배지 내에서 배양한다 할지라도 전단응력에 따라 목적 생산물의 생산속도가 달라진다. 따라서 전단응력을 감소시킨 돛-형태 교반기(sail-type agitator)와 노-형태 교반기(scull-type agitator)가 개발되어 10~30rpm의 교반속도를 사용하고 있다.

4. 포유동물세포의 배양 도구

실험실에서 사용되는 동물세포 배양 용기로는 T-플라스크(100mL~1L), 패들형태의 자석 교반기가 있는 스피너 플라스크(100mL~1L), 약 1~5rpm으로 회전하는 롤러 병(roller bottle)(50mL~5L) 등이 있다. 그러나 동물세포는 대부분 부착의존성 세포이므로 이러한 배양 용기보다 단위부피당 표면적을 더 크게 할 필요가 있으므로 미세담체(microcarrier), 실관(hollow fiber), 세라믹 메트릭스(ceramic matrix) 등을 이용한 시스템이 개발되었다.

미세담체를 사용하면 1L당 70,000㎡ 정도의 표면적이 제공되며 세포농도도 10^7 cells/mL까지 증가된다. 가장 흔히 사용되는 미세담체는 덱스트란(dextran)을 기본으로 한 것과 DEAE를 기본으로 한 것(DEAE-sephadex, DEAE-poly acrylamide)이 있다. 실관반응기, 겔(gel) 비드, 미세캡슐화(microencapsulation) 등이 하이브리도마 세포로부터 단가 항체(monoclonal antibody)를 생산하기 위하여 실험실 규모로 사용되었으나 물질전달 속도가 느려지고 미세환경 조건의 제어가 어렵기 때문에 대규모화나 대량 생산을 위해 사용하는 데 문제가 있다.

포유동물세포의 생장곡선에서 정지기는 미생물에 비해 짧고 젖산염과 암모늄 같은 유독성 대사산물이 축적되어 살아 있는 세포의 농도가 급격히 감소한다. 유독성 대사물질을 제거하면서 배양하기 위하여 막(membrane)이나 미세캡슐(micro capsule)에 세포를 가두어 두고 배지를 필요에 따라 첨가하고 간헐적으로 사용된

배지를 제거하는 관류반응기(perfusion reactor)가 사용된다.

5. 동물세포 배양의 생산물

동물세포 배양을 최초로 산업적으로 응용한 것은 1950년대 초반에 백신(vaccine)을 생산하기 위해서였다. 그 후 단가항체(monoclonal antibody) 생산을 위한 하이브리도마를 이용한 동물세포 배양이 이루어졌다. 1970년대 후반에 와서 인터페론, 호르몬 등의 물질을 생산하는 방법으로 동물세포를 배양하는 대신에 이러한 물질을 만드는 유전자를 박테리아에 도입하여 발현시키는 재조합 DNA 기술을 사용하고자 하였다. 특히 유전자 재조합된 박테리아(recombinant DNA bacteria)에 의한 생산성이 동물세포를 이용한 방법보다 수십 배 높은 것이 알려지면서 재조합 박테리아에 의한 생산이 동물세포 배양을 대신할 것으로 보였다. 그러나 상업적 가치를 가지는 단백질계 제품의 수효가 증가함에 따라 동물세포 배양과 미생물 배양 중 어느 것을 선택할 것인가를 생성물의 복잡성에 따라 판단해야 한다는 것을 알게 되었다. 즉, 당 첨가반응(glycosylation) 등 번역 후 수식(post-translational modification)을 많이 요구하는 생성물의 경우에는 미생물은 이 일을 수행할 능력이 없으므로 생산비용이 많이 소요되더라도 동물세포를 이용하여 그 생성물을 만들어야 한다는 것을 알게 되었다. 동물세포 배양의 생성물은 하이브리도마 세포에서 얻어지는 단가항체와 유전자 조작된 세포가 만들어 내는 단백질 계통의 물질들이다.

(1) 바이러스 백신

현재 다음과 같은 질병에 대한 바이러스 백신(virus vaccine)이 개발되어 있다. 유행성 감기(influenza), 광견병(rabies), 홍역(measles), 유행성 이하선염(mumps), 황열병(yellow fever), 소아마비(polio), 천연두(small pox), 간염(hepatitis). 앞으로 백신이 개발되어야 하는 질병으로는 감기, 암 및 AIDS 등이 있다.

(2) 단가항체

단가항체(monoclonal antibodies, MAb)는 동물세포 배양으로 얻어지는 가장 중요한 생산물 중 하나이다.

[표 2-4-12] 미국 FDA 승인 단가 진단 항체

제품명	대상질환	제조회사
Herceptin	유방암, 전이성	Genentech
Rituxan	B 세포 임프종	Genentech
Renicade(Infliximab)	Crohn's disease	Centocor
Redpro	혈소판 응고억제	Centocor
Panorex	대장암	Centocor
Synagis	소아 virus 감염	MedImmune
Zenapax(Daclizumab)	이식거부 억제(심장)	Roche

단가항체는 의약품, 독소 등을 감지하는 치료용 진단시약과 친화성 크로마토그래피(affinity chromatography)에 사용된다. 진단키트의 예를 들면 암세포에서 과발현(over-expression)되는 효소에 대한 높은 친화력을 갖는 단가항체를 생산하여 암 진단키트를 단들 수 있다. 현재 질병 제어목적으로 미국 식품의약품 안전청(FDA)에서 승인된 단가 진단항체들은 표와 같고, 또한 암 치료 목적으로 임상시험 단계에 있는 항체의 종류도 20여 종류로 알려져 있다.

(3) 면역조절 인자

동물세포 배양으로 생산하는 면역조절 인자로는 인터페론(interferon), 림포카인(lymphokine)과 인터루킨(interleukin)이 있다. 인터페론은 바이러스나 암 유발물질에 노출될 때 동물세포가 분비하는 항암 당 단백질(glycoprotein)로서 면역조절 인자(immunobiological regulator)의 한 예이다. 인터페론α(INF-α)는 바이러스의 자극을 받은 백혈구(leukocyte)에 의해 만들어지며, 인터페론β는 바이러스의 자극을 받은 섬유아세포(fibroblast)에 의해 만들어진다. 인터페론γ는 유사분열 촉진인자(mitogen)나 항원의 자극을 받은 T-림프구(T-lymphocyte)에 의해 만들어 진다. 림포카인은 인체의 면역반응을 조절하는 호르몬성 단백질이며 인터루킨은 항암제이다.

(4) 효 소

동물세포 배양으로 생산할 수 있는 효소는 무수히 많다. 예를 들어, 유로키나아제

(eurokinase), 콜라게나아제, 펩신, 트립신 등과 혈액을 응고시키는 인자 VII(factor VII), 인자 VIII, 인자 X 등이 있다. 티슈 플라즈미노겐 활성제(tissue plasminogen activator, TPA)는 상업화되어 대량생산되는 효소이다.

TPA는 혈전을 용해시키는 작용을 한다. 우리 몸에 상처가 나면 불용성 단백질인 피브린(fibrin)이 생성되어 혈전을 만들어 혈액이 응고됨으로써 더 이상의 혈액이 유출되는 것이 방지된다.

3절 분리정제

발효 후 미생물이 만든 생성물을 효과적으로 분리 정제하는 것은 매우 중요하다. 발효공업에서 원료와 발효부분의 비용이 30~40%, 정제부분의 비용이 60~70%를 차지하는 것으로 알려져 있다. 하여 상업적으로 성공하기 위하여서는 발효에서 높은 생산성을 달성하는 것이 1차적 목표가 되지만, 제품규격에 적합하면서 저비용으로 높은 수율을 달성할 수 있는 정제공정을 개발하는 것이 매우 중요하다.

1. 배양액의 정제 단계

발효 후 목적하는 물질이 균체 내부에 있는지 발효액 내에 있는지에 따라서 정제공정이 달라진다. 발효액내에 있으면 균체를 분리하거나 배양액에 직접 추출 용매를 투입하여 만들어진 생성물을 일차적으로 수거하게 된다. 하지만 균체 내에 생성물이 존재하는 경우 균체를 분리하여 파쇄 후부터 정제공정을 시작하게 된다. 일반적으로 정제는 크게 4단계로 나눌 수 있다. 1단계는 균체 및 잔존하는 배지를 제거하고, 2번째는 생성물을 1차 분리한다. 3번째는 좀더 높은 순도의 생성물을 분리하고 4번째 마무리 공정을 통하여 제품규격에 합격하는 고순도의 제품을 구하게 된다. [표 2-4-13]은 일반적으로 정제공정에 따른 제품의 농도 및 순도의 변화를 보여준다.

[표 2-4-13] 여러 가지 분리 공정에 따른 제품의 농도 및 순도

Step	Product	
	Concentration (g/L)	Purity (%)
발효액	0.1-100	0.1-10
균체분리액	0.1-100	0.1-20
1차 정제	5.0-200	50-80
2차 정제	50.0-400	80-95
결정화		90-99.5

2. 정제원리 및 설비

(1) 발효배양액으로부터 균체의 분리

발효가 끝난 후 생성물은 발효액에도 있을 수 있고 균체의 내부에 있을 수도 있다. 어떤 경우에도 발효액으로부터 균체를 분리해야 한다. 발효액으로부터 균체를 분리하기 위하여 일반적으로 여과기(Membrane filtration: MF), 원심분리기, 규조토를 이용한 Drum filter, Filter press를 사용하여 균체를 분리한다.

(2) 여과액의 농축

균체를 분리한 여액은 생성물의 농도가 낮아서 부피가 너무 큰 경우가 많이 있다. 부피가 너무 크면 다음 단계 정제공정에 부담을 주기에 한외여과법(Ultra Filtration: UF), 역삼투압법(Reverse Osmosis: RO), 황산암모늄 또는 에탄올을 이용한 침전법 등으로 여과액을 농축하게 된다.

(3) 크로마토그라피 방법을 이용한 정제

생성물의 크기, 전화, 흡착성, 생물학적 친화성을 이용하여 이를 분리할 수 있는 레진(Resin)을 선정하여 생성물을 고순도로 분리하게 된다. 크로마토그라피 방법에는 생성물의 전화차이를 이용하여 분리하는 방법을 이온크로마토그라피(Ion-exchange Chromatography), 분자량의 크기에 따른 Molecular Sieve Chromatography(MSG), 흡착성을 이용한 Adsorbent Chromatograph, 생물학적 친화성을 이용한 Affinity Chromatography 방법 등이 있다.

[표 2-4-14] 정제공정에 원가에 미치는 영향

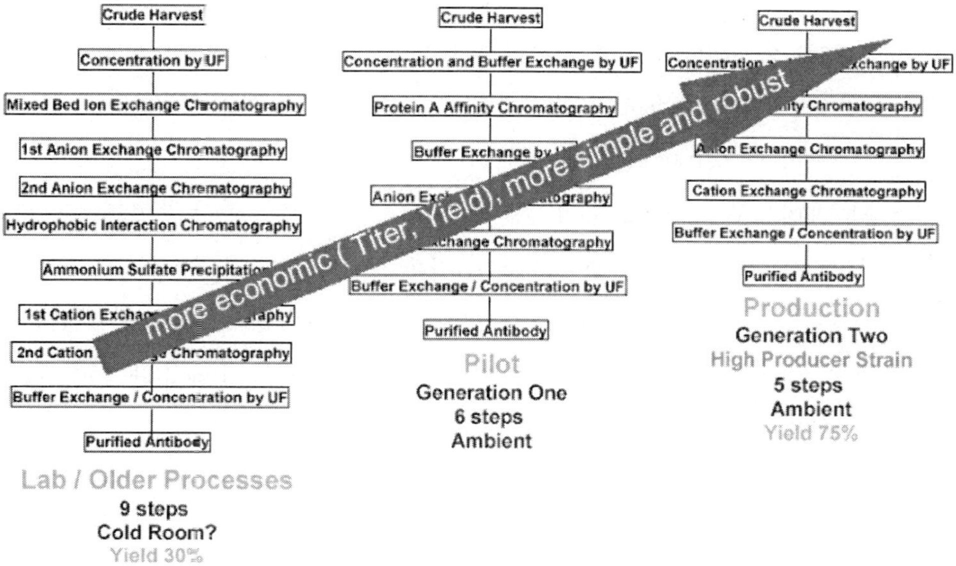

(4) 결정화, 건조공정을 통한 최종 제품 생산

결정화(Crystallization)와 공정을 통하여 순도를 최대한 올리게 되며, 여기서 얻은 생성물을 진공 건조(Vacuum Dryer), 열풍건조(Spray Dryer) 및 열에 민감한 물질인 경우 동결건조(Freezing Dryer: FD)를 통하여 완성된 제품을 얻게 된다.

3. 현장에서 정제 사례

(1) Mycophenolic acid 발효액을 이용한 정제

1) Mycophenolic acid 소개

Mycophenolic Acid(MPA)는 Penicillium brevi-compactum에 의하여 생산되는 2차대사물질이다. 1912년 C. L. Alsberg등에 의하여 발견되었으며, 1969년 A. Mitsui 등에 의하여 면역억제 기능이 있다는 것이 알려졌다.

1988년 P. H. Nelson 등에 의하여 MPA의 ester형태인 Mycophenolate mofetil(MMF)가 더욱 효과적인 면역억제제로 밝혀져 약으로 등록 되었으며, 다국적 제약회사인 Roche에 의하여 Cellcept이라는 상표명으로 전 세계적으로 사용되는 면역억제제로 상품화되었다.

2) Mycophenolic acid 물리화학적 성질

- Generic Name : Mycophenolic Acid
- Chemical Name : (4E)-6-(1,3-Dihydro-4-hydroxy-6-methoxy-7-methyl-3-oxo-5-isobenzofuranyl)-4-methyl-4-hexenoic acid.
- Molecular Formula : $C_{17}H_2OO_6$
- Molecular Weight : 320.34.
- Appearance : white crystalline powder
- Solubility : Soluble in most organic solvents such as methanol, ethanol, acetone, chloroform, dichloromethane, ethyl acetate; Insoluble in water
- Melting point : 140~142℃

3) 구조식

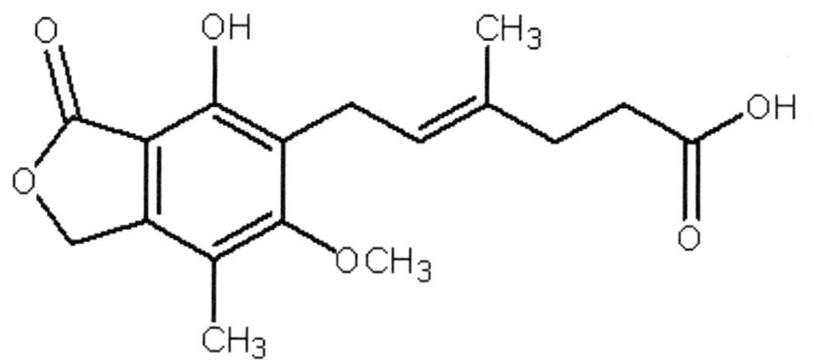

4) 정제단계 및 단계별 수율 및 HPLC 결과

Step	Volume (L)	Concentation (g/L)	Weight (g)	Yield (%)	Purity (%)
Fermentation Broth	2.6	7.37	19.16	100	44.59
1st Extraction	3.25	4.47	14.53	75.8	73.46
2nd Extraction	0.905	14.0	12.68	57.9	85.75
Decolorization	1.05	10.58	11.1	58.1	89.8
Crystallization					
Product after Drying			10.22	53.36	99.02

① 발효배양액 HPLC 결과

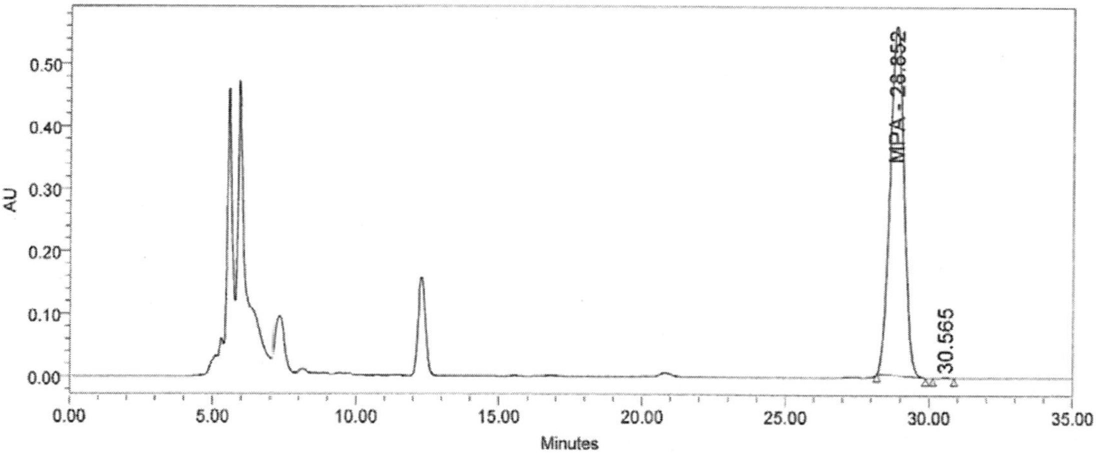

	Peak Name	RT	Area	% Area	Height	Amount	Units
1	MPA	28.852	18611150	99.94	558853	0.737	g/l
2		30.565	10387	0.06	426		

② 1차 추출 후 HPLC 결과

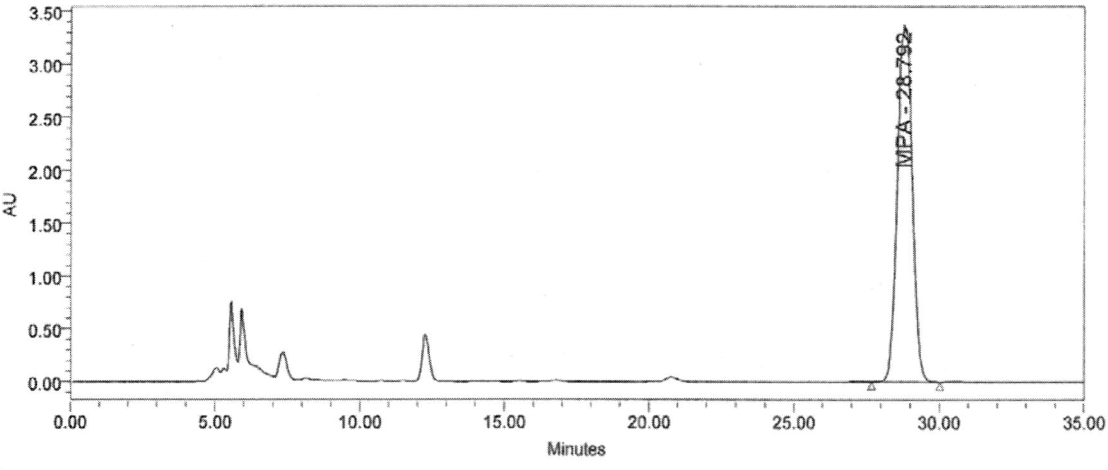

	Peak Name	RT	Area	% Area	Height	Amount	Units
1	MPA	28.792	119633207	100.00	3328926	4.473	g/l

③ 2차 추출 후 HPLC 결과

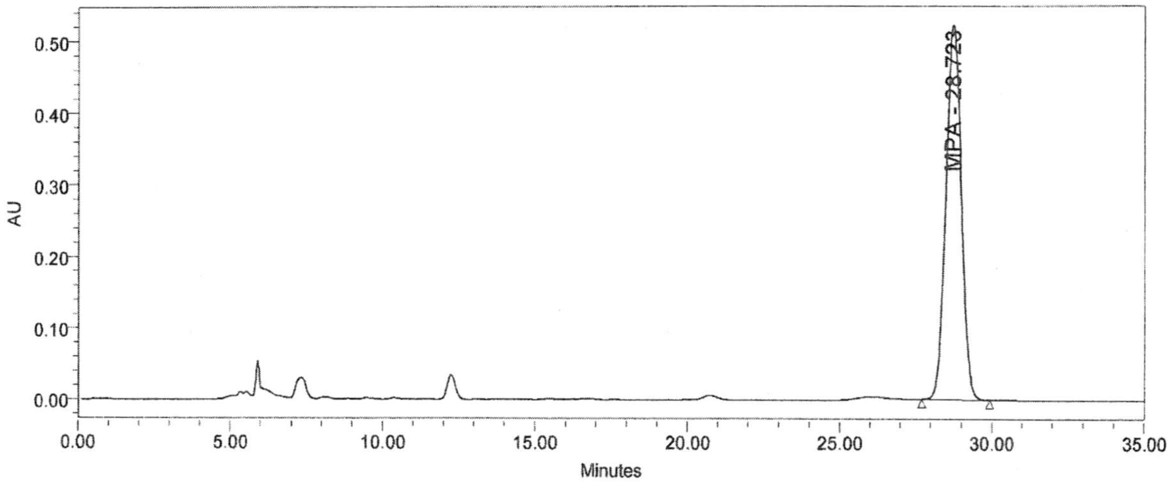

	Peak Name	RT	Area	% Area	Height	Amount	Units
1	MPA	28.723	18261510	100.00	520695	0.700	g/l

④ 탈색 공정 후 HPLC 결과

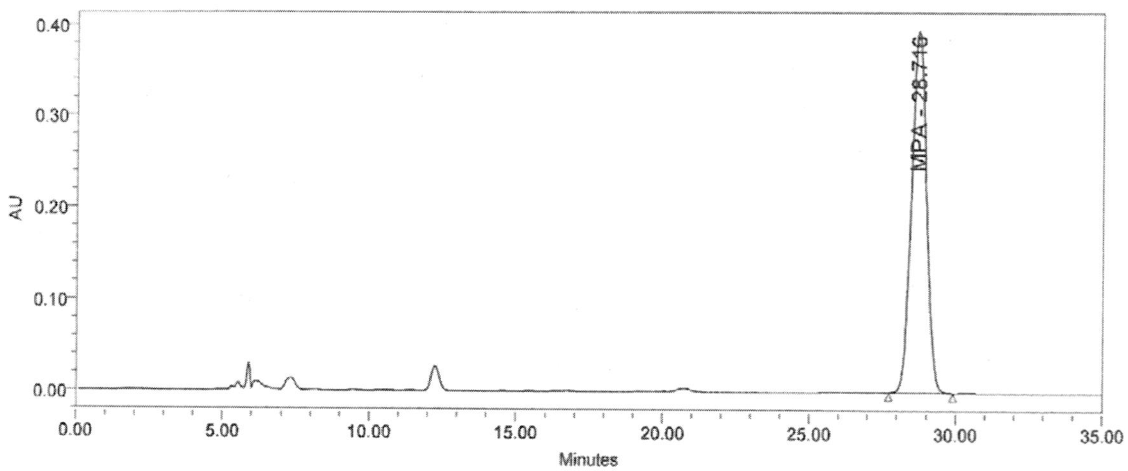

	Peak Name	RT	Area	% Area	Height	Amount	Units
1	MPA	28.716	13868021	100.00	393855	0.529	g/l

⑤ 결정공정 후 완제품 HPLC 결과

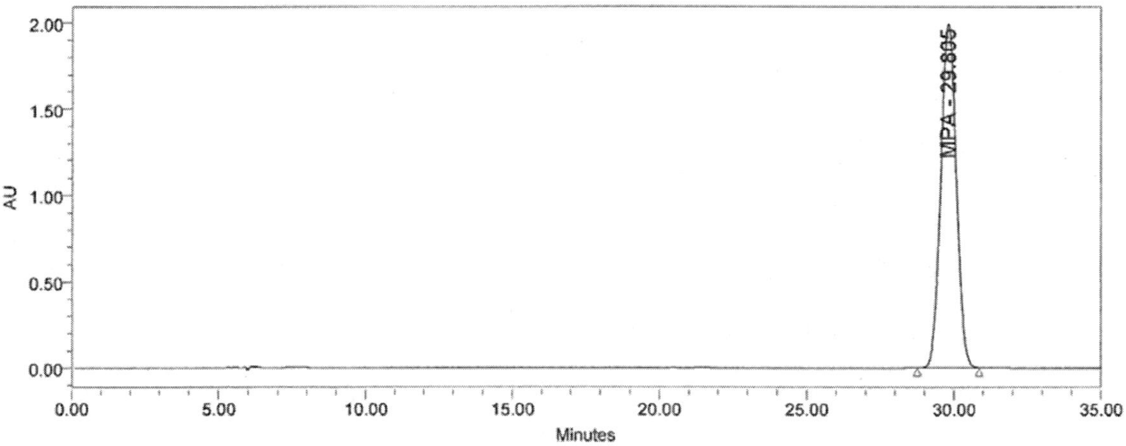

	Peak Name	RT	Area	% Area	Height	Amount	Units
1	MPA	29.805	73222440	100.00	1992482	2.701	g/l

(2) 단백질 의약품인 S treptokinase 주사제 분리공정

1) Streptokinase 소개

*Streptococcus*가 생산하는 혈전 용해제로 제품의 규격은 다음과 같다

[표 2-4-15] Streptokinase 주사제 제품 규격

Test item	Specification
Description	Vial containing light yellow powder
Identification	Comply
Assay	90.0~110.0%
Streeptolysin	Abs of the test solution≤150% abs of the refereence solution
Streptodornase	≤10 IU of streptodornase activity per 100,000 IU streptokinase activity
pH	6.8~7.5
Bacterial endotoxins	NMT 23.33 EU/100,000 IU
Sterility	Negative

2) 정제공정도

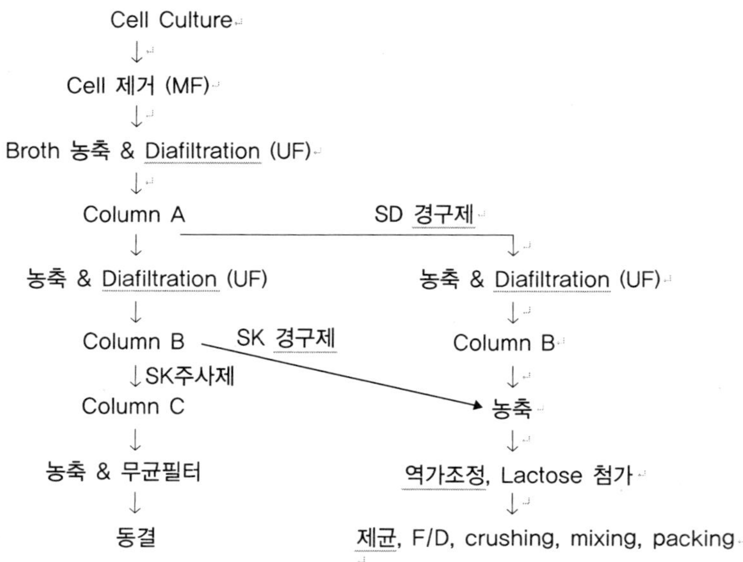

[그림 2-4-16] Streptokinase 생산용 발효조 및 정제 설비

3) 정제 결과

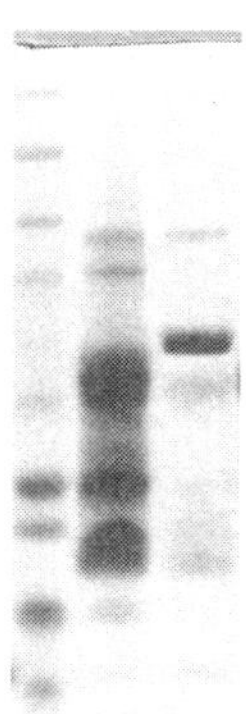

1. Protein size mark
2. Filtrate of M/F
3. SD After Column B

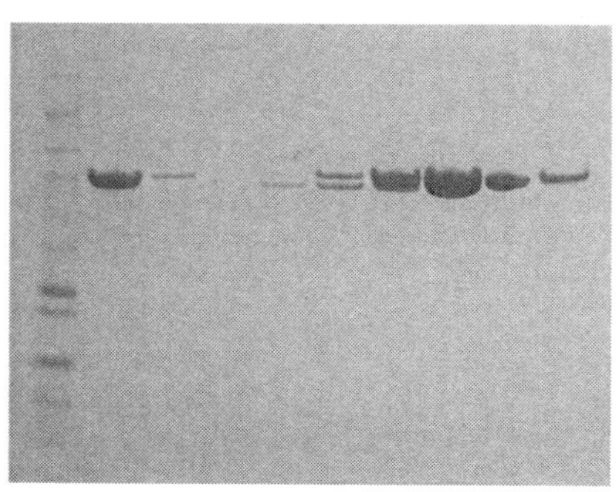

1. Protein size mark
2. Products of Streoptokinase after column C

실험 2-4-1 1단 종배양(Seed culture) 실험

1. 의의 및 원리

본 실험은 삼각 Flask를 이용하여 균체의 성장을 측정하며 1단 종배양의 최적 시점을 확인하는 실험이다. 이 실험을 통하여 배지의 조제방법 및 살균원리를 이해하고 직접 수행하여 본다. 동시에 배양의 가장 기본인 삼각 Flask의 배양방법을 습득하고 균체의 성장을 관찰한다.

2. 목표

1단 종배양의 중요성을 이해하고 균체의 성장, 배양액의 pH 변화 등을 확인하여 최적의 1단 종배양 시점을 확인하다.

3. 준비물

(1) **초자 및 실험기기** : 삼각 flask, 고압멸균기, 배양기(Rotary shaker), 알콜램프 무균대(Clean bench),

(2) **배지 및 시약류** : 대두박, L-Lysine, Yeast Extract, 포도당, NaOH, HCl

4. 실험방법

(1) 배지의 제조

1) 2L 삼각 flask를 준비하여 Part A 성분을 계량하여 수돗물 600*ml*에 녹인 후 pH를 6.8로 조정한다. 다른 1L 삼각 flask를 준비하여 Part B의 포도당 20g을 측정하여 뜨거운 수돗물 400*ml*를 넣고 잘 용해시킨다. 면전으로 삼각 flask를 닫은 후 알루미늄 호일로 싸준다.

[표 2-2-19] 1단 Flask 종배양 배지 조성표 및 살균 조건

성분	함량	비고
Part A 대두박 L-Lysine Yeast Extract	 20g 5g 5g	수돗물 600㎖
Part B 포도당	 20g	수돗물 400㎖
배지조제 후 pH 살균조건	6.8 121℃ 30분	
살균 후 pH	6.6±0.2	

2) 500*ml* 삼각 flask를 20개를 준비하여 모두 면전을 하고 알류미늄 호일로 면전을 둘러싼 후 준비된 배지와 함께 살균을 실시한다.
3) 살균이 끝나면 배지와 삼각 flask를 상온에서 냉각시킨다.
4) 무균대(Clean bench)에서 냉각된 포도당을 Part A 성분이 들어 있는 flask에 넣어서 잘 혼합한다. 배지 일부분을 무균적으로 취하여 pH를 확인한다. pH가 6.4에서 6.8 사이인지 확인하여 이 범위를 벗어났을 경우 살균된 1N NaOH 또는 1N HCl을 이용하여 pH를 조절한다. 혼합된 배지를 살균이 된 빈 flask에 30*ml*씩 넣어준다.

(2) 식균 및 배양

1) 1단 종배양 배지를 함유한 삼각 flask에 준비된 균주 vial로부터 0.2*ml*씩 균주를 접종하여 준다.
2) 접종된 삼각 flask를 배양기(Rotary shaker)에서 29℃에서 220 RPM으로 배양을 실시한다.
3) 배양 24시간 후 무균대에서 무균적으로 배양액을 취하여 pH 및 PMV를 측정하여 균주의 생장을 관찰한다. 이후 6시간 간격으로 배양액을 취하여 pH 및 균주의 생장을 체크한다.

실험 2-4-2 2단 종배양(Seed culture) 실험

1. 의의 및 원리

본 실험은 소형 발효조를 이용하여 균체의 성장을 측정하며 2단 종배양의 최적 시점을 확인하는 실험이다. 이 실험을 통하여 소형 발효조의 배지의 조제방법, 살균 원리 및 발효조 운영 방법을 이해하고 직접 수행하여 본다.

2. 목표

종배양의 중요성을 이해하고 균체의 성장, 배양액의 pH 변화등을 확인하여 최적의 2단 종배양 시점을 확인하다. 종배양이 주배양에 미치는 영향을 이해한다. 그리고 발효조의 준비 및 운영을 실습한다.

3. 준비물

(1) 초자 및 실험기기 : 5L 비이커, 5L 소형 발효조, 고압멸균기, 원심분리기, 무균대(Clean bench)

(2) 배지 및 시약류 : 대두박, L-Lysine, Yeast Extract, 포도당, NaOH, HCl

4. 실험방법

(1) 배지의 제조

1) Part A 성분을 계량하여 5L 비이커에 넣고 수돗물을 이용하여 2,350㎖에 맞춘다. 이후 pH를 6.8로 조정한다. 다른 1L 삼각 flask를 준비하여 Part B의 포도당 60g을 측정하여 뜨거운 수돗물 500㎖를 넣고 잘 용해시킨다. 면전으로 삼각 flask를 막은 후 알루미늄 호일로 싸준다.

[표 2-4-17] 2단 5L 발효조 종배양 배지 조성표 및 살균 조건

성분	함량	비고
Part A 대두박 L-Lysine Yeast Extract	 60.0g 15.0g 15.0g	수돗물 2,350㎖ (Seed 량 : 150㎖)
Part B 포도당	 60g	수돗물 500㎖
배지조제 후 pH 살균조건	6.8 121℃ 30분	
살균 후 pH	6.6±0.2	

2) 준비된 Part A 배지를 5L 발효조에 넣고 pH meter 등 5L 발효조에 필요한 기구들을 장착한다.
3) 5L 발효조와 포도당 용액이 들어있는 flask를 Autoclave에 넣고 살균한다. 살균이 끝나면 발효조와 삼각 flask를 상온에서 냉각시킨다.
4) 5L 발효조의 배지 투입구에 화염을 만들어 오염이 되지 않고 살균이 끝나 포도당 용액을 조심스럽게 투입한다.
5) 5L 발효조로부터 배지를 일부 취하여 실재 pH를 측정한 후 pH가 6.4에서 6.8 사이인지 확인하여 이 범위를 벗어났을 경우 살균된 1N NaOH 또는 1N HCl을 이용하여 pH를 조절한다.

(2) 식균 및 배양

1) 1단 종배양이 끝난 배양액 150㎖를 무균적으로 5L 발효조에 식균한다.
2) 배양 초기 배양온도 29℃, aeration은 0.5vvm, 500 RPM으로 배양을 실시한다.
3) 6시간 간격으로 샘플을 취하여 pH 및 PMV를 측정하여 2단 종배양 성장을 확인하여 2단 종배양 최적시점을 선정한다.

실험 2-4-3 50L Pilot 발효조를 이용한 생산배양

1. 의의 및 원리

본 실험은 50L Pilot 발효조를 이용하여 주배양 실험을 실시한다. 이 실험을 통하여 Pilot 발효조 배지의 조제방법, 살균원리 및 발효조 운영 방법을 이해하고 직접 수행하여 본다.

2. 목표

Pilot 규모의 발효조를 이용하여 주배양을 직접 수행함으로써 발효조 운영원리 및 사용방법을 숙지한다. 주배양에서 배양 중 pH 변화, 용존산소(DO) 변화 등을 직접 관찰하면서 배양최적화에 관한 이론을 실재로 경험한다.

3. 준비물

(1) 실험기기 : 50L Pilot 발효조, 5L flask

(2) 배지 및 시약류 : 대두박, 목화씨분발, L-Lysine, K_2HPO_4, KH_2PO_4 포도당, Glycerol, NaCl, NaOH, HCl

4. 실험방법

(1) 배지의 제조

[표 2-4-18] 2단 50L 발효조 주배양 배지 조성표 및 살균 조건

성분	함량	비고
Part A 대두박 목화씨분말 L-Lysine K_2HPO_4 KH_2PO_4 NaCl	 350.0g 350.0g 525.0g 35.0g 35.0g 175g	수돗물 28.25 L (Seed 량:1.75 L)
Part B 포도당 Glycerol	 2,800g 350g	수돗물 5 L

Part B 포도당 Glycerol	 2,800g 350g	수돗물 5 L
배지조제 후 pH 살균조건	6.0-6.3 121℃ 20분	발효조를 이용한 살균
살균 후 pH	6.0-6.2	

1) 50L 발효조에 15L 수돗물을 먼저 주입후 Part A 성분을 계량하여 잘 섞은 다음 교반하면서 천천히 발효조에 투입한다. 완전히 용해가 되면 배지의 살균전 pH를 측정하여 pH를 6.8로 조정한다. 5L Flask 2개를 준비하여 Part B 성분을 측량하여 절반씩 주입 후 수돗물을 이용하여 부피를 2.5L로 맞춘다.
2) 50L 발효조에 설치된 steam을 이용하여 직접 살균을 실시한다. 살균은 매뉴얼의 이용하여 순서에 맞게 수행한다. 5L flask에 준비된 탄소원은 Autoclave를 이용하여 살균을 실시한다. 살균 후 천천히 냉각시키고 샘플을 일부 취하여 살균 후 pH를 확인한다. 살균 후 pH가 6.4에서 6.8 사이인지 확인하여 이 범위를 벗어났을 경우 살균된 1N NaOH 또는 1N HCl을 이용하여 pH를 조절한다. 별도로 살균된 탄소원을 50L 발효조 배지 주입구를 통하여 화염상에서 오염이 되지 않게 조심스럽게 투입한다.

(2) 식균 및 배양

1) 2단 종배양이 끝난 배양액 1.75L를 무균적으로 50L 발효조에 식균한다.
2) 배양 초기 배양온도 29℃, aeration은 0.5vvm, 150 RPM으로 배양을 실시한다. 배양 24시간 이후 aeration은 1.0 vvm으로 올리고 DO를 관찰하면서 DO가 20% 이하로 떨어지면 RPM을 50씩 올려준다. 최고 RPM은 300을 넘지 않는다.
3) 12시간 간격으로 샘플을 취하여 pH 및 PMV, 탄소원 농도(Total Sugar: TS)를 측정한다. 배양 48시간부터 생성물의 농도를 HPLC를 이용하여 측정하고 모든 결과 값을 잘 기록한다.
4) 배양중 pH가 5.0 이하로 떨어지면 암모니아수를 이용하여 pH를 자동제어한다.
5) 탄소원 농도가 0.5% 이하로 떨어지고 pH가 상승하기 시작하면 배양을 멈춘다.

실험 2-4-4 50L Pilot 발효조 배양액을 이용한 정제 실습

1. 의의 및 원리

Pilot 배양이 끝난 발효액을 이용하여 직접 정제를 수행함으로써 발효기술을 이용한 제품생산에 관한 전체 공정을 이해한다. 균체제거 및 농축 그리고 레진을 이용한 생성물 분리에 관한 이론을 이해하고 직접 적용하여 본다.

2. 목표

본 실험은 50L Pilot 발효조를 이용하여 주배양 완료된 발효 배양액을 이용하여 균체의 제거, 여액의 농축, 레진을 이용한 컬럼 최적화 실험을 통하여 정제 원리를 이해하고 발효 배양액의 정제를 경험한다.

3. 준비물

(1) 실험기기 : Filter press, 원심분리기, R/O 또는 U/F 농축 시스템, 흡착레진, 컬럼

(2) 배지 및 시약류 : Acetone, Methanol, NaOH, HCl

4. 실험방법

(1) 여과 및 추출

배양액의 부피와 동일하게 Methanol을 투입하여 1시간동안 잘 저어준다. 1시간 후 Filter press를 이용하여 균체 및 배양액에 존재하는 고형물질을 제거한다.

(2) 1차 농축

R/O 또는 U/F를 이용하여 여과가 끝난 발효여액을 5배 이상 농축을 실시한다.

(3) 컬럼 작업

흡착수지가 채워진 정제 컬럼을 이용하여 목적물을 흡착 시킨다. 흡착이 완료된 후 Acetone을 이용하여 용리시킨다.

(4) 2차 농축

R/O 또는 U/F를 이용하여 다시 5배 이상 농축을 실시한다.

(5) 결정화작업

저온에서 결정화 작업을 실시한다.

(6) 건조

진공건조기를 이용하여 결정된 제품을 완전하게 건조하여 제품을 얻는다.

참고문헌

1. 고정삼, 양조공학, 유한문화사
2. 고종호외. 바이오공정실무 법인한국폴리텍 2010
3. 고종호외. 바이오조작기초 법인한국폴리텍 2009
4. 고종호외. 초신식품위생학 도서출판보문각 2005
5. 김수기 외, 산업응용 미생물학, 라이프사이언스
6. 김영만 외, 최신 발효공학, 유림문화사
7. 김정, 미생물의 신비, 발효, 주니어김영사
8. 박창호, 생물화학공학, 청문각, 2005
9. 배무, 산업미생물학, 민음사
10. 보건산업진흥원 식중독미생물 교육자료집 2005
11. 보건산업진흥원 식품위생미생물 교육자료집 2005
12. 성낙계외 6명, 발효공학, 형설출판사, 1999
13. 식품의약품안전청. 건강기능식품공전 2009
14. 식품의약품안전청. 식품공전 2009
15. 식품의약품안전청. 식품위생법규 2009
16. 식품의약품안전청. 의약품공전 2008
17. 식품의약품안전청. 향장료공전 2008
18. 유럽생물자원센터 2000
19. 유주현, 변유량, 발효공학, 효일출판사, 2008
20. 이계준 편저, 발효미생물학, 라이프사이언스, 2002
21. 이상엽 등, 대사공학 및 시스템 생물공학을 이용한 바이오리파이너리용 균주 개발, Biosafety, 10(3), 22 (2009)
22. 임번삼, 발효산업의 현황과 전망, KISTI 기술 뉴스 브리프 (2004)
23. 정가진, 미생물 도감, 서울대학교 미생물연구소
24. 장종산, 플랫폼 화학제품, News and Information for Chemical Engineers 27(3), 295 (2009)
25. 장호남, 서진호, 생물화학공학 제2판, 아카데미서적, 2001
26. アミノ酸 醱酵, 相田 浩 等, 學會出版センタ

27. C. P. Kurtzmann et al., The yeasts, A taxonomic study, Elsevier
28. David R. Broone, Bergey's Manual of Systematic Bacteriology, Springer Publishing Company
29. David R. Walt, Applied Biochemistry and Biotechnology; Biotechnology for Fuels and Chemicals-The Twenty-Third Symposium, Humana Press
30. Kirsop and Doyle. Maintenance of Microorganism and Cultured cells - H. Hippe. Maintenance of methanogenic bacteria. 2nd ed, Academic press, London. 1991
31. Lothar Eggeling et al. Handbook of Corynebacterium glutamicum, Taylor & Francis
32. Sadao Teshiba et al. Production of nucleotides and nucleosides by fermentation, Gordon and Breach Science Publishers

Part 03

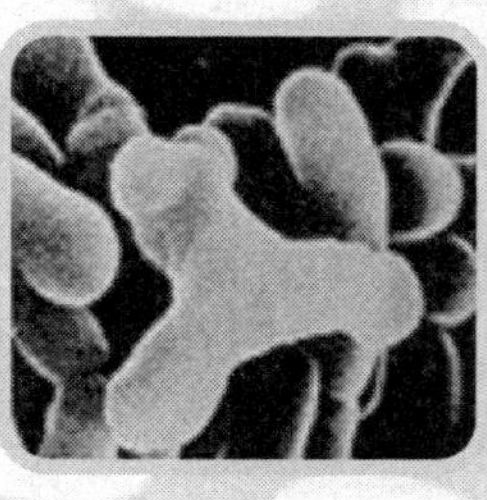

발효 실무 응용

1장 | 유산균과 발효

2장 | 해양생물 소재 발효

1장 Fermentation
유산균과 발효

1절 유산균과 프로바이오틱

유산균은 미생물 분류학상으로는 유박테리알레스목(*Eubacteriales*)에 속하며, 글루코오스 등 당류를 분해하여 젖산을 생성하는 세균으로 그람양성균이며, 통성혐기성 또는 혐기성으로 운동성은 없고 대부분이 카탈라아제 음성이고, 생육에는 각종 비타민, 아미노산, 어떤 종류의 펩티드 등을 요구하는 특성을 갖고 있다. 락토바실레아에 족(*Lactobacilleae*)과 스트렙토코카세아에 족(*Streptococcaceae*)으로 구분되는데, 전자에서는 락토바실루스 속(*Lactobacillus*)이, 후자에서는 스트렙토코쿠스 속(*Streptococcus*) · 페디오코쿠스 속(*Pediococcus*) · 류코노스톡 속(*Leuconostoc*)이 중요하다. 형태학상으로는 젖산 간균(桿菌: 락토바실루스 속)과 젖산 구균(球菌: 스트렙토코쿠스 속 · 스트렙토코쿠스 속 · 페디오코쿠스 속 · 류코노스톡 속)으로 대별되고, 생리학적으로는 당을 혐기적으로 분해하여 주로 젖산만을 생성하는 호모발효균과, 젖산 외에 부산물(알코올 · 이산화탄소 등)을 생성하는 헤테로발효균으로 분류된다. 또, 생성된 젖산의 광회전성 등에 의해서도 나누어진다. 체내에 들어가서 건강에 좋은 효과를 주는 살아있는 균을 의미하는 프로바이오틱스는 현재 알려진 대부분이 유산균들이며 일부 *Bacillus* 등을 포함하고 있다. 러시아의 과학자 Elie Mechinikoff가 불가리아 사람들이 장수를 누리는 이유가 *Lactobacillus*로 발효된 발효유의 섭취 때문이라는 것을 밝혀내어 노벨상을 받은 이래로 유산균, 프로바이오틱스의 기능성은 오랫동안 연구되어 오고 있다. 유산균을 비롯한 세균들이 프로바이오틱스로 인정받기 위해서는 위산과 담즙산에서 살아남아 소장까지 도달하여 장에서 증식하고 정착하여야 하며 장관 내에서 유용한 효과를 나타내어야 하고 독성이 없으며 비병원성이어야 한다. 전통적으로 프로바이오틱스 제품들은 *Lactobacillus* 등의 유산균을 이용하여 만들어진 발효 유제품으로 섭취되어 왔으나 최근에는 *Lactobacillus* 이외에 *Bifidobacterium*, *Enterococcus* 일부

균주 등을 포함한 발효유 뿐 아니라 분말 및 정제 등의 제형 형태로 판매되고 있다. 국내 건강기능식품에 프로바이오틱스로 허용되어 있는 유산균으로는 [표 3-1-1]과 같다.

[표 3-1-1] 대상 유산균

종 류	
Lactobacillus	*L. acidophilus, L. casei, L. gasseri, L. delbrueckii ssp bulgaricus,L. helveticus, L. fermentum, L. paracasei, L. plantarum, L. reuteri, L. rhamnosus, L. salivarius*
Lactococcus	*Lc. lactis*
Enterococcus	*E. faecium, E. faecalis*
Streptococcus	*S. thermophilus*
Bifidobacterium	*B. bifidum, B. breve, B. longum, B. animalis ssp. lactis*

프로바이오틱스는 섭취되어 장에 도달하였을 때에 장내 환경에 유익한 작용을 하는 균주를 말한다. 즉, 장에 도달하여 장 점막에서 생육할 수 있게 된 프로바이오틱스는 젖산을 생성하여 장내 환경을 산성으로 만든다. 산성 환경에서 견디지 못하는 유해균들은 그 수가 감소하게 되고 산성에서 생육이 잘 되는 유익균들은 더욱 증식하게 되어 장내 환경을 건강하게 만들어 주게 된다. 사람의 장에는 약 1kg의 균이 서식하고 있으며 음식물의 양과 균의 양이 거의 동일하게 존재하고, 매일 배설하는 분변 내용물도 수분을 제외하면 약 40%를 균이 차지한다. 모유를 먹는 건강한 아기의 경우, 분변 균 중 90% 이상이 *Bifidobacterium*으로 이루어져 있으나 나이가 들면서 점차 *Bifidobacterium*은 감소하고 장내 유해균은 증가하게 된다. 이러한 정상적인 노화 과정에서 장내 균총의 분포를 건강한 상태로 유지하도록 도와주는 것이 프로바이오틱스의 기능이다. 장관내에서의 유익균과 유해균의 작용은 [그림 3-1-1]과 같이 요약할 수 있다.

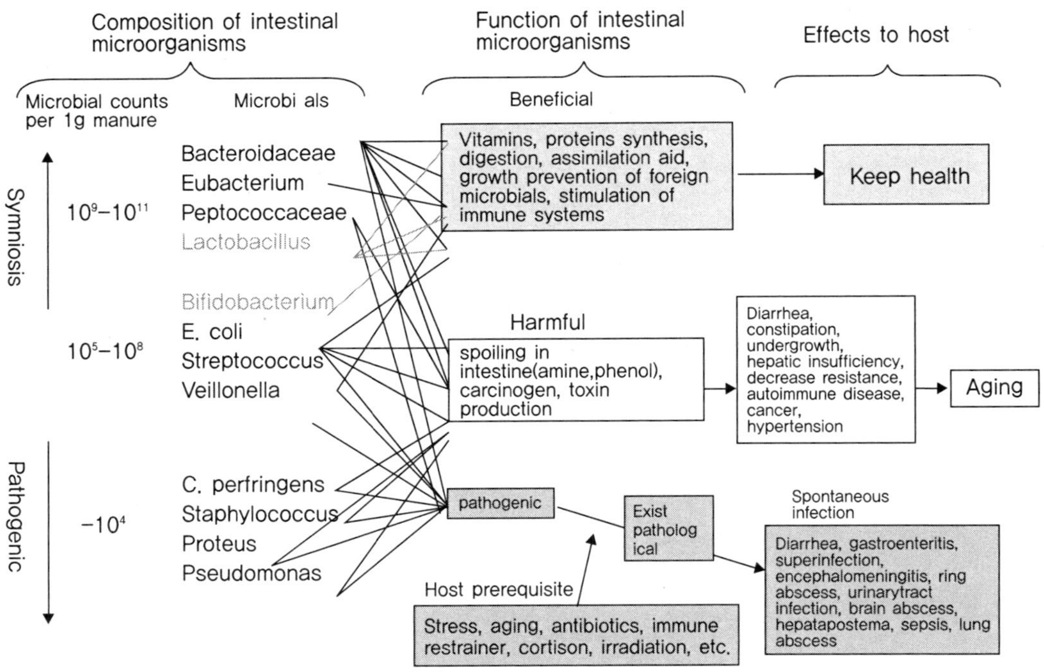

[그림 3-1-1] 장관내에서의 유익균과 유해균의 작용

Conway 등은 생체외 실험(in vitro) 인공위액에서의 생존성, 장관세포 부착능력 등을 조사한 결과 *Lactobacillus acidophillus*가 우수하다고 보고하였다. *Fukushima* 등은 9명의 건강한 어린이에게 *B. bifidum*를 8.8×10^8 CFU씩 20일간 섭취시킨 결과, 분변의 *Bifidobacterium* 중 섭취균이 27%를 차지하였고 부패성 대사물이 감소한 것을 확인하였다. Spanhaak 등은 20명의 40~65세의 남성에게 매일 3회 109 CFU의 유산균이 함유된 발효유를 8주간 섭취시킨 결과, 분변에서 *Lactobacillus casei*가 검출되었고 *Bifidobacterium*이 증가하였음을 확인하였다. Ozawa 등은 *Enterococcus faecalis*를 섭취시킨 결과 사람의 분변에서 107 CFU의 섭취균이 검출되었음을 보고하였으며, Alander 등은 *Lactobacillus rhamnosus* GG를 6×10^{10} CFU씩 섭취시킨 결과, 섭취균이 임시적으로 장에 부착하여 1주 이상 생존함을 밝혀내었다. 또한, Saxelin 등의 연구에서는 *Lactobacillus rhamnosus* GG를 10^{10}, 10^{11} CFU씩 매일 섭취시킨 결과 분변에서 103 CFU 이상이 검출되었다. 또한, 정제(tablet) 및 발효유의 형태로 섭취시킨 경우, 1일 후에는 대상자의 반수 이상에서, 3일 후에는 섭취 대상자 전원의 분변에서 섭취균이 검출되었다. Alander 등의 다른 연구(1997)에서는 *Lactobacillus rhamnosus* GG를 유아

에게 우유 또는 보충제로 매일 10^8 CFU씩 2주 동안 섭취시킨 결과 장에 잘 정착하였음을 확인되었다. 또한, Miller 등(1993)은 신생아에서 *Lactobacillus rhamnosus* GG를 물 또는 모유로 $1 \times 10^{10} \sim 4 \times 10^{11}$ CFU씩 2주간 섭취시킨 결과 대상자 중 67%의 분변에서 섭취균이 발견되었다고 보고하였다.

신명수 등(1996)은 건강한 성인 남녀에게 *Lactobacillus acidophillus*와 *Bifidobacterium longum* 6×10^9 CFU를 섭취시킨 후 분변의 균수를 측정한 결과, *Lactobacillus*와 *Bifidobacterium*이 증가하고 *Clostridium perfrigens*의 수가 감소함을 확인하였다. Saito 등 (2002)은 유제품에서 분리한 *helveticus* GCL1001을 건강한 성인 남녀에게 84×10^8 CFU, 252×10^8 CFU 섭취시킨 결과, *Bifidobacterium*이 증가하고 *Clostridium*이 감소함을 확인하였다. Chen 등(1999)은 *Lactobacillus bulgaricus, Streptococcus thermophillus, Lactobacillus acidophillus, Bifidobacterium bifidum*을 23×10^8 CFU씩 혼합한 제품을 건강한 성인 남녀에게 섭취시킨 결과, 장내 혐기성균이 증가하고 호기성균이 감소한 것을 확인하였다. 이 외에도 Nobaek 등(2000)은 IBS 환자들에게 *Lactobacillus plantarum*을 섭취시킨 결과 피험자의 장내에서 *Lactobacillus plantarum*이 발견되고 복통 등이 감소되었다고 보고하였다. 이처럼 *Lactobacillus*와 *Bifidobacteria*의 단일 균주 또는 혼합 균주의 분말이나 발효유를 1일 10^8 CFU 이상 섭취하는 것은 장에서 유익한 유산균인 *Lactobacillus*와 *Bifidobacteria*를 증가시키고, 유해균인 *E. coli* 혹은 *Clostridium*를 감소시킨다는 것이 여러 연구에서 확인되고 있다. 유익한 유산균의 증식과 유해균의 생장 억제가 배변활동에 도움이 될 것이라는 것은 충분히 예측이 가능하다. 그러나, 실제 이에 대한 문헌은 유산균 섭취와 장내 균총의 관계에 대한 문헌만큼 많지 않다. Marteau 등은 인체적용연구에서 *Bifidobacteria*를 분말 혹은 발효유의 형태로 1일 $10^8 \sim 10^{10}$ CFU 섭취시켰을 때 배변시간의 변화를 측정한 결과, 대조군과 비교하여 배변시간이 짧아짐을 확인하였다.

장에 프로바이오틱스가 도달하여 유익한 유산균 증식, 유해균 억제, 배변활동 원활의 기능을 나타내려면 하루에 $10^8 \sim 10^{10}$ CFU를 섭취하여야 한다. 다만, 이는 건강기능식품 공전에서 정하는 프로바이오틱스에 해당하는 경우이며, 새롭게 개발되는 균주의 경우에는 섭취량이 달라질 수 있다. 제안된 섭취량 이상으로 섭취하더라도 기능성이 더 좋아지는 것은 아니다. 오히려 과량으로 섭취하면, 이형젖산발효

(heterofermentation)를 하는 균주의 경우에는 가스를 발생시켜 설사 등을 유발할 수 있으므로 주의하여야 한다. 또한, 항생제 복용 시에는 프로바이오틱스의 기능이 저해될 수 있으므로 주의하여야 한다.

상기의 유산균과 Probiotics에 소개한 내용은 식품의약품안전청 영양기능식품과에서 건강기능식품 기능성 원료에 소개한 내용을 그대로 인용하였다.

2절 유산균과 발효 및 대사

1. 유산균의 분류

현재 무수히 많은 유산균이 알려져 있으나 그 중 20여 종류가 주로 발효유 제조 및 유산균 산업에 응용되고 있습니다. 이들을 크게 활용면에서 나누어 보면, 5개 Group으로 분류할 수 있으며 이들의 형태는 〔그림 3-1-2〕과 같습니다.

- *Lactobacillus* 속

  간균으로 불가리커스, 에시도필러스, 카제이, 헬베티커스가 속하며, 미국과 유럽의 요구르트, 발효유, 치즈 생산에 활용되고 있다.

- *Bifidobacterium* 속

  간균으로 유산과 초산을 생산하며, 모유 영양아의 장내에 우세하다.

- *Streptococcus* 속

  연쇄구균으로 락토스, 그레몰리스, 서모필러스, 페칼리스가 속하며, 치즈나 요구르트 제조에 사용된다.

- *Leuconostoc* 속

  균체가 2개씩 연결된 쌍구균으로 ; 메센테로이더스, 시트로보럼이 알려져 있으며, 발효버터제조에 응용된다.

- *Pediococcus* 속

  균체가 4개씩 연결된 연쇄구균이다.

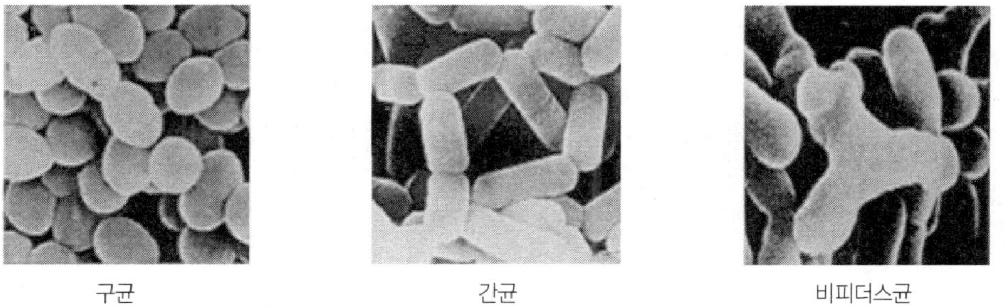

구균 간균 비피더스균

[그림 3-1-2] 유산균의 형태

2. 유산균 발효 형식

이는 좀 전문적인 분류이지만 하기와 같이 발효 방식에 따라서 유산균의 발효 형식을 구분할 수 있으며, 〔그림 3-1-3〕에 그 특성을 표시하였다.

- 호모발효(homo fermentation) : 발효 후 최종산물로서 유산(lactic acid)인 동일한 유기산을 분비하는 젖산 발효.
- 헤테로발효(hetro fermentation) : 발효 후 최종산물로서 유산과 초산 등 다른 유기산을 생성하는 젖산발효
- 혼합발효(Mixed fermentation) : 발효 후 유산과 더불어 에탄올, CO_2를 생성하는 발효

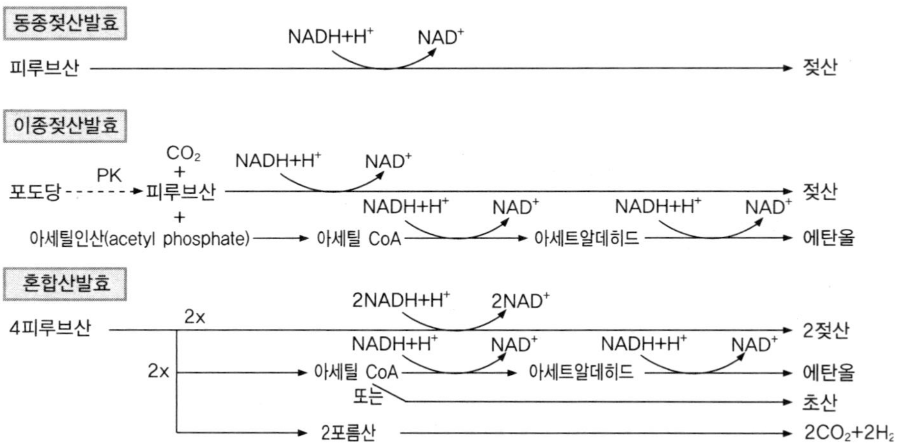

[그림 3-1-3] 피루부산(pyruvate)으로부터 유산균의 발효

출처 : 미생물학 라이프사이언스 2006

각각 발효형식에 속하는 대표적인 유산균의 종류와 적용 분야을 소개하면 〔표 3-1-2〕과 같다.

[표 3-1-2] 유산균 발효형식과 유산균 종류 및 주 사용 용도

발효형식	대상 유산균		주 사용 용도
Homo	*Streptococcus*	*S. thermophilus*	요구르트 제조
		S. cremoris, *S. lactis*	버터, 치즈 stater
	Pediococcus	*P. halophilus*	간장 숙성(내염성)
		L. bulgaricus	요구르트 제조
		L. acidophillus	정장제
		L. delbrueckii	젖산제조
		L. plantarum	채소류 발효
		L. homohiochii	청주 백탁 원인균
		L. casei	치즈제조
Hetero	*Bifidobacterium*	*B. bifidus*	정장제(혐기성) (젖산, 초산)
Hetero	*Lactobacillus*		(젖산, 알콜, 초산, CO_2 형성)
	Leuconostoc	*L. mesenteroides*	김치의 초기 발효, 설탕으로부터 dextran 생성 (젖산, 알콜, CO_2 형성)

3절 유산균 및 미생물에 의한 홍삼발효 사례

1. 홍삼성분 및 진세노이드(Ginsenoside)

사포닌(Saponin)이란 수용액에서 비누처럼 미세한 거품을 내는데서 붙여진 이름이다. 일반적으로 사포닌 성분은 물의 표면장력을 낮추므로 쉽게 거품을 내고 용혈작용을 나타낸다. 그러나 인삼 사포닌은 약성이 온화하고 독성이 없을 뿐만 아니라 용혈작용이 거의 없다는 것이 밝혀졌다. 인삼사포닌을 타 식물계 사포닌과 구별하기 위해서 인삼(ginseng) 배당체(glycoside)란 의미로 "진세노이드(Ginsenoside)" 라고 칭한다. 식물계에 존재하는 대부분의 사포닌은 oleanane계이고 인삼사포닌은 타 식물계에 거의 존재하지 않는 dammarane계열의 triterpenoid 사포닌으로 알려져 있으며, 화학 구조적에 따라 크게 3가지 group으로 나눌 수 있다.

Protopanaxadiol(PPD), Protopanaxatriol(PPT), Oleanolic acid

인삼사포닌은 주로 비당부분에 따라 4환성(環性)의 담마린계 사포닌과 5환성의 올레아난계 사포닌의 2종류로 대별된다. 담마란계 사포닌은 다시 비당부분에 붙어 있는 수산기(-OH)의 수 2개인 경우 protopanaxadiol계 사포닌(PPD), 수산기(-OH)의 수 3개인 경우 protopanaxatriol계 사포닌(PPT)으로 나누어진다.

[표 3-1-3] 진세노이드(Ginsenoside, G)의 종류

사포닌	대상 진세노이드(Ginsenoside)
Protopanaxadiol계 사포닌 (19종)	G-Ra1, G-Ra2, G-Ra3, G-Rb1, G-Rb2, G-Rb3, G-Rc, G-Rd, 20(S)G-Ra3, 20(R)G-Rg3, G-Rh2, G-Rs1, G-Rs2, Quinquenoside-R1, Notoginsenoside-R4, Malonyl-G-Rb1, Malonyl-G-Rb2, Malonyl-G-Rc, Malonyl-G-Rd
Protopanaxatriol계 사포닌 (10종)	G-Rc, G-Rf, G-Rg2, G-Rh1, 20-Glc-G-Rf, Notoginsenoside-R1, 20(R)G-Rg2, 20(R)G-Rh1,Rh4
Oleanane계 사포닌(1종)	G-Ro

진세노이드의 주요 약리작용 인삼사포닌은 중추신계를 비롯하여 내분비계, 면역계, 대사계 등에 영향을 미쳐 신체기능 조절에 다양한 효과를 발휘한다. 지금까지 고려인삼 중에 함유된 30여종의 진세노이드 중에 현재 10여종 이상의 개별 진세노이드에 대한 약리작용이 밝혀지고 있다. 이들 진세노이드들은 서로 비슷한 작용을 하거나 또는 서로 반대되는 작용을 나타내기도 한다. 진세노이드 종류 및 이들의 약리작용에 대하여 〔표 3-1-3〕 및 〔표 3-1-4〕에 소개하였다.

[표 3-1-4] 인삼사포닌의 알려진 약리작용

진세노이드 (Ginsenoside)	알려진 약리작용
Ginsenoside-Ro	항염증작용 해독작용, 항트로빈 작용, 혈소판 응집억제작용, 항간염작용,대식세포 활성화 작용
Ginsenoside Rb1	중추신경 억제작용, 최면작용, 진통작용, 정신안정작용, 해열작용, 혈청 단백질 합성 촉진작용, 중성지방분해억제, 합성촉진(인슐린유사)작용, 콜레스테롤 생합성 촉진작용, 프라스민 활성화 작용, RNA 합성촉진작용, 호르몬 분비촉진작용
Ginsenoside Rb2	중추신경억제 작용, DNA · RNA합성 촉진작용, 프라스민 활성화 작용, 부신피질자극 호르몬 분비 촉진작용, 항당뇨작용
Ginsenoside Rc	중추신경억제 작용, RNA 합성 억제작용, 혈청 단백질 합성 촉진작용, 프라스민 활성화 작용, 부신피질자극 호르몬 분비 촉진작용
Ginsenoside Rd	부신피질 호르몬 분비 촉진작용
Ginsenoside Re	중추신경억제 작용, DNA · RNA 촉진작용, 프라스민 활성화 작용, 부신피질 자극 호르몬 분비 촉진작용
Ginsenoside Rf	뇌신경세포와 관련한 진통작용
Ginsenoside Rg1	중추신경 흥분작용, 항피로작용, 피로회복작용, 기억 · 학습기능 개선작용, DNA · RNA 합성촉진 작용, 프라스민 활성화 작용
Ginsenoside Rg2	혈소판 응집 억제작용, 프라스민 활성화 작용

사포닌 성분은 주로 식물에 광범위하게 분포되어 있으나(약 750여 종의 식물에 함유), 일부 해양동물인 해삼, 불가사리 등에도 함유하고 있다.

2. 미생물에의한 진세노이드(Ginsenoside)의 전환

사포닌의 화학구조는 크게 당부분(glycone)과 비당부분(aglycone)으로 구성된 배당체이다. 이러한 사포닌이 체내에서 흡수될 때는 인체 장내에 있는 특정 미생물에 의해 분해되어 체내로 흡수 〔그림 3-1-4〕 된다.

장내 미생물에 의한 사포닌 변화

1. 채내에서 분해된 일부 사포닌은 Rg3, Compound-k같은 형태로 장에 흡수되어 혈액에서 순환
2. 장내 미생물에 의하여 분해되지 않고 남아있는 Rb1, Rd, Rg1등은 혈액에서 검출되지 않고 6시간 후 소변으로 배설된다.

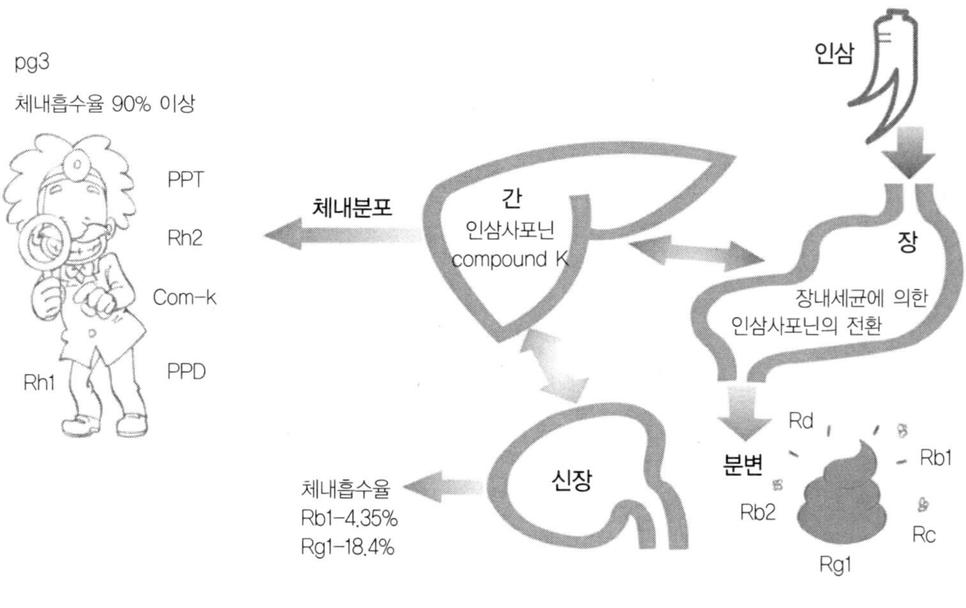

[그림 3-1-4] 사포닌이 체내에서 분해 및 흡수 과정

출처 : Plance Med 62(1996)Page 457, Planta Med 63(1997)Page 440
Chem Pham Bull 31(3) Page 1065.
Planta Med 63(1997) Page 439. Table.4.5

프로토파낙사디올(protopanaxadiol)계인 진세노사이드 Rb1, Rb2, Rc 등과 프로토파낙사디올계인 진세노사이드 Re, Rg1, Rf 등이 알려져 있으며, 이들의 대장

내에 서식하는 장내 세균의 대사를 받아 컴파운드 K(compound K)와 같은 화합물로 전환되어 강한 암세포 독성과 암전이 억제 활성을 나타낸다. 구체적으로 장내 세균의 대사를 받는 과정을 보면 먼저 프로토파낙사디올계 화합물인 진세노사이드 Rb1, Rb2, Rc 등은 진세노사이드 F2를 경유하여 컴파운드 K로 대사된다. 이러한 대사반응은 장내에 우세균인 박테로이드(*Bacteroides*) 속, 푸조박테리움(*Fusobacterium*) 속, 프레보텔라(*Provetella*) 속 균주 등에 의해 촉매된다. 또한 프로토파낙사디올계 화합물인 진세노사이드 Re, Rg1, Rf 등은 이들 속 균주에 의해 진세노사이드 Rh1 또는 F1로 대사되고 더 나아가 프로토파낙사디올로 대사 〔그림 3-1-5〕 된다.

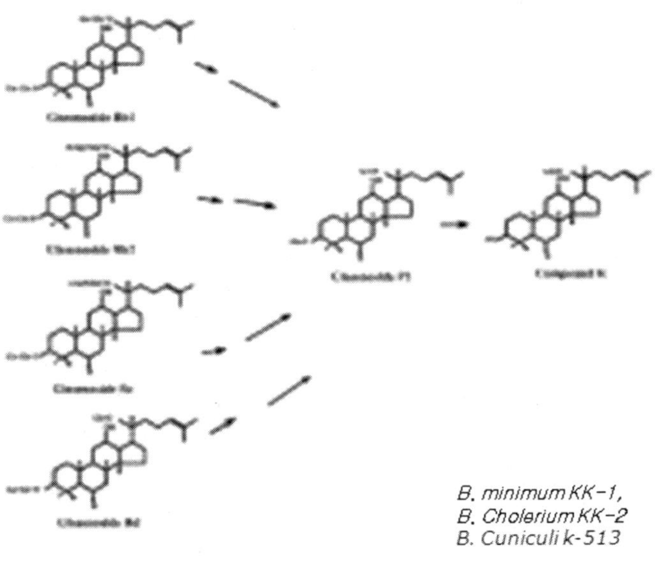

[그림 3-1-5] Proposed metabolic pathway of protopanaxadiol glycosides from ginseng

(자료 : Dong-Hyun Kim(2003) J. Microbial. Biotechnol. 13(1) 9-14)

사람의 장내 세균은 개인별로 차이가 있기 때문에, 인삼 성분을 섭취하는 개개인에 따라 그 효능과 섭취율이 각각 다르게 나타난다. 이에 홍삼을 미리 유용한 미생물로 발효시킴으로써 홍삼의 체내 흡수율을 증대시키고자 연구를 진행되고 있다. 〔그림 3-1-6, -7, -8〕

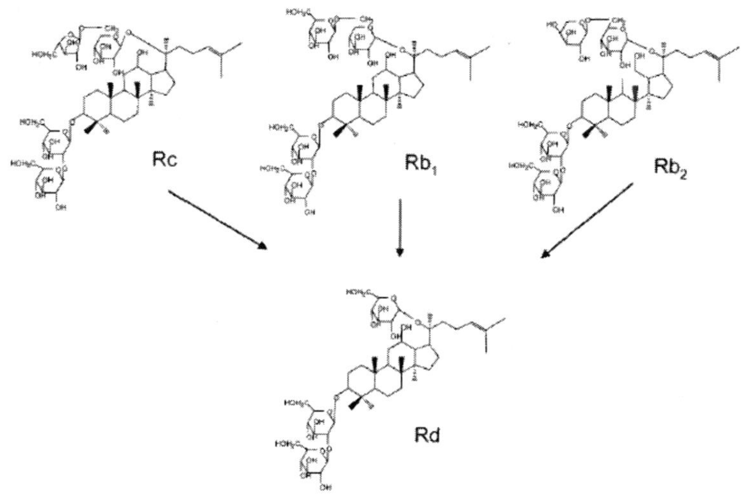

[그림 3-1-6] Bacillus spp.에의한 Ginsenoside biotransformation.

출처 : 차장준논문

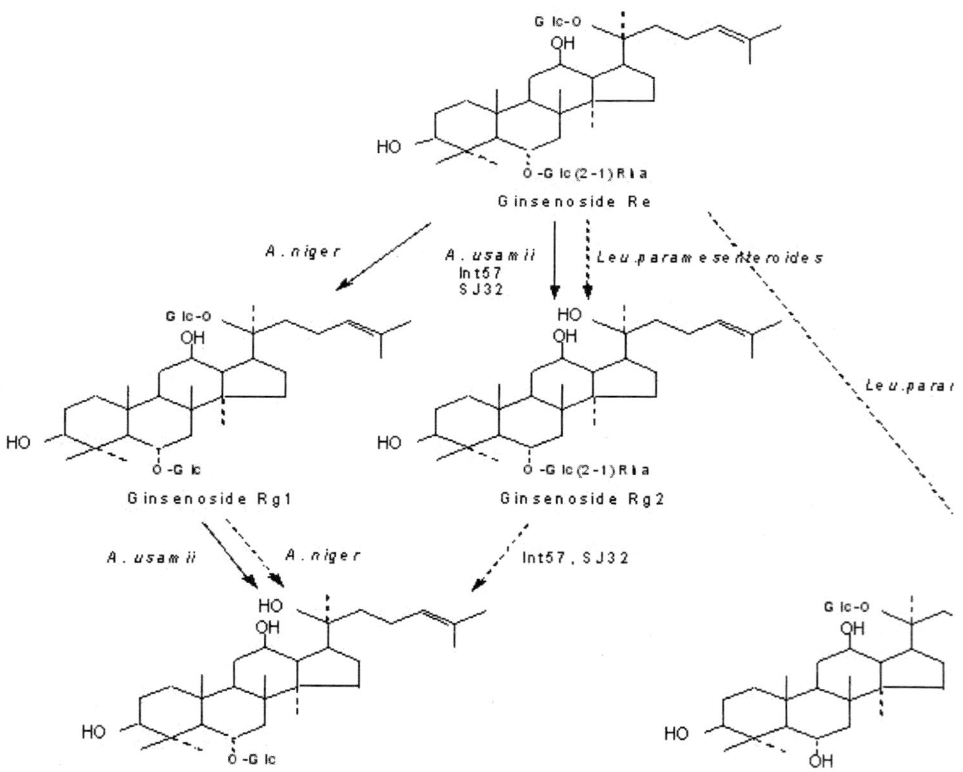

[그림 3-1-7] 식품미생물에의한 Re의 Proposed transformation pathways

(⟶ main pathway; ⋯⋯➝ minor pathway)

출처 : Geun Eog Ji(2006) J. Microbiol. Biotechnol. 16(4) 497-504

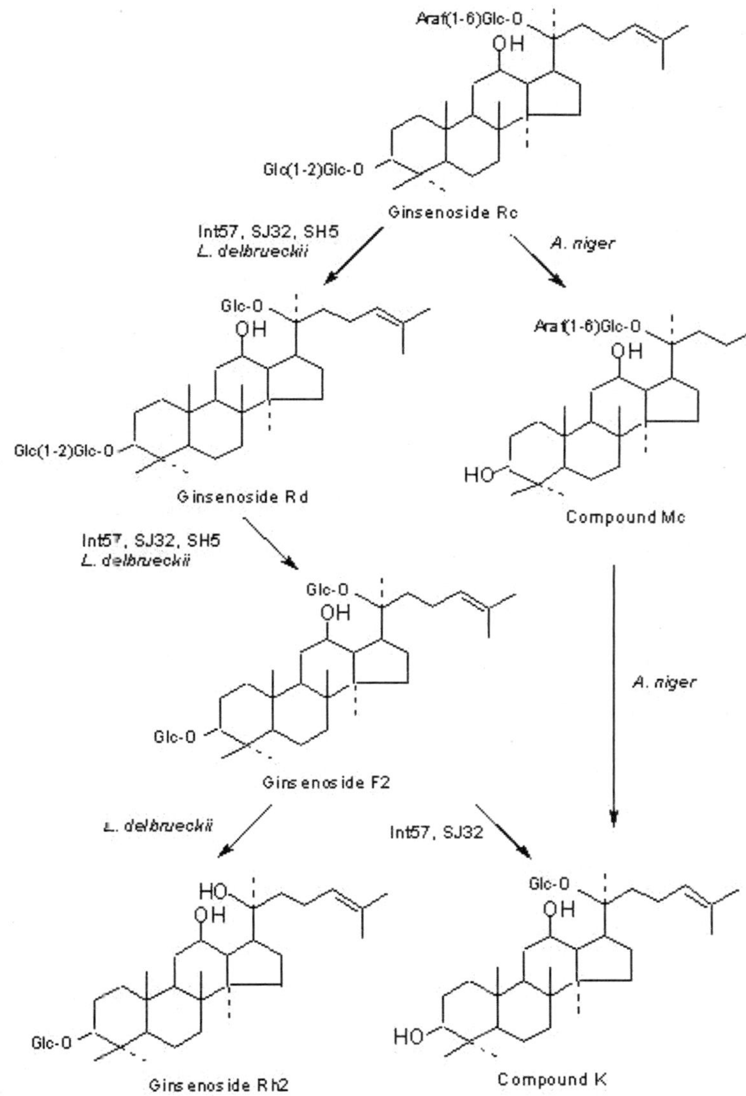

[그림 3-1-8] 식품미생물cell-free extracts에의한 Rc의 Proposed transformation pathway

출처 : Geun Eog Ji(2006) J. Microbiol. Biotechnol. 16(4) 497–504

실험 3-1-1 유산균에 의한 진세노이드의 발효

1. 의의 및 원리

유산균에의한 진세노이드의 미생물학적 전환 습득

2. 목 표

- 유산균 또는 비피더스균의 미생물 배양 및 발효조건 습득
- 진세노이드의 미생물학적 전환에 유익한 유산균 또는 비피더스균 분리

3. 준비물

(1) 종균 및 시료 : 유산균 및 비피더스균, 인삼분말, 홍삼분말, 홍삼추출액

(2) 초자 및 실험기기 : 고압멸균기(Autoclave), 스크류캡 삼각플라스크(250*ml*), 무균대(Clean bench), 알콜 램프, 항온배양기(Incubator), pH 측정기, 백금이

(3) 배지 및 시약류 : Lactobacilli MRS broth, 펩톤식염완충액(Buffered Peptone Water)

4. 실험방법

(1) 유산균 배양 및 균체회수

1) 멸균한 MRS broth 10*ml*가 든 스크류캡튜브(20*ml*)에 보관중인 유산균 또는 비피더스 균을 1백금이 접종하여 35~37℃에서 하루밤 배양하여 종균을 준비한다.

2) 스크류캡 삼각플라스크(250*ml*)에 MRS broth 100*ml*를 넣고 멸균하여 준비하고, 종균을 접종하여 하루밤 활성화시킨다.

3) 활성화된 배양액을 원심분리기(10,000rpm, 4℃)를 이용하여 상등액을 제거하고, 멸균된 펩톤식염완충액이나 생리식염수로 재현탁하고, 다시 원심분리하여 상등액을 제거하고 펩톤식염완충액이나 생리식염수로 균체를 다시 현탁하여 유산균을 준비한다.

(2) 발효

또다른 스크류캡 삼각플라스크(250*ml*)에 물을 100*ml*를 넣은 후 인삼분말(또는 홍삼분말 또는 추출물)을 적당히 넣고 현탁시킨 후 100℃에서 30분간 살균하여 준비하고, 활성화한 현탁 유산균을 접종(1~10%)하고, 35~37℃에서 일정시간동안 발효시킨다.

(3) 발효관리인자 및 산물 분석

1차적인 발효관리인자로 pH, 산도를 측정 관리하고, 진세노이드를 분석한다.

[표 3-1-5] 펩톤식염완충액(Buffered Peptone Water)

Peptone 10g, Sodium Chloride 5g, Disodium Phosphate 3.5g, Mono-potassium Phosphate 1.5g	증류수에 가하여 1,000㎖로 하고 pH 7.2 ±0.2로 조정하고, 121℃에서 15분간 고압멸균한다.

실험 3-1-2 유산균 및 발효 측정

1. 의의 및 원리

발효과정의 변화는 pH와 유기산량으로 측정하며, 유기산 함량은 pH 지시약(페놀프탈레인)을 사용하여 알칼리 규정액으로 적정함으로써 구한다. 생균수는 유산균(유산간균 및 구균)은 BCP 첨가 평판 배지를 이용하여 35~37℃에서 72±3시간 배양한 후 황색의 집락을 유산균의 집락으로, 비피더스균(*Bifidobacterium*)은 BL 배지를 이용하여 배양한 후 형성된 집락을 계수하여 정량한다.

2. 목 표

- 발효과정의 인자(pH, 유기산) 변화 측정
- 유산균 및 비피더스균의 생균수 변화 측정

3. 준비물

(1) 초자 및 실험기기 : 고압멸균기(Autoclave), 내열성 삼각플라스크, 무균대(Clean bench), 마개 있는 시험관, 알콜 램프, 항온배양기(Incubator), 삼각플라스크(250*ml*), pH 측정기, 뷰렛

(2) 배지 및 시약류 : BCP첨가 평판측정용배지(Plate Count Agar with Brom Cresol Purple), BL한천배지, BS한천배지〔표 3-1-6〕, 펩톤식염완충액(Buffered Peptone Water), 에탄올(Ethanol), 수산화나트륨(Sodium hydroxide), 페놀프탈레인(Phenolphthalein)

1) 0.1N 수산화나트륨(Sodium hydroxide) 제조

1N 수산화나트륨 용액을 취하여 증류수로 10배 용량으로 희석하여 사용하거나 수산화나트륨 4.5g을 취하여 일정량의 증류수에 녹이고 1000*ml* 부피플라스크에 옮겨 담은 후 증류수를 표선까지 채운 다음 표정하여 사용한다.

2) 페놀프탈레인 시액(Phenolphthalein) 제조

페놀프탈레인 1g을 에탄올 100*ml*에 녹인다.

4. 실험방법

(1) 유산균의 생균수 측정

1) 시험용액의 조제

액상 시료는 강하게 진탕하여 혼합한 것을 시험용액으로 한며 반유동상 시료, 고체 시료, 분말상 시료 및 캡슐 제품류는 시료 채취 기준에 준하여 일정량의 시료를 채취하여 필요시 멸균생리식염수를 가하여 균질화한 것을 시험용액으로 한다.

위와 같이 조제된 시험원액에 대해서는 멸균생리식염수 9㎖에 시험원액 1㎖를 취하여 10배 희석액으로 만든다. 필요에 따라 10^2배, 10^3배, 10^4배… 희석액을 만들어 사용한다.

2) 유산균수(유산간균 및 구균) 측정 시험의 조작

① 각 단계별 희석액 1㎖를 멸균 페트리접시 2매 이상씩에 무균적으로 취한다.

② 약 43~45℃로 유지한 BCP첨가 평판측정용배지 약 15㎖를 무균적으로 분주한다.

③ 페트리접시 뚜껑에 부착하지 않도록 주의하면서 조용히 회전하여 좌우로 기울이면서 시료와 배지를 잘 섞고 냉각 응고시킨다.

④ 냉각 응고시킨 페트리접시는 거꾸로 하여 35~37℃에서 72±3시간 배양한다.

⑤ 발생한 황색의 집락을 유산균의 집락으로 계측한다.

3) 비피더스균(*Bifidobacterium*) 시험의 조작

① 시험용액 1mL에 펩톤식염완충용액을 가하여 10㎖가 되게 한 다음 잘 혼합한다.

② 위의 검액(10^{-1}용액) 1㎖에 희석액을 가하여 10㎖가 되게하고 10^{-2} 검액을 만든 후, 동일하게 조작하여 10^{-3}, 10^{-4}~10^{-7}… 등의 검액을 조제한다.

③ 각 희석검액 0.1㎖씩을 각각 BL배지 (혹은 BS배지) 상에 접종하여 멸균 초자봉으로 도말(포)한다.

④ 이때 대조시험으로 검액을 가하지 아니한 동일 희석액 0.1㎖를 배지에 가한 것을 대조로하여 페트리접시, 희석용액, 배지 및 조작이 무균적이었는지 여부를 확인한다.

⑤ 배지를 혐기성 상자에 넣고 37℃, 48～72시간 배양하여 비피더스균(*Bifidobacterium*)의 전형적인 집락은 〔표 3-1-7〕을 기준으로 평가한다.

4) 균수 계산

비피더스 또는 유산균수(개/g) = A × 희석배수

(A : plate 당 집락 수(개))

(2) 유기산 및 pH 측정

1) 시험용액의 조제

① 시료 10g(㎖)에 끓여서 식힌 증류수를 적당량(100㎖)을 가하여 페놀프탈레인 시액 0.5㎖를 가한다.

② 0.1N 수산화나트륨용액으로 30초간 붉은색이 지속될 때까지 적정한다.

※ 단, 시험용액이 착색되어 있는 경우는 pH 측정기를 이용하여 pH 8.3까지 적정한다.

2) 계산

$$\text{유기산 산도(젖산으로서, \%)} = S \times \frac{f \times 0.009}{\text{시료채취량(g)}} \times 100$$

S : 0.1N 수산화나트륨용액의 소비량(㎖)

f : 0.1N 수산화나트륨용액의 역가

[표 3-1-6] 유산균 및 비피더스균 배지

<table>
<tr><th>BCP첨가 평판측정용 한천배지
(Plate Count Agar with Brom Cresol Purple)</th><th>BL 한천배지
(BL Agar)</th></tr>
<tr><td>Yeast Extract 2.5g
Peptone 5.0g
Dextrose 1.0g
Tween 80 1.0g
L-Cysteine 0.1g
Agar 15.0g</td><td rowspan="5">Beef Extract 3g
Liver Extract 5g
Yeast Extract 5g
Proteose Peptone 10g
Tryptone 5g
Soypeptone 3g
Soluble Starch 0.5g
Glucose 10g
Dipotassium Phosphate 1g
Monopotassium Phosphate 1g
Magnesium Sulfate 0.2g
Sodium Chloride 0.01g
Manganese Sulfate 0.00674
L-Cysteine · HCl · H_2O 0.5g
Ferrous Sulfate 0.01g
Polysorbate 80(Tween 80) 1g
Agar 15g</td></tr>
<tr><td>위의 성분(다만, 종균에 따라 적정 peptone을 사용하여야 함)을 증류수 1,000mℓ에 녹여 pH 6.8~7.0으로 조정한 후 BCP(Brom cresol purple)을 0.004~0.006%가 되도록 가하고 121℃에서 15분간 멸균한다.</td></tr>
<tr><td>BS 한천배지
(Bifidobacterium selective Agar)</td></tr>
<tr><td>BL 한천배지에
Sodium Propionate 15g
Paromomycin Sulfate 50mg
Neomycin 100mg
Lithium Chloride 3g</td></tr>
<tr><td>BL한천배지 1,000mℓ에 위의 성분을 첨가하여 조제한 후 121℃에서 15분간 멸균한다.</td><td>위의 성분을 증류수 1,000mℓ에 녹여 pH 7.2로 조정한 후 121℃에서 15분간 멸균하여, 50℃로 냉각시킨 후 소, 말, 양 또는 사람의 탈섬유소 혈액을 5% 되도록 첨가한다.</td></tr>
</table>

[표 3-1-7] BL 한천평판상의 균의 성장 특성

Bifidobacterium longum	유갈색~황갈색의 반구상으로 융기된 중심부가 적갈색인 직경 약 1.0~2.0mm의 집락을 형성한다.
Bifidobacterium bifidum	유갈색~회색으로 융기된 중심부가 적갈색인 직경 0.5~1.5mm정도의 원형집락을 형성한다.
Bifidobacterium breve	유백색~유갈색의 반구형으로 중심부가 융기된 직경 1.0~2.0mm의 원형 집락을 형성한다.

실험 3-1-3 진세노이드 TLC분석

1. 의의 및 원리

- 유산균에 의한 진세노이드의 미생물학적 전환에의한 형성된 새로운 물질의 확인

2. 목 표

- 유산균에 의한 진세노이드의 변화 및 형성된 물질의 TLC분석 방법 습득

3. 준비물

(1) 표준품 및 시료 : Rb1과 Rg1 등, 인삼 또는 홍삼 분말(추출물)의 유산균 발효물

(2) 실리카겔판 : 실리카겔판〔60F245 (Merk Co. Whitehouse station, USA)〕을 미리 110℃에서 15분간 건조하고 실온에서 30분간 식힌 후 사용한다.

(3) 전개용매 :

1) 클로로포름 : 메탄올 : 물=65 : 35 : 10(하층 사용)

2) 1-부탄올 : 에틸아세테이트 : 물=5 : 1 : 4(상층 사용)

(4) 기타 : 메탄올, 여과실린지(0.45㎛), 건조기, 드라이어, TLC Scanner(자외선 365nm)

4. 실험방법

① 검체 0.3g에 메탄올 5*ml*를 가해 수욕 중에서 진탕 혼합하면서 5분간 가온한다.

② 냉각 후 여과(0.45㎛)하여 시험용액으로 한다.

③ 시험용액과 표준용액을 실리카겔 판에 찍는다.

④ 전개용매로 전개한다.

⑤ 10% 황산용액(또는 50% 황산 에탄올용액)을 분무한다.

⑥ 110℃에서 5~10분간 가열하여 발색시킨다.

⑦ 발색 후 나타난 색과 위치를 육안 또는 TLC Scanner로 자외선(약 365nm)에서 확인한다.

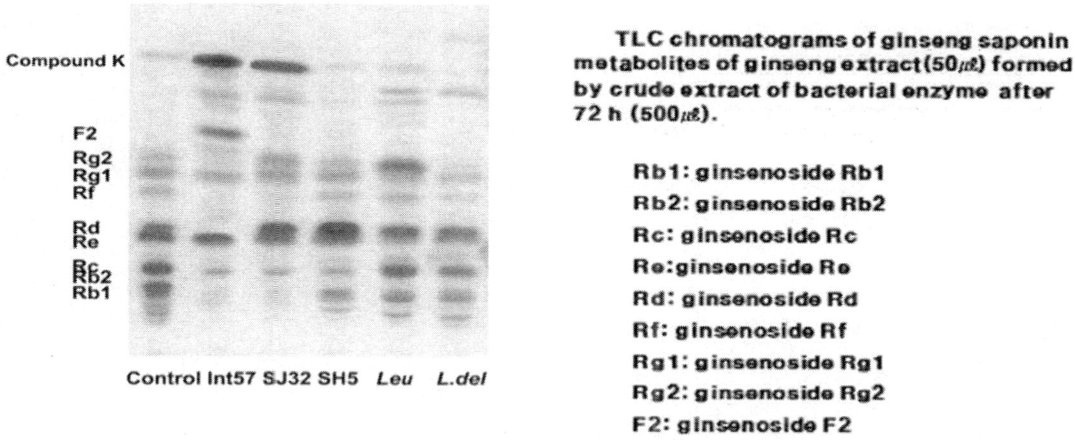

Bi. sp. Int57 ; Bi. sp. SJ32
Bi sp. SH5 ; *Lac. Delbrueckii sp. delbrueckii*
KCTC 1047 (*L.debrueckii*)

[그림 3-1-9] Micrcbial enzyme crude extract에의한 ginseng extract Biotransformation의 TLC분석 사례

출처 : Geun Eog Ji(2006) J. Microbiol. Biotechnol. 16(10) 1629-1633

2장 Fermentation
해양생물 소재 발효

1절 수산물 소재 발효

1. 국내 수산물 발효 산업 현황

(1) 수산물 발효 주요제품 생산 동향 및 시장 현황

수산물을 발효시킨 주요제품은 대부분 젓갈류 식품에 속한다. 젓갈류 식품은 염신류, 젓갈, 염장 발효 식품, 해류식품, 어장, 액젓 등으로 다양하게 불리고 있으며 영문표기도 salted & fermented, fermented, pickled & preserved, fish sauce 등 다양한 이름으로 통용되고 있다. 주요 젓갈 제품의 년도별 생산 동향은 표 1과 같다. 2000년대 초반 대비 후반으로 오면서 생산량이 점차 감소하는데 이는, 다양한 먹거리 증가와 함께 기능성식품 위생적 개념이 고조되는 반면 젓갈에 대한 위생적 건강적 부정적 개념의 증가와 함께 젊은 층의 선호도 감소로 인하여 기인한 것으로 사료되며, 이를 극복하기 위하여 젓갈을 이용한 퓨전요리, 위생적이고 다량 섭취 할 수 있는 저염의 웰빙 젓갈에 해당하는 제품개발 등이 시급하다.

[표 3-2-1] 주요 젓갈 제품의 생산동향

제품종류	생산량(톤)			
	2001	2003	2005	2007
멸치젓	8,967	9,754	9,754	8,919
새우젓	9,738	7,553	7,553	1,572
오징어젓	2,311	2,414	2,414	997
조개젓	485	414	414	137
어리굴젓	279	239	239	177
성게젓	92	61	61	1
명란젓	2,051	1,544	1,544	2,595

창란젓	–	892	892	444
황석어젓	–	247	247	3,878
기타	23,681	15,866	15,866	9,921
합계	47,604	39,848	32,659	28,641

(자료 : 해양수산통계연보)

염신품 중 김치 등의 조미소재로서 널리 이용되고 있는 액젓은 시장규모가 1,000억원 이상일 것으로 추정되나 생산량에 대한 통계가 없으며 멸치, 까나리, 밴댕이 및 실치 등이 주요 원료로 사용되고 있다.

액젓류는 염장한 어류를 1~2년간 장기숙성을 거친 후에 상품화하기 때문에 자금의 회전율이 낮은 것이 문제이므로 최근에는 자가효소, 상업적 효소활용, 가온숙성 등에 의한 속성발효 연구가 활발히 진행되고 있다. 최근 연구 결과 중 국토해양부로부터 연구를 지원받아서 "수산물을 이용한 천연조미료 개발"이란 과제로 연근해 수산물을 이용하여 속성 발효 기술을 접목시켜 1주일이내 수산물 원료로부터 천연 조미액과 조미분말 소재를 제조하는 기술 개발을 성공하여 제품을 출시한 보고 사례가 있다.

[표 3-2-2] 젓갈류 식품의 지역별 생산 비중(2006년)

지역별	생산량		생산액	
	톤	%	백만원	%
부산	1,861	4.90	21,428	13.07
인천	1,967	5.18	5,177	3.16
울산	296	0.78	732	0.45
경기	10,555	27.78	27,342	16.68
강원	2,864	7.54	21,137	12.89
충남	6,070	15.98	51,374	31.34
전북	3,466	9.12	8,132	4.96
전남	9,255	24.36	24,465	14.92
경북	1,251	3.29	3,492	2.13
경남	379	1.00	605	0.37

제주	28	0.07	49	0.03
합계	37,992	100	163,950	100

(자료 : 젓갈류 산업의 현황과 전망)

(2) 수산물 발효제품 기술개발 현황

젓갈은 일반적으로 신선한 어패류의 근육, 내장, 또는 생식소 등을 원료로 하여 다량의 식염을 첨가한 후 제품별로 6개월에서 2년 발효 및 숙성 시킨 발효식품으로서 제품마다 각기의 독특한 맛과 향이 있는데 이는 원료별 특성과 이에 작용하는 미생물에 의해 결정된다. 염장을 통한 발효과정을 거침으로 부패미생물의 생육이 억제되고 원료유래 자가분해 효소와 미생물 유래 효소 작용에 의해 부분적으로 분해되어 펩티드나 아미노산, 지방산, 유리당, 유기산, 알코올, 핵산, 연류 등의 성분이 축적되고 원료 특유의 비린내가 소실되어 식용에 적합한 형태로 변화한다. 젓갈은 원료→선별→수세→가염→염지→발효/숙성→포장→제품화라는 제조공정을 거치는데 이 과정에서의 주요 핵심 공정은 발효/숙성 과정이다.

1) 수산물 발효 미생물 연구 결과

젓갈제조에는 처음부터 높은 농도의 소금을 넣기 때문에 본래 원료에 존재하던 미생물의 대부분은 별로 생육을 하지 못하며 내염성 세균만이 장기간에 생육하게 된다. 이들 세균은 단백질 및 핵산 성분을 가수분해 하는 효소를 분비하여 젓갈류에 고유한 향미를 부여하는 것이다. 젓갈 숙성 중 어육단백질을 분해하는 프로테아제(protease)가 있어서 원료 중의 효소 활성은 상당한 양이지만 소금 농도가 7%가 되면 현저히 저해를 받아 활성이 50% 정도 감소하나 내염성 세균에서 분리된 프로테아제는 7% 소금농도에서 10~30% 밖에 감소되지 않는 것으로 보아 젓갈 원료 중의 단백질은 자체효소에 의하기보다는 관여 미생물에 의하여 분해된다고 결론지어졌다.

또한, 핵산 분해효소인 5′-포스포디에스테라아제(5′-phosphodiesterase)를 분비하여 젓갈 중 RNA를 뉴클레오티드 및 유리인산까지 분해하고, 5′-모노뉴클레오티드(5′-mononucleotide)로 분해 축적시키므로 젓갈 중의 정미성분이 되는 핵산 분해 산물은 주로 세균에 의한 것이라고 밝혀졌다.

현재까지의 발효 과정에 관여하는 미생물 유래는 원료에 자연적으로 존재하는 해양세균과 호염세균 및 효모 등이 존재하며 생균수는 일반적으로 1×10^2cfu/g 정도로 보고되어 있다. 일반적으로 젓갈의 발효에 관여하는 주요 미생물군은 마이크로코커스, 젖산 생성균, 브레비박테리움, 류코노스톡, 바칠러스, 슈도모나스, 플라보박테리움 그리고 각종 효모 등으로 알려져 있다. 또한, 이들 미생물 중 이상발효 및 부패에 관여하는 미생물은 비브리오, 아크로모박터 속의 세균 등으로 보고되고 있다.

멸치를 시료로 한 수산 발효 식품에서 분리된 균종은 아시네토박터 속, 에어로모나스 속, 바칠러스 세레우스, 바칠러스 메가테리움, 바칠러스 푸밀리스, 클로스트리디움 세티엔스, 코리네박테리움 속, 모라셀라 속, 페디오커커스 할로필러스, 세라티아 마르센스 및 스타필로코커스 속 등으로 나타났다. 멸치젓 발효 중의 미생물상의 변화는 담금 15일~20일 사이에 생균수가 급격히 증가한 후 점차 감소하였으며, 담금 30일 째에는 슈도모나스, 아크로모박터, 바칠러스 속 및 플라보박테리움 속 균주가 가장 많이 검츨되엇고, 담금 30~60일 사이에서는 페디오코커스, 할로필러스, 마이크로코커스 속 및 사르시나 속 등이 검출되었으며, 담금 60일 이후에는 사카로마이세스 속과 톨루로프시스 속 등의 효모류가 우점종이었다. 생균수와 슈도모나스 세균은 담금 35~40일 사이에 최고치에 도달하였으며 효모는 담금 80일에 균수가 최고였다가 이후 점차 감소하였다.

새우젓 숙성 중의 미생물상의 변화는 숙성 초기에는 아크로모박터, 슈도모나스, 마이크로코커스, 디니트리피컨스와 같은 해양세균도 분리되었으나, 40일 이후에는 이들 세균은 거의 분리되지 않았고, 반면에 호염성 세균인 할로박테리움, 페디오코커스, 사르시나, 마이크로코커스 속, 그리고 효모인 사카로마이세스, 토루로프시스가 우세하다고 밝혀졌다.

2) 수산물 발효 제품 성분변화 연구결과

젓갈류의 화학성분은 원료에 따라 다르나 대표적인 제품의 단백질 함량은 15%~25%로서 곡물식품보다 높다. 시판되는 젓갈류 10여종에 대하여 비타민 B_1과 B_2 및 niacin 함량을 측정한 결과 젓갈의 종류에 따라 함량의 차이가 컸으며 명란젓의 경우 비타민 B_1과 B_2의 함량이 특히 많았다. 또 굴, 가무라기, 꼴뚜기젓에 대하여 15% 소금을 가하고 마쇄하여 37%에서 속성 발효시켜 발효 중 이들 비타민 함량의 변동을 검토한 결과 각 비타민은 발효초기에 급격한 감소를 보였으나 그 후 큰 변동없이 일정한 수준을 유지하였다. 한편 각종 젓갈 중의 비타민 B_{12} 함량을 조사한 결과 비타민 B_{12}는 젓갈원료 자체 발효도중 미생물에 의하여 생성된 것이 추가된 것으로 추측되었다. 또한 젓갈류 10종에 대하여 비타민 B_1, B_2 및 B_{12}를 정량한 결과 B_1, B_2, B_{12} 순으로 많았다.

또 젓갈류 10종에 대하여 무기물 함량을 분석한 결과 회분함량은 10.7%~26.4%였고, Ca, Mg, Fe, Cu, Zn이 검출되었다. 그리고 멸치젓 숙성 중 소금농도와 숙성온도가 칼슘과 인의 용출에 미치는 영향을 검토한 결과 소금농도가 20%가 좋다고 하였다. 다음 아미노산 함량 조사로 새우젓 등 5가지 젓갈 중에는 threnine이 많고 특히 황새기젓에는 lysine이 많이 함유되어 있어서 쌀밥에 부족되는 아미노산의 공급원이 될 수 있다고 하였다.

젓갈의 구수한 맛은 유리아미노산과 핵산분해물인 5′-mononucleotide류의 상승작용으로 생각되며 이들의 함량의 차이로서 젓갈류의 맛이 좌우될 것으로 추측된다. 몇 가지 젓갈류에서 검출된 5′-mononucleotide 종류는 5′-CMP, 5′-AMP, 5′-UMP, 5′-IMP, 5′-GMP 였다.

한편 젓갈즙액 중의 아민 함량은 대체로 histamine 함량과 비례하나 새우젓과 꼴뚜기젓에 있어서는 histamine 함량이 적은데 비해 아민 함량이 많았다. 멸치젓은 아민 함량과 histamine 함량이 많았으며 일반적으로 amine 함량이 클수록 부패에 의한 냄새를 나타냈다. Trimethylamine oxide의 함량은 아민 함량에 비해 큰 차이가 없었다. 그리고 10여종에 젓갈류에 대하여 질소화합물의 분석한 결과 휘발성질소, 아미노태질소, histamine 순으로 많았다.

새우젓의 성분을 밝힐 목적으로 신선한 젓새우를 원료로 젓갈 숙성 중의 유리아미노산, 핵산관련물질, betaine의 변화에 대한 연구결과, 새우젓 숙성 중의 핵산관련물질의 변화는 ADP, AMP, IMP는 줄고 inosine, hypoxantine이 증가하였다. 완숙기라고 볼 수 있는 숙성 72일만의 유리아미노산 함량은 소금농도 30%에서 가장 낮고, 20%에서 가장 높았으며 40%에서는 그 중간이었다. 숙성 기간 중 질소화합물의 변화는 trimethylamine oxide는 감소하였으나, trimethylamine batine, 암모니아는 증가하였다. 이와 같은 결과를 종합하여 새우젓의 정미성분으로서 단맛을 가진 lysine, proline, alanine, glycine, serine, 구수한 맛을 가진 glutamic acid, 쓴맛을 가진 leucine 등을 주제로 한 유리아미노산, 그리고 단 맛을 가진 betaine, trimethylamine oxide 및 핵산관련물질인등이 중요한 정미성분이고, 이들이 소금의 짠맛과 조합되어 새우젓의 풍미에 중요한 구실을 한다고 밝혔다. 그리고 젓갈 숙성 중의 protease 역가와 아미노태소질소함량을 소금농도별 숙성온도별로 검토한 것도 있고, 시판젓갈의 유리아미노산을 박층크로마토그래피로 정량적으로 확인된 것도 있다.

꼴뚜기젓 숙성 중의 정미성분을 분석한 결과 유리아미노산 중에는 proline, taurine이 특히 많아 전 유리아미노산에 대한 비율을 보면 proline이 40.2%, taurine이 32.0%로서 이들 아미노산이 72.2%를 차지하였고 추출물 질소 중 유리아미노산이 차지하는 비율도 64.9%로서 높은 편이었다.

꼴뚜기젓의 중요한 정미성분으로는 proline, lecine, lysine, serine, arginine, alanine, valine, isoleucine, phenylalanine, methionine, glycine 등과 같은 유리아미노산, betaine, trimethylamine oxide, hypoxanthine 이라고 보고하였다. 멸치젓에 관한 연구로서 유리아미노산을 분석한 결과 멸치젓의 유리아미노산 함량이 생멸치보다 22.8배 높았고, 특히 leucine, isoleucine, lysine, phenylalanine, tyrosine의 함량이 높았다. 또 질소화합물을 분석한 결과 trimetalamine oxide는 줄고 trimethylamine, betine, 암모니아가 높아 졌다. 특성성분 제거시험 결과 멸치젓의 정미성분으로서는 유리아미노산 및 핵산관련물질이 중요한 역할을 한다고 하였다.

굴젓에 관한 것으로는 굴젓의 숙성 중 글리코겐의 환원당과 젖산으로, 단백질이 유리아미노산으로 분해되는 과정을 밝힌 것이 있고, 굴젓 숙성의 유리아미노산을 분석한 보고도 있다.

해삼창자젓은 그 향가와 맛이 독특하여 예부터 기호식품으로 이용되어 왔다. 해삼창자젓의 유리아미노산을 분석하여 glutamic acid, alanine, gaycine, lysine, proline, leusine 등이 중요한 정미성분이라는 보고가 있고, 해삼창자젓 중의 미량원소를 분석하여 Pb 1.4ppm, Cu 1.8ppm, Zn 8.8ppm, Fe 10ppm, Mg 450ppm, Ca90ppm으로 나타났다는 보고가 있다. 어류의 내장을 원료로 만든 젓갈도 많은데, 그 중 전어내장젓의 정미성분으로는 lysine, valine, glutamic acid, leucine, methionine, serine, alanine, arginine 등의 유리아미노산과 핵산관련물질인 hypoxanthine이 중요한 성분이라고 발표한 것이 있다. 또한 황새기젓의 칼슘함량을 측정한 것도 있다.

멸치젓의 숙성 중 지방질의 산화와 단백질의 분해과정을 경시적으로 조사한 연구결과가 보고된 바 있다. 멸치젓의 지방산 조성은 포화지방산은 주로 palmitic, myristic, stearic acid였고 불포화지방산은 주로 palmitoleic, oleic, docosahexenoic acid이었다. 그리고 지방질의 산패와 단백질의 분해는 숙성 초기에 급속하게 일어났다.

조개젓의 비린 냄새를 억제할 목적으로 조개족젓에 유기산인 acetic, malic, citric acid를 첨가하고 비린냄새와 trimethylamine의 잔존량을 관능검사와 기케크로마토그래프로 분석한 결과, 조개녹젓 100g당 아세트산 8㎖를 첨가했을 때 기호성이 가장 좋았으며, 그의 첨가량과 숙성기간이 증가함에 따라, 그리고 aceticvvmalicvvcitric acid 의 순서로 trimethylamine의 잔존량이 감소하였다.

우리나라에서 시판되고 있는 젓갈의 질산염, 이질산염 및 고급아민의 함량을 조사한 결과 멸치젓의 이질산염, 질산염은 각각 1ppm 이하였고 dimethylnitrosamine은 가열 전에는 0.1ppb이었으나 90℃에서 5분간 가열에 의하여 0.9ppb로 증가하였으나 이들 함량은 매우 낮은 수준이었다고 하였다.

2. 수산물 속성발효 조미소재 제품개발 사례

연근해 수산물을 이용하여 속성발효 기술을 적용하여 조미액과 조미분말 소재 개발 사례를 최근 연구 결과를 중심으로 소개 하고자 한다.

(1) 조미액 생산 가능성 검토

어종별에 따른 조미액 생산을 위한 일반적인 공정은 다음과 같은 flow로 확립하였다.

수세 ⇨ 파쇄 ⇨ 분해 ⇨ 여과 ⇨ 액상 ⇨ 고상

[그림 3-2-1] 조미액 제조공정

본 연구에서 조미액의 제조공정은 그림과 같이 제조하였다. 구입한 원재료 수산물의 이물질이 함유여부를 확인하고 본 조미액과 관련이 없는 다른 어종 등의 이물질은 제외하였고 수산물은 흐르는 물로 깨끗이 세척한 다음 파쇄기에 넣고 paste상이 될 때까지 가능한 미세하게 파쇄하였다. 파쇄한 sample은 각각 100g씩 칭량하여 삼각플라스크에 넣고 천일염 5g을 첨가하고 각 반응별로 효소를 첨가하여 sample

을 가수분해하였다. 가수분해가 완료하면 규사토로 여과하여 잔사를 제거한 후, 여과지로 다시 여과하여 여분의 기름과 미세 고형물을 제거하였다. 가수분해시간의 조건을 파악하기 의하여 가수분해시 시간별로 sampling하여 육안으로 가수분해 정도를 파악하였고, SDS PAGE로 가수분해 특징을 분석 확인하였다.

육안으로 관찰시는 파쇄 sample이 분해되어 액상화로 되는 정도를 관찰하였으며, SDS PAGE에서는 단백질이 분해되어 단편화되는 정도를 관찰하였다[그림 3-2-2].

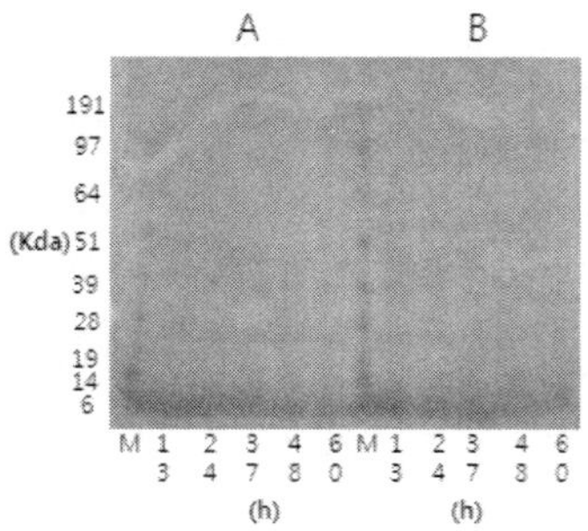

Fig. 2-1 SDS PAGE of anchovy
A ; Add. of aminopeptidase
B ; No add. of aminopeptidase

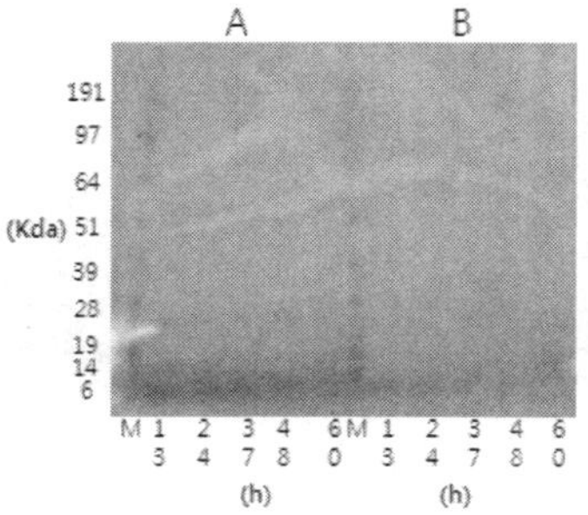

Fig. 2-2 SDS PAGE of cutlassfish
A ; Add. of aminopeptidase
B ; No add. of aminopeptidase

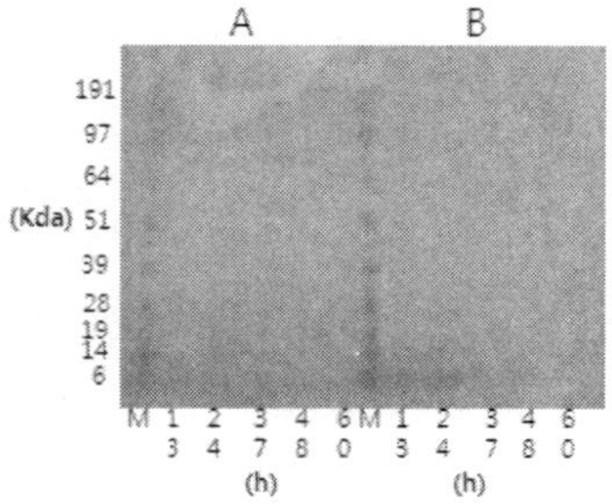

Fig. 2-3 SDS PAGE of yellow corvina
A ; Add. of aminopeptidase
B ; No add. of aminopeptidase

[그림 3-2-2] 멸치, 황석어, 갈치의 효소분해과정 SDS PAGE 도식

(2) 실험실 규모의 어종별 조미액 제조

4종류의 어류 멸치, 갈치, 황석어, 곤쟁이를 이용하여 5L 발효기에서 조미액 가수분해 조건 검토를 하였다. 냉동된 재료를 파쇄기에 넣고 paste상이 될 때까지 파쇄하여 반응조에 옮긴 후, 시판 protease 효소 3종류(Amano사 및 Novozyme)를 비율별로 참가하여 55℃에서 24시간까지는 200rpm으로 교반하여 효소 반응하고, 24시간 이후는 80rpm으로 교반하면서 약 60시간 효소 반응시켰다. 가수분해가 진행되어 반응액이 갈변하면서 거의 액상이 되었을 때 고미성분 제거를 위하여 시판용 효소인 peptidase(Protamex 1.5 MG/Novozyme, Protease M/Amano Enzyme)를 첨가하여 고미성분이 분해되도록 조정하였다. 가수분해가 완료된 반응액에 약 10%V/V의 규사를 혼합하여 부직포로 1차 여과하였다. 1차여과액은 잔존 기름을 제거하기 위하여 여과지(TOYO No.1)를 사용하여 여과하였다. 여과액을

100℃에서 30분간 가열하여 첨가 효소를 불활성화 하여 조미 액상 제조를 완성하였다. 멸치, 갈치, 황색어, 곤쟁이 어류를 이용한 각 어종별의 조미액 제조 실험진행 단계별 분해과정을 그림 3-2-3, 4, 5, 6에 나타내었다.

1) 멸치 조미액 제조 단계별 진행 사항

[그림 3-2-3] Production scheme of Anchovy sauce

2) 갈치 조미액 제조단계별 진행 사항

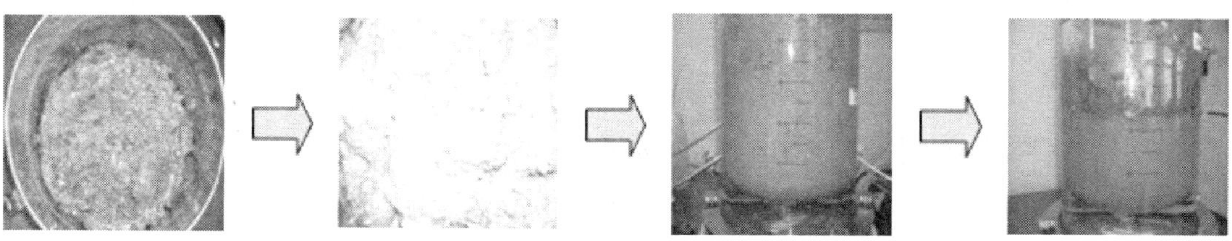

[그림 3-2-4] Production scheme of Cutlassfish sauce

3) 황석어 조미액 제조단계별 진행 사항

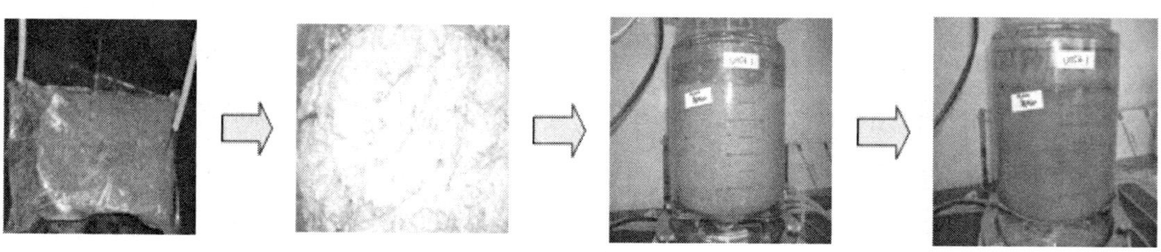

[그림 3-2-5] Production scheme of Yellow fish sauce

4) 곤쟁이 조미액 제조단계별 진행 사항

[그림 3-2-6] Production scheme of tiny shrimp sauce

(3) 조미 건조분말 제조

1) 농축액 제조

각각의 조미 액상을 건조하기 위한 전처리 공정으로서 5L 농축기를 이용하여 60℃에서 농축하여, 농축액의 농도가 Brx.50가 되도록 농축하였다(그림 3-2-7).

[그림 3-2-7] 멸치 농축 조미액

본 실험에서 멸치 액상 조미액을 농축하여 얻은 조미 농축액의 조성은 표 3-2-3과 같다. 조미농축액의 고형물 함량은 80.6%였으며, 총질소 함량은 8.2%였고, 염도는 20.5%였다. 고형물 기준으로 환산시 총질소 함량은 10.17% 였으며, 단백질 환산시 63.59%(단백질 환산계수 6.25로 산정시)에 해당한다.

[표 3-2-3] 멸치 조미 농축액 분석표

고형분	염도	총질소	수분
80.6%	20.5%	8.2%	19.4%

2) 건조분말 조미소재 제조

각각의 조미 농축액을 분말화하기 위하여 진공건조기에서 초기 온도를 60℃, 진공도를 680mmHg로 하여 1차적으로 Brx.70이 될 때가지 건조공정에서 처리한 후, 온도를 80℃로 올리고 진공도를 760mmHg로 하여 그림 8과 같은 건조물을 얻었다. 최종적으로 얻은 농축 건조물의 수분함량은 5% 미만이 되도록 조정하였다. 조미 액상은 분말건조 조미소재로 사용할 목적으로 별도의 부형제는 일체 첨가하지 않은 상태로 농축하여 진공조건에서 분말화하였다.

[그림 3-2-8] 멸치 건조분말 조미소재

(4) 원료의 일반성분과 휘발성염기질소

멸치, 갈치, 황석어의 어종별 원료에 대한 일반성분 분석결과와 휘발성 염기질소(VBN)의 분석결과는 표 3-2-4와 같다. 어류의 신선도를 나타내는 휘발성 염기질소에 대한 멸치, 갈치, 황석어의 분석결과는 각 각 16.7, 15.3, 17.9 ㎎%으로 나타났으며, 어육을 포함한 단백식품은 신선도 저하와 함께 휘발성 염기질소 함량 증가에의한 부패정도틑 평가한다. 신선한 어육의 경우는 VBN이 5~10mg%, 보통 선도의 것은 15~25mg%, 부패초기의 것은 30~40mg%, 부패한 것은 50mg% 이상으로 구분한다. 이 수치에 따르면 구입한 원료는 대체적으로 보통 선도인 것을 알 수 있다. 멸치, 갈치, 황석어의 각각의 wet basis기준시의 수분함량은 75.9, 73.3, 77.2%였으며 갈치의 경우가 고형분 함량이 상대적으로 높았지만 단백질 함량은 각각 14.7, 13.1, 13.5%으로 갈치의 경우가 상대적으로 낮았다. 단백질 함량은 멸치의 경우가 상대적으로 다소 높은 성상을 보여 주고 있다. 조지방 함량은 각각 2.1, 1.3, 3.1%인 특징을 보여 주고 있다. 고형물 함량을 기준으로 할 때 멸치와 황석어의 경우는 단백질 함량이 약 60%이었으며 갈치의 경우는 약 49%였다.

[표 3-2-4] 원료 수산물의 일반 성분과 휘발성염기질소

항 목	멸치	갈치	황석어
탄수화물(%)	4.0	6.3	3.4
조단백질(%)	14.7	13.1	13.5
조지방(%)	2.1	1.3	3.1
수분(%)	75.9	73.3	77.2
회분(%)	3.3	6.0	2.8
휘발성염기질소(mg%)	16.7	15.3	17.9
조단백질/고형물(%)	61.0	49.1	59.2

(5) 효소분해 조미액상의 아미노산 조성

멸치, 갈치, 황석어, 곤쟁이의 효소 가수분해물에 대한 아미노산과 아미노산 유도체의 분석 결과는 각 각 표 3-2-5, 표 3-2-6, 표 3-2-7 및 표 3-2-8과 같다. 25종 이상의 아미노산 및 그 유도체가 동정 되었고 정미성을 나타내는 aspartic acid와 glutamic acid 함량은 멸치의 경우 100g 중 각각 416, 917mg이고, 갈치의 경우 100g 중 각각 424, 902mg이고, 황석어의 경우 100g 중 각각 404, 909mg이고, 곤쟁이의 경우 100g 중 각각 421, 915mg였다. aspartic acid 함량의 경우는 약 400mg 수준이었고, glutamic acid 함량은 약 900mg 수준이었다. 특히 glutamic acid은 함량이 가장 높았으며, 총 아미노산 중 약 13%수준을 함유하고 있었다. 두 정미성분의 높은 함량은 천연 조미소재로서의 상업적 가치가 있는 원료로 판단되었다. 유리아미노산 함량도 각 각 7,000mg/100g 이상으로 아미노산가로 비교적 높은 수치를 나타내었다. 각 어종의 가수분해물의 총아미노산 중 아스탐산 및 그루탐산이 차치하는 함량을 비교해 보면 표 3-2-5와 같이 아스탐산 함량은 5.7에서 6.0%을 수준을 보이고 있으며 그루탐산은 12.6~12.7%의 함량을 나타내고 있다. 그림 3-2-9는 단백질 중 아스파탐산과 글루탐산 함량의 표시하였다.

[표 3-2-5] 멸치 가수분해액의 아미노산 농도(유리아미노산 함량)

아미노산	함량(mg/100g)	아미노산	함량(mg/100g)
글리신	331	암모늄 클로라이드	113
알라닌	516	하이드록시 살리신	14
시트릴린	181	오르니틴	14
알파-아미노브티린산	8	리신	621
발린	512	포스포세린	44
시스틴	61	타우린	351
메티오닌	302	아스파탐산	416
시스타치오닌	41	트레오닌	391
이소루신류신	471	세린	327
류신	578	아스파라진	458
티로신	61	글루탐산	917
베타-알라닌	25	알파-아미노아디핀산	28
페닐알라닌	249	프로린	222
에탄올아민	3	합계	7,255

[표 3-2-6] 갈치 가수분해액의 아미노산 농도(유리아미노산 함량)

아미노산	함량(mg/100g)	아미노산	함량(mg/100g)
글리신	330	암모늄 클로라이드	113
알라닌	506	하이드록시 살리신	11

시트릴린	162	오르니틴	13
알파-아미노브티린산	7	리신	610
발린	568	포스포세린	41
시스틴	56	타우린	323
메티오닌	301	아스파탐산	424
시스타치오닌	39	트레오닌	372
이소루신류신	469	세린	327
류신	568	아스파라진	445
티로신	59	글루탐산	902
베타-알라닌	23	알파-아미노아디핀산	25
페닐알라닌	235	프로린	221
에탄올아민	2	합계	7,116

[표 3-2-7] 황석어 가수분해액의 아미노산 농도(유리아미노산 함량)

아미노산	함량(mg/100g)	아미노산	함량(mg/100g)
글리신	281	암모늄 클로라이드	108
알라닌	512	하이드록시 살리신	12
시트릴린	179	오르니틴	14
알파-아미노브티린산	6	리신	601
발린	502	포스포세린	43
시스틴	60	타우린	346
메티오닌	300	아스파탐산	426
시스타치오닌	38	트레오닌	356
이소루신류신	457	세린	312
류신	567	아스파라진	446
티로신	58	글루탐산	909
베타-알라닌	258	알파-아미노아디핀산	27
페닐알라닌	249	프로린	212
에탄올아민	3	합계	7,164

[표 3-2-8] 곤쟁이 가수분해액의 아미노산 농도(유리아미노산 함량)

아미노산	함량(mg/100g)	아미노산	함량(mg/100g)
글리신	330	암모늄 클로라이드	112
알라닌	515	하이드록시 살리신	13
시트릴린	180	오르니틴	12
알파-아미노브티린산	7	리신	620
발린	510	포스포세린	43
시스틴	57	타우린	350
메티오닌	301	아스파탐산	421
시스타치오닌	40	트레오닌	389
이소루신류신	468	세린	325
류신	568	아스파라진	457
티로신	60	글루탐산	915
베타-알라닌	24	알파-아미노아디핀산	26
페닐알라닌	247	프로린	220
에탄올아민	3	합계	7,243

[표 3-2-9] 각 가수분해액의 아스파탐산 및 글루탐산의 함량

항목 \ 가수분해액	멸치	갈치	황석어	곤쟁이
총아미노산 함량(mg/100g)	7,255	7,116	7,164	7,243
아스파탐산(mg/100g)	416	424	426	421
글루탐산(mg/100g)	917	902	909	915
아스파탐산/총아미노산(%)	5.73	5.96	5.95	5.81
글루탐산/총아미노산(%)	12.64	12.68	12.69	12.63
아스파탐산/단백질(mg%)	682.0	864.5	888.5	-
글루탐산/단백질(mg%)	1503.3	1837.1	1535.5	-

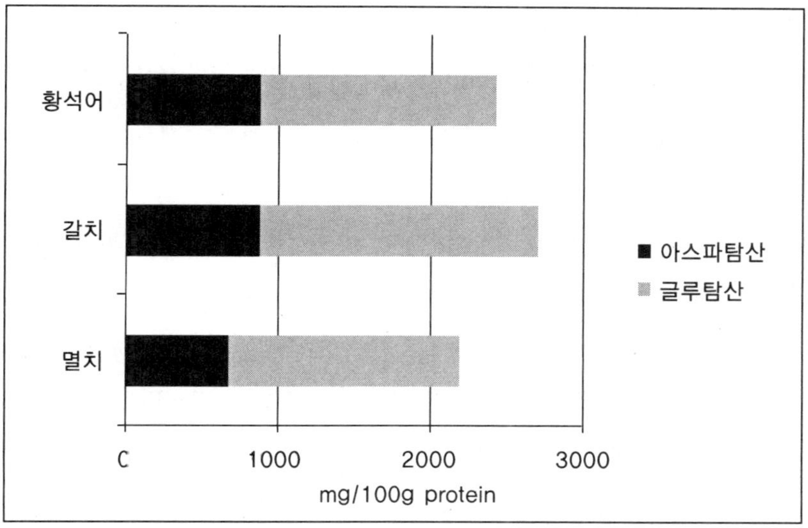

[그림 3-2-9] 각 가수분해액의 단백질 중 아스파탐산 및 글루탐산의 함량 비교

[표 3-2-10] 멸치 가수분해액과 곤쟁이 가수분해액에서의 자유 glutamic acid와 aspartic acid 농도(mg/100g)

	멸치가수분해액	곤쟁이가수분해액
aspartic acid	416	421
glutamic acid	917	915

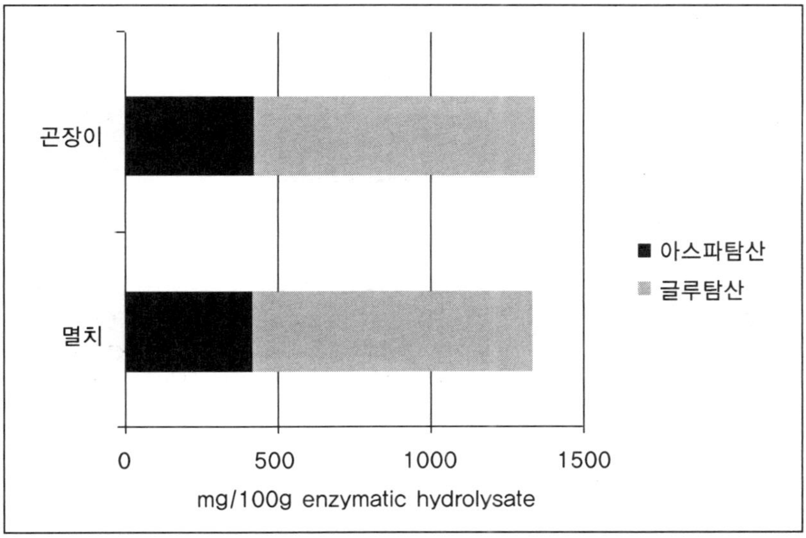

[그림 3-2-10] 각 가수분해액 중 아스파탐산 및 글루탐산의 함량 비교

(6) 핵산 성분의 분석 결과

뉴클레오티드는 aspartic acid, glutamic acid와 함께 정미성을 증진시키는 효과가 있어 감칠맛을 내는데 중요한 역할을 한다. 멸치 가수분해액과 곤쟁이 가수분해액의 뉴클레오티드 분석 결과는 표 3-2-11과 그림 3-2-11과 같다. 2종의 시료에서 CMP(Cystidine-5′-monophosphate disodium), UMP(Uridine-5′-monophosphate disodium), GMP(Guanosine-5′-monophosphate disodium), IMP(Inosine-5′-monophosphate disodium) 등 총 4개의 nucleotide가 확인되었으며, 향미증진효과가 가장 높고 표고버섯과 송이버섯의 감칠맛 성분으로 알려져 있는 5′-GMP 양은 100g당 각각 18.674mg과 17.768mg으로 시료 간에 비슷한 양상을 보였고, 쇠고기, 돼지고기, 생선의 중요한 감칠맛 성분으로 알려져 있는 5′-IMP 역시 100g당 22.462mg과 21.547mg으로 비슷한 양상을 보였다. 5′-IMP에서 5′-AMP으로 전환되면 정미성이 떨어지는 것으로 알려져 있으나 두 시료 모두 5′-AMP는 검출되지 않았다.

[표 3-2-11] 멸치 가수분해액과 곤쟁이 가수분해액의 뉴틀레오티드 농도(mg/100g)

	5′-CMP	5′-UMP	5′-GMP	5′-IMP
멸치가수분해액	0.45	1.25	18.674	22.462
곤쟁이가수분해액	0	1.43	17.768	21.547

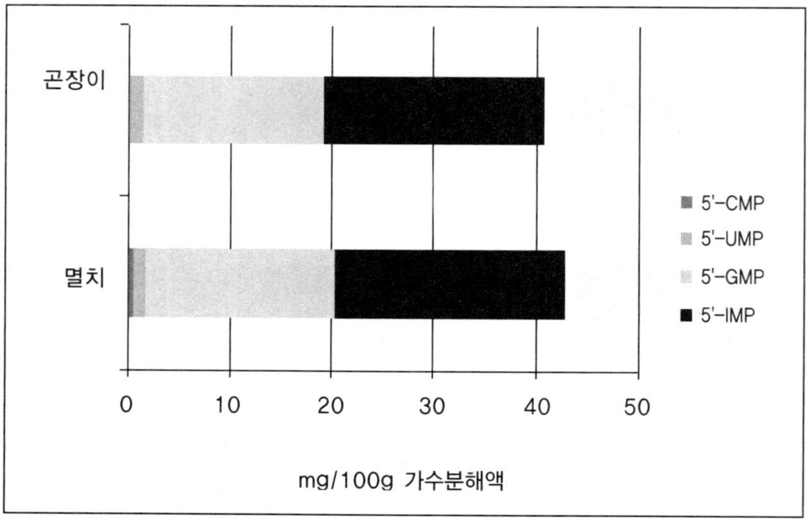

[그림 3-2-11] 멸치 가수분해액과 곤쟁이 가수분해액의 뉴틀레오티드 농도

(7) 효소종류에 따른 가수분해도(DH) 측정

본 연구에서는 food grade 상업용 효소의 대표적인 기업인 Amano사와 Novozyme사의 효소 다수를 선정하여 어류 단백질 가수분해물 제조에 사용하였다. 가수분해에 사용한 효소농도는 기질 건중량 대비로 각각 1~3%(w/w)로 첨가하여 48시간 동안 55℃에서 가수분해를 진행하면서 0, 12, 24, 36, 48 시간에 시료를 취해 분석하였다.

분쇄 멸치 단백질은 3가지 종류의 효소와 3가지 농도범위에서 모두 시간이 증가함에 따라 가수분해도가 증가하면서 반응 12시간 이내에 급격하게 가수분해 되는 전형적인 hydrolysis curve를 보였다. 또한 효소 A는 24시간, 효소 B와 효소 C는 36시간 이내에 가수분해가 완료되는 것을 알 수 있었다. 이와 같이 효소적 가수분해 속도가 반응시간이 증가함에 따라 감소하는 것은 효소가 반응할 수 있는 특이적 결합들이 분해되면서 생성된 반응물이 저해제로 작용함에 따라 효소가 불활성화된 것을 알 수 있다. 또한 반응 초기에는 효소가 불용성 단백질 표면에 흡착되어 느슨하게 결합된 polypeptide 결합을 분해하다가, 이 후에는 강하게 결합된 peptide 결합에 작용하게 되므로 반응속도가 감소하게 된다.

멸치어육 단백질은 24시간 가수분해 후 효소 A, 효소 B, 효소 C의 경우 각각 25.6~26.5%, 53.8~56.5%, 36.2~41.1%의 가수분해도를 나타내었다. 모든 효소에서 기질에 대한 효소농도가 증가할수록 가수분해도도 증가함을 나타내었으나, 농도 간 유의적인 차이를 나타내지는 않았다. 동일 효소농도에서 효소종류에 따른 멸치 어육 단백질의 가수분해 패턴을 비교한 결과, 효소종류에 있어서는 효소 A가 가장 높은 가수분해도를 보였다. 이러한 결과는 효소 A가 다른 효소보다 멸치어육 단백질의 peptide bond를 분해하는데 효과적임을 나타낸다. 효소 A는 endo와 exopeptidase의 특성을 보유한 효소로 polypeptide를 oligopeptide로 분해함과 동시에 이로 인해 노출된 아미노산 잔기로부터 아미노산을 유리시키는 작용기작을 보임으로써 endoprotease인 효소 B나 효소 C보다 높은 가수분해도를 나타내는 것으로 보인다. 이상과 같이, 효소적 가수분해 시간을 조절함으로써 가수분해도가 다양한 멸치 어육 단백질 가수물을 제조하여 관능검사 실험에 사용하였다.

(8) 히스타민 분석 결과

멸치, 항석어, 갈치, 곤쟁이의 효소가수분해액 제조과정 중 히스타민 생성량 변화는 각각 표 3-2-12, 3-2-13, 3-2-14, 3-2-15와 같다. 제조과정이 55℃로 비교적 고온이고, 단기간내 분해과정이 이루어지므로 단백질 변패가 거의 발생하지 않았음을 보여준다. 따라서, 대량생산 공정에 있어서도 제조과정상 제품의 변패에 대해 크게 우려하지 않아도 될 것이다

[표 3-2-12] 멸치 효소가수분해액 제조과정 중 히스타민 생성량 변화

멸 치	Raw	Hydrolyzed Time(hr)				
		0	12	24	36	48
Histamine(mg/1000g)	155	171	165	176	177	181

[표 3-2-13] 황석어 효소가수분해액 제조과정 중 히스타민 생성량 변화

황석어	Raw	Hydrolyzed Time(hr)				
		0	12	24	36	48
Histamine(mg/1000g)	136	141	145	156	159	163

[표 3-2-14] 갈치 효소가수분해액 제조과정 중 히스타민 생성량 변화

갈 치	Raw	Hydrolyzed Time(hr)				
		0	12	24	36	48
Histamine(mg/1000g)	146	151	155	166	175	180

[표 3-2-15] 곤쟁이 효소가수분해액 제조과정 중 히스타민 생성량 변화

곤쟁이	Raw	Hydrolyzed Time(hr)				
		0	12	24	36	48
Histamine(mg/1000g)	157	172	175	176	179	185

(9) PILOT규모 시제품 제작

(부산해양생물산업육성센터: GMP시설 & 제조허가 득 기관)

실험실 제조에서 얻은 조건을 기준하여 pilot 규모의 액상 및 고상(분말) 조미료를 생산하였다(그림 3-2-12). 곤쟁이 원료 1톤을 분쇄기로 paste상으로 제조하여 3톤 규모 바이오리액터에 충전하고, 시판 Protease 효소 3종류(Amano사 및 Novozyme)를 적정비율로 참가하여 온도 50~55℃, 교반속도 60rpm으로 48시간 반응시켰다. 가수분해가 진행되어 반응액이 갈변하면서 거의 액상이 되었을 때 고미성분 제거를 위하여 시판용 효소인 peptidase(Protamex 1.5 MG/Novozyme, Protease M/Amano Enzyme)를 첨가하여 고미성분을 분해하였다. 가수분해가 완료된 반응액을 필터프레스로 여과하였다. 이때 잔사와 잔존 기름이 제거 되었다. 여과액을 100℃에서 30분간 가열하여 첨가 효소를 불활성화 하여 조미액 제조를 완성하였다. 건조 분말을 제조하기 위한 전처리 공정으로서 1톤 규모 농축기를 이용하여 60℃에서 농축액의 농도가 Brx.50이 되도록 농축하였다. 농축액은 진공건조기에서 초기 온도를 60℃, 진공도를 680mmHg로 하여 Brx.70이 될 때가지 건조한 후 온도를 80℃로 올리고 진공도를 760mmHg로 하여 최종 건조물을 만들었다. 최종 건조물의 수분함량은 5% 미만으로 하였다. 효소 분해 액상을 조미소재로 사용할 목적이므로 부형재는 일체 첨가하지 않았다.

[그림 3-2-12] Pilot규모 시제품 생산과정

(10) 곤쟁이 조미 분말 소재를 맛 베이스로 한 제품 제작

시제품으로 생산한 곤쟁이 조미분말 소재를 맛 베이스로 한 소고기 천연복합조미료를 제조하여 출시하였다. 소고기 천연복합조미료의 조성은 정제소금, 무수결정포도당, 올리고당, 이스트엑기스분말, 사골파우다, 쇠고기파우다, 진한비프맛분말, 양파분, 쇠고기추출물분말, 비프엑기스, 마늘분, 고농축간장분말, 옥수수전분, 맛 베이스로 곤쟁이 효소가수분해 조미소재 1% 첨가하였다.

[그림 3-2-13] 곤쟁이 조미분말 소재를 맛 베이스로 한 천연복합조미료 출시제품

실험 3-2-1 제주 특산 수산물을 이용한 발효 실험

실험 제목 : 제주 특산물인 멸치를 활용한 속성발효 조미액 제조

실험 목적 : 통상 1~2년 소요되는 멸치 액젓 제조공정을 최신 속성 발효 공법을 이용하여, 실험실 규모에서 24 시간내 조미액을 제조하고자 한다.

재료 및 방법

- **재 료** : 원재료 - 냉동 생멸치 100g(-20도 보관)
  부재료 - 알칼리성 단백분해효소 Aroase(일본 아마노사), Alcalase (덴마크 Novo사)
- **기 기** : 소형 생물반응기, 분쇄기, 여과장치, 가열장치, 염도계

실험 방법

냉동생멸치를 분쇄기로 분쇄

⬇

생물반응기에 전처리 원료 사입

⬇

블랜딩 효소 첨가 후 혼합(교반)

⬇

생물반응(50rpm 교반, 55도씨, 16시간)

⬇

여과(브크너깔데기, 아스퍼레이터, TOYO Filter NO. 2)

⬇

지질제거

⬇

여과액 열처리(Hot plate, 80도씨 30분)

⬇

조미액 완성

⬇

관능검사 및 일반 분석

일반분석 : 탄수화물, 조단백, 조지방, 조회분, 염도

수　　율 : 수율은 조미소재 중의 가용성 질소를 측정하여 원료 중의 총 질소량에 대한 백분율로 정산한다.

2절 해조류 소재 발효

해조를 발효시키기 위해 우선 해조를 구성하는 일반적 화학 성분을 파악해야 한다. 해조의 일반 성분은 표 3-2-16과 같다. 일반적으로 발효를 하기 위한 기본 조건으로 그 원료 성분내에 미생물이 자화하여 생육에 이용될 수 있는 일정량 이상의 탄소원과 적당량의 질소원 그리고 미량성분 등이 일정수준 이상 포함되어 있어야 하며, 특히 천연물 원료에 있어서는 미생물 생육을 억제하는 물질이 존재할 경우 발효는 이루어 지지 않는다.

[표 3-2-16] 각종 해조의 일반성분 조성(%)

종 류	수분	탄수화물	단백질	지방	회분
녹조류					
청각	95.1	2.4	1.7	0.3	0.5
납작파래	87.6	3.5	3.3	0.7	4.9
갈조류					
미역	88.8	4.6	2.1	0.2	5.3
다시마	91.0	4.2	1.1	0.2	3.5
톳	88.1	5.0	1.9	0.4	4.6
갈래곰보	93.5	4.6	0.9	0.2	0.8
모자반	86.2	6.7	1.8	0.2	5.1

홍조류					
김	90.5	2.0	3.3	0.4	3.8
꼬시래기	89.1	6.2	1.8	0.2	2.7
우뭇가사리	70.3	21.5	4.2	0.2	0.1

(출처 : 해조의 화학과 이용)

1. 탄소원으로서의 해조류의 특성

해조를 구성하고 있는 성분으로 탄소원으로 활용할 수 있는 소재로서는 단연 다당류이다. 그러나 대부분의 자연에 존재하는 미생물들이 다당을 직접 탄소원으로 사용할 수 있는 미생물이 극히 제한 되어 있어서 통상 이를 산분해나 효소분해로 전처리하여 단당류로 변환시켜야 탄소원으로서 사용이 가능하다. 천연발효를 위해서는 해조의 다당류를 미생물 스스로가 분해하여 탄소원으로 자화 할 수 있는 미생물을 스크리닝하여 이를 동정하고 이 미생물이 식품소재를 사용하거나 그자체로서 사용될 경우 인체에 안전하다고 국제적으로 인정되는 GRAS(Generally Regarded as Safe)에 속한 것을 확인하여 식품제조에 활용하여야 한다.

해조의 구성당을 탄소원으로 활용하기 위한 특성 조사에서 해조를 구성하고 있는 주 성분은 수분을 뺀 나머지 성분 중에서는 다당류가 주류를 이룬다. 다당류를 해조류 체내의 분포 위치에 따라 나누면 가장 바깥층에서 미세한 섬유상의 결정구조를 한 세포벽 다당, 이 바깥층을 덮고 있는 무정형 겔 상태의 점질 다당, 세포안에 들어있는 저장 다당의 3가지로 나눌수 있다. 이들을 이루는 화학적 구성당으로서는 포도당(D-glucose), 갈락토즈(D-galactose), 자일로즈(D-Xylose), 람노즈(L-rhamnose), 아라비노즈(L-arabinose)와 같은 중성당과 퓨코즈(L-fucose), D-, L-3,6-anhydrogalactose, 6-O-methyl-D-galactose와 같은 당 유도체나 D-glucruric acid, D-galacturonic acid, D-mannuronic acid, L-guluronic aci와 같은 uronic acid도 들어 있다. 따라서, 상업적 해조 발효를 위해 해조의 다당을 직접 탄소원으로 원활하게 활용할 수 있는 미생물을 스크리닝 하거나, 해조 다당을 기지의 발효 유용 미생물이 원활하게 할용 할 수 있도록 당화 공정의 전처리 과정을 도입함이 그 해결책이라고 볼 수 있다. 현재 해조류를 이용한 상업적 바이오에탄올 발효공정에서는 화학적 또는 생물학적 당화공정으로 해조 다당을 전처리하여 에탄올 발효를 수행하고 있는 사례를 보여주고 있다.

2. 질소원으로서의 해조류의 특성

해조류의 조단백질 함량은 일반적으로 수분을 뺀 건조물을 기준으로 할 때, 5~50% 정도의 범위에 있어 일반 육상식물의 그것과 큰 차이는 없다. 그러나 홍조나 남조에 들어 있는 색소 단백질을 빼면 대부분 단단한 세포막과 결합해 있기 때문에 단백질을 추출하는 데는 어려움이 따른다. 또, 고분자의 점질 다당류가 많이 함유되어 있어 이들과의 분리도 용이하지 않다. 이러한 이유로 해조 단백질에 관하여는 연구가 많지 않으며, 이제까지 보고된 해조 단백질의 아미노산 분석치는 대부분 해조를 가수분해한 값들이다. 해조단백질은 식량자원이나 사료로 이용하려 해도 소화되지 않는 부분이 많아 단백질의 영양가는 대체로 나쁜 편이다. 해조 단백질의 단백가(protein score)를 보면 대황 63, 헛가지말 61, 김 59, 구멍갈파래 59, 미역 57, 다시마 55 등으로, 계란, 우유, 대두, 쌀 등에 비하면 떨어지나 보리찰, 옥수수, 감자보다는 양호한 편이다. 일본 연안산의 녹조류 17종, 갈조류 36종, 홍조류 56종에 대하여 조단백질 함량을 조사한 것을 보면, 녹조류 4~33%, 갈조류 3~28%, 홍조류 3~44%의 범위로 홍조류의 단백질 함량이 약간 많다. 또, 우리나라 연안산의 녹조류 3종, 갈조류 14종, 홍조류 15종에 대해서 조단백질 함량을 조사한 것을 보면, 녹조류는 5~10%, 갈조류는 6~21%, 홍조류는 9~21%의 범위였으며, 전반적으로 일본산과 마찬가지로 홍조류의 조단백질 함량이 높은 편이다. 단백질 함량이 높은 해조류로서는 녹조류의 참갈파래, 참홑파래, 파래, 갈조류의 헛가지말(Analipus japonicus), 미역, 지충이(Sargassum thunbergii), 홍조류의 김, 부채분홍잎(Acrosorium flabellatum), 김파래(Bangia atropurpurea), 등을 들 수 있다. 특히 우리나라에서 식용으로 많이 이용하고 있는 김은 단백질 함량이 많아 45%를 넘어서는 경우도 있다. 이러한 해조류의 단백질 함량은 같은 종류에 있어서도 생육장소, 계절, 해수중의 영양염류 등에 따라 크게 변동한다. 생해조에서는 수용성, 염용성, 알칼리 가용성 단백질 중 녹조류 및 홍조류는 수용성 단백질이 30~50% 정도로 많고, 갈조류는 알칼리 가용성 단백질이 40~50%정도로 많다. 건조조체로서는 녹조, 갈조, 홍조류 모두 알칼리 가용성 단백질이 41~77% 정도를 차지한다. 양식 김에 있어서는 일반적으로 동계(1~2월)에 단백질 함량이 높다. 제조도 연안산의 감태, 비틀대모자반 및 톳의 경우는 1~4월에 최고 함량을 나타내고 8~9월에 최소 함량을 보인다고 한다. 해조류 단백질의 아미노산 조성도 단백질과 같이 같은 종에 있어서도 계절이나 생산지 등에 따라서 차이가 많다. 해조 단백질의 구성 아미노산은 일반적으로 alanine, aspartic acid, glycine, proline과 같은 중성 및 산성 아미노산이 많은 점은 채소류의 경우와 비슷하고, 염기성 아미노산은 적은 편인데, 이 중 arginine이 비교적 많은 점이 다른 식물에서 볼 수 없는 특징이라 할 수 있다. 또, methionine, cystine, cysteine과 같이 황을 함유한 함황아미노산과 histidine, tyrosine 등은 극히 적다. 단백질 구성 아미노산의 총량에서 각 아미노산이 차지하는 비율을 보면, glutamic acid, aspartic acid, leucine, alanine, valine 등과 같은 아미노산의 비율이 높은 편이며, 제한 아미노산은 lysine이나 tryptophane 인 경우가 많다.

상기내용에서 고찰해 보면 해조 자체 단백질 함량이 높기 때문에 해조를 발효 과정의 질소원으로 활용함에 있어 그 절대량은 충분한 상태이나, 발효과정에서 미생물이 해조 단백질을 원활히 활용할 수 있도록 물리적 전처리 과정 등이 필요 할 것으로 판단된다. 또한 황 함유 아미노산이 제한 될 수 있으므로 값싼 DL-methionine을 첨가해야 할 필요성이 있고, 발효 종류에 따라 라이신이나 트립토판을 첨가해야 할 필요성도 있다.

3. 해조를 이용한 발효제품 개발 사례

해조는 그 자체 구성이 특수하여 발효시 탄소원으로 이용할 수 있는 다당체가 분자량이 크고 다양한 섬유질로 구성되어 있고 질소원인 단백질 또한 대부분 단단한 세포막과 결합되어 있어 미생물이 활용하기에 용이하지 않아서 해조를 이용하여 발효한 제품은 최근까지 거의 없으나, 최근 해조를 발효 시켰을 때 다양한 생리 활성 물질이 다량 생산 될 것이라는 기대로 세계 해양관련 여러 연구기관에서 발효연구를 진행하였다. 해조 중 파래를 대상으로 한 발효기술 개발 연구에서는 유산균인 락토바칠러스 브레비스, 효모인 디베리요마이세스 한세니와 캔디다 제이라노이드스 등이 해조를 직접 발효함에 있어서 우점종을 이루고 있다는 보고가 있다. 해조류를 이용한 발효 실험에서 상기 3종의 미생물을 활용하고 섬유질분해 효소와 복합하여 젖산발효를 시도한 사례가 있다. 또한 미역을 이용한 발효 실험에서 고효율의 미생물 단세포(sing cell) 생산이 이루어짐을 볼 때 해조류의 다당류를 적절하게 전처리 해야만 발효가 일어남을 알 수 있다.

젖산균을 단독으로 스타터로 사용하여 발효한 경우 잡균의 오염을 방지 할 수 있어 효과적이었으며, 효모를 단독으로 사용했을 경우는 별로 효과적이지 못했다. 미역발효에 있어서 락토바칠러스 플란타럼이나 락토바칠러스 카제이 같은 호모 타입 젖산 발효가 락토바칠러스 브레비스에서와 같이 잘 이루어짐도 보였다. 미역 발효산물이 진주조개 양식 사료로서 가치가 있음에 효과적인 결과도 나왔다. 건조미역 분말을 젖산발효 시켜서 조제한 발효 단세포성 사료를 이용하여 진주조개의 초기 치패를 대상으로 사육 실험한 결과 성장률에서 기존 사용 중인 가장 양호한 사료인 Chaetoceros calcitrans 대비 상대적 우수성은 나타나지 않으나 사료로서의 충분한 가치가 있음이 나타났다.

(1) 양식사료 개발 사례

해조류 발효 기술은 해양물 퇴비사료(marine silage) 제조에 이용되기도 한다. 해양물 퇴비사료란 어패류를 양식할 목적으로 해조를 발효시켜서 조제한 사료로 정의 할 수 있다. 최근 들어 전국연안 각지의 내만에서의 부영양화로 인하여 파래를 비롯한 각종 해조류가 대량으로 번식하여 이를 제거하기위해 정부와 지자체 차원에서 어려움을 겪고 있다. 따라서 이러한 해조류를 해양물 퇴비사료(marine silage) 기술로 처리하여 사료 소재화 함으로 어패류나 치어 등의 사료로서 이용을 검토할 필요가 있다. 특히, 비식용 파래 등은 바지락 등의 유용 수산물 자원 증식과 연결된다면 어촌계 등에서 하고 있는 갯벌의 조개 양식이 잘되게 되므로 영양염의 육상으로 이동과 바다의 정화도 겸하여 할 수 있다.

종래의 수산증양식은 지속적인 양식을 위하여 별도로 환경정화가 필요하다는 시각으로 보았으나, marine silage의 개념은 오히려 환경정화를 위하여 수산증양식을 이용하려고 하는 것이다. 또한, 종래의 방식은 먼저 양식 대상물을 선정하고 이들에게 제공할 먹이 생물을 배양하는 방법을 연구하고 마지막에는 이 먹이생물을 배양할 먹이를 검토하는 방식으로 연구개발이 이루어져 왔다. 그러나 marine silage 방식은 먼저 먹이르 이용할 해조자원(1차 생산자)을 정하고 이를 어떻게 하면 경제적 가치가 높은 어종(고차생산)에 효율 좋게 연결시킬 것인가의 관점에서 연구개발을 하려는 것이다. Marine silage는 단순히 새로운 사료소재를 제공하는 것이 아니라 바다의 퇴비기술이란 것과 새로운 환경 조화형 수산증양식 system이라 할 수 있다.

(2) 건강기능성식품 소재 개발 사례-1

해조발효 생산물은 해양 유래의 식물성 소재를 유산 발효시켜 얻는 것으로서 식품소재로서의 이용도 충분한 가능성이 있다. 앞서 언급하였듯이 단세포화 효율은 해조에 따라 다르지만 유산발효는 비교적 해조의 종류를 가리지 않고 용이하게 할 수가 있다. 또, 식물성의 유산균이라면 균종에 크게 관계없이 starter로서 이용이 가능하다. 특히 해조의 종에 따라서는 물성, 색깔, 냄새 등에 있어서도 매우 다양한 소재를 얻을 수 있다.

해조발효 소재를 이용한 건강기능성을 알아보기 위하여 랫드 사육시험으로 지질대사 개선효과를 조사한 결과 발효미역을 10% 첨가한 사료로 3주간 사육한 랫드는 미역을 첨가하지 않는 대조구의 랫드에 비하여 혈액이나 간장 중에 triacylglycerol 함량이 유의성있게 저하하였다. 또 간장 중의 콜레스테롤 수치도 유의성 있게 감소하였다. 발효처리하지 않는 미역을 같은 비율로 혼합한 사료로 사육한 랫드의 경우도 이들은 감소하였으나 발효미역 첨가 사료구가 현저히 감소하였다. 한편, 간장효소 측정에서는 glucose-6-인산탈수소 효소의 활성이 감소하는 등 지방산 합성계의 대사가 억제되었다. 지방산-CoA의 미토콘드리아막 통과시 운반체의 역할을 하는 carnitine은 유의성 있게 증가하여 지방산 산화계는 활발하게 작용하는 것으로 추정된다. 미역 자체가 가지고 있는 지질대사 개선작용은 이미 알려져 있는 것으로서 젖산 발효가 과연 이 작용을 증가시키는 가에 대하여는 아직 의문점이 있으나 해조 자체와 그 젖산 발효물이 두 가지가 여러 가지 기능성이 있을 것으로 기대된다. 이러한 기능성 이외에도 해조류의 발효산물이 가지는 식감을 이용한 조미료 소재, topping 재료, 유아나 노인용 식품소재, 절임식품을 만들 때 사용하는 쌀겨 대용으로의 이용도 기대된다.

(3) 건강기능성식품 소재 개발 사례-2

해조를 발효 시키는 구체적인 기술에 관해서는 몇 개의 개발 사례가 있는데 해조 추출액에 의한 주류제조, 해조식초 제조 등이 있으며, 이들은 모두 가당을 하고 발효를 하는 방법이다. 최근 해조에 당을 가하지 않고 해조만으로 발효시켜 건강 기능성식품 소재나 엑기스형태의 제품을 개발한 사례 보고가 있다. 기능성 해조 발효 식품 개발에 있어서는 우선 해조의 다당의 당화를 위해 여러 가지 효소를 사용 할 수 있는데, 이 들의 종류로서는 셀룰라아제, 알긴산분해 효소, 아가라아제, 키시라나제, 세균 유래 각종 헤미셀룰라아제, 전복 아세톤 파우더 등이다. 이 중 경제적 발효 소재를 제조하기 위해 실질적인 제조과정에서는 주로 셀룰라아제 1종을 사용하는데, 이는 해조 중의 딱딱한 섬유소 성분을 분해하여 해조 전체를 10um의 단세포성의 입자로 변환시키는 작용하여 추후 미생물이 해조 소재 발효시 탄소원으로 활용할 수 있도록 한다. 해조를 단세포화 하는 과정에서 미역의 경우 셀룰라아제 농도를 0.1~0.5% 사용할 경우 충분한 발효가 일어난다고 보고되었고, 효소 반응시 온도 조건은 30~40℃ 정도이다. 또한, 해조 기질의 농도는 제조원가 측면에서 고농도인 10~12% 사용 할 수도 있으나 취급하기가 불편할 경우 건조 중량으로 5~10%가 적당하다. 염분 농도의 경우 염분농도가 2.5% 이상의 경우에는 부패성 세균의 생육이 저해되고 해양성 부패 세균도 단세포화 과정에서 생성된 고농도의 포도당 및 그 대사 산물에 의해 억제 되어 상온으로 장기간 보존 가능한 발효 산물을 획득 할 수 있다. 염분 농도가 낮은 조건에서 미역을 발효 시켰을 경우에는 유산균의 증식이 활발하게 되어 젖산 발효가 번창하게 일어난다. 이 경우, 발효의 형식이 헤테르형 젖산 발효를 일으키는 유산균을 사용했을 경우에는 젖산의 생성과 함께 에탄올과 탄산가스가 생성된다. 해조에 다량으로 포함되어 있는 알긴산 등의 다당은 점성이 높기 때문에 발효에 의해 발생한 탄산가스는 용이하게 해조 시료로 나올 수 없어 무스상의 물성을 가진 식품소재가 제조된다. 이 경우 치즈와 유사한 젖산 발효의 독특한 향취를 소유하고 있어 이를 건조하여 각종 식품의 토핑재로써 이용 할 수 있다. 일본의 경우 이 기술을 활용하여 파스타나 오코노미야키의 토핑재로 개발한 사례도 있다. 반면에 염분 농도가 높은 조건인 3.5%로 미역을 발효 시켰을 경우 요쿠르트 유사 물성 소재를 얻을 수 있었는데 이것을 마린 요쿠르트라고 부르며 식사대용으로 활용할 수 있는데, 이 경우 푸르티한 와인 향취를 가지는 특징이 있다. 본 기술개발에 사용하는 발효 미생물은 영양원으로 해조만을 사용해도 생육 할 수 있는 미생물로 글루코스를 기질로서 젖산 발효 또는 에탄올 발효를 일으키며, 발효시 치즈 발효 향취를 발생시키는 유산균과 와인과 같은 푸르티한 향기를 발생 시키는 효모를 들 수 있는데 실제 발효시는 두 종의 미생물을 조합하여 사용하는 것이 바람직하다. 사용되는 미생물을 구체적으로 열거하면 젖산균으로서는 락토바칠러스속, 스트렙토코커스속, 페디오코커스속 중 1종 이상의 균주를 이용하면 되고, 효모로서는 디베리오마이세스속, 캔디다속, 사카로마이세스속으로부터 선택되는 1종류 이상의 균주를 이용하면 된다.

(4) 기능성 해조 발효 엑기스 개발 사례

해조의 인체내에서의 생리 활성 기능성을 살펴보면, 해조는 당질이 주성분이며 지방질이 적고, 당질은 알긴산, 후코이단이라고 하는 식물섬유를 많이 형성하고 있다. 식물 섬유는 대장암, 당뇨병, 동맥경화증, 고혈압, 노화, 변비 등의 방지에 효과를 가진다. 또, 해조는 칼슘, 칼륨, 나트륨, 마그네슘, 요오드 등의 미네날, 비타민, 카로테노이드 드의 유용 성분도 다량 포함하고 있어 암 예방 활성, 혈압 강화 활성, 미백 효과, 피부 보호 작용 등이 있다고 알려져 있다. 해조에 포함되어 있는 인체에 유익한 생리 활성 물질을 효율적으로 섭취하려면 해조 가공 식품을 다량으로 섭취하는 것 보다 해조 성분을 고농도로 추출하여 체내 섭취하는 것이 바람직하다. 해조 성분을 고농도로 추출하는 방법 중에는 단순 가공하여 추출하는 방법도 있지만 좀 더 고기능의 생리 활성 물질이 형성 될 수 있는 발효 방법을 적용시킴으로 그 목적을 더 크게 달성 할 수 있다. 최근까지 해조를 발효 식품으로 이용한 사례는 극히 드물다. 그 이유는 통상적으로 식품 발효에 전통적으로 이용되어지는 유산균이나, 효모, 누룩곰팡이 등을 활용하여 그들의 발효 방식을 해조에 적용해서 해조만의 원료로 효율적인 발효가 일어나지 않은 까닭이다. 이것은 종래의 발효균이 해조의 섬유를 용이하게 분해하는 효소를 가지고 있지 않거나 상기 발효균의 여양원을 해조가 충분히 포함하지 않은 것에 기인한다. 본 소개 개발 기술은 고초균을 발효균으로서 이용하는 것으로, 해조를 용이하게 발효시키고, 더불어 건강 기능성을 가지는 발효 소재를 만들어 내는 사례이다. 본 개발에 사용된 방법은 갈조류, 녹조류 및 다홍색 해조류를 세면하고 염분을 제거한 후 적당한 방법인 천일건조, 가열건조, 온풍건조, 찬바람 건조 등의 방법으로 건한다. 건조한 해조를 적당한 수단으로 1~5cm 크기로 절단하거나 또는 분쇄하거나 생 해조를 으깨어서 페이스트상으로도 발효 원료로서 가능하다. 절단, 분쇄, 페이스트화한 건조 또는 생 해조에 물을 첨가한다. 물의 첨가량은 해조(건조품) 1g에 50~500ml를 가수한 후 발효미생물을 접종한다. 발효 미생물로는 통상적인 고초균이나 납두균을 사용하는데 시판 납두균을 사용해도 무방하다. 본 발효 배양을 효율적으로 하기 위해 종배양을 하는 것이 바람직하다. 종배양 배지는 LB 액체배지를 사용하여 12~16시간 진탕배양하여 균배양액이 1×10 8~9CFU/ml 되게 하고, 접종량은 해조(건조품) 1g에 대해 10ml를 접종하면 된다. 고초균이나 납두균은 해양 미생물이 아님에도 불구하고 해조 이외의 영양원을 주지 않아도 해조를 이용하여 발효를 진행한다. 발효를 촉진하기 위해 성장 요소를 사용할 수도 있다. 발효온도는 30~40℃이며, 발효기간은 3~5일 정도로 진탕 배양하면 적당하다. 발효가 종료되면 발효액을 여과하여 발효 브로스와 균체를 여과기를 이용하여 분리한다. 획득한 발효 브로스를 동결 보존하여 사용시에 적당량을 해동해 사용하면 된다. 이렇게 제조된 해조 발효 엑기스는 면역 활력 활성, 항종양 활성, 암 예방 활성, 혈압 강화 활성, 혈압 강화 활성, 혈전 용애 활성, 혈액 응고저지 작용, 혈액 정화 작용, 간장이나 혈중의 콜레스테롤 저하 작용, 미네날 흡수 촉진 작용, 정장 작용, 미백 효과, 항바이러스 활성 등을 기대 할 수 있다.

실험 3-2-2 제주 특산 해조류를 이용한 발효 실험

실험제목 : 젖산발효를 통한 기능성 해조식품소재 개발

실험목적 : 저가의 해조류(톳)를 효소 분해하여 젖산 발효한 기능성 발효 톳 소재 개발

재료 및 방법

- 재 료 : 원재료 - 톳 100g(-20℃ 보관)
  부재료 - 알긴산 분해효소, 섬유질 분해효소, 펙틴 분해효소, 키틴 분해효소
- 기 기 : 소형 생물반응기, 분쇄기, 여과장치, 가열장치, 당도계

실험방법

톳을 분쇄기로 분쇄

⬇

생물반응기에 분쇄한 원료 사입

⬇

효소 첨가 후 혼합 및 교반(50rpm 교반, 45℃, 약 4시간)

⬇

여과(여과지, 흡인여과장치)

⬇

여과액 살균(105℃ 15분)

⬇

젖산균 스타터 접종

⬇

젖산 발효

⬇

발효액 살균(105℃ 15분)

⬇

관능검사

- **일반분석** : 탄수화물, 조단백, 조지방, 회분
- **미생물 분석** : 유산균 개체수 검사(스타터 분석)

참 고 문 헌

1. 고종호외. 바이오조작기초 법인한국폴리텍 2009
2. 고종호외. 바이오공정실무 법인한국폴리텍 2010
3. 기준규격고시형 건강기능식품의 기능성성분(원료)의 기준 및 기능성표시 연구. 식품의약품 안전청 용역연구개발사업보고서 2003
4. 김현위, 김영준, 배수경, 심건섭. 2001. 라면스프류의 감미성분 분석연구. Korean J. Food Sci
5. 미생물학 라이프사이언스 2006
6. 식품의약품안전청. 건강기능식품공전 2009
7. 식품의약품안전청. 식품공전 2009
8. 식품의약품안전청. 식품위생법규 2009
9. 식품의약품안정청. 영양기능식품기준과 건강기능식품 기능성 원료 소개
10. 식품의약품안전청. 의약품공전 2008
11. 식품의약품안전청. 향장료공전 2008
12. 신명수 외. 유산균 투여가 건강한 성인의 분변미생물 및 부패산물 생성에 미치는 영향. Kor J Appl Microbiol Biotech 24:254-260, 1996
13. 위 · 장관 기능 관련 기능성평가체계 구축(II) - 위 · 장관기능관련 고시형 건강기능식품의 기능성의 재평가. 식품의약품안전청 용역연구개발사업보고서 2004
14. 해조데트라이타스사료와 그 제조방법 일본 특허, 출원번호 2000-300399(2000. 9. 95) 內田基晴
15. 해조발효식품과 그 제조방법, 일본 특허, 출원번호 2001-191784(2001. 6. 25) 內田基晴
16. 해조발효엑기스의 제조방법과 그 용도 일본 특허, 출원번호 2005-146830(2005. 5. 19) 飯沼清榮
17. 해조의 화학과 이용, 이종수 저, 효일, 2008
18. Alander M et al., Persistence of colonization of human colonic mucosa by a probiotic strain, Lactobacillus rhamnosus GG, after oral consumption. Appl Environ Microbiol 65(1):351-354, 1999

19. Alander M et al., Recovery of Lactobacillus rhamnosus GG from human colonic biopsies. Lett Appl Microbiol 64:361-364, 1997
20. Arwa Mustafa Per Aman, Roger Andersson, Alfaf Kamal-Eldin. 2007. Analysis of free amino acids in cereal products. Food. chem
21. Berg R D et al., The indigenous gastrointestinal microflora. Trends Microbiol 4:430-435, 1996
22. Chen R M et al., Increase of intestinal bifidobacterium and suppression of coliform bacteria with short-term yogurt ingestion. J Dairy Sci 82(11):2308-2314, 1999
23. Cho, I.H., Kim, T.H., Cho, S.K., Kim, Y.S., 2002. Analysis of volatile compounds in bulgogi. Food Sci. Biotechnol
24. Choi, I.J., H.S. Nam, Z.I. Shin, B. H. Lee. 1992. A study on the proteolysis of mussel protein by a commercial enzyme preparation. Korean J. Food Sci. Technol., 24(6)
25. Claudine Chatpentier, Jerome Aussenac, Monique Charpentier, Jean-Claude Prome, Bruno Duteurte and Michel Feuillat. 2005. Release of nucleotides and nucleosides during yeast autolysis: kinetics and potential impact on flavor. J. Agric. Food. Chem
26. Conway P L et al., Survival of lactic acid bacteria in the human stomach and adhesion to intestinal cells. J Dairy Sci 70(1):1-12, 1987
27. F. Kugler, S. Graneis., 2006. Determination of free amino compounds in betalanic fruits and vegetables by gas chromatography with flame ionization and mass spectrometric detection. J. Chem
28. Fukushima Y et al., Effect follow-up formula containing Bifidobacteria (NAN BF) on fecal flora and metabolites in healthy children. Bioscience Microflora 16(2):65-72, 1997
29. George A. burdock, pH.D. Fenaroli's handbook of Flavor ingredients fifth edition. CRC press
30 Geun Eog Ji(2006) J. Microbiol. Biotechnol. 16(10) 1629-1633
31. Homma N, Bifidobacteria as a resistance factor in human beings.

Bifido Microfl 7:35-43, 1998

32. Kim, S.K., C.B. Ahn, O.J. Kang. 1993. Preparation of the imitation sauce for the enzymatic hydrolysate of cod skin gelatin. J. Korean Soc. Food Nutr. 22(4)
33. Kim, T.H., Lee, S.M., Kim, Y.S., Kim, K.H., Oh, S., Lee, H.J. 2003. Aroma dilution method using GC injector split ratio for volatile compounds extracted by headspace solid phase microextraction. Food Chem
34. Kim, T.H., Lee, S.M., Kim, Y.S., Kim, K.H., Oh, S., Lee, H.J. Characteristics of Aroma-active compounds in the pectin-elicited suspension culture of Zanthoxylum piperitum (prickly ash). 2002. Food Chem
35. Kim, W.J. and J.Y. Park 1988. Improvment of yields and organoleptic quality of anchovy extract by alkali-protease hydrolsis, Korean J. Food sci. Technol., 20(3)
36. Lee, E.H., S.Y. Cho, C.S. Kwon. 1984. Studies on the processing of krill sauce. J. Korean Soc. Food Nutr., 13(1)
37. Lee, E.H., Y.J. Cha, S.H. Moon. 1983 Processing and utilization of concentrated sea mussel extracts. Bull. Nat. Univ. Busan
38. Lee, E.H., Y.J. Cha, S.H. Moon. C.S. Kwon 1984. Preparation of powdered dried sea mussel and anchovy for instant soup. J. Korean Fish. Soc., 17(4)
39. Lee, E.H., Y.J. Cha, S.H. Moon. J.H. Ha. 1987. Preparation of powdered smoked-dried mackerel soup and its taste compounds. J. Korean Fish. Soc., 20(1)
40. Lee, E.H., Y.J. Cha, S.H. Moon. H.Y. Park. 1989. Keeping quality and taste compounds in the extracts from rapid fermented anchovy sauce J. Korean Soc. Food Nutr. 18(2)
41. Lee, Y.C. D.S. Kim, Y.D. Kim, Y.M. Kim, 1990. Preparation of oyster and sea mussel hydrolsates using commercial protease, Korean J.

Food Sci. Technol., 22(3)

42. Marteau P et al., Bifidobacterium animalis strain DN-173 010 shortens the coloni transit time in healty women : a double-blind, randomized, controlled study. Aliment Pharmacol Ther 16(3):587-593, 2002
43. Mercenier A et al., Probiotics as biotherapeutic agents: present knowledge and future prospects. Curr Pharm Des 9(2):175-191, 2003
44. M Iabel Cambero, Caudia I Pereira-Lima, Juan A Ordonez and Gonzalo D Garcia de Fernando. 2000. Beef broth flavour: relation of components with the flavour developed at different cooking temperatures. J. Sci Food Agric
45. Millar M R et al., Enteral feeding of premature infants with Lactobacillus GG. Arch Dis Child 69:483-487, 1993
46. M. J. Nozal, J. L. Bernal, M. L. Torbio, J. C. Diego, A. Ruiz. 2004. Rapid and sensitive method for determining free amino acids in honey by gas chromatography with flame ionization of mass spectrometric detection. J. Chromatogr
47. M. Tikk, K. Tikk, M. Ann. 2006. Development of inosine monophosphate and its degradation products during aging of pork of different qualities in relation to basic taste and retronasal flavor perception of the meat. J. Agric Food. Chem
48. M. T. Veciana-Nogues, M. Izquierdo-Pulido & M.C. Vidal-Carou. 1996. Determination of ATP related compounds in fresh and canned tuna fish by HPLC. Food Chem
49. Nobaek S et al., Alteration of intestinal microflora is associated with reduction in abdominal bloting and pain in patients with irritable blowel syndrome. Am J Gastroenterol 95(5):1231-1238, 2000
50. Ouwehand A C et al., Probiotics: an overview of beneficial effects. 82(1-4):279-289, 2002
51. Ozawa K, Growth of Enterococcus faecalis (Streptococcus faecalis)

BIO-4R in the intestinal tract of animals and humans. Bifidobacteria microflora 4:15-22, 1985

52. Pei-Dih Chiang, Chih-Tai Yen, Jeng-Leun Mau. 2007. Non-volatile taste components of various broth cubes. Food Chem
53. Saito Y et al., Stability of species composition of fecal Bifidobacteria in human subjects during fermented milk administration. Current Microbiol 44(5):368-373, 2002
54. Saxelin M et al., Dose response colonisation of faeces after oral administration of Lactobacillus casei strain GG. Micro Eco Health Dis 4:209-214, 1991
55. Saxelin M et al., Dose response on the faecal colonisation of Lactobacillus strain GG administration in two different formulations. Micro Eco Health Dis 6:119-122, 1993
56. Sepp E et al., Effect of administration of Lactobacillus casei strain GG on the gastrointestinal microbiota of newborns. Micro Eco Health Dis 6(66):309-314, 1993
57. Shu-yao Tsai, Tsai-Ping Wu, Shih-jeng Huang. 2007. Nonvolatile taste components of Agricus bisporus harvested at different stage of maturity. Food Chem
58. Spanhaak S et al., The effect of consumption of milk fermented by Lactobacillus casei strain Shirota on the intestinal microflora and immune parameters in humans.
Eur J Clinic Nutr 52(12):899-907, 1998.
59. Taylor, M.W.; Hershey, R. A.; Levine, R. A.; Coy, K.; Olivelle,S. Improved method of resolving neucleotides by reverse-phase high performance liquid chromatography. 1981. J. Chromatogr

Part 04

발효소재의 효능 및 성분 분석

1장 | 기능성식품 소재

2장 | 기능성화장품 소재

3장 | 발효산물 일반 분석

1장 Fermentation

기능성식품 소재

1절 기능성식품 소재의 성분 분석

1. 기능성소재의 일반성분 분석

식품 중에 일반적으로 함유되어 있는 성분에 관한 시험법으로서 식품의 규격, 순도의 검사 및 영양가를 평가하기 위하여 수분, 회분, 질소화합물, 탄수화물(당질) 및 지질 등을 분석한다. 식품중의 일반시험으로는 외관, 취미, 수분, 회분, 조단백질, 조지방 및 조섬유에 대하여 시험하고, 특별한 경우에는 비중, 아미노산성질소, 각종 당류 및 지질 등에 대하여 시험한다.

일반적으로 당질은 검체 100g 중에서 수분, 조단백질, 조지방, 조섬유 및 회분의 양을 감하여 얻은 양으로서 표시하고 음식물 중의 일반성분의 시험결과는 보통 백분율로 표시한다.

(1) 식품공전상의 분석법

1) 수분

수분이라 함은 건조감량법, 증류법 및 칼핏샤법에 따라 정량되나 여기서는 건조감량법 중 일반적으로 가장 많이 이용되고 있는 상압가열건조법과 적외선수분측정기에 의한 건조법을 서술하고자 한다.

[표 4-1-1] 수분함량 측정방법

건조법 (ThermoGravimetricMethods)	증류법 (DistillationMethods)	화학적방법 (ChemicalMethods)	물리적방법 (PhysicalMethods)
상압가열건조법	직접 증류법	Karl Fisher Titration	Electric Method
감압가열건조법	환류 증류법	Calcium Carbide	Densimetric Method
Microwave Oven Methods			Refractrometry
InfraredDrying			Freezing Point
			Spectrophotometry

출처 : 기전여대사이트

〈 상압가열건조법 〉

식품의 종류, 성질에 따라서 가열온도를 ㉮ 98~100℃ ㉯ 100~103℃ ㉰ 105℃ 전후(100~110℃) 및 ㉱ 110℃ 이상으로 한다.

즉 ㉮는 동물성 식품과 단백질 함량이 많은 식품 ㉯는 자당과 당분을 많이 함유한 식품 ㉰는 식물성 식품 ㉱는 곡류 등의 신속법으로 쓰인다.

〔기 구〕

㉮ 칭량접시

상부직경 55mm, 하부직경 50mm, 높이 25mm 또는 상부직경 75mm, 하부직경 70mm, 높이 35mm로서 뚜껑이 있으며 중량은 전자가 약 25g, 후자가 약 35g의 알루미늄으로 만들어진 것을 사용한다.

㉯ 유리봉

해사(정제) 20g을 칭량접시에 옆으로 삽입했을 때 적어도 1.5cm 이상 해사로부터 나와 있어야 하며 뚜껑을 닫을 수 있을 정도의 길이일 것

㉰ 자동조절기가 달린 건조기 : 적어도 ±1℃ 이내의 온도조절이 가능해야 한다.

〔조작법〕

미리 가열하여 항량으로 한 칭량접시에 검체 3~5g을 정밀히 달아 뚜껑을 약간 열어 넣고 각 식품마다 규정된 온도의 건조기에 넣어 3~5시간 건조한 후 데시케이타 중에서 약 30분간 식히고 무게를 단다.

다시 칭량접시를 1~2시간 건조하여 항량이 될 때까지 같은 조작을 반복한다. 일반적인 것은 1회에 4시간 건조하여 수분량을 측정한다.

$$수분(\%) = \frac{b-c}{b-a} \times 100$$

a : 칭량접시의 무게(g)

b : 칭량접시와 검체의 무게(g)

c : 건조 후 항량이 되었을 때의 무게(g)

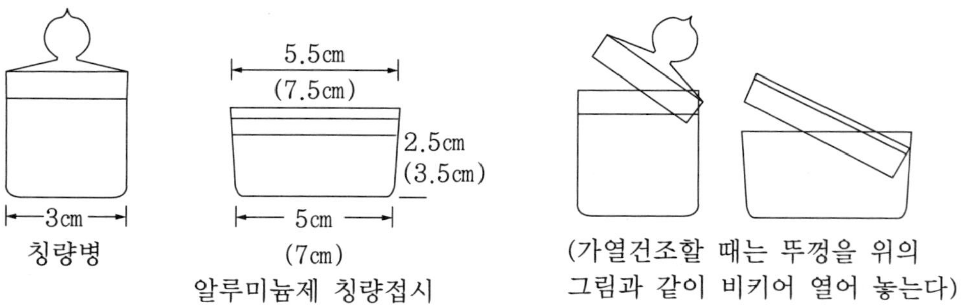

[그림 4-1-1] 칭량병

출처 : 표준식품분석학(지구문화사)

2) 회분

〔 회화용기의 항량 〕

깨끗한 회화용기를 전기로에서 600℃ 이상으로 여러 시간 강하게 가열한 후 데시케이타에 옮겨 실온으로 식힌 다음 곧 화학천칭으로 칭량한다. 다시 2시간 강하게 가열하여 건조 칭량하고 이 조작을 항량이 될 때까지 반복한다.

〔 검체의 전처리 〕

검체를 회화용기에 정밀히 달아 넣고 필요하면 회화에 앞서 다음의 전처리를 한다.

① 전처리가 필요하지 아니한 검체 : 곡류, 두류, 기타 ② 이하의 항에 포함되지 않는 것

② 미리 건조하여야 하는 검체

수분함량이 많은 동물성식품은 건조기 내에서 될 수 있는 대로 건조시킨다. 액

상식품과 액상음료는 수욕상에서 증발 건조시킨다.

③ 예비 탄화시켜야 할 검체

회화할 때 팽창하는 검체로서 당류 및 당함량이 많은 식품, 정제전분, 계란의 흰자위 및 일부의 어육이 속한다. 이들 검체는 버어너의 약한 불로 주의하면서 탄화하든가 또는 열판상에서 적외선램프를 조사하면서 300℃ 이하에서 탄화한다.

④ 연소시켜야 할 검체

유지류는 가급적 수분을 제거하고 이것을 과열 또는 점화하여 불꽃이 약해질 때까지 연소시키고 적당한 뚜껑을 덮어 불을 끈다.

〔 회화 〕

위와 같이 전처리가 끝나면 용기를 그대로 회화로에 옮겨 550~600℃에서 여러 시간 가열하여 백색~회백색의 회분이 얻어질 때까지 계속한다.

회화가 끝난 후, 가열을 그치고 그대로 식혀 온도가 약 200℃로 되었을 때 데시케이타에 옮겨 식힌 후 칭량한다. 만일, 회화에 있어서 대량의 탄소가 남아 회백색의 회분을 얻을 수 없는 검체일 경우에는 얻은 흑회색의 회분을 식힌 다음 약 15mL의 물을 가하여 탄 덩어리를 유리봉으로 부수어 수욕상에서 잘 가온하여 가용분을 침출하여 정량 여과지로 작은 비이커에 여과하고, 잔류물은 다시 물로 씻어, 씻은 액은 비이커에 넣는다. 여과지상의 잔류물은 여과지와 같이 먼저의 회화용기에 옮겨 건조후 550~600℃에서 회화시킨다. 비이커의 액은 수욕상에서 농축하여 잔류물을 회화한 먼저의 회화용기에 옮기고 소량의 물로 비이커를 씻고, 씻은 액도 회화용기에 넣는다. 다시 회화용기를 수욕상에서 증발 건조하고, 500~600℃에서 2시간 가열하면 탄소가 함유되지 아니한 회분을 얻는다.

회화한 다음 테시케이타에 옮겨 식히고 실온으로 되면 곧 칭량하여 검체의 회분량(%)을 다음식에 따라 산출한다.

$$회분(\%) = \frac{W_1 - W_0}{S} \times 100$$

W_0 : 항량이 된 회화용기에 무게(g)

W_1 : 회화 후의 회화용기와 회분의 무게(g)

S : 검체의 채취량(g)

〈회화용기〉

〈전기회화로〉

[그림 4-1-2]

3) 질소화합물(총질소 및 단백질)

[표 4-1-2] 단백질 분석방법의 분류

TotalNitrogen	SpectroscopicMethods	ColorimetricMethods	OtherMethods
Kjeldahl Method	UV absorbance	Dye binding Methods	Ninhydrin method
	Infrared Method	Bradford Assay	Turbidimertric method
	Fluorescence Method	Lowry Methods	

출처 : 기전여대 사이트

〈 세미마이크로 킬달법 〉

〔 장치 및 시약 〕

아래그림과 같은 분해장치 및 증류장치를 이용하여 분석한다.

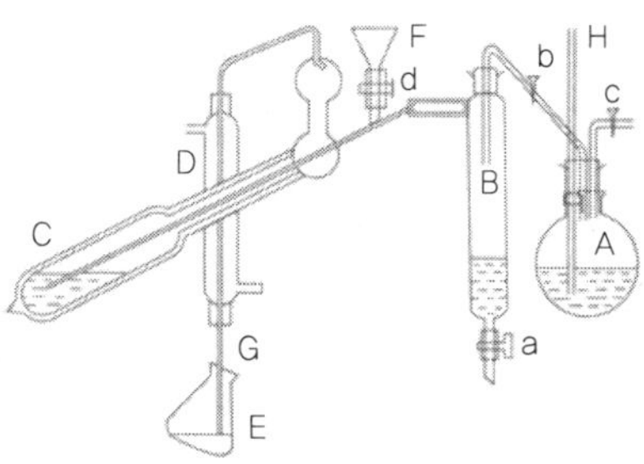

[그림 4-1-3] 〈Micro Kjeldahl 증류장치〉 〈분해장치〉

출처 : 표준식품분석학-지구문화사

A : 수증기 발생장치

B : 역류병

C : 증류플라스크

D : 냉각관

E : 수기

F : 깔대기(분해액 및 시약 넣음)

G : 냉각관 선단

H : 모세관

분해 촉진제 : $CuSO_4$,K_2SO_4(1 : 4), 또는 $SeSO_4$,K_2SO_4(1:4)

부런스위크(Brunswik)시액 : 메틸레드 0.2g 및 메틸렌블루 0.1g을 에탄올 300mL 에 녹여서 여과하여 사용하고 갈색병에 보존한다.

〔 조작법 〕

〈 검체의 분해 〉

㉮ 통상적으로 질소(N) 함량이 2~3mg에 해당하는 양의 검체를 정밀히 취하여 킬달플라스크에 넣고 여기에 분해촉진제 약 0.5g을 넣은 후 플라스크 내벽을 따라 황산 3~5mL를 넣은 다음 플라스크를 흔들어 주면서 30% 과산화수소 1mL를 조금씩 조심하여 넣는다.

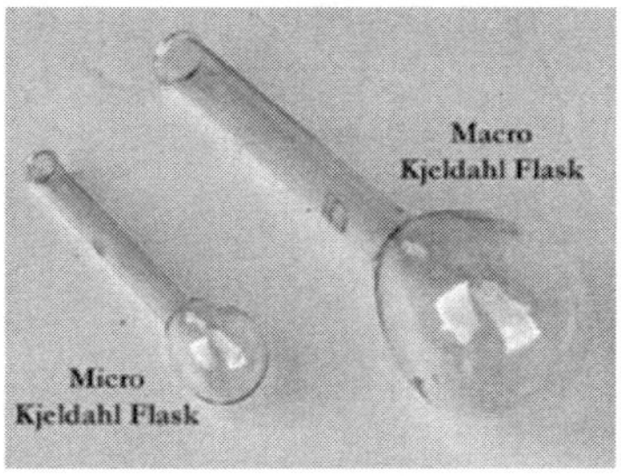

[그림 4-1-4] 분해플라스크

출처 : 표준식품분석학

플라스크를 분해장치에서 천천히 가열하고 검체의 탄화물이 보이지 않을 때까지 온도를 높여 끓이고 분해액이 투명한 담청색(셀레늄사용시 투명한 노란색)이 되면 다시 1~2시간 가열을 계속한다.

분해액을 냉각시킨 후 물 20mL를 취해 증류한다.

㉯ 비교적 많은 검체(예 : 건조된 식품류)를 취할 필요가 있는 경우에는 질소(N) 함량이 약 20~30mg에 해당하는 양의 검체를 정밀히 취하여 250~300mL 킬달분해플라스크에 넣고 이에 분해촉진제 1~2g 및 황산 20~30mL를 가하여 가열분해 시킨다.

분해액을 냉각시킨 후 물 약 100mL를 가하고 200mL 메스플라스크에 옮겨서 냉각후 물을 가하여 전량을 200mL로 채워 그 20mL를 취해 증류한다.

㉰ 질소(N)함량이 적어서 다량의 검체(예 : 사탕류, 엿류 등)를 취할 필요가 있는 경우에는 질소(N)함량 2~3mg에 해당되는 검체를 정밀히 취하여 상기 ㉯의 조작과 같이 가열 분해하고 냉각후 물 20mL를 취해 증류한다.

〈 증류 및 적정 〉

증류장치의 흡수플라스크에 0.05N 황산 10.0mL를 취하여 이에 부런스위크시액 2~3방울을 떨어뜨려서 냉각기의 끝부분을 액면 밑에 담그고 작은 깔때기로부터 30% 수산화나트륨용액 25mL를 가한다.

다음에 수증기 발생기로부터 수증기증류를 하여 증류액 약 100mL를 받은 후 냉각기의 끝을 액면에서 조금 떼어 다시 유액 수 mL를 유취하여 다시 냉각기의 끝을 소량의 물로 수기내에 씻어 넣는다. 수기내에 들어 있는 유액을 0.05N 수산화나트륨액으로 부런스위크시액이 녹색으로 변할 때까지 적정한다. 따로 같은 방법으로 공시험을 한다.

0.05N 수산화나트륨 1mL=0.7003mgN

〔 계 산 〕

$$질소(\%) = 0.7003 \times (a-b) \times \frac{100}{검체의\ 채취량(mg)}$$

a : 공시험에서 중화에 소요된 0.05N 수산화나트륨액의 mL수

b : 본시험에서 중화에 소요된 0.05N 수산화나트륨액의 mL수

계산식은 검체의 분해액을 전부 사용해서 적정했을 때의 식이므로 분해액의 일부를 사용할 때는 그 계수를 곱한다.

여기서 얻은 질소량에 다음 표에 의한 질소계수를 곱하여 조단백질의 양으로 한다.

조단백질(%)=N(%)×질소계수

[표 4-1-3] 조단백질을 산출하는 질소 계수

식 품 명	질 소 계 수
소맥분(중등질 · 경질 · 연질 · 수득률(100~94%)	5.83
소맥분(중등질 · 수득률(93~83%)또는 그 이하)	5.70
쌀	5.95
보리 · 호밀 · 귀리	5.83
메밀	6.31
국수 · 마카로니 · 스파게티	5.70
낙화생	5.46
콩 및 콩제품	5.71
밤 · 호도 · 깨	5.30
호박 · 수박 및 해바라기의 씨	5.40
유 · 유제품 · 마아가린	6.38
위 이외의 모든 식품	6.25

출처 : 표준식품분석학

4) 지질(조지방)

① 에테르추출법

㉮ 일반법

이 법은 식용유등 주로 중성지질로 구성된 식품에 적용한다. 다만, 가열 · 조리등의 가공과정을 거치지 않은 식품에 적용된다. 필요한 경우 미세한 분말로 한 검체 2~10g을 달아 원통여과지에 넣고 검체 위에 탈지면을 가볍게 충전하여 이를 적당한 용기에 담아 100~105℃의 건조기에서 2~3시간 건조한 후, 데시케이타에서 식히고 속시레추출기의 추출관에 넣는다. 받는 그릇에 무수에테르 약 1/2용량을 넣어 장치하고 8시간 추출한다.

추출이 끝난 후, 냉각기를 떼고 추출관 속의 원통여과지를 핀셋트로 꺼내고 다시 냉각기를 모두 추출관에 연결하여 수욕상에서 가온하여 받는 그릇중의 에테르가 전부 추출관에 옮겨지면 받는 그릇을 떼어 수욕중에서 에테르를 완전히 증발시킨다.받는 그릇의 바깥을 거즈로 깨끗이 닦은 후, 98~100℃의 건조기에 넣어 약 1시간 항량이 될 때까지 건조한 다음 데시케이타에서 식히고 칭량한다.

조지방의 양은 다음 식에 따라 산출한다.

$$조지방(\%) = \frac{W_1 - W_0}{S} \times 100$$

W_0 : 받는 그릇의 무게(g)

W_1 : 조지방을 추출하여 건조시킨 받는 그릇의 무게(g)

S : 검체의 채취량(g)

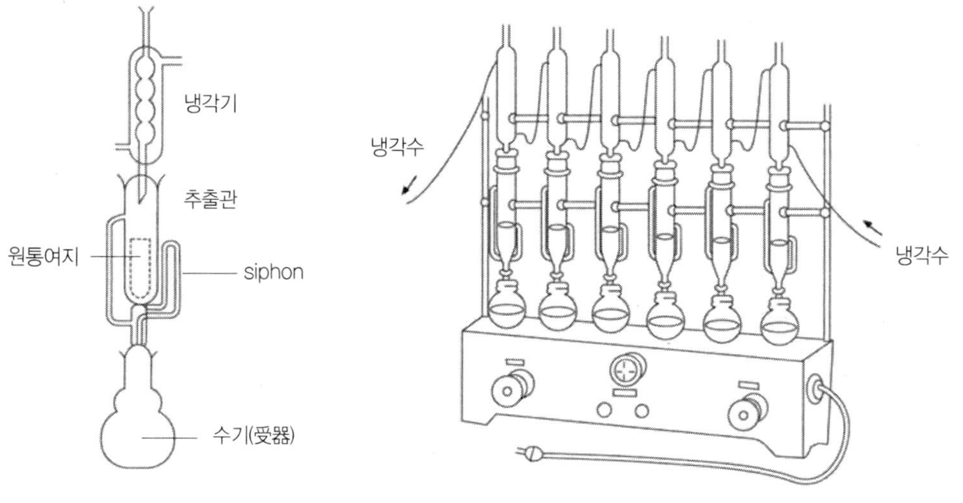

[그림 4-1-5] Soxhlet's 추출기와 추출장치

출처 : 표준식품분석학-지구문화사

㉯ 특수법

이 법은 점질상으로서 분말로 하기 어렵고 또한 당분이 많이 함유한 밀크카라멜등의 식품에 적용한다.

검체 5~10g을 정밀히 달아 비이커에 옮기고 물 약 200mL를 넣고 잘 섞는다. 검체에 따라서는 저온 수욕중에서 가온한다. 이 식힌 용액에 페링시액A 10 mL 및 0.25N 수산화나트륨액을 순서대로 가하고 그때마다 잘 저어 리트머스시험지로 액성을 검사하고 중성~미산성이 될 때까지 0.25N 수산화나트륨액을 가한다.

다음에 잘 저어 섞어 침전을 침착시킨 다음 여과하여 침전을 여과지상에 될 수 있는 대로 모은다. 여과지에 묻어 있는 여액을 잘 제거한 다음 여과지와 침전은 함께 98~100℃의 건조기중에서 약 2시간 건조한 다음 원통여과지에 옮겨 속시레추출기의 추출관에 넣는다. 또한 침전이 조금 남아 있는 비이커도 똑같이 잘 건조한 다음 에테르를 넣어 내부를 잘 씻고 묻어 있는 지질을 완전히 녹여 이 에테르액을 원통여과지에 붓고 같은 방법으로 세척을 되풀이하여 에테르가 추출관 중의 원통여과지를 통하여 받는 그릇에 들어가서 1/2용량이 넘으면 이하 ㉮ 일반법에 따라 시험한다.

페링황산제이구리용액 : $CuSO_4 \cdot 5H_2O$ 69.3g을 물 1,000mL에 녹인다.

㉰ 액상검체의 추출법

이 법은 쥬스, 간장등 검체를 증발건조하기 어려운 식품에 적용한다. 액체추출기의 추출관에 검체 30~50g을 정밀히 달아 넣고 아랫쪽에 구멍이 있는 중관을 넣어 그 윗쪽에 냉각관에서 에테르가 떨어질 수 있게 냉각관을 접속하고 이하 ㉮ 일반법에 따라 시험한다.

② 산 분해법

이 법은 물에 녹지 않고 산분해에 의해서 액상으로 되는 식육, 어육 및 수산식품, 소맥분 빵류, 마카로니등 곡류가공품과 기타 다른 방법에 적용되지 않는 식품에 적용한다.

㉮ 난류 및 마요네즈

전란은 약 3g, 노른자위는 약 2g, 흰자위는 약 5g, 마요네즈는 약 1g을 작은 비이커에 정밀히 달아 넣고 염산 10mL를 소량씩 가하여 섞어 70℃의 수욕중에서 약 30분간 가온한 다음 5분마다 흔들면서 30분간 끓인다.

이에 물을 가하여 약 20mL로 하고 식힌 다음 내용물을 뢰리히관에 옮기고 비이커는 에테르 25mL로 씻어 뢰리히관에 넣고 흔든 다음 석유에테르 25mL를 가하여 이하 뢰제 · 곳트 리브법에 따라 시험한다.

㉯ 어육 및 수산식품

검체 약 8g을 작은 비이커에 정밀히 달아 넣고 염산 2mL를 가하여 유리봉으로 덩어리를 부수고 염산 6mL를 가하여 섞은 다음 수욕중에서 때때로 흔들면서

90분간 가열한다.

식힌 후 내용물을 뢰리히관에 옮기고 에탄올 7mL로 비이커 및 유리봉을 씻은 다음 에테르 25mL로 씻는다. 이하 앞의 ㉮에 따라 시험한다.

㉰ 소맥분 빵류 및 마카로니

검체 약 2g을 작은 비이커에 정밀히 달아 넣고 에탄올 약 2mL를 가하여 잘 섞는다. 다음 염산(25→36) 10mL를 가하여 잘 섞고 70~80℃의 수욕상에서 액체추출기 때때로 흔들면서 20~40분간 가온한다.

다음 에탄올 10mL를 가하고 식힌 후 내용물은 뢰리히관에 옮기고 이하 앞의 ㉮ 따라 시험한다.

③ Rose-Gottlieb법

이 방법은 유제품, 비교적 지방질의 함량이 많은 액상 및 우유와 같은 식품 또는 물을 가하여 액상 및 우유와 같은 모양으로 할 수 있는 식품에 적용한다.

검체 1~10g을 정밀히 달아 뢰리히관, 마조니어관 또는 그의 지방추출관에 넣어 물을 가하여 약 11mL로 하고 40℃~50℃로 가온한 후 흔들어 완전히 혼화한 후 암모니아수 1.5mL(액이 산성인 경우 2.0mL)를 가하여 혼화한 후 알코올 10mL를 가하여 잘 섞는다.

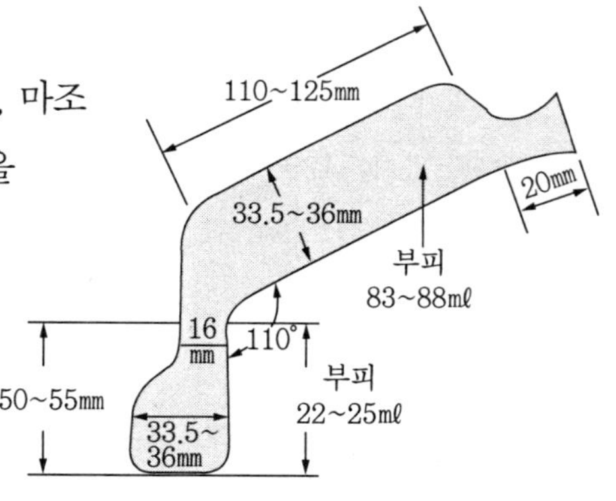

[그림 4-1-6]

출처 : 표준식품분석학-지구문화사

다음 에테르 25mL를 가하여 가볍게 섞고 마개를 열어 에테르증기를 날려 보낸 후 다시 마개를 닫고 약 1분간 세게 흔든다. 필요하면 냉각후 석유에테르 25mL를 가하고 다시 1분간 격렬히 진탕한다. 이를 600rpm에서 원심분리하거나 방치하여 상층액이 완전히 투명하게 되면 상층액을 미리 항량으로 한 삼각플라스크에 옮기고 관내의 남은 액에 에테르 및 석유에테르 각 15mL씩으로 가하여 위와 같은 조작을 한다. 다시 석유에테르 및 에테르 15mL씩으로 3회 추출한다. 다음 관의 마개 유출구 및 깔때기를 에테르 석유에테르의 같은 양의 혼액으로 깨끗이 씻고 여액 및 씻은 액을 삼각플라스크에 합쳐 수욕상에서 용매를 날려 보낸 후 100±2℃의 건조기에 넣고 항량이 될 때까지 건조하고 조지방의 항량을 산출한다.

(2) 자동화기기를 이용한 분석법

1) 수분

〈적외선수분측정기법〉

적외선수분측정기는 천칭과 적외선램프로 구성되어 있으며 측정하는 시료를 시료접시에 놓고 적외선램프를 가열하여 건조시켜 그 건조감량을 직접 수분함량(%)으로 환산한다.

〔사용법〕 적당량의 시료(2~3g)의 시료를 측량접시위에 균일하게 놓은 후 온도(135℃)와 가열시간(15~25분)을 설정한 후 시작버튼을 눌러준다.

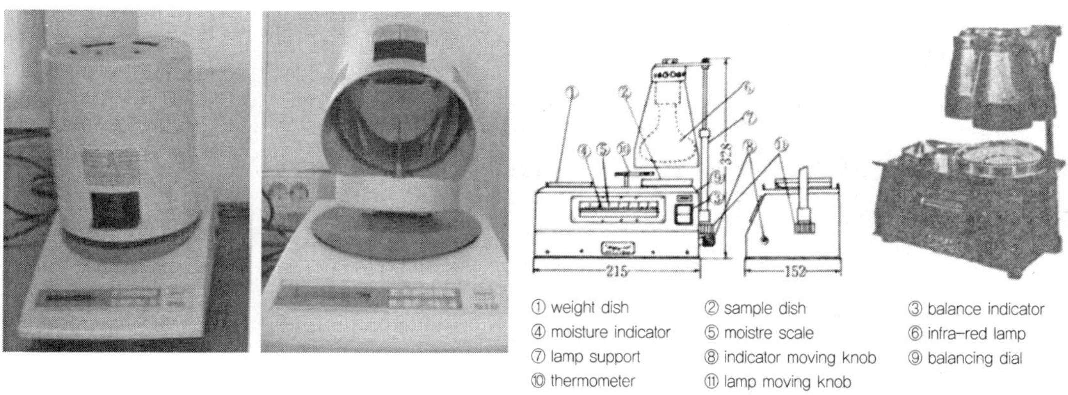

[그림 4-1-7] 출처 : 표준식품분석학-지구문화사

2) 조단백질

〈Kjeltec2300analyzer를 이용한 조단백질정량〉

Kjeltec2300AnalyzerUnit는 Kjeldahl방식으로질소/단백질을 자동으로 검출하는 장치

분석 단계 :

- 희석
- 시약 첨가
- 증류
- 적정
- 자동 폐수 배출
- 결과계산
- 프린트아웃

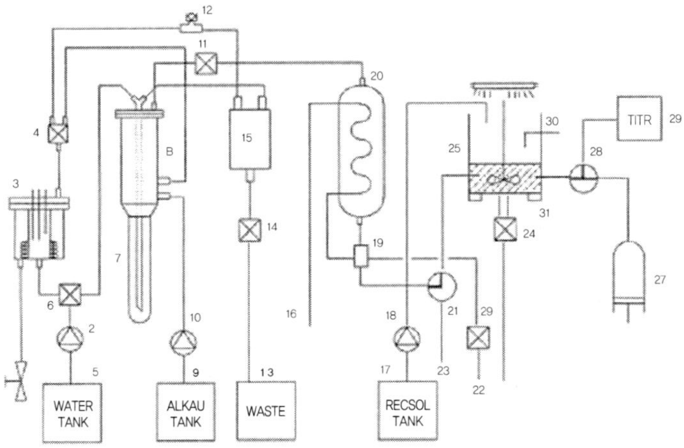

[그림 4-1-8]

각 분석 절차는 위와 같이 자동으로 이루어진다. 분석 결과치는 12개의 형태로 (% N, % protein 등) 선택적으로 화면에 표시되고 또한 프린트 아웃된다.

이 장비는 공시험(blank) 값을 결과 계산시 자동으로 보상해 준다

〔 사용법 〕

- 시료는 시료각각의 전처리방법에 의해서 준비한 후1~2g정도 취한다.
- 분해튜브에 시료, 촉매제(K_2SO_4 + $CuSO_4$ 또는 K_2SO_4 + $SeSO_4$, 약 7g), 진한 황산(12~15㎖)을 차례로 넣는다.
- 분해기가 420℃까지 예열된 상태에서 시료가 들어있는 분해튜브를 stainless stand를 이용하여 분해기에 가스 포집기와 함께 장착한다.
- 가스 중화장치 또는 아스피레이터를 이용하여 가스를 포집한다.
- 분해는 약 50분 정도면 완료되며 분해튜브를 들어 확인한다.
  (구리 촉매제 : 투명한 연푸른색, 셀레늄 촉매제 : 투명한 노란색)
- 분해가 완료되면 분해기로부터 분해튜브를 꺼내어 냉각용 스탠드에서 상온까지 냉각시킨다. (분해과정 종료됨)
- 중화장치 또는 아스피레이터의 작동을 멈춘다.

〔자동분석시행〕

- ANALYZE 버튼을 눌러 ANALYZE MODE가 나타나게 한다.
- PROGRAM 선택, BLANK 입력, RESULT(예,N,%protetc)선택 후 시료의 무게를 입력한다.
- 공시험 튜브를 끼우고 안전문을 닫으면 붕산은 약 30ml가 적정조로, 희석수 약 70ml, NaOH 약 50ml와 스팀은 분해튜브로나오며 자동분석이 시작된다.
  (공시험이 필요 없을 시에는 BLANK에 공시험치를 입력하고 곧바로 시료를 분석한다.)
- 자동으로 분석을 하는 도중에 다음 시료의 무게를 입력하면 편리하다.
- 첫번째 튜브의 분석이 완료되면 디스플레이에 결과치가 표시되며 프린트 아웃된다.
- 안전문을 열어 두 번째 튜브로 바꿔 끼우고 안전문을 닫으면 자동으로 분석된다.
  같은 요령으로 마지막 시료까지 분석한다.

〈분해 시험관〉

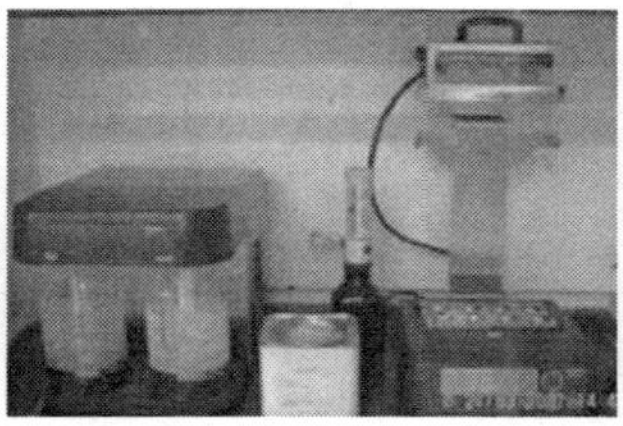
〈분해장치〉

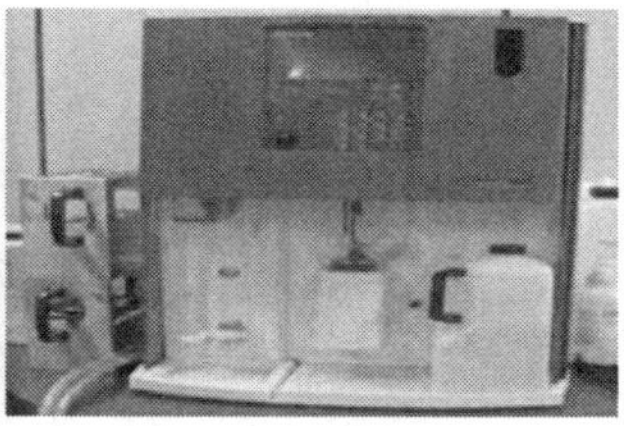
〈Kjeltec2300analyze〉

[그림 4-1-9]

3) 조지방분석

〈Soxtec 2050을 이용한 분석법〉

- Soxtec vs Soxhlet -

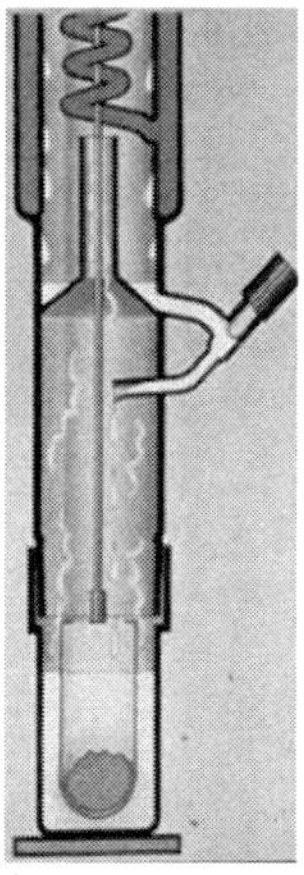

Soxtec 1975	Soxhlet 1879
원리 : 냉/열 추출	원리 : 간헐적 냉추출
추출시간 : 0.7~2시간	추출시간 : 6~16시간
용량(시료/추출기) : 4~7/일	용량(시료/추출기) : 1~2/일
용매소모량 : 70~90ml	용매소모량 : 100~500ml
용매회수율 : 80%	용매회수율 : 80%/0%

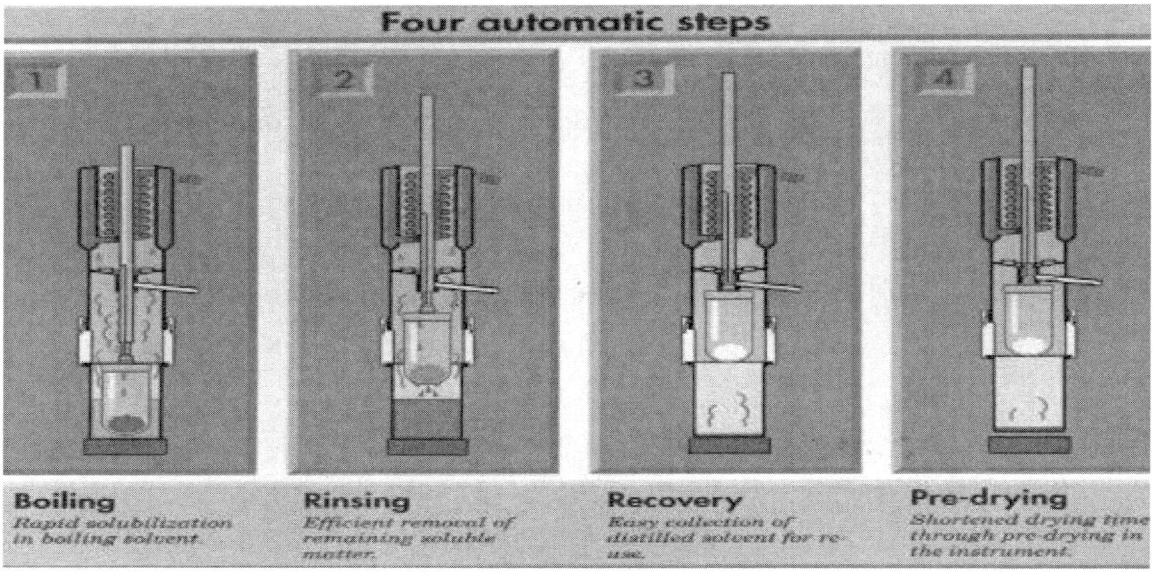

[그림 4-1-10]

출처 : Foss 장비 manual

[그림 4-1-11] Soxtec 2050

〔시료의전처리〕

시료 전처리는 정확한 결과를 얻기 위해 매우 중요하다. 예로 고기 등의 시료는 분석용 모래나 Celite와 혼합하여 분석하여야 한다.

〔추출〕

① Adapter에 원통여지(Thimbles)를 부착

② 원통여지 보조대(Thimbles Support)와 전자 저울을 이용하여 시료 무게를 평량한 후 시료를 원통여지에 넣음

③ 원통여지 Handler를 이용하여 원통여지를 Thimbles Stand에 옮긴다.
Handler의 Handle을 꾹 누르면 원통여지로부터 분리된다.
Thimbles Stand는 시료를 건조시킬 때 사용할 수 있다.

④ 시료가 들어있는 원통여지 윗부분을 탈지면으로 막고 Thimbles Suppport를 Thimbles Holder에 부착시킨다. Thimbles Support Holder를 이용하여 원통여지를 추출 장치에 장착한다.

⑤ 시스템의 공장 출하 Position은 Position 1이다. 이는 봉(Rod)의 위치가 원통여지를 장착하기 위한 위치이다.

⑥ 원통여지가 제자리에 부착되었을 때 'position control' 버튼을 누르면 원통여지와 봉이 넝각관(Condenser) 안으로 들어올려진다.
원통여지와 봉이 들어 올려졌는지 또 적당히 부착되어져 있는지 점검한다.

⑦ 여섯 개의 추출컵을 넣는다. (필요시 비등석을 함께 넣는다.)
'position control' 을 눌러 냉각관 (Condenser)과 추출컵을 압착한다. 분주기에 연결되어진 용매 주입 키트와 추출 장치 상단부 연결자를 이용하여 추출컵에 용매를 분주한다.

⑧ Control Unit의 'start/stop' 버튼을 누르면 프로그램이 시작된다.
시스템은 자동적으로 프로그램에 따라 Boiling, Rinsing, Recovery 등 모든 작동을 시작한다.

최종적으로 시스템은 가열판(Hot Plate)으로부터 추출컵이 들어올려져 열에 의해 시료가 파괴되는 것을 방지해 준다. 건조과정까지 설정된 시간이 경과하면 냉각수, 가열판(Hot Plate)의 전원이 자동으로 차단된다.

4) 조섬유분석

식물성 식품 중에는 묽은 산과 묽은 알칼리 그리고 alcohol 및 ether에 용해되지 않는 불용성 물질. 즉 섬유소(cellulose, hemicellulose, lignin, pentosan) 등이 포함되어있다.

이들 중에는 탄수화물(carbohydrate)에 속하기는 하지만, 인체 내에서 칼로리원으로 이용할 수 없는 탄수화물들을 조섬유(crude fiber)라고 한다

산/알카리 용액으로 추출한후 남은 식물체 세포의 찌꺼기를 섬유소라 한다.

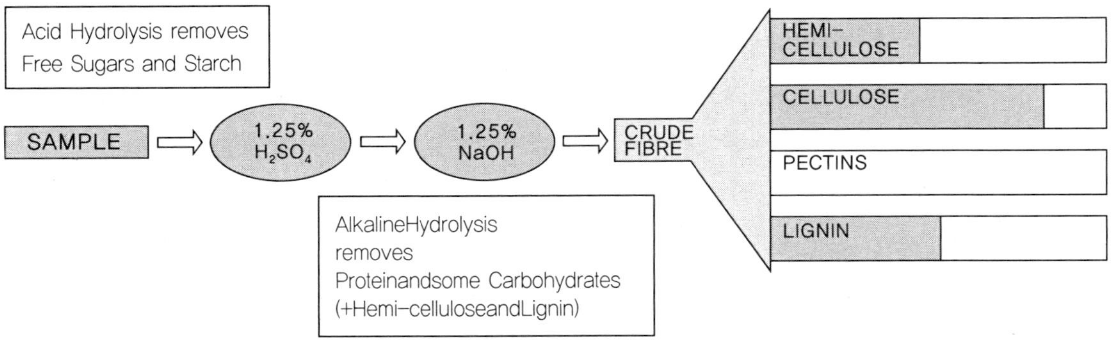

[그림 4-1-12] Fibertec 을 이용한 조섬유분석법

조섬유의 분석은 여러 단계의 여과과정이 있는데 대부분의 경우 여과에 굉장한 어려움이 있다.

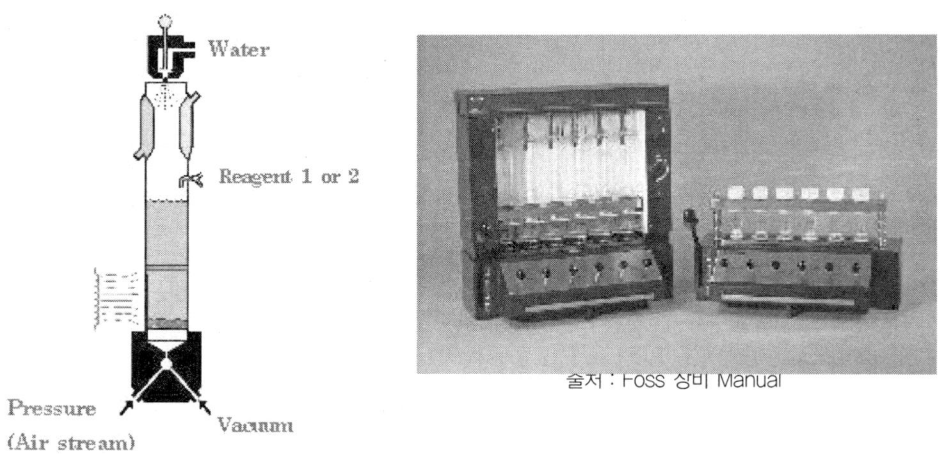

출처 : Foss 장비 Manual

[그림 4-1-13]

여기서는 조섬유 분석장치를 이용하여 최종 회화전 단계까지 기기를 이용한 방법으로 분해 및 여과를 기기를 통해 하기 때문에 보다 신속하고 간편하게 할 수있는 잇점이 있다. 조섬유 분석장치의 일반적인 모델은 그림과 같다

〔원리〕

시료를 묽은산(1.25% 황산)과 묽은 알칼리(1.25% NaOH)로 처리 이 섬유질의

수분을 제외 한 무게에서 그 회분의 무게를 뺀 값을 섬유소, 리그닌, pentosan의 함량에 해당한다. 이 값을 조섬유로 나타낸다.

〔사용법〕

① 평량된 시료(W_0)를 넣은 크루시블을 H.E.U.(hot extract unit)에 넣는다.
  - H.E.U.와 C.E.U.의 밸브는 모두 Close의 위치에 놓는다.

② 예열된 황산(1.25%)을 약 150~160*ml* 넣는다. 그리고 시료에 따라서 거품방지제를 4~5방울 넣는다.

③ H.E.U.의 데인 스위치를 ON하고 히터는 최대로 하며 냉각수를 튼다.

④ 약 30분 끓인 후 히터를 OFF
  - Aspirator를 작동시키면서 H.E.U.의 밸브는 Vacuum위치에 놓는다.

⑤ 황산이 모두 배수되면 Hot Plate에서 데워진 증류수로 column을 4~5회 씻어준다.

⑥ 다시 H.E.U.의 밸브를 모두 Closed위치에 놓고 예열된 수산화 칼륨(1.25%)을 150~160*ml* 넣는다.

⑦ 히터를 최대로 하고 냉각수를 튼다.

⑧ 약 30분 끓인 후 히터를 OFF한다.
  - Aspiratcr를 작동시키면서 H.E.U.의 밸브는 Vacuum의 위치에 놓는다.

⑨ 수산화 칼륨이 모두 배수되면 Hot Plate에서 데워진 증류수로 column을 4~5회 씻어준다.

⑩ H.E.U.에서 빼낸 크루시블을 C.E.U.에 끼운다.
  이 때 C.E U.의 모든 밸브는 Vacuum 위치에 놓고, H.E.U.의 밸브는 모두 Closed 위치에 놓는다.

⑪ 크루시블을 아세톤으로 약 3*ml*씩 2~3회 씻어낸 다음 드라이 오븐에서 건조(135℃ 2시간, 105℃에서 하룻밤).

⑫ 데시케이터에서 약 1시간정도 방냉한 후 평량한다. (W_1)

⑬ 그 다음 회화로에서 약 3시간 정도 회화한다. (회화로 온도는 약500℃)

⑭ 이를 실온에서 1시간정도 방냉 후 평량한다. (W_2)

$$\% \text{ fiber} = \frac{W_1 - W_2}{W_0} \times 100$$

5) 총당정량(Phenol-H_2SO_4 법)

이 방법은 총당 측정법으로 미량의 시료분석에 적합하며 황산을 사용하므로 전분, 셀룰로오스등과 같은 고분자 물질도 미리 가수분해하지 않아도 된다. 이 방법은 칼럼크로마토그래피, 페이퍼크로마토그래피로 분획한 획분의 전당량 측정에 널리 사용된다.

〔시약및 기구〕

- 5% 페놀용액 ; 조제한 시약은 갈색병에 저장하며 착색된 것은 사용하지 않는다.
- 진한 H_2SO_4 : 페놀과 반응에서 착색하지 않는 특급시약을 사용한다.
- 당표준용액 : 포도당이나 맥아당을 표준물질로 사용하며 25~100ug/*ml* 용액을 조제하여 표준용액으로 한다.
- 시험관, 분광광도계

〔측정〕

- 시료용액 1*ml*(10~100ug의 탄수화물을 함유)에 페놀용액 1*ml* 가하여 혼합
- 진한 황산 5*ml*를 가해 가능한 강하게 발열시킨다.
- 잘 혼합후 실온에서 20~30분 방치
- 470nm에서 흡광도를 측정
- 농도를 알고 있는 당표준용액에 대해서도 같은 방법으로 조작한다.
- 당표준용액으로부터 검량선을 작성하여 시료중의 당함량을 구한다.

2. 식물성 생리활성 소재 분석

녹황색 채소 중의 카로티노이드와 토코페롤, 녹차 중의 카테킨과 카페인, 감귤 중의 nobiletin과 tangeretin 등과 같은 polymethoxyflavone류, 토마토에 함유된 라이코펜 등의 생리활성 성분들은 자외선이나 형광 검출기를 부착한 HPLC로 검출 및 분리가 가능하며, NMR과 LC-MS를 이용하여 구조를 결정할 수 있다. 이는 다른 절에서 다루기로 하고 본 절에서는 비색 정량법에 의한 총 폴리페놀 함량 분석과 플라보노이드 함량분석에 대해 각각 설명한다.

(1) 분획물 제조 및 추출

1) 시료를 동결건조한 다음 마쇄기로 갈아 미세말로 제조하고 80% 메탄올로 2회 교반 추출한 후 여과, 감압 농축하여 용매를 증발시키고 조추출물을 확보한다.
2) 메탄올 조추출물을 계통적 추출 방법에 의해 hexane 분획, chloroform 분획, ethyl acetate분획, butanol 분획, H_2O 분획을 확보한다[그림 4-1-14].

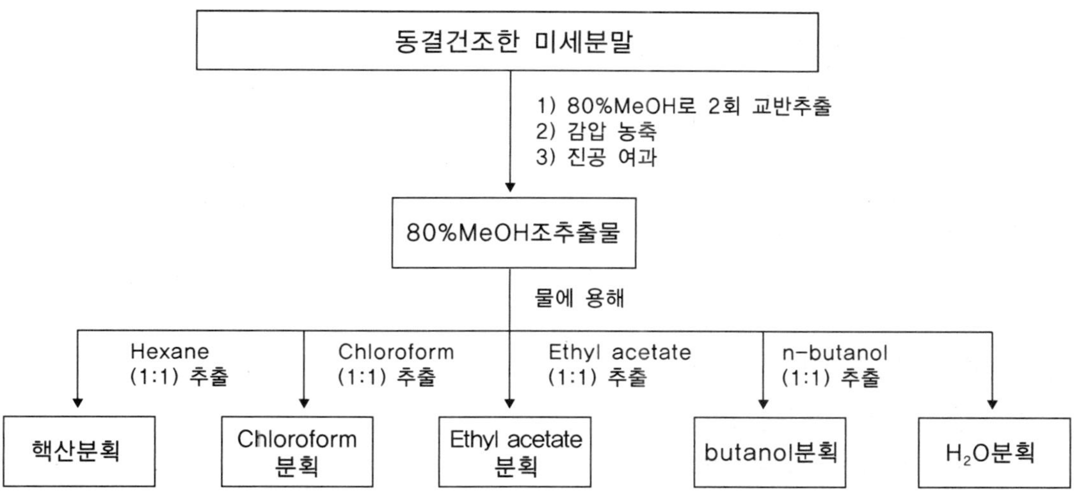

[그림 4-1-14] 계통적 추출 방법에 의한 용매 분획물

(2) 폴리페놀(Polyphenol) 함량분석법

1) 실험원리

표준물질을 농도별로 반응시켜 발색 값을 기준으로 시료의 반응값과 비교하여 폴리페놀 함량을 구할 수 있다.

2) 실험방법

■ 표준 검량선 구하기

① 표준물질인 Gallic acid를 1mg/mL의 농도로 에탄올에 녹인다.
② 시험관에 증류수를 1.375mL넣는다.
③ 시험관에 Gallic acid를 0~70μL까지 10μL단위로 넣어준다.
④ 시험관에 증류수를 100~30μL씩 10μL 단위로 넣어준다.
⑤ 2N Folin-Ciocalteu phenol reagent를 500μL 넣어준다.
⑥ vortexing 후 상온에서 3~4분간 방치한다.
⑦ 0% Na_2CO_3 1mL 넣어준다.
⑧ vortexing 후 상온의 암조건에서 30분 방치한다.
⑨ 96 well plate에 200μL씩 넣고 microplate reader로 700nm에서의 흡광도를 측정한다.
⑩ Sigma plot 프로그램을 이용하여 표준 검량선을 그리고, x절편과 y절편값을 구한다.

■ 시료측정하기

① 에탄올에 시료를 1mg/mL이 되도록 녹인다.
② 시험관에 DW를 1.375mL넣는다.
③ 녹인 시료를 125μL 넣어준다
④ 2N Folin-Ciocalteu phenol reagent를 500μL 넣어준다.
⑤ vortexing 후 상온에서 3~4분간 방치한다.
⑥ 10% Na_2CO_3 1mL 넣어준다.
⑦ vortexing 후 상온의 암조건에서 30분 방치한다.
⑧ 96 well plate에 200μL씩 넣고 microplate reader기로 700nm에서의 흡광

도를 측정한다.

⑨ 측정한 흡광도를 표준 검량선의 x절편과 y절편 값에 대입하여 폴리페놀함량을 구한다.

3) 실험결과

표준물질인 Gallic acid를 사용하여 측정한 당유자 잎 추출물의 메탄올 분획물(MF), 수용성 분획물(WF), 클로로포름 분획물(CF), 에틸아세테이트 분획물(EF), 부탄올 분획물(BF)들에 대한 total flavonoid 함량을 구한 결과를 [표 4-1-1]에 나타냈다. 본 실험에서는 CF와 EF에서 폴리페놀 함량이 다른 분획물에 비해 상대적으로 높은 것을 확인 할 수 있었다.

(3) 플라보노이드(flavonoid) 함량 분석법

1) 실험원리

표준물질을 농도별로 반응시킨 발색 값을 기준으로 시료의 반응값과 비교하여 total flavonoid 함량을 구할 수 있다.

2) 실험방법

■ 표준 검량선 구하기

① 96 well plate에 증류수를 100㎕ 넣어준다.

② 표준물질인 Rutin을 1mg/mL의 농도로 에탄올에 녹인다.

③ 각 well에 Rutin용액을 0~20㎕ 까지 4㎕단위로 넣어준다.

④ 각 well에 D.W 20~0㎕ 까지 4㎕단위로 넣어준다.

⑤ 5% NaNO2 용액을 6㎕씩 넣어주고 5분간 반응시킨다.

⑥ 10% $AlCl_3$ 용액을 12㎕씩 넣어주고 6분간 반응시킨다.

⑦ 1N NaOH 40㎕씩 넣어주고 증류수 42㎕씩 넣어준다

⑧ Microplate reader기로 510nm파장에서의 흡광도를 측정한다.

⑨ Sigma plot 프로그램을 이용하여 검량선을 그리고 검량선에 대한 x절편과 y절편을 구한다.

■ 시료의 플라보노이드 함량 측정하기

① 에탄올에 시료를 10mg/mL이 되도록 녹인다.

② 96 well plate에 D.W를 100㎕ 넣어준다.

③ Sample을 well에 20㎕씩 넣어준다.

④ 5% $NaNO_2$ 용액을 6㎕씩 넣어주고 5분간 반응시킨다.

⑤ 10% $AlCl_3$ 용액을 12㎕씩 넣어주고 6분간 반응시킨다.

⑥ 1N NaOH 40㎕씩 넣어주고 D.W 42㎕씩 넣어준다

⑦ Microplate reader기로 510nm파장에서의 흡광도를 측정한다.

⑧ 미리 구한 검량선의 x절편과 y절편에 흡광도를 대입하여 플라보노이드 함량을 구한다.

⑨ 측정한 흡광도를 표준 검량선의 x절편과 y절편값에 대입하여 총 폴리페놀함량을 구한다.

3) 실험결과

표준물질인 Rutin을 사용하여 당유자 잎 추출물의 메탄올 분획물(MF), 수용성 분획물(WF), 클로로포름 분획물(CF), 에틸아세테이트 분획물(EF), 부탄올 분획물(BF)들에 대한 total flavonoid 함량을 〔표 4-1-4〕에 나타냈으며 CF 분획물이 가장 높은 플라보노이드를 함유하고 있음을 확인할 수 있다.

[표 4-1-4] 당유자 잎 추출물의 폴리페놀 및 플라보노이드 함량

시료	페놀 함량(mg/g)[1]	플라보노이드 함량(mg/g)[2]
ME	73.7 ± 1.3 [a]	2.1 ± 0.7 [a]
HF	72.3 ± 0.2 [a]	21.1 ± 0.7 [c]
CF	110.9 ± 2.4 [b]	44.9 ± 1.8 [f]
EF	202.1 ± 0.8 [d]	29.1 ± 0.5 [e]
BF	138.8 ± 0.3 [c]	26.2 ± 0.9 [d]
WF	75.8 ± 1.2 [a]	5.2 ± 0.3 [b]

[1] Values and

[2] values expressed as mg gallic acid equivalents (GAE) per g of dried extract and mg catechin equivalents (CE) per g of dried extract, respectively. Data represent means ±SD of three independent experiments performed in triplicate.

2절 기능성식품 소재의 종류와 특성

본 절에서는 기능성식품 소재의 종류와 그 특성에 대해 고찰함으로써 이를 발효소재가 지닌 생리활성물질의 효능 평가 및 활성소재의 성분 분석에 적용하고자 한다.

1. 건강기능식품

(1) 건강기능식품의 정의

건강기능식품이란 인체에 유용한 기능성을 가진 원료나 성분을 사용하여 정제, 캡슐, 분말, 과립, 액상, 환 등의 형태로 제조 가공한 식품을 말하며, '기능성'이란 인체의 구조 및 기능에 대하여 영양소를 조절하거나 생리학적 작용 등과 같은 보건용도에 유용한 효과를 얻는 것을 말한다.

(2) 건강기능식품의 표시

식품에 기능성을 표시하기 위해서는 기능성 평가를 통하여 먼저 기능성원료로 인정받아야 한다. 기능성평가는 식품성분과 기능성의 관계에 대한 표시의 과학적 근거 정도를 평가하는 것으로 이는 전문가의 의견이나 경험에 의존하기보다 연구결과에 근거한 체계적 고찰인 근거중심평가에 기반을 두고 있다. "건강기능식품의 표시기준"에는 식약청의 평가를 통해 인정된 기능성을 다음의 세 가지 방법으로 표시할 수 있도록 규정되어 있다. 기능성 자료는 국내 · 외 학술지에 게재되거나 게재증명서를 받은 것, 국내 · 외 정부보고서 또는 국제기구 보고서이어야 하며 인체시험자료의 경우 병원, 대학 또는 연구기관 등의 국내 · 외 전문기관에서 국제 임상시험관리기준에 따르거나 이에 준하여 실시한 경우 보고서도 가능하다.

1) 영양소 기능 표시

인체의 성장 · 증진 및 정상적인 기능에 대한 영양소의 생리학적 기능을 나타내는 것으로 영양소 기준치가 설정된 것에 한해 인정된다.

2) 기타 기능 표시

인체의 정상기능이나 생물학적 활동에 특별한 효과가 있어 건강상의 기여나 기능

향상 또는 건강유지 · 개선을 나타낸 경우 '기타기능'이 인정된다.

3) 질병발생위험 감소 기능 표시

기능성 자료가 질병발생위험감소를 나타내며 확보된 과학적 근거자료의 수준이 과학적 합의에 이를 정도로 높을 경우 '질병발생위험감소기능'이 인정된다.

(3) 기능성 평가 절차

1) 기능성 평가 절차

제출 자료에서 시험물질이 신청원료와 동일한지 또는 유사한지, 제안하는 기능성에 적합한 바이오마커를 사용했는지 등을 검토하여 검토대상 자료를 선별하고, 선별된 개별 자료들의 연구유형 및 질을 평가한 후 근거의 양, 일관성, 활용성 등을 종합적으로 검토하여 기능성 내용을 결정한다.

2) 동물시험과 시험관시험의 필요성

건강기능식품의 기능성은 인체에서의 기능성을 표시하는 것으로 인체에서 기능성을 확인하는 것이 가장 중요하다. 그러나 인체적용시험은 통제에 한계가 있고, 식품원료를 사용하는 경우가 대부분이므로 그 기능성에 의약품과 같은 임상적인 의미를 부여하기는 어렵다. 따라서 인체적용시험의 통계적 의미만을 가지고 기능성을 확증할 수는 없고 '생물학적 개연성'을 설명할 수 있는 동물시험 또는 시험관시험 결과가 뒷받침되어야 한다.

2. 탄수화물 및 그 유도체 소재

탄수화물은 자연계에 가장 많이 존재하는 유기 물질이며 탄수화물의 구성단위인 포도당이 중합되어 올리고당이나, 전분, 셀룰로오스와 같은 여러 종류의 탄수화물을 합성한다. 식물의 엽록소에서 광합성을 통해 합성된 포도당은 녹말과 섬유소의 형태로 존재하며 동물에서는 당과 글리코겐의 형태로 존재한다. 탄수화물에는 산소원자 수가 일반식보다 적은 5탄당, 질소원자를 함유하는 아미노당, 카르복실기를 가진 우론산, 황 화합물을 함유한 탄수화물 등이 포함된다. 탄수화물 소재의 기능성은 식품의 물리적 특성을 개량하는 식품학적 기능성과 생리활성을 나타내는 건강 기능성으로 분류할 수 있다. 당알코올이나 올리고당류는 분자량이 작은 친수성 물질로 식품의 조직감에 큰 영향을 미치지 않고 보수성을 갖게 함으로써 식품의 물성을 개선시키당,탄수제열량 대체 감미료로 건강을 지향하는 식품에 이용되고 있다. 분자량이 큰 친수성 다당류는 점증제탄수겔화 물질로 작용하여, 식품 가공 시 안정제탄수유화제탄수보습제탄수결착질소등으로 이용되고 있다. 영양학적으로 탄수화물의 중요성은 열량 영양소로서의 기능에 국한되어 있었지만, 최근에는 인체 내 소화효소에 의해 분해될 수 없는 구조를 가진 난소화성 탄수화물이 건강 기능성식품 소재로 주목을 받고 있다. 대부분의 난소화성 탄수화물은, 포도당과 콜레스테롤의 흡수억제, 장운동 개선 및 비피더스 증식 효과, 저열량 및 충치 예방 등고 같은 건강 기능성을 가진 탄수화물 소재로 분류된다.

(1) 기능성 올리고당

올리고당은 단당류가 2~8개 결합한 소당류의 일종으로 대부분 난소화성이며, 이들 중 기능성 올리고당이란 섭취 시에 장내 소화효소에 의해 분해되지 않고, 큰창자까지 도달해 그곳에 서식하고 있는 비피더스균을 비롯한 장내 유용한 세균에 의해 이용되며, 유해 세균의 증식을 억제하는 기능을 가진 올리고당을 지칭한다. 기능성 올리고당의 종류는 〔표 4-1-5〕 과 같다.

[표 4-1-5] 올리고당의 종류

원료	올리고당
전분	말토올리고당, 이소말토올리고당, 말티톨, 트레할로오스, 사이클로덱스트린 등
설탕	프락토올리고당, 팔라티노오스, 락토수크로오스, 라피노오스, 스타키오스 등
유당	갈락토올리고당, 락토수크로오스, 락툴로스, 락티톨 등
자일란, 만난	자일로올리고당, 만노올리고당 등

출처 : 기능성식품학-라이프사이언스

(2) 당알코올과 기능성

당알코올은 단당류나 이당류의 알데하이드기나 카르복실기가 알코올기로 환원된 형태의 당 유도체이며〔표 4-1-6〕 에리스리톨, 자일리톨, 솔비톨, 만니톨 등 코올윰에 속한다. 저칼로리, 비만예방, 당노환자용 설탕 감미료 등으로 사용되고 있다.

[표 4-1-6] 각종 당알코올의 물리 · 화학적 성질

특 성	말티톨	이소말토	솔비톨	에이스리톨
용해도(g/100mL, 20℃)	210	25	220	35
설탕 대비 감미도	80	45	50	70-80
흡습성	낮음	낮음	보통	낮음
내산성 · 내염기성	높음	높음	높음	높음
용해열(kcal/g)	-5.5	-9.4	-26.5	-42.9
열안전성	높음	높음	높음	높음
열량(kcal/g)	2.1	2.0	2.6	0.2

출처 : 기능성식품학-라이프사이언스

(3) 식이섬유

식이섬유는 인체에서 소화 · 흡수되지 않으나, 유익한 건강 기능성을 가지고 있는 고분자 탄수화물 소재이다. 일반적으로는 고분자화합물로서 보수성, 양이온 교환능력, 흡착능력, 겔 형성능력 등과 같은 물리화학적 특성을 갖는다. 또한 식이섬유는 장 운동개선, 혈당 및 콜레스테롤의 상승 억제 등 생리학적으로 유익한 효능을 가지고 있는 기능성식품 소재이다. 식품 중에 존재하는 식이 섬유의 종류는 다양하며 〔표 4-1-7〕 여러 종류의 식이섬유가 식품 중에 섞여 상조작용으로 인체 내에서 건강에 유용한 기능을 발휘하게 된다.

[표 4-1-7] 식이섬유의 종류와 급원

식이섬유	주성분	급원
비전분 다당류	셀룰로오스와 유도체	채소, 곡류, 카르복실메틸셀룰로스, 메틸셀룰로스
	헤미셀룰로스	베타-글루칸(귀리, 보리 버섯), 아라비노갈락탄
	과당중합체	이눌린(치커리, 양파), 올리고프락탄
	검류 및 점성물질 -해조류의 추출액 -식물 삼출액 -종자검	 알긴산, 카라기난, 한천 아라비아검, 카라야검, 트라가칸트검 로커스트콩검, 구아검, 차전자피
	펙틴물질	과일, 채소, 두류

전분유도체	난소화성 덱스트린 합성 다당류 미생물 합성 다당류	식물성 전분(옥수수, 감자, 두류, 바나나 등) 폴레덱스트로오스, 락툴로오스 잔틴검, 터드란, 겔란
리그닌	리그닌	식물의 세포벽
동물성 식이섬유	키틴, 키토산, 콜라겐, 콘드로이틴	곰팡이, 효모, 갑각류

출처 : 기능성식품학-라이프사이언스

(4) 아미노당과 뮤코다당

아미노당은 당류에 아민기가 붙어 있는 당유도체이며, 뮤코다당은 아미노당인 아세틸갈락토사민과 아세틸글루코사민으로 구성된 고분자 다당류로 동물 점질물과 결합조직에 함유되어 있다. 구성당의 종류에 따라 chondroithin sulfate, dermantan sulfate, heparin, heparin sulfate, hyaluric acid, keratin sulfate 등과 같은 뮤코다당이 있다.

1) 글루코사민

글루코사민은 연골의 주요 구성 성분인 프로테오글리칸 내의 글리코아미노글리칸의 전구물질이며 생체 내에서 글루코오스의 대사에 의해 만들어지거나 복합 당질에서 분리, 절단되어 만들어진다고 여겨진다. 세균의 세포벽, 동물의 연골이나 피부를 구성하는 뮤코다당 등 다당류의 성분으로 분포하며 또 사람의 혈액이나 점액 속에 이 당과 결합한 단백질이 다량 함유되어 있기도 하다. 홍어나 가오리, 상어연골이나 마른 해삼, 홍합, 우렁, 달팽이와 돼지 족발이나 도가니 고기에도 많이 들어 있다. 관절염 통증 완화를 도와주는 건강식품 소재로 각광을 받고 있다.

2) 키틴질 및 키토올리고당

키틴질은 난소화성 동물성 식이섬유로 분자량에 따라 키틴, 키토산, 키토올리도당으로 분류된다. 갑각류의 껍질, 갑충의 갑피, 진균류의 세포벽 등에 함유된 뮤코다당류의 일종으로 체내에서 소화되는 도중에 지방이나 콜레스테롤을 흡착해 배설하고 강력한 항균작용 및 장내 유산균의 증식 효능을 나타내는 물질이다.

3) 하이알루론산과 콘드로틴 황산

하이알루론산은 생체 내에서 프로테오글라이칸을 만드는데 관여하는 점성다당류의 일종이며 모든 동물의 조직액에 존재하며 강력한 보수력을 가지고 있는 천연 보습제로서, 관절 윤활제 및 피부개선제로 사용되고 있다. 한편 콘드로이틴은 N-아세틸갈락토사민, 우론산, 황산으로 이루어진 뮤코다당류이며 관절 속의 활액이 연골에 머물도록 도와주는 역할을 하며, 피부, 탯줄 등 각종 결합조직에 함유되어 각 조직 중에 수분과 영양분을 축적하는 역할을 한다.

3. 지방질 및 구조지질 소재

지방질은 농축된 에너지 급원이며 물에는 거의 녹지 않으나 유기용매인 아세톤, 헥산, 클로로포름 등에는 녹는 물을 싫어하는 성질이 강한 물질이다. 지방질은 리놀레산, 리놀렌산 등의 필수 지방산을 공급하고 지용성 비타민을 함유하므로 인체에 필수적이며 또한 지질은 향미를 제공하고 포만감을 부여하며 체온조절 및 장기 보호 기능을 하는 매우 유용한 영양소이다. 지방산은 지방을 이루는 가장 기본적인 부분으로 다수의 탄소사슬과 카르복실기가 연결된 형태이다. 지방산의 표기법은 탄소수와 이중결합의 수를 이용하여 표기하며 표기법은 델타와 오메가 방식이 있다. 카르복실기(-COOH)에서부터 탄소 수를 세는 것을 델타방식, 메틸기(CH_3)로부터 세는 것을 오메가 방식이란 한다[표 4-1-8]. 다가불포화지방산 중 메틸기에서부터 이중결합까지의 탄소수를 세어 3번째 탄소에 최초의 이중결합이 위치해 있는 것을 오메가-3계열 지방산이라고 말하며, 오메가-6계열은 6번째 탄소에 최초의 이중결합이 위치해 있는 것을 가리킨다.

[표 4-1-8] 지방산의 명명법

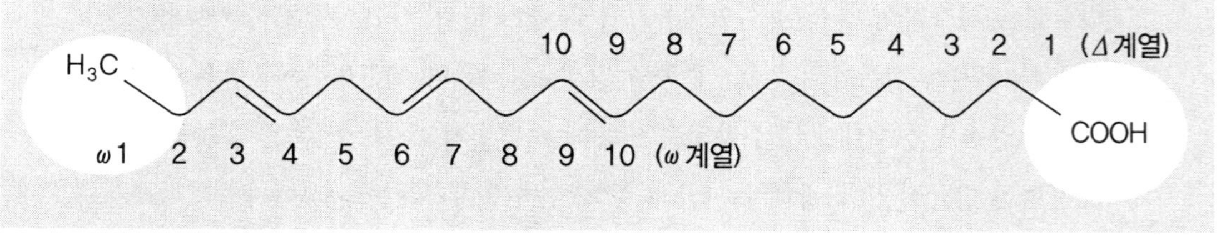

출처 : 기능성식품학-라이프사이언스

지질의 특성을 갖는 물질 중 기능성을 나타내는 소재로는 다가불포화지방산(polyunsaturated fatty acid, PUFA), 공액리놀레산(cojugated linoleic acid, CLA), 레시틴(lecithin) 및 식물스테롤(phytosterol) 등을 예로 들 수 있다.

(1) 다가불포화지방산(PUFA)

지방산 중 오메가3 다가 불포화 지방산은 식물성 기름에 리놀렌산(18:3 오메가-3), 생선 기름 중의 eicosapentaenoic acid(EPA, 20:5 오메가-3) 그리고 docosahexaenoic acid(DHA, 20:6 오메가-3)를 일컫는다. 이들의 생리활성은 혈압강하, 동맥경화, 심장병, 항염증, 혈청 중성지방의 저하와 콜레스테롤 농도 저하, 뇌조직 형성 촉진, 항암효과, 항혈전, 근시시력 회복 등이 보고되었다. 대표적인 다가불포화지방산들을 〔표 4-1-9〕에 나타내었다.

[표 4-1-9] 대표적인 다가불포화지방산의 특징

일반명	계통명	녹는점(℃)	숫자표기법
docosahexaenoic acid	4,7,10,13,16,19-docosahexaenoic acid	-	22:6
eicosapentaenoic acid	5,8,11,14,17-eicosapentaenoic acid	-54	20:5 ω-3계
linolenic acid	9,12,15-octadecatrienoic acid	-11	18:3
arachidonic acid	5,8,11,14-eicosatetraenoic acid	-49.5	20:4
γ-linolenic acid	6,9,12-octadecatrienoic acid	-	18:3 ω-6계
linoleic acid	9,12-octadecadienoic acid	-5.0	18:2

출처 : 기능성식품학-라이프사이언스

(2) 공액리놀레산(conjugated linoleic acid)

쇠고기와 우유의 지방 및 열처리된 식물성 기름에 존재하며 주로 18:2 오메가-9(cis), 11(trans) 및 18:2 오메가-10(trans), 그리고 12(cis)가 해당된다. CLA는 항암성 및 항돌연변이성이 있으며 동맥경화의 발생을 완화시키고 면역능력을 활성화한다고 알려져 있다.

(3) 식물 스테롤

식물 스테롤은 27~30개의 탄소를 갖고 C3에 하이드록실기를, C17에 최소 7개의 탄소 사슬기를 갖는 식물유래 스테로이드 알코올이다. 대표적인 식물 스테롤로는 sitosterol, campetsrol, stigmasterol이며 그 중 sitosterol이 가장 대표적인 식물 스테롤이다. 주로 옥수수, 콩, 쌀, 밀 등의 곡류와 깨, 달맞이꽃 등에 다량 분포하며 홀로 존재하거나 당과 결합된 배당체 형태로 발견된다. 식물 스테롤은 여러 동물모델 및 인체실험에서 혈정 콜레스테롤 저하 효과 및 항암, 항염증 등 다양하고 유용한 생리활성을 갖고 있다고 보고되고 있으며 인체 내에서 합성되지 않기 때문에 식이를 통해서만 공급되어 창자에서 흡수된다.

(4) 기타 지질 관련 기능성 물질

1) 레시틴

레시틴은 난황에서 처음 분리되었으며 생체 내에서 세포의 산화를 방지하며 뇌를 보호하는 역할을 수행한다. 그 밖에도 레시틴은 혈액 콜레스테롤 수치 저하, 방의 세포내 유입, 정상적인 뇌기능 활동에 필요한 성분으로 작용하고 가공식품에서 레시틴은 조직감을 유지하기 위해 첨가된다. 레시틴의 구성 성분인 콜린은 대두, 간, 오트밀, 양배추, 컬리플라워 등에서 발견된다.

2) 옥타코사놀

옥타코사놀은 소맥, 쌀, 사탕수수 등의 배아에서 발견되는 천연의 탄소 28개 고급 포화알코올의 일종으로 글리코겐의 저장량을 증가시키는데 관여하거나 콜레스테롤 수치 저하를 통한 생리활성 유발 효과가 있다고 보고되고 있다.

3) 상어 간유 유래 지질

알콕시글리세롤은 보통의 중성지방과 달리 글리세롤에 에스테르 결합이 아닌 에테르 결합을 이루고 있는 불검화물의 일종으로 유아성장에 도움이 되며 신체저항력 증진, 장내 유익균의 생성 강화 등의 생리활성이 있음이 알려져 있고 상어와 소의 간유에 존재한다. 스쿠알렌은 30개의 탄소 이소프레노이드의 구조를 하고 있으며 상어의 간유에서 많이 발견되며 콜레스테롤 생합성에서 중요한 중간체로서 산소공급의 원활화, 피부건강에 도움이 되며 항종양 및 항염증 기능성도 알려져 있다.

4. 아미노산 및 단백질 소재

단백질은 탄수화물, 지방과 함께 동식물체의 주성분이며 세포의 생장, 호르몬, 효소, 근육, 생체막 등의 구성 성분일 뿐만 아니라 신체의 수분 및 산-염기의 평형 유지, 면역기능 제고 항암성 등 건강 유지에 필수적 성분이다. 자연계에 존재하는 단백질은 동·식물의 체내에서 합성되거나 식품으로부터 공급된 20개의 아미노산으로 구성된다. 식품단백질은 소화관을 통과하는 과정에서 여러 가지 소화효소에 의해 아미노산과 저분자 펩타이드로 분해되어 흡수된다.

(1) 기능성 아미노산과 유도체

아미노산은 근육을 형성하여 에너지를 발생시키고 활력을 돕는다고 알려져 있으며 각 아미노산 종류별로 체내에서 다양한 생리적 기능을 보인다 〔표 4-1-10〕.

[표 4-1-10] 아미노산의 종류와 생리적 기능

종 류	생리적 기능
발린, 주신, 이소루신	인체에 필요한 전체 아미노산의 절반을 구성 근육의 원료물질로 피로극복, 활력증진, 수술 후 신체회복 촉진
알라닌	간의해독작용
아르기닌	고혈압치료, NK세포(면역세포의 일종) 활성화를 통한 면역력 증강, 동맥확장(혈액순환, 발기부전 치료 도움), 정자 생성 촉진
아스파라긴 아스파르트산	중추신경계에 작용해 우울증과 조증 예방 및 감정의 균형 조절 만성피로치료, 경변증 치료
시스테인, 시스틴	아세트아미노펜 중독의 치료, 콜라겐 생성 촉진, 피부노화 억제
글루탐산	정신지체와 간질의 치료, 당과 지방대사 촉진, 신진대사의 노폐물인 암모니아 제거
히스티딘	유사류마티스성관절염 치료, 성 기능 강화, 위신분비 촉진, 중금속 배설 촉진
라이신	성장호르몬의 원료, 골다공증 개선, 헤르페스(대상포진) 치료 도움
페닐알라닌	통증완화, 두뇌자극, 주의력 부족증 치료
프롤린	연골과 인대 등 관절강화
세린	면역력증진, 피부 보습 작용

출처 : 기능성식품학-라이프사이언스

1) 측쇄 아미노산(Branched chain amino acid, BCAA)

Valine, L-leucine, L-isoleucine을 총칭하는 말로 생명체를 구성하는 모든 단백질에서 발견되며 골격근에서 대사되어 에너지원으로 이용된다. BCAA는 체단백질 분해를 억제하는 대신 합성은 항진, 중추성 피로를 경감, 간 기능을 강화하며 스포츠나 육체노동 등 격렬한 활동을 할 때 BCAA의 소모량이 크며 BCAA의 섭취는 운동 중 지방산화를 촉진, 피로 지연 기능이 있고 지구성 운동능력 개선 및 다이어트 식품으로 이용 가능하다.

2) 테아닌(L-theanine)

차와 일부 버섯 품종에만 들어있는 천연 유리아미노산으로 특히 녹차에 많이 함유되어 있으며 신경세포에 있는 글루탐산 수용체와 결합하여 신경전달 매개물질인 글루탐산을 차단시켜 신경안정 및 활성화 작용, 뇌신경세포를 보호한다고 보고되었다. 치매예방 및 치료제로서의 활용가능하며 의약품, 기능성식품 원료, 동물약품 및 사료첨가제, 기능성화장품 원료 등으로 다양하게 활용될 수 있다.

3) 타우린(Taurine)

두뇌발달, 망막의 광수용체 활성, 심장근육의 수축, 삼투압 조절, 생식기능, 성장발달, 면역체계의 유지 및 항산화 활성 등 다양한 생물학적 기능이 보고되었으며 신생아와 미숙아의 경우 타우린 합성경로가 발달되지 않아 합성 양이 제한되므로 외부로부터 공급해야 한다. 만성적인 결핍 시에는 퇴행성 심근질환인 확정성 심근질환이 발병하며 망막의 광수용체 세포에 구조적 변화를 초래 망막기능 퇴화하여 실명 가능하다. 특히 임신 중 결핍은 유산과 사산의 확률을 높이고 태아의 두뇌와 망막 등을 비롯한 주요 기관의 정상적인 발달 저해한다고 보고되었다.

4) 멜라토닌(Melatonin)

조류에서부터 인간에 이르기까지 모든 생명체에서 발견되는 호르몬으로 생체리듬을 조절하며, 명암의 자극에 따라 분비량이 조절된다. 천연 항산화제로 강력한 항산화활성을 가지고 있으며 글루타티온이나 비타민 E보다 더 효과적인 천연 항산화제로 작용하며 유해한 과산화수소를 안전한 물로 전화시키는 글루타티온 과산화효소의 분비를 촉진한다.

(2) 기능성 펩타이드

펩타이드(peptide)는 2~50개의 아미노산이 연결된 중합물로 일반적으로 분자량은 10,000 이하의 것을 말하며 다양한 형태의 펩타이드가 자연계에 존재한다. 펩타이드성 호르몬, 신경전달물질, 세포성장인자, 항균물질, 효소저해물질 등 식품의 소화, 조리 가공과정에서 단백질이 가수분해되어 생성되기도 한다. 식품으로부터 항고혈압성, 진통성, 칼슘흡수 촉진, 생체방어 및 면역부활, 혈소판응집 저해 등의 다양한 활성을 가진 펩타이드가 발견되었다.

1) 안지오텐신 전환효소(Angiotensin Converting Enzyme, ACE) 저해 펩타이드

안지오텐신 전환효소는 혈압을 상승시킴과 동시에 생체 내에서 혈압강하 작용을 갖는 브라디키닌을 분해하는 효소이다. 우유 단백질, 된장, 간장, 정어리, 참치, 젤라틴, 옥수수 등의 식품에서 다수의 ACE 저해 펩타이드가 보고되었으며 어육 가수분해물에서도 다수의 항고혈압성 펩타이드가 발견되었고 특히 정어리에서 발견된 정어리 펩타이드는 제1호 개별인정형건강기능식품이다. ACE 저해제의 경구투여 시의 효과는 소화관에서의 구조적 안정성, 장관 흡수의 용이성, 흡수 후의 생리적 안정성 등에 의해 좌우하며 ACE 저해 펩타이드는 정맥주사 시에 효과가 있으나 경구투여 시에는 혈압강하 효과가 없다고 보고되었다.

2) 대두 펩타이드

대두단백질을 효소와 반응시켜 가수분해 시킨 것으로 아미노산이 수 개~수십 개 정도로 구성되어 있는 올리고 펩타이드이다. 된장, 간장, 청국장, 낫토 등의 대두발효식품에 함유되어 있으며 대두단백식품 섭취 시 체내의 소화흡수과정에서 생성된다. 혈중 콜레스테롤 농도 감소, 암 예방, 혈압강화, 혈소판 응집저해 기능과 운동선수의 운동능력을 증강, 피로회복 효과가 있다.

3) 실크 펩타이드

고분자의 실크 단백질을 산이나 효소를 이용하여 가수분해하여 아미노산 또는 올리고 펩타이드로 만들게 되며 이렇게 만들어진 실크 분말은 소화 · 흡수가 가능하고 물이나 차에 쉽게 타서 먹을 수 있다. 실크 펩타이드의 생리적 효능은 독성물질로부터 간을 보호하고 숙취를 해소 효과 총 콜레스테롤 저하 효과, 혈중 수준을 낮추고

당뇨병 억제 효능 혈중 콜레스테롤 저하, 알코올 대사 촉진효과, 항치매, 항산화작용 등이 보고되고 있다. 국내에서는 실크 단백질 가수분해물이 개별인정형 건강기능식품(피브로인추출물 BF-7)으로 인정받았다.

5. 식물성 생리활성 소재

(1) 이소프레노이드류(Isoprenoids) 및 테르페노이드류(Terpenoids)

1) 이소프레노이드는 이소프렌(2-메틸-1,3-부타디엔)이라고 하는 5개의 탄소로 이루어진 단위체를 골격으로 지닌 탄화수소이다. 이소프렌은 메발로닌산(mevalonic acid) 대사 경로와 당 분해 보조분자인 피루빈산염과 3-인산 글리세린염의 경로에서 아세틸 보조효소 A(Co A)에 의해 합성된다 〔그림 4-1-15〕. 테르펜은 구조적으로 복잡성 정도에 따라효소 하나 이소프렌 단위들이 배수로 늘어나며 10개의 탄소로 되어 있는 가장 작은 테르펜 분자를 모노테르펜(2배)이라고 하며, 여기에 5개의 탄소로 이루어진 단위체가 한 번에 하나씩 늘어난 큰 분자들은 각각 세스퀴테르펜(2배), 디테르펜(4배), 트리테르펜(6배), 테트라테르펜(8배)이라고 한다. 모노테르펜은 휘발성이 가장 크며 따라서 향이 강하다.

2) 카로티노이드류 〔그림 4-1-16〕는 메발노닌산염에서 유도된 2기능성 물질로서, 토코페롤류 및 토코트리에놀류 〔그림 4-1-17〕 등과 함께 주요 구성분자가 이소프렌이기 때문에 이소프레노이드 유도체로 불린다.

3) 생리 활성 작용

① 제라니올, 파네솔, D-리모넨, 페릴 알코올, 토코트리에놀 등은 항암작용을 나타내며 암세포의 증식을 억제하는 작용이 있는 것으로 보고되었다.

② 베타 카로틴은 비타민 A의 전구체로서 항산화 기능, 동맥경화, 백내장, 당뇨병, 암 등을 예방하고 면역능력을 증가시킨다.

③ 라이코펜은 일중항 산소와 유리 라디칼을 제거할 수 있는 항산화 능력으로 노화를 지연할 수 있으며 전립선 암 발생률을 감소시킨다고 보고되었다.

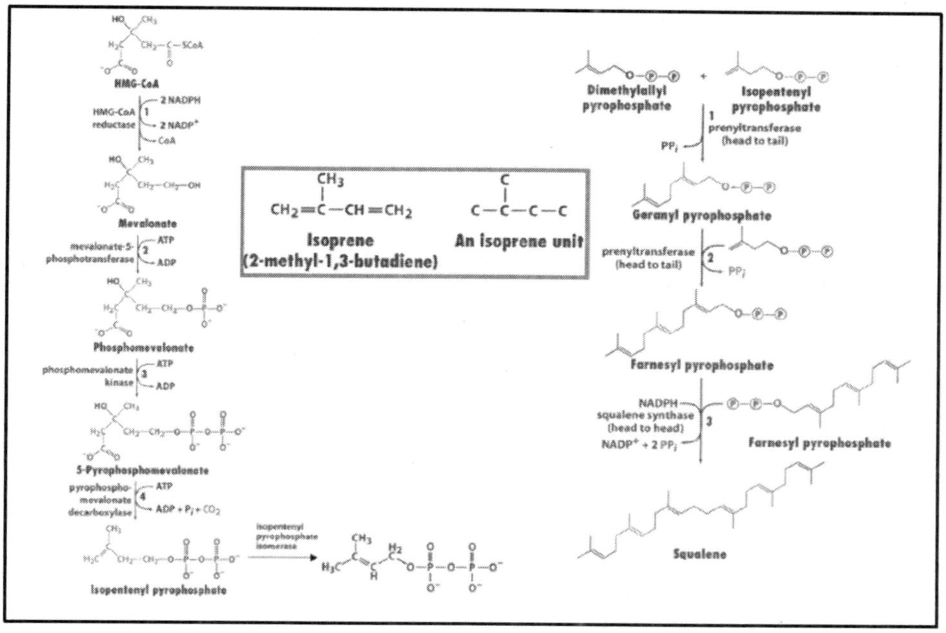

[그림 4-1-15] 테르펜 구조의 생성

④ 토코페롤은 항산화, 불임 및 노화 방지, 신경세포 보호, 암 세포 증식 억제 등의 기능을 나타내고 토코트리에놀은 혈중 콜레스테롤 수준을 낮추며 암을 억제한다.

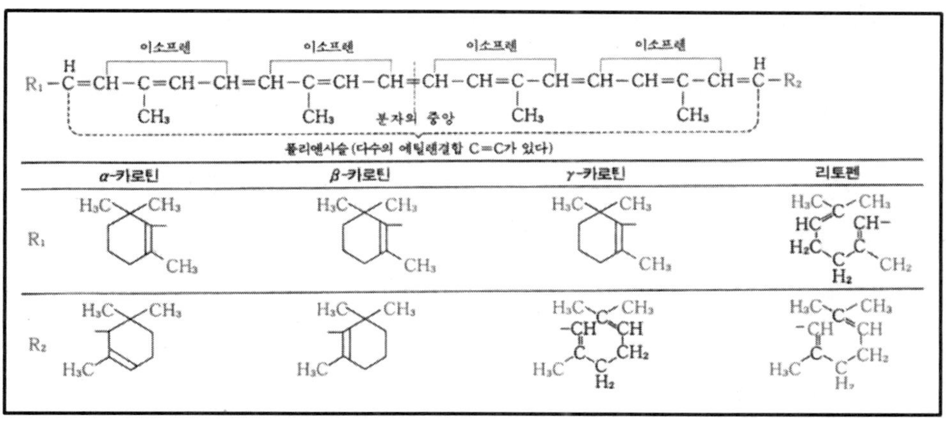

[그림 4-1-16] 이소프렌 단위와 카로테노이드

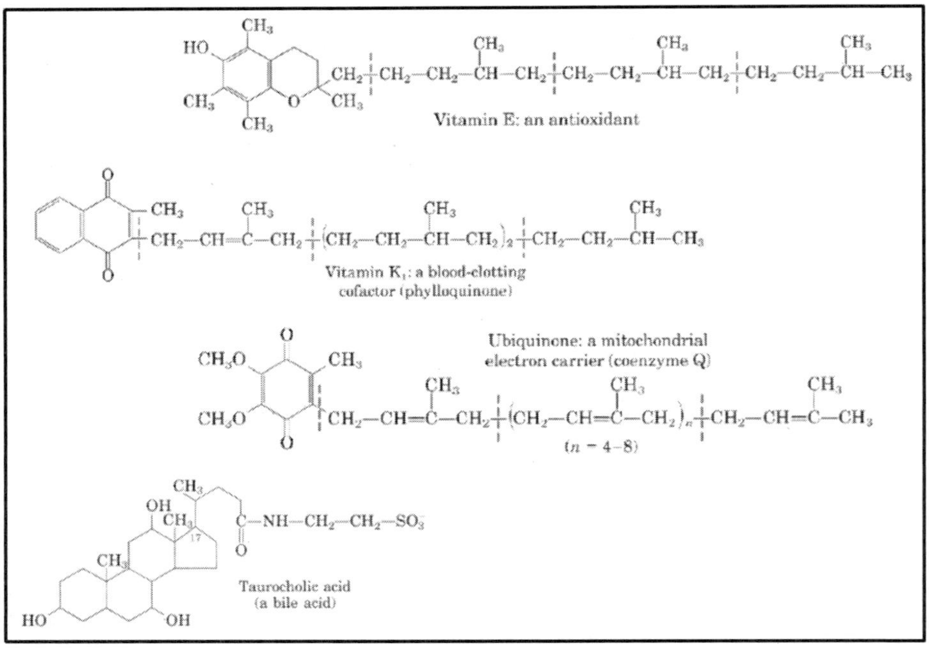

[그림 4-1-17] 토코페롤과 토코트리에놀

(2) 페놀 화합물(Phenolic compounds)

1) 이들은 페놀 분자를 기본 구조로 하는 여러 가지 화합물들인데 플라보노이드(플라바놀, 플라바논, 플라본, 플라보놀, 이소플라본, 안토시아닌), 탄닌류, 리그닌류 등이 여기에 해당된다 〔표 4-1-11〕.

2) 플라보이드류는 페놀 화합물의 한 그룹으로 과일류, 채소류, 견과류, 종자류, 알곡류, 차류, 포도주 등과 같은 많은 식물류에 편재되어 있다. 현재 6,000종 이상의 다양한 플라보노이드류가 보고되고 있으며, 대표적인 플라보노이드류를 〔표 4-1-12〕에 나타내었다.

3) 생리 활성 작용

효소의 활성화, 항알레르기성, 항염증성, 항고혈압, 이뇨성, 항암성, 항돌연변이성, 저지혈 특성, 면역성 증강, 심장 질환의 예방 및 진료, 폐암의 예방, 항산화 효과가 강한 것으로 보고되었다 〔표 4-1-11〕.

[표 4-1-11] 페놀 화합물의 생리활성

종류	정 의	생리활성
탄닌	탄닌은 flavan-3ol의 중합체로서 pro- thocyanidin 이라고도 함	신체방어작용 물질 항산화 물질
플라보노이드	2개의 방향족환과 3개의 탄소로 이루어진 탄소 15개로 된 일련의 C_6-C_3-C_6화합물	항암작용, 항산화 작용 항바이러스 효과 항염효과, 호르몬 작용
리그린	두 분자의 C_6-C_3 단위가 산화적 축합으로 생성된 화합물	항암, 혈압강하 간보호, 소염, 항산화

[표 4-1-12] 플라보노이드의 종류와 급원식품

분류	식이 플라보노이드	급원식품
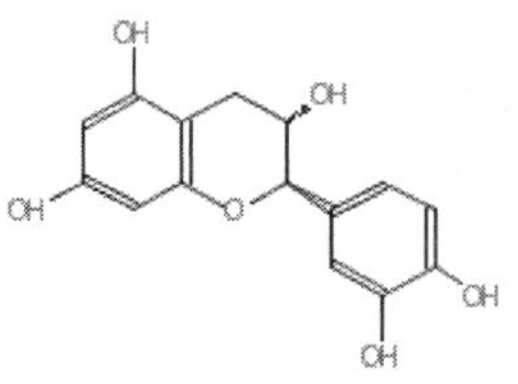 Flavanols	Monomers(catechins) : Catechin, Epicatechin, Epigallocatechin Epicatechin gallate, Epigallocatechin gallate Dimers and Polymers : Theaflavins, Thearubigins, Proanthocyanidin	Catechins : 녹차, 초콜릿, 포도, 딸기류, 사과 Theaflavins, Thearubiginss : 홍차, 우롱차 Proanthocyanidinss : 초콜릿, 사과, 딸기류, 적포도, 적포도주
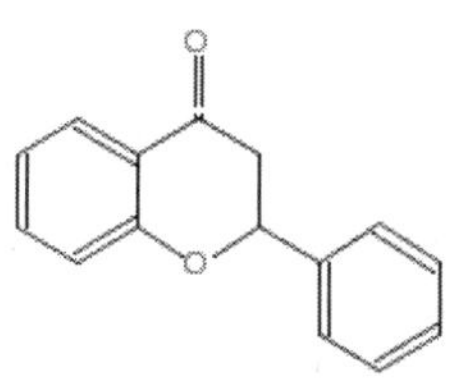 Flavanones	Eriodictyol Hesperetin Naringenin	감귤류 (자몽, 레몬, 오렌지)
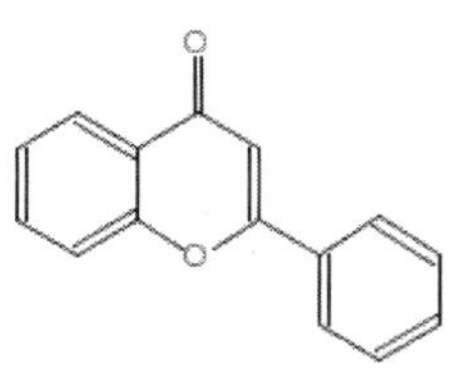 Flavones	Apigenin Luteolin	녹차잎 향신료(타임, 파슬리 가루), 셀러리, 파슬리

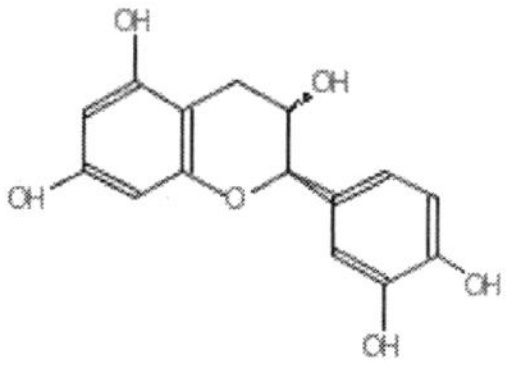 Isoflavones	Daidzein Genistein Glycitein	두류, 두류제품
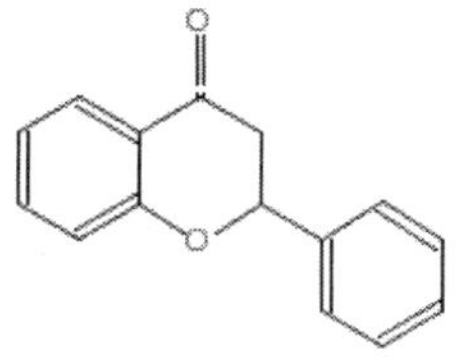 Flavonols	Isorhamnetin Kaempferol Myricetin Quercetin	브로콜리, 껍질콩, 케일, 양파, 고추, 메밀, 사과, 차류, 초콜릿, 적포도주
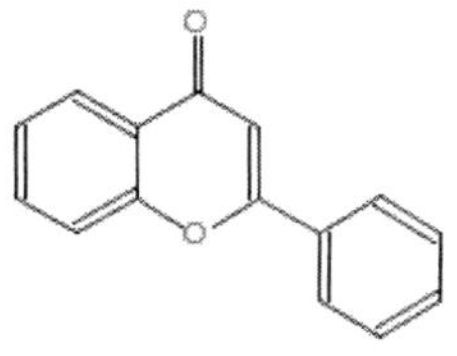 Anthocyanidines	Cyanidin Delphinidin Malvidin Pelargonidin Petunidin Peonidin	적포도, 적포도주, 블루베리, 라즈베리, 체리, 가지

출처 : 기능성식품학-라이프사이언스

(3) 유기 함황 화합물

1) Dially sulfide

독특한 향미를 가지는데 양마, 마늘, 부추, 골파 등에 함유되어 있다. 이 dially sulfide 성분은 항균 효과를 나타낸다. Dially sulfide는 위장 내에서 헬리코박터파이로리가 질산염을 아질산염으로 전환하는 것을 억제한다. 아민, 아미드, 단백질 등은 나이트로소 화합물을 야기할 수 있으며 이들 중 어떤 것은 암을 유발한다. Dially sulfide가 니트로화 반응을 저해하여 위암을 방지했다는 실험 결과가 보고되었다.

2) 생리활성

Dially sulfide는 심장 질환을 예방하는 기능이 있어서 오래 전부터 약용으로 널리 사용되고 있다. 마늘의 주된 박테리아 사멸 활성은 allicin으로 구근 내의 alliin이 파괴되면 효소인 allinase에 의해 생성된다[그림 4-1-18]. Allicin은 유리 라디칼을 제거하고 콜레스테롤 생합성을 억제하며 독성과 암의 발생을 억제한다.

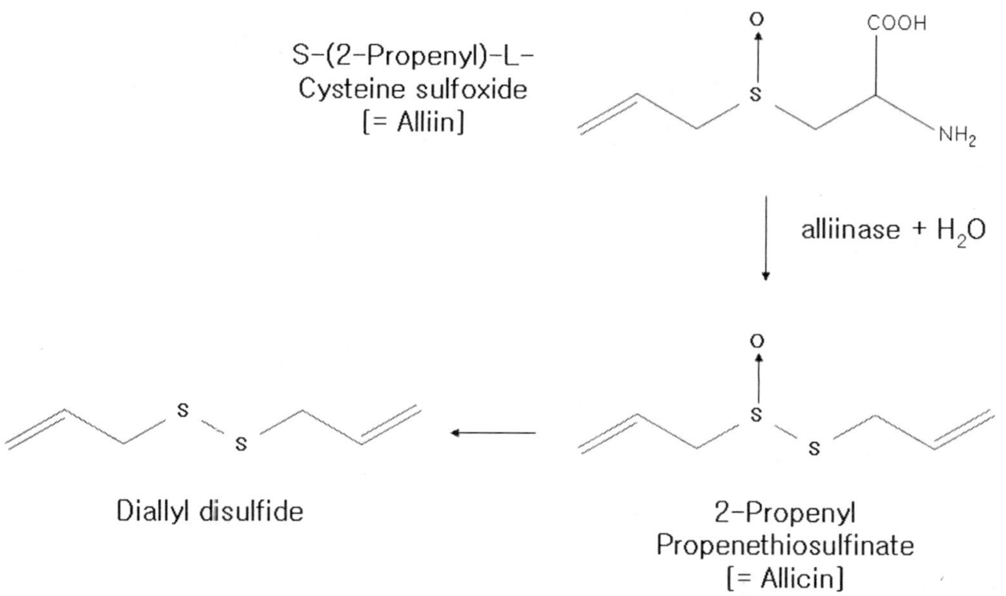

[그림 4-1-18] Alliin으로부터 allicin으로의 효소적 전환

출처 : 식품생리활성물질 과학-전남대학교출판부

3절 기능성식품 소재의 효능 검정

1. 체중 관련 기능성시험

(1) 비만관련 biomaker

- 체질량지수(Body Mass Index; BMI) 측정 : 체질량 지수는 키와 체중을 이용하여 비만의 정도를 평가하는 방법 중 하나로서, 체중(kg)을 신장(m)의 제곱으로 나눈 값(BMI=kg/m^2)이다.
- 허리둘레 측정 : 허리둘레는 복부 지방량을 반영하는 아주 유용한 지표이다. 허리둘레는 체질량지수보다 질병발생 위험을 더 잘 반영하며, 특히 체질량지수가 25 kg/m^2 미만인 경우에도 허리둘레가 크면 제2형 당뇨병, 고지혈증, 고혈압, 관상동맥 질환 등의 질병 발생 위험이 높아지는 것으로 밝혀져 있다.
- 체지방 측정: 체지방은 전체 체중에서 지방 무게가 차지하는 백분율(%)로 나타내며, 정상치는 성인남자의 경우 15~18%, 여자의 경우 20~25%이다.
  피부주름두께(Skinfold thickness) 측정법, 생체전기저항 분석법(Bioelectric impedance analysis)

(2) 비만관련 시험방법

1) 세포내 비만관련 지질, 지단백질 및 호르몬 측정

- Triglyceride 측정 : 혈중 및 간조직중의 중성지방은 commercial kit를 이용한 효소법으로 측정한다.
- Total lipid 측정 : 총지질함량은 sulfo-phospho-vanillin 방법에 기초한 kit을 이용하여 측정한다.
  ※ 참고문헌 : CS and Dunn RT. A colorimetric method for determination of total serum lipid based on the sulfophospho-vanillin reaction. Am J Clin Path 53:89 94, 1970
- Total Cholesterol 측정 : 총콜레스테롤함량은 commercial kit을 이용하여 측정한다.
- LDL-Cholesterol 측정

LDL-Cholesterol은 Friedewald 등에 의한 계산법으로 분석한다.

계산방법) LDL 콜레스테롤 = 총 콜레스테롤 - HDL 콜레스테롤 - (중성지방/5)

※ 참고문헌 : Friedewald WT, Levy RI and Fedreison DS. Estimation of concentration of low density lipoprotein cholesterol in plasma, without use the prepatative ultracentrifuge. Clin Chem 18: 499-515, 1979

- HDL-Cholesterol 측정

HDL-Cholesterol은 phosphotungstic acid-Mg 침전효소법에 기초한 commercial kit를 이용하여 분석한다.

2) 동물실험

- 식이섭취 및 체중 증가량 측정: 총 식이섭취 칼로리, 식이 효율 및 에너지 효율 식이 효율(food efficiency ratio), 전체 체중 증가량
- 체지방량 측정: 총 체지방량 측정, 복부지방 분포 측정, 복부 및 내장지방 무게 측정
- 지방조직과 간조직의 성상 측정
- 혈중 및 간조직 중의 지질, 지단백질 및 호르몬 측정

실험 4-1-1 HCA, carnitine과 red pepper의 주성분으로 이루어진 혼합물의 항비만효과 검토

고지방식 쥐를 이용하여 HCA, carnitine,red pepper의 주성분으로 이루어진 3D-relax diet의 항비만효과에 대한 연구-많은 항비만 기능성식품의 성분으로 이용되고 있는 HCA, carnitine,red pepper를 주성분으로 한 새로운 건강보조식품을 이용하여 항비만효과를 검토하였다. 3주간 고지방식쥐에 1g/kg/day을 투여한 결과 체중증가율 및 체지방양, 총cholesterol 등 혈액지질농도에 있어서 대조군에 비해 유의적으로 현저히 감소하였음을 확인하였다. (Nutraceuticals & Food 8,137 2003)

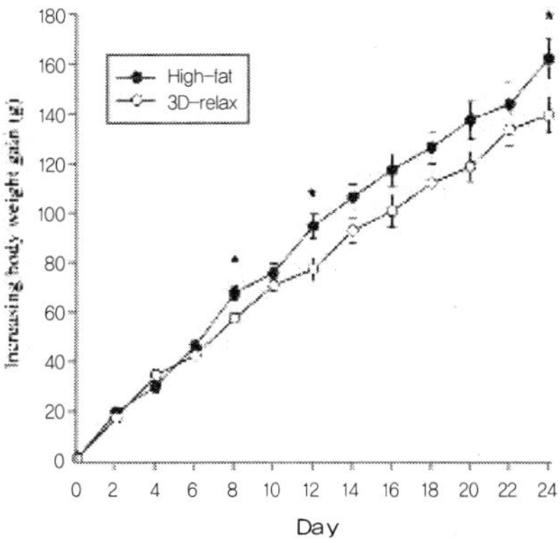

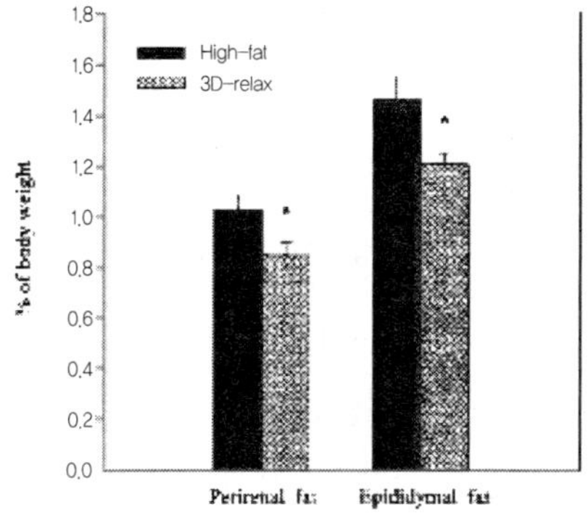

Table 3. Effect of 3D-relax on TG, total cholesterol, HDL cholesterol, and HTR

Group	Triglyceride(㎎/dL)	Total cholesterol(㎎/dL)	HDL cholesterol(㎎/dL)	HTR
High-fat	96.28±11.31	102.45±4.94	56.42±2.62	±0.580.04
3D-relax	80.07±9.98	86.87±5.11	75.70±2.79	0.85±0.04

[그림 4-1-19]

출처 : Nutraceutical & Fool 9, 137,2003

2. 혈당관련 기능성시험

〈혈당과 인슐린분비〉

우리 몸에 흡수된 영양분들이 근육과 같은 말초조직에서 연소되어 에너지를 생산할 때 인슐린이 필요하다. 인슐린은 체내 포도당대사의 평형을 이루게 하며 혈당농도를 조절한다. 고혈당증은 췌장에서 정상적인 인슐린분비가 이루어지지 못하여 체내의 혈당을 정상적으로 조절하지 못하거나, 인슐린에 대한 말초조직의 저항(insulin resistance)이 주원인이 된다. 췌장 내분비조직의 중심에 있는 베타세포의 손상으로 인하여 인슐린분비 이상이 초래되고 이로 인하여 제1형 당뇨병(인슐린 의존형 당뇨병, IDDM, insulin dependent diabetes mellitus)이 유발된다 (Yamamoto et al., 1981). 이에 비하여 제2형 당뇨병은 베타세포에서 인슐린분비는 비교적 정상적으로 이루어지나 말초조직에서의 인슐린저항이 높아 당대사 이상이 나타나는 것으로 오히려 고인슐린혈증(hyperinsulinemia)이 나타나기도 한다.

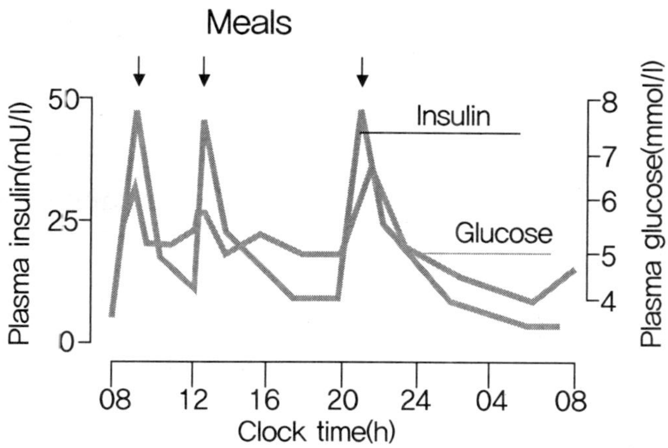

[그림 4-1-20] 정상인에서의 혈당농도와 인슐린 농도의 상관관계
(Cited from Test of Diabetes, 2003)
출처 : 건강기능식품 기능성 시험가이드

〈혈당의 범위〉

최근 개정된 미국당뇨병학회(1997) 및 WHO(1999)에서는 아래와 같이 보다 강화된 정상 및 당뇨의 혈당범위를 규정하고 있다 .

- 정상혈당 : 공복 혈당이 6.1mmol/l (110mg/dl)이하로 강화되었으며, 2h-glucose 농도는 7.8mmol/l (140mg/dl)이하로 제한하고 있다.
- 공복혈당조절장애(impaired fasting plasma glucose, IFG)
  당뇨로 분류되지는 않지만, 공복 혈당이 6.1~6.9 mmol/L (110~125mg/dl) 사이의 혈당을 IFG로 정의한다.
- 당뇨병의 혈당 : 몇 가지 당뇨 증세를 나타내면서, 공복시 혈당이 7.01 mmol/L (126mg/dl)이하로 강화 되었으며, 2h-glucose 농도는 11.1mmol/L (200mg/dl) 이상인 경우를 당뇨병으로 구분한다.

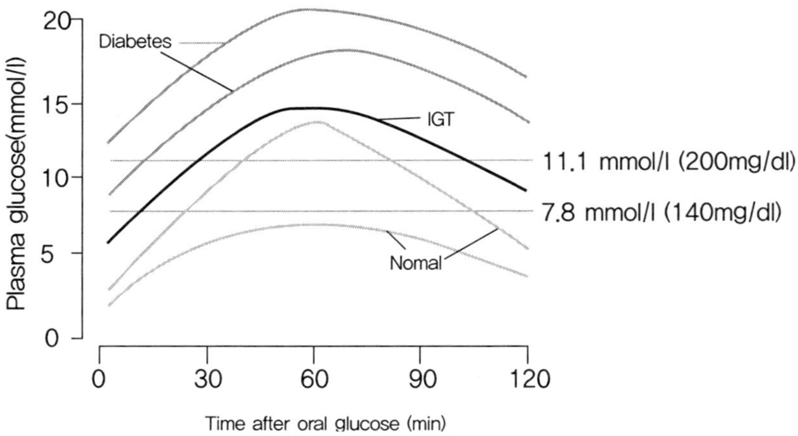

[그림 4-1-21] 경구내당능검사(OGTT)에 나타나는 정상, 내당능장애(IGT) 및 당뇨병(diabetes)의 혈당변화

출처 : 건강기능식품 기능성 시험가이드

(1) 혈당관련 기능성식품평가 biomarker

1) 혈당관련영역의 biomarker와 측정법

- 공복혈당(fasting plasma glucose) : 최소한 8시간 금식 후 정맥혈에서 측정한 혈당농도(plasma glucose)를 mmol/L 또는 mg/dl로 표시한다.
- 내당능(glucose tolerance) : 내당능검사는 사람의 경우 금식 후 75g의 포도당을 250~35㎖의 물에 녹여 5~15분 동안 마시게 한 후 30, 60, 90,120 및 180분 후에 혈당농도를 측정한다(Fig.2.). 내당능 측정은 각 시간별 혈당농도를 그래프에서 선으로 나타내고 0~180분 사이에 나타나는 그래프의 면적(AUC, incremental area under the curve)을 비교하거나 최고 혈당 농도와 180분 후의 혈당농도로 판단한다.
- 식후 혈당농도(postplandial glucose level)
  이는 엄밀한 의미에서 OGTT의 실험결과 중 120분에 나타나는 혈당농도를 지칭하며 2h-glucose(식후 2시간 후 혈당)으로 표시될 수 있다.
- 혈당의 측정 : oxalate와 fluoride가 들어있는 실험관에 채혈하여 혈장을 분리한 다음 혈당분석기로 분석하거나 다양한 종류의 capillary type의 휴대용 혈당측정기(glucometer)를 이용하여 간편하고 신속하게 혈당을 측정할 수 있다.

(2) 혈당관련 기능성평가 실험법

1) in vivo

In-vivo 평가방법으로는 임상실험과 동물실험이 있을 수 있으나 여기에서는 현실적으로 가능한 동물실험을 중심으로 기술하도록 한다.

① 실험모델의 선택
② 세포독성물질에 의한 췌장조직의 손상과 재생
③ 유전적 소인에 의해 당뇨병이 발현되는 모델

2) in vitro

혈당관련 기능성식품 in-vitro 평가는 in-vivo 실험 결과를 확인하거나, in-vivo 에서는 시행할 수 없는 실험을 할 수 있다. In-vitro 실험에서도 실험 목적에 알맞은 실험대상과 방법을 선택하여야 할 것으로 생각된다. 기능성식품을 이용한 in-vitro 실험에는 췌장 내분비세포들이 이용될 수 있다.

실험 4-1-2 효모 가수분해물이 혈당에 미치는 영향

1. 시료

1) 활성탄 처리

- 10% 효모가수분해물 9*ml* + 1*ml* of 4M perchloric acid(15~30min in ice bath)
- 원심분리후 상징액 회수
- 상징액 중화(KOH 사용) 후 ice bath에서 45분간 방치하여 KClO4 제거(원심분리)
- 상징액에 100mg 활성탄을 첨가 → 30분간 shaking
- 원심분리 후 활성탄을 20*ml* of 50mM ammonium acetate buffer(pH 6.23)으로 현탁 후 30분간 shaking → 원심분리하여 활성탄 세척
- 활성탄에 20*ml* of ammonium acetate buffer(pH 2.0)을 가하여 20분간 shaking 후 원심분리하여 상징액 회수 후 중화
- 건조

2. 실험계획

1) 당뇨 유발

- 체중 200정도의 암컷 S/D 구입 사용
- 16시간 fasting 후 streptozotocin을 0.1M citrate(pH 4.5)에 용해 60mg/kg에 해당되는 양을 복강주사
- 주사 48시간 후에 꼬리에서 혈액을 채취하여 혈당 250~300mg/dl 이상 만 사용
  *혈당 측정시 16시간 금식

2) 실험

- 음료수에 10mg/L Zn(ZnCl2 사용) 함유, 효모가수분해물 경구투여 2주간
- 실험군 :
  group 1 (glucose tolerance test 군 ; 효모가수분해물 투여 for 14day)

group 2 (증류수만 섭취)

group 3 (아연과 효모가수분해물 섭취)

group 4 (아연과 효모가수분해물 + pinitol 2mg/kg 섭취)

group 5 (pinitol 2mg/kg)

group 6 (normal group)

* 각 군당 4마리 총 24마리 (실제 36마리 신청)

* 혈당 측정 : streptozotocin 투여전과 투여 48시간 후 측정, 경구 투여시 2일 간격으로 16시간 금식후에 측정

- 경구투여기간동안 : 식이섭취량, 체중증가량, 혈당량 측정
- 14일 사육 후 : 혈액 채취 (혈당, TG, HDL, LDL, T-C, GOT, GPT)
- 14일째 glucose tolerance test : 실험전 16시간 금식, CHP 경구투여 후 30분 후에 30% glocose (2g/kg)를 경구투여 → 30분간격으로 혈당 측정 (3~4시간)

3. 항피로 및 운동능력향상 관련 기능성시험

(1) 바이오마커

항피로관련해서 피로회복 정도를 측정하기 위한 바이오마커는 다음과 같으며 그 생리학적 의미를 알아보자.

1) 혈중젖산농도

세포에 충분히 산소가 공급되면 혈중젖산농도는 0.56~2.00mmole/L로 유지되나 해당작용과 TCA회로가 원할시진행되지 못하고 해당작용이 상대적으로 활발하거나 세포에서 요구되는 산소량보다 산소공급이 부족한 상황에서는 근육내 젖산이 생성된다. 이때 생성된 젖산은 혈액으로 확산 심장및간에서 처리된다. 운동으로인한 젖산의 축적은 체내산성화가 초래도어 당질대사에 관여하는 phosphorylase 활성이저해되고 무산소상태에서 운동에너지 급원이 되는 glycose 신생이 억제된다.

2) 혈청암모니아농도

아스파르트산은 극심한 운동중 근육내 ATP pool를 재생시켜 에너지를 제공하고

이과정에서 유리 암모니아를 형성하게 되며 혈액으로 방출하게 된다.

혈중암모니아는 뇌에 전달되어 중추피로를 증가시키며 근육내 암모니아는 통증감지와 관련있는 구심성신경을 자극하고 TCA cycle및 당신생작용저해, 젖산생성을 초래하여 근육의 피로를 유발한다.

3) 혈청무기인산염 농도

운동중 근육에서는 수축에 의해 myosin과 actin의 친화력을 높이는 단계에서 ATP가 가수분해되고 이로 인해 혈중 무기인산농도가 급격히 증가하며 근섬유의 cross-bridge가 약화되면서 힘생성이 저하된다고 알려져 있다.

4) 혈청 creatine phosphokinase 활성

CK는 운동중 근육세포에서 무산소시 ATP 재합성에 필요한 creatine phosphate의 합성을 촉매하는 효소이다. 따라서 운동시 산소공급이 원활치 않으면 혈중 CK활성이 증가된다.

5) 혈청 glucose 농도

혈중 glucose 농도가 감소하면 피로감을 느끼게 되고 지구력운동능력을 저해하는 결과가 초래된다. 즉 운동 후반부 근육의 glycogen 함량이 감소하면 혈중 glucose가 근육으로 유입되는 양이 증가하며 이로인해 혈중 glucose가 고갈된다.

6) 근육 glycogen 함량

근육에 저장된 glycogen은 고강도의 지구력운동시 가장 중요한 에너지원이며 따라서 회복기간동안 근육내 glycogen을 효율적으로 재충전시키는 것은 중요하다.

7) 근육 lactate dehydrogenase 활성

LDH는 무산소상태에서 pyruvate로부터 lactate형성을 촉매하는 효소로 고강도 운동시 활성이 증가되며 근육피로에 있어서 중요한 인자로 알려져 있다. 과격한 운동시 과량의 pyruvate가 생성되어 젖산형성이 촉진되며 이과정을 촉매하는 LDH 활성이 증가하게 된다.

8) 근육 citrate synthase 활성

CS는 TCA회로의 첫단계에서 citrate 합성을 촉매하는 효소로 일반적으로 유산소성 운동에 의해 증가하는 것으로 알려져 있다.

(2) 동물실험에서 육체적 피로유발실험시 측정할 지표

① 총 운동시간 : 항피로관련 바이오마커중 가장 중요하고 대표적을 이용되는 "탈진시까지의 운동지속시간"에 대한 보고된 내용을 토대로 분석한 결과 (수치는 실험식이및 조건이 동일하지 않은 상태에서 측정된 수치임)

② 혈액바이오다커 : glucose, lactate, glucocorticoid 농도 및 CK와 LDH 활성

③ 근육바이오다커 : LDH, CK, hexokinase, SDH, malate dehydrogenase 활성도 및 glycogen 저장량 등

[표 4-1-13] Average exercise enduration time until exhausted reported in the literature

category	species	group	time(min)	frequency(case)
Treadmill	rat	control	8.9±12.2	5
		test	23.7±2.5	2
Swimming	rat	control	40.8±84.3	13
		test	123.5±92.9	11
	mouse	control	34.0±23.9	4
			54.7±47.3	3

출처 : 건강기능식품 기능성 시험가이드

(3) 항피로 기능성평가 표준시험법의 예시(동물실험)

- 육체적 피로회복 기능성 평가방법

수영운동부하실험시 실험장비로 수영공간이 확보된 항온수조가 필요하며 적정수온을 유지해야한다. 트레드밀 운동부하실시시는 실험동물의 크기에 맞고 속도 및 경사조절이 가능한 트레드밀을 이용한다.

[표 4-1-14] 피로회복관련 동물실험 표준시험법(Swimming 운동부하)

항 목	권장 표준시험법
1. 실험동물	- 5~8주령 수컷 rat - 4~6주령 수컷 mouse
2. N수	9마리/군 (8~10마리)
3. 실험군	비운동대조군, 운동대조군, 운동기능성물질 첨가군
4. 실험장비	온도조절과 수심을 일정하게 유지시킬수 있는 투명한 항온수조, 운동부하량을 증가시키기위한 무게추 이용
5. 실험식이	AIN-93 조성을 기본으로 modified 식이
6. 사육기간	3주 (2~3주) 이상
7. 식이섭취	자유급식 (ad libitum)
8. 실험절차	- 운동훈련 : 별도의 훈련프로그램은 필요없음. 단, 수영환경에 적응시키기 위해 실험 일주일전에 30~60분간 수영시킴. - 운동부하실험: 꼬리에 체중의 5%무게에 해당하는 추를 매단후 항온수조에 시킴. 사지가 모두 움직이도록 막대를 이용해 자극하며 탈진판정 직후 총 수영시간 기록
9. 희생	탈진 직후 곧바로 희생함
10. 시료채취	혈청(혹은 혈장), 간, 근육 외
11. 주의사항	- 충분한 수영공간 확보 - 항온(25도 정도)유지 - 수영시 실험동물사지를 모두 운동시켜야 함 - 바닥을 차고 다시 올라오는 경우 수영시간이 연장될수 있으므로 수조는 일정한 수심(마우스의 경우 최소 25cm 이상)을 확보

출처 : 건강기능식품 기능성 시험가이드

실험 4-1-3 Capsaicin 투여에 의한 운동능력향상

Capsaicin투여에 의한 지방대사항진에 따라 생성되어진 지방산은 에너지생산기질로써 당 대신에 우선적으로 에너지원으로 이용될 수 있으며. 이런 에너지원들은 혈액에 의해 근육 등의 말단조직에 운반되 연소됨으로써 에너지대사의 증대효과를 가져오게 된다. 지구력을 요하는 운동(마라톤, 장거리운동 등)시의 골격근육대사에 있어서 지방산은 제일 중요한 연료이며, 운동 중 체지방을 효율적으로 에너지원으로써 이용 근육 글리코겐을 절약하는 것이 장시간의 지구운동능력(endurance capacity)에 있어서는 매우 중요하며 바람직한 현상이다.

지구운동능력측정장치(流水pool운동계)를 사용하여 아드레나린 분비촉진 작용과 함께 지방대사항진효과를 지닌 capsaicin을 마우스에 투여후 지구운동능력을 측정하였다. 그 결과 [그림 4-1-22]에 나타난 것처럼 capsaicin 투여 2시간후 운동능력에 있어서 현저히 증가되는 결과를 얻었으며, 또한 그런 결과는 capsaicin 투여(10mg/kg)에 의해 아드레날린의 분비촉진에 따른 지방대사항진에 의한 혈중 유리지방산농도의 증가에 의한 것임을 나타내었다[그림 4-1-23, 24].

한편 에너지원으로써 지방산을 이용함으로 근육중의 글리코겐의 절약에 의해 지구운동능력이 향상되었음을 밝혀냈다[그림 4-1-25]. 이런 사실로부터 고추의 매운 성분인 capsaicin은 지구운동능력을 향상시킬 수 식품성분의 하나로써 앞으로 스포츠계의 기능성식품으로의 이용가능성이 높다.

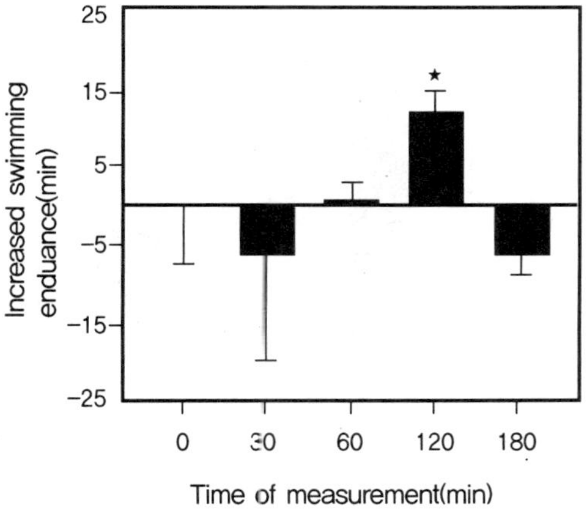

[그림 4-1-22] Effects of capsai-cin(CAP) on swimming capacity
(Kim, K. M., Kawada, T., Ishihara, K., Inoue, K., Fushiki, T., Increase in swimming endurance capacity of mice by capsaicin-induced adrenal catecholamine secretion. Biosci. Biotech. Biochem., 61(10), 1718-1723 ,1997)

[그림 4-1-23] Change of serum adrenaline concentration by capsaicin ingestion
(Kim, K. M., Kawada, T., Ishihara, K., Inoue, K., Fushiki, T., Increase in swimming endurance capacity of mice by capsaicin-induced adrenal catecholamine secretion. Biosci. Biotech. Biochem., 61(10), 1718-1723 (1997)

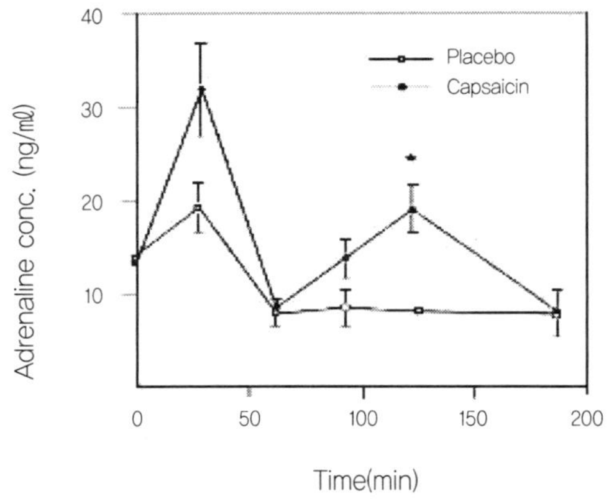

[그림 4-1-24] Course of serum fatty acid concentration after capasaicin ingestion
Kim, K. M., Kawada, T., Ishihara, K., Inoue, K., Fushiki, T., Increase in swimming endurance capacity of mice by capsaicin-induced adrenal catecholamine secretion. Biosci. Biotech. Biochem., 61(10), 1718-1723 (1997)

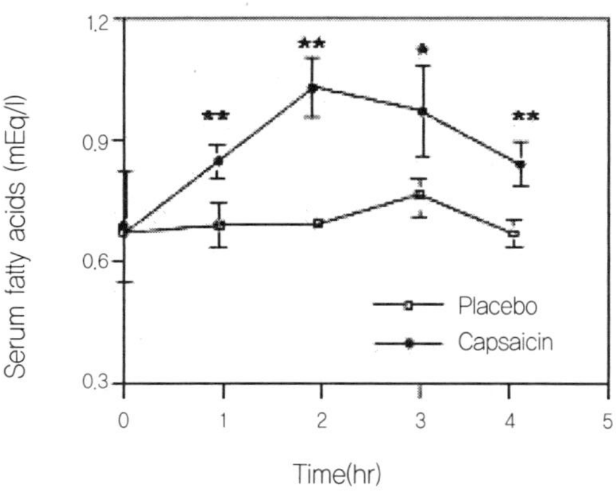

[그림 4-1-25] Effects of capsaicin on use of muscle glycogen during swimming
Kim, K. M., Kawada, T., Ishihara, K., Inoue, K., Fushiki, T., Increase in swimming endurance capacity of mice by capsaicin-induced adrenal catecholamine secretion Biosci. Biotech. Biochem., 61(10), 1718-1723 (1997)

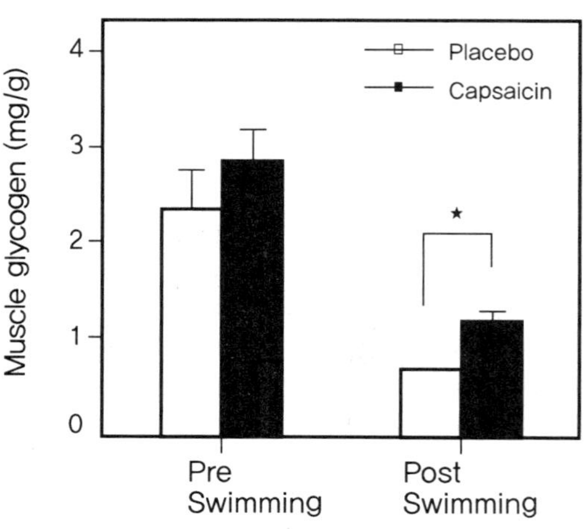

실험 4-1-4 발효쌍화탕의 운동능력향상 효과- Food Sci. Biotechnol. 18(1), 275-277, 2009

[실험내용]

최근 중국에서는 Cordyceps sinensis가 기생한 곤충(동충하초)을 피로회복을 위해 이용하고 있다는 기록이 있으며, 동충하초 투여시 마우스의 항 피로효과에 대한 연구가 활발히 행해지고 있다. 그밖에도 . 마우스의 지구운동능력에 있어서 인삼투여에 의한 항 피로효과에 대한 실험에서도 인삼을 투여시 투여하지 않은 군에 비해 운동후 빠른 피로회복으로 인해 결과적으로 비교군보다 운동시간이 길어졌음을 시사하고 있다. 이런 연구결과를 바탕으로 본 연구에서는 정확성과 체계성이 확립된 마우스용 강제유영운동측정장치(Matsumoto 등, 1996)를 이용하여 시료에 대한 지구력향상 및 항피로효과를 검토하고자 한다. 본 실험 시작하기 1주간의 예비사육기간중 유속 8L/min의 운동강도하에서 2번의 유영운동시간을 측정하여 평균 유영시간이 같도록 대조군과 시료투여군으로 나누었다. 시료(1g/kg/day)를 1일 1회 15일간 연속적으로 경구투여하면서 2~3일 간격으로 마우스 전용 流水운동능력측정장치를 이용하여 유속 8L/min의 운동강도 하에서 강제유영운동능력을 측정한다.

[실험방법]

① 항피로/지구력향상 활성측정장치

- 90×45×45cm 크기의 아크릴로 제작
- 운동능력 측정시에는 높이 35cm까지 물을 채운 후 수온을 34℃로 유지
- 표면유속은 전압조절기가 연결되어 있는 pump와 water flowmeter(type F45500, Blue white Co, Westminster, CA, USA)를 이용하여 물을 순환시키면서 유속을 일정하게 유지

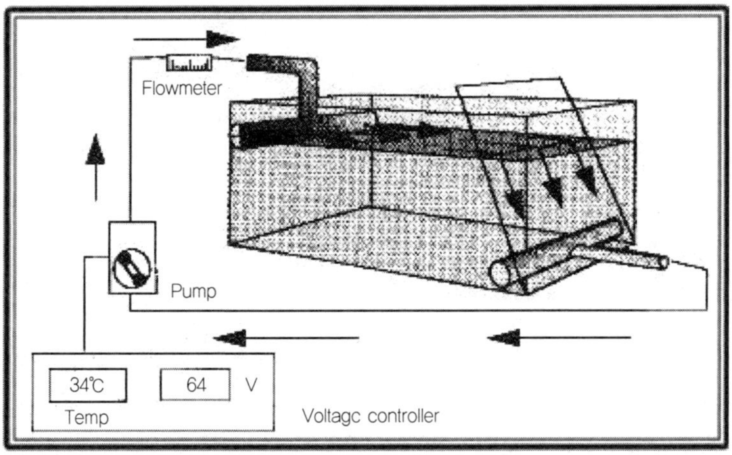

[그림 4-1-26] 항피로 효과를 측정하기 위한 마우스용 지구력 측정 장치
Matsumoto K, Ishihara K,Tanaka K, Inoue K, Fushiki T. An adjustable durrent swimming pool for the evaluation of endurance capacity of mice. J. Appl. Physiol. 81:1843-1849 (1996)

② 지구력향상 assay

- 본 실험 시작 전 1주간의 예비사육기간 중 유속 7L/min의 운동 강도하에서 2회 한계치 유영운동시간을 측정 후 평균 유영시간이 유사하게 대조군/시료투여군을 분류
- 실험기간동안에는 시료(1g/kg)를 매일 1회 경구투여
- 한계치 유영운동능력은 6일 간격으로 3회 측정
- 유영운동시간의 한계치는 마우스가 물속에 빠져 7초가 경과되어도 수면으로 올라오지 못하는 상태(마우스가 더 이상 유영운동을 하지 못하는 시점)로 정의한다.

③ 항피로 assay

- 본 실험 시작 전 1주간의 예비사육기간 중 유속 7L/min의 운동 강도하에서 2회 한계치 유영운동시간을 측정 후 평균 유영시간이 유사하게 대조군/시료투여군을 분류
- 15일 동안 시료(1g/kg)를 매일 1회 경구 투여한 마우스를 3~4일간 매일 연속운동 후 유영운동능력측정

- 유영운동시간의 한계치는 마우스가 물속에 빠져 7초가 경과되어도 수면으로 올라오지 못하는 상태(마우스가 더 이상 유영운동을 하지 못하는 시점)로 정의한다.
- 혈중 lactic acid 및 glucose 농도 변화측정

운동 전과 일정시간 운동 후의 혈중 lactic acid 함량 및 glucose 농도 변화는 ARKRAY 사의 lactate test kit와 glucose test kit를 사용하여 각각 분석한다.

④ **실험동물** : 6주령의 ICR 마우스(♂, 28g 전후)를 animal chamber에서 일주일간 적응시후 본 실험에 사용하였다. 사료는 고형사료(제일제당)를 사용하였고 급수는 수돗물을 사용하였으며 사료와 급수는 제한하지 않았다.

⑤ **장기무게 측정**

In vivo 활성 측정 완료 후 마우스를 치사하여 간, 신장, 비장, 비복근, 장딴지근, 정소지방, 신장지방을 적출하여 각 장기중량/몸무게 × 100으로 환산한다.

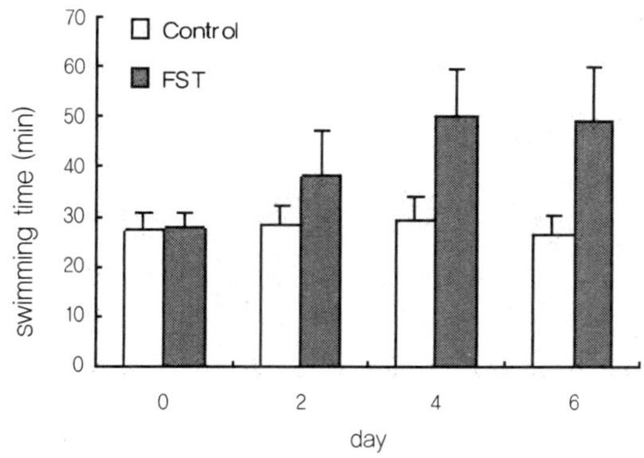

[그림 4-1-27]

Effect of FST on swimming capacity.

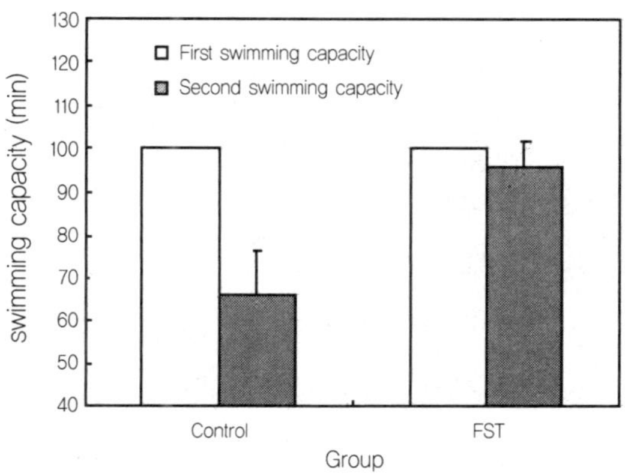

[그림 4-1-28]

Antifatigue effect of FST on consecutive swimming exercise of mice.

4. 항산화 효능시험

식품의 항산화 기능은 여러 가지 방법에 의해 평가될 수 있는데 각 방법마다 장 · 단점이 보고되고 있으며 따라서 평가 방법에 따라 결과가 다른 경우도 있으므로 두 가지 이상의 방법으로 평가하는 것이 바람직하다.

(1) 분광학적 항산화 기능 평가

1) DPPH(1,10diphenyl-2-picrylhydrazyl)

분획된 시료에 아스코르브산을 DPPH 용액에 첨사하여 잘 혼합한 후 이것을 실온에서 10분간 반응시킨 후 525nm에서 흡광도를 특정한다. 시료의 항산화 활성은 log-dose 저해곡선으로부터 계산되어 IC_{50} (50%의 DPPH 라디칼 형성을 저해하는데 필요한 mL당 시료의 농도 μg)로 표시한다 〔그림 4-1-29〕.

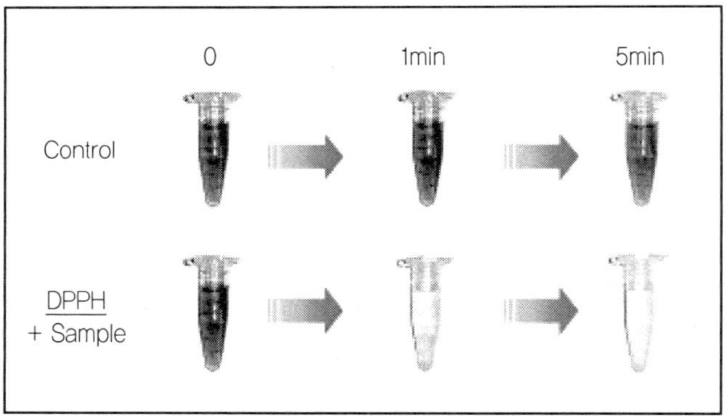

[그림 4-1-29] DPPH 라디칼 제거능에 의한 분광학적 항산화 평가

2) 전자스핀 공명(electron spin resonance, ESR)에 의한 DPPH 라디칼 소거능 측정

① 시료를 알맞은 농도로 희석한다.

② Ethanol에 60μM DPPH시약을 만든다.

③ EP tube에 Sample 30μL와 DPPH 시약 30μL를 넣고 상온에서 2분간 반응시킨다. (Control에서는 sample 대신에 PBS를 넣어준다.)

④ 반응시킨 sample을 capillary에 syringe를 이용하여 옮겨넣는다.

⑤ ESR 기계의 전원을 키고, Amplitude 1 * 500, Modulation width 0.8 mT,

Sweep width 10mT, Sweep time 30sec로 기계의 조건을 맞춰준다.

⑥ Capillary를 cavity에 넣고 Q-dip에 들어간다.

⑦ Power를 1mW에 넣고 enter를 눌러 balance를 맞춰준다.

⑧ Q-dip을 닫고 Power를 5mW로 바꿔주고 측정을 시작한다.

⑨ 측정이 끝나면 power를 0으로 넣고 Data processing으로 들어간다.

3) 전자스핀 공명(electron spin resonance, ESR)에 의한 Hydroxyl 라디칼 소거능 측정

① 시료를 알맞은 농도로 희석한다. Sample을 알맞은 농도로 희석한다.

② Phosphate buffer(pH 7.4)에 0.3M의 DMPO시약을 만든다.

③ 증류수에 10mM $FeSO_4$ tldirdf 만든다.

④ 증류수에 10mM H_2O_2 시약을 만든다.

⑤ EP tube에 Sample 30㎕와 DMPO 20㎕, 20㎕의 $FeSO_4$, 20㎕의 H_2O_2넣고 상온에서 2분간 반응시킨다(Control에서는 sample 대신에 PBS를 넣어준다).

⑥ 반응시킨 sample을 capillary에 syringe를 이용하여 옮겨넣는다.

⑦ ESR 기계의 전원을 키고, Amplitude 1 * 200, Modulation width 0.2mT, Sweep width 10mT, Sweep time 30sec로 기계의 조건을 맞춰준다.

⑧ Capillary를 cavity에 넣고 Q-dip에 들어간다.

⑨ Power를 1mW에 넣고 enter를 눌러 balance를 맞춰준다.

⑩ Q-dip를 닫고 Power를 10mW로 바꿔주고 측정을 시작한다.

⑪ 측정이 끝나면 power를 0으로 넣고 Data processing으로 들어간다.

4) 전자스핀 공명(electron spin resonance, ESR)에 의한 Alkyl 라디칼 소거능 측정

① Sample을 알맞은 농도로 희석한다.

② PBS에 40mM의 AAPH시약을 만든다.

③ PBS에 40mM의 4-POBN시약을 만든다.

④ EP tube에 D.W 20㎕와 Sample 20㎕, 20㎕ AAPH와 20㎕의 4-POBN을 넣고 37℃에서 30분간 반응시킨다(Control에서는 sample 대신에 PBS를 넣어준다).

⑤ 반응시킨 sample을 capillary에 syringe를 이용하여 옮겨 넣는다.

⑥ ESR 기계의 전원을 키고, Amplitude 1 * 1000, Modulation width 0.2mT, Sweep width 10mT, Sweep time 30sec로 기계의 조건을 맞춰준다.
⑦ Capillary를 cavity에 넣고 Q-dip에 들어간다.
⑧ Power를 1mW에 넣고 enter를 눌러 balance를 맞춰준다.
⑨ Q-dip에서 빠져나와 Power를 8mW로 바꿔주고 측정을 시작한다.
⑩ 측정이 끝나면 power를 0으로 넣고 Data processing으로 들어간다.

3) 실험 결과

① 아래 그림은 ESR(전자스핀공명장치)을 이용하여 열대식물D 잎 용매분획물들에 대한 DPPH radical 소거능 〔그림 4-1-30A〕, Hydroxyl 라디칼 소거능 〔그림 4-1-30B〕, Alkyl 라디칼 소거능 〔그림 4-1-30C〕을 그래프로 나타낸 것이다. 열대식물 잎 용매분획물들 중에서 가장 높은 DPPH radical 소거능을 보인 것은 에틸아세트 분획물이었으며, Hydroxyl radical 소거능은 HF와 CF를 제외한 모든 fraction에서 높았으며, EF와 BF가 높은 Alkyl radical 소거능을 보였다. Positive control로는 Catechin을 사용하였다.

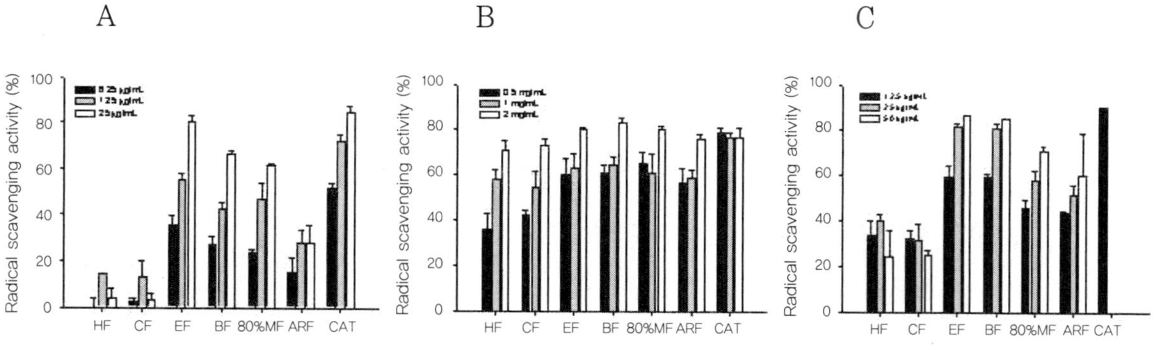

[그림 4-1-30] 열대식물D 잎 용매 분획물들의 라디칼 제거능

(2) Comet assay

1) 실험원리

Comet assay는 단일세포전기영동법(Single cell gel electrophoresis, SCGE)를 말한다. 왜냐하면 전기영동 후 나온 결과가 마치 혜성(comet)과 같다고 하여 붙여

진 이름이다. 어떠한 물질에 의해서 세포가 손상되면 DNA 가닥이 쪼개지게 된다. 그 파편들을 전기영동을 이용하여 한쪽 방향으로만 쏠리게 만들 수 있다. 파편이 작을 수록 이동속도는 빠르기 때문에 가장 작은 파편은 혜성의 꼬리로 이동하는 반면 큰 조각은 핵 근처에 머물러 DNA의 이동은 혜성과 같은 이미지로 나타나게 되고 이것으로 하여 세포의 DNA 손상된 정도를 볼 수 있다. 즉 꼬리가 길면 길수록, DNA의 양이 많으면 많을 수록 DNA의 손상이 크다라고 할 수 있다. 일부 물질들은 DNA를 손상시키지 않고 세포의 DNA의 보호 효과를 볼 수 있다. 이를 comet assay 실험을 통하여 밝힐 수 있다 [그림 4-1-31].

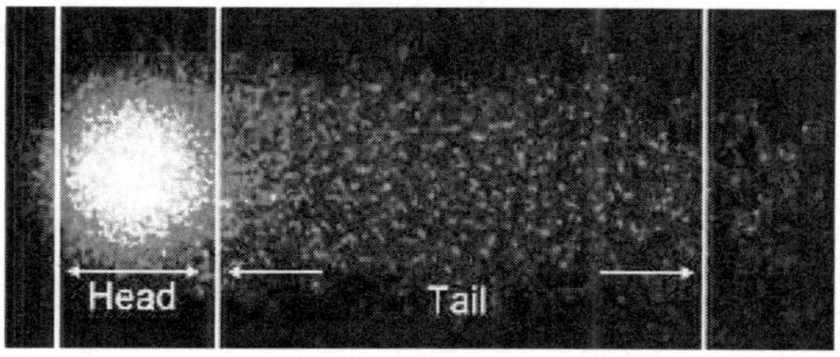

[그림 4-1-31] Comet assay

출처 : Refer : http://www.toxikologie.uni-wuerzburg.de/en/general_information/

2) 실험방법

① 적당 양의 세포를 24 well plate에 950㎕ seeding.

② 일정시간동안 시료를 처리한다.

③ 세포에 산화스트레스(H_2O_2)처리 후 배양한다.

④ 세포를 모아서 2,000rpm, 3min 원심분리한다

⑤ PBS 1mL washing 후 원심분리한다.

⑥ Sup 제거 후 0.7% low melting agarose 100㎕를 넣는다.

⑦ 1% agarose가 도포된 슬라이드에 50㎕씩 분주 후 커버글라스를 덮고 4℃에서 10min 보관한다.

⑧ 커버글라스 제거 후 low melting agarose로 씌운 후 커버글라스로 덮고 4℃에서 20min 보관한다.

⑨ 은박지로 싼 Jar에 35mL lysis buffer 채우고 350㎕ Triton X-100 넣는다.

⑩ 커버글라스 제거 후 Jar에 넣어 90min 용해시킨다.

⑪ 제조한 Unwinding buffer(cold)를 전기영동기기에 부어서 25V 300mA가 되도록 buffer양 조절한다.

⑫ 슬라이드를 세포가 위로 향하게 놓은 후 전기영동한다(암실, 20min).

⑬ 0.4M Tris buffer(pH7.5)로 슬라이드 세척한다(암실, 10min, 3번).

⑭ 70% EtOH로 고정한다(암실, 5min).

⑮ 슬라이드 건조 24시간~1주일(암실) 후 EtBr로 염색 후 형광 사진 측정한다.

3) 실험결과

당유자 잎 Ethylacetate fraction이 HepG2 세포에서 산화스트레스에 대한 세포 보호 효과를 본 실험결과이다. Control에 대비하여 t-BHP를 200μM 되게 3시간 동안 처리하였을 시 DNA damage를 Comet assay를 통해 tail의 %를 확인하였다. 그러나 t-BHP를 처리하기 전 당유자 잎 Ethylacetate fraction을 1시간동안 처리한 후 t-BHP를 처리하였을 경우 t-BHP에 의한 tail의 % 감소를 확인 할 수 있었다 〔그림 4-1-32 A, B〕.

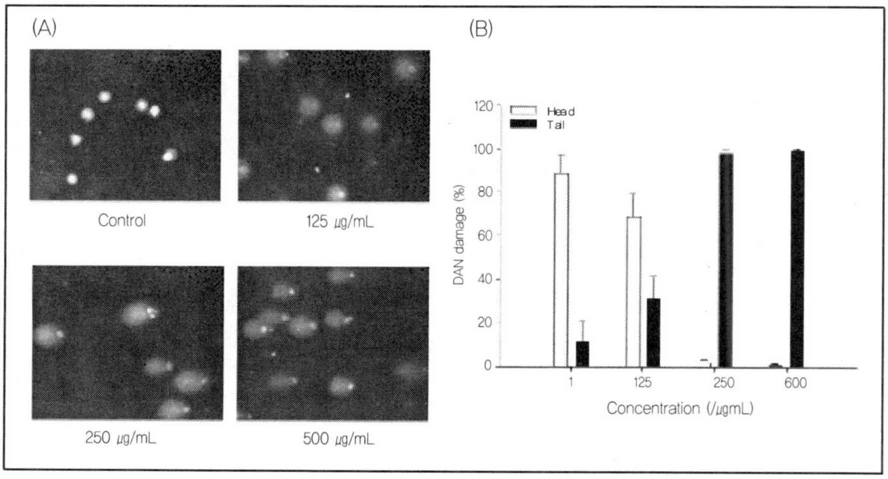

[그림 4-1-32] Comet assay에 의한 DNA damage 측정

5. 항암 효능시험

(1) MTT assay

1) 실험원리

MTT assay는 세포의 성장을 알아보는 방법 중 하나로 yellow tetrazolium salt MTT(3-(4,5-dimethylthiazol-2-yl)-2,5-diphenyltetrazolium bromide)는 살아있는 세포에서 미토콘드리아의 환원작용에 의해서 물에 녹지 않는 formazan crystal로 환원된다 [그림 4-1-33]. 이 크리스탈을 DMSO로 녹여서 생성된 크리스탈의 양을 분광학적인 방법(Spectroscopic method)으로 측정한다. 살아있는 세포의 수가 많을수록 이 크리스탈의 생성도 많아지므로 MTT assay 방법을 통해 세포의 성장을 쉽게 측정할 수 있다.

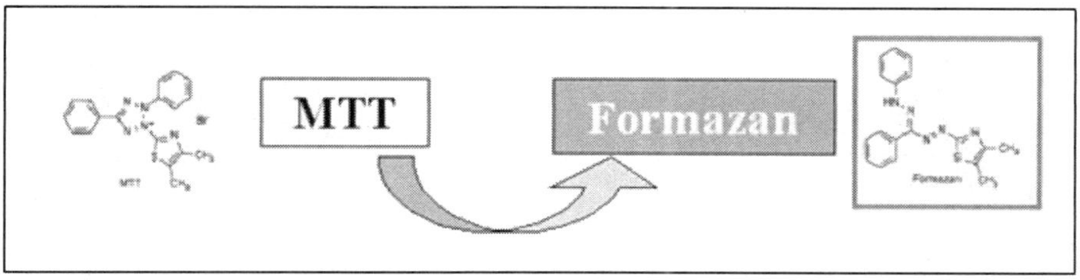

[그림 4-1-33] MTT assay

2) 실험방법

① 적당 양의 세포를 96 well plate에 일정 시간 배양시킨다(부유세포 5~6시간, 부착세포 16시간 이상).

② 일정시간 이후에 sample(세포 성장 억제 물질 또는 세포 독성 물질)을 각각의 well에 처리한다.

③ 48시간 또는 72시간 후에 MTT solution(5mg/mL stock)을 20㎕ 처리한다.

④ 4시간 후 Media를 제거하고 formazan crystal을 DMSO로 녹인다. 약 30분간 shaking 후 540nm(540에서 최대, 595까지 가능)에서 측정한다.

3) 실험결과

위암세포주인 SNU-16 세포에 당유자 잎 fraction들을 농도별로 처리하고 72시간 후에 세포 생존율을 확인한 MTT 결과 그래프이다. 처리한 당유자 잎 fraction들의 세포 생존율이 감소됨을 확인 할 수 있다 〔그림 4-1-34〕.

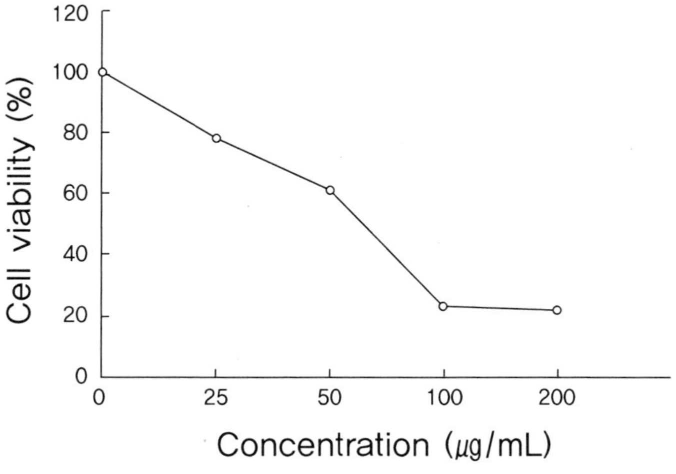

[그림 4-1-34] SNU-16 세포의 생존율

(2) DNA fragmentation

1) 실험원리

Apoptosis의 특징 중의 하나인 DNA 분절 현상을 관찰하는 방법으로 DNA를 추출하여 전기영동을 통해 DNA가 180~200bp로 절단되는 현상을 확인 할 수 있다.

2) 실험방법

① 적당 양의 세포를 배양하고 sample을 처리한다.

② 일정 시간 후에 세포를 모은 후 PBS로 washing을 해준다.

③ 세포를 lysis buffer 500㎕ 와 ProteaseK를 넣고 50℃에서 overnight 해준다.

④ tris-saturated phenol을 500㎕를 처리하고 rocker에서 4시간 동안 반응시킨다.

⑤ 14,000rpm에서 5분간 원심분리한다.

⑥ 상징액을 새로운 튜브로 옮겨 phenol:chloroform(1:1)을 500㎕ 첨가한 후 rocker에서 5분간 잘 섞어준다.

⑦ 14,000rpm에서 5분간 원심분리.

⑧ 상징액을 새로운 튜브로 옮기고 phenol:chloroform:isoamylalcohol (1:0.96:0.04)을 500㎕ 첨가한 후 rocker에서 5분간 잘 섞어준다.

⑨ 14,000rpm에서 5분간 원심분리한다.

⑩ 상징액을 새로운 튜브로 옮겨 5M NaCl을 50㎕(1/10vol) 넣고 ice-cold ethanol을 1㎖(2vol) 넣어 냉동실에서 overnight 한다.

⑪ 20분간 원심분리 후 pellet을 70% cold ethanol 1㎖로 washing 한 후 다시 15분간 원심분리한다. 원심분리 하는 동안 1.8% agarose gel을 만든다.

⑫ ethanol을 제거한 후 pellet을 40℃ heating block에서 10~15분간 dry 한 후 TE buffer 또는 멸균한 증류수로 resuspend한다.

⑬ 1㎕의 Rnase(1mg/mL)를 넣어 37℃에서 1시간 동안 반응시킨다.

⑭ DNA 정량한 후 10㎍씩 loading 하여 전기영동한다.

3) 실험결과

SNU-16 세포에 당유자 잎 Chloroform fraction을 농도별로 처리하고 24시간 후에 세포에서 DNA를 추출하여 전기영동을 한 결과이다. 처리한 당유자 잎 Chloroform fraction이 증가할수록 DNA Ladder 현상이 뚜렷이 나타남을 볼 수 있었다 〔그림 4-1-35〕.

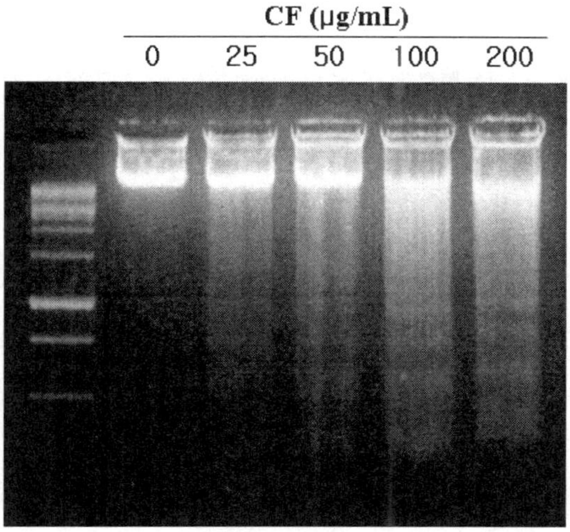

[그림 4-1-35] 농도별 시료 처리후 위암 SNU-16 세포의 DNA laddering

(3) Apoptotic body

1) 실험원리

Apoptosis 현상이 일어나면 핵 응축 현상을 확인할 수 있는데 이는 Hoechst 33342dye로 핵을 염색하여 형광현미경으로 관찰 할 수 있다. Hoechst 33342dye는 membrane을 통과할 수 있으며, minor groove DNA stains에 결합하여 밝은 푸른색의 형광을 나타내어 현미경상에서 apoptotic body를 관찰 할 수 있다[그림 4-1-36].

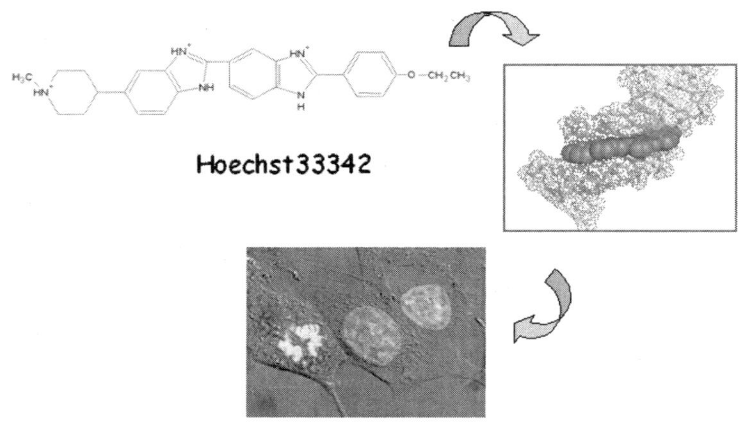

[그림 4-1-36] Hoechst 33342 staining의 원리

출처 : http://en.wikipedia.org/wiki/File:264D_DNA%2BHoechst.png
http://www.undeadreport.com/2007/11/immortal-cells-zombie-cancer-of-mankind/

2) 실험방법

① 적당 양의 세포를 12(또는 24) well plate에 일정 시간 배양시킨다.

② 일정시간 이후에 sample을 처리.

③ 관찰하고자 하는 시간 경과 후에 Hoechst 33342 염색 시약을 10uM 되게 처리한다.

④ 0분 배양 후 형광 현미경으로 apoptotic body를 관찰한다.

3) 실험결과

SNU-16 세포에 당유자 잎 Chloroform fraction를 농도별로 처리하고 24시간 후에 Hoechst 33342dye로 염색하여 형광 현미경으로 관찰한 결과이다. 그림에서와 같이 처리한 당유자 잎 CF의 농도가 증가할수록 apoptotic body 형성이 증가됨을 확인할 수 있었다 [그림 4-1-37].

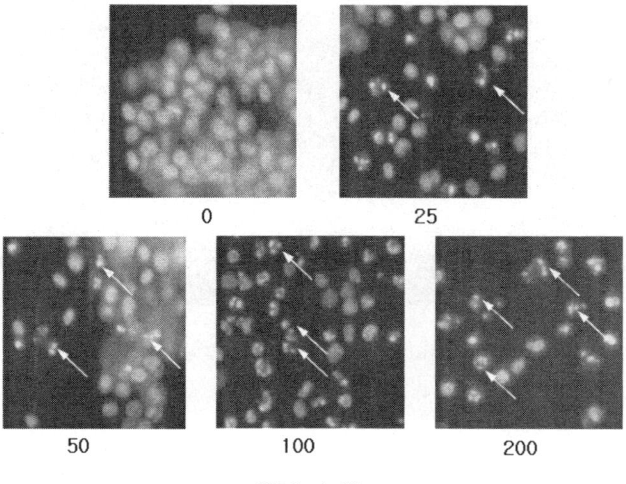

[그림 4-1-37] SNU-16 세포의 농도별 시료 처리 후 Hoechst 33342 staining

(4) Cell cycle

1) 실험원리

인간을 비롯하여 모든 동식물은 세포가 분열하고 성장하는데 이러한 활동을 세포주기라고 한다. 세포 주기를 확인함으로써 apoptosis가 일어났을 시 증가하게 되는 Sub-G1 phage의 %를 확인 할 수 있고 특정 세포주기에서 arrest 되는 현상을 PI staining 을 통해 Flow cytometery로 확인 할 수 있다 [그림 4-1-38]. PI는 이중가닥 DNA 또는 RNA를 염색하게 dye로서 정상세포의 막은 투과하지 못한다. 따라서 PI staining을 하기 전 세포를 70% ethanol로 고정한 후 PI로 염색하여 측정하여야 한다.

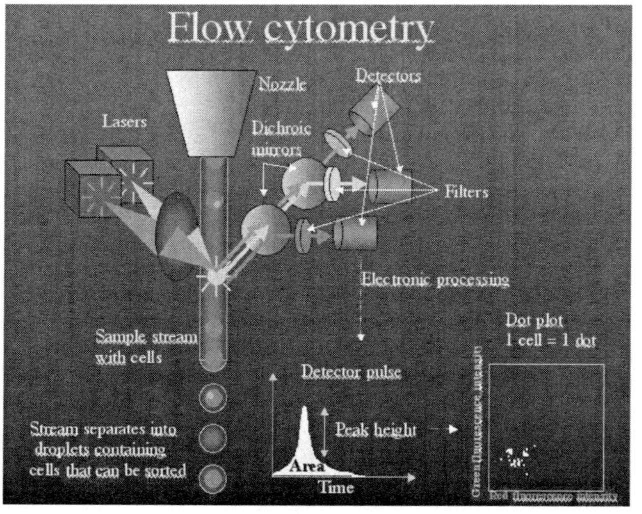

[그림 4-1-38] Flow cytometeric analyis 의 원리

Refer : http://www.rudbeck.uu.se/node4

2) 실험방법

① 적당양의 세포를 배양 후 sample을 처리한다.

② 일정 시간 후에 세포를 모아 PBS로 washing을 해준다.

③ 세포를 70% cold ethanol로 고정시킨다(약하게 vortex하면서).

④ 4℃에서 1시간 방치 후 원심분리한다(1000rpm, 10min).

⑤ 2mM EDTA in PBS로 2번 washing 후 PI staining solution으로 30분간 37℃ 암조건에서 염색한다.

⑥ Flow cytometery를 이용하여 cell cycle 확인한다.

3) 실험결과

SNU-16 세포에 당유자 잎 Chloroform fraction를 농도별로 처리하고 24시간 후에 세포를 고정한 후 PI로 염색시켜 Flow cytometery를 이용하여 cell cycle을 확인한 결과 Sub-G1기가 처리한 CF의 농도 의존적으로 증가됨을 확인 할 수 있었다 〔그림 4-1-39〕.

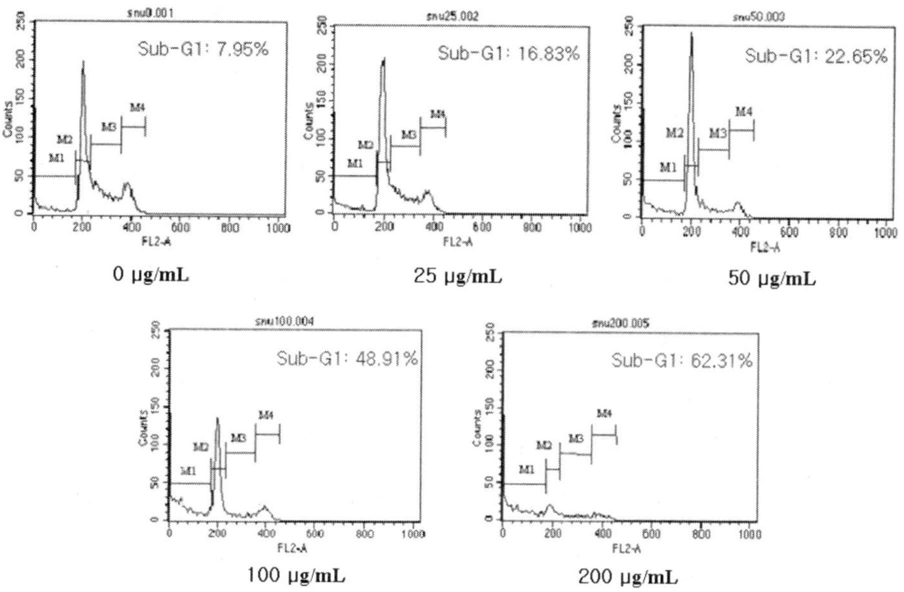

[그림 4-1-39] Flow cytometery 분석에 의한 농도별 시표 처리 시 세포주기 측정

(5) Western blot

1) 실험원리

Western blot는 찾고자 하는 특정 단백질을 항체를 이용하여 항원-항체 반응을 통해 검출해내는 기법으로 'immunoblot' 이라고도 한다. 단백질 혼합물들을 SDS-polyacrylamide gel에 전기영동 한 후 nitrocellulose 또는 nylone membrane에 옮긴 후 단백질이 옮겨진 membrane에서 항원-항체 반응을 이용하여 특정 항체에 대한 단백질을 찾아낸다. 단백질을 옮기는 과정을 western blot 또는 western transfer 라고 한다 [그림 4-1-40]. Western blot 이라는 단어는 DNA를 검출하는 Southern blot에서 나온 말에서 Southern blot은 Edward Southern가 발견하였다. 같은 맥락으로 mRNA를 검출하는 기법은 Northern blot이라고 한다. Western blot의 원리는 크게 전기영동과 Transfer 그리고 항원-항체 반응이다. 일단 sample 단백질의 혼합물로부터 특정 단백질을 검출하기 위해서는 전기영동을 이용하여 크기 별로 분리한다. 이 과정에서 단백질을 순수하게 크기별로 분리해 내기 위해서는 단백질의 단위 질량당 전하량와 3차원적 구조를 모두 같게 해줘야 한다. 따라서 SDS-PAGE (sodium dodecyl sulfate-polyacrylamide gel electrophoresis)에서는 SDS를 이용하여 단백질을 같은 정도의 음 전하를 띠게 하고 단백질의 2차원적,

3차원적 구조를 깨뜨려서 모양의 차이로 인한 이동 속도의 변화를 없게 해준다. 따라서 SDS-PAGE를 이용하여 단백질의 크기에 따라 음극으로부터 양극으로 이동하게 되는 원리에 따라 작은 크기의 단백질이 큰 단백질보다 빠른 속도로 이동하여 단백질을 크기에 따라 분리 하게 된다. 단백질을 크기 별로 분리해낸 후에 단백질을 gel에서 membrane으로 이동시킨다. 이 과정에서도 단백질의 전하 특성을 이용하여, -극 쪽에 있는 gel의 단백질들이 +극 쪽의 membrane으로 이동하게 된다. membrane으로 옮긴 후에 찾고자 하는 특정 단백질에 대한 항체를 이용하여 그 단백질을 검출한다. 1차 항체 반응 후 결합하지 못한 1차 항체를 제거하고 1차 항체에 대한 2차 항체 반응을 하게 된다. 2차 항체는 효소를 처리하면 빛을 낼 수 있게 되는데 오랫동안 방사능동위원소를 이용했지만 최근에는 덜 위험하고 편리한 방법들이 개발되어 있다. 그리하여 2차 항체 반응 후 효소를 처리하여 필름에 노출 시키면 찾고자 하는 특정 단백질만을 현상 할 수 있게 된다.

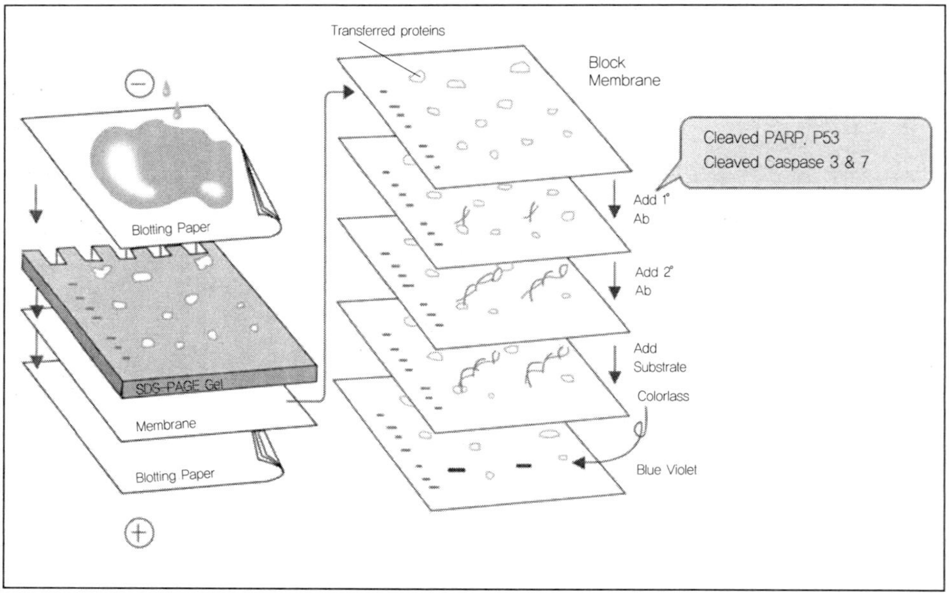

[그림 4-1-40] Western blot 원리

2) 실험방법

① 적당 양의 세포를 배양 후 sample을 처리한다.

② 일정 시간 후에 세포를 모아 PBS로 washing을 해준다.

③ Lysis buffer에 protease inhibitor들을 첨가하여 세포를 Lysis 시켜준다.

④ 얼음에서 30분간 Lysis 후 원심분리한다(13,000rpm, 30min, 4℃).
⑤ 상층액을 모은 후 단백질 정량을 한다.
⑥ 정량 후 동일한 양을 SDS-PAGE를 통해 전기영동으로 단백질을 크기별로 분리한다.
⑦ SDS-PAGE가 완료되면 Gel에 있던 단백질들을 Transfer를 통해 membrane으로 옮겨준다.
⑧ 100V 2시간(200V 1시간) 정도 transfer 후 5% skin milk로 2시간 정도 blocking 시켜준다.
⑨ 1차 안티바디를 적정 비율과 시간으로 처리하고 30분간 TTBS buffer로 washing(10min X 3times)
⑩ 2차 안티바디를 적정 비율과 시간으로 처리하고 30분간 TTBS buffer로 washing(10min X 3times)
⑪ ECL을 통해 필름에 노출시켜 단백질 발현양상을 확인한다.

3) 실험결과

SNU-16 세포에 당유자 잎 Chloroform fraction을 농도별로 처리하고 24시간 후에 세포를 lysis시켜 추출한 단백질을 western blot을 통해 apoptosis 관련 단백질의 발현 양상을 확인 한 결과이다. Anti-apoptotic 단백질의 발현양은 감소하였지만 Pro-apoptotic 단백질과 Caspase 단백질들은 증가되거나 활성화 되는 것을 확인 할 수 있었다 [그림 4-1-41].

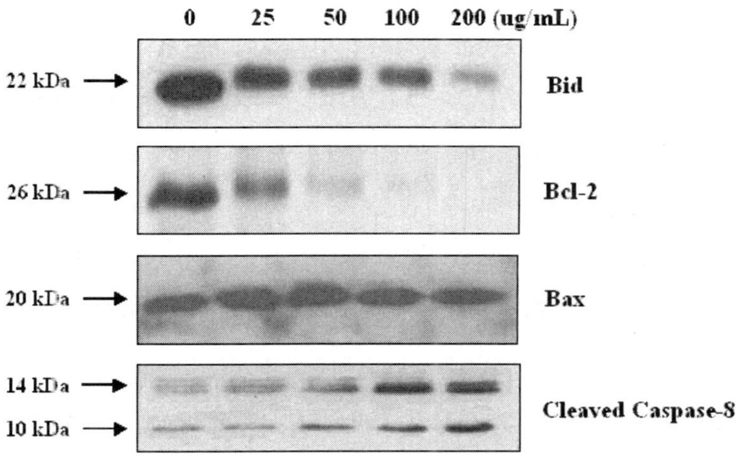

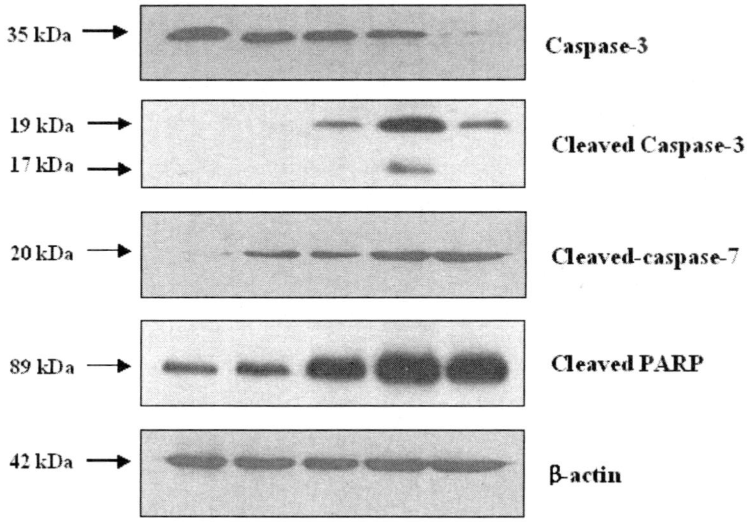

[그림 4-1-41] 농도별 시료 처리 후 위암세포주 SNU-16 cells의 apoptosis-related protein 발현양상

6. 숙취해소 효능시험

(1) 실험원리

우리가 섭취한 알코올은 위장 점막의 알코올 탈수소효소(ADH : alcohol dehydrogenase) 및 마이크로좀 에탄올 산화계'(MEOS : microsomal ethanol oxidizing system)에 의해 약 30%가 대사된다. 간에서의 에탄올 대사는 주로 NAD-linked enzymes, 즉 ADH와 ALDH에 의해 이루어진다. 이들 효소는 각각 아세트알데히드와 아세테이트fmf 생성하며 아세테이트는 acetyl-Co A로 전환되어 TCA 회로를 거쳐 에너지를 발생하거나 또는 콜레스테롤과 지방산 합성하는데 이용된다. 위장과 간의 ADH와 MEOS 모두 알코올을 제 1단계 대사하여 아세트알데히드를 산화시키므로, 알코올이 이들 효소에 의해 대사됨에 따라 생성된 아세트알데히드 양이 증가하게 된다. 아세트알데히드는 생체 내에서 단백질을 비롯한 중요활성물질과 결합하여 맥박의 증가, 발한, 오심, 구토 등의 증상을 유발한다. 알코올대사의 제 2단계는 알데히드탈수소효소(ALDH : aldehyde dehydrogenase)가 아세트알데히드를 아세테이트로 산화시켜 알데히드의 축적과 그에 따른 부작용을 막을

수 있으나 한국인의 15% 이상이 ALDH의 불활성형을 가지고 있어 음주 시 알데히드의 축적으로 인한 상기 증상들이 나타날 수 있다.

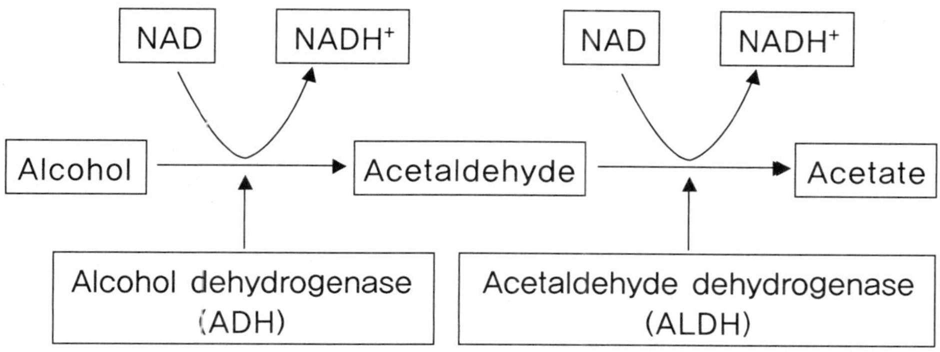

[그림 4-1-42] 알코올 분해 대사 과정

Alcohol은 섭취량에 따라 간 대사에 여러 가지 영향을 미치는 것으로 알려져 있는데, alcohol 그 자체보다도 산화과정에서 생성된 acetaldehyde와 NADH가 간 세포에 손상을 가져오게 된다.

체내에 흡수된 alchol이 ADH(alchol dehydrogenase)에 의해 NAD이온과 반응하여 NADPH와 acetaldehyde로 전환되고 이어서 다시 NAD 이온과 함께 반응하여 ALDH(aldehyde dehydrogenase)에 의해 acetaldehyde가 NADPH와 acetic acid로 전환 된다. 숙취는 acetaldehyde로 인해 생기는 것이고 ADH와 ALDH 모두가 있어야 숙취 해소 과정이 이뤄질 수 있다 [그림 4-1-42].

(2) 실험방법

1) 실험 재료 및 시료의 추출

① 동결건조 혹은 자연건조한 시료는 막자사발을 이용하여 조분말 형태로 제조 한 후, 건조중량의 10g 당 1L의 80% 에탄올을 처리하여 상온에서 3일 동안 추출한다.

② 상기의 혼합물에서 애플 망고 조분말을 여과하고, 여액은 감압농축 한 후, 건조한다. 건조된 농축액은 mouse 무게 g당 500㎍되게 150㎕를 PBS로 용해하여 동물실험에 사용한다.

2) 동물실험(in vivo)

① 동물실험은 8주령 된 수컷 ICR mouse를 이용하였다. 실험은 7그룹으로 나누어 대조군에는 시료대신 PBS를 투여한다.

② Negative control로는 아무것도 처리하지 않았고, positive control로는 시중에 판매되고 있는 숙취 해소 음료(여명808)를 사용한다.

③ 본 실험에서는 애플 망고 미성숙과 과육(IMF), 애플 망고 미성숙과 과피(IMP), 애플 망고 성숙과 과육(MF), 애플 망고 성숙과 과피(MP)를 사용한다.

④ 실험 전날 물을 제거 하였고, 실험 당일 오전에 사료를 제거한다. 실험군에 사용된 시료는 mouse 무게 g당 500㎍이 되게 PBS로 용해한 후, 150㎕를 경구투여 하였고, PBS와 여명은 각 150㎕를 경구투여 한다. 투여 후, 1시간 후에 50% 알코올을 150㎕씩 경구투여 한다.

⑤ 알코올 투여 1시간 후, 심장에서 채혈을 하였다. 채혈한 혈액은 13,000rpm, 4℃에서 30분간 원심 분리하여 혈장을 얻어 사용한다.

3) 간 조직에 존재하는 알코올 분해 효소원(ADH, ALDH) 준비

① 실험에 사용된 mouse에서 간을 적출하고 0.25M sucrose(2mM mercaptoethanol 및 10mM sodium phophate pH 7.4)로 세척하고 sucrose 용액의 7배액을 가하여 homogenization을 한다.

② 이 homogenate를 600 Xg에서 10분간 원심분리하여, 상등액을 다시 10,000 Xg에서 10분간 원심분리하여 그 상층액을 cytosol ALDH(세포질 아세트알데히드 탈수소효소) 측정 효소원으로 하고, 10,000Xg에서의 상층액을 105,000Xg에서 다시 1시간 원심분리하여 그 상층액을 ADH(알코올 탈수소효소) 효소원으로 사용한다.

4) 혈중 알코올 함량

① 혈중 알코올 함량은 Alcohol(Ethanol) kit(r-biopharm, Germany)를 이용한다.

② NAD를 녹인 potassium diphosphate buffer에 혈액 시료를 340nm에서 3분간 측정한 후(3분 후 측정 값, a1), ADH solution을 넣고 340nm에서 다시 3분간 측정하였다(3분 후 측정 값, a2)

ΔA = (a2 - a1)

혈중 에탄올 함량 (%) = ΔA(sample) / ΔA(control) × 100

5) ADH의 활성 측정 방법(*in vitro*)

① ADH의 활성 측정은 Blandino의 방법(Bostia, et al., 1978)을 변형하여 측정하며, 흡광도 340nm에서 NADH의 생성 속도를 지표로 사용한다.

② 반응액의 조성은 5mM NAD가 함유된 0.1 M Tris-HCl buffer(pH 8.8)에 100μL의 ethanol을 첨가한 후, 100μL의 ADH 효소원을 첨가하여 생성되는 ALDH의 양을 340nm에서 5분간 측정한다.

6) cytosol ALDH 활성 측정 방법(*in vitro*)

① 4mM NAD가 함유된 60mM Sodium phyrophosphate buffer(pH 8.8)에 최종농도가 0.1M이 되도록 4-methylpyrazole과 acetaldehyde를 첨가한 후, 100μL의 cytosol ALDH 효소원을 첨가하여 생성되는 NADH양을 340nm에서 5분간 측정한다.

② 효소 활성 percentage는 아래와 같은 식으로 구했다.

ΔA = (stop 흡광도 - start 흡광도)

효소활성(%) = ΔA(sample) / ΔA(control) × 100

(3) 실험방법

1) 혈중 알코올 함량

미성숙 과실의 과육과 과피 처리군은 PBS를 투여한 군과 큰 차이가 없었지만, 성숙 과실의 과육을 투여한 군은 PBS control군보다 50% 이상의 알코올 함량이 감소되었다. PBS를 투여한 군의 혈중 알코올 함량을 100%로 보았을 때, 각 시료를 투여한 군의 수치는 여명(YM)은 75.97±25.01%, 미성숙 과육(IMF) 107.55±7.26%, 미성숙 과피(IMP)는 99.90±7.90%, 성숙 과육(MF)은 41.28±7.99%, 성숙 과피(MP)는 68.95±7.89%이다 〔그림 4-1-43〕.

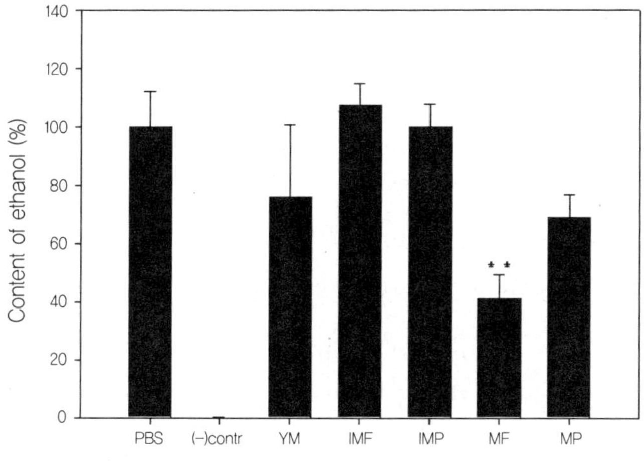

[그림 4-1-43] 혈중 알코올

2) ADH, cytosol ALDH 효소 활성

애플 망고 조추출물의 ADH 활성에 미치는 영향을 비교한 결과, 여명과 시료를 투여한 군의 ADH 활성은 PBS를 투여한 대조군의 ADH 활성보다 증가되었다. 가장 높은 활성을 보인 여명(YM)의 ADH 효소 활성은 144.34±1.45%였으며 〔그림 4-1-44〕, 미성숙 과육(IMF), 미성숙 과피(IMP), 성숙 과육(MF), 성숙 과피(MP) 처리군의 ADH 활성은 각각 129.88±9.31%, 122.17±5.38%, 119.29±3.95%, 129.76±7.49%이다. cytosol ALDH의 활성은 성숙 과피를 투여한 군의 효소 활성이 137.73±6.78%로 가장 좋았다 〔그림 4-1-45〕.

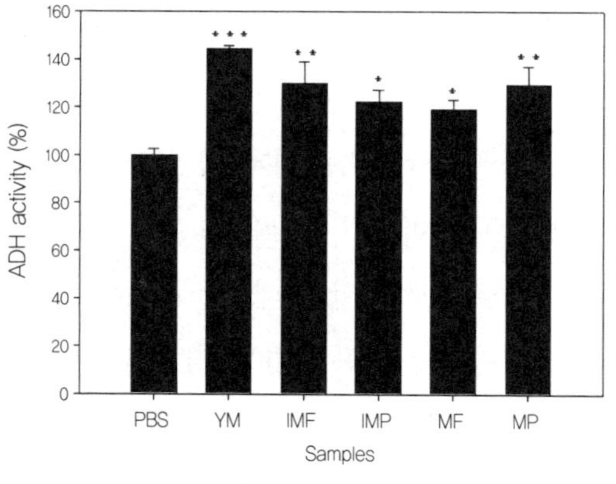

[그림 4-1-44] ADH 효소 활성

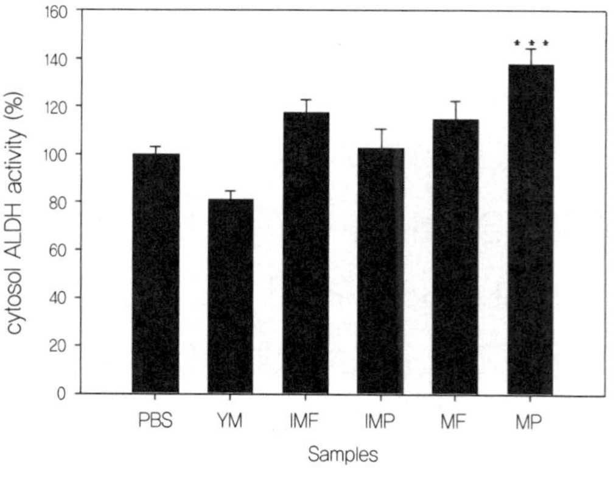

[그림 4-1-45] Cytosol ALDH효소 활성

2 장 Fermentation

기능성화장품 소재

1절 기능성화장품 소재 개발 동향

1. 기능성화장품의 정의

기능성화장품은 화장품과 의약품의 중간적인 성격을 갖는 제품이라 볼 수 있다. 일반 화장품이 안정성을 강조한 제품임에 비해 기능성화장품은 안정성 외에 특히 약리적 효능, 효과를 강조한 제품이다. 이와 같이 기능성화장품은 이전의 단순한 피부보습, 피부보호의 차원에서 벗어난, "피부 주름", "기미 및 주근깨", "죽은 각질", "피부 건조" 등과 같은 문제점들을 적극적으로 해결하는데 도움을 주는 화장품을 말한다. 따라서 일반 화장품과 달리 생리활성적인 효능 및 효과가 강조된 전문적인 기능성을 갖는 제품을 말한다. 즉 인간의 용모를 아름답게 해준다는 단순한 차원에서 벗어나 피부상태의 개선이라는 보다 높은 효능을 갖는 제품이라 볼 수 있다. 위에서 제시한 바와 같이 기능성화장품은 넓은 의미에서 볼 때 피부의 주름개선, 자외선 차단 외에 여드름, 기미, 주근깨 방지, 비듬, 가려움, 탈모 방지 등과 같은 효능 및 효과를 갖는 제품을 포함할 수 있으나, 우리나라에서는 법적으로 이를 구체적으로 명시하고 있다. 우리나라의 화장품법 제2조 제2호에서는 기능성화장품의 범위를 ① 피부의 미백에 도운을 주는 제품, ② 피부의 주름개선에 도움을 주는 제품, ③ 피부를 곱게 태워주거나 자외선으로부터 피부를 보호하는데 도움을 주는 제품으로 한정하고 있다.

2. 기능성화장품의 유형과 규정

우리나라에서의 '기능성화장품' 이란 용어는 법적인 의미로 현재 미백, 주름개선, 자외선 관련제품에 한하여 적용되고 있고 각 제품의 유형별로 효능을 알아보면 다음과 같다. 미백 기능성화장품은 피부에 멜라닌 색소가 침착하는 것을 방지하여 기미, 주근깨 등의 생성을 억제함으로써 피부의 미백에 도움을 주는 기능을 가진 화장품과 피부에 침착된 멜라닌 색소의 색을 엷게 하여 피부의 미백에 도움을 주는 기능을 가진 화장품이다. 주름개선 제품은 피부에 탄력을 주어 피부의 주름을 완화 또는 개선하는 기능을 가진 화장품이며, 자외선 관련제품은 강한 햇볕을 방지하여 피부를 곱게 태워주는 기능을 가진 화장품과 자외선을 차단 또는 산란시켜 자외선으로부터 피부를 보호하는 기능을 가진 화장품으로 요약하여 설명된다.

미국, 일본, 유럽 등에는 화장품에 관련된 법규는 모두 존재하고 있으나 기능성화장품에 대하여 법에서 별도로 정의하고, 이들에 대해 시판 전에 반드시 의무적으로 심사를 받도록 법으로 규정하고 있지는 않고 있다. 미국에서는 화장품이 의약품과 같이 질병의 치료나 예방 또는 인체의 구조나 기능에 영향을 미치는 경우라면 FDA의 허가를 받아야 하며, 자외선차단제, 미백제 등은 일반의약품(OTC)에 포함되어 있다. EU에서는 '화장품 지침'에 우리나라의 기능성화장품에 해당하는 제품이 등재되어 있으며, 이들의 효능 검정에 대해서는 제조물책임(PL)법의 취지에 입각하여 제조회사가 관련 데이터 또는 정보를 필요시에 공개하도록 되어 있다. 한편 일본에서는 기능성화장품의 대부분이 의약부외품에 소속된 약용화장품에 속해 있으며, 후생노동성의 허가를 받아야 한다. 국내에서는 위에 소개한 대로 3가지 소재인 자외선 차단, 미백, 주름개선 제품에 대해 적용되고 있으며, 식품의약품안전청 고시 품목에 대한 기준 및 시험 방법에 대해 제시하고 있다. 또한 각 소재에 관한 기능성화장품 유효성 평가 가이드 라인을 제시하고 있으며, 기능성화장품 심사 규정에 따라 안정성 및 유효성 또는 기능을 입증하는 자료와 기준 및 시험방법에 관한 자료 제출을 통해 고시 및 비고시 품목에 관한 심사규정을 제시하고 있다.

3. 화장품 소재 개발 전략

미래의 화장품 개발은 안정성을 강조한 일반 화장품에 비해 효능, 효과가 부각된 기능성화장품의 중요성이 강조됨에 따라 앞으로 기능성화장품 범위의 확대는 향후 화장품 산업 발전을 위한 현안과제가 되고 있다. 즉 화장품의 개념이 피부 손질, 노화 방지와 세포부활, 미백 및 자외선 차단 등 기존의 개념에서 항여드름, 항아토피, 체형개선 등 현행 의약외품과 약용화장품의 성격의 제품으로 확대될 전망이다. 화장품법의 시행과 기능성화장품의 범위 확대에 따라 화장품의 연구개발 및 제조기술의 발전에 박차가 가해지고 있으며, 기능성화장품 시대를 선점하기 위한 초석으로 기능성화장품의 특허출원 및 승인이 점차적으로 증가할 전망이다. 최근 화장품 원료의 개발 방향을 주요 기능별로 소개하면 다음과 같다 [표 4-2-1].

[표 4-2-1] 화장품 원료의 개발 방향

항 목	개발 방향
세포재생	• 피부노화 메커니즘에 관한 기초연구 • AHA, 레티놀 등 활용 연구
잔주름방지	• 피부내 콜라겐의 합성 증가 확인 • 피부의 탄력성, 신축성 증가
보습	• 세라마이드 응용, 유사 세라마이드 활용 • 라멜라 액정 제형 연구 • 고분자 보습제의 개발
피부보호	• 항산화, 활성산소 제거물질의 개발 • 자외선 방어물질의 개발
미백	• 천연물로부터 미백물질의 개발 • 미백성분의 유도체 개발
육모	• 천연물로부터 육모성분 개발
여드름 방지	• 피지억제물질의 개발 • 항염증제의 개발
방향효과	• 향에 의한 심리 변화 및 치유 효과
신소재	• 무기분체의 표면처리 및 유기물질과의 결합 • 캡슐화에 의한 활성성분의 안정화
신제형	• 라멜라 구조를 이용한 신제형의 개발 • 활성 성분의 피부흡수 촉진시스템의 개발
안전성	• 피부자극 완화물질의 개발

자료 : 산업기술 로드맵–생리활성 정밀화학, 산업자원부

여기서는 대표적 기능성화장품 소재인 피부 미백 소재와 피부노화 및 주름개선 소재의 개발 동향과 유효성 평가 방법에 대해 기술하고자 한다.

4. 발효화장품 소재

(1) 발효화장품의 정의

국내에서 화장품 원료로서 수년전부터 한방화장품이 인기를 끈데 이어, 최근에는 발효화장품이 주목받고 있다. 이런 발효화장품은 함유성분이 피부 흡수율을 높이고 기능이 증가시키는 발효기법이 발효화장품의 주요 기술로 주목받고 있는 실정이다. 발효화장품은 발효식품에 들어있는 효소가 세포를 활성화시키는 기능을 화장품에 도입한 것이다.

기존 화장품에는 방부제, 인공향료 및 색소 등 각종 화학성분이 첨가되지만, 발효화장품의 장점은 이런 화학성분의 사용을 최대한 배제할 수 있다. 즉, 본 원료가 갖고 있는 물질의 파괴를 막으면서 유용한 성분의 침투 효율을 증대시키는 작용을 갖도록 한다. 곡류, 채소 및 과일, 한방 원료 등 각종 화장품의 원료들은 발효과정을 거치면서 유효 성분이 증가하며, 효모, 유산균 등 미생물의 작용으로 분자 입자가 80나노 이하로 분해되어 각종 발효성분이 피부의 진피층까지 흡수되는 장점을 가지고 있다 〔표 4-2-2〕.

[표 4-2-2] 천연추출물 소재과 발효추출물 소재간의 비교

	천연추출물	발효추출물
공정	재료 및 성분에 따른 최적의 추출공정	천연물추출공정 및 발효관련공정, 발효후 균체제거, 후추출 또는 후 정제과정 등 약 5~10여 개 공정
성분	천연물에 이미 함유되어 있는 각종의 성분들	각종 천연물성분과 전환효소의 작용에 의한 이들 성분들의 활성화 및 발효균주에 의한 새로운 성분들의 생성
피부적합성	추출물의 성분에 따라 흡수성과 자극성이 상이함	분해효소의 작용에 의한 저분자화로 피부흡수성이 증가 피부자극성 및 알러지 성분 감소

(2) 발효화장품의 종류

발효기법을 활용한 화장품은 기초제품부터 기능성 및 바디케어 제품까지 확대되고 있다. 이는 국내 화장품 업계가 발효화장품을 최근에 계속적으로 출시함에 따라 소비자들의 인식과 관심이 높아지고 있기 때문이다. 또한 최근의 발효화장품은 한방발효, 식물발효, 술발효, 곡물발효 등 각종 화장품 성분에 발효기법을 도입해서 다양한 제품 및 영역이 확대되고 있는 추세이다 〔그림 4-2-1〕.

[그림 4-2-1] 국내에서 시판되는 대표적인 발효화장품

1) 한방발효제품

주로 한약재를 효모 및 미생물을 첨가해 발효과정을 거쳐 그 효능을 극대화한 것으로 한약재의 유효성분이 피부에 쉽게 흡수될 수 있도록 만든 제품들이다. 대표적인 제품으로는 LG 생활건강의 '수려한 효', 소망화장품의 '다나한 효용', 로제화장품의 '십장생 금안' 등이 대표적 한방발효제품으로 이들 화장품은 주로 미백 효능을 갖는 제품근들이다.

2) 식물발효제품

식물발효제품으로 출시된 이니스프리의 '3년 숙성 발효-100에센스' 제품은 일본 홋카이도 지방에서 재배한 50여 가지의 식물을 3년간 자연 발효시켜 만든 '자이렌-감마' 성분을 함유하고 있고, 이 성분이 피부 보습, 산화방지, 피부 보호 등의 기능성이 갖는 제품군으로 소개하고 있다. 엔프라니의 쌀겨 발효 농축액이 포함된 제품인 '화이트 RX'는 기존화장품의 항산화 효능과 미백 효과를 증대시킨 제품군을 출시하였다. 식물발효제품 연구로는 토양미생물 등을 이용한 발효이외에, 최근 유산균을 이용한 식물발효 연구가 활발히 진행되고 있다.

3) 술발효제둠

아이피어리스의 술발효 화장품 '아름다운 술, 달'은 누룩을 이용한 천연 숙성 발효법을 사용했으며, 이밖에 인삼, 당귀, 오미자, 라즈베리 등 4가지 성분 추출물을 천연 유산균으로 발효시켜 얻은 성분을 함유한 것이 특징이다. 라펜허브는 콧데 및 바이오FD&C 등과 공동개발로 미백기능화장품인 '라펜 멜라컨드롤 5'를 출시하였는데, 이 제품 또한 코직산이 풍부한 누룩 천마 발효액을 처방한 것이 특징이다. 이런 누룩은 술을 만드는 효소를 갖는 누룩곰팡이와 효모를 곡류인 밀에 번식시킨 것으로서, 술 발효외에도 이들 효소는 이소플라본과 폴리페놀의 배당체를 생리활성이 증가된 형태인 비배당체의 활성화된 형태로 전환시키는 장점이 있다.

4) 곡물발효제품

미애부의 '미애부 3F시스템'은 천연 유기농 곡류, 채소, 과일 등을 발효의 원료로 사용한 화장품으로 대표적으로 콩, 율무, 발아현미의 각종 영양성분이 화장품 원료에 포함되어 있다. 코리아나의 '에코 36.9° 녹두'는 국내산 녹두를 발효시켜 녹두가 가진 본래의 효능을 배가시킨 제품군이다.

5) 자연발효제품

기존 발효화장품이 미생물에 의해 인위적으로 발효시켜 피부에 유용한 추출물을 얻은 제품인 반면, 자연발효제품은 원료를 있는 그대로 자연 발효시켜 만든 화장품을 말한다. 대표적 제품으로는 LG생활건강의 '숨37도'를 들 수 있다. 자연발효는 비록 오랜 시간이 걸리지만 다양한 물질들을 얻을 수 있어 보습과 항산화, 주름개선, 세포활성, 피부결 개선 등의 효과를 기대할 수 있다.

[그림 4-2-2] 발효화장품의 소재로 널리 이용되고 있는 누룩, 곡류, 천마 및 오미자, 녹용, 당귀, 감초, 인삼 등의 발효 소재

2절 대표적 기능성화장품 소재

1. 미백소재

미백화장품은 동아시아 여성들에게 많은 관심을 끌고 있는 제품으로 한국을 비롯한 일본, 중국, 동아시아 등의 시장에서 규모가 계속적으로 증가하고 있다. 전세계적으로는 유럽 및 미국의 화장품 제조업체들도 동아시아의 시장을 목표로 하여 미백화장품 개발에 연구 투자를 하고 있으며, 최근에는 중국 시장의 개방에 따른 중국 경제 시장의 성장과 더불어 중국 내에서의 미백 시장이 커지리라 예상된다. 미백제품은 다양한 유형으로 출시되어 있으며 연간 3천억원 규모의 시장을 형성하고 있다.

미백제품은 기능성화장품의 시장 확대와 발전을 선도하는 중추적인 역할을 수행하고 있으며 점점 그 범위를 확대해 나가고 있다. 또한 최근 NT, BT 등의 최첨단 기술이 접목되어 기존의 제품과 차별화 되는 신개념의 미백제에 대한 연구 개발이 활발하게 이루어지고 있다. 기능성화장품이 확대됨에 따라 미백 제품은 기능성화장품의 30% 이상을 차지할 것이며 기능성화장품 개발에 있어서 중추적인 역할을 할 것이라 예측된다.

앞으로의 미백제품은 차별화가 가장 큰 특징이다 제형보다는 내용물의 차별화를 시도하고 있는 추세가 뚜렷하게 이루어지고 있는 가운데 효과가 뛰어난 미백원료의 개발을 서두르고 있다. 향후 예상되는 소재로는 기존의 티로시나제(tyrosinase) 저해제의 변형 또는 새로운 저해제의 개발과 티로시나제 합성을 조절하는 물질의 개발은 계속 연구되고 있으며, 멜라닌(melanin) 생합성 기작이 규명됨에 따라 다양한 흑화과정(melanogenesis) 조절물질 등의 개발이 시도되고 있다. 또한 각질세포(keratinocyte)와 흑화세포(melanocyte) 간의 신호전달 매개체인 Endothelin-1의 길항제 개발, 멜라닌 생성을 유도하는 MSH의 길항제 개발, MSH의 수용체인 melanocortin-1에 결합해 흑화과정을 억제하는 Agouti protein 유사기능을 가지는 물질의 개발, 그리고 melanosome을 각질세포로 전달하는 과정의 조절물질(PAR-2 억제물질)의 개발 등이 새롭게 시도되고 있다. 현재 미백성분의 주요 평가기준은 티로시나제 활성 억제, 항산화력 등에 초점이 맞춰져 있으나 향후는 항염증, TRP(Tyrosinase related protein) 저해, 외부자극 감소 효과가 중요시될 것으로 보여진다.

사람의 피부 표현형의 다양성은 자외선 노출 등과 같은 환경적 스트레스에 대한 보호와 매우 밀접한 관계를 가지고 있다. 사람의 피부는 백인, 황인, 흑인에 이르기까지 다양한 색깔과 색조의 변화의 넓은 범위를 가진다. 이것은 피부의 깊은 안쪽에서 생성되어 인간의 피부 표면에 모자이크처럼 나타나게 만드는 멜라닌이라고 알려진 색소의 존재에 기인한다. 그러므로 멜라닌은 인간의 가장 두드러진 점인 다양한 형질(polymorphic trait)을 갖는 것과 인간의 피부색깔의 원인인 지리적인 변이성에 대해 책임이 있다. 이런 인종학에 관한 것 이외에, 멜라닌은 유해한 자외선과 다른 환경적인 문제에 대해 체내의 방어에 있어서 필수적인 역할을 하고 있다. 여기에서는 흑화세포에서의 멜라닌 합성과정과 흑화세포와 각질형성세포에서의 흑화과정에 관여하는 기전에 관하여 설명하고, 피부 색소 침착의 외부적 또는 내부적 요인에 대해 간략히 소개할 것이다. 또한 미백화장품의 원료 개발에 이용되는 미백소재의 작용 기전과 널리 알려진 미백소재에 대해 소개하며, 마지막으로 미백소재 유효성 평가방법에 대해 기술하였다.

(1) 멜라닌 생합성과 피부 색소침착

1) 멜라닌(melanin) 생합성

멜라닌 생합성은 흑화세포(melanocyte)라고 불리는 매우 특화된 세포에서 나타나는 복잡한 경로이며, 흑화세포의 막으로 둘러싸인 소기관인 멜라노좀(melanosome) 내에서 일어난다. 멜라노좀은 광보호에 중요한 역할을 하는 주변의 각질형성세포(keratinocyte)로 수상돌기를 통하여 멜라닌을 전달된다. 이런 멜라노좀은 전형적으로 4단계의 성숙과정으로 구분된다. 초기 멜라노좀은 골지체 근처의 핵 주변에서 조립된다. 1단계의 멜라노좀은 티로시나제 활성이 결핍된 구형의 공포(vacuole)이며, 내부의 구조적인 구성요소들을 가지고 있지 않다. 그러나 골지체에서 검출되는 티로시나아제는 2단계 멜라노좀에 전달되어 진다. 이때 중요한 멜라노좀 구조단백질인 Pmel17가 1단계의 멜라노좀을 2단계의 멜라노좀으로의 형질전환을 결정한다. 2단계의 멜라노좀은 티로시나제를 가지게 되며, 최소한의 침전된 멜라닌을 포함하게 된다. 그런 다음 멜라닌 합성이 시작되며, 이 멜라닌 색소는 균일하게 내부 섬유상에 침전되는 시기를 3단계 멜라노좀이라 한다. 마지막 성숙과정인 4단계의 멜라노좀은 색소가 매우 침착된 흑화세포에서 관찰되며, 수상돌기로 이동하여 각질형성세포로의 분비가 가능하게 된다 〔그림 4-2-3〕.

멜라노좀 내에는 다양한 종류의 멜라닌 합성에 절대적으로 요구되는 적어도 3종류의 효소들이 있다. 그 중 티로시나제(Tyrosinase)는 흑화과정의 결정적인 단계에 중요하게 작용하고, TRP1(tyrosinase-related protein1)과 DCT(DOPAchrome tautomerase, 또는 TRP2)는 다른 형태로의 멜라닌 변형에 포함되어 있다. 티로시나제는 티로신(tyrosine)에서 DOPA(3,4 dihydroxyl-phenylalanine)로의 수산화(hydroxylation)와 연속적인 DOPA에서 DOPAquinone으로의 산화 과정을 촉매한다. TRP1과 DCT을 포함한 다양한 흑화세포 특이적인 효소들에 의해 그 다음의 DOPA 및 유도체들의 대사과정을 거쳐 검정-갈색 색소인 유멜라닌(eumelanin)이 합성된다. 페오멜라닌(pheomelanin) 합성은 DOPAquinone에서 cysteinylDOPA의 생성을 수반하여 일어난다 〔그림 4-2-4〕.

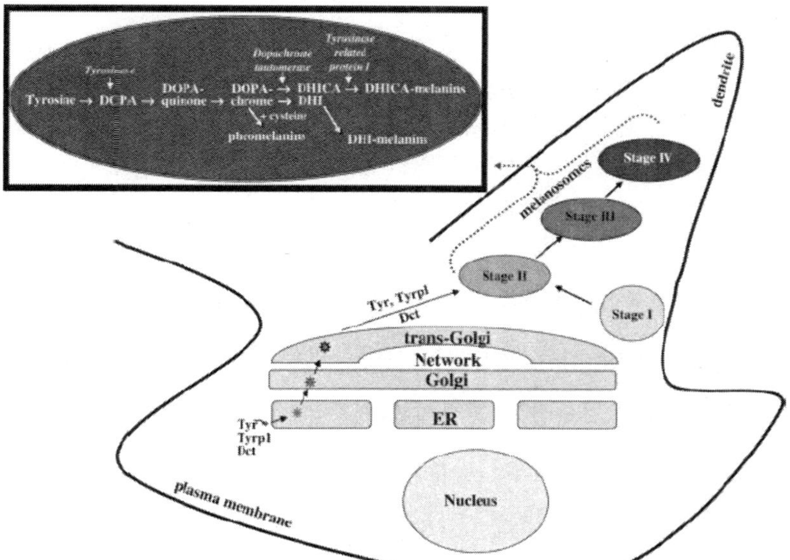

[그림 4-2-3] 흑화세포에서의 4단계의 멜라노좀 발생 과정과 멜라닌 합성 과정. 다른 색깔의 별표는 멜라닌 합성 효소들이 소포체와 골지체를 통해 이동하면서 당화되는 각 단계를 나타낸다(FASEB J. 2007 21 : 976-994)

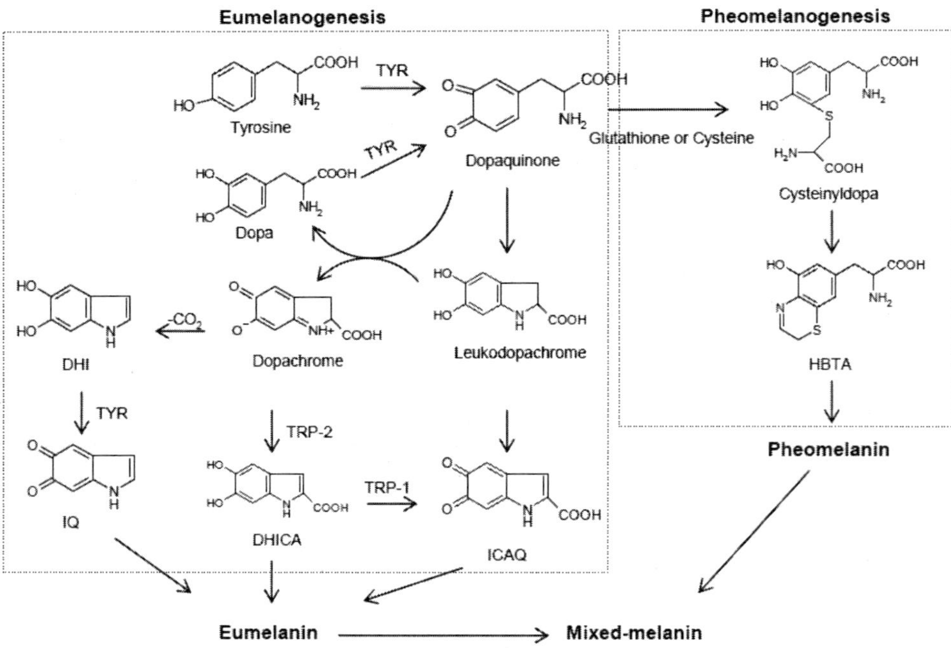

[그림 4-2-4] 멜라닌 생합성 경로. TYR, tyrosinase; TRP, tyrosinase related protein; dopa, 3,4-dihydroxyphenylalanine; DHICA, 5,6-dihydroxyindole-2-carboxylic acid; DHI, 5,6-dihydroxyindole; ICAQ, indole-2-carboxylic acid-5,6-quinone; IQ, indole-5,6-quinone; HBTA, 5-hydroxy-1,4-benzothiazinylalanine. (Int J Mol Sci. 2009 10 : 2440-2475)

멜라닌은 유멜라닌, 페오멜라닌, 혼합된 멜라닌(유멜라닌과 페오멜라닌의 결합), 뉴로멜라닌(neuromelanin)을 포함하는 다양한 형태의 모양을 가지며 다기능성의 생체고분자물질이다. 포유동물의 흑화세포는 두 종류의 화학적으로 독특한 형태의 멜라닌 색소를 생산하는데, 검정-갈색의 유멜라닌과 황색-적색의 페오멜라닌이다. 유멜라닌은 산화 및 환원된 상태에서 DHI와 DHICA 단위로 구성된 매우 이질적인 중합체인 반면에, 페오멜라닌은 주로 황을 함유한 benzothiazine 유도체로 구성되어 있다. 이들의 화학적 구조로 인하여 두 종류의 멜라닌은 양이온, 음이온, 약물, 화합물 등과의 결합에 관여함으로써 흑화세포 내에서 중요한 보호 역할을 하고 있다.

2) 피부 흑화 과정(melanogenesis)

다양한 인종간의 피부색의 변이는 주로 각 흑화세포에서 생산되어 주변의 각질형성세포로 전달된 멜라노좀의 수, 멜라닌 함량, 분포에 의해 결정된다. 각질형성세포에서 멜라닌 과립은 핵 위에 축적되고 유해한 자외선(UV-R, Ultraviolet radiation)이 핵에 도달하여 DNA을 손상하기 전에 흡수한다. 흑화세포-각질형성세포 복합체는 주변분비(paracrine) 및 자가분비(autocrine) 방식에 의한 환경 자극에 있어서 빠르게 반응한다. 그러므로 흑화세포는 UV-R, agouti 신호전달 단백질, MSH(melanocyte-stimulating hormone), endothelins, 성장인자, 사이토카인 등에 반응한다.

UV-R에 노출된 후, 흑화세포는 POHC(proopiomelanocortin, MSH의 전구체)와 그 수용체인 MC1-R(melanocortin 1 receptor), 티로시나아제와 TRP-1, PKC(protein kinase C), 다른 신호 요인들의 발현을 증가시킨다. 반면에 UV는 각질형성세포에 의해 ET-1(endothelin-1)과 POMC의 생산을 자극하고, 이들 요인들이 흑화세포 기능을 자극하기 위해 주변분비 방식에 의해 작용하는 것으로 알려져 있다.

각질형성세포 이외에, 섬유아세포 및 피부내의 다른 세포들은 사이토카인, 성장인자, 염증 매개인자들을 생산하며, 이들이 멜라닌 생성을 증가하거나 흑화세포에 의해 각질형성세포로의 멜라닌 전달을 자극할 수 있다. 또한 α-MSH, ACTH, bFGF, NGF, endothelins, GM-CSF, steel factor, LIF, HGF은 흑화세포의 증식과 분화의 조절에 관련된 것으로 생각되는 각질형성세포 유래된 인자이다 〔그림 4-2-5〕. 각질형성세포에서 분비된 α-MSH와 ACTH는 〔그림 4-2-5〕에서처럼 MC1R에 결합하여 cAMP 농도를 증가시킨다. cAMP는 부분적으로 PKA를 영향을 통해 MITF(microphthalmia associated transcription factor)을 활성화시킨다. MITF 발현의 증가는 멜라닌 합성을 이끄는 티로시나제, TRP-1과 2의 조절을 유도한다. 특히 UV-R에 노출된 후 각질형성세포에서 분비되는 ET-1은 흑화세포의 돌기형성과 이동 및 멜라닌합성의 증가에 영향을 미친다. ET-1이 흑화세포의 ETBR 수용체의 결합은 일련의 신호경로를 활성화하여 세포내 칼슘이온의 이동, PKC의 활성화, cAMP 농도 증가, MAPK의 활성화를 유발한다. 그 외의 각질형성세포에서 분비되어 흑화세포에 영향을 주는 인자들은 신호경로는 〔그림 4-2-5〕에 나타내었다. 표피는 각질형성세포와 흑화세포에 의해 생성되는 자가분비 및 주변분비 사이토카인에 반응하는 복잡한 네트워크를 가지고 있다. 또한 인간의 흑화세포 증식에는 cAMP/PKA, PKC, tyrosine kinase 경로를 포함하는 여러 신호 경로들의 상호작용이 요구된다. 그러므로 피부 색소침착를 증가시키는 다양한 요인들에 의한 기전은 매우 밀접하게 연관되어 있다 〔그림 4-2-5〕.

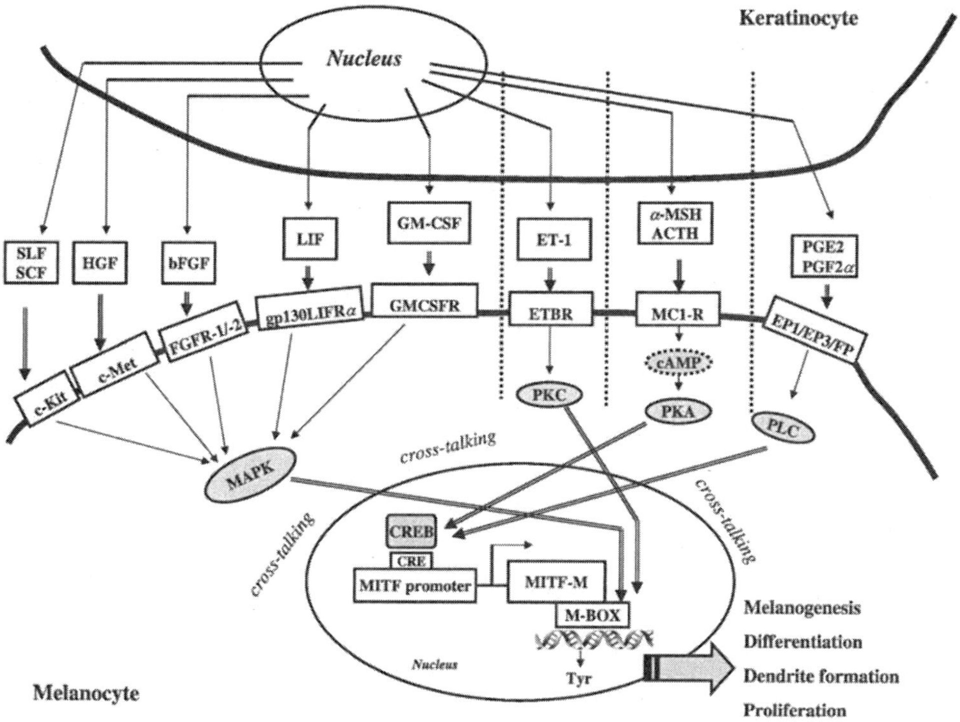

[그림 4-2-5] 인간 흑화세포의 증식과 분화에 작용하는 각질형성세포 유래 인자에 의한 표피 멜라닌 단위체(epidermal melanin unit)의 신호 경로 및 기전 (FASEB J. 2007 21 : 976-994)

3) 피부 색소침착(skin pigmentation)

피부의 색소침착은 두 가지 중요한 사건의 결과이다. 하나는 흑화세포에 의한 멜라닌 합성이고, 다른 하나는 흑화세포 주변의 각질형성세포에 멜라노좀의 전달이다. 비록 사람의 모든 피부 형태에서 흑화세포의 수는 본래 일정할지라도, 각질형성세포내에 분포한 멜라노좀의 수, 크기, 방식은 다양하다. 인간 흑화세포의 멜라닌 함량은 다양한 피부 형태 뿐만 아니라 한 개인으로부터의 다양한 피부 부위 에도 이질적이다. 이런 이질성은 개개의 흑화세포 내의 멜라닌 합성 관련 단백질의 활성 및 발현을 조절하는 유전자 발현에 의해 고도로 조절되어진다.

이런 피부 색소침착은 자외선이나 호르몬 영향처럼 외부적 및 내부적 요인들에 의해 피부 속 흑화세포에서 멜라닌 생성이 계속적으로 증가하여 피부에 축적되는 현상으로 기미, 주근깨 같은 과색소 질환은 이런 멜라닌 생성 및 분포가 증가하여 일어나는 질환으로 알려져 있다. 사람의 색소침착에 영향을 미치는 대표적 외부 요인으로는 자외선을 들 수 있다. 피부는 두 가지 방어적 장벽을 발생시킴으로서 UV-R 노출에 반응한다. 하나는 각질층의 비후이고 다른 하나는 표피 세포에서 멜라닌 필터의 합성이다. 그러므로 UV-R은 흑화세포에서 각질형성세포로의 멜라닌 형성과 전달에 관한 기전을 작용시키는데, 이 기전은 앞에서 설명한 UV-R에 의해 반응하는 각질형성세포의 증가된 ET-1 및 POMC의 생성과 함께 유발될 것이다.

또한 피부에서 멜라닌은 자외선을 포함한 다양한 요인에 의해 생성된 ROS를 중화시키는 역할을 수행한다. 태닝(tanning) 또한 UV-R에 의해 생리적으로 자극되어 일어나며, UV에 의해 유도된 피부의 검게 되는 현상은 멜라닌 합성과 흑화세포의 수상돌기 형성의 촉진은 물론 흑화세포의 수의 증가를 수반한다. 광노화에 인한 피부변화에는 주름 형성뿐만 아니라 일광 흑자(solar lentigines), 반상 색소침착(mottled pigmentation) 등이 일어난다. 내부적 요인인 호르몬의 영향은 주로 여성의 임신 기간 동안 피부 색소침착이 발생하는 경우가 많다. 임신기간 동안 상승된 수준의 에스트로겐, 프로게스테론, MSH 등이 기미(melasma)와 관련이 있다. 성 스테로이드는 정상 인간의 흑화세포에서 특이 티로시나제와 TRP-2의 멜라닌 합성효소 유전자의 전사를 증가시킴으로서 색소침착이 일어난다.

(2) 미백화장품소재 개발 동향

1) 적용 범위에 따른 미백소재 연구

이상적인 미백소재는 과도하게 활성화된 흑화세포에 강력하고, 빠르고, 또한 선택적인 미백효과를 보이며, 단기간 또는 장기간의 부작용이 없어야 하고, 원치 않는 색소의 영구적인 제거를 이끌고, 색소침착과정의 하나 또는 그 이상의 단계에 작용하여야 한다. 이런 미백효과는 티로시나아제 및 관련효소(TRP-1, TRP-2, peroxidase)의 전사 및 활성, 각질형성세포로의 멜라노좀의 유입과 분포, 멜라닌과 멜라노좀 분해 및 색소침착된 각질형성세포의 분해 등의 조절에 의해 이루어질 수 있다. 즉, 미백 소재 화장품 연구는 멜라닌 합성 전, 합성 과정 중, 합성 이후인 3가지 단계로 구분하여 진행되고 있으며, 현재 보고된 미백소재를 〔표 4-2-3〕에 나타내었다.

[표 4-2-3] 미백 소재의 분류. 화합물들은 멜라닌 합성과 침착의 보고된 저해 기전을 기초로 하여 분류하였다.

저해시기	저해 기전	화합물
멜라닌 합성 전	티로시나제 전사	C_2-ceramide, Tretinoin
	티로시나제 당화	$PaSSO_3Ca$
멜라닌 합성과정 중	티로시나제 저해	Hydroquinone, Kojic acid 4-hydroxy-anisole, Methyl Gentisate 4-S-CAP 및 유도체, Ellagic acid Arbutin, Resveratrol Aloesin, Oxyresveratrol, Azelaic acid
	과산화효소 저해	Methimazole, Phenols/catechols
	환원제 및 활성산소 소거제	Ascorbic acid, Ascorbic acid palmitate α-Toc, , D,L-α TF, VC-PMG Hydrocumarins, Thioctic acid
멜라닌 합성 후	티로시나제 분해	Linoleic acid, α-Linolenic acid
	멜라노솜 전달 저해	Serine protease inhibitors, Niacinamide Lecthins 및 Neoglycoproteins RW-50353, Soybean/milk extracts
	피부 박리 촉진	Lactic acid, Retinoic acid, Glycolic acid Linoleic acid, Liquiritin

PaSSO3Ca, Calcium D-pantetheine-S-sulphonate ; 4-SCAP, 4-S-cystaminylphenol ; VC-PMG, magnesium-L-ascorbyl-2-phosphate ; α-Toc, α-tocopherol ; α-Toc-F, α-Tocopherol ferulate.

우선 멜라닌 생합성에서 티로시나제가 중요한 역할을 하기 때문에 대부분의 미백 소재는 이 효소의 기능 저해에 작용하는 것에 대해 검색되었다. 주로 티로시나제의 전사 및 당화의 저해, 다양한 양식에 의한 억제, 부산물의 환원, 전사후 조절 등의 과정에 관여하는 소재에 대한 연구를 통해 소재가 개발되었다. 티로시나제와 TRP-1 유전자의 전사는 MITF의 전사수준의 조절하에 이루어진다. 그러므로 ERK(extracellular signal-regulated kinase), serine-threonine kinase(AKT)/protein kinase B(PKB) 경로 뿐만 아니라, MITF 발현 및 활성을 억제할 수 있는 물질들은 미백 소재의 가능성이 있다. 멜라닌 합성 효소들의 주요한 번역 후 변형과정은 아스파라긴 잔기에서의 당화 과정이다. N-당화의 억제는 멜라노좀 성숙 및 멜라노좀 내의 효소 활성을 축소시키는 결과를 나타낸다.

UV 조사 후나 TNF-α나 TGF-β와 같은 사이토카인에 의한 반응에 의해 생성된 세포내 과산화수소는 MITF 전사인자의 하위 조절을 통해 티로시나제와 다른 멜라닌 합성 관련 단백질 활성의 일시적인 감소를 유도할 수 있다. 과산화효소의 저해는 다양한 실험 모델에서 유멜라닌의 중합반응 비율을 감소시키므로 미백의 결과를 가져온다. 환원 성질을 갖는 화합물들은 o-quinone과의 상호작용함으로써 멜라닌 중간대사산물의 산화적 중합반응을 피하게 하거나, 활성부위의 구리(Cu)와 상호 결합함으로써 미백 효과를 갖는다. 그러므로, 환원제나 UV 노출에 의해 생성된 ROS의 소거는 직접적 또는 간접적으로 외피 흑화과정을 자극할 수 있는 2차 전령물질들을 저해할 수 있다.

멜라닌 합성 관련 단백질의 발현에 영향 없이 멜라닌 합성을 조절할 수 있는 물질들은 멜라닌 합성 효소의 전사 후 조절에 의해 일어나는 것으로 보인다. 각질형성세포에서는 발현되고 흑화세포에서는 발현되지 않는 PAR-2(protease-activated receptor 2)의 활성화는 색소 전달을 강화시킨다. RWJ-50353와 같은 serine protease inhibitor에 의한 PAR-2 절단의 저해는 UV-B에 의해 유도된 색소침착을 완전하게 피해갈 수 있다. 멜라닌 색소의 분산 및 외피의 박리를 촉진할 수 있는 여러 종류의 화합물들의 능력 또한 피부 미백의 결과를 가져올 수 있다. 염증 자극이나 UV 노출 후에 IL-1α(interleukin-1α)와 ET-1처럼 각질형성세포에 의해 만들어지는 어떤 매개인자들은 흑화과정을 촉진할 수 있다. 그러므로 항염증 화합물들은 염증 후 과색소침착에 대한 처리나 예방을 위해 유용할 것이다.

2) 천연물에서 유래된 미백소재

페놀화합물, 플라보노이드, 쿠마린(coumarin) 및 다른 유도체들과 같은 여러 활성을 갖는 화합물들은 자연에서 유래된 허브 추출물로 잠정적인 미백 소재로 관심을 받게 되었다. 이들 화합물의 대부분은 위의 〔표 4-2-3〕에 나타낸 3가지 과정 중 특정 단계에 영향을 미치게 됨으로써 미백 소재로서 연구가 진행되었으며, 이들 화합물의 대부분은 티로시나제 활성과 관련이 많다. 또한 일부 순수 화합물과 천연 추출물의 미백 활성은 지금까지도 사용되어 왔고, 가장 널리 사용되고 있는 소재들(hydroquinone, kojic acid, retinoid acid 등)과 비교된다.

티로시나제 억제제들은 단순한 페놀성 화합물, 하이드로퀴논(hydroquinone) 및 그 유도체, 플라보노이드유사 화합물들이 있다 〔그림 4-2-6〕.

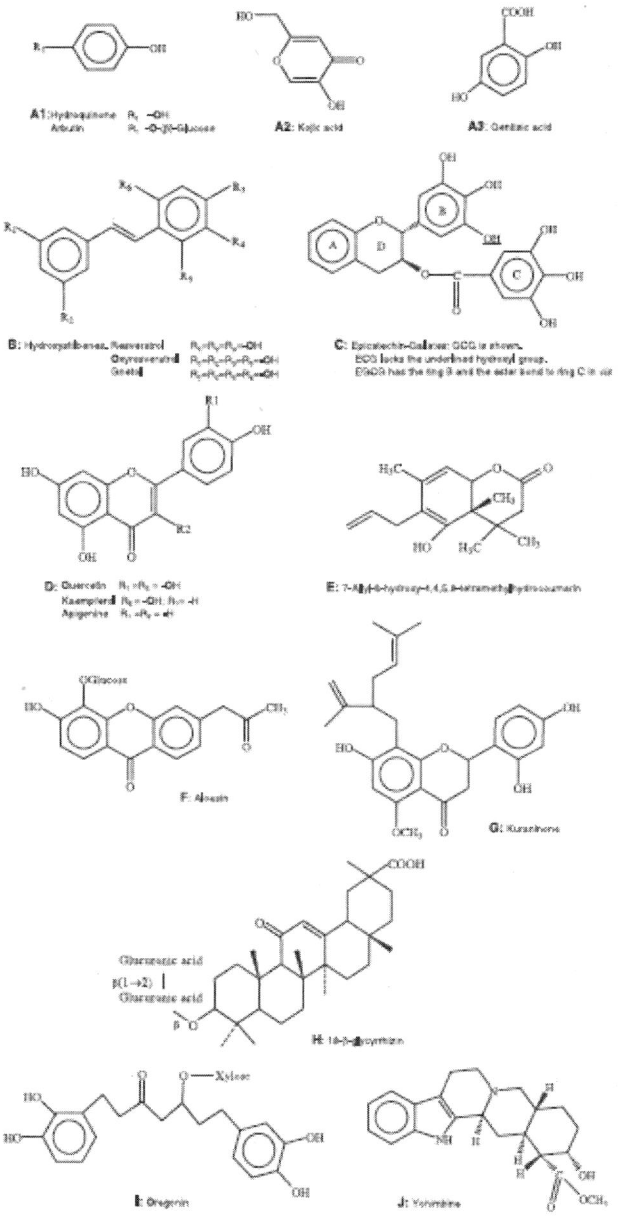

[그림 4-2-6] 보고된 미백 소재들의 화학 구조. A1, A2와 A3은 세 종류의 티로시나제 억제제 ; B, hydroxystilbenes ; C, 3 common epicatechin-gallates ; D, flavonols ; E, A coumarin ; F, aloesin ; G, kuraninone, a prenylated flavonoid ; H, 18-b-glycyrrhizin, a saponin ; I, Oregonin ; J, Yohimbine.

티로시나제 억제제에 의한 활성이외에, 티로시나제 가공, 티로시나제 유전자 발현의 변경 또는 티로시나제 분해 효율 증가에 영향을 미치는 미백소재들이 보고되었다. 티로시나제의 가공 및 성숙과정을 억제하기 위해서는 골지체에서 N-당화 과정의 저해를 통해서 일어나며, 〔표 4-2-3〕에 나타낸 화합물인 D-pantetein-S-sulfonate과 tunicamycin 및 다른 항생제들은 이 티로시나제 가공 과정에 작용한다. 그러나 N-당화의 저해는 매우 비특이적이고 수많은 부작용을 수반함으로써 미백소재로서의 이용은 바람직하지 않다. 2,2′-dihydroxy-5,5′-dipropyl-biphenyl은 티로시나제의 성숙과정의 억제 및 분해 촉진의 두가지 효과를 갖는 잠정적인 미백 소재로 보고되었다.

멜라닌 생성, 생성된 멜라닌 형태 변화의 억제 또는 멜라닌 색소의 분포 및 멜라노좀 전달의 간섭과 관련해서 항산화제를 이용하는데, 주요 화합물들은 항산화활성을 갖는 지질친화성 화합물들이다. Lipoic acid와 환원된 형태인 dihydrolipoic acid는 MITF 발현을 억제하는 것으로 보인다. 모든 trans-retinoic acid 및 Azelaic acid 등은 항산화 활성 및 ROS 소거 활성에 의해 미백 활성을 갖는다고 보고되었다.

표피 박리는 각질층 세포의 껍질 벗겨짐에 의해 멜라닌 손실을 촉진한다. 이 박리과정에 대부분의 중요한 화합물은 retinoid이다. Retinoid는 각질형성세포의 색소과립의 분산, 색소 전달 간섭, 표피 교체 촉진, 사세포(corneocyte)의 결합력 감소와 박리 유도를 통한 미백 소재로서의 역할을 한다.

3) 미백소재 제품 개발 전략

피부 미백은 흑화과정의 다양한 다른 단계의 저해에 의해 이루어 질 수 있다. 그러므로 다른 작용기전을 갖는 미백소재의 상호작용은 임상적 효율 증가와 부작용의 위험을 감소시킬수 있는 유용한 전략이다. 예를 들어, 5%의 hydroquinone, 0.1%의 tretinoin, 0.1%의 dexamethasone이 포함된 Kligman의 처방은 가장 많이 사용된 복합적 치료제이다. 티로시나제 억제가 지금까지 가장 보편적인 접근법이었지만 여러 가지 이유로 인해 이들 티로시나제 억제제의 일부만이 실제로 적용되고 있다. 그러므로 성공적인 전략은 티로시나제 억제 효율에 기초한 기준 뿐만 아니라 세포독성, 용해성, 효과적인 피부 흡수성, 투과성 및 안전성과 관련된 다른 요인들도 고려하여야 한다. 많은 수의 화합물들이 in vitro에서 미백 특성을 갖는다 하더라도, 이들 중 오직 일부만이 임상 시험에서 효과적인 미백 영향을 갖는다. in vitro와 in vivo 연구와의 간격은 새로운 미백소재 발견 및 소재의 효율과 안전성의 검증에 필요한 새로운 전략을 제시한다. 즉, 성공적인 치료법은 미백 효과에 대한 상승효과를 나타내도록 다른 기전에 작용하는 둘 이상의 소재의 조합이 필요하다. 이런 접근법은 조합된 치료의 상승효과, 미백 처방전의 안정성, 독성 및 피부 투과성, in vitro와 in vivo에서 미백 특성을 평가하기 위한 마커 및 표적의 명확성 등을 고려하여야 한다.

효과적인 미백 활성을 이루기 위한 주요한 문제 중 하나는 피부내로의 약물 전달체계의 선택과 약물 처방이 흑화세포에 실질적으로 도달하는 데 사용되는 소재의 농도 결정이다. 한 예로, 많은 지질친화성 약물을 위한 전달물질로 리포좀(liposome)의 사용이다. 티로시나제 억제제와 흑화과정 및 멜라닌 분산 등의 다른 단계를 억제하는 소재들의 캡슐화 또한 약물소재 전달을 향상시키는 방법이다. 또한 최근 국내에서 발효기법을 이용한 미백소재 화장품이 출시되고 있는데, 이 발효화장품의 특징은 미생물 발효를 통한 분해된 분자 입자가 진피층까지 흡수될 수 있다는 장점을 활용한 제품군들이다.

(4) 미백소재 유효성 평가 방법

1) 버섯 티로시나제 저해활성 측정

① 실험원리

티로시나제는 인체내의 멜라닌 생합성 경로에서 가장 중요한 초기 속도결정단계에 관여하는 효소로서 많은 미백 성분이 이 효소를 억제하는 작용기전을 가지고 있다. 버섯 티로시나제 저해활성(Mushroom tyrosinase inhibition) 측정은 티로시나제의 작용결과 생성되는 DOPA chrome을 비색법(Pomerantz et al. 1966)에 의해 측정한다.

② 실험방법

㉮ 기질용액(L-tyrosine 용액, L-DOPA 용액) 및 완충용액(sodium phosphate buffer)을 제조한다.

㉯ 시험관에 기질로서 1.5mM L-tyrosine 5mL, 25mM L-DOPA 40mL, 67mM sodium phosphate buffer(pH 6.8) 80mL 및 시료용액 40mL을 넣는다.

㉰ 이 혼합액에 Mushroom tyrosinase(Sigma) 80mL(60unit)를 첨가하

여 37℃ 항온기에서 30분간 반응시킨다.

㉣ 반응액 중에 생성된 DOPA chrome을 475nm의 흡광도로 측정하여 다음 식에 의해 저해율을 구한다.

㉤ 저해율 (%) = (1-(SABS - BABS/ CABS)) × 100

※ SABS : 시료 및 기질 그리고 효소가 모두 들어간 상태에서 측정한 흡광도

BABS : 효소 대신 buffer가 들어간 상태에서 측정한 흡관도

CABS : 시료 대신 buffer가 들어간 상태에서 측정한 흡광도

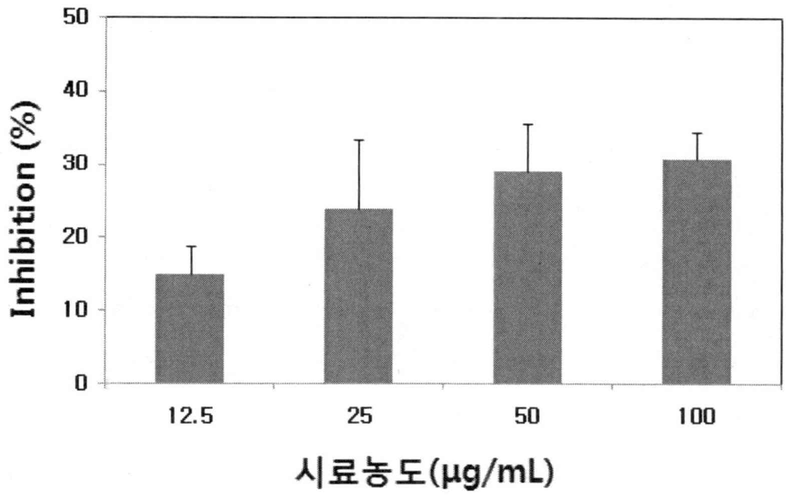

[그림 4-2-7] 감귤시료의 버섯 티로시나제 저해 활성

2) 세포로부터 추출된 티로시나제 활성 분석

① 실험원리

쥐(Mus musculus)의 멜라노마 세포(B16/F10)을 이용하여 티노시나제 저해 활성을 분석하는 방법으로, 세포로부터 추출된 티로시나제 저해활성 분석은 티로시나제의 작용 결과 생성되는 DOPA chrome을 비색법에 의해 측정한다.

② 실험방법

㉮ B16/F10 세포를 6 well plate에 5×10^4/mL이 되게 준비한 후, 48시간

동안 37℃, CO_2 항온기에서 배양한다.

㉯ 멜라닌 생합성 유도물질인 α-MSH(α-melanocyte stimulating hormone) 50nM을 처리하고 6시간 동안 37℃, CO2 항온기에서 배양한다.

㉰ 세포를 트립신-EDTA를 이용하여 수확하여 세포에 0.1mM PMSF와 1% Triton X-100을 함유한 67mM 인산 나트륨 완충용액(pH 6.8)을 500mL 처리하여 초음파로 분쇄하고, 이 상태로 1시간동안 얼음에서 보관한다.

㉱ 1시간 후, 4℃ 원심분리기에서 15,000rpm으로 20분간 원심분리하며 상층액을 취하여 세포로부터 추출된 티로시나제 저해활성 분석에 사용한다.

㉲ 120mL의 67mM 인산 나트륨 완충용액 (pH 6.8)에 기질로서 5mL의 1.5mM L-tyrosine과 40mL의 25mM L-DOPA를 혼합한 후 위에서 얻은 상층액 100mL를 처리하여 37℃ 항온기에서 30분간 반응시킨다.

㉳ 반응액 중에 생성된 L-DOPA와 DOPA chrome을 475nm와 490nm에서 측정하여 시료대신 67mM 인산 나트륨 완충용액을 넣어준 대조구를 기준으로 하여 상대적인 활성을 나타낸다.

3) 세포내 티로시나제 저해활성 분석

① 실험원리

멜라노마 세포(B16/F10 세포)에서 시료의 세포내 티로시나제 저해 활성 분석을 생성되는 DOPA chrome을 비색법에 의해 측정한다.

② 실험방법

㉮ B16/F10 세포를 6 well plate에 5×10^4/mL이 되게 준비한 후, 24시간 동안 37℃ CO_2 항온기에서 배양하고, 멜라닌 생합성 유도물질인 α-MSH(α-melanocyte stimulating hormone)을 처리하고 동시에 시료를 적정 농도로 각각 처리한다.

㉯ 36시간이 지난 후, 배지교체와 동시에 α-MSH 50nM과 시료를 다시 처

리한다.

㉢ 위의 실험방법처럼 세포를 트립신-EDTA를 이용하여 수확하여 세포에 0.1mM PMSF와 1% Triton X-100을 함유한 67mM 인산 나트륨 완충용액(pH 6.8)을 500mL 처리하고 초음파로 분쇄하여, 이 상태로 1시간동안 얼음에서 보관한다.

㉣ 1시간 후, 4℃ 원심분리기에서 15,000rpm으로 20분간 원심분리하며 상층액을 취하여 세포내 티로시나제 저해활성 분석에 사용한다.

㉤ 120uL의 67mM 인산 나트륨 완충용액(pH 6.8)에 기질로서 5mL의 1.5mM L-tyrosine과 40mL의 25mM L-5DOPA를 혼합한 후 위에서 얻은 상층액 100mL를 처리하여 37℃ 항온기에서 30분간 반응시킨다.

㉥ 반응액 중에 생성된 L-DOPA와 DOPA chrome을 475nm에서 측정하여 멜라닌 합성을 유도한 대조구를 기준으로 하여 상대적인 활성을 비교한다.

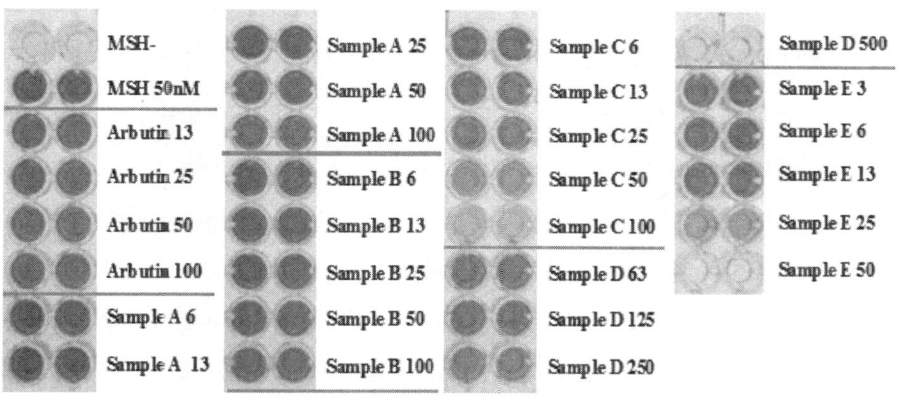

[그림 4-2-8] 세포내 티로시나제 저해활성 분석

4) 단백질 발현양상분석

① 실험원리

멜라노마세포에서 멜라닌 합성과 관련된 단백질의 발현양상을 앞에서 소개한 western blot을 통해 분석한다.

② 실험방법

㉮ B16/F10 세포를 6 well plate에 5×10^4/mL이 되게 준비한 후, 24시간 동안 37℃, CO_2 항온기에서 배양하고, 멜라닌 생합성 유도물질인 α-MSH(α-melanocyte stimulating hormone)을 처리하고 동시에 시료를 적정 농도로 각각 처리한다.

㉯ 36시간이 지난 후, 배지교체와 동시에 α-MSH 50nM과 시료를 다시 처리한다.

㉰ 배양된 세포는 먼저 배지를 제거하고, 1×PBS 1mL를 첨가하여 scraper로 수거하여, 4℃, 2000rpm에서 5분동안 원심분리하여 세척한다.

㉱ 원심분리하고 상층액을 제거한 후, 100mL RIPA buffer (10×RIPA, 0.1M PMSF, 0.1M Na3VO4, 0.5M NaF, 5mg/mL aprotinin, 5mg/mL leupeptin)를 첨가하여 30분 동안 lysis 시켰으며, 4℃, 13000rpm에서 20분간 원심분리 하여 세포막 성분 등을 제거한다.

㉲ 단백질 농도는 Bradford 방법을 이용하여 정량한다.

㉳ 배양세포로부터 얻어진 단백질시료 30㎍를 10% SDS-PAGE (Poly Acrylamide Gel Electrophoresis)로 전기영동으로 분리한다.

㉴ 전이용액 (25mM Tris, 192mM glycine, 20% methanol, pH 8.3)을 사용하여 단백질을 PVDF(Polyvinyldene fluoride) membrane (Millipore)에 200mA 로 2시간동안 전이시킨다.

㉵ membrane의 blocking은 5% skim milk가 함유된 TTBS(50mM Tris-HCl pH 7.5, 150mM NaCl, 0.1% Tween 20)용액에서 상온에서 1시간 동안 실시한다.

㉶ p-ERK의 발현 양을 검토하기 위한 항체로는 mouse monoclonal anti-p-ERK(Santa-Cruz), Tyrosinase의 항체로는 goat polyclonal anti-Tyrosinase(Santa-Cruz), Trp-1의 항체로는 goat polyclonal anti-Trp-1(Santa-Cruz), Trp-2의 항체로는 rabbit polyclonal anti-Trp-2(Santa-Cruz), β-actin의 항체로 mouse monoclonal anti-β-actin (SIGMA)을 5% skim milk가 함유된 TTBS용액에 희석하여 실온에서 2시간동안 반응시킨다.

㉷ TTBS 용액으로 세척한 후, 2차 항체로는 HRP(Horse Radish

peroxidase)가 결합된 anti-goat, anti-mouse, anti-rabbit IgG를 5% Skim milk가 함유된 TTBS용액에 희석하여 상온에서 1시간 동안 반응시킨다.

㉮ membrane을 TTBS로 세 번 세척 후 ECL kit(Amersham)을 사용하여 1~3분간 반응시킨 후 X-ray 필름으로 현상한다.

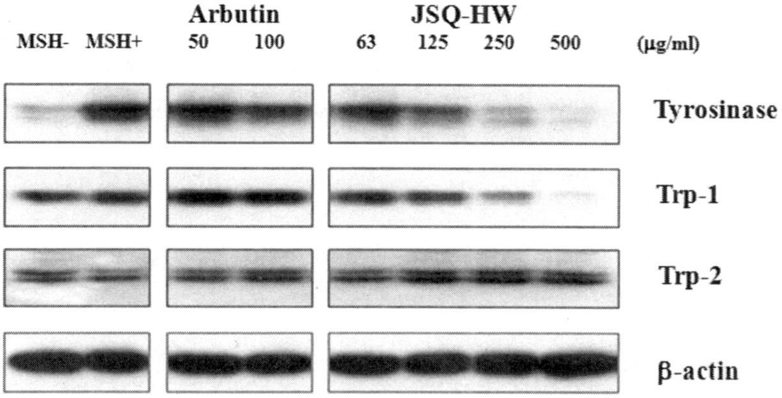

[그림 4-2-9] 멜라노마세포에서 멜라닌 합성 단백질 발현 양상 분석

식품의약품 안정청의 '기능성화장품 유효성평가를 위한 가이드라인(2003년)'에서 제시한 인체에 적용시 효능 및 효과 등 기능을 입증에 관한 효능 평가시험에 대해서 간략히 소개하면 다음과 같다.

5) 인공색소 침착후 미백효과 평가시험

인체의 피부를 직접 이용하는 실험으로 피시험자수는 통계적 비교가 가능하기 위해 20명 이상의 유효데이터를 확보하도록 하며, 대조군 사용시 이중맹검법을 원칙으로 한다. 본 실험에 사용되는 광원은 일반적으로 자연색소침착에 관여하는 자외선 B를 방출하는 기기 및 자외선 A와 B를 포함하여 방출하는 기기를 사용하거나 태양광과 유사한 연속적인 방사스펙트럼을 갖고 특정 피크를 나타내지 않는 Xenon arc lamp를 장착한 Solar simulator 또는 이와 유사한 광원을 사용한다. 이때 290nm 이하의 파장은 적절한 filter를 사용하여 제거하고 시험기간 동안 일정한 광량을 유지한다. 최소홍반량측정을 위한 조사부위는 시험부위와 동일한 부위로 조사부위에 과도한 털, 색조가 특별히 차이가 있는 부분을 피하고 깨끗하고 마른 상태를 조사부위로 한다. 피험자의 피부유형은 설문을 통하여 조사하고 이를 바탕으로 예상되는 최소홍반량을 결정한다. 시험부위를 구획한 후 피험자가 편안한 자세로 자외선을 조사한 후 16~24시간 사이에 피험자의 홍반 상태를 판정한다. 홍반은 충분히 밝은 광원하에서 판정하며 전면에 홍반이 나타난 부위에 조사한 UVB의 광량 중 최소량을 최소홍반량으로 한다. 시료는 보통 대조군을 설정하여 하루에 2회 도포하며 개개인의 흑화정도와 최소홍반량을 고려하여 자외선을 조사하여 피부의 색소 침착을 야기 시킨다. 시험장소는 공기의 이동이나 직사광선이 없으며 항온항습조건이며 밀폐된 방에서 최소 15분간 피부안정을 취한 다음 시험한다. 결과는 육안평가나 colorimeter, spectrophotometer 또는 mexameter 등의 기기를 이용하는 방법과 설문을 통해 판정할 수 있다.

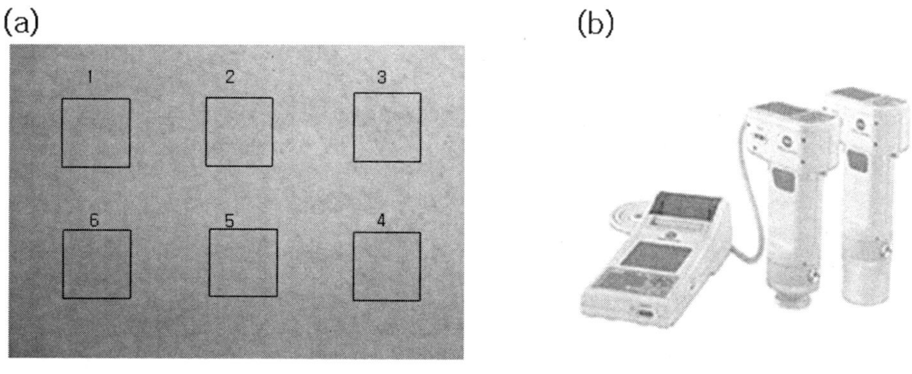

[그림 4-2-10] 인공색소 침착후 미백효과 평가시험
(a) 자외선 조사 후 색소 침착 반응 유도 (b) 색소침착도를 측정하는 colorimeter

6) 과색소침착증에서 미백효과 평가시험

사람의 안면부에 직접 행하는 시험방법으로 얼굴 좌우측을 절반으로 나누어 시료와 대조군을 도포한다. 또한 선정한 시험부위를 다음 평가시 정확히 인식하기 위하여 비닐종이 등을 얼굴에 대고 눈, 코, 입 등의 위치를 표시한 다음 시험부위를 표시하여 다음 평가때 동일 부위를 가지고 평가하도록 한다. 아침, 저녁 2회를 원칙으로 시료를 도포하되, 실험시료의 효능 및 이상반응을 고려하여 도포 횟수 및 도포 총량을 결정할 수 있다. 피시험 부위의 평가등은 인공색소 침착 후 미백효과 평가시험법과 동일하다. 이외에도 과학적이고 합리적으로 타당성이 인정되는 기타의 시험방법을 사용하여 미백효능을 평가할 수 있다.

2. 주름개선 소재

피부는 인간 몸의 노화과정에서 일어나는 변화들을 반영하는 독특한 기관으로 피부 노화는 시간의 변화에 따른 내인성 또는 유전적인 노화와 환경적 요인에 의해 일어나는 외인성 노화의 결과로 인한 복잡한 생물학적 과정이다. 전세계적으로 고령 인구의 증가와 경제수준의 향상에 따라 주름개선 및 피부 노화방지에 대한 관심이 점점 높아지고 있는 추세이다. 그러므로 다양한 접근 방법을 가지고 항노화 및 주름개선 화장품 개발에 대한 활발한 연구가 진행되고 있다. 주로 콜라겐(collagen) 생성 증가 및 분해의 억제, 엘라스틴(elastin)의 생성 촉진 및 분해 억제, 히아루론산(hyaluronic acid) 생성 증가, 노화세포 재생 촉진, ROS(reactive oxygen species) 소거 등에 관한 연구가 활발히 추진되고 있다.

주름개선 및 항노화 원료개발에 있어서 천연 물질에 대한 연구는 국내 화장품 개발의 주요 부분으로 우리나라가 식물성 화장품에 대한 소비자의 선호도가 높고 국내 민간 또는 전통의학에 기반을 둔 원료 개발이 중심이 되었기 때문에 경쟁력의 우위를 점할 수 있어 지속적인 개발이 이루어질 것으로 예측된다. 기존 레티놀 제품의 개선, 즉 안정화 기술, 제형 개발 및 포장 기술 등의 핵심 기술 개발이 이루어지고 있으며, 또한 기능성화장품이 확대됨에 따라 인접한 영역으로의 확대가 가속화되어 식품 및 의약품 등의 소재가 항노화 화장품의 소재로 응용될 것이며, 최근 BT 및 NT의 융합을 통해 새로운 기전의 활성 물질이 개발될 것으로 사료된다. 또한 항노화 제품 연구는 피부의 생리작용 기전에 의한 피부 생리활성물질 및 주름 방지 제품 연구와 더불어 사용범위가 증대된 특수 제품 및 체내 항상성을 높이는 제품들에 대한 연구가 활발히 진행되고 있다. 향후 주름개선 및 항노화 효과 제품으로 예상되는 소재에 대해 [표 4-2-4]에 나타내었다.

21세기에 들어오면서, 현재 우리는 피부 노화의 병인에 관여하는 요인들에 대한 이해와 더불어 이런 노화과정을 예방하고 치료하기 위한 합리적인 접근법에 대한 연구가 필요하다. 여기서는 피부노화의 원인과 피부노화과정의 분자적 기전에 대해 소개하고, 현재까지 피부노화 및 그에 따른 주름 개선 소재로 보고된 화합물에 대해서 알아보고자 한다. 그리고 효능 분석은 피부노화 및 주름개선 유효성 평가에 관한 시험방법을 소개하였다.

[표 4-2-4] 향후 예상되는 항노화 소재의 분류 및 범위

항노화 소재	분류	범위
주름생성 예방	효소활성억제 제품류	MMP, Collagenase, Elasterase 억제제 등
	ROS 생성억제 및 항산화 제품류	라디칼 소거제, 자외선 차단제, 항산화제, AGE 생성 억제제 등
주름 완화	보습효과 및 피부 장벽 강화 제품류	콜레스테롤, 세라마이드 합성 증진 제품, DEJ 강화 제품
	항염증 제품류	각질형성세포의 분화속도 조절 건선, 아토피 증상 개선 물질
	피부 면역 강화 제품류	피부 면역 강화제
주름치유 및 신개념 항노화	호르몬 수용체 작용 물질 제품류	Phytoestrogen, 에스트로겐, 안드로젠 유사체 등
	생체 항상성 유지제 제품류	생체 항상성 유지 물질
	신개념의 항노화 제품류	신경채널 작용 물질, 유전자/세포 치료제, Neurocosmetics

(1) 피부노화현상

1) 피부노화(주름 생성) 원인

피부의 주요 기능은 물리적, 환경적 영향으로부터 생명체를 보호하는 것이다. 여러 스트레스 요인들은 태양 광선(주로 자외선), 감염, 급격한 온도 변화, 탈수, 그리고 기계적인 외상 등의 많은 형태로 온다. [표 4-2-5]는 연령에 따른 자연적인 노화로 인한 피부의 기능 및 변화를 나타내었다.

이런 피부노화(skin aging)의 원인은 크게 두 가지로 구분되는데, 첫째는 위의 표에서 나타낸 현상인 피부의 구조적 변화와 생리적인 기능의 감소에 의한 자연 노화(내인성노화; intrinsic aging)이며, 둘째는 외인성 노화로서 주로 자외선에 의한 광노화(photoaging)로 나눌 수 있다. 자연 피부노화는 피부를 구성하는 세포들의 노쇠 현상으로부터 시작되는데 그 특징으로는 피부 탄력성이 떨어지게 되며, 표피 및 진피의 두께가 얇아지고, 혈관이 감소된다. 또한 진피내의 섬유아세포의 수가 감소하고 잔주름이 증가하고, 진피내의 콜라겐 섬유의 감소가 두드러진다. 광노화된 피부는 거칠고, 탄력성이 감소하며, 불규칙한 색소침착이 수반되며, 깊은 주름이 생

[표 4-2-5] 연령에 따른 피부의 기능과 변화

세포형태/조성/체계	기능	연령에 따른 변화
각질형성세포	장벽 기능, 기계적인 보호, 사이토카인 생성, 세포 신호 전달	↓ 증식 및 분화 ↓ 신호전달 및 성장인자 반응 ↓ 상처에 대한 장벽기능
흑화세포	UV 조사로부터 보호를 위해 색소 합성	↓ 흑화세포 수 ↓ 수명 및 성장인자 반응
랑게르한스 세포	항원 표시	↓ 20~50% 세포수; 형태적 이상 ↓ 피부 면역 반응
섬유아세포	ECM의 합성 및 분해	↓ 세포 수 및 성장인자 반응
콜라겐	ECM 구성성분	↓ 생합성 ↑ 효소적 분해에 대한 안전성 및 저항성
엘라스틴	ECM 구성성분	↓ 미세섬유 함량 다공성이고 뚜렷하지 않고 조각된 형태
MMP 억제제	내부적 분해 체계로부터 콜라겐과 엘라스틴 보호	↓ 기능
진피의 혈관상 (vascular bed)	체온조절	구조적인 손실
피하지방	체온조절, 에너지 저장	구조적인 손실
내분비체계-비타민D	UV 보호, 칼슘 항상성	↓ 생성
내분비체계 - 에스트로겐	콜라겐 함량과 질 향상, 피부 비후 증가, 혈관 신생 증대	↓ 생성
신경계	감각, 체온조절	↓ 신경감응 및 자극 전달 ↓ 저온환경에 대한 내성

성된다. 광노화의 특징은 진피 내에 비정상적인 변성된 탄력섬유 물질이 축적되고 콜라겐섬유(collagen fiber)의 변성과 그 양이 감소하는 것으로 알려져있지만, 아직까지 그 기전에 대하여는 확실히 밝혀지지 않은 상태이다 [표 4-2-6].

[표 4-2-6] 피부노화에 영향을 주는 내인성 및 외인성 노화(광노화) 비교

	내인성 노화	외인성 노화
주름 형태	잔주름	깊은 주름
색소 침착	규칙적인 침착	불규칙적이고 국소적 침착
피부 두께	얇아짐	비후됨
주요 원인	자연적인 노화현상	자외선

피부의 주 구성성분은 콜라겐으로서 주로 제1형 콜라겐(80~85%) 및 제3형 콜라겐(10~15%)으로 구성되어 있으며, 콜라겐의 분해효소인 matrix metalloproteinase(MMP)에 의해 분해되며 피부내의 콜라겐의 양은 생합성 속도과 분해 속도가 서로 균형을 이루고 있어서 콜라겐섬유의 양이 유지되고 있으나 자연 노화나 광노화 시에는 이들의 균형이 깨지는 것으로 보고 있다. 피부노화의 주 증상인 주름의 생성원인은 아직까지 확실하게 밝혀지지 않았으나, 아마도 노화된 피부에서 콜라겐의 양이 감소된 결과로 생각되고 있다. 즉 노화되면서 진피내의 콜라겐의 생합성은 감소되어지는 반면에, 콜라겐 분해 효소인 MMP들의 발현은 증가하여 진피 내 콜라겐 분해가 증가되어 콜라겐이 감소되고 콜라겐섬유도 감소됨으로써 피부의 함몰로 인한 주름이 발생한다고 추정하고 있다.

피부의 1~2%를 차지하고 있는 탄력섬유(elastic fiber)는 피부의 탄력성을 유지하는 중요한 기능을 갖는데 이 탄력섬유의 주성분은 엘라스틴(elastin)으로 알려져 있다. 자연노화나 광노화된 피부가 탄력성이 떨어지게 되는 것은 탄력섬유의 변성때문으로 생각되고 있다. 특히 광노화된 피부에는 변성된 탄력섬유 물질(elastotic material)이 비정상적으로 축적되며, 피부의 탄력성 감소를 유발하고 있다. 그러나 아직까지 변성된 탄력섬유 물질의 발생기전과 이들이 주름생성에 어떻게 기여하는지는 확실히 밝혀져 있지 않은 상태이다

2) 광노화에 의한 피부노화

일상생활에서 접하는 태양광은 피부의 광노화를 유발하는데, 특히 태양광 중에서도 자외선(ultra violet; UV)이 피부의 광노화에 있어서 가장 중요한 역할을 담당한다. 지표에 도달하는 자외선은 UVB(290~320nm)와 UVA(320~400nm)인데 이 중 UVB는 가장 위험성이 커서 일광화상, 피부암, 광노화 등을 유발한다. 자외선은

피부의 표피와 진피층에 깊숙하게 투과하여, 피부내 활성산소종(reactive oxygen species, ROS)을 생성하고 세포 성분들에 대한 손상을 야기시켜 결과적으로 주름 및 피부노화를 유발하는 것으로 알려져 있다.

광노화는 태양광선의 자외선에 대한 자극이 반복되면서 ROS를 발생시키고 전염증성 사이토카인의 생성이 촉진되어 여러 가지 신호전달 체계를 활성화시킴으로써 activator protein-1(AP-1)과 nuclear factor κB(NF-κB)의 활성화에 의한 염증반응과 작용이 증가되며 피부를 구성하는 지질, 단백질, 핵산, 효소 등이 손상되어 노화가 일어난다. 또한 산화적 스트레스는 피부가 자외선에 노출되었을 때, 세포가 반응하는 신호전달 체계를 작동시키고 과산화수소 등의 활성 산소종의 발생을 증가시키며, 항산화 효소의 발현을 감소시킨다. 이러한 활성산소종의 증가는 유전자와 단백질의 구조를 변화시켜 세포 내외의 항상성이 파괴되어 피부의 손상을 가져오게 된다.

자외선에 의한 피부노출에 가장 빨리 반응하는 세포의 반응은 epidermal growth factor receptor(EGF-R), tumor necrosis factor(TNF)-receptor, platelet-activating factor(PAF) receptor, insulin receptor, interleukin(IL)-1 receptor, platelet derived growth factor(PDGF) receptor 등을 활성화시키는 것이다. 이들 수용체의 활성화는 결과적으로 하류의 신호전달을 매개하는 단백질들을 활성화시켜 MAP(Mitogen-Activated Protein) kinase의 활성까지 전달되며, 일련의 활성화과정은 연속적인 인산화로 이루어진다. MAP kinase 경로에서 가장 많은 영향을 받는 인자는 AP-1이다. AP-1은 Jun과 Fos family 단백질로 이루어진 전사인자로 c-Jun과 c-Fos의 heterodimer 형태로 존재할 때 전사활성이 가장 높다. 자외선이나 여러 성장인자, 사이토카인, 외부 환경적 자극 등에 의하여 c-Jun과 c-Fos 단백질의 발현이 증가하게 되고, c-Jun은 JNK와 p38에 의한 인산화에 의하여 활성화 된다. 이렇게 증가한 c-Jun은 최소 24시간 동안 지속되며 c-Fos와 이합체를 형성한다.

AP-1은 세포의 성장과 분화에 관련되는 많은 유전자의 발현을 조절하고 몇몇 MMPs의 발현을 강력히 조절한다. MMP는 zinc 이온을 필요로 하는 endoprotease르 세포외기질 단백질을 분해하는 효소이다. AP-1에 의해 발현이 조절되는 MMP 중 MMP-1은 collagenase 1으로 알려져 있으며, type I과 III collagen을 기질로 하며, MMP-3는 stromelysin 1이라고도 하며, 기저막의

type IV collagen을 분해하며 zymogen인 proMMP-1을 활성화시킨다. MMP-9은 gelatinase B로 collagenase에 의해 분해된 산물을 더 작게 가수분해한다. 이들 MMP들의 발현 증가는 자외선에 의해 유도되며, AP-1의 구성 단백질의 발현 증가와 연관되어 있다. 또한 이러한 MMP들의 발현 증가는 사람의 피부에 자외선을 조사한 후, 24시간 이내에 collagen의 분해도 증가시킨다. 따라서 자외선에 의한 피부 노출은 MAP kinase 경로를 활성화시켜 AP-1의 발현을 유도하고 MMP들의 발현을 증가시켜 세포외기질을 분해하여 주름생성을 촉진시킨다고 할 수 있다〔그림 4-2-11〕.

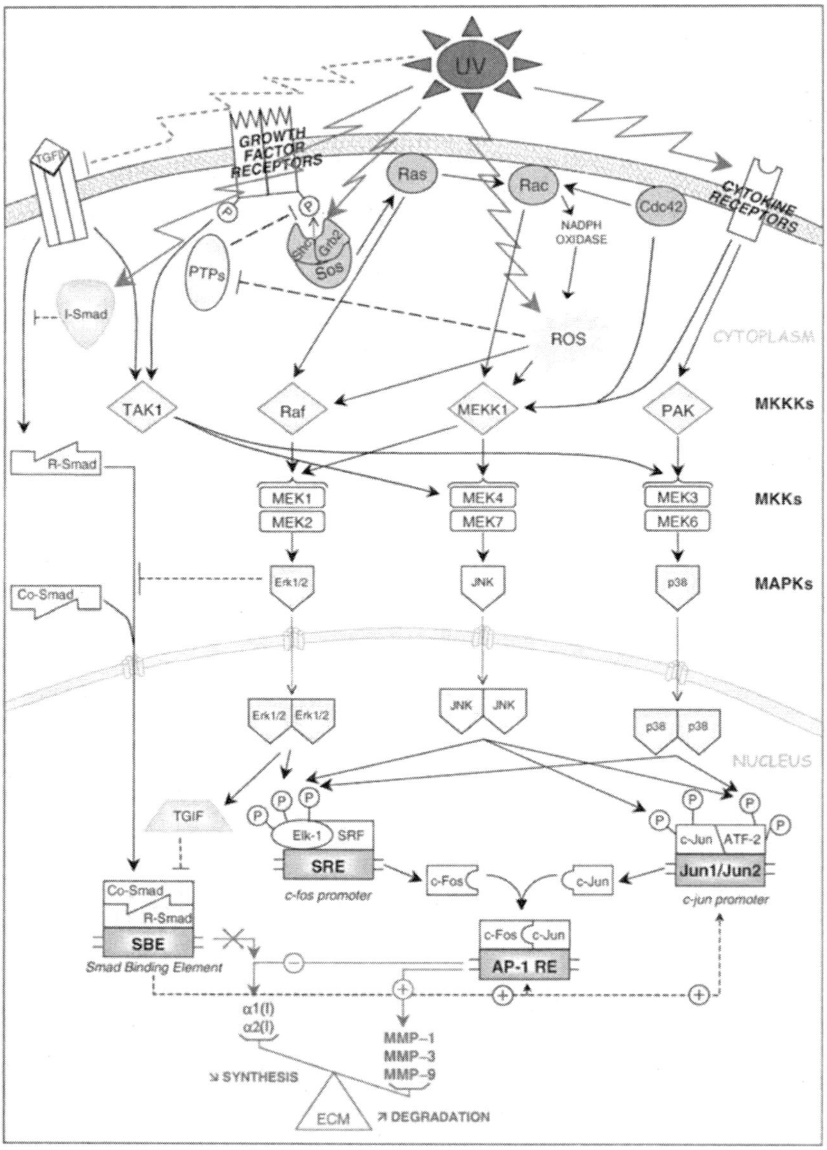

[그림 4-2-11] 자외선에 의해 유도된 피부노화의 분자적 기전(Ageing Res Rev. 2002 1 : 705-720)

3) 자외선 노출에 대한 피부노화 예방 및 치료

자외선에 의해 유도된 손상으로부터 피부를 보호하기 위해 수많은 내인성 기전이 존재한다. 이런 기전들은 표피층의 비후 및 색소의 증가, DNA 회복 기전, 세포사멸 기전, metallor proteinase의 tissue inhibitors(TIMPs), 그리고 항산화제들을 포함한다.

주로 광노화에 대한 의료적 치료로 수행되고 있는 전략은 질병 예방 방법에 기초하여 3가지 단계로 분류되어질 수 있다. 첫 번째 예방 방법은 질병이나 조건이 일어나기 전에 위험 요소를 감소시키는 것이며, 두 번째 예방 방법은 잠정적으로 아직 증상이 나타나지 않는 동안 질병의 초기 진단을 하는 것이다. 마지막으로 증상을 보이는 질환 과정을 지연시키거나 보다 개선되기 위한 치료를 하는 것이다 [표 4-2-7].

[표 4-2-7] 질병 예방 방법에 기초한 광노화 치료에 대한 방법

1차적 예방 방법	2차적 예방 방법	3차적 예방 방법
광보호(photoprotection)	Retinoic acid 항산화제 에스트로젠 성장인자/사이토카인	화학적 박리 microdermabrasion/ microcoblation 레이저(Laser) 보톡스(botulinum toxin) 연부조직 증대술(soft tissue augmentation)

첫 번째 예방은 태양광선으로부터의 보호로 태양광선 보호 의류, 자외선 차단제들이 이에 해당한다. 자외선차단제는 전통적으로 자외선의 특정 양성자를 흡수하는 물리적 소재와 조사된 자외선의 굴절 및 산란에 관여하는 화학적 소재로 구분된다. UVB를 흡수하는 자외선차단제로는 p-aminobenzoic acid와 에스테르 유도체, cinnamates, salicylate들이 이에 해당하며, UVA 차단제로는 titanium dioxide이나 zinc oxide을 함유하는 차단제와 avobenzone, terephthalylidene dicamphor sulfonic acid와 같은 흡수를 통해 차단제가 널리 이용되고 있다. 두 번째 예방 방법

을 통해 사용되는 소재는 retinoids, 항산화제(비타민 C, CoQ 10, α-lipoic acid 등), 에스트로겐, 성장인자 및 사이토카인 등이 이용된다. 세 번째는 화학적 박피술(α-hydroxy acids, salicylic acid, trichloroacetic acid, phenol을 이용한 방법), 레이저를 통한 시술, botulinum toxin 치료, 필러(fillers) 치료(bovine collagen, hyaluronic acid 유도체) 등이다.

(2) 주름개선(노화방지) 화장품 소재 개발 동향

1) 표피세포 분화 재생을 조절하는 항노화 화장품 소재

① Retinoid

레티노이드는 천연물 유래의 비타민 A 또는 합성비타민 A군을 총칭하는 것으로 레티놀(비타민 A), 레티날, 레티노인산(RA) 등이 포함된다. UV에 의한 피부의 노화작용이 보고된 후, 레티노이드가 광노화 피부에 효과가 있음이 과학적으로 입증되면서 각광을 받기 시작하였으며, 현재 항노화 화장품소재로 가장 많이 사용되고 있는 소재 중의 하나이다. 특히 RA는 단기간 투여로는 주로 표피의 분화재생에 효과가 있으며 진피 등에까지 효과를 얻으려면 4개월 이상 투여할 필요가 있다. 작용 기작은 hyaluronic acid의 합성 촉진작용에 의한 것으로 알려져 있다.

② α- Hydroxy acid (AHA)

Lactic acid, glycolic acid, citric acid 등의 AHA 중에서 특히 glycolic acid가 표피세포의 증식촉진 효과가 있는 것으로 알려져 있다. 또한 lactic acid는 유기산의 농도에 따라 효과가 있음이 보고되었으며, 그 작용기작으로는 낮은 pH에 의한 각층의 박리효소의 활성화와 표피 세포로부터의 혈관내피 증식인자(VEGF)의 분비촉진 등이 알려져 있다. 또한 AHA는 RA와 같이 표피에서 hyaluronic acid를 포함한 glucosaminoglycan의 합성을 촉진함으로 효과가 있음이 알려져 있다. 이상과 같은 효과가 알려지면서 최근에는 AHA의 대체 소재로 gluconolactone 등 polyhydroxy acid(PHA)가 주목을 받고 있다.

③ Mevalonolactone (mevalonic acid, MA)

피부의 제일 외각에 있는 각층은 체내로부터의 수분 증산 방지 뿐만 아니라 외부로부터의 물리적, 화학적 자극에 대한 보호효과를 가지고 있다. 각 층에는 세라마이드, 콜레스테롤, 지방산 등 각질 세포간 지질이 라멜라 구조를 형성하고 있어 매우 중요한 역할을 하고 있다. MA는 콜레스테롤 합성의 중요한 속도 결정효소인 HMG-CoA reductase의 활성을 증가시킬 뿐만 아니라 나이가 들면서 저하되는 각 층 콜레스테롤의 함량을 높여 표피의 기능을 활성화시키는 효과가 있어 이미 기능성화장품으로 널리 활용되고 있는 소재이다.

④ Niacinamide (nicotinamide, NA)

Niacinamide는 비타민 B군인 niacin류의 일종이다. NA는 세라마이드와 함께 라멜라 구조형성에 필요한 콜레스테롤과 지방산의 합성을 동시에 촉진하여 인체에 4주간 연속하여 사용했을 때 경표피의 수분상실율, 각층 수분량, 각질세포간 지질량을 개선하는 효과가 확인되었다. 흥미로운 사실은 배양 인체 표피세포의 증식과 각화에도 동시에 효과가 있다는 것이다. 또한 NA를 8주간 연속 도포함으로써 주름의 면적이 감소되고, 선 크림제와의 병용에 의해 피부를 부드럽게 해 주며, 그밖에도 인체의 색소침착 억제 효과도 있음이 보고되었다. 그 작용기작은 표피 세포의 턴오버의 개선효과가 아니라, 표피세포로부터 색소세포로의 멜라노좀의 운송을 저해하기 때문인 것으로 알려져 있다.

2) 세포외기질(ECM) 성분을 조절하는 항노화 화장품 소재

① 콜라겐 대사제어 소재

콜라겐 대사를 제어하는 소재는 콜라겐 분해 속도 결정효소인 MMP-1 단백질의 생산을 촉진하는 소재와 그 반대로 MMP-1 단백질을 저해하는 소재로 나누어 생각할 수 있다. 먼저, MMP-1의 생산을 촉진하는 소재로는 Pangamic acid의 생리활성 성분인 DADA, 주름개선효과가 인정되고 있는 silicic acid 등을 들 수 있다. Silicic acid는 콜라게나제의 유도활성 이외에도 공유결합에 의한 hyaluronic acid 등의 matrix 구조에 관여하며, 또한 표피세포의 각화 불용성 막 형성을 촉진하는 효과가 있다. 피부의 탄성을 증가시키는 N-methyl-L-serine(NMS) 등도 MMP-1 단백질의 유도활성이 있음이 알려졌다. NMS는 섬유아세포의 hyaluronic acid 합성효소 활성을 촉진하는 효과도 있다. 한편, 주름은 일상생활에서 UV의 노출로 유도되는 MMP 단백질에 의해서 콜라겐이 분해 되어 생기는 것이다. 따라서 MMP-1 단백질 합성 저해제도 주름개선 소재로 활용되고 있으며, 주름개선효과가 강한 것으로 알려져 있는 레티노인산(RA)는 MMP-1 단백질 합성을 전사수준에서 제어하는 좋은 소재이다.

② 엘라스틴 대사제어 소재

콜라겐과 함께 ECM 단백질의 일종인 엘라스틴 대사를 제어하는 물질들이 기능성 항노화 소재로 개발 이용되고 있다. 엘라스틴은 콜라겐에 비하여 ECM에 존재하는 량이 적으나 피부탄력성에 크게 기여하고 있으며 특히 광노화 피부에서는 변성 엘라스틴이 축적되는 문제가 중요하기 때문에 주름 형성과 엘라스틴을 함유하는 탄성 선유의 미세구조 변화와의 관계에 대하여도 연구가 진행되고 있다.

③ 히아루론산 대사제어 소재

고분자 다당으로 피부에서 중요한 ECM 성분으로 주목을 받고 있는 hyaluronic acid는 높은 수분 보유 기능이 있어 항노화 소재로 각광을 받고 있다. hyaluronic acid는 표피, 진피, 각층 등 전 부위에서 작용하나 콜라겐과는 대조적으로 수명이 짧은 특징이 있다.

3) 활성산소 소거물질을 이용한 항노화 화장품 소재

활성산소는 세포의 구성 성분들인 지질, 단백질, 당, DNA 등에 비선택적, 비가역적으로 파괴작용을 함으로써 세포 노화를 촉진하고 있다. 특히 우리 인체는 호흡작용을 통해 대기 중에 21%나 존재하는 산소를 전자수용체로 하여 에너지를 획득하고 있다. 이러한 호흡작용을 통해 사용되는 산소의 1~3%가 활성산소로 전환되기 때문에 끊임없이 ROS의 공격을 받고 있다. 따라서 활성산소 소거물질의 개발은 항노화 화장품 소재로 유용하게 응용될 것이다.

(3) 주름개선 및 효능 평가 방법

1) 세포내 콜라겐 생성시험(Collagen synthesis assay)

① 실험원리

이 시험방법은 섬유아세포(fibroblast) 배양 시 시료의 세포내 콜라겐 생성 증가 정도를 측정하는 방법이다. 콜라겐 양을 측정하는 방법으로는 ^{3}H-Proline incorporation assay, Collagen mRNA 측정법, ELISA 방법 등이 있다.

② 실험준비

㉮ 세포배양

사람섬유아세포(human primary fibroblasts) 또는 이와 유사한 섬유아세포(CCD-986sk, HS68, Detroit 5116 등)를 배양접시의 바닥에 접종한 후 페니실린(100 IU/mL), 스트렙토마이신(100㎍/mL), 10% FBS(fetal bovine serum)를 함유하는 DMEM(Dulbecco's Modified Eagle's Medium) 배지 넣고 37℃, 5% 이산화탄소를 포함하는 배양기내에서 배양한다.

㉯ 시료(검체)의 준비

실험에 사용되는 시료는 MTT 분석 또는 crystal violet 분석 등을 이용한 예비실험을 통하여 세포독성이 나타나지 않는 시료의 농도 범위를 결정한다. 시료의 희석은 혈청이 함유되지 않은 DMEM 배지를 사용한다. 다만 시료가 DMEM 배지에 녹지 않는 경우에는 에탄올 등 적당한 용매를 사용하여 녹인다. 실험결과의 신뢰도 향상을 위하여 TGF-β 등을 양성대조 물질로 사용한다.

③ 실험방법

㉮ 섬유아세포를 48-well plate에 well당 5×10^{4} 개로 분주한 다음 세포배양조건에서 24시간 배양한다.

㉯ 배지를 버리고 10 % PBS(phosphate buffered saline)로 세척한 다음 시료 및 새로운 배지를 넣고 24시간 배양한다.

㉰ 배양액 내의 콜라겐 양의 측정은 Procollagen type I C-peptide EIA kit (Takara)을 사용하여 측정한다.

㉱ 표준액은 PIP(procollagen type I carboxy-terminal peptide)를 증류수에 녹여 각각 0, 10, 20, 40, 80, 160, 320, 640ng/mL가 되도록 희석하여 제조한다.

㉲ Antibody-POD conjugate 용액 100㎕를 96 well plate에 넣은 다음 1/5로 희석한 배양액 및 표준액 20 ㎕를 넣고 37℃에서 3시간 배양한다.

㉳ 각 well에서 배양액을 제거한 후 400㎕의 PBS 용액으로 4회 씻는다.

㉴ 발색시약 100㎕를 넣고 상온에서 15분간 배양하고 1N 황산 100㎕을 넣어 반응을 중지시켠 후, 450nm에서 ELISA reader로 측정한다.

㉵ 측정된 콜라겐 양은 로우리법(Lowry assay)로 구한 총 콜라겐 양으로 보정한다.

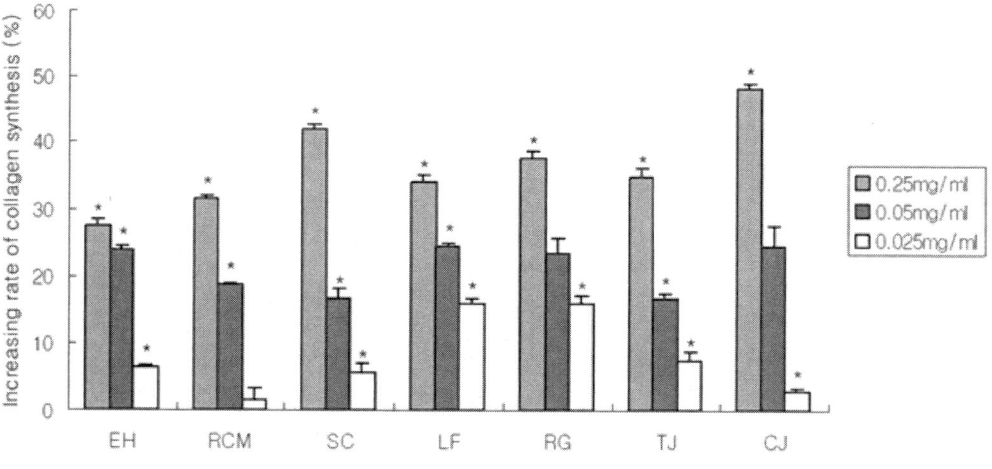

[그림 4-2-12] 시료의 세포내 콜라겐 생성 시험 분석 (J Life Sci. 2007 17 : 1147-1151)

2) 세포내 콜라게나제활성 억제시험(Collagenase inhibition assay)

① 실험원리

이 실험방법은 섬유아세포(fibroblast) 배양 시 시료가 세포내 콜라게나제 생성 억제 정도를 측정하는 방법으로, ELISA법, Collagenase mRNA측정법 등이 있다.

② 실험준비

세포배양 및 시료(검체) 준비는 위의 세포내 콜라겐 생성 시험과 동일하다.

③ 실험방법

㉮ 섬유아세포를 48-well plate에 well당 5×10^4개로 분주한 다음 세포배양조건에서 24시간 배양한다.

㉯ 배지를 버리고 10% PBS로 세척한 후, 시료 및 새로운 배지를 넣고 48시간 배양한다.

㉰ 배양액을 취하여 콜라게나제의 양은 Matrix metalloproteinase-1 (MMP-1) human biotrak ELISA system(GE Healthcare)을 사용하여 측정한다.

㉱ 표준액조제 : Human pro MMP-1에 정량용완충액(assay buffer 2)을 넣어 녹여 각각 0, 6.25, 12.5, 25, 50, 100ng/mL가 되도록 희석한다.

㉲ 정량용완충액(assay buffer 2) 100㎕를 well에 넣은 다음 1/5로 희석한 배양액 및 표준액 각 100㎕를 넣고 상온에서 2시간 배양한다.

㉳ well에서 배양액을 제거한 후, 세척용 완충액 400㎕로 3회 씻는다.

㉴ antiserum 100㎕를 넣고 상온에서 2시간 반응시킨 후, 세척용 완충액 400㎕로 3회 씻는다.

㉵ Peroxidase conjugate solution 100㎕를 넣고 상온에서 2시간 반응시킨 다음 인산염완충액(PBS) 400㎕로 3회 씻는다.

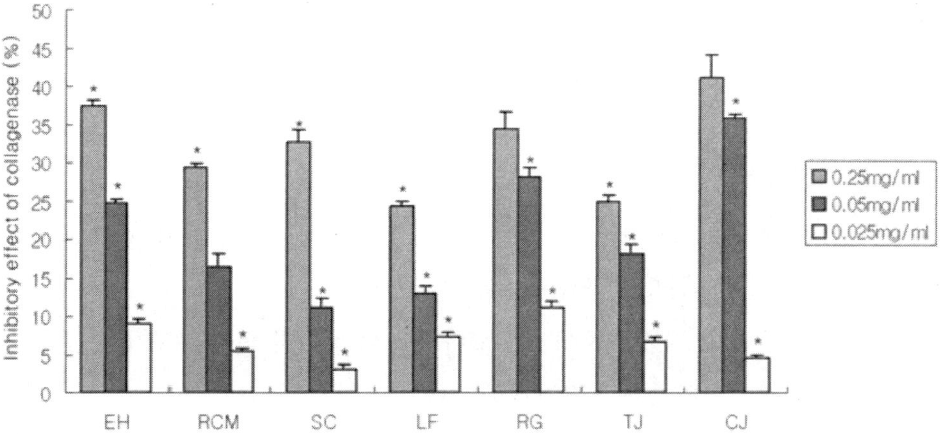

[그림 4-2-13] 시료의 세포내 콜라게나아제 활성 억제 시험 분석(J Life Sci. 2007 17 : 1147-1151)

㉮ TMB substrate 100㎕를 넣고 상온에서 30분간 반응시킨다.

㉯ 1M 황산 100㎕를 넣고 450nm에서 ELISA reader로 측정한다.

㉰ 측정된 콜라게나제 양은 로우리법으로 구한 총 단백질 양으로 보정한다.

3) 엘라스타제 활성 억제 시험(Elastase inhibition assay)

① 실험원리

이 실험방법은 시험물질과 대조물질의 섬유아세포의 엘라스타제 활성 억제정도를 비교하는 것이다.

② 실험준비

㉮ 세포배양

사람섬유아세포 또는 이와 유사한 사람유래 섬유아세포(CCD-25sk 등)를 배양접시의 바닥에 접종한 후 페니실린(50IU/mL), 스트렙토마이신(50㎍/mL), 10% FBS를 함유하는 DMEM 배지를 넣고 37℃, 5% 이산화탄소를 포함하는 배양기내에서 배양 한다.

㉯ 시료의 준비

본 시험의 시료 농도는 MTT 또는 crystal violet assay 등을 이용한 예비실험을 하여 세포독성을 나타내지 않는 농도를 선택한다. 시료 물질을 녹이거나 희석시킬 때는 0.2M Tris-HCl 용액(pH 8.0)을 사용한다. 일부 시료가 녹지 않는 경우에는 에탄올 등 적당한 용매를 사용하여 녹인다. 실험결과의 신뢰도 향상을 위하여 phosphorami don 등을 양성대조 물질로 사용한다.

③ 시험방법

㉮ 배양된 세포를 PBS로 세척한 후, 균질화 용액(0.1% triton X-100, 0.2M Tris-HCl 용액(pH 8.0))을 넣어 녹인다.

㉯ 이 용액을 액체 질소에서 얼렸다 녹였다를 여러 번 반복하거나, 초음파 분쇄를 통하여 세포를 균질화(homogenization) 한다.

㉰ 이 용액을 4℃에서 3000rpm으로 20분간 원심분리한 후, 상층액을 취하여 섬유아세포 엘라스타제를 포함하는 효소액으로 한다.

㉱ 위에서 만들어진 엘라스타제 용액을 Bradford법이나 Lowry법에 의하여 정량하여 각 well 당 100㎍의 단백질을 함유하는 양을 96 well에 넣고 0.2M Tris-HCl 완충액(pH 8.0)을 넣어 88㎕가 되도록 한다.

㉲ 시료 10㎕씩을 각 well 당 넣는다.

㉳ 엘라스타제의 기질인 STANA(N-succinyl-tri-alanyl-p-nitroanilide, 50mM)액을 2㎕씩 각 well 당 넣고 37℃에서 90분간 배양한다.

㉴ 405nm에서 ELISA Reader로 측정한다.

4) 인체적용시험

피부주름의 측정 평가에 대한 인체적용시험은 식품의약품 안전청에서 제시한 가이드라인에 따라 적용하며, 피시험자의 선정, 인체 실험 진행 규정 등의 일반적인 사항을 제외한 실험 방법에 대해서만 기술하고자 한다(기능성화장품의 유효성평가를 위한 가이드라인 II 참조).

① 주름측정

㉮ 육안평가

ⓐ 육안상대평가 :

피시험자의 주름 정도를 미리 정한 판정기준에 따라 2명 이상의 전문가에 의해 판정한다. 필요에 따라 표준주름 그림을 이용한다.

판정기준 예)

대조군

주름없음 주름많음

0 1 2 3 4 5 6 7 8 9

시료군

주름없음 주름많음

0 1 2 3 4 5 6 7 8 9

ⓑ 사진촬영

사진촬영은 매회 촬영시 피시험자의 자세, 거리, 조도 등이 동일한 조건이 되도록 하고, 디지털카메라 사용시 원본과 같다는 증명이 될 수 있는 자료가 있어야 한다.

예) 카메라를 이용하여 피시험 부위가 동일 시야에 들어오도록 앵글(angle)을 고정시키고, 스트로보를 사용하여 피실험자를 확인할 수 있는 원거리촬영과 근접촬영을 시행한다. 또한, 피시험부위와 렌즈의 거리가 매회 같아지도록 피시험자와 카메라의 위치를 고정한다.

㉯ 기기평가

주름의 기기평가방법은 피부의 모사판(replica)을 제작하여 주름을 측정하는 방법과 이미지 분석장치를 이용하여 피부의 주름을 직접 측정하는 방법이 있다. 모사판으로부터 주름을 측정하는 기기에는 optical profilometer, laser profilometer 등이 있다. 현재 가장 많이 사용되는 주름 측정방법은 모사판을 제작한 후 optical profilometer로 주름을 정량하는 방법이다.

측정방법 예)

ⓐ 모사판 제작

i) 모사판 제작 제작부위를 중심으로 면도 및 세안을 하고 30분간 항온 항습 조건에서 안정을 취한다.

ii) 모사판 제작용 실리콘 용액을 용법에 따라 준비한다.(ex : Silflo®, Kerr citricon® 등)

iii) 피시험자를 침대에 편안하게 누인 후 제작틀을 일정위치에 붙이고 실리콘용액을 균일하게 도포한다. 제작위치를 동일하게 하고 실리콘 용액 제작과 도포과정에서 기포가 발생하지 않도록 주의한다.

iv) 제작된 모사판의 형태, 기포발생 여부 등을 확인한 다음 상온에서 보관한다.

v) 측정오차를 줄이기 위하여 시험기간 동안의 모든 모사판 제작이 완료된 후에 주름을 정량한다.

ⓑ optical profilometer를 이용한 주름정량

생성된 주름 모사판에 일정 각도의 빛을 조사하면 주름의 굴곡에 따라 그림자의 명암의 정도 차이가 발생하고 생성된 그림자의 명암을

CCD 카메라로 찍어 이미지 파일을 생성한 다음 컴퓨터 영상분석시스템을 이용하여 주름 그림자 명암의 정도를 주름의 양으로 환산하여 정량한다.

㉰ 설문평가

설문 조사를 시행하여 주관적인 호전 정도를 변화 없음(no change), 조금 호전되었음(improved), 매우 호전되었음(much improved) 등으로 척도를 정해 평가한다.

② 이상반응 평가

이상반응 평가는 개인별 실험자료(CASE REPORT FORM)에서 매회 피실험자가 방문할 때 마다 문진과 육안으로 이상반응(홍반(Erythema), 부종(Edema), 인설생성(Scaling), 가려움(Itching), 자통(Stinging), 작열감(Burning), 뻣뻣함(Tightness), 따끔거림(Prickling))이나 다른 이상이 발생하는지 평가한다. 자극 증세 혹은 증상은 없었는지, 약한 정도인지, 중간정도인지, 심한정도 인지를 구분하여 기록한다. 그리고 실험중지 또는 탈락사항이 발생하는지 점검하여 CASE REPORT FORM에 기입한다. 방문하는 날이 아니더라도 실험에 더 이상 참가 할 수 없게 되는 경우는 본인의 서명이 첨부된 "실험참가 포기동의서"를 쓰도록 한다.

③ 통계분석 방법

통계적 분석은 SPSS등 통계처리 프로그램을 이용하여 기술적 통계분석을 실시하며 통계적 유의수준은 $p < 0.05$로 정하는 것을 원칙으로 한다.

3장 Fermentation

고급과정 : 발효산물 일반 분석

1절 크로마토그래피에 의한 분리

1. 크로마토그래피

(1) 크로마토그래피의 개념

크로마토그래피는 복잡한 혼합물 속의 화학 성분들을 분리, 확인 및 정량하는데 널리 사용되는 방법이다. 발효에 있어 분리 및 분석을 위해 크로마토그래피보다 더 강력하고 일반적인 응용이 가능한 방법은 없다. 이 장에서는 크로마토그래피의 일반적인 원리와 분리를 위한 크로마토그래피의 몇 가지 예를 다루고자 한다.

크로마토그래피는 혼합물 시료의 성분들이 이동상의 흐름에 실려 정지상을 통하여 운반되며, 분리는 이동상 성분들 간의 이동 속도의 차이에 기초하고 있다. 정지상(stationary phase)은 컬럼 안에 머물러 있는 상으로 보통 컬럼에 충전된 고체입자 표면에 덮여진 점도가 있는 액체이다. 이동상(mobile phase)은 컬럼안의 정지상을 통과하여 움직이는 상으로서 시료 혼합물을 운반하는 기체 혹은 액체이다. 컬럼에 들어가는 액체를 용리액(eluent)이라 하고, 컬럼을 통과하고 나오는 액체를 용출액(eleate)이라고 한다.

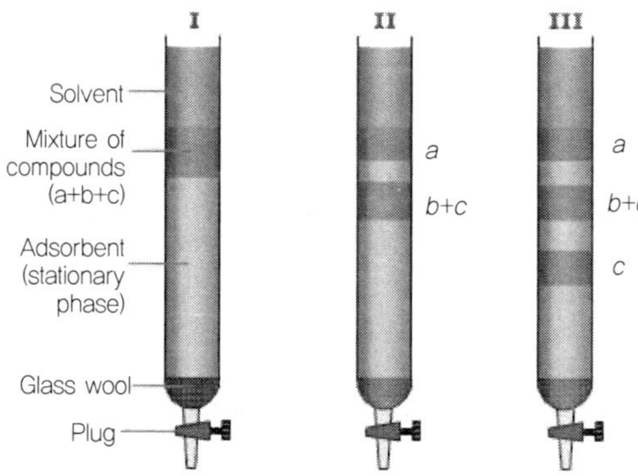

[그림 4-3-1] 크로마토크래피

출처 : http://www.tutorvista.com/content/chemistry/chemistry-iii/organic-compounds/mass.php

2. 크로마토그래피의 종류

크로마토그래피는 시료와 정지상 사이의 상호작용 메커니즘에 따라서 몇 가지로 나누어진다.

흡착 크로마토그래피(adsortion chromatography)는 고체 정지상과 액체나 기체의 이동상을 사용한다. 용질은 고체 입자의 표면에 흡착된다. 정지상과 이동상 사이의 평형으로 용질 분자들은 서로 분리된다. 용질이 강하게 흡착할수록 컬럼을 통과하여 나오는 시간이 늦다.

분배 크로마토그래피(partition chromatography)는 높은 끓는점을 가지는 액체 정지상이 고체 표면에 결합되어 있고, 이는 기체 크로마토그래피에서는 실리카(SiO_2)컬럼의 속에 있는 고체 표면이다. 용질은 정지상 액체와 기체 크로마토그래피에서 흐르는 기체인 이동상 사이에서 평형을 이룬다.

이온 교환 크로마토그래피(ion-exchange chromatography)는 $-SO_3^-$와 같은 음이온들 혹은 $-N(CH_3)_3^+$ 같이 양이온들이 수지(resin)라고 불리는 고체 정지상에 공유 결합되어 있다. 반대 전하의 용질 이온들은 정전기적 인력으로 정지상에 이끌린다. 이동상은 액체이다.

분자 배제 크로마토그래피(molecular exclusion chromatography)는 젤 거르기(gel fileration) 또는 젤 투과(gel permeation) 크로마토그래피라고도 하며, 용질의 크기가 크면 클수록 더 빨리 통과되므로 크기에 의해 분자들을 분리시킨다. 다른 형태의 크로마토그래피와는 다르게 이상적 분자 배제에서는 '정지상'과 용질 사이에 인력이 없다. 오히려 액체나 기체 이동상이 다공성 젤을 통하여 지나간다. 구멍의 크기는 큰 용질 분자를 배제하기에 충분하도록 작으나, 작은 분자를 배제 할 만큼 작지는 않다. 큰 분자는 젤에 들어가지 않고 통과한다. 그러나 작은 분자는 젤 속에 들어갈 수가 있어 컬럼을 빠져나올 때까지 많은 부피의 용리액이 필요하다.

친화 크로마토그래피(affinity chromatography)는 가장 선택적인 크로마토그래피 방법으로서, 정지상에 공유 결합(고정)된 다른 분자와 용질 중 한 분자가 특별한 상호작용으로 분리하는 방법이다. 예를 들면, 공유 결합된 분자가 특별한 단백질에 대해 항체인 경우이다. 1000여 종류의 단백질을 포함한 혼합물이 컬럼을 통과할 때, 단지 항체와 반응하는 하나의 단백질만 컬럼에 결합된다. 컬럼을 통해 다른 모든 단백질이 씻겨 나간 후, 필요한 단백질은 pH를 변화시키거나 이온 세기를 변화시킴으로써 떨어지게 하여 회수한다.

[표 4-3-1] 컬럼 크로마토그래피의 분류

일반적 분류	방법	정지상	평형의 형태
1. 기체 크로마토그래피(GC)	기체-액체(GLC)	고체 표면에 흡착 혹은 결합된 액체	기체와 액체 사이의 분배
	기체-고체	고체	흡착
2. 액체 크로마토그래피(LC)	고체 표면에 흡착 혹은 결합된 액체	고체 표면에 흡착 혹은 결합된 액체	섞이지 않는 액체 사이의 분배
	액체-고체 혹은 흡착	고체	흡착
	이온교환	이온교환 수지	이온교환
	크기 배제	고분자성 고체의 틈새의 액체	분배/체질
	친화도	고체 표면에 결합된 특정 작용기를 가지는 액체	정지상 액체와 이동상 액체 사이의 분배
3. 초임계 유체 크로마토그래피(SFC)		고체 표면에 결합된 유기 화학종	초임계 유체와 결합된 표면 사이의 분배

출처 : 분석화학 입문 제 7판, 자유아카데미

3. 크로마토그램

용질의 농도에 감응하는 검출기를 컬럼 끝에 장착하고 여기서 얻어지는 신호를 시간(또는 첨가한 이동상의 부피)의 함수로 나타나는 그래프를 크로마토그램(chromatogram)이라고 한다. 정성 및 정량 분석에 유용하게 사용된다. 시간 축 상의 봉우리의 위치는 시료 성분을 확인하는데 사용할 수 있으며 봉우리의 면적은 각 화학종의 양의 척도가 된다.

(1) 분포상수

모든 크로마토그래피 분리는 용질이 이동상과 정지상 사이에 분포되는 정도의 차이에 바탕을 두고 있다. 용질 화학종 A에 대한 평형은 다음 식으로 나타낼 수 있다.

$$A(이동상) \rightleftharpoons A(정지상)$$

이 반응의 평형 상수 K_C를 분포 상수(distribution constanct)라고 하며 다음과 같이 정의된다.

$$Kc = \frac{[A]_S}{[A]_M} = \frac{c_S}{c_M} \qquad [식\ 4\text{-}3\text{-}1]$$

[A]는 두 상에서의 용질 A의 활동도 이다. 흔히 활동도 대신 정지상에서의 용질의 몰분석 농도인 c_S, 이동상에서의 용질의 분석 농도 c_M을 사용할 수 있다. 이상적이라면 분포 상수는 넓은 용질의 농도 범위에서 일정하다. 즉, c_S는 c_M에 직접 비례한다.

(2) 머무름 시간

[그림 4-3-2]는 두 개의 봉우리로 이루어진 간단한 크로마토그램의 예시이다. 왼쪽의 작은 봉우리는 정지상에 의한 머무름이 없는 화학종의 것이다. 시료주입 후 이 봉우리가 나타나는데 까지 걸리는 시간 t_M을 불감시간(dead time)이라 부른다. 불감 시간은 이동상의 평균 이동 속도의 척도이며 분석물 봉우리를 확인하는데 중요한 파라미터이다. 종종 시료나 이동상은 머무름이 없는 화학종들을 함유하고 이다. 그렇지 않다면 봉우리확인을 돕기 위해 머무름이 없는 화학종을 첨가할 수도 있다. [그림 4-3-2]와 같이 오른쪽 큰 봉우리는 분석물의 봉우리이다. 시료 주입 후 이 봉우리가 검출기에 도달하는데 걸리는 시간을 머무름 시간(retention time)이라고 하며 t_R이라는 기호로 나타낸다.

용질 이동의 평균 선속도

$$\bar{\nu} = \frac{L}{t_R} \qquad [식\ 4\text{-}3\text{-}2]$$

이고, 여기에서 L은 충전물질이 채워진 컬럼의 길이이다. 마찬가지로 이동상 분자들의 평균 선속도 u는 다음과 같다.

$$\upsilon = \frac{L}{t_M} \qquad [식\ 4\text{-}3\text{-}3]$$

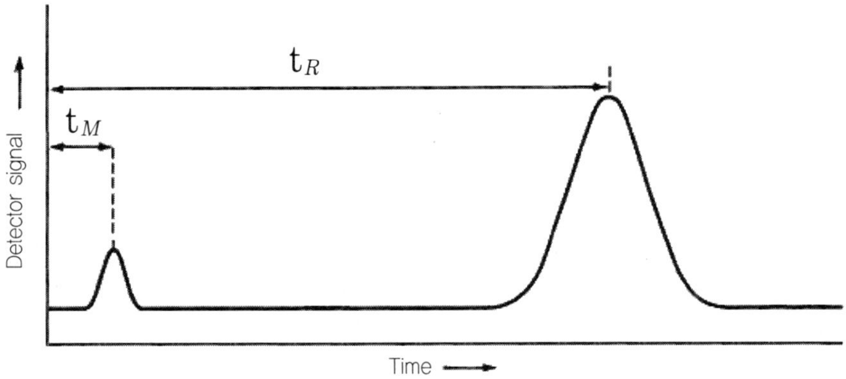

[그림 4-3-2] 전형적인 이성분 혼합물의 크로마토그램
출처 : http://www.clu-in.org/char/technologies/gc.cfm#gc_inset

보정 머무름 시간(adjusted retention time, t_s)은 컬럼의 길이를 통과하는 데 걸리는 추가적인 시간으로 컬럼에 머무르지 않는 이동상이 지나오는 데 걸리는 시간보다 길다.

$$t_s = t_R - t_M \qquad \text{〔식 4-3-4〕}$$

두 성분 1과 2에 대한 상대 머무름(relative retention, α)은 두 성분의 보정 머무름 시간의 비이다.

$$\alpha = \frac{t_{s2}}{t_{s1}} \qquad \text{〔식 4-3-5〕}$$

여기서 $t_{S2} > t_{R1}$ 이므로 $\alpha > 1$ 이다. 상대 머무름이 클수록 두 성분의 분리는 잘 된다. 상대 머무름은 흐름 속도에는 전혀 무관하므로, 흐름 속도가 변할 때 봉우리를 확인하는 데 이용될 수 있다.

크로마토그램의 각 봉우리에 대한 용량 인자(capacity factor, k′)는 다음과 같이 정의된다.

$$k' = \frac{t_R - t_M}{t_M} \qquad \text{〔식 4-3-6〕}$$

한 성분이 컬럼에 오래 머무를수록 용량 인자는 커진다. 특정 크로마토그래피 컬럼의 성능을 검사하기 위해서는 표준물질의 용량 인자, 이론 단수 및 봉우리 비대칭을 주기적으로 측정하는 것이 좋다. 그 변화는 컬럼의 변질을 반영하기 때문이다.

(3) 이동속도와 분포상수와의 관계

용질의 이동 속도와 분포 상수의 관계를 구하려면 용질의 이동 속도를 이동상 속도에 대한 분율로 나타내어야 한다.

$$\bar{v} = u \times \text{용질이 이동상에서 보내는 시간의 분율} \qquad \text{〔식 4-3-7〕}$$

그런데 이 분율은 어떤 순간에 이동상 속에 있는 용질의 평균 몰수를 컬럼 속에 있는 용질의 총 몰수로 나눈 것과 같다.

$$\bar{v} = u \times \frac{\text{이동상 내 용질의 몰수}}{\text{용질의 총 몰수}} \qquad \text{〔식 4-3-8〕}$$

이동상 내 용질의 총 몰수는 이동상 내 용질의 농도 c_M에 이동상의 부피 V_M을 곱한 것과 같다. 이와 유사하게, 정지상 내 용질의 몰수는 정지상 내 용질의 농도 c_S에 정지상의 부피 V_S를 곱한 것과 같다. 그러므로,

$$\bar{v} = u \times \frac{c_M V_M}{c_M V_M + c_S V_S} = u \times \frac{1}{1 + c_S V_S / c_M V_M} \qquad \text{〔식 4-3-9〕}$$

분포상수를 이 식에 대입하면 용질의 이동 속도를 분포 상수와 정지상 및 이동상의 부피의 함수로 나타낼 수 있다.

$$\bar{v} = u \times \frac{1}{1 + K_c V_s / V_M} \qquad \text{〔식 4-3-10〕}$$

두 부피(V_S, V_M)는 컬럼을 제조하는 방법으로부터 추정할 수 있다.

(4) 머무름 인자, k

머무름 인자는 컬럼 속에서 용질의 이동 속도를 비교하는데 널리 이용되는 실험상 중요한 파라디터 이다. 용질 A에 대한 머무름 인자 k_A는 다음과 같이 정의된다.

$$K_A = \frac{K_A V_S}{V_M} \qquad \text{〔식 4-3-11〕}$$

여기서 K_A는 용질 A의 분포상수이다. 위 식을 10 번식에 대입하면 다음 식을 얻는다.

$$\bar{v} = u \times \frac{1}{1+K_A} \qquad \text{〔식 4-3-12〕}$$

크로마토그램으로부터 k_A가 어떻게 얻어지는지를 보여주기 위해 〔식 4-3-10〕에 〔식 4-3-2〕와 〔식 4-3-3〕을 대입한다.

$$\frac{L}{t_R} = \frac{L}{t_M} \times \frac{1}{1+K_A} \qquad \text{〔식 4-3-13〕}$$

이 식을 재배열하면 다음과 같다.

$$K_A = \frac{t_R - t_M}{t_M} \qquad \text{〔식 4-3-14〕}$$

〔그림 4-3-2〕에서 볼 수 있는 바와 같이 t_R과 t_M은 크로마토그램으로부터 쉽게 얻을 수 있다. 어떤 용질의 머무름 인자가 1보다 훨씬 적을 때에는 용질의 용리가 너무 빨라서 머무름 시간을 정확히 측정하기가 어렵다. 머무름 인자가 약 20내지 30보다 크면 용리 시간이 비정상적으로 길어진다. 혼합물 속 용질들의 머무름 인자가 1에서 5 사이의 값을 가지는 조건에서 분리를 수행하는 것이 이상적이다.

기체 크로마토그래피에서의 머무름 인자는 온도나 컬럼 충전물질을 바꿈으로써 변화시킬 수 있다. 액체 크로마토그래피에서는 더 좋은 분리를 위해 이동상과 정지상의 조성을 변화시킴으로써 머무름 인자를 조절 할 수 있다.

(5) 선택인자

두 용질 A, B에 대한 컬럼의 선택 인자(selectivity factor)는 다음과 같이 정의된다.

$$\alpha = \frac{K_B}{K_A} \qquad \text{〔식 4-3-15〕}$$

여기서 K_B는 더 강하게 붙잡히는 화학종인 B의 분포 상수이고, K_A는 덜 강하게 붙잡히는, 즉 더 빨리 용리되는 화학종인 A의 분포 상수이다. 이렇게 정의하면 α는 항상 1보다 크다.

〔식 4-3-13〕과 용질 B에 대한 유사한 식을 〔식 4-3-15〕에 대입하면 두 용질에

대한 선택인자와 그들의 머무름 인자들 사이의 관계가 얻어진다.

$$\alpha = \frac{k_B}{k_A} \quad \text{〔식 4-3-16〕}$$

여기서 k_B와 k_A는 각각 B와 A의 머무름 인자이다. 두 용질에 대한 〔식 4-3-13〕을 〔식 4-3-15〕에 대입하면 실험에서 얻은 크로마토그램으로부터 α를 결정할 수 있도록 해 주는 식을 얻는다.

$$\alpha = \frac{(t_R)_B - t_M}{(t_R)_A - t_M} \quad \text{〔식 4-3-17〕}$$

(6) 컬럼 효율의 정량적 측정

크로마토그래피 컬럼 효율의 정량적인 척도로 (1) 단높이 (plate height) H와 (2) 단수 (plate count 혹은 plate number) 또는 이론단수 (number of theoretical plate) N 이라는 두 가지 서로 관련된 용어가 널리 사용된다.

이 두 가지는 다음 식과 같은 관계를 가지고 있다.

$$N = \frac{L}{H} \quad \text{〔식 4-3-18〕}$$

여기서 L은 컬럼 충전물의 길이(보통 ㎝단위)이다. 크로마토그래피 컬럼의 효율은 단수 N이 커지고 단높이 H가 작아짐에 따라 증가한다. 컬럼의 형태와 이동상 및 정지상이 달라지면 컬럼 효율이 크게 달라진다. 단수로 나타낸 컬럼 효율은 수백에서 수십만까지 변하며, 단높이는 10분의 1㎝에서 1000분의 1㎝ 이하까지의 값을 가질 수 있다.

일반적으로 크로마토그래피의 봉우리는 Gauss곡선의 형태이고, 컬럼 효율도 크로마토 그래피 봉우리의 폭으로 나타나기 때문에 크로마토그래피를 다루는 사람들은 컬럼의 단위길이 당 분산도를 컬럼 효율의 척도로 사용한다. 즉, 컬럼 효율을 나타내는 단높이 H는 다음과 같이 정의된다.

$$H = \frac{\sigma^2}{L} \quad \text{〔식 4-3-19〕}$$

컬럼 효율에 대한 이러한 정의는 〔그림 4-3〕에 충전물 길이가 Lcm인 컬럼에 대하여 설명되어 있다. 〔그림 4-3-3b〕에는 분석물 봉우리가 컬럼의 끝에 도달하는 순간, 즉 머무름 시간 t_R에 컬럼의 길이방향으로 분자들이 분포된 모양을 보여준다. 이 곡선은 Gauss모양이며 끊어진 수직선으로 L+1σ와 L-1σ의 위치가 표시되어 있다. L은 cm의 단위를 가지고 있고 σ^2의 단위는 cm^2 이므로 H는 cm단위의 직선거리를 나타낸다. 실제로 단높이는 L과 L-σ 사이에 있는 분석물의 분율을 함유하는 컬럼의 길이라고 할 수 있다. 정규 오차 곡선 아래의 $\pm\sigma$의 경계 안의 면적은 전체 면적의 약 68% 이므로 단높이는, 정의에 따르면 34%의 분석물을 함유한다.

(7) 컬럼에서 단수의 실험적 결정

이론단수 N과 단높이 H는 컬럼의 성능을 나타내는 척도로서 문헌이나 기기 제조업자들이 널리 사용한다. 〔그림 4-3-4〕는 크로마토그램으로부터 N을 결정하는 방법을 보여준다. 여기에서는 봉우리의 머무름 시간과 시간 단위로 나타낸 봉우리의 바탕선 넓이 W를 측정한다. 이론단수는 다음의 단순한 관계식을 이용하여 계산할 수 있다.

$$N = 16\left(\frac{t_R}{W}\right)^2 \qquad \text{〔식 4-3-20〕}$$

H를 구하려면 컬럼 길이 L을 측정하여 〔식 4-3-18〕을 적용하면 된다.

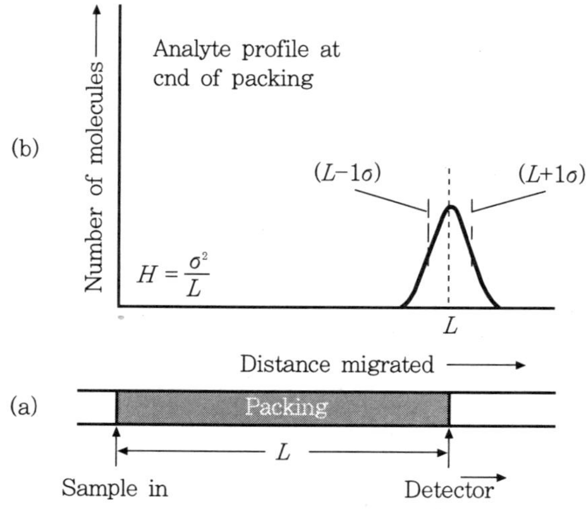

[그림 4-3-3] 단높이의 정의

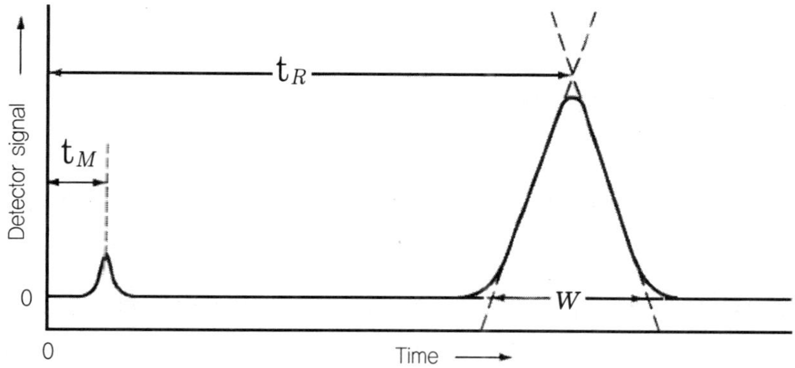

[그림 4-3-4] 이론단수의 결정

출처 : http://www.clu-in.org/char/technologies/gc.cfm#gc_inset

2절 액체 크로마토그래피

1. 액체 크로마토그래피 영역

액체 크로마토그래피(Liquid chromatography, LC)는 모든 분리 분석방법 중에서 가장 널리 사용되고 있다. 이 방법이 성장하는 이유는 높은 감도를 가기고 있고, 쉽고 정확하게 정량을 할 수 있고, 자동화하기 쉽고, 비휘발성 화학종 또는 열적으로 불안정한 물질을 쉽게 분리 할 수 있고, 또 그 무엇보다도 산업분야, 많은 다른 과학 분야 및 공중위생 분야의 중요한 물질들에 널리 응용될 수 있기 때문이다. 이런 물질들로는 아미노산, 단백질, 핵산, 탄화수소, 약품, terpenoids, 살충제, 항생제, 스테로이드, 금속-유기물 및 여러 가지 무기물 등이 있다.

여러 가지 액체 크로마토그래피들은 응용 영역 면에서만 본다면 이들이 서로 상호보완적이라는 것을 〔그림 4-3-5〕에서 보여주고 있다. 10,000 이상의 분자량을 갖는 용질에 경우 크기-배제 크로마토그래를 이용해 분리할 수 있게 되었다. 분자량이 작은 이온 화학종의 경우에는 이온교환 크로마토그래피가 널리 사용되고 있다. 비이온성이며 작은 극성을 갖는 화학종은 역상 분배법을 사용하는 것이 가장 좋다. 또 이 방법은 동족계열의 화학종들을 분리하는데도 자주 이용되고 있다. 흡

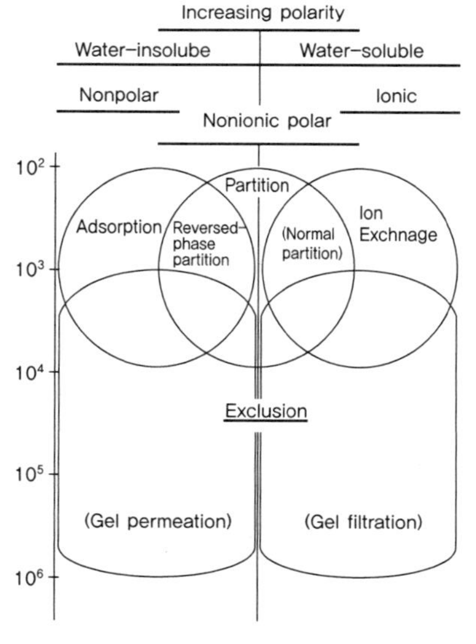

[그림 4-3-5] LC방법의 선택

출처 : High performance liquid chromatography, 2nd ed.,S, Linsay and J.Barnes., Wiley, 1992

착 크로마토그래피는 비극성 화학종, 구조 이성질체 그리고 지방족 알코올에서 지방족 탄화수소와 같은 화합물들을 분리하는데 사용된다. 액체 흡착 크로마토그래피는 머무름 과정에 대한 재현성과 비가역적 흡착으로 인해 고체 정지상을 가지고 있는 흡착 크로마토그래피로 대체되고 있다. LC의 특별한 형태중의 하나인 친화 크로마토그래피는 생화학 물질을 분리하고 얻는데 주로 사용된다. 그리고 키랄 크로마토그래피는 거울상체를 분리하는데 사용된다.

각 물질을 분리하기에 적당한 LC방법은 용해도와 분자량을 근거로 선택할 수 있다. 비이온성 작은 분자(M〈2000)의 대분분의 경우 역상 법이 적당하다. 〔그림 4-3-5〕의 아래에 있는 방법들은 분자량이 큰 화학종(M〉2000)에 적당하다.

(1) LC의 컬럼효율

여기서는 정지상의 입자크기의 중요한 효과를 설명하고 또 LC에서 때때로 상당히 중요한 띠 넓힘 현상을 일으키는 두 가지 원인에 대해 설명하려고 한다.

1) 충전물 입자크기의 효과

이동상에서의 질량이동 계수는 다음 식

$$H = A + \frac{B}{u} + C_s u + C_M u \qquad \text{〔식 4-3-21〕}$$

C_M이 충전물 입자의 지름 dp의 제곱에 정비례한다는 사실을 알려준다.(H는 단높이, A는 다통로, B/u 세로 확산, $C_s u + C_M u$평형 시간) 따라서 LC 컬럼의 효율은 입자의 크기를 줄이면 크게 개선된다. 〔그림 4-3-6〕은 이 효과를 실험적으로 살펴본 것으로, 입자의 크기를 45㎛에서 6㎛로 줄이면 단 높이는 10배 이상 작아진다는 것을 보여주고 있다. 〔그림 4-3-6〕에서 보여준 곡선들 중에는 어느 것도 위의 식에 의해 예측되는 최소점이 나타나고 있지 않음을 알 수 있다. 이러한 최소점은 실제로 LC에서 관찰될 수 있으나 대부분 실제 사용할 때는 매우 낮은 흐름 속도에서 나타나고 있다.

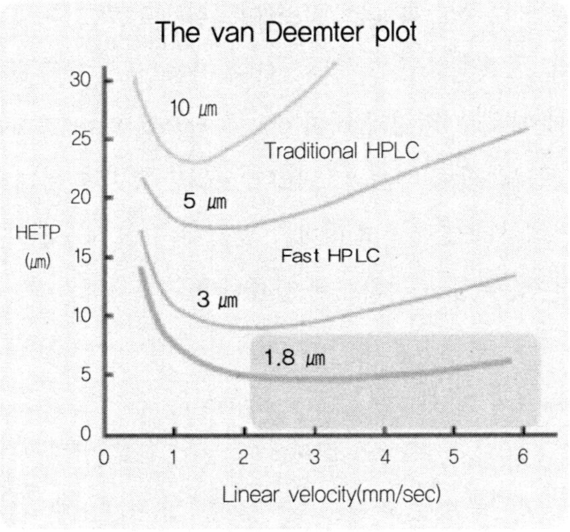

[그림 4-3-6] 충전물 입자 크기 효과

출처 : JASCO Benelux BV

2) LC에서의 컬럼외 띠 넓힘

LC에서는 컬럼 충전물 자체가 아닌 다른 부분에서도 큰 띠 넓힘이 일어나는 경우가 있다. 컬럼외 띠 넓힘(extra-column band broadening)은 용질이 시료 주입구, 검출기 영역 그리고 LC의 여러 부분장치를 연결하는 파이프 등과 같은 빈 공간의 관을 통과할 때 나타난다. 이 경우 넓힘은 관의 중심과 벽 부근의 액체 층돌의 흐름 속도의 차이로 인해 나타난다. 결과적으로, 용질 띠의 중심부분은 주변부분 보다 더 빠르게 움직이게 된다. GC에서 컬럼외 넓힘 현상은 확산에 의해 대부분 상쇄된다. 그러나 액체에서의 확산은 대단히 느리기 때문에 이런 형태의 띠 넓힘 현상이 눈에 띄게 나타나게 된다. 컬럼외 효과 H_{ex}가 전체 단 높이에 기여하는 정도는 다음과 같다.

$$H_{ex} = \frac{\pi \gamma^2 u}{24 D_M} \qquad \text{〔식 4-3-22〕}$$

여기서 u는 선형 흐름 속도(cm/s)이고, r은 관의 반지름(cm)이며, D_M은 이동상에서의 용질의 확산계수(㎠/s)이다.

컬럼외 띠 넓힘 현상은 비교적 큰 내부지름을 갖는 컬럼을 사용할 때 더욱 강하게 나타나다. 이 경우 이런 띠 넓힘의 원인을 최소화하기 위해 컬럼외 반지름을 0.010

인치 이하로 감소시키고 그리고 컬럼외 관의 길이는 될 수 있는 대로 작게 만들어야 한다.

(2) LC 기기장치

최신 LC에서 흔히 사용하는 3~10㎛ 크기의 충전물을 사용하여 적당한 흐름 속도를 얻기 위해서는, 펌프압력을 수백 기압으로 가해주어야 한다. 이렇게 높은 압력을 걸어 주어야 하기 때문에 LC 장치는 다른 종류의 크로마토그래피에서 볼 수 있는 것보다 정교하야 하므로 값도 비싸지게 된다. 〔그림 4-3-7〕은 전형적인 LC기기의 중요 부분장치를 보여주는 구성도이다.

1) 이동상 저장용기와 용매처리 장치

최신 LC기기는 하나 이상의 유리로 만든 용매 저장용기를 가지고 있는데, 이 저장용기 각각은 500mL 이상의 용매를 저장한다. 저장용기에는 액체에 용해된 기체와 먼지를 제거할 수 있는 장치가 붙어있다. 용해된 기체는 흐름 속도를 재현성이 없게 만들고, 띠 넓힘을 일으킨다. 또 기포와 먼지는 대부분의 검출기의 성능을 떨어뜨린다. 탈기체장치로서는 진공펌프, 증류장치, 용매를 가열하고 저어주는 장치 또는 〔그림 4-3-7〕에서 보여준 것과 같이 용해되어 있는 기체를 쫓아내기 위하여 용해도가 낮은 비활성기체의 미세기포를 용액에 통과시키는 분사(sparging) 장치가 있다. 이 장치는 펌프장치나 시료 주입계를 손상시키거나 분리 컬럼을 막히게 하는 먼지와 입자성 물질을 용매로부터 걸러내는 필터도 갖추고 있다. 탈기체장치와 필터는 〔그림 4-3-7〕에서 보여준 것과 같이 HPLC 기기의 한 부분장치로 만들 필요는 없다. 예를 들면 용매를 저장용기에 넣기 전에 처리하는 편리한 방법이 있는데, 이는 진공 하에서 밀리포아(millipore) 필터로 거르는 방법이 있다. 이렇게 하면 부유물과 함께 기체도 제거된다.

단일 용매 또는 일정한 조성을 갖는 용매 혼합물을 사용하는 분리법을 등용매 용리(isocratic elution)라고 한다. 기울기 용리(gradient elution)에서는 극성이 아주 다른 두 개(또는 그 이상)의 용매를 사용하고, 분리하는 동안 이들의 조성이 달라진다. 두 용매를 섞는 비율은 미리 프로그램 된 비율에 따라, 때로는 연속적으로 또 어떤 경우에는 단계적으로 변화시키게 되어 있다. 최신 HPLC 기기에는 둘 이상의 각종 용매 저장용기에서 용매들을 끌어내는 이들의 비율을 계속적으로 변화시킬 수 있는 장치가 붙어 있는 경우가 많다[그림 4-3-7]. 이때 용매의 부피 비율을 시간에 따라 선형적으로 또는 지수 함수적으로 변하게 한다. [그림 4-3-8]은 chloro benzene의 혼합물을 분리할 때 기울기 용리를 사용하여 좋아진 면을 보여 주고 있다. 50:50(v/v)의 methanol/물 용액으로 등용매 용리하여 [그림 4-3-8b]에 있는 용리곡선을 얻었다. [그림 4-3-8a]에 있는 곡선은 기울기 용리를 한 것으로 두 용매의 혼합비를 40:60에서부터 시작하여 methanol 농도를 8%/분의 분리능을 손상시키지 않으면서 분리시간을 크게 단축시켰음을 알 수 있다. 또한 기울기 용리는 기체 크로마토그래피에서 온도 프로그래밍을 이용하여 얻은 효과와 유사한 효과가 있음을 알 수 있다.

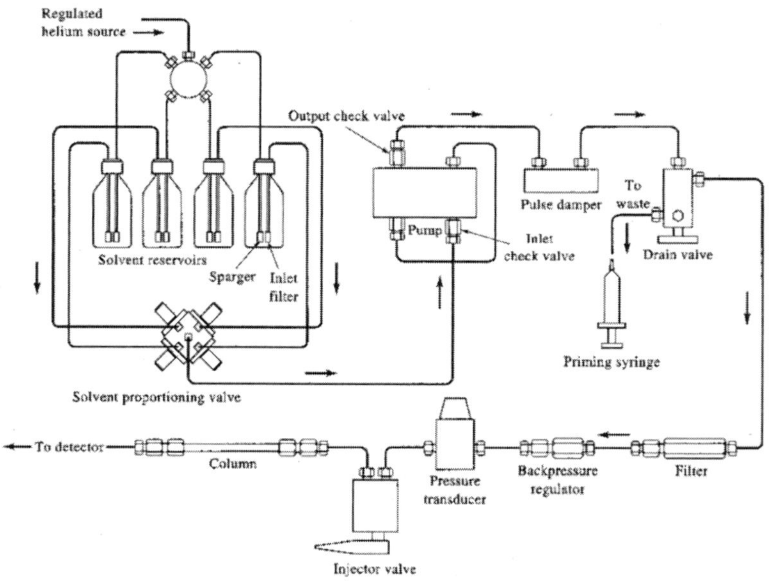

[그림 4-3-7] 전형적인 HPLC 기기의 부분장치를 보여주는 구성도

출처 : Perkin-Elmer Corp., Nowalk, CT

2) 펌프장치

LC 펌프장치에 필요로 하는 조건들은 다음과 같다. (1) 6000psi(1bs/in^2) 즉 414 bar 까지의 압력발생, (2) 펄스 충격 없는 출력, (3) 0.1~10mL/분 범위의 흐름속도, (4) 흐름 속도 재현성의 상대오차를 0.5% 이하로 유지, (5) 여러 용매에 의해 잘 부식되지 않음. 액체는 압축성이 거의 없기 때문에 LC펌프로 인해 생긴 높은 압력은 폭발할 위험성은 없다. 따라서 부분장치가 파열되면 단지 용매가 스며 나올 뿐

이다. 물론, 이러한 누출은 용매의 종류에 따라 화재와 환경오염을 일으킬 수도 있다.

LC에서는 두 가지 펌프, 즉 난사식 주사기형 펌프와 연동식 펌프가 주로 사용된다. 거의 모든 최신 시판 LC에는 연동식 펌프가 사용되고 있다.

① 연동식 펌프

연동식 펌프는 보통 모니터로 움직이는 피스톤의 왕복운동으로 용매를 펌프질해서 밀어 넣는 작은 방을 가지고 있다[그림 4-3-9]. 교대로 열리고 닫히는 두 개의 구슬 제어밸브가 용매를 실린더 내로 들어오고 나가게 조절한다. 용매는 피스톤과 직접 접촉되어 있다. 다른 방법으로는 유연성이 있는 격막을 통해 압력을 용매에 전달하는 것으로 이때 왕복 피스톤으로 수압 펌프질을 하게 되어 있다. 연동식 펌프는 용매를 펄스로 흐르게 하는 단점이 있는데 이로 인해 크로마토그램의 바탕선에 잡음이 나타나기 때문에 이를 감쇠시켜야 한다. 최신 LC에서는 L서는 이중 펌프헤드 또는 타원형 캠(cam)을 사용하여 이런 펄스를 최소화하고 있다. 연동식 펌프의 이점은 내부 부피가 작고(35~400㎕), 출력압력이 높고(10,000psi), 기울기 용리에 쉽게 적응할 수 있고, 컬럼에 거꾸로 작용하는 압력 및 용매 점도와는 거의 무관한 일정한 속도를 갖는 다는 것이다.

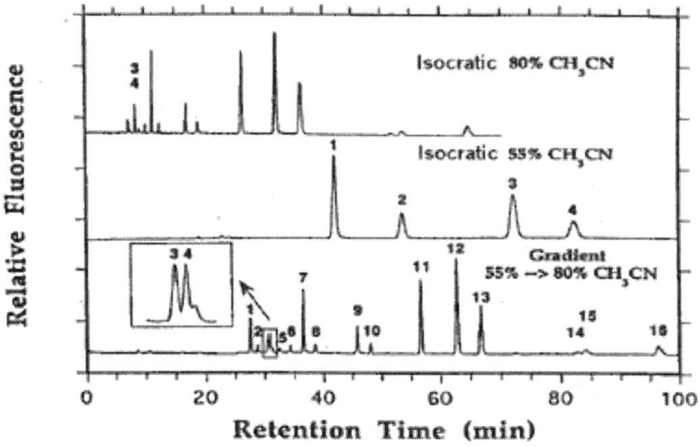

[그림 4-3-8] 기울기 용리에 의한 분리 효율의 개선 컬럼 1m×2.1mm 내부지름, precision-bcre 스테인레스스틸 ; 충전물 : 1% Permaphase® ODS(C18). 시료: 5㎕의 isopropanol에 들어있는 chlorinated benzenes. 검출기 : UV 광도계(254nm). 조건 : 온도, 60℃, 압력, 1200psi.

출처 : Unimicro Technologies, Inc.

② 주사기형 펌프

주사기형(displacement) 펌프는 보통 단계식 모터에 의해 나사식으로 움직이는 피스톤이 주사기와 비슷한 큰 원통 속에 들어있다. 주사기형 펌프도 역시 점도와 역압력에 무관하게 용매를 밀어 흐르게 하고 출력흐름에는 펄스가 없다. 단점은 용매용량(~250mL)이 제한되어 있고 용매를 바꾸어야 하는 경우 상당히 불편하다는 것이다.

③ 흐름조절과 프로그래밍 시스템

시판되고 있는 많은 기기의 펌프장치에는 펌프장치의 한 부분으로서 펌프 출구에 설치되어 있는 흐름제한기에 걸리는 압력강하를 측정하여 흐름 속도를 측정 조절하는 컴퓨터 장치가 설치되어 있다. 그리하여 출력신호가 미리 설정한 값에서 차이가 나면 펌프모니터의 속도를 증가 또는 감소시키게 되어 있다. 또한 대부분의 기기는 연속적으로 또는 단계적으로 용매의 조성을 변화시키는 장치를 가지고 있다. 예를 들면 〔그림 4-3-7〕에서 보여주는 기기는 분배 밸브를 가지고 있는데, 이 밸브는 미리 프로그램된 방식에 따라 연속적으로 변화시켜 네 가지 용매까지 섞어줄 수 있게 되어있다.

3) 시료주입장치

때로 액체 크로마토그래피 측정의 정밀도에 제한을 주는 요인은 컬럼 충전물에 시료를 주입할 때의 재현성에 있다. 이러한 문제는 시료를 지나치게 많이 주입함으

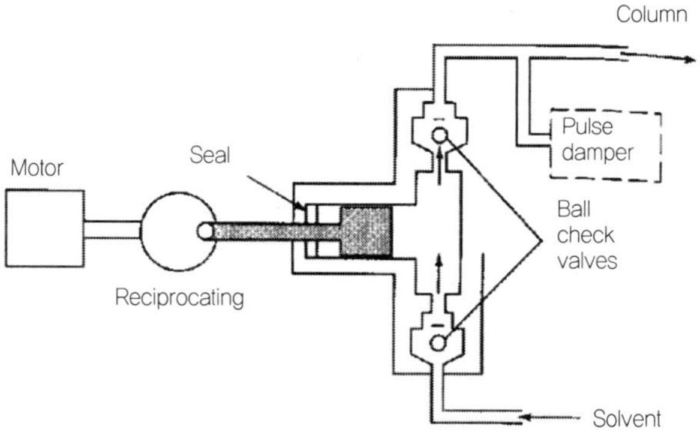

[그림 4-3-9] HPLC용 연동식 펌프

출처 : http://www.cem.msu.edu/~cem333/Week16.pdf

로써 생기는 띠 넓힘 현상으로 나타난다. 따라서 사용되는 부피는 가급적 작아야 하는데, 십 분의 수 ㎕에서 약 500㎕까지 허용된다. 그리고 또 계의 압력을 낮추지 않고도 주입할 수 있으면 편리할 것이다.

LC에 시료를 주입하는데 가장 널리 쓰이는 방법은 〔그림 4-3-10〕에서 보여준 것과 같은 시료 주입고리(sampling loop)를 이용하는 방법이다. 이 장치는 액체 크로마트그래피 장치에 포함되어 있는 것이 보통인데 시료크기의 선택에 따라 1㎕부터 100㎕까지를 공급할 수 있는 교환 가능한 고리를 가지고 있다. 이러한 종류의 시료주입 고리를 사용하면 십 분의 수 %의 상대 표준편차로 7000psi까지의 압력에서 시료를 주입할 수 있다.

오늘날 대부분의 크로마토그래피 기기는 자동 시료주입기를 갖추고 있다. 이 장치는 시료 회전판에 있는 유리병으로부터 또는 마이크로타이터 판(microtiter plate)으로부터 시료를 취해 LC에 주입할 수 있게 되어 있다. 이들은 보통 시료고리와 주사기형 펌프를 가지고 있어 주입 부피는 작게는 1㎕이하부터 많게는 1mL 정도이다. 어떤 기기는 시료를 주입하기 전에 시료를 저장하기 위해 그리고 유도체를 만드는 반응을 일으키기 위해 온도를 조절할 수 있는 장치를 가지고 있다. 대부분의 자동 주입기는 LC장치에 작동자의 조작 없이도 주입할 수 있도록 프로그래밍 되어 있다.

4) HPLC 컬럼

보통 크로마토그래피 컬럼은 속이 매끄러운(smoothbore) 스테인레스스틸 컬럼으로 만든다. HPLC 컬럼은 때로 두꺼운 벽을 갖는 유리관과 polyetherether-ketone(P-EEK)과 같은 폴리머 관으로 만든다. 그리고 유리 또는 PEEK와 일렬로 배열된 스테인레스스틸 컬럼 또한 이용되고 있다. 크기와 충전물이 다른 수백 가지의 충전 컬럼들을 시중에서 구할 수 있다.

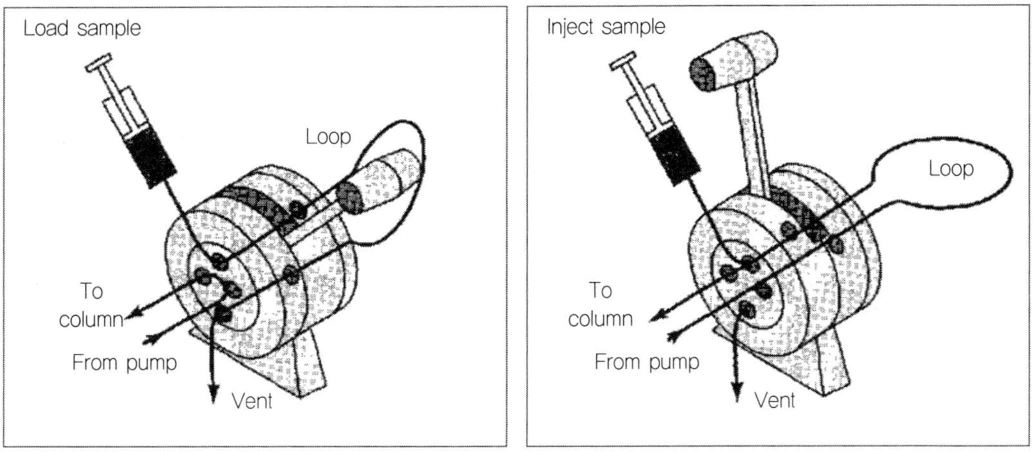

[그림 4-3-10] LC에 사용되는 시료주입 고리 밸브위치를 왼쪽 그림처럼 놓으면 주사기로부터 시료가 고리에 채워지고 이동상은 펌프에서 컬럼으로 흐른다.
그러나 밸브가 [그림 4-3-10]의 오른쪽에 있는 그림처럼 놓이면 고리는 펌프와 컬럼 사이에 놓이게 되고 이동상이 시료를 컬럼으로 밀어 넣는다.
출처 : Hewlett-Packard Co., Palo Alto, CA

① 분석컬럼

대부분의 액체 크로마토그래피 컬럼의 길이는 5~25cm 이다. 주로 직선형 컬럼이 사용되고 있다. 때로 둘 이상의 곧은 컬럼을 연결하여 더 길게 만들어 사용하기도 한다. 분석 컬럼의 내부지름은 약 3~5mm이다. 충전물의 입자크기는 보통 3 또는 5㎛이다. 가장 흔히 사용되고 있는 컬럼은 길이가 10 또는 15cm이고, 내부 지름이 4.6 mm이며, 5㎛의 입자가 채워져 있다. 이러한 종류의 컬럼은 40,000~70,000 단/m(보통 약 10,000단/컬럼)의 단수를 갖는다. 1980년대에 내부지름이 1~4.6mm이고, 길이가 3~7.5cm 정도인 마이크로 컬럼을 사용하기 시작하였다. 이 컬럼들은 3 또는 5㎛의 입자로 채워져 있으며, 100,000 단/m의 단수를 가지고 있고, 속도가 빠르고, 용매의 소비가 적다는 것이 단점이다. 용매의 가격이 비싸고, 사용 후 폐기할 때도 비싸기 때문에 특히 중요하다. 〔그림 4-3-11〕은 마이크로 컬럼으로 분리 할 경우 소모되는 시간을 보여주고 있다. 이 경우 다양한 종류의 8개의 성분들을 약 15초 내에 분리하였다. 이 컬럼은 길이가 4cm이고 내부지름은 4mm이며, 3㎛의 입자로 채워져 있다.

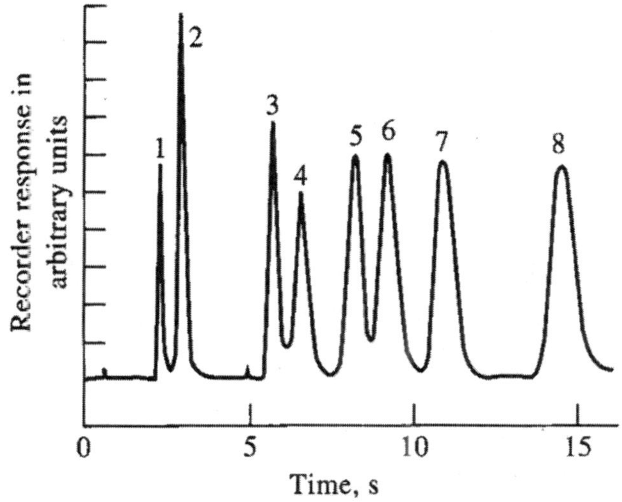

[그림 4-3-11] 등용매 고속 분리컬럼 크기 : 길이 4cm, 내부 지름 0.4cm, 충전물:3㎛ spherisorb: 이동상: n-hexane에 용해시킨 4.1% ethyl acetate.
화합물: (1)p-xylene, (2)anisole, (3)benzyl acetate, (4)dioctyl phalate, (5)dipentyl phthalate (6)dibytyl phthalate, (7)dipropyl phthalate, (8)diethyl phthalate.

출처 : Small Bore Liquid Chromatography Columns:Their Properties and Uses, R.P.W.Scott, New York:Wiley, 1984, p 156

② 보호 컬럼

보통 짧은 보호 컬럼(guard column)을 분석 컬럼 앞에 설치하여 용매에서 들어오는 입자성 물질과 오염물질 뿐만 아니라 정지상에 비가역적으로 결합되는 시료성분을 제거하여 줌으로서 분석 컬럼의 수명을 연장시키고 있다. 보호 컬럼 충전물의 조성은 분석 컬럼의 것과 거의 같아야 한다. 하지만 입자의 크기를 더 크게 하여 압력강하를 최소로 할 수도 있다. 보호 컬럼이 오염되었을 때는 다시 충전물을 채우든지 또는 똑같은 종류의 새로운 것으로 교체하여야 한다. 이처럼 보호 컬럼을 사용하여 고가의 분석 컬럼을 보호 할 수 있다.

③ 컬럼의 온도 조절

일반적인 응용에서는 컬럼의 온도를 정밀하게 조절할 필요가 없으며 실온에서 작동된다. 그러나 더 재현성 있는 크로마토그램을 얻으려면 컬럼의 온도를 일정하게 유지하여야한다. 대부분 최신 기기에는 실온에서 150℃까지의 온도영역에서 십 분의 수 도까지 컬럼 온도를 조절할 수 있는 컬럼 가열장치가 부착되어 있다. 또한 일정한 온도 중탕기에 연결된 물 자켓으로 컬럼을 둘러싸서 기기를 사용하는 많은 사람들은 재현성 있는 분리를 하려면 온도 조절이 필수적이라고 생각하고 있다.

5) 컬럼 충전물의 종류

LC에서 사용하고 있는 두 가지 종류의 기본적인 충전물에는 표피형(pellicular)입자와 다공성(porous)입자가 있다. 표피형 입자는 원래 지름이 30~40㎛이고 다공성이 아닌 구형 유리 또는 중합체 구슬로 되어 있다. 실리카, 알루미나, polystyrene-divinylbenzene 합성수지 즉 이온교환수지의 얇은 다공성 층을 이 유리구슬의 표면에 입힌다. 큰 크기의 표피형 입자보다는 작은 크기의 다공성 미세입자로 거의 대체되었다. 최근에 들어서는 작은(~5㎛) 표피형 충전물이 단백질과 큰 생화학물질을 분리하는데 다시 사용되고 있다.

LC의 전형적 다공성 입자 충전물은 지름이 3~10 ㎛인 다공성 미세입자로 구성되어 있다. 주어진 크기의 입자일 경우 입자크기의 차이가 될 수 있는 한 적어야 한다. 이 입자는 실리카, 알루미나, polystyrene-divinylbenzene 합성수지 즉 이온교환수지로 이루어져 있다. 지금까지 LC에서 가장 흔히 사용되는 충전물을 실리카이다. 실리카 입자는 매우 작은 실리카 입자를 응집시켜 매우 균일한 지름의 좀 더 큰 입자가 되도록 한 것이다. 이렇게 만든 입자의 표면에 얇은 유기물 막을 화학적 또는 물리적으로 결합시켜 입힌다.

6) 검출기

LC에는 기체 크로마토그래피의 불꽃 이온화 및 열전도도 검출기와 같이 모든 응용에 이용할 수 있으면서도 신뢰도가 큰 검출기가 없다. GC 검출기는 흐르는 기체 흐름 속에 들어 있는 작은 농도의 분석 물을 측정하기 위해 흐름 셀(flow cell)이 부착된 일반적인 분석기기이다. LC가 발전하는데 있어서 가장 중요한 점은 이런 기기들을 얼마나 잘 적용하고 성능을 개선시키느냐 하는 것이다.

① 이상적인 검출기의 특성

LC에 이용되는 이상적인 검출기는 넓은 온도영역에 걸쳐 감응할 필요가 없다는 것을 제외하고는 GC 검출기에 필요한 모든 조건을 가지고 있어야 한다. 그리고 또한 HPLC 검출기는 띠 넓힘을 감소시키기 위하여 내부 부피를 최소화하고 액체 흐름에 지장을 주지 않도록 해야 한다.

[표 4-3-2] HPLC 검출기의 성능

HPLC검출기	시판가능	질량LOD*(일반형)	선형범위(10승)
흡광도	가능	10 pg	3~4
형광	가능	10 fg	5
전기화학	가능	100 pg	4~5
굴절율	가능	1 ng	3
전도도	가능	100 pg – 1 ng	5
질량분석기	가능	〈1 pg	5
FTIR	가능	1 ug	3
빛 산란	가능	1 ug	4
광활성	불가능	1 ng	4
원소선택	불가능	1 ng	4~5
광이온화	불가능	〈1 pg	

출처 : 기기분석의 이해 6판. Holler; Skoog; Crouch 서울: 사이플러스, 2008

② 검출기의 종류

액체 크로마토그래피의 검출기에는 두 가지의 기본 형태가 있다. 용액성질 검출기(bulk property detector)는 용질의 존재에 따라 변하는 이동상의 용액성질, 즉 굴절률, 유전상수 또는 밀도 등에 감응하며, 이에 비해 용질성질 검출기(solute property detector)는 이동상의 성질이 아니고 용질의 어떤 성질, 즉 UV 흡수, 형광 또는 확산 전류 등에 대하여 감응을 나타낸다.

〔표 4-3-2〕에는 HPLC에서 가장 흔히 사용되는 검출기들과 이들의 몇 가지 중요한 성질들을 적어 놓았다. LC에서 가장 널리 사용되는 검출기는 자외선 또는 가시광선의 흡수에 근거를 둔 것이다. 형광, 굴절률 및 전기 화학 검출기도 또한 널리 사용되고 있다.

③ 자외-가시선 흡수 검출기

〔그림 4-3-12〕는 크로마토그래피의 컬럼에서 나오는 용리액의 흡광도를 측정하기 위한 전형적인 Z모양 흐름 셀의 구성도이다. 컬럼의 띠 넓힘을 최소화하기 위하여 이 흐름 셀의 부피는 가능한 한 작아야 한다. 따라서 보통 셀 부피는 1~10μL로 제한되어 있고 셀의 길이는 2~10mm 정도이다.

많은 흡수 검출기는 빛살형인데 한 빛살은 용리액 셀을 통해 지나가며 다른 빛살은 기준 빛살이다. 그리고 짝 맞춘 광전 검출기를 이용하여 두 빛살의 세기를 비교하도록 되어있다. 또 다른 방법으로 빛살 토막들을 지나는 빛살 시스템을 하나의 광변환기와 함께 사용하기도 한다. 어느 경우에서나 크로마토그램은 흡광도(변환된 두 신호 비의 대수값)를 시간의 함수로 도시하여 얻는다. 홑살형 기기도 또한 사용 된다. 이 경우 용매를 통한 빛살의 세기를 측정하여 컴퓨터에 저장하였다가 나중에 흡광도를 계산할 때 불러내어 사용한다.

④ 필터를 갖춘 UV 흡수 검출기

초기의 UV 흡수 검출기는 광원으로서 수은 등을 사용한 필터 광도계이다. 일반적으로 254nm의 센 선을 필터로 분리하여 사용 한다. 또한 어떤 기기는 필터를 바꾸어 가면서 250, 313, 334 및 365nm선을 선택하여 사용하고 있다. 이런 종류의 검출기는 이 파장들 중의 어느 하나를 흡수하는 용질에서만 사용된다.

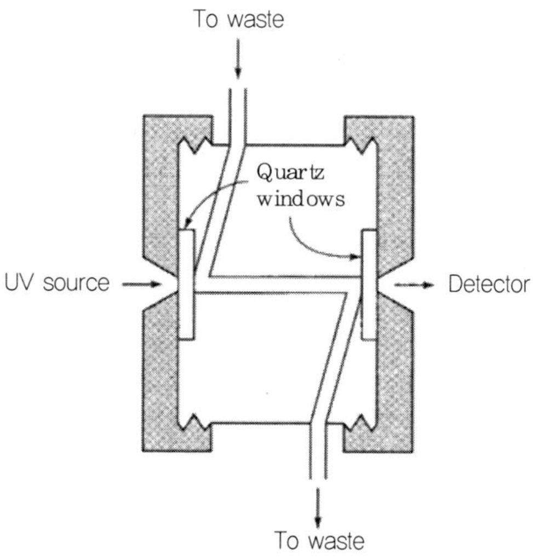

[그림 4-3-12] HPLC용 UV검출기 셀
출처 : http://www.cem.msu.edu/~cem333/Week16.pdf

몇 가지 유기 작용기들과 많은 무기화학종들은 이 파장들 중 하나 이상이 포함된 넓은 흡수 띠를 가지고 있다.

간섭필터를 갖추고 있는 중수소 또는 텅스텐 필라멘트 광원은 컬럼에서 용리되는 흡수 화학종들을 검출하는데 사용된다. 어떤 기기에는 이중 파장 장치를 가지고 있거나 또는 여러 개의 필터를 구비한 필터 바퀴가 부착되어 있어 필터를 빠르게 바꾸어 주면서 용리되는 여러 가지 화학종을 검출할 수 있도록 한다. 오늘날 필터 기기는 주사 또는 다이오드 배열 분광계로서 거의 완전히 대체되었다.

⑤ 주사할 수 있는 UV흡수 검출기

대부분의 HPLC 제조회사들은 회절발 광학계를 이용하여 주사하는 분광광도계를 검출기로 제공하고 있다. 어떤 것은 자외 복사선에만 사용할 수 있고, 또 다른 것은 UV와 가시 복사선 모두에 사용할 수 있다. 작동 방식을 여러 가지로 선택할 수도 있다. 예를 들면 단일 파장으로 전체 크로마토그램을 얻을 수도 있고, 용리봉우리가 시간적으로 충분히 분리되어 있을 때는 각 봉우리에 대하여 다른 파장을 선택하도록 할 수 있다. 전체 스펙트럼을 모두 확인할 필요가 있는 경우에는 용티액의 흐름을 충분한 시간동안 정지시키고 측정하고자 하는 파장 영역을 주사할 수도 있다.

가장 유용한 UV 분광광도법 검출기는 다이오드 배열 기기이다. 몇몇 제작자들이 이러한 기기들을 내놓고 있는데 대략 일초 내에 전 스펙트럼에 필요한 데이터를 모을 수 있다. 따라서 각각의 크로마토그래피 봉우리의 스펙트럼 데이터를 분석물이 컬럼 끝에서 나타날 때 모아서 저장할 수 있다. 화학종을 확인하는데 그리고 정량분석에 필요한 조건을 얻는데 도움이 되는 스펙트럼 데이터를 나타내는 한 가지 표현방법은 [그림 4-3-13]에 보여준 것과 같은 3차원 도시이다. 이 경우 스펙트럼은 5초 간격으로 연속적으로 얻었다. 용리액 중에서 세 종류의 스테로이드가 각각 나타나고 없어지는 것을 확실히 볼 수 있다.

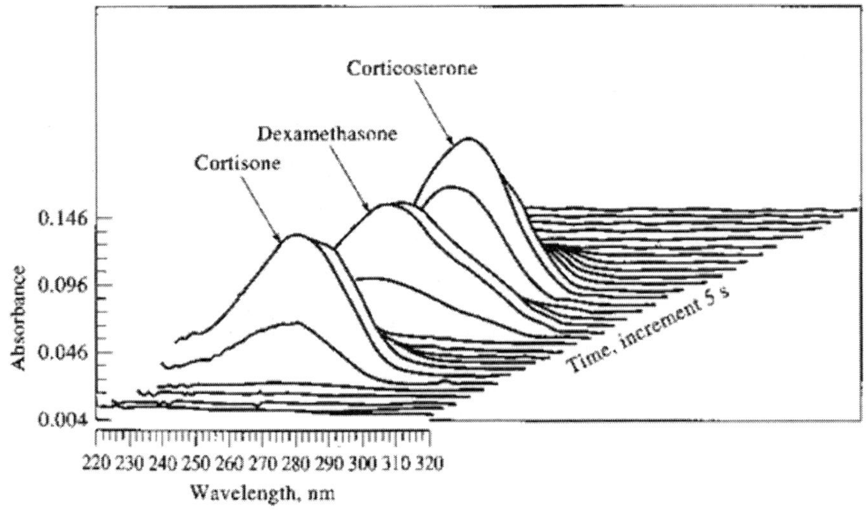

[그림 4-3-13] 세 가지 스테로이드 혼합물의 용리액으로부터 5초 간격으로 얻은 흡수 스펙트럼
출처 : Hewlett-Packard Co., Palo Alto, CA

⑥ 적외선 흡수 검출기

두 종류의 적외선 검출기가 시판되고 있다. 첫 번째 것은 필터기기다. 두 번째 것은 좀 더 정교한 IR 검출기로 Fourier 변환기기에 바탕을 두고 있다. 몇몇 Fourier 변환 IR(FTIR)기기 제작자들은 이 기기를 부속장치로 내놓아 HPLC 검출기로 이용할 수 있도록 하고 있다. 적외선 검출기 셀은 자외 복사선을 사용할 때의 구조와 비슷한데, 단지 창이 sodium chloride이나 calcium fluoride으로 되어 있는 것만이 다르다. 셀의 길이는 0.2~1.0mm이며 부피는 1.5~10㎕L이다.

IR 검출기를 사용하는데 있어서 가장 큰 문제점은 유용한 여러 용매가 어느 정도 흡수한다는 것이다. 예를 들면, 이 검출기는 물과 알코올의 넓은 적외선 흡수띠로 인해 많은 응용분야에서 거의 사용하지 못하고 있다. 또한 특별한 재질의 셀을 사용하지 않는 한 수용액 이동상을 사용하면 셀이 쉽게 변화 될 수 있다. 그리고 많은 용질의 검출 한계가 비교적 좋지 못하다는 것도 IR 검출기의 단점이 된다. LC에 질량분석법 검출기를 사용하게 됨으로서 IR 검출기의 사용이 급격히 줄어들게 되었다.

⑦ 형광검출기

HPLC에서 사용되는 형광 검출기는 그 구조가 형광계 및 분광형광계의 것과 유사하다. 대부분, 형광은 들뜸 빛살에 대하여 90° 방향에 놓여있는 광전 검출기로 측정하고 있다. 가장 간단한 검출기는 수은 들뜸 광원 그리고 방출 복사선의 띠를 분리하는 하나 이상의 필터를 사용하고 있다. 보다 정교한 기기는 크세논 광원 그리고 형광복사선을 분리하는데 회절발 단색화 장치를 사용하고 있다. 레이저-유도 형광법도 또한 감도와 선택성이 좋기 때문에 사용되고 있다. 형광법의 고유한 이점이라면 감도가 높다는 것인데, 대부분의 흡수법보다 10배 이상 높다. 이러한 이점 때문에 LC에서 형광을 발하는 시료의 성분을 분리하고 정량하는데 이 방법이 큰 역할을 하고 있다. 형광을 발하는 화합물들은 의약품, 천연물, 임상시료 및 석유화학 제품 등과 같은 물질을 분석할 때 자주 볼 수 있다. 형광을 발하는 유도체를 만드는 시약으로 시약을 전처리하면 형광을발하는 화학종의 수를 더 많게 할 수 있다.

예를 들면, dansylchloride(5-dimethylamino-naphthalene-1-sulfonyl chloride)은 일차와 이차 아민, 아미노산 및 phenol과 반응하여 형광화합물을 만들기 때문에 단백질을 가수분해하여 생긴 아미노산을 검출하는데 널리 사용되고 있다.

⑧ 굴절률 검출기

〔그림 4-3-14〕는 시차 굴절률 검출기를 나타낸 구성도인데 용매가 분리컬럼으로 흘러갈 때 셀의 한 쪽 방을 통해, 한편 용리액은 셀의 다른 쪽 방을 통해 지나가도록 되어 있다. 두 방은 유리판으로 분리되어 있는데, 이 유리판은 두 용액의 굴절률이 다르면 굴절 될 수 있는 각도로 설치되어 있다. 이로 인해 빛살에 감응하는 검출기의 표면에 도달하는 빛살의 위치가 이동하게 되면 출력신호의 변화를 가져오고 이것을 증폭하여 기록하면 크로마토그램이 된다. 굴절률 검출기는 거의 모든 용질에 감응을 보이는 독특한 이점을 가지고 있다. 즉 기체 크로마토그래피의 불꽃 이온화 또는 열전도도 검출기처럼 일반적인 검출기가 된다. 그 외에도 신뢰도가 크며 흐름 속도에 영향을 받지 않는다. 그러나 이것들은 온도에 매우 민감하므로 천분의 수 ℃범위 내에서 일정한 온도를 유지해야 한다. 게다가 대부분의 다른 형태의 검출기보다 감도가 좋지 않으며, 기울기 용리를

할 때는 사용할 수 없다. 굴절률 검출기는 당과 같은 몇 가지 분석물을 정량하는 데 응용되고 있다.

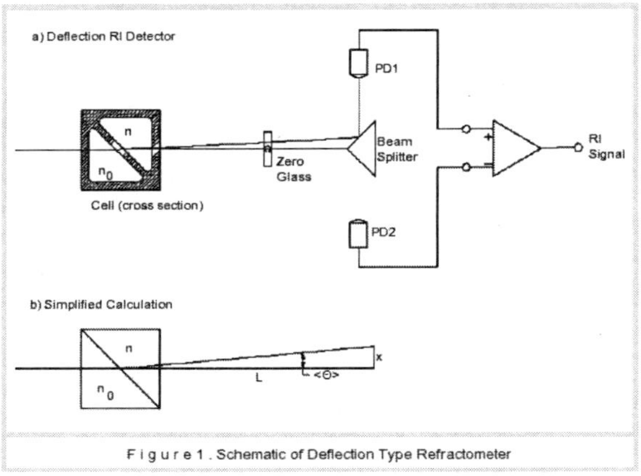

[그림 4-3-14] 굴절률 검출기의 구성도

출처 : Malvern Instruments Ltd

⑨ 증발 및 산란 검출기

HPLC의 최신형 검출기 중의 하나는 증발 빛 산란 검출기(evaporative light scattering detector, ELSD)이다. 이 검출기에서는 컬럼에서의 용리된 용출액이 분무기를 통과하면서 질소나 공기의 흐름에 의해 미세한 안개 방울로 변하게 된다. 미세 방울은 온도가 조절되어 있는 이동관으로 흘러가서 이동상은 증발이 되고 분석물은 미세입자로 남아 있게 된다. 그 다음 레이저 빛살이 이 자욱한 분석물 입자들을 통과하게 된다. 산란된 복사선은 분석물 흐름에 수직인 위치에서 규소 광다이오드에 의해 검출된다. 이 형태의 검출기의 중요한 이점은 모든 비휘발성 용질에 대해서 대략 비슷한 감응을 나타낸다는 것이다. 게다가, 검출한계가 0.2ng/㎕ 정도로 굴절률 검출기보다 매우 더 좋다. 단점은 이동상은 성분이 휘발성이어야만 한다는 것이다.

⑩ 질량분석 검출기

LC와 질량분석계를 연결함으로써 이상적인 분리와 검출을 모두 잘 할 수 있게 되었다. GC에서처럼, 질량분석계는 크로마토그래피 컬럼으로 분석물이 용리되어 나올 때 이 분석물을 확인하는데 큰 역할을 한다. 그러나 두 분석법을 연결하는데 큰 문제점이 있다. 이것은 질량분석계에서는 기체상의 시료를 이용하여야 하는데, LC 컬럼으로부터 나오는 용리액은 용매에 용해되어 있는 용질이라는 것이다. 첫 번째 단계로서 용매가 증발되어야 한다. 하지만 LC용매가 증발되었을 때 GC에서의 운반기체보다 10~1000배 더 큰 기체부피를 가지게 된다.

용매를 제거하고 LC 컬럼과 MS의 연결부위에 대한 문제를 해결하기 위한 몇 가지 장치가 개발되었다. 오늘날 가장 널리 사용되는 방법은 낮은 흐름 속도에서의 대기압 이온화법이다. 전형적인 LC/MS 장치의 개요도를 〔그림 4-3-17〕에서 보여준다. HPLC 장치는 종종 μL/분 정도의 흐름 속도를 갖는 나노규모 모세관 LC 기기이다. 다른 것으로는, 어떤 연결 장치가 일반적인 HPLC에서처럼 1~2ml/분의 흐름 속도를 갖는 것이다. 가장 흔히 사용되는 이온원은 전기분무 이온화 및 대기압 화학 이온화이다. HPLC와 질량분석계를 연결하면 매우 큰 선택성을 나타내는데, 이는 분리되지 않은 봉우리도 선택된 질량에서 관찰을 하면 확인할 수 있기 때문이다. 일반적인 HPLC에서는 머무름 시간으로 측정하는 것과 달리 LC/MS에서는 각 분석물의 특성에 따라 확인을 할 수 있다. 이러한 LC/MS는 또한 분자량과 구조적 정보도 알 수 있고, 정량 분석도 정확히 할 수 있게 한다.

어떤 복잡한 혼합물인 경우, LC와 MS 연결로도 충분한 분리능을 주지 못할 경우도 있다. 최근에는 두 개 이상의 질량 분석관을 연결하여 만든 직렬 질량분석계가 이용되고 있다. LC와 연결하였을 때 직렬 질량분석계를 LC/MS/MS라고 부른다. 직렬 질량분석계는 보통 3개의 사중극자 분석관 또는 사중극자-이온포집 분석계로 되어 있다. 사중극자로 얻을 수 있는 분리능보다 더 큰 분리능을 얻기 위해 직렬 MS에서의 마지막 질량 분석관으로 비행시간형 질량분석계를 사용할 수도 있다. 부채꼴 자기장 MS도 또한 연결하여 직렬 질량분석계를 만들 수 있다. 이온 사이클론 공명 그리고 이온-포집 질량분석계는 질량분석이 단지 두 단계 뿐만 아니라 n 단계로도 할 수 있다. 이런 MSn 장치는 하나의 질량 분석관 안에 순차적으로 분석 할 수 있는 단계가 있다. 이들이 LC와 연결되면 LC/MS 기기가 된다.

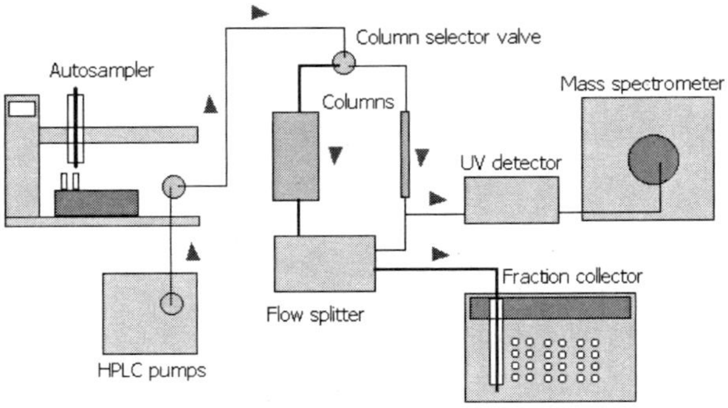

[그림 4-3-15] LC/MS 장치의 구성도

출처 : http://home.iprimus.com.au/pakholt/lcms/details.html

LC/MS 장치는 완전히 컴퓨터로 조절된다. 이런 기기를 이용하면 실시간 및 컴퓨터-재구성 크로마토그램 그리고 용리되는 봉우리들의 스펙트럼을 얻을 수 있다.

2. HPLC를 이용한 발효산물의 분리

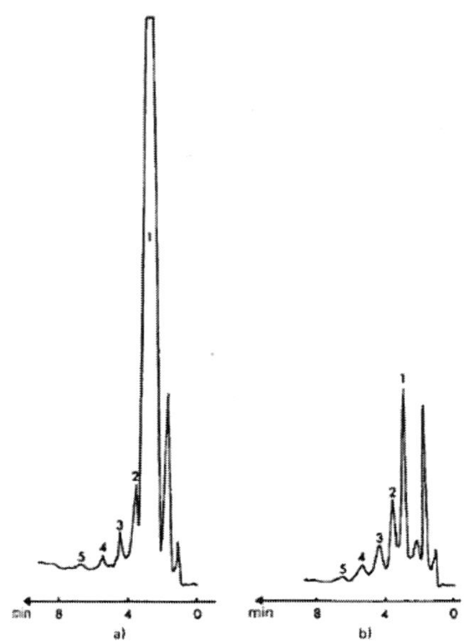

[그림 4-3-16] 포플러 나무의 올리고머 성분의 분리

출처 : G. Bonn/ O. Bobleter, Chromatographia, 1984, 18, 445

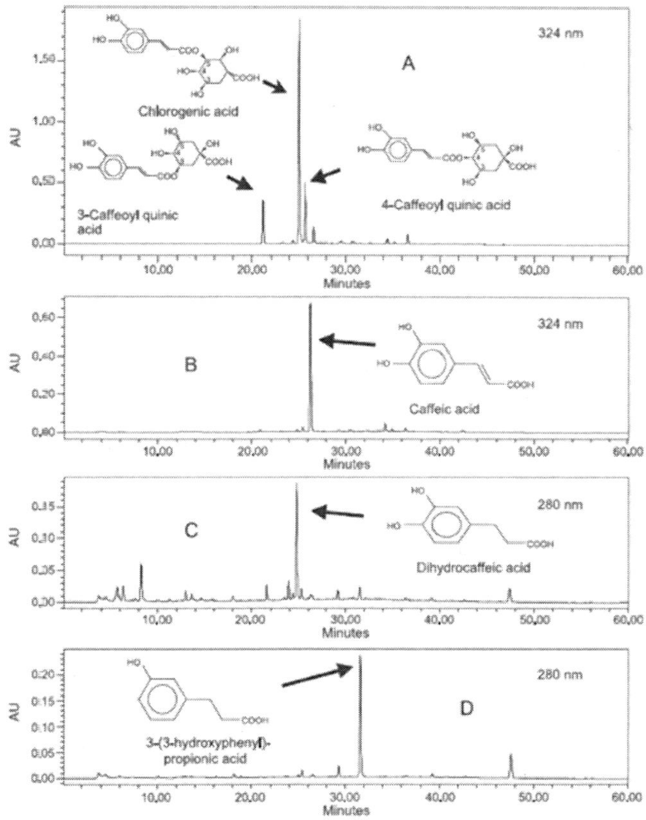

[그림 4-3-17] 플라보노이드 유도체의 발효에 따른 분리

출처 : Free Radical Biology & Medicine, 2004, 36, 212

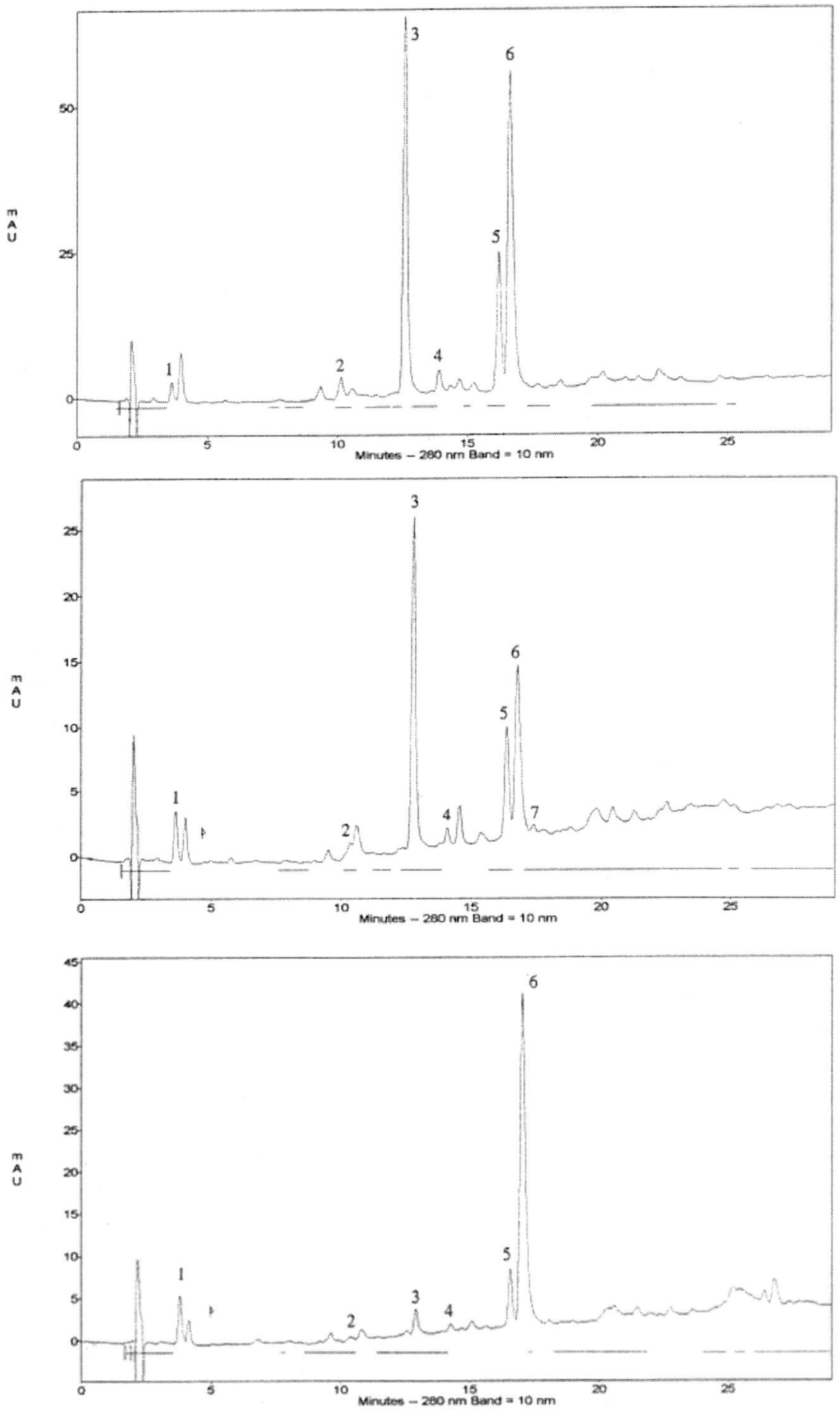

[그림 4-3-18] 발효하지 않은 차(green tea), 중간정도 발효한 차(oolong tea), 완전히 발효한 차 (black tea)의 HPLC 분리 차이 1.Gallic acid(GA); 2.(−)−epigall ocatechin(EGC); 3.(−)−epigallocatechin gallate(EGCG); 4.(−)−epica techin(EG); 5.(−)−epicatechin gallate(ECG); 6.caffeiene(CA); 7.(−)−catechin gallate(CG)

출처 : Yuegang Zuo, Talanta, 2002, 57, 307?316

실험 4-3-1 HPLC 사용

(1) 이동상의 선택

이동상은 시료나 고정상과 반응성이 있는 이동상은 사용할 수 없으며 detector에 검출이 되지 않은 것을 사용한다. 이 때 사용하는 이동상은 HPLC grade 이상의 순수한 물질이어야 하고 filtering을 거쳐 불순물을 제거해야 한다. 주로 사용되는 이동상으로는 Acetonitrile, methanol, water 등이 있다.

실험 시 이동상의 양은 충분해야 한다. 이동상의 양이 부족해 펌프에 air가 들어가게 되는 경우 기기에 이상이 생길 수 있으므로 수시로 양을 체크한다.

(2) Sample Preparation

분석하고자 하는 시료는 반드시 사용하는 이동상에 녹여 사용하고, 녹인 후에는 이동상과 마찬가지로 membrane filter를 해준다.

(3) Air 제거

기기의 전원을 켠 후 펌프에 있는 Air를 제거해 주어야 한다. 기기 내의 air는 chrom atogram의 baseline을 고르지 않게 만들 뿐만 아니라 기기 고장의 원인이 된다. 기기마다 정해진 방식대로 air를 빼준다. (주사기를 이용하거나 용매를 흘려주어 Air를 제거할 수 있다.)

(4) 컬럼 장착

컬럼 역시 실험의 목적이나 시료의 성질에 맞게 선택하여야 한다. 컬럼은 시료와 이동상에 존재하는 불순물과 흡착 현상을 일으켜 쉽게 성능이 떨어질 수 있으므로, 앞서 서술한대로 반드시 시료와 용매는 Filter를 거쳐 사용한다.

(5) 기기의 안정화

시료 주입 전 기기를 안정화시키기 위해 이동상을 미리 5~10분간 미리 흘려준다. 이는 압력을 일정하게 해주기 위함이다.

(6) 실험 설정

하고자 하는 실험에 따라 알맞은 유속, Run time, gradient elution시 이동상들의 비율 등을 설정해 준다.

(7) Sample loading

주사기에 시료를 넣기 전 미리 여분의 이동상으로 주사기를 3~5회에 걸쳐 세척해 준 다음, air가 들어가지 않게 주사기에 시료를 주입한다. 이 때 시료의 양은 약 20~50ul 정도로 맞춘다.

(8) Run

시료를 시료주입부에 넣은 후 running을 시작한다. Detector가 분리된 시료를 인식하면 모니터 상에서 peak가 나타나게 된다. 분리가 모두 끝나면 데이터를 저장한다.

(9) Washing

실험이 모두 끝나면 컬럼이나 루프에 남아있을 불순물을 제거하기 위해 이동상을 점점 유속을 낮춰가며 10~15분간 흘려준다. 세척이 모두 끝나면 기기와 컴퓨터를 off 한다.

실험 예제

다음은 paraben 혼합물의 HPLC 분리 결과로 다음과 같은 조건에서 실험하였다.

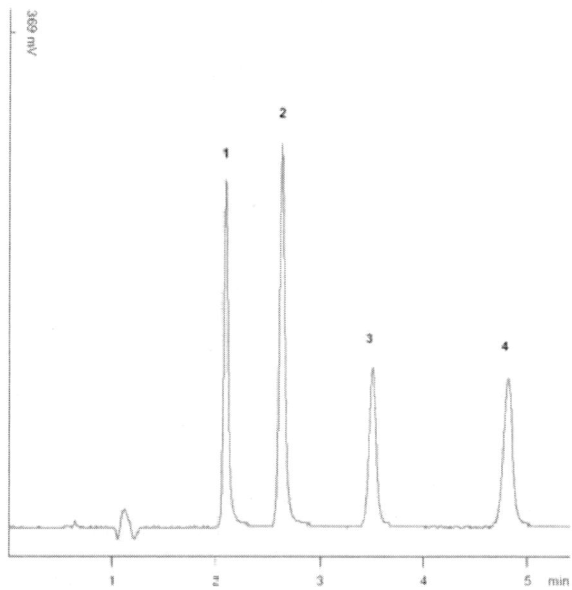

※ 실험조건

Coulmn :

ProntoSIL 120-3-PHENYL

(part No. 1204F050PS030)

Dimension :

125 x 4.0mm

Eluent :

20mM K2HPO4/ACN, 50/50 (v/v)

Flow : 1.0ml/min

Detector : UV 254nm

Temperature : 40℃

Concentration : 300ppb each

[그림 4-3-19]

출처 : http://www.bischoff-chrom.com/?url=applications1

(1) Methylparaben (2) Ethylparaben (3) Propylparaben (4) Butylparaben

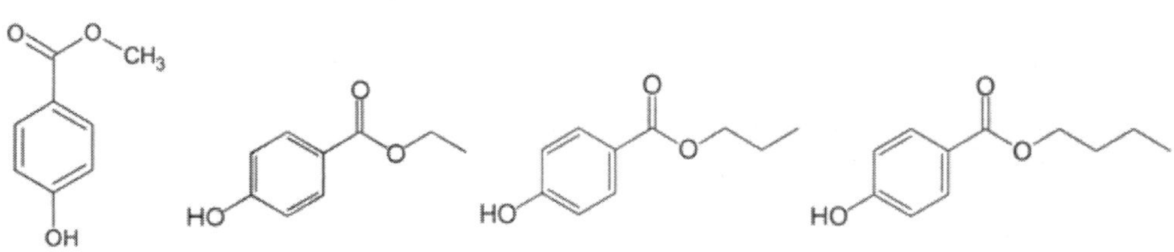

분자량이 작은 분자부터 차례로 용출된다. Methyl, ethyl, propyl, butyl로 탄소수가 증가할수록 고정상과 상호작용 시간이 길어지므로 늦게 용출된다.

3절 기체 크로마토그래피

1. 기체 크로마토그래피의 분리 과정

기체 크로마토그래피의 장치는 상품화 된 이후 많은 변화와 발전이 이루어 졌다 1970년대에 전자 적분기와 컴퓨터를 이용한 데이터 처리 장치가 일반화 되었다. 1980년대에는 컬럼 온도, 유속, 시료주입 같은 장치 파라미터의 대부분을 자동 조절하기 위해 컴퓨터를 사용하게 되었고, 적당한 가격의 고성능 기기가 개발되었으며, 특히 복잡한 혼합물의 성분들을 비교적 짧은 시간 내에 분리할 수 있는 열린 모세관형 컬럼이 개발되었다. 1990년대에는 고속 GC와 같은 기술과 더불어 모세관형 GC가 더욱 개발되었다. 오늘 날에는 30개가 넘는 기기 제조회사에서 130여 모델의 기체 크로마토그래프 장치를 1500불에서 4만불 사이의 가격에 공급하고 있다.

(1) 운반기체

기체 크로마토그래피에서 이동상 기체는 화학적으로 비활성이어야 한다. 헬륨이 가장 일반적으로 사용되며, 아르곤, 질소, 수소도 이용된다. 이들 기체는 가압된 통에 들어 있다. 압력 조절기, 게이지, 그리고 유속계가 기체의 유속을 조절하기 위해 필요하다. 컬럼 입구에서의 압력은 10~50psi(lb/in^2)이며 25~50mL/min의 유속을 제공한다. 시판되는 대부분의 기체 크로마토그래프 장치에는 전자 유속 측정기가 장착되어 있어서 컴퓨터를 이용하여 유속을 일정하게 유지할 수 있다.

(2) 시료주입

컬럼 효율을 높이려면 시료의 양이 적당해야하고 시료는 증기의 다발(plug)형태로 주입되어야 한다. 주입이 느리거나 과량의 시료가 주입되면 띠의 퍼짐이 생기고 분리능이 좋지 않다. 액체 시료의 경우, 검정된(calibrated) 마이크로 주사기를 사용하여 고무나 실리콘 막 또는 격막(septum)을 통해 컬럼의 앞 부분에 위치한 가열된 시료 포트 안으로 시료를 주사한다. 보통 시료 포트는 시료 중 휘발성이 가장 낮은 성분의 끓는점보다 약 50℃ 더 높은 온도로 유지한다. 일반적인 충전 컬럼에서, 시료 부피는 약 0.1~20㎕범위이다. 모세관 컬럼의 경우 그보다 100배 혹은 그 이상 작다. 그러기 위해서는 주입된 시료 중 일부만(1:100~1:500) 주입되고 나머지는 배출될 수 있는 시료 분할기가 필요하다. 모세관 컬럼을 사용하기 위한 시판 기체 크로마토그래프 장치는 이러한 시료 분할기가 달려 있으며, 충전 컬럼을 사용할 때에는 시료를 분할하지 않고 주입 할 수도 있다.

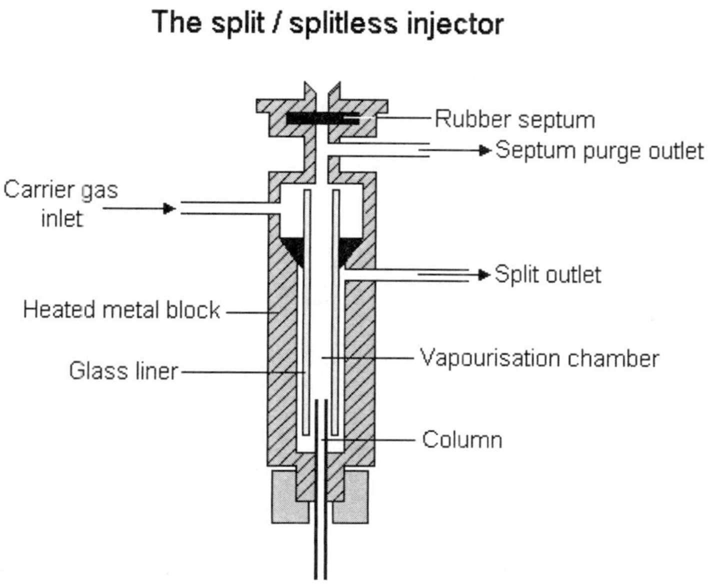

[그림 4-3-20] 직접 주입기의 단면도

출처 : http://teaching.shu.ac.uk/hwb/chemistry/tutorials/chrom/gaschrm.htm

(3) 검출기

기체 크로마토그래피의 검출기는 컬럼을 빠져나오는 낮은 농도의 용질들에 빠르게 감응해야 한다. 운반 기체 내에서의 용질의 농도는 수 ppt(parts per thousand) 혹은 그보다 1/10배에서 1/100배 정도 낮다. 하나의 봉우리가 검출기를 통화하는 시간은 보통 1초 이하인데, 검출기는 이렇게 짧은 시간 동안에 반응 할 수 있어야 한다. 이상적인 검출기는 선형감응, 안정성, 다양한 화학종에 대해 균일하게 감응하거나 아니면 하나 이상의 용질에 대한 예측 가능하고 선택적인 감응 등을 포함한다.

1) 이상적인 검출기의 특성

GC에서 사용되는 이상적인 검출기는 다음의 특성들을 갖추어야 한다.

① 적당한 감도를 가져야 한다. 적당한 감도가 어느 정도인가를 정량적으로 말할 수는 없다. 예를 들면 이 장에서 설명하려고 하는 검출기들의 감도가

대략 10^7정도 서루 다르기 때문이다. 그러나 모두가 특정 목적에는 적당하고 널리 사용되고 있다. 그러나 감도가 너무 낮으면 어떤 응용에는 사용하지 못 할 수도 있다. 일반적으로 오늘날 사용되는 검출기의 감도는 10^{-8}~10^{-15}g용질/s 정도이다.

② 안정성과 재현성이 좋아야 한다.

③ 10의 수 제곱승의 분석물 질량 범위에 걸쳐 직선적인 감응을 나타내어야 한다.

④ 실온부터 적어도 400℃ 까지의 온도범위를 가지고 있어야 한다.

⑤ 흐름 속도와 무관하게 짧은 시간에 감응을 해야 한다.

⑥ 신뢰도가 높아야 하고 사용하기 편해야 한다. 가능하면 검출기는 경험이 없는 사람도 쉽게 다룰 수 있어야 한다.

⑦ 모든 용질에 대한 감응이 비슷하거나 또는 하나 또는 그 이상의 분석물 종류에 대하여 선택적인 감응을 보여야 하며 쉽게 예측할 수 있어야 한다.

⑧ 시료를 파괴해서는 안 된다.

어느 검출기도 이 모든 요구 조건들을 만족시키지는 못한다. 가장 많이 사용되는 4개의 검출기에 관해서 설명한다.

2) 불꽃 이온화 검출기

불꽃 이온화 검출기(flame ionization detector, FID)는 기체 크로마토그래피의 검출기 중 가장 넓고 일반적인 응용이 가능한 검출기이다. 대부분의 유기 화학물은 뜨거운 불꽃에 의해 분해될 때 전기를 전도하는 이온성 중간체를 생성한다. FID를 이용할 때에는 운반 기체에 수소를 첨가한다. 그리고 용리액(eluant)에 산소를 섞어준 후 한 쌍의 전극이 장착된 버너에서 연소된다. 검출기는 생성된 전하 운반체(전자, 이온)를 모음으로써 생성되는 전류를 측정한다. FID는 또한 견고하고 사용하기 쉽다. 이 검출기의 단점은 연소과정에서 시료가 파괴 된다는 점이다.

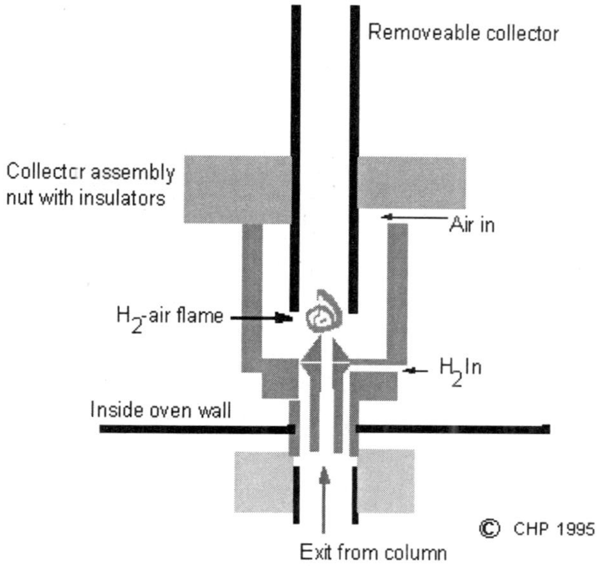

[그림 4-3-21] 전형적인 불꽃 이온화 검출기
출처 : http://elchem.kaist.ac.kr/vt/chem-ed/sep/gc/detector/fid.htm

3) 열전도도 검출기

기체 크로마토그래피의 초기 검출기 중 하나인 열전도도 검출기(thermal conductivity detector, TCD)는 아직도 널리 사용된다. 이 검출기는 일정한 전원에서의 온도가 주위 기체의 열전도도에 의존하는, 전기적으로 가열된 열원으로 되어 있다. 가열된 원소는 미세 백금, 금 혹은 텅스텐선[그림 4-3-22a], 아니면 작은 서미스터(thermistcr)이다. 이 원소의 전기 저항은 기체의 열전도도에 의존한다. 일반적으로 한 쌍의 검출기가 사용되는데, 하나는 시료 주입실 앞에, 다른 하나는 컬럼 바로 뒤에 위치한다. 혹은 기체 흐름을 분할할 수도 있다. 두 개의 검출기는 간단한 브리지 회로(bridge circuit)의 두 개의 팔에 연결되어 있어서 운반 기체의 열전도도를 상쇄시키고[그림 4-3-22b], 또한 온도, 압력, 그리고 전원의 변화에 의한 영향을 최소화한다. 헬륨과 수소의 열전도도는 대부분의 유기 화합물의 열전도도보다 약 6~10배 크다. 따라서 비록 적은 양이라도 유기 화학종의 존재는 칼럼 용출액의 열전도도를 크게 감소시켜 검출기의 온도를 크게 상승시킨다. 열전도도와 비슷한 경우에는 그리 만족스럽지 못하다.

열전도도 검출기의 장점은 단순함, 넓은 직선 감응 범위(약 10^5 범위), 대부분의 유기 및 무기 화학종에 대한 일반적인 감응성, 그리고 검출 후 용질의 회수를 허용하는 비파괴성이다. 열전도도 검출기의 주된 단점은 비교적 감도가 낮다는 점이다. 다른 검출기들의 감도는 TCD의 감도보다 10^4~10^7배 정도 크다.

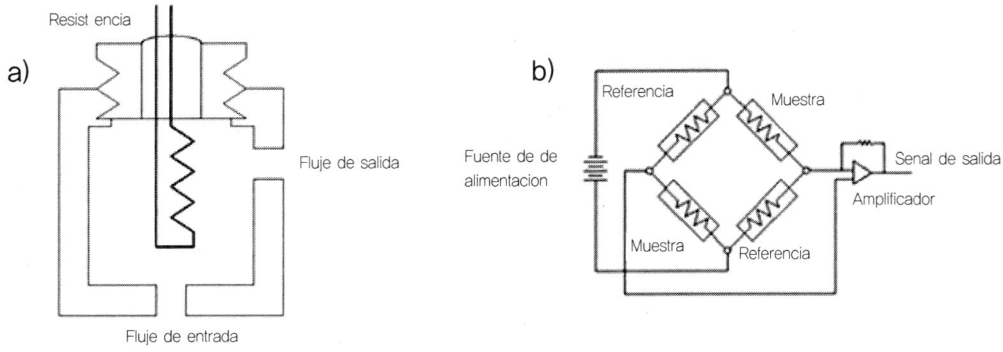

[그림 4-3-22] 일반적인 열전도도 검출기

출처 : http://commons.wikimedia.org/wiki/File:Tcd.png
http://commons.wikimedia.org/wiki/File:Esquema_electrico_tcd.png

4) 전자 포획 검출기

전자 포획 검출기(electron capture detector, ECD)는 살충제나 폴리클로로바이페닐 같은 할로젠 함유 유기 화합물에 선택적으로 감응하므로 환경시료의 검출기로 널리 사용된다. 이 검출기에서는 컬럼에서 용출된 시료가 방사성 β-방출기(보통니켈-63)를 통과한다. β-방출기에서 발생한 전자는 운반 기체(주로 질소)를 이온화하고 전자 다발을 만든다. 유기 화학종이 없을 때는 이러한 이온화 과정에서 생긴 일정한 전류가 한 쌍의 전극 사이에 흐른다. 그러나 전자를 포획하는 경향이 있는 전기음성 작용기를 함유한 유기 분자가 존재하면 전류는 현저히 감소한다. 할로젠, 과산화물, 퀴톤, 그리고 나이트로기를 가지는 화합물은 높은 감도로 검출된다. 이 검출기는 아민, 알코올 그리고 탄화수소 같은 작용기에는 예민하게 감응하지 않는다. 전자 포획 검출기는 감도가 높으며(시료를 파괴시키는 불꽃 이온화 검출기와 대조적으로) 시료를 변화시키지 않는 장점이 있다. 그러나 이 검출기의 직선 감응 범위는 약 100배 정도 제한된다.

5) 결합 검출방법

다른 중요한 GC검출기로는 열이온 검출기, 전해전도도 검출기(Hall 검출기), 그리고 광이온화 검출기 등이 있다. 열이온 검출기는 장비 설계면에서 FID와 비슷하다. 열이온 검출기의 경우, 질소 혹은 인을 함유하는 화합물들이 알칼리금속염의 증기화(vaporize)로 인해 불꽃 내에서 전류를 증가시킨다. 열이온 검출기는 유기인 살충제, 의약용 화합물의 검출에 널리 이용된다. 전해전도도 검출기에서는 할로젠, 황, 혹은 질소를 함유하는 화합물들을 작은 반응관(reaction tube)에서 반응 기체와 섞은 후 그 반응 생성물을 액체에 녹여 전도성 용액을 만든다. 이 때 활성화합물 존재에 의한 전도도의 변화를 측정한다. 광이온화 검출기에서는 분자들이 자외선(UV)에 의해 광이온화 된다. 생성된 이온과 전자들은 한 쌍의 전극에 의해 모아지는데 이 때 생성되는 전류를 측정한다. 이 검출기는 방향족 혹은 쉽게 광이온화 하는 분자들에 자주 사용된다. 크로마토그래피 칼럼으로부터의 용출물(effluent)은 분광법이나 전기화학적 방법을(MS)이나 Fourier Transform IR 분광법(FTIR)이 널리 사용된다. 이러한 방법을 "결합 방법(hyphenated method)"이라 부르는데 (예를 들어 GC/MS, GC/FTIR), 이 결합 방법은 복잡한 혼합물 중의 성분들을 확인(identify)하기 위한 강력한 도구이다. 오늘날 컴퓨터가 내장된 GC 기기들은 스펙트럼을 비교함으로써 칼럼으로부터 용리하는 화합물을 확인하는데 필요한 데이터베이스를 제공한다.

2. 기체 크로마토그래피의 컬럼과 정지상

기체-액체 크로마토그래피(GLC)에는 두 가지 형태의 컬럼을 만나게 되는데 하나는 모세관형(capillary)〔혹은 열린관형(open tubular)〕이고 다른 하나는 충전형이다. 충전형 컬럼은 모세관형 컬럼에 비해 시료 용량이 크고 일반관형 컬럼 사용이 더 편리하다. 모세관형 컬럼은 우수한 분리도(resolution)로 인해 그 중요성이 점차 증가하게 되었다. 지금까지는 대부분의 GC관형 충전형 컬럼을 이용하였다. 그러나 상황은 급변 컬럭있으며, 조만간 대부분의 응용관형 충전형 컬럼은 더 빠른 모세관형 컬럼으로 대체될 것이다.

(1) 모세관(혹은 열린관) 컬럼

요즈음 가장 널리 사용되는 모세관 컬럼은 용융-실리카열린관 컬럼(fused-silica open tubular column, Fsot 컬럼)이다. 용융-실리카 모세관은 특별히 순도가 높아서 최소한의 금속 산화물을 함유하는 실리카로부터 사출시켜 제조한다. 컬럼의 내경은 보통 0.1~0.5mm이다. 이 관은 모세관으로 뽑았을 때 외부 보호형 폴리아미드(polymide) 코팅을 하여강도를 높인다. 이렇게 만들어진 컬럼은 상당히 유연하고, 수cm직경을 가지는 코일 형태로 구부릴 수 있다. 실리카 열린관 컬럼은 시판되고 있으며 물리적 강도, 시료 성분들과의 낮은 반응성, 그리고 유연성 같은 여러 가지 중요한 장점들을 가지고 있다. [그림 4-3-23]은 용융-실리카 열린관 컬럼의 그림이다.

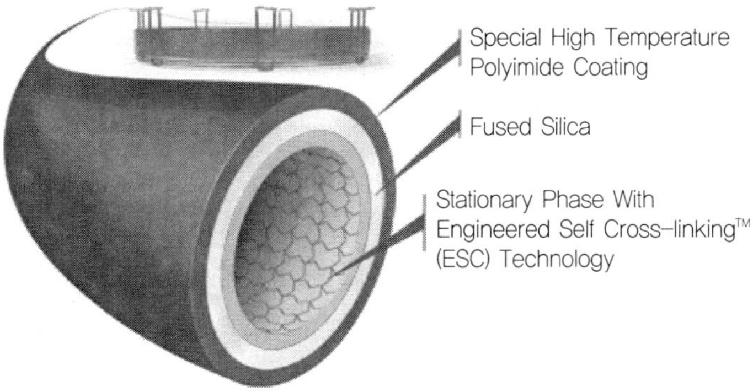

[그림 4-3-23] 용융-실리카 열린관 컬럼

출처 : Phenomenex, Inc.

(2) 충전 컬럼

오늘날의 충전 컬럼은 유리나 금속관으로 만들어 진다. 그들은 보통 2~3m의 길이를 가지며 내경은 2~4mm정도이다. 이들은 자동적으로 온도 조절이 가능한 오븐에 장착할 수 있도록 지름이 약 15cm정도 되는 코일 형태로 만든다.

컬럼의 충전물(혹은 지지체)은 액체 정지상을 붙잡고 있으므로 이동상에 노출되는 표면적이 가능한 크게 한다. 이상적인 고체 충전물은 작고 균일한 구형 입자로서 좋은 기계적 강도와 적어도 1㎡/g의 고유 표면적(specific surface)을 가져야 한다. 또한 충전물은 높은 온도에서도 비활성이고 액체상으로 균일하게 도포 되어야 한다. 이런 모든 기준을 만족하는 물질은 없다.

초창기부터 지금까지 가장 많이 사용되는 기체 크로마토그래피 충전물은, 자연계에서 흔하게 존재하는 규조토로부터 만들어지는데, 규조토는 오래된 호수나 바다에서 서식하는 수천종의 단세포 식물의 골격으로 이루어져 있다. 이 지지체 물질은 흔히 다이메틸클로로실레인으로 화학적으로 처리해서 표면에 메틸기의 층을 만든다. 이러한 처리는 충전물이 극성 분자를 흡착하려는 경향성을 줄여준다.

기체 크로마토그래피 컬럼 충전물의 입자 크기는 보통 60~80메쉬(250~170㎛) 혹은 80~100메쉬(170~149㎛) 범위이다. 더 작은 입자의 사용은 비현실적인데 그 이유는 컬럼의 압력이 너무 높아지기 때문이다.

(3) 컬럼의 온도

재현성 있는 머무름 시간을 얻으려면 10분의 수 ℃ 내에서 컬럼 온도를 일정하게 유지해야한다. 이러한 이유로 보통 코일 형태로 말린 컬럼을 온도 조절이 가능한 오븐 속에 넣는다. 최적 온도는 시료 성분들의 끓는점에 의존한다. 시료의 평균 끓는점과 비슷하거나 약간 높은 온도에서 2~30분 전도의 비교적 바람직한 용리 시간 범위를 가진다. 넓은 범위의 끓는점을 가지는 시료의 경우에는 분리가 진행되는 동안 컬럼 온도를 연속적으로 혹은 스텝 방식으로 올려주는 온도 프로그래밍(temperature programming)이 필요할 수도 있다. 일반적으로, 최적 분리도는 최저 온도에서 얻어진다. 그러나 낮은 온도에서는 용리 시간이 길어져서 분석 시간이 느려진다.

3. 기체-액체 크로마토그래피에서의 액체 정지상

기체-액체 크로마토그래피 컬럼이 액체 정지상에 요구되는 성질은 (1) 낮은 휘발성 (이상적으로 액체상의 끓는점은 컬럼의 최고 작업 온도 보다 적어도 100℃ 이상 높아야 한다.) (2) 열의 안전성, (3) 화학적 비활성 그리고 (4) 분리되는 용질의 k와 α값이 적당한 범위에 있도록 해주는 용매 특성 등이다.

많은 액체들이 기체-액체 크로마토그래피의 발달 과정에서 정지상으로 제안되었다. 지금까지는, 약 10여 개 정도가 대부분의 응용을 만족시켜 왔다. 올바른 정지상의 선택이 분리의 성공에 매우 중요하다. 정지상의 선택을 위한 정성적인 지침서가 존재한다. 그러나 가장 좋은 정지상은 결국은 실험실에서 결정된다.

컬럼에서의 분석물의 머무름 시간은 분포 상수에 의존하는데, 그 분포 상수는 액체 정지상의 화학적 성질과 관계된다. 기체-액체 크로마토그래피에서 유용한 정지상은 당연히 여러 가지 시료 성분들이 서로 다른 분배비를 가지도록 해야한다.

그러나 그들 분배비는 너무 크거나 작으면 안 된다. 분배비가 너무 크면 머무름 시간이 지나치게 길어지고, 너무 작으면 머무름 시간이 너무 짧아서 완전 분리를 얻을 수 없다.

컬럼에서 적당한 머무름을 가지기 위해서는 분석 성분이 정지상에서 어느 정도 분배가 되어야(용해도가 있어야)한다. 여기서 "비슷한 것은 비슷한 것을 녹인다."는 원리가 적용되어야 한다. 여기서 "비슷함"이란 분석 성분과 정지상 액체의 극성을 말한다. 극성은 분자 근처에서의 전기장 효과이며 그 화학종의 쌍극자 모멘트(dipole moment)에 의해 측정 된다. 극성정지상은 -CN, -CO 그리고 -OH같은 작용기를 가진다. 탄화수소형 정지상과 다이알실록세인은 비극성인데 반해, 폴리에스터-OH 극성이 높다. 극성인 분석물질은 알코올, 산, 그리고 아민 등이다. 중간 정도의 극성을 가지는 용질은 에테르, 케톤, 그리고 알데하이드이다. 포화탄화수소는 비극성이다. 일반적으로 정지상의 극성은 시료성분의 극성과 비슷해야 한다. 이러한 경우 용리 순서는 용리 물질의 끓는점에 의해 결정된다. [표 4-3-3]에 충전 컬럼과 열린관 컬럼과 열린관 컬럼 기체 크로마토그래피에서 가장 널리 사용되는 정지상을 극성이 증가하는 순서대로 나열하였다. 이들 6가지 액체는 과학자들이 다루게 되는 시료의 90% 이상을 만족스럽게 분리 할 수 있다. [표 4-3-3]의 5개의 액체는 다음 구조를 가지는 폴리다이메틸 실로세인(polydimethyl siloxane, PDMS)이다.

[표 4-3-3] 기체-액체 크로마토그래피에 사용되는 액체 정지상

정지상	일반적인 트레이드 이름	최대온도 (℃)	일반적인 응용
Polymethyl siloxane (PDMS)	OV-1, SE-30	350	탄화수소, polynuclear 방향족, 의약용 물질, 스테로이드, PCB류
5% Phenyl-PDMS	OV-3, SE-52	350	Fatty acid methyl esters, 알칼로이드, 의약용 물질, 할로젠 화합물
50% Phenyl-PDMS	OV-17	250	의약용 물질, 스테로이드, 살충제, 글리콜
50% Trifluoropropyl-PDMS	OV-210	200	Chloinated aromatics, 나이트로 방향족, 알킬기로 치환된 벤젠
Polythlene glycol	Carbowax 20M	250	유리산, 알코올, 에테르, 정유, 글리콜
50% Cyanopropyl-PDMS	OV-275	240	비포화 지방산, rosin acids, 유리산, 알코올

출처 : 분석화학 입문 제 7판, 자유아카데미

그들 중 첫 번째인 PDMS의 경우 -R기는 전부 $-CH_3$ 로서 상대적으로 비극성인 액체이다. 표에 있는 다른 폴리실록세인에서는 일부 메틸기가 페닐기($-C_6H_5$), 사이노프로필기($-C_3H_6CN$), $-C_3H_6CN$ 그리고 트라이플루우오로프로필기($-C_3H_6CF_3$)로 치환되어 있다. 표에서 각 물질에 주어진 %는 폴리실로세인 구조의 메틸기가 주어진 작용기에 이해 치환된 양을 나타낸다. 따라서 예를 들면 5% 페닐폴리다이메틸실록세인은 분자의 전체 실리콘 원자 중 5%가 페닐 고리와 결합되어 있음을 뜻한다. 이러한 치환은 정지상 액체의 극성을 다양하게 증가시킨다. [표 4-3-3]의 다섯 번째 정지상은 폴리에틸렌글리콜로 그 구조는 다음과 같다..

$$HO - CH_2 - CH_2 - (O - CH_2 - CH_2)_n - OH$$

이 정지상은 극성 화학종의 분리에 널리 사용된다.

4. GC를 이용한 발효산물의 분리

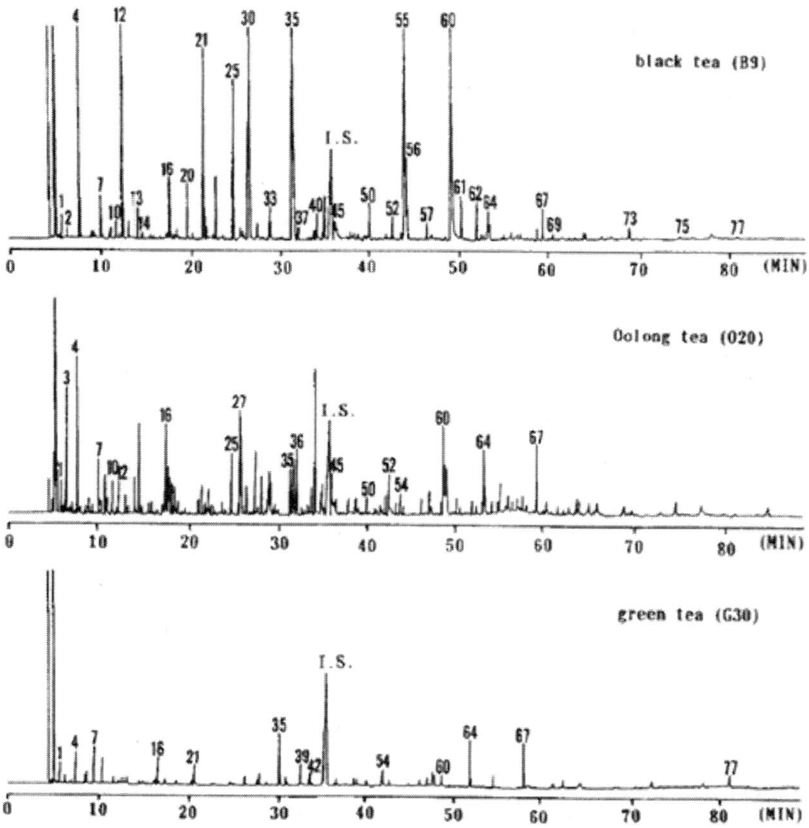

[그림 4-3-24] 차의 발효 정도에 따른 분리

출처 : Food Research International, 1995, 495

실험 4-3-2 GC의 사용

(1) Gas open (Air → 질소 → 수소)

(2) 기기 ON

컴퓨터를 먼저 Booting하면 initializing시 컴퓨터가 GC를 찾지 못할 경우도 생긴다.

(3) Computer on

(4) Instrument online 1 아이콘 click : 프로그램 실행

(5) Method 불러옴 (02SHJ method)

(6) Instrument-Edit parameter의 inlet, columns, oven, detector 설정 및 설정확인

1) Inlet 설정 : 시료의 양 설정시 0.2㎕ 설정

2) melt split ratio : 200:1, 1/200 사용

3) column 설정 : HP19091A-105 Ultra Methyl siloxane Capillary 50.0m

4) N_2 flow 확인 : pressure 9.2psi, flow 0.2㎖/min

(7) Oven → 온도 Program 설정

1) initial temp. 40℃, Hold 3min

2) Ramp 1 : 15℃/min 상승 → 150℃까지, Hold 5min(b.p.가 150℃ 이하인 경우)

3) 검출기 설정 : FID (Heater 온도 : 300℃)

처음 melt에 들어온 시료를 검출기에서 완전 기화된 상태를 만들기 위해

(8) Runcontrol → Data file → Prefix/Counter 선택 → Subdirectory 지정, File name 지정

(9) Acetone으로 syringer 5회 이상 washing

(10) Sample(에탄올, 아세톤, THF, 미지시료)을 취하여 5회 이상 washing

(11) Syringer를 inlet부위에 찌르고 신속히 주입과 동시에 Start

(12) 아세톤과 에탄올, THF를 각각 따로 injection해보고 혼합물을 injection해서 peak를 비교해 본다.

(13) Data 편집, 저장, 프린트

(14) Syringer washing, 기기 off, gas와 compressor off

4절 질량분석기

1. 질량분석기의 정의

LC나 GC를 질량분석기와 연결하므로써 분리와 검출을 이상적으로 모두 잘 할 수 있게 되었다. 질량분석기는 크로마토그래피 컬럼으로 분석물이 용리되어 나올 때 분석물의 질량을 분석하여 확인하는데 사용되어진다. 질량분석법(mass spectrometry)은 동위 원소 측정과 유기 화합물의 구조 해석에 오랫동안 이용되어 왔다. 질량분석법은 단백질의 아미노산과 DNA에서의 핵산 서열, 복잡한 탄수화물의 구조와 단일 유기체의 지방질 종류를 명확하게 규명할 수 있다. 질량분석법은 정성과 정량 분석을 위한 자료를 제공하고, 감도가 대단히 예민할 뿐만 아니라 머무름 시간이 같은 서루 다른 물질을 구별 확인할 수 있으므로 크로마토그래피에서 가장 유용한 검출기라고 할 수 있다.

질량분석법은 원자 혹은 분자 또는 분자 조각 이온의 질량을 연구하는 기술이다. 질량 스펙트럼을 얻기 위하여 응축 고체상으로부터 떨어져 나온 기체 종을 이온화시키고, 생성된 이온들은 전기장에 의해 가속시킨 다음 질량 대 전하비(m/z)에 따라 분리시킨다. 만약 모든 전하가 +1이라면 m/z는 질량과 같게 된다. 그리고 이온

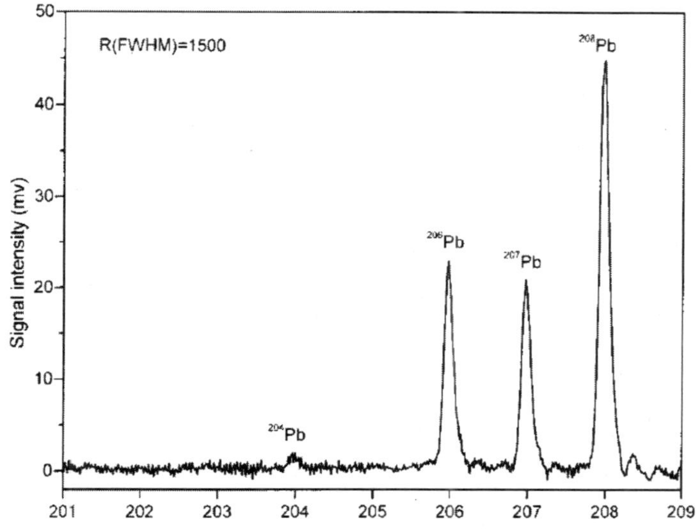

[그림 4-3-25] Pb의 자연 동위원소 질량 스펙트럼

출처 : Analytical Chemistry 2000, 72, 5605

의 전하가 +2라면 m/z는 질량의 1/2이 된다. 〔그림 4-3-25〕의 질량 스펙트럼(mass spectrum)은 자연계에 존재하는 4가지의 Pb+동위원소들에 대한 검출기 감응 대 m/z의 관계를 보여주고 있다. 봉우리 넓이는 각 동위원소의 존재비에 비례한다.

질량 스펙트럼에서 가장 세기가 큰 봉우리를 기준 봉우리(base peak, 또는 주 봉우리)라고 한다. 그 밖의 다른 봉우리들의 세기는 기중 봉우리에 대한 퍼센트로 나타낸다. 〔그림 4-3-26〕의 경우, 전자 이온화에 의한 기준 봉우리는 m/z 860.531이다.

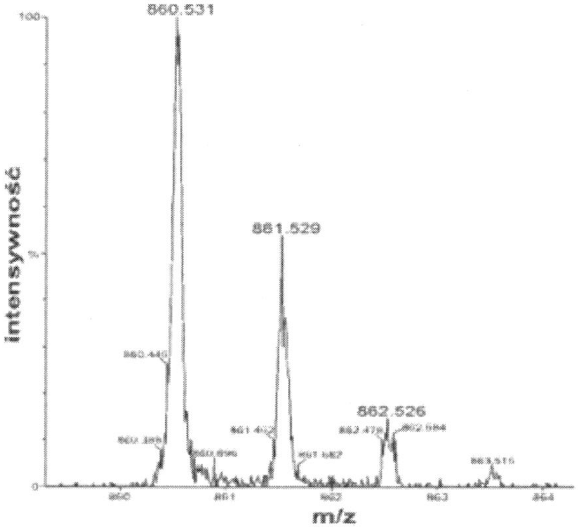

[그림 4-3-26] 전자 이온화에 의한 펩타이드 질량 스펙트럼

출처 : http://upload.wikimedia.org/wikipedia/commons/7/7b/ObwiedniaPeptydu.gif

〔그림 4-3-27〕는 자기장을 이용하여 검출하려는 특정 m/z의 이온들이 이온원으로부터 검출기까지 도달할 수 있게 하는 자기 부채꼴 질량분석계(magnet spector mass spectrometer)를 보여준다. 주입된 기체 분자들이 이온으로 전환되어(주로 양이온) 전기장에 의해 가속된 다음, 질량 분석관으로 들어간다. 여기에서 이온들은 진행 방향에 대해 수직 방향의 자기장을 만나게 된다. 분석관은 잔존하는 바탕 기체 분자들과 충돌하여 구부러지지 않도록 높은 진공(~10^{-5} pa)을 유지한다. 자석은 이온들이 분석관 끝에 있는 검출기 쪽으로 휘어지도록 한다. 무거운 이온들은 검출기에 도달할 정도로 충분히 구부러지지 않고, 가벼운 이온들은 매우 크게 구부러진다.

자기장의 세기의 변화시키면서 측정들이 다양한 이온들의 질량을 구할 수 있다.

전자 증배관(electron multiplier) 검출기에서는 연속적으로 배열된 광전증배관이 광자에 의해서 단계적으로 전자를 방출하는 것처럼, 검출기에 도달하는 이온들이 단계적으로 전자들을 방출한다. 일련의 다이노드들은 전자들이 전류가 측정되는 양극에 도달되기 전까지 약 10^5배 정도로 전자수를 증폭시키며 이는 자기장에 의해 선택된 m/z 함수로써 검출기에 전류의 형태로 나타난다.

질량분석계는 이온들을 생성하고, 검출하는 전압을 반대로 바꿈으로써 양이온과 음이온 양쪽 모두를 분석 할 수 있다. 음이온을 검출하기 위해서는 통상적인 검출기 앞에 양전위의 전환 다이노드(conversion dynode)를 설치한다. 음이온이 충돌하면 이 다이노드는 양이온을 유리하고, 이것이 전자 증배관 쪽으로 가속되어 신호를 증폭시킨다.

전자 이온화 이온원으로 들어간 분자들은 전자 이온화(electron ionization) 법에 의해 이온으로 전환된다. 뜨거운 필라멘트(전구의 필라멘트처럼)로부터 방출된 전자들은 분자들이 유입되어 상호 작용을 일으키기 전에 70V로 가속된다. 소량(~0.01%)의 분자(M)들은 이온화를 일으키기에 충분한 12~15eV(1eV=96V=kJ/mol)의 에너지를 흡수한다.

$$M + e^- \rightarrow M^{+\cdot} + e^- + e^-$$

70eV 분자이온 ~55eV 0.1eV

안정한 모든 분자들은 대부분 짝수의 전자를 가지고 있다. 한 개의 전자를 잃을 때 생성된 한 개의 홀전자를 가진 양이온을 분자 이온(molecular ion)이라 하고, M+ · 로 표시한다. 이온화된 다음, M+ · 는 항상 조각이온으로 깨어질 수 있는 충분한 잔류 내부 에너지(~1eV)를 가지고 있다.

이온원의 반발판에 걸리는 약한 양(+)의 전위는 이온들을 분석관 속으로 밀어 넣으며, 그 다음 이온집중파의 약한 전위는 빔을 한 가운데로 집속시킨다. 이온 가속판들 사이의 높은 전압(~1000-10,000V)은 이온 총 바닥으로부터 나오는 이온들의 속도를 높여 준다.

2. 질량분석계의 종류

(1) 자기 부채꼴 질량분석계

운동에너지가 일정하지만 질량이 다른 이온들이 자기장에서 일으키는 궤적에 따라 분리되는 자기 부채꼴 질량분석계(magnet sector mass spectro-meter)를 〔그림 4-3-27〕에 나타내었다. 운동에너지는 이온원의 가속판 사이에 걸어준 전압에 의해 이온들에게 전달된다. 이온들은 운동에너지가 큰 차이가 없는 중성 분자들로부터 생성되며, 이온들이 형성되는 이온원 속에서 위치에 따라 서로 다른 속도로 가속된다. 질량분석계의 분해능은 이온원으로부터 나오는 이온들의 운동에너지 편차에 따라 달라지는데, 통상적으로 ~0.1% 정도이다. 이 편차는 ~1,000정도의 분해능으로 제한된다. m/z 100에서 0.1의 분리도에 대응하는 이중 집중 질량분석계(double-focusing mass spectrometer)에서 이온원으로부터 튀어나온 이온들은 자기 부채꼴과 전기 부채꼴을 차례로 통과한다. 일련의 두 부채꼴을 통과시킴으로써 m/z 100에서 0.001의 분리도에 대응하는 ~10^5 정도의 분해능을 얻을 수 있다.

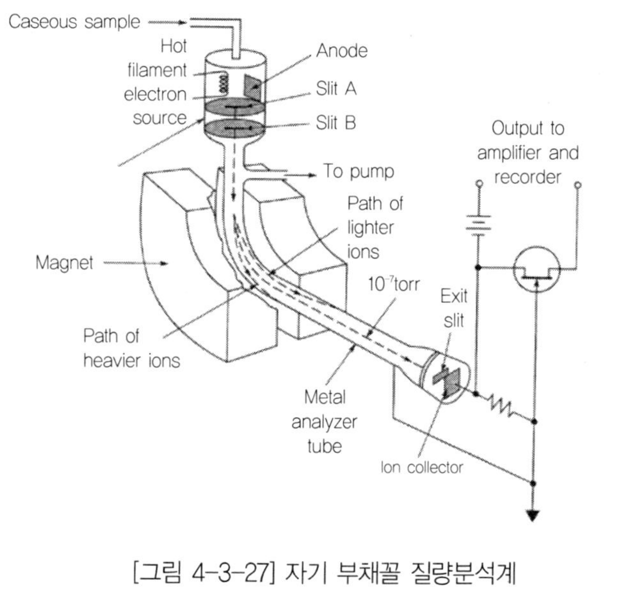

[그림 4-3-27] 자기 부채꼴 질량분석계
출처 : http://www.clu-in.org/char/technologies/windows/msector.htm

(2) 사중극자 질량분석계

사중극자(quadrupole) 분리는 균일하지 않은 전기장에서의 이온의 이동에 의존한다. 이온빔은 4개의 평행한 원주형 전극 사이 구멍에 형성된 비균일 전기장 속으로 들어간다. $\pm(V_0+V\cos(\omega t))$의 진동 퍼텐셜이 이들 전극에 걸리면 분자이온은 복잡하게 운동하는데 이런 복잡한 운동의 대부분은 전극 또는 구멍벽과의 충돌로 이어진다. 주어진 전압(V, V_0)과 주파수(ω)에 대해서, 특정 m/z을 가지는 이온만이 무사히 통과해서 검출기와 충돌 할 수 있다. 전형적인 값으로는 V_0=500~2,000V, V=0~3,000V 그리고 ω=1~2MHz이다. 사중극자 분석기는 두 가지 종류가 있는데 투과형 사중극자 질량분석기와 사중극자 이온 트랩 질량 분석기가 있다. [그림 4-3-28]은 투과형 사중극자 질량분석계(transmission quadrupole mass spectrometer)르 열린관 크로마토그래피의 컬럼과 연결되어 각 성분이 용리될 때 이들의 다중 스펙트럼을 기록한다. 크로마토그래피 컬럼으로부터 용출되는 화학종들은 가열된 연결관을 통해 전자 이온화원 속으로 들어가는데, 이 이온화원은 고속 터보 분자 또는 기름 확산 펌프에 의해서 ~10^{-9} bar정도의 압력을 유지하도록 배기시켜야 한다. 이온들은 사중극자 필터로 들어가기 전에 5~15V 전위로 가속된다. 사중극자형 분석기는 가격이 저렴하기 때문에 가장 일반적으로 많이 이용되는 질량분석계 중의 하나이다. 이것은 일정한 전위와 고주파 진동 전위가 걸린 네 개의 평행 금속 막대로 이루어진다. 전기장은 이온들이 이온화실에서 검출기 쪽으로 이동할 때 복잡한 비행 궤도로 굽어지게 하고, 또한 특정한 질량 대 전하 비(m/z)를 갖는 이온들만이 검출기에 도달하게 한다. 다른 비공명 이온(nonresonant ion)들은 실린더에 부딪혀 검출기에 도달하기 전에 사라지게 된다. 전압 조절을 신속히 함으로써 질량이 다른 이온들이 검출기에 선택적으로 도달하게 된다. 투과형 사중극자 질량 분석기는 4000m/z 단위로 높은 범위에서 초당 2~8 스펙트럼을 기록할 수 있을 정도로 빠르게 주사(scan)된다. 질량 분리기로 가장 널리 이용되고 있는 사중극자 이온트랩 질량분석기(quadrupole ion-trap mass spectrometer)는 기체 크로마토그래피용 검출기로 매우 적당한 소형 장치이다. [그림 4-3-29]에 나타낸 내부 이온화 사중극자 이온 트랩에서 크로마토그래피로부터 나온 전자들을 말단 마개(end cap)의 구멍을 통해 공동 속으로 밀어 넣는다. 분자들은 전기적으로 서로 격리된 두 개의 말단 마개와 고리 전주에 의해 형성된 공동 속에서 전자 이온화를 일으킨다.

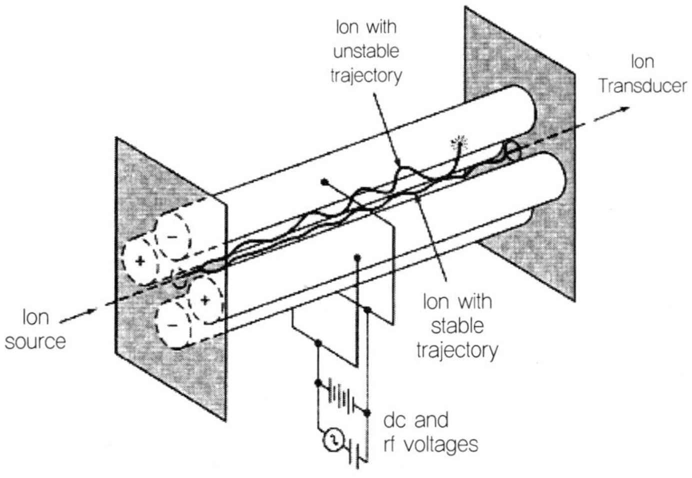

[그림 4-3-28] 투과형 사중극자 질량분석계

출처 : http://www.clu-in.org/char/technologies/quadmass.htm

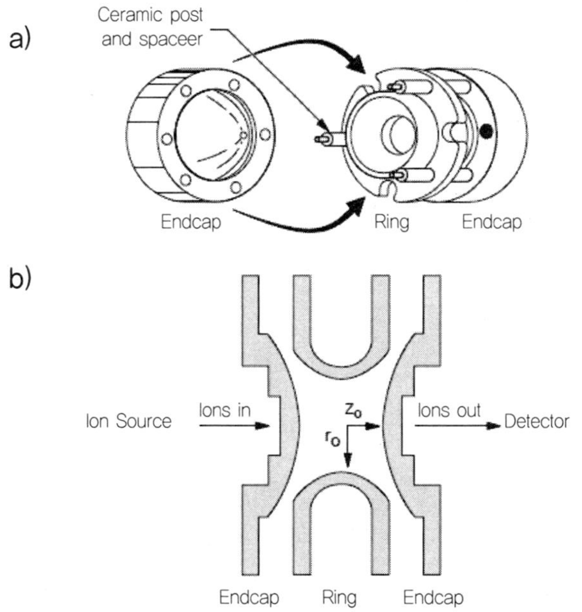

[그림 4-3-29] 사중극자 이온트랩 질량분석계

출처 : http://www.currentseparations.com/issues/16-3/cs16-3c.pdf

(3) 비행시간 질량분석계

전하를 띤 조각들의 속도를 직접 측정하기 위해 비행시간 질량분석(time-of-flight mass spectrometer) 기술이 사용된다. 초당 약 3,000~20,000번에 걸쳐 5000V의 전압을 반발판에 걸어 주어 이온들을 가속시킨 다음, 이온원으로부터 표류지역으로 보낸다. 이 영역에서는 전기 또는 자기장이 걸리지 않으므로 더 이상 가속되지 않는다. 이상적으로, 모든 이온들은 $1/2m\nu^2$의 같은 운동에너지를 가진다. 여기서 m은 이온의 질량이고, ν는 이온의 속도이다. 만약 운동에너지가 같지만 질량이 다르면, 가벼운 이온들은 무거운 이온의 경우보다 더 빨리 비행한다. 비행시간 질량분석계는 한쪽 끝은 이온원과 그리고 다른 쪽 끝은 검출기와 연결된 길고, 직선인 진공관이다. 이온원으로부터 나온 이온들은 가벼울수록 비행시간이 빨라지기 때문에 질량이 증가하는 순서로 검출기에서 검출된다.

비행시간 질량분석계는 자기 부채꼴 및 이중 집중 기기와 같이 일정한 분해능에서 작동된다. 분해능의 주된 한계는 모든 이온들이 같은 운동에너지를 가지고 이온원으로부터 빠져 나오지 않는다는 것이다. 반발판 근처에서 형성된 이온들은 그리드(grid) 부근에서 형성된 이온들보다 높은 전압 차이로 가속된다. 그러므로 반발판 근처의 이온들은 더 큰 운동에너지를 얻게 된다. 또한 이온들 사이에는 가속 전압을 걸어주지 않더라도 볼쯔만 분포와 같이 서로 다른 운동에너지 분포를 나타낸다.

다른 시간과 속도로 이온원으로부터 나오는 두 개의 이온을 생각해 보자. 그리드 근처에서 형성된 이온들은 운동에너지가 작으므로 먼저 나오게 된다. 반면 반발판 부근에서 형성된 이온들은 운동에너지가 크기 때문에 나중에 방출된다. 결국 빠른 이온들은 그리드로부터 2s 거리에 있는 공간 집중 평면에서 가벼운 이온들을 추월하게 된다. 이것은 주어진 일정한 질량의 모든 이온들은 동시에 공간집중 평면에 도달한다는 것을 설명해 준다. 공간 집중 평면을 지난 이온들은 다시 분산되어 빠른 이온들이 느린 이온들을 추월한다. 적절한 조치를 취하지 않으면, 검출기에 도달하는 이온들은 바람직하지 않게 시간에 따라 분산되고, 그 결과 분해능이 낮아지게 될 것이다.

분해능을 개선하기 위해 이온들은 반사판에 의해서 방향을 바꾸게 된다. 반사 장치는 양전위가 점차적으로 증가하는 일련의 빈 고리로 이루어져 있으며, 이온원의 반발판에 걸린 가속 전위보다 더 큰 양전위의 그리드로 마감하였다. 반사 지역에 들어간 이온들은 속도가 점점 느려져 정지되었다가 왼쪽으로 다시 반사된다. 반사 지역에 들어갔을 때 이온들의 운동에너지가 클수록 방향을 바꾸기 전에 더 깊숙하게 침투된다. 반사된 이온들은 검출기 입구 쪽 그리드에 있는 새로운 공간 집중 평면에 도달한다. 그러므로 초기 운동에너지의 차이에 무관하게 질량이 같은 모든 이온들은 동시에 그리드에 도달한다.

분해능은 1,000~25,000정도로 높아 질 수 있으며, m/z의 정확도는 ~0.001이 된다. 비행시간 분석계의 또 다른 장점은 빠른 검출 속도(10^2~10^4스펙트럼/초)와 매우 높은 질량 (m/z ≈ 10^6)까지도 측정이 가능하다는 것이다. 그러나 비행시간 질량분석계는 투과형 사중극자와 자기 부채꼴 질량분석계의 경우보다 더 낮은 작동 압력(10^{-12}~10^{-9} bar)이 요구된다.

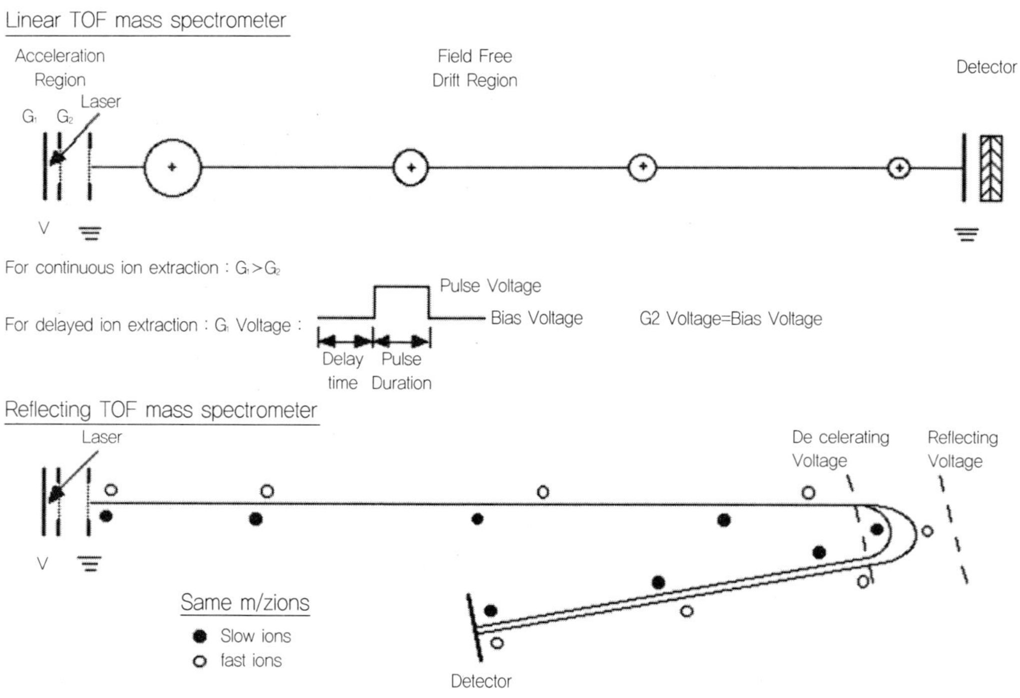

[그림 4-3-30] 비행시간 질량분석계

출처 : http://www.abrf.org/ABRFNews/1997/June1997/jun97lennon.html

(4) 이온 이동 분석계

10^4개 이상의 이온 이동 분석계(ion mobility spectrometer)는 기능적으로는 질량분석계와 비슷하지만, 이동 분석계는 보통 압력의 대기 중에서 작동되므로, 이 방법은 질량분석법의 일종이라고 할 수 없다. 따라서 이온 이동 분석계는 분자 질량

측정에 이용하지 않을 뿐만 아니라 구조 해석에 관한 정보도 제공하지 않는다. 전지이동(electrophoresis)은 전기장의 영향 하에 용액 중에 있는 이온들의 이동이다. 이온 이동 분석법은 이온들을 크기 대 전하 비에 따라 분리하는 기체상 전기이동(gas phase electrophoresis)이라고 할 수 있다. 질량분석계와는 달리 이온 이동 분석계는 이성질체들을 분리할 수 있다. 휴대용 장치에서 표류관의 길이가 5~10 cm 이다. 전형적으로 면봉에 흡수시킨 시료는 가열 모루(anvil) 속에 넣어 분석 물질의 증기를 탈착시킨다. 화학 이온화 시약(음이온에 대해서는 Cl_2, 양이온의 경우는 아세톤 또는 암모니아)을 첨가시킨 건조 공기를 불어 증기를 10밀리 큐리의 ^{63}Ni의 β-방출에 의해 이온화된 시약 기체들은 분석 물질과 반응하여 분석 이온을 생성한다.

스펙트럼의 주사는 문짝 그리드에 ~250㎲ 전압을 펄스시켜 이온 집단이 표류관 속으로 들어갈 때 시작된다. 표류 지역 내의 200~300V/cm의 전기장은 표류 고리의 전위 차이를 일으키게 한다. 전기장은 양이온이나 음이온들을 약 1~2m/s로 오른쪽을 향하여 표류시킨다. 이온들은 대기 압력 하에서 기체 분자들과 충동하여 속도가 감속된다. 각 이온들은 KE가 같은 속도록 비행한다. 여기서 E는 전기장의 세기이고, K는 이동도이다. 작은 이온들은 전하가 같은 큰 이온들보다 이동도가 커지게 되는데, 그 이유는 큰 이온들이 더 큰 견인력을 받기 때문이다. 검출 한계는 이온화를 잘 일으키는 화합물에 대하여 0.1~1pg 정도이다. 이동 분석법은 분리도가 제한되어 있지만, 그러나 선택적인 이온화와 이동도 결정을 함께 함으로써 잘못된 확인을 최소화시킬 수 있다.

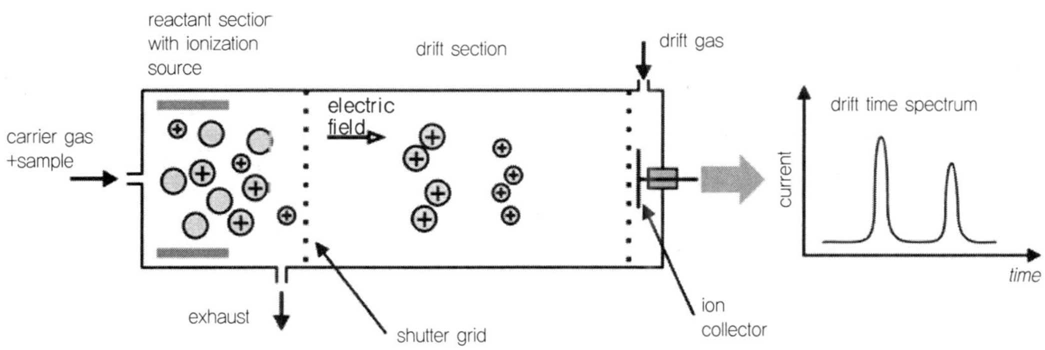

[그림 4-3-31] 이온 이동 분석계

출처 : http://www.uku.fi/laec/english/ims.shtml

3. 크로마토그래피-질량분석법

질량분석법은 크로마토그래피의 검출기로 널리 이용되고 있으며, 정성과 정량적인 정보를 제공한다. 질량분석계는 대상 분석 물질에 대하여 선택성이 높다. 이러한 선택성은 시료 전 처리나 크로마토그래피로 혼합 물질의 구성 성분들을 쉽고 완전하게 분리하는데 요구되는 조건들을 줄여 줌으로써 신호 대 잡음 비를 향상시킨다. 질량분석법은 이온들을 분리하는 동안 분자 충돌을 막기 위하여 높은 진공 상태를 유지해야 한다. 그러나 크로마토그래피는 근본적으로 높은 압력이 요구되는 기술이다. 크로마토그래피와 질량분석법을 접목시키는데 가장 큰 문제점은 두 계 사이에 있는 과잉의 물질을 제거하는 것이다. 액체 크로마토그래피는 용매가 컬럼과 질량분석계의 연결 장치에서 증발됨으로써 큰 부피의 기체가 생성된다. 대부분기체들은

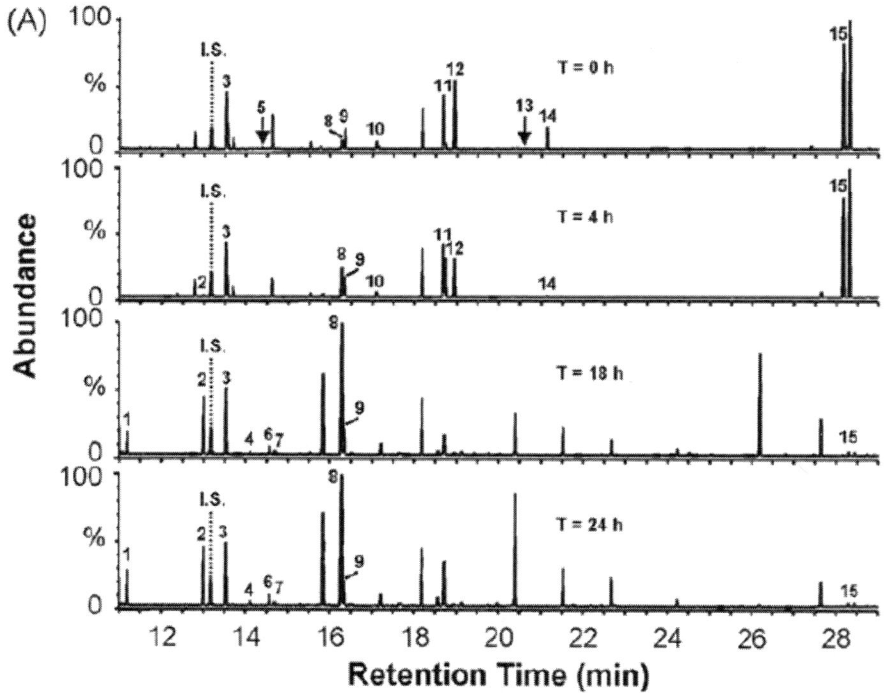

[그림 4-3-32] red wine의 발효 정도에 따라 달라지는 GC-MS Chromatograms
1: 3-PPA; 2: 1,2,3-TBA; 3: 3-HBA; 4: 3-HPAA; 5: 4-HBA; 6: 4-HPAA; 7: PG; 8: 4-HPPA; 9: VA; 10: 3,4-DHBA; 11: 4-HCA; 12: GA; 13: FA; 14: CA; 15: Catechin.

출처 : Christian H. Grun, Journal of Chromatography, B. 2008, 871, 218

이온들을 분리하기 전에 제거시켜야만 된다. 크로마토그래피에서 흔히 사용하는 비휘발성 이동상 첨가제는 질량분석법을 이용할 때 사용을 피해야 한다. 기압 보조 전기 분무(pneumatically assisted electrospray)법과 대기압 화학 이온화(atmospheric pressure chemical ionization)법은 용리액을 액체 크로마토그래프부터 질량분석계로 주입하는 방법으로 널리 이용되고 있다.

실험 4-3-3 MS 사용

(1) TUNE을 조정한다. PFTBA는 MASS안에 내장되어 있다. 강휘발성으로 batch inlet으로 MASS에 주입된다. 고분자량으로 MS의 condition을 잡는데 사용된다.

1) Tunning : 1time / 1week

2) SCAN mode (분자량 범위 설정 : 25-600)

3) EM voltage (from tune data) : 1729 eV

감도를 높이기 위해서이며, EM이 너무 높으면 ion이 오염되어 noise 가 생긴다.

4) Injector temp : 250℃

액체시료 주입 시 곧 바로 gas상태가 되어야 하기 때문에 높은 온도가 필요하다.

5) Column temp : (initial: 70℃ for 3min, second: 20℃/min, 3rd: 280℃ for 3min)

시료의 분리능을 좋게 하기 위해 온도의 변화를 주어 조절한다.

6) Inter face temp : 300℃

GC에서 분리되어 나온 시료가 MASS로 주입 될 때 응축이 일어나지 않도록 높은 온도를 유지한다.

7) MASS temp and pressure: 194℃ (inter face의 복사열에 의해), 49 mtorr

(2) GC를 통해서 나온 물질이 MS에 들어가도록 interface을 사용해서 GC와 MS를 연결한다.

연결온도 300℃, interface는 GC에서 들어오는 시료를 MS에 주입해주는 것으로 일정량이 들어오도록 해주고 interface의 온도는 항상 GC와 동일하게 해주어야 하며 MS의 온도도 열전도 등을 통해서 동일 온도로 일정하게 된다.

(3) 시료주입

시료가 오염되지 않도록 주사기를 메탄올을 이용하여 10~20회 세척을 한다.

1) 시료를 주사기에 2μl정도 넣는다.

2) 주사기 바늘을 위로 향하게 해서 공기 방울을 없앤다.

3) 눈금이 1μl까지 맞춘다.

4) 피스톤을 공기와 시료의 경계선이 눈금 1μl까지 오게 당긴다.

5) 시료를 주입한다.

(4) 시료 주입 후 곧바로 주사기를 빼면서 START 버튼을 누른다.

(5) GC를 통과해서 나오는 시료는 interface를 통해서 MASS의 Sample inlet으로 주입한다.

(6) Ionization

EI/CI mode로 구성. EI는 시료를 파괴시키고 fragmentation(분자토막)을 만든다. CI는 분자의 형태를 유지한 상태에서 측정이 가능하다.

(7) MASS filter

Sample inlet에서 이온화된 것들 중 측정하기 위한 것들만을 분류해 준다. 나머지는 진공상태로 빠져나간다.

(8) MASS detector

EM을 통해 전자들을 고르고 이를 증폭시켜 분석한다.

GC의 이동상에 의한 detector의 손상을 방지하기 위하여 solvent delay 시간 동안은 detector가 가동되지 않도록 3min정도로 조절한다.

(9) 분석된 자료는 컴퓨터를 통하여 출력한다.

실험 예제

화학식 C_4H_8O를 가진 화합물을 질량 스펙트럼으로 분석하면 다음과 같은 구조를 가진 분자임을 해석할 수 있다.

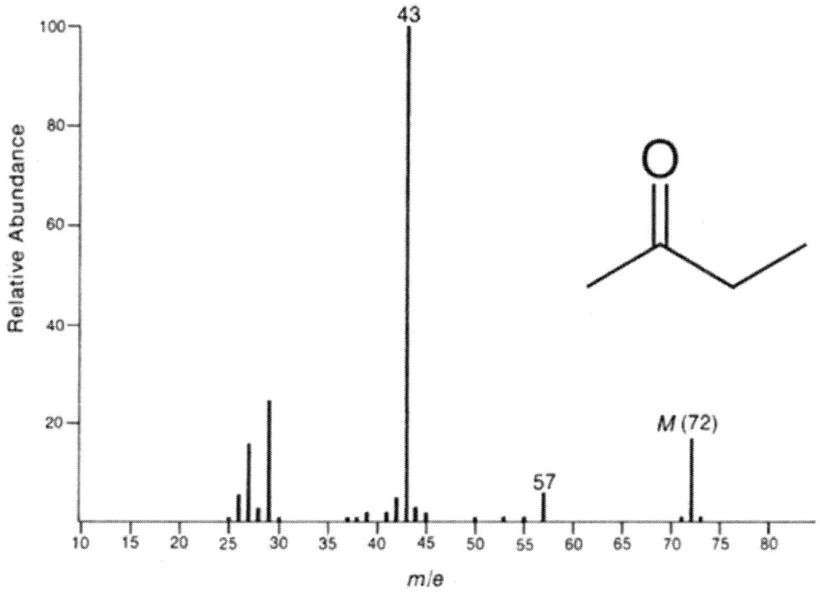

[그림 4-3-33]

출처 : Introduction to spectroscopy, Pavia, 4th ed, Brooks/Cole Cengage Learing

α-cleavage에 의해 alkyl group이 쉽게 떨어져 나갔다는 것을 유추하면, Methylethylketone(Butanone)이라는 것을 알 수 있다. Carbonyl기에 붙어 있는 2개의 alkyl기가 크면 클수록 떨어지기 쉽다. 2-Butanone의 질량스펙트럼에서 ethyl기를 잃고 생긴 m/e = 43 피크는 methyl기를 잃고 생긴 m/e = 57 피크보다 훨씬 세다.

5절 핵자기 공명 분광법

핵자기 공명 분광법은 화학자와 생화학자들이 유기 및 무기 화학종 모두의 구조를 밝히는 데 이용하는 가장 강력한 도구 중 한 가지이며, 또한 이 방법은 흡수 화학종의 정량 분석에도 유용하다.

핵자기 공명 븐광법에 대한 이론적인 기초는 1924년 W. Pauli에 의하여 제안되었는데 그는 특정 원자핵은 스핀의 성질과 자기 모멘트를 가질 수 있고, 이것을 자기장에 노출시키면 그들의 에너지 준위가 분리된다고 하였다. 핵자기 공명의 발견 후 몇 년 동안 화학자들은 자기장에서 분자 환경은 핵이 라디오 주파수(Radio Frequency, RF)의 복사선을 흡수하는데 영향을 주며 이 효과는 분자 구조와 관련지을 수 있음을 알았다. NMR 분광기에는 연속파(continuous-wave, CW) NMR과 펄스파(pulsed) 혹은 Fourier 변환(FT-NMR)이라는 두 종류가 현재 사용되고 있다. 두 종류의 기기에서 시료는 몇 tesla의 세기를 갖는 강력한 자기장 속에 놓여진다. 연속파 분광기는 광원의 주파수를 느리게 주사하면서 흡수 신호를 측정하는 광학흡수 기기와 원리 면에서 비슷하다. 어떤 기기에서는 광원의 주파수를 고정시키고 자기장의 세기를 주사한다. 펄스 형 기기에서는 시료를 통하여 자기장에 수직되게 RF 복사선의 주기적인 펄스형 띠를 조사한다. 이 펄스는 시간 지배 신호를 들뜨게 하고, 이것은 펄스 사이에 붕괴한다. 이 신호는 FT에 의해 주파수 지배 신호로 변환시켜 CW 기기로 얻은 것과 비슷한 스펙트럼을 얻을 수 있다.

1. 핵자기 공명의 이론

핵자기 공명 현상을 설명하는데 고전 및 양자역학 모두가 유용하다. 두 가지 취급법은 동일한 결과를 가져온다. 그러나 양자역학이 핵의 에너지 상태를 흡수 주파수에 연관시키는 데 더 유용한 반면에, 고전역학은 흡수과정의 물리적 의미를 제공하고, 그것을 측정하는 문제에 대하여 더 도움을 준다.

이 부분에서는 연속파형과 펄스형 핵자기 공명 측정법 모두에 응용이 가능한 핵자기 공명의 양자학적 기술을 우선 제공하고자 한다. 그리고 핵자기 공명의 좀 더 고전적인 취급법을 고려하고 연속파-NMR 현상이 어떻게 나타나는가를 밝혀보기로 한다.

(1) NMR의 양자 역학적 설명

어떤 핵들의 성질을 설명하는 데 있어서 그들은 어떤 축에 대해 회전하고 있고, 따라서 스핀(spin)의 성질을 가지고 있다고 생각할 필요가 있다. 이는 전하를 가진 입자의 고유 성질로 전자의 경우도 비슷한 거동을 보인다. 스핀하는 핵은 각 운동량 p를 갖는다. 더욱이, 이 각 운동량의 최대 성분은 양자화 되고 $h/2\pi$의 정수배 또는 1/2의 배수인데 여기서 h는 Planck 상수이다. 어떤 특정 핵에 대한 스핀성분의 최대 수 또는 p값들은 스핀 양자수 I에 의존한다. 핵은 $2I+1$개의 불연속적인 에너지 상태를 가지는 것으로 알려졌다. 선택된 방향에서 이들 상태의 각 운동량 성분은 I, $I-1$, $I-2, \cdots, -I$의 값을 갖는다. 외부 장이 없을 때 이들 각 상태는 동일한 에너지 상태에 있다.

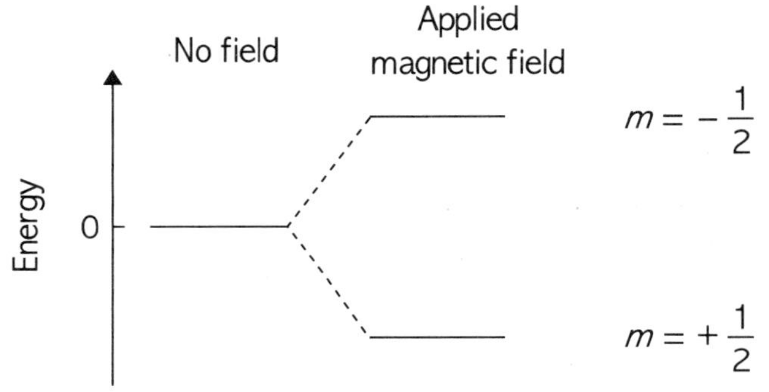

[그림 4-3-34] 자기장속에서 핵자기 쌍극자 에너지 준위

출처 : http://www.process-nmr.com/nmr1.htm

유기 화학자와 생화학자들에게 중요한 네 가지 핵은 ^{1}H, ^{13}C, ^{19}F 및 ^{31}P이며 이 네 가지에 대해서만 언급하도록 하겠다. 이들 핵에 대한 스핀 양자수는 1/2이며 따라서 이들 핵은 $I=+1/2$과 $I=-1/2$에 해당하는 두 가지 스핀상태를 가진다. 여러 가지 기본 입자의 집단을 이루고 있는 무거운 핵들은 영(아무런 알짜 스핀성분이 없는)에서 적어도 9/2까지의 스핀 수를 갖는다.

전하를 갖고 있는 핵이 회전을 하게 되면, 스핀은 코일을 통하여 전기가 흐를 때 생기는 장과 비슷한 자기장을 일으킨다. 이때 얻어진 자기 모멘트 μ는 스핀 축에 따라 배향하며 각 운동량 p에 비례한다. 따라서

$$\mu = \gamma p \qquad \text{〔식 4-3-23〕}$$

여기서 비례 상수 γ는 자기회전 비율(magnetogyric ratio 또는 gyromagnetic ratio)인데 각 핵에 따라 다른 값을 갖는다. 앞으로 만나게 되겠지만, 자기회전 비율은 〔식 4-3-23〕에서 보듯이 흡수된 에너지의 주파수와 자기장의 크기 사이에 정비례하는 관계를 갖는다. 몇 가지 원소에 대한 자기회전비율은 〔표 4-3-4〕에 나타나 있다.

[표 4-3-4] 자기회전비율과 자연 상태 존재비

Isotope	Natural% Abundance	Spin(I)	Magnetic Moment(μ)*	Magnetogyric Ratio(V)†
^{1}H	99.9844	1/2	2.7927	26.753
^{2}H	0.0156	1	0.8574	4.107
^{11}B	81.17	3/2	2.6880	–
^{13}C	1.108	1/2	0.7022	6.728
^{17}O	0.037	5/2	–1.8930	–3.628
^{19}F	100.0	1/2	2.6273	25.179
^{29}Si	4.700	1/2	–0.5555	–5.319
^{31}P	100.0	1/2	1.1305	10.840

* μ in units of nuclear magnetons = 5.05078 · 10–27JT–1

† V in units of 107rad T–1 sea–1

출처 : 1. http://www.cem.msu.edu/~reusch/VirtualText/Spectrpy/nmr/nmr1.htm

2. Unimicro Technologies, Inc.

핵스핀과 자기 모멘트의 상관관계는 다음과 같은 일련의 관찰 가능한 자기 양자 상태 m을 유발한다.

$$m = I,\ I-1,\ I-2,\ \cdots,\ -I \qquad \text{〔식 4-3-24〕}$$

따라서 고려할 핵들은 m = +1/2과 m = -1/2의 두 가지 양자수를 갖는다. 핵의 양자수를 결정하는 규칙은 전자의 양자수를 결정하는 규칙과 비슷하다는 점을 유의할 필요가 있다.

1) 자기장에서의 에너지 준위

〔그림 4-3-34〕에서 보여 주는 바와 같이, 1/2의 스핀 양자수를 갖는 핵이 외부 자기장에 B_0 놓이면 그것의 자기 모멘트는 외부 장에 대해 자기 양자 상태에 따라서 두 가지 방향 중 하나로 배향하게 된다. 이들 두 가지 배향 또는 양자 상태에서 핵의 위치 에너지는 다음과 같이 주어진다.

$$E = -\frac{\gamma mh}{2\pi} B_0 \qquad \text{〔식 4-3-25〕}$$

낮은 상태의 에너지 m=+1/2는 다음 식으로 주어진다.

$$E_{+1/2} = -\frac{\gamma h}{4\pi} B_0 \qquad \text{〔식 4-3-26〕}$$

m=-1/2상태의 경우는

$$E_{-1/2} = -\frac{\gamma h}{4\pi} B_0 \qquad \text{〔식 4-3-27〕}$$

따라서 이들 두 가지 상태간의 에너지 차이 ΔE는 다음 식으로 주어진다.

$$\Delta E_{-} = \frac{\gamma h}{4\pi} B_0 - \left(-\frac{\gamma h}{4\pi} B_0\right) = \frac{\gamma h}{2\pi} B_0 \qquad \text{〔식 4-3-28〕}$$

다른 종류의 분광법에서와 같이, ΔE의 에너지에 해당하는 주파수의 전자기 복사선을 흡수하거나 방출하며 이들 에너지 상태 간에 전이가 일어난다. 따라서 〔식4-3-27〕에 $\Delta E = h\nu_0$을 대입하여 전이를 일으키는데 필요한 복사선의 주파수를 구할 수 있다.

$$\nu_0 = \frac{\gamma B_0}{2\pi} \qquad \text{〔식 4-3-29〕}$$

앞서 제안한 바와 같이 자기장 변화에 따른 주파수의 변화는 상수 $\gamma/2\pi$에 비례하는 외부 자기장의 세기 B_0에 비례한다.

2) 자기 양자 상태 사이의 입자 분포

자기장이 없는 경우, 자기 양자 상태의 에너지는 동일하다. 따라서 양성자의 큰 집단은 +1/2와 -1/2의 자기 양자수를 갖는 같은 수의 핵들을 포함한다. 그러나 자기장에 놓이면 핵은 그 자신이 배향하여 낮은 에너지 상태(m=+1/2)가 우세하게 된다. 전형적인 NMR 실험에서 이 우세한 정도를 계산하는 것은 흥미롭다. 이런 목적을 위하여 Boltzmann식을 다음 형태로 쓸 수 있다.

$$\frac{N_j}{N_0} = exp\ \frac{-\Delta E}{kT} \qquad \text{〔식 4-3-30〕}$$

여기서 N_j는 높은 에너지 상태(m=-1/2)의 양자수이고, N_0는 낮은 에너지 상태(m=+1/2)의 양성자수이며, k는 Boltzmann 상수($1.38 \times 10^{-23} JK^{-1}$), T는 절대온도, 그리고 ΔE는 〔식 4-3-26〕로 정의한다.

〔식 4-3-27〕를 〔식 4-3-29〕에 대입하면, 다음과 같이 된다.

$$\frac{N_j}{N_0} = exp\left(\frac{-\gamma h B_0}{2\pi k T}\right) \qquad \text{〔식 4-3-31〕}$$

Maclaurin 급수로서 〔식 4-3-30)의 오른편을 전개하면 중요한 결과를 얻고 두 번째 항 이후를 잘라내면 다음을 얻는다.

$$\frac{N_j}{N_0} = 1-\left(\frac{vhB_0}{2\pi kT}\right) \qquad \text{〔식 4-3-32〕}$$

〔식 4-3-31〕은 상대적으로 초과한 낮은 에너지 핵의 수가 자기장 세기에 선형적으로 관계됨을 보여준다. 따라서 NMR 신호의 세기는 자기장 세기에 비례하여 증가한다. 자기장 세기에 대한 신호 감도의 이런 의존성은 기기 제작자들이 14T와 같이 자기장 세기가 큰 자석을 생산하도록 유도하였다.

(2) NMR의 고전적 설명

에너지의 흡수과정 그리고 특히 흡수의 측정을 이해하기 위하여, 자기장에서 하전입자의 행동을 좀 더 고전적인 견지에서 살피는 것이 도움이 될 것이다.

1) 자기장 속 핵의 세차 운동

우선 외부자기장 내에서 컴퍼스 바늘과 같이 회전하는 자기체의 행동을 고려하

자. 자기장의 방향 선에서 순간적으로 벗어나면 바늘 양단에 작용하는 자기장에 의해 생기는 힘의 결과로 축 주위의 면내에서 진동할 것이다. 마찰이 없으면 바늘의 끝이 장의 축 주위에 무한하게 앞뒤로 움직일 것이다. 그러나 자석이 남-북 축 주위에서 빠르게 스핀 한다면 전혀 다른 운동이 일어난다. 회전운동 효과 때문에 자기장에 의해 회전축에 가해진 힘으로 인해 힘이 가해진 면에서가 아닌 자기장 방향에 수직인 면내에서 움직이게 된다. 따라서 회전입자의 축이 자기장 주위에서 원운동을 하게 된다. 즉, 회전하는 입자의 회전축에 대하여 외부에서 작용된 자기장을 대표하는 벡터의 주위를 세차운동을 하게 된다. 이런 운동은 측면에서 가해지는 힘의 작용에 의해 만들어지는 수직방향에 힘을 가할 때 일어나는 자이로스코프 운동과 비슷하다. 이런 세차운동의 각 속도 w_0는 radian s^{-1}로 표시되고 다음 식으로 주어진다.

$$\omega_0 = \gamma B_0 \qquad \text{〔식 4-3-33〕}$$

각 속도는 2π로 나누어 세차운동 v_0의 주파수로 알고 있는 Larmor 주파수로 변경시킬 수 있다. 즉,

$$v_0 = \frac{\gamma B_0}{2\pi} \qquad \text{〔식 4-3-34〕}$$

〔식 4-3-33〕과 〔식 4-3-28〕을 비교하여 보면 Larmor 주파수는 양자 역학적 고려로부터 유도한 흡수복사선의 주파수와 동일하다.

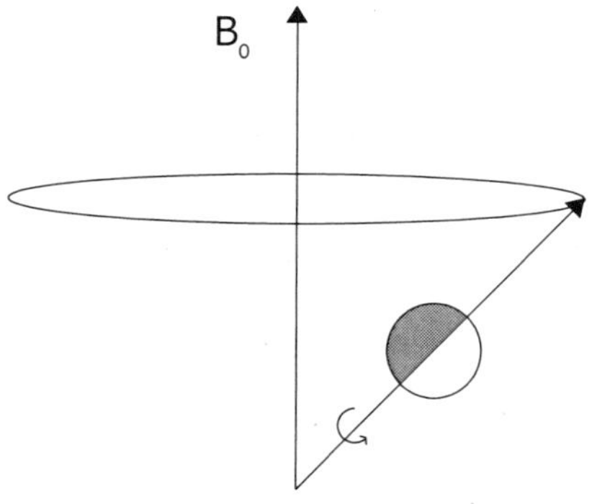

[그림 4-3-35] 세차 운동

출처 : http://www.fda.gov/MedicalDevices/DeviceRegulationandGuidance/GuidanceDocuments/ucm107721.htm

2) NMR의 이완 과정

처음 핵이 적당한 주파수의 복사선에 노출되면 센 자기장에서 유발된 적은 개수의 차이지만 낮은 에너지 상태가 더 많으며 에너지의 흡수를 통해 높은 에너지 상태로 변한다. 초과 분포상태가 적기 때문에 흡수 과정이 두 상태의 핵 수를 동일하게 만들 위험이 항상 존재하는데 이 경우에는 흡수 신호가 감소하여 영에 접근한다. 이런 현상이 일어날 때 스핀 상태는 포화되었다고 한다. 포화되는 것을 피하기 위하여 들뜬 핵의 낮은 에너지 상태로의 이완 속도가 핵이 라디오 주파수 에너지를 흡수하는 속도와 같거나 커야 한다. 한 가지 명백한 이완 경로는 상태 사이의 에너지 차이에 해당하는 주파수의 복사선을 방출(형광)하는 것이다. 그러나 복사선 이론은 광자의 자발적 방출 확률이 주파수의 3제곱으로 변하고 라디오 주파수의 경우 방출이 거의 일어나지 않음을 말해준다. 그리하여 NMR에서는 비 복사 이완이 대단히 중요해진다. 즉, 포화상태를 감소시키고 쉽게 검출 가능한 흡수신호를 발생시키기 위해서는 이완이 가능한 한 빨리 일어나야 한다.

핵 이완 과정은 두 가지 설명으로 이루어진다. 첫 번째는 스핀-격자 또는 세로방향 이완이라고 하고, 두 번째는 스핀-스핀 또는 가로방향 이완이라고 한다.

① 스핀-격자 이완

NMR 실험에서 흡수 핵은 시료를 구성하고 있는 큰 원자집단의 일부이다. 시료가 고체, 액체 또는 기체이든지 상관없이 전체 군집을 격자(lattice)라고 부른다. 후자의 두 가지 상태에서, 격자를 구성하는 각종 핵은 격렬한 진동과 회전운동을 하면서 각 핵 주위에 복잡한 자기장을 형성한다. 이때 얻어진 자기장은 연속적 자기성분을 포함하고 적어도 그 중 몇 몇은 관심 있는 분석물의 자기 핵 세차운동 주파수와 위상에 일치할 것이다. 이러한 진동과 회전으로 나타나는 성분은 핵과 상호작용하고 핵을 높은 스핀 상태에서 변하게 한다. 흡수 에너지는 단순히 열진동이나 회전의 진폭을 증가시킨다. 이 변화는 시료에 극히 적은 온도 상승을 가능하게 한다.

스핀-격자 이완은 지수함수에 대한 1차 반응인 이완시간 T_1로 특징 지워지고, 이것은 높은 에너지 상태 핵의 평균 수명의 척도이다. 흡수 핵의 자기회전 비율에 의존할 뿐 아니라 T_1은 격자의 이동성에 따라 크게 영향을 받는다. 이동성이 적은 결정질 고체와 점도가 큰 액체에서 T_1은 크다. 이동도가 증가함에 따라(예로, 높은 온도에서) 진동 및 회전 주파수가 증가하여 이완 전이에 적당한 크기의 자기 요동의 가능성이 증가하게 된다. 그 결과로 T_1이 짧아진다. 한편, 대단히 큰 이동도 에서는 요동 주파수가 더 증가하게 되고 넓은 범위에 퍼지게 되어 스핀-격자 전이에 적합한 주파수의 가능성이 다시 감소한다. 그 결과는 T_1과 격자의 이동도 사이의 관계는 최소점이 된다.

② 스핀-스핀 이완

여러 가지 다른 효과가 이완시간을 감소시키는 경향을 갖고 있어서 NMR 선을 넓힌다. 이들 효과들을 함께 묶어서 세로 또는 스핀-스핀 이완시간 T_2로 설명한다. 한편 결정질 고체와 점도가 큰 액체에 대해서는 T_2가 적어서 (10^{-4}초 정도로) 특별한 기술을 이용하지 않으면 이런 종류의 시료의 고 분해능 스펙트럼은 얻을 수 없다. 이러한 기술은 나중에 다루게 될 고체의 ^{13}C NMR의 연구에서 간략하게 설명하고자 한다.

같은 종류의 두 개의 이웃한 핵이 다른 자기 양자수를 갖지만 동일한 세차운동의 속도를 갖고 있을 때, 각각의 자기장들은 자기 양자 상태의 상호교환을 일으킬 수 있다. 즉, 낮은 스핀 상태에 있는 핵은 들뜨고, 반면에 들뜬 핵은 낮은 에너지 상태로 이완된다. 상대적인 스핀상태 분포의 알짜변화는 일어나지 않지만 특정 들뜬 핵의 평균 수명은 단축된다. 그 결과 선이 넓어진다.

선 넓힘에 대한 두 가지 다른 원인이 고려되어야 한다. 〔식 4-3-33〕의 B_0이 핵에 따라 조금 다르면 이러한 원인들이 생긴다. 이런 상황에서, 단일 주파수보다는 주파수 띠가 흡수된다. 정지 자기장에서 이와 같은 변동이 생기는 한 가지 원인은 시료에 다른 자기 핵들이 존재하여 그들의 스핀은 국부 자기장을 생성하고 관심 있는 핵에 작용하는 외부 자기장을 증가시키거나 감소시키는 것이다. 이동성 격자에서 이들 국부 자기장은 그것을 야기하는 핵들이 빠른 마구잡이 운동을 하기 때문에 서로 상쇄되는 경향이 있다. 그러나 고체나 점도가 큰 액체의 경우, 국부 자기장은 충분히 오랫동안 견디어서 어떤 범위의 자기장 변동은 또 자기장 발생원 자신의 적은 불균일성으로부터 생기므로 이 효과는 자기장에서 전체 시료를 빠르게 자전시킴으로서 크게 제거시킬 수 있다.

(3) FT NMR

펄스형 NMR측정에서 센 자기장 내의 핵은 [그림 4-3-36]에서 보여주는 바와 같이 센 RF 복사선의 매우 짧은 펄스로 주기적으로 조사된다. [그림 4-3-36a]의 파의 형태(waveform)는 펄스사이의 연속된 펄스(pulse train), 펄스의 넓이, 그리고 시간 간격을 보여주고 있다.

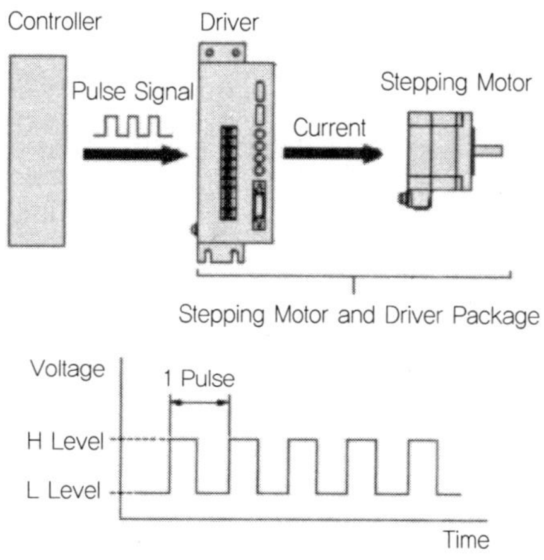

[그림 4-3-36] 펄스의 예

출처 : http://www.orientalmotor.com.sg/product/brand.php?brand=Stepping+Motors

그 중 펄스 한 개를 확대하여 보면 각각의 펄스는 RF 복사선의 묶음임을 알 수 있다. 파의 형태는 그림으로 보여주기 위한 목적일 뿐이며 정확한 크기를 나타내는 것은 아니다. 복사선의 묶음은 그림으로 보여주는 것보다 많은 사이클로 이루어져 있다. 펄스의 길이 τ는 보통 10 μs 이하이며 복사선의 주파수는 10^2부터 10^3MHz 사이에 있다. 펄스 사이의 간격 T는 1 내지 수초 정도이다. T 시간 동안 자유 유도붕괴(free induction decay, FID)신호라고 하는 시간-영역(time-domain) RF 신호가 핵들이 원래의 상태로 되돌아오면서 방출된다. 자유 유도붕괴는 정적인 자기장에 수직으로 있는 라디오파 수신코일에 의해 검출될 수 있으며, 실제로 단일 코일은 시료를 펄스로 조사하고 또 붕괴 신호를 검출하는데 사용된다. FID 신호는 컴퓨터에서 데이터처리를 위해 디지털로 바뀌어 저장된다. 보통, 수많은 계속적인 펄스로 얻은 시간 지배 붕괴 신호는 합하면 신호-대-잡음비를 개선시켜 준다. 그 결과는 Fourier 변환에 의해 주파수-지배(frequency-domain)신호로 변환된다. 얻어진

주파수 지배출력은 주사형 연속파 실험에서 얻은 스펙트럼과 비슷하다.

펄스형 NMR 실험에서 일어나는 현상을 기술하기 위하여, 〔그림 4-3-37a〕에서 보여주는 바와 같이 z축에 따라 가는 자기장을 갖는 한 조의 Cartesian 좌표를 사용하는 것이 도움이 된다. 좁은 화살은 낮은 에너지(m = +1/2)상태에 있는 몇 개 핵의 자기 모멘트 벡터이다. z축 주위에서 이들 벡터의 배향은 마구잡이이고 모두 Larmor 주파수로 회전한다. 이들 초과 핵들은 파란 색의 화살로 보여 주는 바와 같이 z축에 따라 배열하는 알짜 전 자기모멘트 M으로 주어진다.

이어지는 설명에서 〔그림 4-3-37〕에서의 좌표들이 정확히 Larmor 주파수로 축 주위를 회전한다고 상상하는 것이 도움이 된다. 이와 같이 회전하는 기준 좌표(rotating frame of reference)로 〔그림 4-3-37a〕의 각 자기 모멘트 벡터들이 그림에서 보여주는 배향으로 공간에서 고정되게 된다. 다른 설명이 없으면 이 그림의 나머지 부분은 정적인 기준 좌표(static, of laboratory frame of reference)보다 이런 회전하는 기준 좌표로 설명될 것이다.

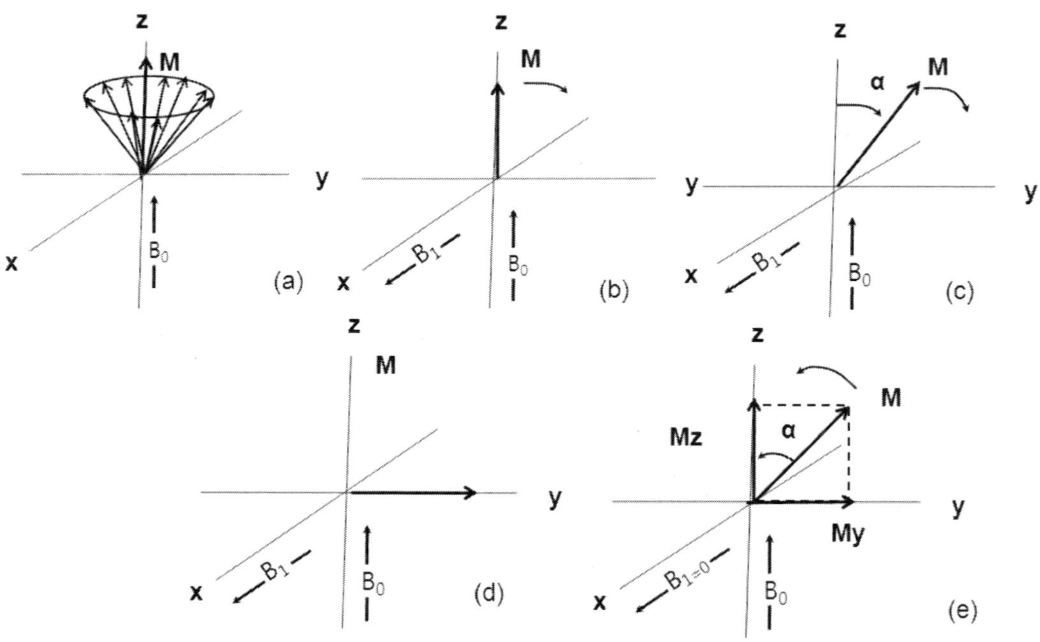

[그림 4-3-37] 90도 펄스 과정

출처 : Principle of instrumental analysis, 5th ed

1) 펄스형 들뜸

〔그림 4-3-37b〕는 x축을 따라 조사하는 라디오 주파수 복사선의 펄스가 시료를 조사하는 순간에 알짜 자기 모멘트의 위치를 보여준다. 이 전자기 복사선 빛살의 자기장은 신호 B_1로 표시한다. 회전기준 좌표에서는 B_1과 시료 자기화 벡터 M은 정적이고 하나는 x축에 따라 있고 다른 것은 x축에 수직으로 있다. 기초 물리학에서 알 수 있는 바와 같이 펄스로 M은 z축에서 뒤집어지는 비트는 힘을 받는다. 〔그림 4-3-37c〕와 〔그림 4-3-37d〕에서 보여준 바와 같이, 이 비트의 힘은 시료의 자기 모멘트 M을 yz평면에서 x축 주위로 회전시킨다. 회전되는 정도는 다음 식으로 주어지는 바와 같이 펄스길이 τ에 의존한다.

$$\alpha = \gamma B_{1}\tau \qquad \text{〔식 4-3-35〕}$$

여기서 α는 radian단위의 회전각도이다. 많은 Fourier 변환 실험에 대해, 〔그림 4-3-37d〕에서 보여주는 바와 같이 α가 90도 또는 $\pi/2$ radian이 되도록 펄스 길이(pulse length)를 선택한다. 대표적으로 이런 각도를 성취하기 위하여 필요한 시간은 1 내지 10μs이다. 펄스가 끝나면 핵은 이완하기 시작하여 〔그림 4-3-37e〕에서 보여주는 대로 평형위치로 돌아간다. 앞 절에서 논의한 바와 같이, 두 가지 별개의 메커니즘에 의해 이완되는데 한 가지는 스핀-격자 상호작용(spin-lattice interaction)이고, 다른 한 가지는 스핀-스핀 상호작용(spin-spin interaction)이다. 몇 초 후에 이들 상호작용은 핵들이 〔그림 4-3-37a〕에서 보여주는 원래의 상태로 돌아간다.

〔그림 4-3-37e〕에서 알 수 있는 바와 같이 RF 복사선의 펄스에 의해 충격을 받은 후에 평형상태로 되돌아오게 되는 이러한 이완은 y축에 대한 자기 모멘트 성분(M_y)의 감소와 z축에 대한 자기 모멘트 성분(M_z)의 증가를 가져온다. 〔그림 4-3-34〕은 정적인 기준좌표에서 보여주는 것과 같이 두 가지 이완 과정의 메커니즘에 대한 자세한 설명을 제공해준다. 스핀-격자 이완에서 z축에 따른 자기와는 〔그림 4-3-37a〕에서 보여 준 원래의 값으로 돌아갈 때까지 증가한다. 스핀-스핀 이완에서, 핵들은 스핀 에너지를 서로 교환하며 일부가 Larmor 주파수보다 빠르게 세차운동을 하고 반면에 어떤 것들은 더 느리게 교환한다. 그 결과 스핀들은 〔그림 4-3-38〕의 오른쪽에서 보여주는 것과 같이 xy면에서 선풍기 모양으로 된다. 결국 이것은 축

에 따라 자기 모멘트가 영으로 감소하게 유발시킨다. 또한, y축에 따라 이완이 완결되는 시간까지 *x*y면에 아무런 잔류 자기 모멘트가 분명히 존재하지 않는 경우도 있으며 이것은 $T_2 \leq T_1$을 의미한다.

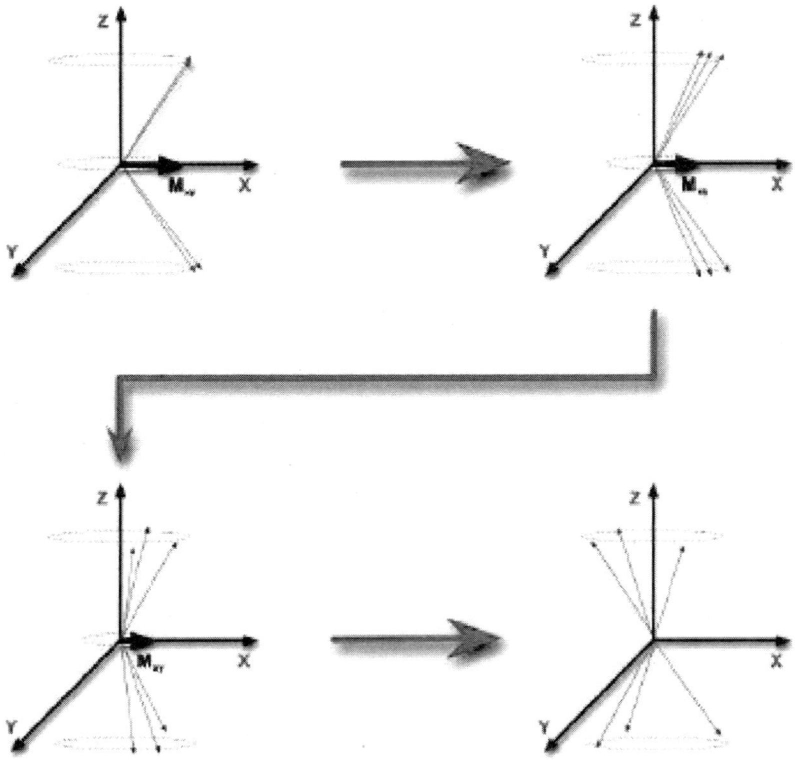

[그림 4-3-38]

출처 : http://en.wikibooks.org/wiki/Basic_Physics_of_Nuclear_Medicine/MRI_&_Nuclear_Medicine

2) 자유 유도 붕괴(FID)

〔그림 4-3-37d〕로 다시 돌아가서 *x*축에 따른 신호 B_1이 펄스 끝에서 사라질 때 무엇이 일어나는가를 고려하자. 그러나 여기서는 회전 기준좌표 대신 정적인 기준좌표 내에서 무엇이 일어나는지 그려보는 것이 유용하다. 만일 좌표가 고정되면 알짜 무엇이 일어나 M은 Larmor 주파수로 z축 주위를 시계방향으로 회전한다. 이 운동은 *x*축에 따르는 코일로 검출될 수 있는 RF 신호를 생성한다. 앞에서 언급한 바와 같이 그것은 원래 펄스를 수정 펄스를 발생하기 위해 수정 사용하던 같은 코일로 검출에 사용할 수 있다. 이완이 계속됨에 따라, 이 신호는 지수함수로 감소하며 무엇벡터

가 z축에 접근함에 따라 영에 접근한다. 시간-영역 신호인 이 신호가 앞에서 언급한 자유 유도 붕괴로 종국에 가서는 Fourier 변환에 의해 주파수 지배신호로 바뀐다.

2. NMR 스펙트럼에 미치는 환경 효과

주어진 핵이 흡수하는 라디오 주파수 복사선의 주파수는 화학적 환경에 의해, 즉 이웃 전자와 핵에 의해 크게 영향을 받는다. 이 결과로 단순한 분자들도 화학적 구조를 밝히는 역할을 할 수 있는 충분한 스펙트럼 정보를 제공한다. 다음 설명은 주로 가장 많이 연구되는 동위원소인 ^{1}H의 스펙트럼에 중심을 두겠다. 이 설명은 다른 동위원소의 스펙트럼에도 보통의 경우 응용된다는 점에서 매우 편리하다.

(1) 환경 효과의 종류

〔그림 4-3-39〕에서 보여준 에틸알코올에 대한 스펙트럼은 두 가지 형태의 환경 효과를 보여준다. 낮은 분해능 기기로 얻은 〔그림 4-3-39a〕에서 곡선은 1 : 2 : 3(왼쪽에서 오른쪽) 비의 면적을 갖는 세 개의 양성자 봉우리를 보여준다. 이 비에 기초하여 봉우리들은 각각 수산기, 메틸렌 및 메틸의 양성자가 이론적으로 기여하는 것으로 보인다. 다른 증거도 이런 결론을 뒷받침한다. 예로, 수산기의 수소원자가 중수소로 치환되면 이 부분의 스펙트럼에서 첫 봉우리는 없어진다. 따라서 양성자의 흡수 주파수에 적은 차이가 생긴다. 이와 같은 차이는 수소원자가 결합하는 원자단에 의존한다. 이런 효과를 화학적 이동(chemical shift)이라고 한다.

〔그림 4-3-39b〕에서 보여주는 에탄올의 더 높은 분해능 스펙트럼은 세 개의 양성자 봉우리 중 두 개가 추가적인 봉우리들로 갈라진다. 위의 화학적 이동에 겹친 두 번째 환경 효과는 다른 원인을 갖는다. 그것은 스핀-스핀 분리(spin-spin splitting)라고 부른다. 화학적 이동과 스핀-스핀 분리 모두는 화학종의 구조 분석에 중요하다. 두 가지는 실험적으로 쉽게 구별된다. 왜냐하면 화학적 이동으로부터 오는 봉우리 분리는 자기장 세기나 발진기 주파수에 직접 비례하기 때문이다. 따라서 〔그림 4-39a〕에서의 스펙트럼을 60MHz에서보다 1000MHz에서 얻었다면 이들 봉우리들 사이의 수평 거리는 100/60으로 증가할 것이다. 반대로, 작용기 내 미세구조의 봉우리간 분리거리는 주파수 변화에 따라서는 변하지 않는다.

1) 화학적 이동의 근원

화학적 이동은 핵 주위를 선회하는 전자들에 의해서 발생되는 적은 자기장에 의해 일어난다. 이들 자기장은 보통 가해주는 적용 자기장과 반대이다. 그 결과, 핵들은 외부 장보다 약간 적은 보다 효과적인 자기장에 노출된다. 내부에서 발생된 자기장의 크기는 가해준 외부 자기장에 직접 비례하므로 다음과 같이 쓸 수 있다.

$$B_0 = B_{appl} - \sigma B_{appl} = B_{appl}(1-\sigma) \qquad \text{〔식 4-3-36〕}$$

여기서 B_{appl}은 가해준 자기장의 크기이고, B_0은 얻어진 자기장의 크기로, 이것은 핵의 공명 현상을 결정해준다. σ는 가리움 상수(screening constant)로서 핵 주위의 전자밀도와 공간적인 분포에 의해 결정된다. 전자밀도는 핵을 포함하는 화합물의 구조에 의존한다. 〔식 4-3-34〕를 〔식 4-3-36〕에 대입하면 주파수로서 공명조건을 제공한다. 즉,

$$v_0 = \frac{\gamma}{2\pi} B_0 (1-\sigma) = k(1-\sigma) \qquad \text{〔식 4-3-37〕}$$

여기서 $k=\gamma B_0/2\pi$이다.

메틸기 양성자에 대한 가리움 상수는 메틸렌 양성자에 대한 해당 파라미터보다 더 크다. 그것은 -OH기의 양성자에 대해서 보다 더 적다. 격리된 수소 핵에 대한 가리움 상수는 영이다. 따라서 에탄올 중 어떠한 양성자를 주어진 발진기 주파수 ν에서 공명을 일으키도록 하는 데는 B_0〔식 4-3-36〕, 즉 격리된 양성자에 대한 공명 값보다 큰 자기장 B_{appl}를 이용할 필요가 있다. 만일 자기장을 일정하게 유지하면 공명조건을 가져오기 위하여 발진기 주파수를 증가시켜야 한다. σ는 여러 가지 작용기의 양성자에 대해 다르기 때문에 필요한 적용 자기장은 작용기에 따라 다르다. 이런 효과를 〔그림 4-3-39a〕의 에탄올의 스펙트럼에서와 같이 수산기의 수소가 가장 낮은 장에서 나타나 보이며, 메틸렌 수소가 그 다음 낮은 장에서, 그리고 마지막으로 메틸 수소가 나타난다. 이들 모든 봉우리는 〔그림 4-3-39a〕에서 왼쪽 끝에 나타나는 격리된 수소 핵에 대한 이론 값(theoretical field)보다도 큰 적용 자기장(applied field)에서 얻어진다. 걸어준 자기장을 메틸기 양성자를 들뜨게 하기에 필요한 수준에서 일정하게 유지한다면 메틸렌 양성자가 공명을 일으키게 하는 데는 주파수 증

가가 필요하다는 점에 대하여 주목하여야 한다. 또한, 적용 자기장을 메틸기 양성자를 들뜨게 하기에 필요한 수준에서 일정하게 유지한다면, 메틸렌 양성자가 공명을 일으키게 하는 데는 주파수 증가가 필요하다는 점도 알아두어야 할 것이다.

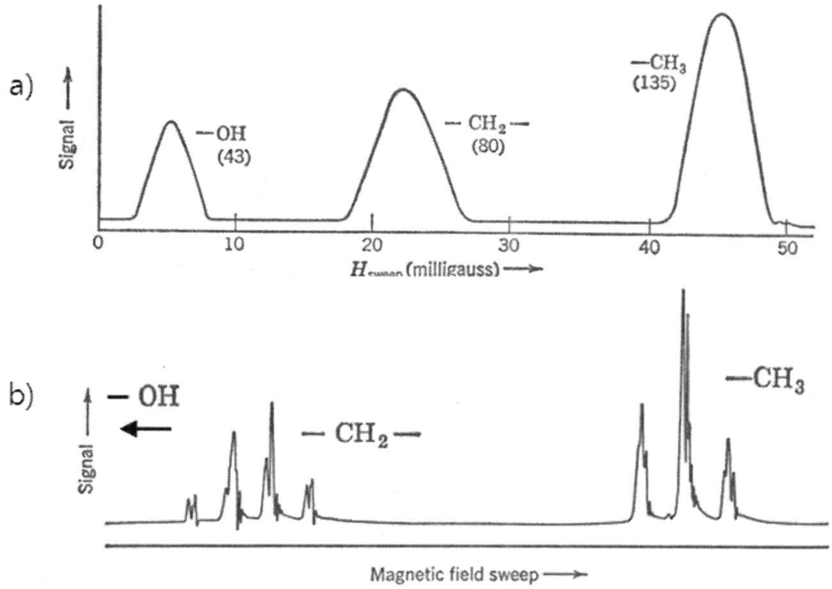

[그림 4-3-39] 에탄올의 스핀 스핀 분리

출처 : http://ibchem.com/IB/ibnotes/full/org_htm/Nmr_ethanol.htm

2) 스핀-스핀 분리의 근원

화학적 이동으로 인한 봉우리들의 분리는 바로 인접한 핵의 자기 모멘트와 상호 작용하여 생기는 핵의 자기 모멘트에 의해 만들어진다. 회전하는 핵에 의해 만들어진 자기장은 다른 핵에 대하여 핵 간의 결합을 통해서 전자가 분포되는데 영향을 미친다. 그러면 전자 분포의 이러한 변화는 이웃한 핵이 자기장의 변화를 일으키고 에너지 준위의 분리를 유발시키며 따라서 여러 개의 전이를 만든다. 이러한 핵의 결합된 전자에 의해 전달되는 자기적 짝지음(magnetic coupling)은 가끔 상호 편극 작용(polarization interaction)이라고 부른다. 따라서 〔그림 4-3-39b〕에서 보여준 메틸렌 봉우리의 미세구조는 인접한 메틸기 양자의 스핀효과에 기인한다고 본다. 반대로, 메틸 봉우리가 세 개의 작은 봉우리로 분리하는 것은 인접한 메틸렌 양성자들에 기인한다. 이들 효과는 적용 자기장과 무관하며 화학적 이동 효과와 겹쳐진다.

3) NMR 스펙트럼의 횡축 눈금

고 분리능에 필요한 정확도를 얻는데 필요한 NMR의 측정은 어렵거나 또는 불가능하다. 자기장 세기 변화의 크기는 십 분의 1mG 보다 더 작게 측정되는 것이 가능하다. 따라서 실험하는 동안 측정할 수 있는 내부 표준물질의 공명 봉우리에 대한 흡수 봉우리들의 상대적 위치를 보고하는 것이 편리한 일이다. 또한, 내부 표준물질의 사용은 발진기 주파수에 무관하게 화학적 이동을 보고할 수 있다는 면에서 유리하다.

사용하는 내부 표준물질은 연구대상 핵과 용매 시스템에 의존한다. 양성자 연구를 하는데 가장 일반적으로 사용하는 화합물은 사메틸실란(TMS), $(CH_3)_4Si$이다. 이 화합물의 모든 양성자는 동일하고 나중에 고려하게 될 이유로 TMS에 대한 가리움 효과는 다른 대부분의 양성자의 가리움효과 보다 더 크다. 따라서 높은 적용 자기장에서 이 화합물은 관심 있는 대부분의 봉우리들로부터 격리된 예리한 단일 봉우리를 낸다. 또 TMS는 비활성이고 거의 모든 유기용매에 녹으며 증류에 의해 시료로부터 쉽게 제거된다(b.p.=27℃). 그러나 TMS는 물에 녹지 않는다. 그 대신 물에 녹는 매질의 경우 $(CH_3)_3SiCH_2CH_2CH_2SO_3Na$ 즉, 2,2-dimethyl-2-silapentane-5-sulfonic acid (DSS)의 소듐염이 보통 사용된다. 이 화합물의 메틸 양성자는 실제로 TMS의 것과 같은 자리에서 봉우리를 낸다. 그러나 메틸렌 양성자들은 방해할지도 모르는 작은 일련의 봉우리를 낸다. 이런 이유로 상품용 DSS는 중수소화 되어 불필요한 봉우리가 제외된 메틸렌기를 갖는다.

일정한 자기장 세기에서 측정할 때 TMS에 대해 시료 핵의 화학적 이동을 정량적으로 설명하기 위하여 〔식 4-3-37〕를 시료와 TMS 공명선에 적용하여 다음의 관계를 얻는다.

$$v_s = k(1-\sigma_s) \qquad \text{〔식 4-3-38〕}$$

$$v_\gamma = k(1-\sigma_\gamma) \qquad \text{〔식 4-3-39〕}$$

여기서 아래 첨자 γ과 s는 TMS 기준물질과 분석 시료를 나타낸다. 두 번째 식에서 처음 식을 빼면 다음을 얻고

$$v_\gamma - v_s = k(\sigma_s-\sigma_\gamma) \qquad \text{〔식 4-3-40〕}$$

κ를 제거하기 위하여 이 식을 〔식 4-3-38〕로 나누면 다음을 얻는다.

$$\frac{V_r - V_s}{vr} = \frac{\sigma_r - \sigma_s}{1 - \sigma_r}$$

일반적으로, σ_γ은 1보다 훨씬 적다. 따라서 위 식은 다음과 같이 간단하게 할 수 있다.

$$\frac{V_r - V_s}{vr} = \sigma_r - \sigma_s \qquad \text{〔식 4-3-41〕}$$

그리고 화학적 이동 파라미터 δ는 다음과 같이 정의한다.

$$\delta = (\sigma_\gamma - \sigma_s) \times 10^6 \qquad \text{〔식 4-3-42〕}$$

δ값은 단위가 없고 ppm 단위로 상대적인 이동을 나타낸다. 이 방법을 사용할 때의 특별한 장점은 주어진 봉우리에 대하여 200 또는 800MHz의 어느 기기의 사용하든지 간에 상관없이 δ값은 같다는 점이다. 대부분의 양성자 봉우리는 1 내지 13ppm의 δ범위 내에 있다. 다른 핵의 경우는 결합된 $2p$ 전자들 때문에 크다. 예로, 각각 다른 작용기를 가진 ^{13}C의 화학적 이동은 일반적으로 0부터 220ppm까지의 범위에 드는 반면에 400ppm 혹은 그 이상까지도 커진다. ^{19}F의 화학적 이동의 범위는 800ppm 정도의 크기이고 ^{31}P에 대해서는 300ppm 이상이다.

3. NMR을 이용한 발효산물 분석

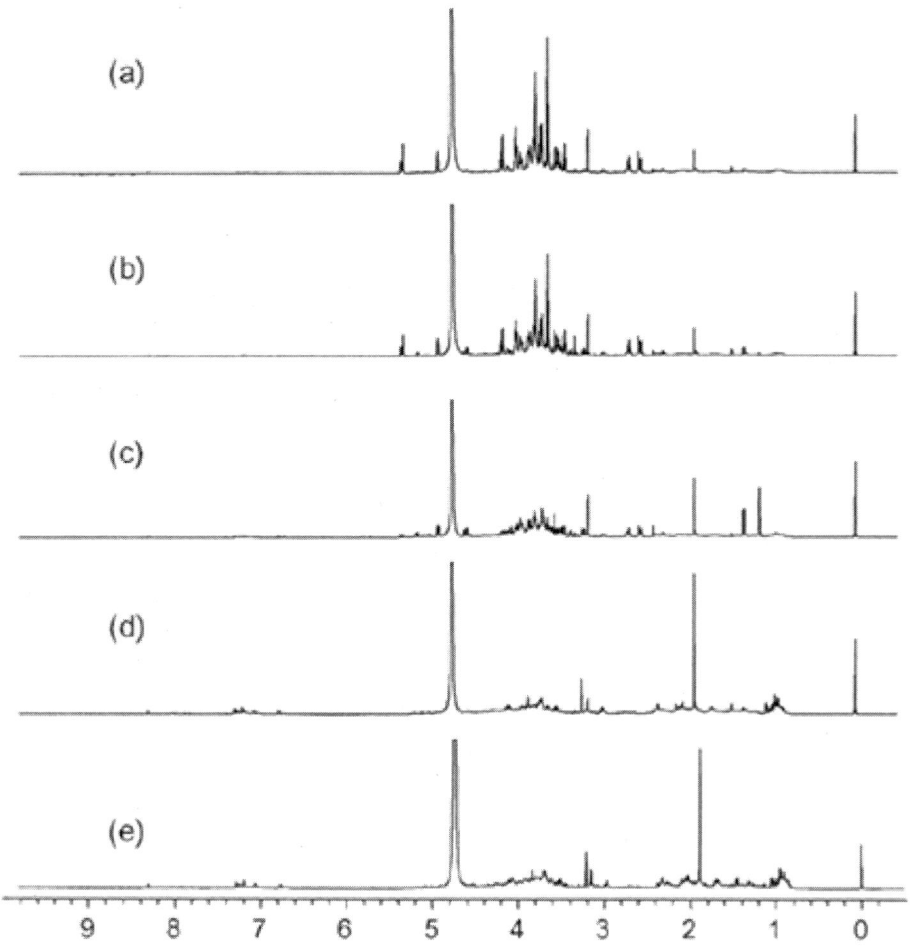

[그림 4-3-40] 청국장 추출물의 발효에 따른 변화
a) 0시간 b) 5시간 c) 10시간 d) 20시간 e) 40시간
출처 : Process Biochemistry 2007, 42, 263

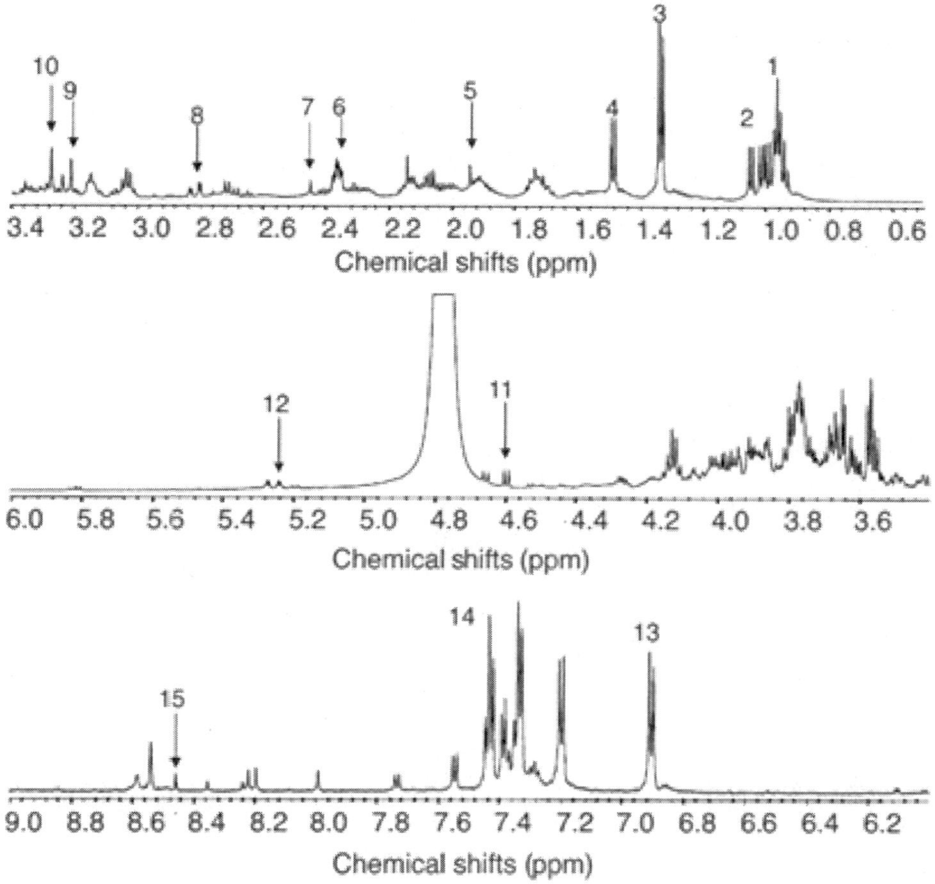

[그림 4-3-41] 된장 발효 초기 물질의 분석 1. isoleucine/leucine 2. valine 3. lactic acid 4. alanine 5. acetic acid 6. glytamine 7. succinin acid 8. aspartic acid 9. choline 10. phosphochline 11. β-glucose 12.α-glucose 13. tyrosine 14. phenylalanine 15. formic acid

출처 : Biosci. Biotechnol. Biochem. 2009, 73, 502

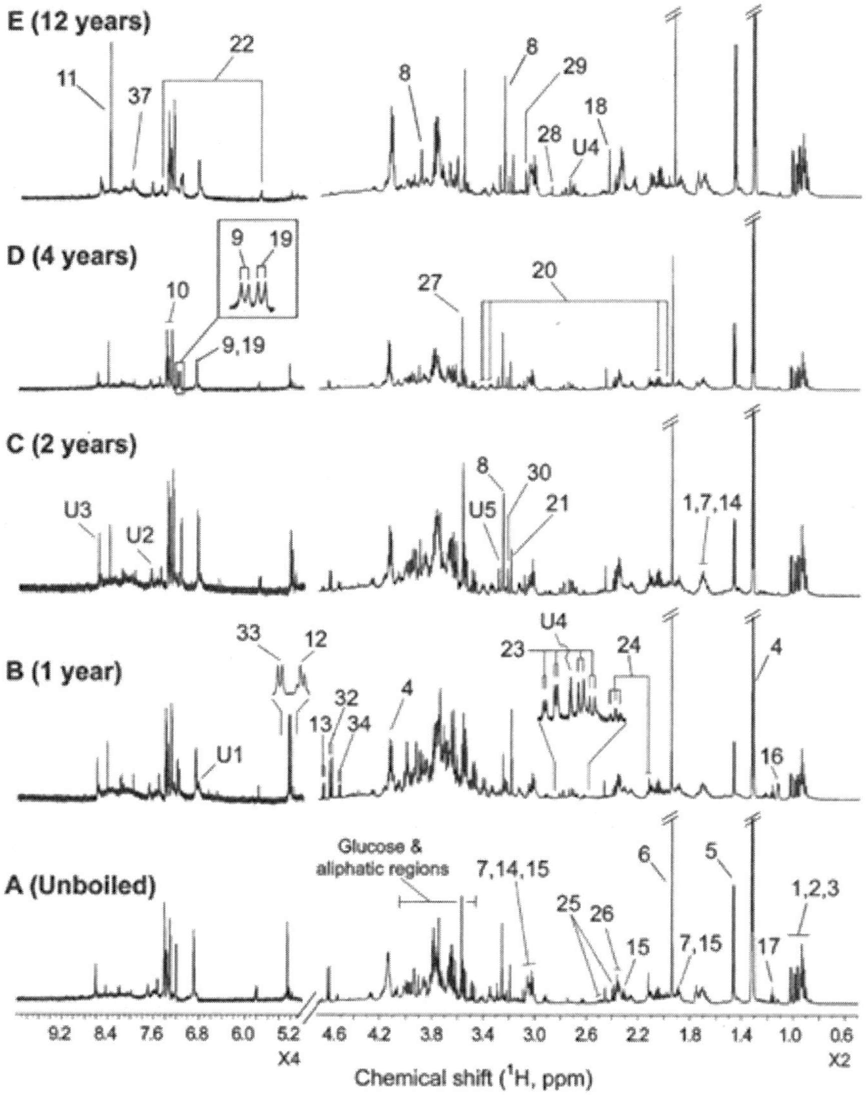

[그림 4-3-42] 간장의 발효 정도에 따른 변화 분석 A) 초기상태 B) 1년 C) 2년 D) 4년 E) 12년
1, leucine 2, isoleucine 3, valine 4, lactate 5, alanine 6, acetate
7, arginine 8, betaine 9, tyramine 10, phenylalanine 11, formate
12, R-glucose 13,β-glucose 14, lysine 15, γ-aminobutyrate (GABA)
16, fucose 17, ethanol 18, succinate 19, tyrosine; 20, proline 21, choline
22, uracil 23, aspartate 24, methionine 25, pyroglutamate
26, glutamate 27,glycine 28, trimethylamine 29, malonate
30, phosphocholine 31, butyrate; 32, oligosaccharide (O1)
33, oligosaccharide (O2) 34, oligosaccharide (O3) 35, glycerol
36, propionate 37, hypoxanthine U1, U2, U3, U4, and U5, unknown.
출처 : J. Agric, Food Chem., 2009, 57, 6862

실험 4-3-4 NMR 실험 방법

(1) Sample preparation

1) Deuterium lock solvent의 선택

NMR 샘플을 제조하기 위해서는 우선 측정하고자 하는 시료의 물성(용해도 등)을 고려하여 적절한 Deuterium lock solvent를 선택하여야 한다. Lock solvent의 종류에는 Acetone-d_6, Chloroform-d_1, Deuterium oxide-d_2, Dimethylsulfoxide-d_6, Methanol-d_4 등이 있다.

2) 샘플의 농도

적절한 lock solvent를 선택한 후, eppendorf tube와 같은 용기에 시료와 lock solvent를 함께 넣고 녹인다. 이 때 시료의 농도는 하고자 하는 NMR 실험에 따라 다소 차이는 있지만, 대체로 1~10mM 정도로 조절한다. 시료가 너무 진하면 signal이 다소 broad하게 나오며, 반대로 묽을 경우 신호-잡음비가 좋지 않다.

3) 기준물질

시료의 용액에 적절한 기준물질을 넣고 각각 proton의 공명진동수를 기준 물질의 공명진동수와의 상대적인 값으로 측정한다. 기준물질의 종류에는 Tetramethylsilane(TMS), 3-(Trimethylsilyl)propionic acid(TSP), 4,4-dimethyl-4-silapentane-1-sulfonic(DSS) 등이 있다.

4) 전체 시료의 양

NMR sample tube는 보통 직경 4~5mm에 14~15cm의 길이를 가지고 있다. tube내의 시료의 높이는 약 4~5cm(600μl)정도가 적당하다. 사용하는 NMR tube는 기스나 티가 없는 깨끗한 것을 사용한다.

(2) Operation

1) Probe Tuning

샘플을 probe에 주입한 후 측정하고자 하는 핵종에 대해 tuning을 해준다. Lock

solvent의 극성이 Probe Tuning에 영향을 주므로 샘플의 lock solvent가 달라질 때마다 새로이 tuning을 해준다.

2) Lock

Lock이란 초전도자석의 자기장의 시간에 따른 변화를 보정하기 위한 과정이다. lock은 lock solvent의 NMR 신호(lock 신호)를 측정하고 이것이 항상 일정 주파수에 유지되도록 자장을 계속 조정하는 것에 따라 이루어진다.

3) Shim

메인 magnet 내에는 공간에 따른 자장의 변화를 조절하기 위한 코일이 존재한다. 이러한 코일에 흐르는 전류를 조절해, 공간에 따른 자장의 변화를 조절하는 것을 shimming이라고 한다. shimming을 잘하지 못했을 때에는 분해능이 저하된다.

4) Acquisition

locking과 shimming을 모두 마쳤으면, 원하는 NMR 실험방법(e.g. Presat, 1D NOESY)에 따라 알맞은 Pulse sequence를 선택해 측정한다. Detector에 의해 관측된 signal은 컴퓨터 모니터 상에서 볼 수 있다.

(3) Data processing & analysis

1) Fourier transform

NMR signal은 FID(free induction decay) 형태로 나오게 된다. 이러한 time domain NMR signal을 주파수의 함수로 바꿔주는 수학적 연산과정을 Fourier transform이라고 한다. 즉 일반적인 NMR Spectrum은 FID를 Fourier transform시켜 나타낸 것이라고 할 수 있다.

2) Phase, baseline correct

Acquisition을 마친 후 얻은 Spectrum을 보았을 때, baseline이 고르지 않거나 phase가 맞지 않을 때에는 이들을 알맞게 조절해 주어야 한다. 일반적으로 사용하는 NMR 회사가 제공하는 소프트웨어를 사용하나 기타 다른 NMR processing software를 사용할 수도 있다.

3) Analysis

얻은 Spectrum을 토대로 하여 analysis 전용 프로그램을 이용해 분석한다.

실험 예제

화학식 $C_5H_{12}O$를 가지는 ether 화합물의 수소 NMR 스펙트럼을 해석하면 다음과 같은 구조를 가진 분자임을 알 수 있다.

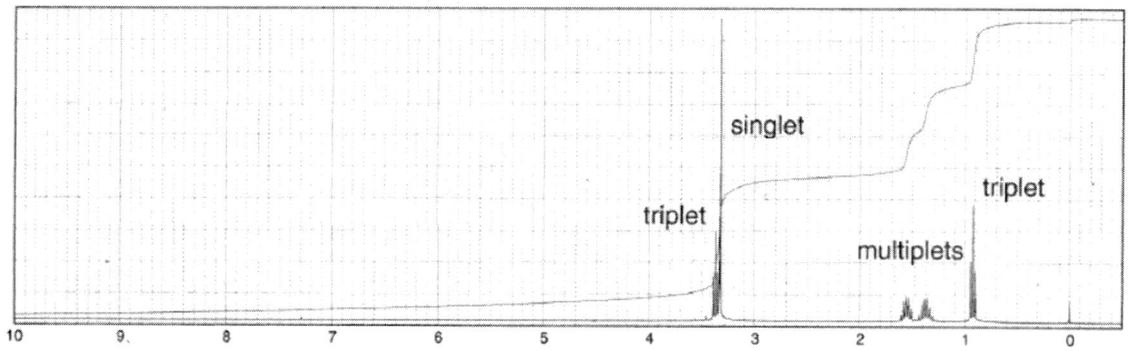

[그림 4-3-43]

출처 : Introduction to spectroscopy, Pavia, 4th ed, Brooks/Cole Cengage Learing

분자의 구조를 해석하기 위해서 chemical shifts와 spin-spin splitting을 이용하면,

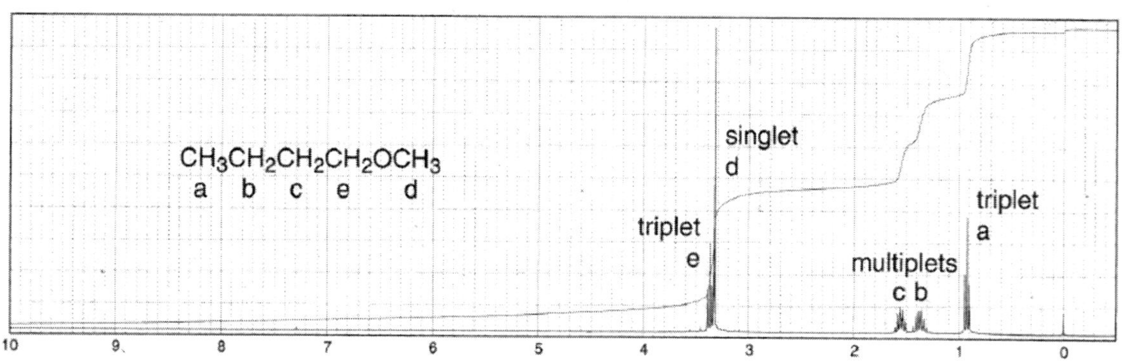

[그림 4-3-44]

출처 : Introduction to spectroscopy, Pavia, 4th ed, Brooks/Cole Cengage Learing

ether에서는 산소 다음에 있는 탄소 위의 수소는 결합된 산소의 전기음성도 때문

에 deshielded되어서, 화학적 이동이 3.2~3.8ppm에 나타난다. 산소에 가까이 있을수록 deshielded되므로 b보다 c가 더 down field에서 peak이 나타난다. 이와 같은 이유로 d의 peak이 a보다 더 down field에서 peak이 나타난다.

따라서, 분자구조는 $CH_3CH_2CH_2CH_2OCH_3$ (2-pentanone)이다.

참 고 문 헌

1. 강금석 외 7인, 한방 원료 추출물의 주름개선 효과를 통한 화장품 원료로서의 가치 평가, J. Life Sci. 2007, 17:1147-1151
2. 건강기능식품 기능성 시험 가이드 (재)한국보건공정서연구회
3. 건강기능식품기준및규격 개정전문(제2008-64호)
4. 기전여대 사이트
5. 네이트 백과사전 (http://100.nate.com/dicsearch/pentry.html?i=179754)
6. 식품공전(2008)
7. (표준) 식품분석학 채수규 지구문화사
8. 식품분석실험 조형용외 3인 공저 광문각
9. 식품분석학 강국희외3인 공저 성균관대학교 출판부
10. 식품의약품안전청 자료
11. 식품의약품안전청, 기능성화장품의 유효성평가를 위한 가이드라인, 2003
12. 식품의약품안전청, 기능성화장품의 유효성평가를 위한 가이드라인 II, 2005
13. 유익동, 기능성화장품 신소재 개발 연구동향, 보건산업기술동향, 2005
14. 윤 선 외, 기능성식품학, 라이프사이언스
15. 이혜영, Bio Korea 2009 conference 식품의약품안전청 식품안전국 식품기준부 건강기능식품기준과
16. 정재윤, 발효화장품의 종류, 데일리코스메틱, 2008
17. 한국보건산업진흥원, 화장품 소재 개발 전략, 2007
18. 홍윤호, 식품생리활성물질 과학, 전남대학교출판부
19. 황재성, 화장품과 피부과학 연구동향, 보건산업기술동향, 2001
20. Adebajo, M. et al., ESR study of alkyl radicals adsorbed on porous Vycor glass: I. Build up of mehyl and ethyl radicals. AppliedSurfaceScience, 171, 120-124, 2001
21. Baumann L. Skin ageing and its treatment. J. Pathol. 2007, 211:241-251
22. Biosci. Biotech. Biochem., 61(10), 1718-1723, 1997
23. Briganti S, Camera E, Picardo M. Chemical and instrumental

approaches to treat hyperpigmentation. Pigment Cell Res. 2003, 16:101-110

24. Chang TS. An updated review of tyrosinase inhibitors. Int J Mol Sci. 2009, 10:2440-2475
25. Cheung, L. et al., Antioxidant activity and total phenolics of edible mushroom extracts. Food Chemistry, 81, 249-255, 2003
26. Costin GE, Hearing VJ. Human skin pigmentation: melanocytes modulate skin color in response to stress. FASEB J. 2007, 21:976-994
27. Food Science and Industry 39(1), 1-7, 2006
28. Food Sci. Biotechnol. 18(1), 275-277, 2009
29. Fresco, P. et al., New insights on the anticancer properties of dietary polyphenols. Medicinal Research Reviews, 22, 747?766, 2006
30. Hansen, M. B. et al., Re-examination and further development of a precise and rapid dye method for measuring cell growth/cell kill. Journal of Immunological Methods, 119, 203-210, 1989
31. Jenkins G. Molecular mechanisms of skin ageing. Mech Ageing Dev. 2002, 123:801-810
32. McCullough JL, Kelly KM. Prevention and treatment of skin aging. Ann N Y Acad Sci. 2006, 1067:323-331
33. Moon J. et al, Induction of apoptosis in SNU-16 human gastric cancer cells by the chloroform fraction of an extract of dangyuja (Citrusgrandis)leaves. J Korean Soc Appl Biol Chem 52:168-175. 2009
34. Naczk, M., & Shahidi, F. Phenolics in cereals, fruits and vegetables: Occurrence, extraction and analysis. Journal of Pharmaceutical and BiomedicalAnalysis, 41, 1523-1542, 2006
35. Nanjo, F., et al., Scavenging effects of tea catechins and their derivatives on 1,1-diphenyl-2-picrylhydrazyl radical. Free Radical Biology and Medicine, 21, 895-902, 1996
36. Nutraceutical & Food 8, 137-140, 2003
37. Park HY, Kosmadaki M, Yaar M, Gilchrest, BA. Cellular mechanisms

regulating human melanogenesis. Cell Mol Life Sci, 2009, 66:1493-1506

38. Pomerantz, SH. The tyrosine hydroxylase activity of mammalian tyrosinase. J. Biol. Chem. 1966, 241:161-168
39. Rabe JH, Mamelak AJ, McElgunn PJ, Morison WL, Sauder DN. Photoaging: mechanisms and repair. J Am Acad Dermatol. 2006, 55:1-19
40. Ritti L, Fisher GJ. UV-light-induced signal cascades and skin aging. Ageing Res Rev. 2002, 1:705-720
41. Singh, N., & Rajini, P. S., Free radical scavenging activity of an aqueous extract of potato peel. Food Chemistry, 85, 611-616, 2004
42. Solano F, Briganti S, Picardo M, Ghanem G. Hypopigmenting agents: an updated review on biological, chemical and clinical aspects. Pigment Cell Res. 2006, 19:550-571
43. Sulaimon SS, Kitchell BE. The biology of melanocytes. Vet Dermatol. 2003, 14:57-65
44. Zhishen, J. et al., The determination of flavonoid contents in mulberry and their scavenging effects on superoxide radicals. Food Chemistry, 64, 555-559, 1999

❖ 정 성 오

한국폴리텍바이오대학 바이오생명정보과 교수
한국폴리텍바이오대학 바이오식품과 교수 역임
한국미생물학회 평의원
한국미생물생물공학회 정회원
한국식품과학회 정회원
한국해양기술진흥원 과제평가위원
광동제약 발효쌍화탕 개발(2007)
CJ 바이오연구소 수석연구원 역임(2005)
"발효 및 생물전환 기술에 의한 바이오식품 소재 개발에 관한 특허 및 연구 논문 다수"

❖ 한 종 권

(주)진켐 기술이사
CJ(주) 식품연구소 수석연구원
CJ(주) 바이오연구소 수석연구원
한국미생물학회 평위원
한국산업기술평가관리원 평가위원

❖ 김 기 옥

현 (재)제주하이테크산업진흥원 지역특화 실장
현 한국생물공학회 평위원
현 제민일보 논설위원
동경신경과학연구소 박사 후 과정
와싱톤의대 박사 후 과정
코넬의대 박사 후 과정
제주대학교 이학박사

❖ 김 봉 석

현 (재)제주하이테크산업진흥원 지역특화 연구원

❖ 진 경 희

현 (재)제주하이테크산업진흥원 지역특화 연구원